Herbert Bernstein
Informations- und Kommunikationselektronik
De Gruyter Studium

Weitere empfehlenswerte Titel

Bauelemente der Elektronik
Herbert Bernstein, 2015
ISBN 978-3-486-72127-0, e-ISBN 978-3-486-85608-8,
e-ISBN (EPUB) 978-3-11-039767-3, Set-ISBN 978-3-486-85609-5

Analoge, digitale und virtuelle Messtechnik
Herbert Bernstein, 2013
ISBN 978-3-486-70949-0, e-ISBN 978-3-486-72001-3

Computational Intelligence
Andreas Kroll, 2013
ISBN 978-3-486-70976-6, e-ISBN 978-3-486-73742-4,
e-ISBN (EPUB) 978-3-486-98978-6

Grundgebiete der Elektrotechnik 1, 12. Auflage
Ludwig Brabetz, Oliver Haas, Christian Spieker, 2015
ISBN 978-3-11-035087-6, e-ISBN 978-3-11-035152-1,
e-ISBN (EPUB) 978-3-11-039752-9

Grundgebiete der Elektrotechnik 2, 12. Auflage
Ludwig Brabetz, Oliver Haas, Christian Spieker, 2015
ISBN 978-3-11-035199-6, e-ISBN 978-3-11-035201-6,
e-ISBN (EPUB) 978-3-11-039726-6

Theorie und Praxis der analogen Schaltungstechnik
Özhan Koca, 2015
ISBN 978-3-486-72129-4, e-ISBN 978-3-486-85610-1,
e-ISBN (EPUB) 978-3-11-039893-9

Herbert Bernstein

Informations- und Kommunikationselektronik

——

DE GRUYTER
OLDENBOURG

Autor
Dipl.-Ing. Herbert Bernstein
81379 München
Bernstein-Herbert@t-online.de

ISBN 978-3-11-036029-5
e-ISBN (PDF) 978-3-11-029076-6
e-ISBN (EPUB) 978-3-11-039672-0

Library of Congress Cataloging-in-Publication Data
A CIP catalog record for this book has been applied for at the Library of Congress.

Bibliografische Information der Deutschen Nationalbibliothek
Die Deutsche Nationalbibliothek verzeichnet diese Publikation in der Deutschen National-
bibliografie; detaillierte bibliografische Daten sind im Internet über http://dnb.dnb.de abrufbar.

© 2015 Walter de Gruyter GmbH, Berlin/Boston
Coverabbildung: kynny/iStock/thinkstock
Satz: PTP-Berlin Protago-T$_E$X-Production GmbH, Berlin
Druck und Bindung: CPI books GmbH, Leck
♾ Gedruckt auf säurefreiem Papier
Printed in Germany

www.degruyter.com

Vorwort

Die Datenkommunikation hat in den vergangenen Jahren zunehmend an Bedeutung gewonnen, und zwar nicht nur für Insider in den Rechenzentren und Kommunikationszentralen, sondern auch für viele Mitarbeiter, deren Arbeitsumfeld und Arbeitsinhalte durch die Möglichkeiten der Datenkommunikation verändert werden, und für Entscheidungsträger, die in diesem Bereich Entscheidungen von weitreichender Bedeutung für die Inhalte und Ausgestaltung von Arbeitsplätzen zu treffen haben, sowie für interessierte Laien, die zur Kenntnis nehmen, dass die Auswirkungen der neuen Entwicklungen der Datenkommunikation bis in den privaten Bereich hineinreichen.

Zunächst sollen Grundlagen der Elektronik für Informations- und Kommunikationssysteme behandelt werden. Ziel hierbei soll es sein, dies ohne tiefergehende theoretische oder mathematische Abhandlungen umzusetzen. Dem Praktiker, der in der modernen Informations- und Kommunikationselektronik vermehrt mit dem Thema der digitalen Technik konfrontiert wird, sollen unter anderem die grundlegenden Sachverhalte wie die Datencodierung, Arten der Datenübertragung, Eigenschaften verschiedener Schnittstellen, Aufbau von Netzwerken, Internet usw. vermittelt werden.

Das vorliegende Buch ist thematisch breit angelegt, was notwendigerweise eine beschränkte Darstellungstiefe zur Folge hat. Trotz der angestrebten thematischen Breite konnten nicht alle Aspekte der Datenkommunikation behandelt werden. So werden zwar Aspekte des „Managements von Datennetzen" und der „Sicherheit in Datennetzen" in anderen Zusammenhängen häufig erwähnt, diese Themenstellungen aber nicht in geschlossener Form in eigenständigen Kapiteln behandelt. Beide Themen sind noch nicht sehr lange aktuell, und für beide gilt, dass viele Fragestellungen noch kontrovers diskutiert werden und ein allgemeiner Konsenz bezüglich der Ziele und Lösungen noch nicht existiert. Dies gilt vor allen für die Datensicherheit.

Das Buch hat einführenden Charakter. Ziel ist es, ohne in großem Umfang Vorkenntnisse vorauszusetzen, in leicht verständlicher Darstellung einen Überblick über das weite Feld der Datenkommunikation zu geben und einen Einblick in die Zusammenhänge zu vermitteln. Es wird deshalb zugunsten eines – evtl. etwas oberflächlichen – Verständnisses bewusst weitgehend darauf verzichtet, die teilweise nicht elementaren mathematisch/physikalischen Grundlagen vieler Aspekte der Datenkommunikation darzustellen.

Ein zweites Ziel ist die Einführung in die durchweg englischsprachig geprägte Begriffswelt der Datenkommunikation. Es werden deshalb jeweils die englischen und die deutschen Fachausdrücke gebracht und teilweise wechselnd benutzt. Dadurch soll denjenigen Lesern, die ihr Wissen in speziellen Bereichen vertiefen wollen, der Zugang zur Originalliteratur erleichtert werden.

Gemäß den Zielsetzungen ist das Buch als Einstiegs- und Übersichtswerk für Studenten der einschlägigen Fachrichtungen geeignet. Darüber hinaus sollen solche Personen angesprochen werden, die als Nutzer oder in anderer Weise von den Entwicklungen in der Datenkommunikation Betroffene sich einiges an Hintergrundinformation aneignen möchten.

Für die Erstellung dieses Buches wurde die Software MultiSim verwendet. Das Tool kann kostenlos unter der URL http://www.mouser.com/MultiSimBlue heruntergeladen werden.

Mit diesem Buch habe ich mir das Ziel gesetzt, mein gesamtes Wissen an den Leser weiterzugeben, das ich mir im Laufe der Zeit in der Industrie und im Unterricht angeeignet habe. Meiner Frau Brigitte danke ich für die Erstellung der Zeichnungen.

Wenn Fragen auftreten: Bernstein-Herbert@t-online.de

Herbert Bernstein

Inhaltsverzeichnis

Vorwort   **v**

1   **Grundlagen der Informations- und Kommunikationselektronik**   **1**
1.1   Analoge und digitale Signale   1
1.1.1   Datencodierung   4
1.1.2   Datenübertragung nach dem Modulationsverfahren   10
1.1.3   Arbeitsweise eines USART   15
1.1.4   Sender- und Empfängerbetrieb eines USART   20
1.1.5   Programmierung eines USART   23
1.1.6   USART im Asynchron- und Synchronbetrieb   27
1.1.7   USART als RS232C-Schnittstelle   29

1.2   HDLC/SDLC-Protokoll   38
1.2.1   Netzwerk für HDLC/SDLC   38
1.2.2   HDLC/SDLC-Steuerbaustein   39
1.2.3   Modem-Schnittstelle   45
1.2.4   HDLC-Realisierung   49

1.3   Leitungscodes   54
1.3.1   Digitale Datenkommunikation   54
1.3.2   Leitungscodes für digitale Übertragungen   57
1.3.3   Trägerfrequenztechniken   60

2   **Leitungssysteme in der Nachrichten-, Informations- und**
          Kommunikationstechnik   **63**
2.1   Leitungssystem als Vierpol   64
2.1.1   Elektrische Leiter   65
2.1.2   Leitungen und Kabel   67
2.1.3   Fernmeldeleitungen   70
2.1.4   Hochfrequenzkabel   71
2.1.5   Wellenwiderstand   75

2.2   Kenngrößen von Leitungen   79
2.2.1   Ersatzschaltbild einer realen Leitung   80
2.2.2   Messtechnische Ermittlung der Leitungsbeläge   82
2.2.3   Dämpfung und Dämpfungskonstante   83

2.2.4   Phasenkonstante und Signallaufzeit 85
2.2.5   Ausbreitungsgeschwindigkeit und Verkürzungsfaktor 88
2.2.6   Drahtgebundene Wellenausbreitung 91
2.2.7   Digitale Signale in Leitungssystemen 94
2.2.8   Signale auf einer verlustfreien Übertragungsleitung 96
2.2.9   Charakterisierung und Messen von Zweipolen 98
2.2.10   Signale auf einer verlustbehafteten Übertragungsleitung 101

2.3   Untersuchung von Leitungssystemen 104
2.3.1   Frequenz- und Wellenbereiche 104
2.3.2   Frequenzband und Bandbreite 105
2.3.3   Dämpfung und Verstärkung 108
2.3.4   Absoluter und relativer Pegel 110
2.3.5   Verzerrungen 113

2.4   Aufbau von Leitungssystemen 115
2.4.1   Symmetrische Leitungen 116
2.4.2   Koaxialkabel 122
2.4.3   Lichtwellenleiter 124

2.5   Messung von Bitfehlern 133
2.5.1   Definition der Bitfehlerrate (BER) 134
2.5.2   Messtechnische Erfassung der Bitfehlerrate 135
2.5.3   BER-Messung auf digitaler Basis 139
2.5.4   BER-Messung auf analoger Basis (Augendiagramm) 140
2.5.5   Bitfehlerdarstellung im Signalzustandsdiagramm 144

3   **Modulation und Demodulation**   **147**
3.1   Amplitudenmodulation 148
3.1.1   Überlagerung 148
3.1.2   Grundlagen der AM-Technik 153
3.1.3   Messung einer AM-Spannungsquelle 156
3.1.4   Frequenzspektrum 159
3.1.5   Verfahren in der Amplitudenmodulation 162
3.1.6   Additive Modulationsschaltungen 164
3.1.7   Multiplikative Modulationsschaltungen 166
3.1.8   Einweggegentaktmodulator 166
3.1.9   Ringmodulator 168
3.1.10   Zweiseitenband-Amplitudenmodulation 169
3.1.11   Einseitenband-Amplitudenmodulation 172
3.1.12   Demodulation einer amplitudenmodulierten Schwingung 174

3.2   Frequenzmodulation 178
3.2.1   Erzeugung einer Frequenzmodulation 180

3.2.2	Spektrum und Bandbreite	182
3.2.3	Störungen in der Übertragung	185
3.2.4	Frequenzmodulator mit Kapazitätsdiode	189
3.3	Pulsmodulation	192
3.3.1	Pulsamplitudenmodulation	193
3.3.2	Pulsdauermodulation	198
3.3.3	Pulsphasenmodulation	199
3.3.4	Pulsfrequenzmodulation	201
3.4	Digitale Signalübertragung	207
3.4.1	Deltamodulation	207
3.4.2	Amplitudenumtastung	209
3.4.3	Frequenzumtastung	210
3.4.4	Kanalcodierung	216
3.5	Pulscodemodulation (PCM)	219
3.5.1	Bildung eines PCM-Signals	219
3.5.2	Quantisierung	222
3.5.3	Codierung eines PCM-Signals	226
3.5.4	Kenngrößen eines PCM-Systems	229
4	**Ethernet und TCP/IP**	**235**
4.1	Lokale und globale Netzwerke	236
4.1.1	Netzwerkmanagement	238
4.1.2	Fehlersicherung	243
4.1.3	Verbindung von Netzwerken	247
4.1.4	Netzwerke und Busbetrieb in der Automatisierung	251
4.1.5	Zentrale und dezentrale Anordnung	258
4.1.6	Zugriffsverfahren	259
4.1.7	Buskommunikation	263
4.2	Feldbussysteme	264
4.2.1	Smart/Hart-Kommunikation	265
4.2.2	ASI-Bus	266
4.2.3	Bitbus	267
4.2.4	CAN-Bus	268
4.2.5	FIP-Bus	269
4.2.6	Interbus-S	270
4.2.7	LON-Bus	271
4.2.8	Modbus	272
4.2.9	P-Net	273
4.2.10	Profibus	274
4.2.11	Feldbussysteme im Überblick	275

4.3   Funktionale Standards 276
4.3.1   Standardisierungsgremien 277
4.3.2   Europäische Organisationen 279
4.3.3   Deutsche Organisationen 279
4.3.4   Amerikanische Organisationen 279

4.4   TCP/IP-Referenzmodell 280
4.4.1   Protokollstapel 281
4.4.2   Internet-Protokoll (IP) 286
4.4.3   Arbeitsweise eines Routers 289
4.4.4   Arbeitsweise eines Gateways 292
4.4.5   Arbeitsweise eines File-Servers 294
4.4.6   Adressierung der Internet-Schicht 296
4.4.7   IP-Adressen und Teilnetzwerke 300
4.4.8   Fragmentierung 305
4.4.9   Statusinformationen und Fehlermeldungen 306
4.4.10   Transportschicht 307

5   Datentransport und Protokolle für das Internet   315
5.1   Physikalische Übertragung 316
5.1.1   Lokale Netze nach 10Base5 und 10Base2 316
5.1.2   Netzwerke mit 10BaseT 319
5.1.3   Netzwerke mit 100BaseT und 1000BaseT 322
5.1.4   Hub und Switch 323
5.1.5   Power over Ethernet (PoE) 325
5.1.6   Netzwerke mit 100BaseFX 328
5.1.7   WLAN 336
5.1.8   WLAN-Sicherheit 342
5.1.9   Verschlüsselung mittels WPA 344
5.1.10   Verschlüsselungs- und Authentifizierungsmechanismen mit IPsec 349

5.2   Logische Adressierung und Datentransport 353
5.2.1   TCP/IP im lokalen Netz 354
5.2.2   Transportprotokolle TCP und UDP 356
5.2.3   TCP/IP bei netzübergreifender Verbindung 361
5.2.4   Gateway und Router 364
5.2.5   Öffentliche und private IP-Adressen 367
5.2.6   Routing von vertraulichen Informationen 371

5.3   Protokolle auf Anwendungsebene 379
5.3.1   Endgerät mit Ethernet-Adresse (MAC-Adresse) 380
5.3.2   Adressbuch des Internets 383
5.3.3   Ping-Funktion 388

3.2.2   Spektrum und Bandbreite 182
3.2.3   Störungen in der Übertragung 185
3.2.4   Frequenzmodulator mit Kapazitätsdiode 189

3.3   Pulsmodulation 192
3.3.1   Pulsamplitudenmodulation 193
3.3.2   Pulsdauermodulation 198
3.3.3   Pulsphasenmodulation 199
3.3.4   Pulsfrequenzmodulation 201

3.4   Digitale Signalübertragung 207
3.4.1   Deltamodulation 207
3.4.2   Amplitudenumtastung 209
3.4.3   Frequenzumtastung 210
3.4.4   Kanalcodierung 216

3.5   Pulscodemodulation (PCM) 219
3.5.1   Bildung eines PCM-Signals 219
3.5.2   Quantisierung 222
3.5.3   Codierung eines PCM-Signals 226
3.5.4   Kenngrößen eines PCM-Systems 229

4   Ethernet und TCP/IP   235
4.1   Lokale und globale Netzwerke 236
4.1.1   Netzwerkmanagement 238
4.1.2   Fehlersicherung 243
4.1.3   Verbindung von Netzwerken 247
4.1.4   Netzwerke und Busbetrieb in der Automatisierung 251
4.1.5   Zentrale und dezentrale Anordnung 258
4.1.6   Zugriffsverfahren 259
4.1.7   Buskommunikation 263

4.2   Feldbussysteme 264
4.2.1   Smart/Hart-Kommunikation 265
4.2.2   ASI-Bus 266
4.2.3   Bitbus 267
4.2.4   CAN-Bus 268
4.2.5   FIP-Bus 269
4.2.6   Interbus-S 270
4.2.7   LON-Bus 271
4.2.8   Modbus 272
4.2.9   P-Net 273
4.2.10   Profibus 274
4.2.11   Feldbussysteme im Überblick 275

4.3   Funktionale Standards 276
4.3.1   Standardisierungsgremien 277
4.3.2   Europäische Organisationen 279
4.3.3   Deutsche Organisationen 279
4.3.4   Amerikanische Organisationen 279

4.4   TCP/IP-Referenzmodell 280
4.4.1   Protokollstapel 281
4.4.2   Internet-Protokoll (IP) 286
4.4.3   Arbeitsweise eines Routers 289
4.4.4   Arbeitsweise eines Gateways 292
4.4.5   Arbeitsweise eines File-Servers 294
4.4.6   Adressierung der Internet-Schicht 296
4.4.7   IP-Adressen und Teilnetzwerke 300
4.4.8   Fragmentierung 305
4.4.9   Statusinformationen und Fehlermeldungen 306
4.4.10   Transportschicht 307

5   Datentransport und Protokolle für das Internet   315
5.1   Physikalische Übertragung 316
5.1.1   Lokale Netze nach 10Base5 und 10Base2 316
5.1.2   Netzwerke mit 10BaseT 319
5.1.3   Netzwerke mit 100BaseT und 1000BaseT 322
5.1.4   Hub und Switch 323
5.1.5   Power over Ethernet (PoE) 325
5.1.6   Netzwerke mit 100BaseFX 328
5.1.7   WLAN 336
5.1.8   WLAN-Sicherheit 342
5.1.9   Verschlüsselung mittels WPA 344
5.1.10   Verschlüsselungs- und Authentifizierungsmechanismen mit IPsec 349

5.2   Logische Adressierung und Datentransport 353
5.2.1   TCP/IP im lokalen Netz 354
5.2.2   Transportprotokolle TCP und UDP 356
5.2.3   TCP/IP bei netzübergreifender Verbindung 361
5.2.4   Gateway und Router 364
5.2.5   Öffentliche und private IP-Adressen 367
5.2.6   Routing von vertraulichen Informationen 371

5.3   Protokolle auf Anwendungsebene 379
5.3.1   Endgerät mit Ethernet-Adresse (MAC-Adresse) 380
5.3.2   Adressbuch des Internets 383
5.3.3   Ping-Funktion 388

5.3.4   Funktionen von Telnet 390

5.3.5   Zugriff auf das Datei-System mit FTP   392

5.3.6   TFTP-Protokoll   393

5.3.7   SNMP-Protokoll 395

5.3.8   Syslog-Protokoll 398

5.3.9   HTTP-Protokoll 399

5.3.10   E-Mail 403

Literaturverzeichnis   **411**

Index   **415**

1   Grundlagen der Informations- und Kommunikationselektronik

In dem ersten Kapitel sollen die Grundlagen der Elektronik für Informations- und Kommunikationssysteme behandelt werden. Ziel hierbei soll es sein, dies ohne tiefergehende theoretische oder mathematische Abhandlungen umzusetzen. Dem Praktiker, der in der modernen Informations- und Kommunikationselektronik vermehrt mit dem Thema der digitalen Technik konfrontiert wird, sollen unter anderem die grundlegenden Sachverhalte wie die Datencodierung, Arten der Datenübertragung, Eigenschaften verschiedener Schnittstellen, Aufbau von Netzwerken, Internet usw. vermittelt werden.

1.1   Analoge und digitale Signale

In der heutigen Informations- und Kommunikationselektronik arbeiten immer mehr Systeme digital. Dies steht im Gegensatz zu der bekannten analogen Datenübermittlung, d. h. in der digitalen Technik lösen, bedingt durch den technologischen Fortschritt und deren Vorteile, die digitalen Prozessgeräte vermehrt die analog arbeitenden Geräte ab. Auch bei der Übertragung von analogen Messwerten verdrängt die digitale Übertragung die bekannten Standardsignale wie $4 \ldots 20\,\text{mA}$, $0 \ldots 10\,\text{V}$ usw. Im Folgenden soll nun zunächst auf die Merkmale der unterschiedlichen Übertragungstechniken eingegangen werden.

Ein Messwert, beispielsweise eine Temperatur, wird von einer Messeinrichtung in ein dieser Temperatur entsprechendes Signal umgewandelt. Das Signal kann z. B. ein Strom von $4 \ldots 20\,\text{mA}$ sein. Jedem Wert der Temperatur entspricht eindeutig ein Wert des elektrischen Stroms. Ändert sich die Temperatur kontinuierlich, so ändert sich auch das analoge Signal kontinuierlich, d. h. kennzeichnend für eine analoge Übertragung von Informationen ist die sich über die Zeit stetig verändernde Amplitude des gewählten Signals (Abb. 1.1).

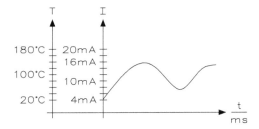

Abb. 1.1: Analoges Signal mit einer sich kontinuierlich ändernden Amplitude

In der Automatisierungstechnik werden solche Einheitssignale (4 . . . 20 mA) als normiertes Stromsignal rein analog übertragen. Ein Temperaturwert wird z. B. von einem Pt100-Widerstandsthermometer erfasst, durch einen Messumformer in einen zum Messwert proportionalen Strom umgeformt und zu einem Regler sowie Anzeige-, Registriergerät oder zu einem PC zur Verarbeitung der Daten übertragen. Jede Messwertänderung am Pt100-Widerstandsthermometer wird über den Strom sofort bei allen angeschlossenen Geräten registriert. Unterschreitet das Einheitssignal die 4 mA, wird ein Fehler in der Messleitung erkannt und entsprechend reagiert die Messelektronik. Überschreitet das Einheitssignal die 20 mA, erkennt die Messelektronik dies ebenfalls und zeigt eine Überlastung oder einen Kurzschluss an.

In der Messtechnik ist der Informationsgehalt eines analogen Signals im Vergleich zu der akustischen (Ton) oder optischen (Licht) Datenübermittlung sehr begrenzt. Neben den Vorteilen der kontinuierlichen eindeutigen Messwertwiedergabe und der gleichzeitigen Spannungsversorgung des Messwertaufnehmers (z. B. Zweidraht-Messumformer) besteht der Informationsgehalt des analogen Signals lediglich aus der Größe des Messwertes, bzw. lässt sich feststellen, ob das Signal am angeschlossenen Gerät verfügbar ist oder nicht.

Am Beispiel der Temperaturmessung bedeutet dies, dass der analoge Messwert in gewisse Wertebereiche eingeteilt wird, innerhalb derer keine Zwischenwerte möglich sind. Die Werte werden innerhalb einer festgelegten Zeit, der Abtastzeit, abgefragt. Diese Aufgabe der Umwandlung übernimmt ein Analog/Digital-Wandler, kurz AD-Wandler genannt. Hierbei hängt die Genauigkeit bzw. Auflösung des Signals von der Anzahl der Wertebereiche, sowie von der Häufigkeit der Abtastung ab.

Konkret bedeutet dies in dem Beispiel von Abb. 1.2, dass eine Abtastung alle 20 ms stattfindet, bei einer Unterteilung in zehn Wertebereiche.

Die digitalisierte Größe kennt nur die zwei Werte „High = 1" bzw. „Low = 0" und muss nun z. B. von einem Mikroprozessor- oder Mikrocontroller-Messumformer mit Schnittstelle als Datenpaket übertragen werden (Abb. 1.3). Der Messwert wird codiert als Paket übermittelt und muss vom Empfänger entschlüsselt werden. Die Übertragungsart kann unterschiedlich sein, durch unterschiedliche Spannungspegel, Lichtimpulse oder Tonfolgen.

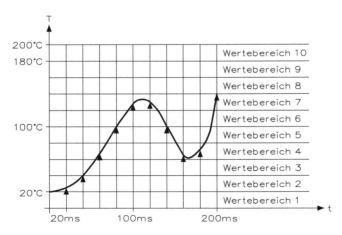

Abb. 1.2: Digitalisiertes Messsignal

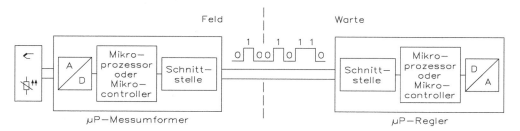

Abb. 1.3: Digitale Signalübertragung zwischen Messumformer und μP-Regler

Die digitale Datenübertragung hat gegenüber der konventionellen analogen Technik einige Vorteile. Durch den Mikroprozessor bzw. Mikrocontroller kann das Feldgerät neben der eigentlichen Messgröße noch weitere Informationen (Bezeichnung, Dimension, Grenzwerte, Serviceintervall, etc.) an den PC direkt, über ein lokales Netzwerk oder über das Internet vermittelt werden. Ferner lassen sich Daten zum Feldgerät übertragen. Da mehrere Geräte über eine Leitung mit dem PC kommunizieren können, ergibt sich eine Materialreduzierung sowie ein niedriger Installationsaufwand und damit Verbunden eine Kosteneinsparung (Abb. 1.4).

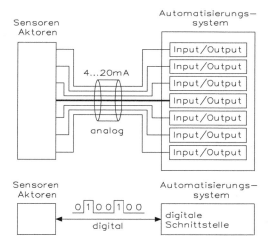

Abb. 1.4: Übertragung analoger und digitaler Signale

Ein Nachteil der konventionellen Technik über 4...20 mA-Signale bei PC-Systemen ist die unnötige DA-Wandlung. Ein im Mikroprozessor bzw. Mikrocontroller vorliegender digitaler Wert, muss in ein analoges Stromsignal gewandelt werden und wird in dem angeschlossenen System für die weitere Verarbeitung erneut digitalisiert.

1.1.1   Datencodierung

Bisher wurde festgehalten, dass zur Datenübermittlung zunächst eine Verschlüsselung in elektrische Signale erforderlich ist. Bei der analogen Übermittlung wird die Information durch die Höhe der Amplitude übertragen. Die digitale Technik kennt nur die zwei Zustände „Ein = logisch 1" und „Aus = logisch 0", die sich meist durch unterschiedliche Spannungspegel übermitteln lassen. Zur Übertragung digitaler Größen werden verschiedene Codes bzw. Protokolle benutzt, die alle Kommunikationspartner im Datenverbund verstehen müssen.

Das Bit ist die Einheit für ein binäres (zweiwertiges) Signal, entsprechend einer einzelnen digitalen Dateneinheit, die den Wert „0" oder „1" hat. In der englischen Sprache ist der Begriff „Bit" (binary digit) als kleinste informationstechnische Einheit geläufig.

Die einfachste und sicherste Lösung ergibt sich immer dann, wenn man mit zwei, einander entgegengesetzten Zuständen arbeitet, wie Schalter offen oder geschlossen, Spannung ein oder aus, Strom fließt oder nicht, Licht an oder aus, usw. Diese Zustände entsprechen dann einem Binärzeichen und man kommt zur kleinsten Einheit, dem Bit (binary digits oder zweiwertige Schritte bzw. Stelle).

Die Bedeutung des Bits liegt in der einfachen technischen Darstellung. Die beiden Zustände 0 und 1 lassen sich kennzeichnen durch: Schalter offen oder gesperrt, Transistor gesperrt oder leitend, Relais angezogen oder abgefallen usw. Codes mit zweiwertigen Elementen bezeichnet man daher auch als Binärcodes.

Fasst man vier Bits zusammen, erhält man eine Tetrade oder ein „Nibble":

$$\begin{array}{|c|c|c|c|}\hline 2^3 & 2^2 & 2^1 & 2^0 \\ \hline \end{array}$$

MSB .... LSB
Nibble

Mit einem Nibble lassen sich 16 Werte darstellen. Die Bezeichnungen stehen für MSB (Most Significant Bit, höherwertiges Bit) und LSB (Least Significant Bit, niederwertiges Bit). Fasst man acht Bits oder zwei Nibbles (High- und Low-Nibble) zusammen, erhält man ein Byte:

MSB .... LSB
$$\begin{array}{|c|c|c|c||c|c|c|c|}\hline 2^7 & 2^6 & 2^5 & 2^4 & 2^3 & 2^2 & 2^1 & 2^0 \\ \hline \end{array}$$
$\longleftarrow$ H-Nibble $\longrightarrow$ $\longleftarrow$ L-Nibble $\longrightarrow$
$\longleftarrow$ Byte $\longrightarrow$

Ein Byte besteht aus einem H- und einem L-Nibble. Mit einem Byte oder zwei Nibbles lassen sich 256 Werte darstellen. Dieses Datenformat findet man bei allen 8-Bit-Mikroprozessoren und Mikrocontrollern. In der Informatik kommt man mit dem Byte-Format DB (Defines Byte) nicht aus und daher fasst man zwei Bytes zu einem „Word" zusammen. Das Word-Format DW (Defines Word) besteht aus 16 Bit stellen und damit lassen sich 2^{16} oder 65 536 Werte darstellen.

MSB .... LSB
$$\begin{array}{|c|c|c|c|c|c|c|c||c|c|c|c|c|c|c|c|}\hline 2^{15} & 2^{14} & 2^{13} & 2^{12} & 2^{11} & 2^{10} & 2^9 & 2^8 & 2^7 & 2^6 & 2^5 & 2^4 & 2^3 & 2^2 & 2^1 & 2^0 \\ \hline \end{array}$$
$\longleftarrow$ H-Byte $\longrightarrow$ $\longleftarrow$ L-Byte $\longrightarrow$
$\longleftarrow$ Word $\longrightarrow$

Ein Word-Format besteht aus einem H- und einem L-Byte. Dieses Datenformat findet man bei allen 16-Bit-Mikroprozessoren. In der modernen Prozessortechnik setzt man das Doubleword-Format DD (Defines Doubleword) mit der Zusammenfassung von vier Bytes bzw. zwei Words (High- und Low-Word) ein.

MSB   LSB

3	2	1	0

$\longleftarrow$ H-Word $\longrightarrow$ $\longleftarrow$ L-Word $\longrightarrow$
$\longleftarrow$ Doubleword $\longrightarrow$

Ein Doubleword-Format besteht aus einem H- und einem L-Word. Mit dem Doubleword lassen sich 2^{32} oder 4 294 967 296 Werte darstellen. Eine Besonderheit in Verbindung mit dem PC-Mikroprozessor stellt die Zusammenfassung von sechs Bytes zu einem Farword-Format DF (Defines Farword) dar. Bei den 64-Bit-Mikroprozessoren findet man das Quadword-Format DQ, wenn acht Bytes zusammengefasst sind.

MSB   LSB

7	6	5	4	3	2	1	0

$\longleftarrow$ H-Doubleword $\longrightarrow$ $\longleftarrow$ L-Doubleword $\longrightarrow$
$\longleftarrow$ Quadword $\longrightarrow$

Arbeitet man mit numerischen Coprozessoren, die speziell für die Rechenarbeit innerhalb eines Computersystems optimiert wurden, kommt man zur Zusammenfassung von zehn Bytes zu einem Tenword-Format DT (Defines Tenword). Mit diesem 80-Bit-Format lassen sich alle Rechenoperationen im Gleitpunktformat ausführen. Die Gleitpunktdarstellung mit ihrer automatischen Skalierung ist einfacher zu benutzen.

Wie bereits besprochen, werden die Signale logisch „0" und logisch „1" meistens durch unterschiedlich hohe Spannungssignale dargestellt (Abb. 1.5). Die verwendeten Spannungspegel sind abhängig vom verwendeten Schnittstellentyp.

Für eine Einheit von acht Binärzeichen wurde der Begriff „Byte" eingeführt. Ein Byte hat also eine Länge von acht Bit (Abb. 1.6). In einem Automatisierungsgerät bzw. PC einer SPS-gesteuerten Anlage werden z. B. die Signalzustände von acht binären Ein-/Ausgängen zu jeweils einem Eingangsbyte oder Ausgangsbyte zusammengefasst.

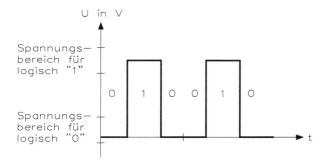

Abb. 1.5: Binäre Datenübertragung in „Bit" durch verschiedene Spannungspegel

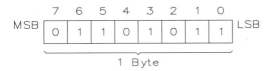

Abb. 1.6: Zusammenfassen von „acht Bit" zu „einem Byte"

Größere Einheiten, mit denen man beim Umgang mit Computern konfrontiert wird, sind Kilobyte (kB) = 1024 Byte, Megabyte (MB) = 1024 kB oder Gigabyte (GB) = 1024 MB.

Eine Folge von Binärzeichen, die in einem bestimmten Zusammenhang als Einheit betrachtet wird, wird als Wort bezeichnet. Eine Steueranweisung bei einer SPS oder ein Befehl bei einem Kommunikations-Protokoll hat z. B. ein Byte sind acht Bit ($2^8 = 256$) bzw. zwei Byte sind 16 Bit ($2^{16} = 65\,536$). Bei vielen Automatisierungsgeräten fasst man 16 binäre Ein/Ausgänge zu jeweils einem Eingangswort oder Ausgangswort zusammen (Abb. 1.7)

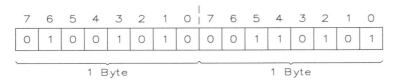

Abb. 1.7: Darstellung eines Datenworts aus zwei Bytes

Ein Doppelwort (word) hat zwei Wörter d. h. vier Byte oder 32 Bit ($2^{32} = 4\,294\,967\,296$). Ein Achterwort (doubleword) hat vier Wörter d. h. acht Byte oder 64 Bit ($2^{64} = 1{,}844 \cdot 10^{19}$). Ein Zehnerwort (tenword) hat fünf Wörter d. h. zehn Byte oder 96 Bit ($2^{96} = 7{,}922 \cdot 10^{28}$).

Das bekannteste und wichtigste binäre Zahlensystem ist das duale Zahlensystem, auch Dualsystem genannt. Jeder Stelle bei einer Dualzahl ist eine Zweierpotenz zugeordnet. Abbildung 1.8 zeigt den prinzipiellen Aufbau des Systems. Ist ein Stellenwert Null, so tritt an die Stelle der „1" eine „0".

Die Bezeichnung BCD (binary-coded-decimal) bedeutet auf deutsch binär codierte Dezimalziffer. Es geht bei diesem sehr häufig benutzten Code zunächst darum, die Dezimalziffern durch 0 und 1 darzustellen. Hierzu verwendet man das duale Zahlensystem. Die Dezimalziffer

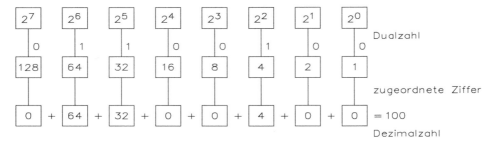

Abb. 1.8: Darstellung von Dezimalzahlen im Dualsystem

Tab. 1.1: Darstellung der Dezimalziffern bis „9" im BCD-Code

Dezimalziffer	2^3	2^2	2^1	2^0
	8	4	2	1
0	0	0	0	0
1	0	0	0	1
2	0	0	1	0
3	0	0	1	1
4	0	1	0	0
5	0	1	0	1
6	0	1	1	0
7	0	1	1	1
8	1	0	0	0
9	1	0	0	1

mit dem höchsten Wert ist dabei die 9, d. h. man benötigt insgesamt vier Zweierpotenzstellen um die Zahl 9 zu codieren (Tab. 1.1).

Die Darstellung der größten Dezimalziffer benötigt vier binäre Stellen, man spricht hierbei auch von einer Tetrade. Es handelt sich beim BCD-Code also um einen 4-Bit-Code. Man sieht es ist sehr einfach, eine Dezimalzahl als Bit-Muster im 8-4-2-1-Code vom PC oder an ein Automatisierungsgerät z. B. SPS zu übertragen.

Man will jedoch nicht nur Ziffern übertragen, sondern auch Buchstaben, Satzzeichen und Steuerbefehle. Hierzu benutzt man Codierungstabellen, die jeder Zahl einen Buchstaben, eine Ziffer oder ein Zeichen zuordnen. In der Praxis ist hier der ASCII-Code (American Standard Code for Information Interchange) bekannt, im Deutschen als DIN 66 003 verfasst. Hier werden neben Zeichen und Ziffern auch Sonder- und Steuerzeichen definiert, wie Tab. 1.2 zeigt.

Der ASCII-Standard hat ein 7-Bit-Format und man kann damit 128 Zeichen darstellen, denn $2^7 = 128$. Man muss dabei bedenken, dass die Null als Ziffer mitzählt, daher 128 Zeichen. Das 8. Bit bleibt beim ASCII-Code ohne Bedeutung, es war ursprünglich als Paritätsbit zugeordnet.

In diesem Code sind die Zeichen von dezimal 0 bis 31 Steuercodes, von 32 bis 63 Nummern und Satzzeichen und von 64 bis 127 im Wesentlichen Groß- bzw. Kleinbuchstaben. Mit den 128 Zeichen lassen sich jedoch viele Sonderzeichen, wie Umlaute, Sonderzeichen wie „§" usw. nicht darstellen. Deshalb erweitert man den Code auf acht Bit, und kann somit insgesamt 256 Zeichen ($2^8 = 256$) darstellen. Heute wird nahezu ausschließlich die 8-Bit-Form nach IBM verwendet.

Tabelle 1.3 zeigt die Bedeutung der Steuerzeichen für Computer, Drucker und Faxgeräte.

Tab. 1.2: ASCII-Code (American Standard Code for Information Interchange)

ASCII-Wert	Zeichen	Steuerzeichen	ASCII-Wert	Zeichen	ASCII-Wert	Zeichen	ASCII-Wert	Zeichen
000	leer	NUL	032	SP	064	@	096	`
001	☺	SOH	033	!	065	A	097	a
002	☻	STX	034	"	066	B	098	b
003	♥	ETX	035	#	067	C	099	c
004	♦	EOT	036	$	068	D	100	d
005	♣	ENQ	037	%	069	E	101	e
006	♠	ACK	038	&	070	F	102	f
007	•	BEL	039	'	071	G	103	g
008	◘	BS	040	(	072	H	104	h
009	○	HT	041	)	073	I	105	i
010	◙	LF	042	*	074	J	106	j
011	♂	VT	043	+	075	K	107	k
012	♀	FF	044	,	076	L	108	l
013	♪	CR	045	-	077	M	109	m
014	♫	SO	046	.	078	N	110	n
015	☼	SI	047	/	079	O	111	o
016	►	DLE	048	0	080	P	112	p
017	◄	DC1	049	1	081	Q	113	q
018	↕	DC2	050	2	082	R	114	r
019	‼	DC3	051	3	083	S	115	s
020	¶	DC4	052	4	084	T	116	t
021	§	NAK	053	5	085	U	117	u
022	▬	SYN	054	6	086	V	118	v
023	↨	ETB	055	7	087	W	119	w
024	↑	CAN	056	8	088	X	120	x
025	↓	EM	057	9	089	Y	121	y
026	→	SUB	058	:	090	Z	122	z
027	←	ESC	059	;	091	[	123	{
028	∟	FS	060	<	092	\	124	¦
029	↔	GS	061	=	093	]	125	}
030	▲	RS	062	>	094	^	126	~
031	▼	US	063	?	095	_	127	⌂

Hier ein kurzes Beispiel zur Übertragung eines Zeichens mit dem ASCII-Code. Es soll der Buchstabe „J" zu einem PC übertragen werden. Dies geschieht folgendermaßen:

- Umwandlung in den ASCII-Code: „J" = 74
- Umwandlung in ein Bitmuster und Übertragung: 74 = 1 0 0 1 0 1 0
- Entschlüsselung des Bitmusters:

$$1001010 = 1 \cdot 2^6 + 0 \cdot 2^5 + 0 \cdot 2^4 + 1 \cdot 2^3 + 0 \cdot 2^2 + 1 \cdot 2^1 + 0 \cdot 2^0$$

$$= 64 + 0 + 0 + 8 + 0 + 2 + 0 = 74$$

Dies erscheint alles recht aufwendig zu sein, moderne Mikroprozessor- und Mikrocontroller-systeme sind jedoch in der Lage, die Codierung/Decodierung in einer extrem kurzen Zeit durchzuführen.

Tab. 1.3: Steuerzeichen für Computer, Drucker und Faxgeräte

<NUL>	Null	Null
<SOH>	Beginn der Nachricht	start of message
<STX>	Beginn des Textes	start of text
<ETX>	Ende des Textes	end of text
<EOT>	Ende der Übertragung	end of transmission
<ENQ>	Anfrage	enquiry
<ACK>	Bestätigung	acknowledge
<BEL>	Klingel	bell
<BS>	Rückschritt	backspace
<HT>	Horizontal-Tabulator	horizontal tabulation
<LF>	Blattvorschub	line feed
<VT>	Vertikal-Tabulator	vertical tabulation
<FF>	Blattvorschub	form feed
<CR>	Wagenrücklauf	carriage return
<SO>	Ausrücken	shift out
<SI>	Einrücken	shift in
<DLE>	Datenverbindung abbrechen	data link escape
<DC>	Geräte-Steuersignale	device control
<SYN>	Synchronisation	synchronous
<ETB>	Ende eines Datenblocks	end of transmission block
<CAN>	Widerruf	cancel
<EM>	Ende des Datenträgers	end of medium
<SS>	Start einer Sequenz	start of special sequence
<ESC>	Abbruch	escape
<FS>	Block-Trennzeichen	file separator
<GS>	Gruppen-Trennzeichen	group separator
<RS>	Aufnahme-Trennzeichen	record separator
<US>	Einheiten-Trennzeichen	unit separator
<SP>	Zwischenraum	space
<DEL>	Löschen	delete
<NAK>	Fehlermeldung	negative acknowledge

Neben dem ASCII existieren noch andere Codes, z. B. von der amerikanischen Normengesellschaft ANSI (American National Standards Institute) der Standard IEEE 754 (Standard for Binary Floating-Point Arithmetic). Er beinhaltet die Darstellung von Vorzeichen, Exponent und Mantissen einer Gleitzahl.

Bei Computern werden die Dualzahlen jeweils zu Gruppen von vier Zahlen zusammengefasst. Hier entstehen dann sehr lange Bitstrings. Daher verwendet man ein anderes System, das Hexadezimalsystem, auch als Sedezimalsystem bzw. Hex-Code bezeichnet. Als Stellenwerte werden Potenzen der Zahl 16 verwendet. Man benötigt mit der Null insgesamt 16 Ziffern. Für die Ziffern 0 bis 9 verwendet man das Dezimalsystem, für die Ziffern 10 bis 15 die Buchstaben A, B, C, D, E und F (Tab. 1.4).

Tab. 1.4: Gegenüberstellung von Dezimal-/Hexadezimal- und Dualzahlen

Dezimal	Hexadezimal	Dual
0	0000	0000
1	0001	0001
2	0002	0010
3	0003	0011
4	0004	0100
5	0005	0101
6	0006	0110
7	0007	0111
8	0008	1000
9	0009	1001
10	000A	1010
11	000B	1011
12	000C	1100
13	000D	1101
14	000E	1110
15	000F	1111
16	0010	1000

Man sieht, der Übertrag erfolgt bei Dezimal 16 = 0010 hex. Bei der Umwandlung einer Hexadezimalzahl in eine Dualzahl entspricht jede Ziffer einer 4-stelligen Dualzahl mit gleichem Wert, oder umgekehrt. Ein Mikroprozessor bzw. Mikrocontroller würde eine empfangene Dualzahl wie folgt interpretieren:

$$
\begin{array}{lcccc}
\text{Dual} & \underbrace{0001} & \underbrace{1011} & \underbrace{1111} & \underbrace{1100} \\
\text{Hex} & 1 & B & F & C
\end{array}
$$

1.1.2   Datenübertragung nach dem Modulationsverfahren

Nachdem nun die Verschlüsselung, d. h. die Codierung der Daten und Informationen geklärt wurde, bleibt die Frage, wie lassen sich die einzelnen Daten übertragen.

Die naheliegendste Lösung ist die byteweise Übertragung über mindestens acht Leitungen, so dass jede Leitung einem Schaltzustand bzw. Bit zugeordnet wird. Man spricht von paralleler Datenübertragung oder Parallelschnittstelle (Abb. 1.9). Bei der Parallelschnittstelle werden acht Datenbits, die z. B. für jeden Buchstaben vom Computer zum Drucker übertragen werden, auf acht Leitungen gleichzeitig übertragen. Bekannt sind hier die Centronics-Schnittstelle oder auch die Schnittstelle nach IEEE 488.

Der parallele Datenverkehr erlaubt eine hohe Übertragungsgeschwindigkeit, da jeweils ein Block von acht Bit gleichzeitig übertragen wird. Nachteilig sind der hohe Verdrahtungsaufwand zwischen Sender und Empfänger. Die Störanfälligkeit der parallelen Übertragung bei Zunahme der Entfernung. Aus diesem Grund wird die Parallelschnittstelle nur für kurze Entfernungen (bis maximal 15 m) eingesetzt.

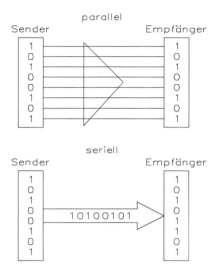

Abb. 1.9: Parallele und serielle Datenübertragung

In der seriellen Datenübertragung werden unterschiedliche Techniken verwendet. Es wird unterschieden, ob ein analoges oder ein digitales Modulationsverfahren, Pulsmodulation oder ein frequenzspreizendes Modulationsverfahren verwendet wird.

In der Praxis setzt man folgende analoge Modulationsverfahren ein:

- **Amplitudenmodulation (AM)** ist ein Modulationsverfahren, bei dem die Amplitude eines hochfrequenten Gesamtsignals, bestehend aus Trägerfrequenz und Seitenbändern abhängig vom zu übertragenden, niederfrequenten (modulierenden) Nutzsignal verändert wird.

- **Frequenzmodulation (FM)** ist ein Modulationsverfahren, bei dem die Trägerfrequenz durch das zu übertragende Signal verändert wird. Die Frequenzmodulation ermöglicht gegenüber der Amplitudenmodulation einen höheren Dynamikumfang des Informationssignals. Dieses Verfahren ist weniger anfällig gegenüber Störungen. Die Frequenzmodulation ist eine Winkelmodulation und verwandt mit der Phasenmodulation, d. h. bei beiden wird der Phasenwinkel beeinflusst.

- **Phasenmodulation (PM)** ist ein Modulationsverfahren, mit dem ein analoges oder digitales Signal über einen Kommunikationskanal übertragen wird. Die Phasenmodulation arbeitet ähnlich wie die Frequenzmodulation. Beide Modulationen FM und PM zählen auch zur Gruppe der Winkelmodulationsverfahren.

- **Vektormodulation (VM)** kann auf einem vorhandenen Träger mit begrenzter Bandbreite gegenüber herkömmlichen Modulationsverfahren ein erweiterter Informationsumfang übertragen werden.

- **Einseitenbandmodulation ESB** oder **SSB** (Single-Sideband Modulation) ist ein Spektrum- und energieeffizientes Modulationsverfahren zur Sprach- und Datenübermittlung auf Funkverbindungen im Kurzwellenbereich für mobile Funkanlagen (Amateurfunk, Seefunk, Flugfunk auf Langstrecken, Militär). Um 1930 wurde das SSB-Verfahren von den Fernmeldeverwaltungen entwickelt und zunächst für die drahtgebundene Übertragung von Telefongesprächen bei großen Entfernungen verwendet. Später wurde es auch für transkontinentale Funkstrecken eingesetzt. Im Bereich der Funkkommunikation wurde die vorher übliche Zweiseitenband-Amplitudenmodulation ZSB-AM von der Einseitenbandmodulation um 1960 fast vollständig verdrängt.

● **Restseitenbandmodulation** ist eine Variante der Amplitudenmodulation. Dieses Verfahren ermöglicht eine Übertragung mit kleiner Bandbreite bei höherer Signalqualität und geringem Schaltungsaufwand für den Demodulator. Dazu wird im Sender über ein Filter nach dem Modulator eines der beiden Seitenbänder bis auf einen Rest unterdrückt. Die Trägerschwingung wird nur mit verminderter Leistung übertragen und das zweite Seitenband wird nicht gedämpft. Somit lässt sich dieses Verfahren als teilweise Einseitenbandmodulation beschreiben und bei der Einseitenbandmodulation wird ein Seitenband und der Träger komplett ausgefiltert.

In der Praxis setzt man folgende digitale Modulationsverfahren ein:

● **Amplitudenumtastung ASK** (Amplitude-Shift Keying) ist eine Modulationsart bei der die Amplitude des Trägers verändert wird, um verschiedene Informationen zu übertragen. Die einfachste Form der Amplitudentastung arbeitet nach dem On-Off Keying (OOK), bei dem der Träger ein- oder ausgeschaltet wird, um eine 1 bzw. eine 0 zu übertragen. Anstelle von nur zwei verschiedenen Amplitudenwerten können auch mehrere Abstufungen verwendet werden. Dadurch lassen sich pro Symbolschritt mehrere Bits codieren. Setzt man z. B. vier unterschiedliche Amplituden in einem Signal ein, ergeben sich pro Amplitude zwei Bits mit 00, 01, 10 und 11.

● **Frequenzumtastung FSK** (Frequency Shift Keying) ist eine Modulationstechnik und dient der Übertragung von digitalen Signalen, beispielsweise über einen Funkkanal. Das Verfahren ist mit der analogen Frequenzmodulation verwandt, aber wie dieses unempfindlich gegen Störungen.

● **Quadraturamplitudenmodulation QAM** (Quadrature Amplitude Modulation) ist ein Verfahren in der elektronischen Nachrichtentechnik, das die Amplitudenmodulation und Phasenmodulation kombiniert. Das Verfahren wird überwiegend zu den digitalen Modulationsverfahren gezählt, wenngleich auch Formen der analogen Quadraturamplitudenmodulation unter der Bezeichnung Quadraturmodulation existieren.

● **Orthogonales Frequenzmultiplexverfahren OFDM** (Orthogonal Frequency-Division-Multiplexing) ist eine spezielle Implementierung der Multicarrier-Modulation, welches mehrere orthogonale Träger zur digitalen Datenübertragung verwendet. Damit ist das Verfahren eine Sonderform von FDM, bei dem durch Orthogonalität der Träger ein Übersprechen zwischen Signalen reduziert wird, die benachbarten Trägern sind aufmoduliert. Die zu übertragende Nutzinformation mit hoher Datenrate wird zunächst auf mehrere Teildatenströme mit niedriger Datenrate aufgeteilt. Diese Teildatenströme werden jeder für sich mit einem herkömmlichen Modulationsverfahren wie der Quadraturamplitudenmodulation mit geringer Bandbreite moduliert und anschließend auf die modulierten HF-Signale addiert. Um die einzelnen Signale bei der Demodulation im Empfänger unterscheiden zu können, ist es notwendig, dass die Träger im Funktionsraum orthogonal zueinander stehen, das bewirkt, dass die Teildatenströme sich möglichst wenig gegenseitig beeinflussen.

● **DMT** (Discrete Multitone Transmission) dient als Multiträgerverfahren für die Übertragung nach ADSL und VDSL2. Dabei wird das zugewiesene Frequenzband in viele Subkanäle unterteilt. Bei ADSL sind es bis zu 256 Trägerfrequenzen für Daten, die jeweils eine Bandbreite von 4,3125 kHz aufweisen. Die Bitinformation wird den einzelnen Trägern per QAM wie beispielsweise 4-QAM (QPSK) oder 16-QAM aufmoduliert. Der serielle Datenstrom, der zu übertragen ist, wird bei DMT zu jeweils einer Anzahl von Bits zusammengefasst und auf komplexe Subsymbole abgebildet, die auf diesen Trägern parallel gesendet wenden. Dazu werden sie gleichzeitig auf die zur Verfügung stehenden Träger moduliert, deren Summensignal dann gesendet wird. DMT basiert auf denselben Prinzipien wie OFDM. Im Unterschied zu OFDM können bei DMT die einzelnen Träger mit unterschiedlicher spektraler Effizienz betrieben werden, d. h. es können, bei gleicher Symbolrate aller Träger, die Anzahl dem pro Symbol codierten Bits pro Träger verändert werden. Beispielsweise lässt sich in den Kanälen ein gutes Signal-Rausch-Verhältnis (SNR) mit 16-QAM erreichen mit jeweils vier Bit pro Symbol. Auf Trägerfrequenzen mit ungünstigem Signal-Rausch-Verhältnis hingegen wird nur eine 4-QAM mit zwei Bit pro Symbol verwendet. In extremen Fällen, bei sehr ungünstigem Signal-Rausch-Verhältnis, lassen sich einzelne Träger auch komplett sperren.

- **Trellis-Modulation TCM** (Ungerboeck-Code, Trellis-Codierung) ist eine in der digitalen Signalverarbeitung eingesetzte Kombination aus Kanalcodierung zur Vorwärtsfehlerkorrektur von Übertragungsfehlern und einer Modulationstechnik, um digitale Informationen über elektrische Leitungen, wie beispielsweise Telefonleitungen übertragen zu können. Die Trellis-Code-Modulation wurde 1982 entwickelt und fand in den Folgejahren in Telefonmodems, die nach den ITU-T-Standards V.32, V.32bis, V.34 und V.fast arbeiten, breite Anwendung. Dieses Verfahren wird aber auch in neueren Übertragungssystemen verwendet und beispielsweise bei Giga-Ethernet (1000Base-T) in Kombination mit einer 5-PAM-Modulationstechnik eingesetzt. Aber auch bei den symmetrischen DSL-Zugängen nach den Standards G.SHDSL und SHDSL.bis findet der Trellis-Code in Kombination mit einer 16-PAM bzw. 32-PAM Anwendung.

- **VSB-Modulation** (Vestigial Sideband Modulation) ist eine digitale Restseitenbandmodulation und wird in der Moduationstechnik bei der digitalen Signalverarbeitung eingesetzt, wobei die Amplitudenmodulation mit der Restseitenbandtechnik kombiniert wird. Zur Vermeidung einer Verwechslung mit der analogen SSB-Modulation wird sie als 4-VSB, 8-VSB oder 16-VSB bezeichnet, wobei die Ziffern die Anzahl der verfügbaren Symbole ausdrückt.

In der Praxis findet man folgende Pulsmodulationsverfahren:
- **Pulsweitenmodulation PWM** (Pulse-Width Modulation), Pulsdauermodulation PDM, Pulslängenmodulation PLM oder Pulsbreitenmodulation PBM sind Modulationsverfahren, bei denen eine technische Größe z. B. elektrische Spannung zwischen zwei Werten wechselt. Dabei wird bei konstanter Frequenz der Tastgrad eines Rechteckpulses moduliert, also die Breite des zu bildenden Impulses.

- **Pulsamplitudenmodulation PAM** ist ein analoges Verfahren. Bei der Pulsamplitudenmodulation werden der Amplitude des Signals in bestimmten Zeitabständen (Zeitschlitze) einzelne „Proben" entnommen d. h. das Signal wird abgetastet. Der Informationsgehalt steckt bei einem PAM-Signal in der Amplitude des jeweiligen Pulses. Diese Höhe entspricht der zum Zeitpunkt der Abtastung vorhandenen Amplitude der Signalspannung. Das PAM-Signal ist zeitdiskret und wertkontinuierlich. Die Pulsamplitudenmodulation ist geeignet für Übertragungssysteme mit Zeitmultiplexverfahren, da in der Zeit zwischen den einzelnen PAM-Pulsen eines Kommunikationskanals die PAM-Impulse anderer Kanäle übertragen werden können. PAM eignet sich wegen der hohen Störempfindlichkeit nicht als Übertragungsverfahren für größere Entfernungen. Die Pulshöhe wird durch die Eigenschaften der Übertragungsstrecke zu stark beeinflusst, so dass auf der Empfängerseite ein verfälschtes Signal ankommt. Eingesetzt wurde PAM zum Teil bei älteren Telefonanlagen.

- **Pulsfrequenzmodulation PFM** und **Pulsdichtemodulation PDM** ist eine Variante der Deltamodulation bzw. Δ-Modulation. Das Verfahren ist eine Kombination aus DPCM (Differential Pulse Code Modulation), bei der das pulscodierte Signal am Übertragungskanal nur die zwei Zustände 0 und 1 annehmen und sich durch ein Bit codieren lässt. Die Pulsbreite eines Einzelimpulses bzw. die Dauer eines Bits ist dabei zeitlich konstant. Das Verfahren dient dazu, einen analogen Signalverlauf in ein digitales Signal überzuführen. Je größer das zu konvertierende Eingangssignal, desto mehr Pulse konstanter Dauer werden pro Zeiteinheit erzeugt. Mit dem Verfahren verwandt ist die Pulsweitenmodulation (PWM), bei der allerdings die Pulsbreite bei konstanter Frequenz variiert wird.
- **Pulsphasenmodulation** oder **Pulspositionsmodulation PPM** (Puls-Position Modulation) ist ein Verfahren für zeitdiskrete d. h. abgetastete Signale. Dabei wird ein Impuls in einen Rechteckimplus, relativ zu einem konstanten Referenztakt in der Lage (Phase) verschoben. In dieser Phasenverschiebung ist der Abtastwert codiert. Das modulierte Signal ist wieder zeit- und amplitudenkontinuierlich. Die in Funkfernsteuerungen früher verwandte Puls-Pausen-Modulation lässt sich als differentielle Pulsphasenmodulation auffassen. In jüngster Zeit gewinnt die PPM bei Ultrabreitbandanwendungen, als sogenanntes Pulsradio, wieder an Bedeutung.
- **Puls-Pausen-Modulation PPM** (Puls-Position Modulation) ist ein Codierungsverfahren für analoge Werte bei Modellbaufunkfernsteuerungen und es wird ebenfalls für die Pulsphasenmodulation benötigt. Dies führt zu Verwechslungen, da die Unterschiede zwischen beiden Verfahren nicht immer deutlich herausgestellt werden. Die Puls-Pausen-Modulation ist ein Basisbandmodulationsverfahren zur Datenübertragung. Die zu übertragene analoge Größe wird als Pausendauer zwischen aufeinander folgenden Impulsen codiert und die Impulse sind von gleicher Höhe und Dauer. Der wesentliche Unterschied zur Pulsphasenmodulation ist, dass nicht ein Referenztakt vom Empfänger geschätzt oder auf einem gesonderten Kanal übertragen werden muss, denn der jeweils vorhergehende Impuls liefert den zeitlichen Bezug. Die Puls-Pausen-Modulation lässt sich als differentielle Puls-Phasen-Modulation definieren.
- **Puls-Code-Modulation PCM** ist ein Pulsmodulationsverfahren das ein zeit- und wertkontinuierliches analoges Signal in ein zeit- und wertdiskretes digitales Signal umsetzt. Dieses Verfahren wird beispielsweise in der Audiotechnik im Rahmen des G.711-Standards und in der Videotechnik für digitale Videosignale nach dem Standard ITU-R BT 601 verwendet und bildet die Basis für Digitalaudio-Anwendungen für CD und DVD.

In der Praxis findet man folgende frequenzspreizende Modulationsverfahren:
- **Frequency Hopping Spread Spectrum FHSS** ist ein Frequenzspreizverfahren für die drahtlose Datenübertragung. Es wird unterteilt in Fast- und Slow-Hopping. Generell wechselt hier die Trägerfrequenz frequentiv und diskret. Die Sequenz des Frequenzwechsels wird durch Pseudozufallszahlen bestimmt. Die Nutzdaten sind erst schmalbandig moduliert und dann in einem zweiten Modulator durch einen Frequenz-Synthesizer gespreizt. Auf der Gegenseite wird an den Empfangsmodulator wieder ein Frequenz-Synthesizer angeschlossen, der die Spreizung rückgängig macht und dann konventionell demoduliert. Diese Technik wird beispielsweise bei Bluetooth, im Ur-WLAN Standard 802.11 und

optional in speziellen Betriebsmodi im Rahmen von GSM verwendet. Beim Militär bezeichnet man dieses Verfahren als SINCGARS.

• **Frequenzspreizverfahren DSSS** (Direct Sequence Spread Spectrum) ist für die Datenübertragung durch Funk geeignet. Die Idee hierbei ist, ein Ausgangssignal (Nutzsignal) mittels einer vorgegebenen Bitfolge zu spreizen. Das Spreizen bezieht sich in diesem Zusammenhang auf das Frequenzspektrum, welches nach der Anwendung des DSSS-Verfahrens vom zu übertragenden Signal belegt wird. Das Verfahren dient dazu, das Nutzsignal robust gegen eine bestimmte Form von Störungen bei der Funkübertragung (schmalbandige Störungen) zu bewerkstelligen. Dies geschieht, indem Bits des originalen Bitstroms in mehrere Subbits, sogenannte Chips, übersetzt werden. Die Chipfolge wird auch als Spreizcode bzw. Chipping-Sequenz bezeichnet. Die gleiche Verknüpfung findet auch wieder im Empfänger statt. Während damit das Nutzsignal rekonstruiert wird, wird das auf denn Übertragungsweg hinzu gekommene schmalbandige Störsignal nun im Empfänger gespreizt (analog zur Spreizung des Nutzsignals im Sender). Durch diese Spreizung des Störsignals verteilt sich seine Energiedichte entsprechend, womit sich die Störwirkung verringert.

• **Time-Hopping-Verfahren** bzw. **Zeitsprungverfahren THSS** (Time Hopping Spread Spectrum) ist ein Modulationsverfahren, bei dem die einzelnen Bits eines Teilnehmers nur in kurzen Zeitabschnitten gesendet werden. Der Abstand dieser Zeitabschnitte innerhalb einer Übertragungsperiode wird dabei variiert. Dadurch ist es möglich, dass mehrere Teilnehmer auf der gleichen Frequenz senden können. Jeder Teilnehmer variiert dabei sein Zeitfenster, so dass es zwar zu Kollisionen kommen kann, die aber durch die ständige Änderung des Zeitfensters der Teilnehmer eher weniger auftreten. Zusätzlich können auf höherer Protokollebene geeignete Fehlerkorrekturverfahren angewendet werden, so dass sich die Fehler meist leicht korrigieren oder zumindest erkennen lassen.

• **Zirpenfrequenzspreizung CSS** (Chirp Spread Spectrum) definiert eine Modulationstechnik, welche zur Frequenzspreizung verwendet wird. Dieses Modulationsverfahren wird zur drahtlosen Datenübertragung auf kurzen Distanzen wie den Wireless Personal Area Network eingesetzt und ist in dem Standard IEEE 802.15.4a, einer Erweiterung von IEEE 802.15.4, normiert.

1.1.3   Arbeitsweise eines USART

Bei der Datenübertragung in Verbindung mit Mikroprozessor und Mikrocontroller verwendet man einen USART, einen universalen synchronen/asynchronen Sende- und Empfangsbaustein (universal synchronous/asynchronous receiver/transmitter). Ein USART ist ein programmierbarer Serienschnittbaustein. Heute sind viele Mikroprozessoren und Mikrocontroller mit einem USART bzw. UART ausgestattet. Beim UART fehlt die synchrone Arbeitsweise. Abbildung 1.10 zeigt die Blockschaltung eines USART.

Der USART ist ein Peripheriebaustein und kann durch den Mikroprozessor für praktisch jedes der heute gebräuchlichen Datenübertragungsverfahren programmiert werden. Er übernimmt vom Mikroprozessor Zeichen in Paralleldarstellung und wandelt sie für das Senden in einen seriellen Datenstrom um. Gleichzeitig kann er einen seriellen Datenstrom empfangen und daraus für den Mikroprozessor Zeichen in Paralleldarstellung erzeugen. Der USART meldet dem Mikroprozessor, wenn er vom Mikroprozessor ein neues Zeichen zum Senden annehmen

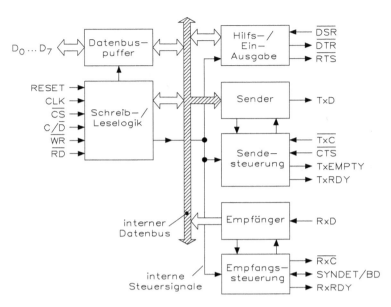

Abb. 1.10: Blockschaltung eines USART

kann oder ein Zeichen für den Mikroprozessor empfangen hat. Der Mikroprozessor kann jederzeit den Zustand des Bausteins abfragen. Dabei werden ihm zugleich Aussagen über Datenübertragungsfehler und den Zustand von Steueranschlüssen geliefert.

Tabelle 1.5 zeigt die Bezeichnungen für die Anschlüsse.

Der USART benötigt eine Versorgungsspannung (+5 V) und eine Masse (0 V).

Der USART hat ein zusätzliches Zwischenregister und so wird auch ohne besondere Vorkehrungen verhindert, dass ein zum Senden übergebenes Zeichen durch ein Kommandowort überschrieben wird. Dadurch wird die Programmierung des Bausteins und der Aufwand für die Steuerung durch den Mikroprozessor erheblich vereinfacht.

Bei Asynchronbetrieb erkennt und meldet der Empfänger automatisch das Auftreten des BREAK-Zustands, so dass der Mikroprozessor von dieser Aufgabe entlastet wird.

Die Empfänger-Hardware verhindert nach einem RESET-Impuls das Starten des Empfängers, wenn am Eingang der BREAK-Zustand vorhanden ist. Dadurch werden unnötige Interrupts bei offener Empfangsleitung verhindert.

Bei Ende der Übertragung geht der Ausgang des Senders T x D immer auf 1-Signal. Eine Ausnahme bildet nur der Fall, dass auf BREAK-Zustand programmiert ist.

Die Senderhardware lässt ein Kommando zum Sperren des Senders erst dann wirksam werden, wenn alle an den Baustein übergebenen Zeichen ausgesendet sind. Es kommt daher nicht mehr vor, dass die Sendung mitten in der Übertragung eines Zeichens abgebrochen wird.

Wenn der Baustein auf externe Zeichensynchronisation programmiert ist, ist die Schaltung für interne Zeichensynchronisation unwirksam. In diesem Fall kann das Eintreten der Zeichensynchronisation über ein Bit im Statusregister, das beim Lesen eines Statusworts wieder rückgesetzt wird, abgefragt werden.

Tab. 1.5: Bezeichnungen der Anschlüsse bei einem USART

D0 bis D7	Datenbus (8 Bit)
RESET	Rücksetzen
CLK	Systemtakt (TTL)
CS	Bausteinauswahl (Chip Select)
S/D	Kennzeichnung der Paralleldaten als Steuer- bzw. Statuswort/Zeichen
RD	Daten oder Zustand lesen
WR	Daten oder Steuerinformationen schreiben
DSR	Betriebsbereitschaft
DTR	DE-Einrichtung betriebsbereit
RTS	Sendeteil einschalten
T x D	Serielle Sendedaten
T x C	Sendetakt
CTS	Sender-Freigabe
T x EMPTY	Senderegister leer
T x RDY	Sender bereit (kann Daten annehmen)
R x D	Serielle Empfangsdaten
R x C	Empfangstakt
SYNDET/BD	Synchronisationssignal/-erkennung und BREAK-Erkennung
R x RDY	Empfänger bereit (kann Daten liefern)

Im Synchronbetrieb mit interner Zeichensynchronisation werden beim Starten des Suchmodus zunächst alle Bits des Empfangsschieberegisters auf 0 gesetzt. Bei Programmierung auf Doppel-SYNC-Zeichen werden diese als Einheit behandelt. Durch diese Vorkehrungen wird die Gefahr wesentlich verringert, dass fälschlich das Eintreten der Zeichensynchronisation gemeldet wird.

Solange der Baustein nicht über den Eingang CS freigegeben ist, sind die Signale an den Eingängen RD und WR ohne Einfluss auf die inneren Abläufe.

Der Status des Bausteins kann jederzeit abgefragt werden. Die Statusinformation ändert sich nicht während des Lesezyklus.

Der Baustein erzeugt keine Störimpulse an seinen Ausgängen und hat bessere statische und dynamische Eigenschaften, was eine höhere Arbeitsgeschwindigkeit und größere Toleranzen ermöglicht. Es kann mit einer Übertragungsgeschwindigkeit zwischen 0 und 64 KBaud (Bit/s) gearbeitet werden.

Für die serielle Datenübertragung mit einem Mikroprozessor muss der Sender die vom Mikroprozessor in Paralleldarstellung gelieferten Zeichen in den zu sendenden seriellen Datenstrom überführen, und der Empfänger muss aus dem empfangenen seriellen Datenstrom zum Abholen durch den Mikroprozessor Zeichen in Paralleldarstellung erzeugen. Das Umwandeln von Parallel- in Seriendarstellung im Sender erfolgt durch das Sendeschieberegister, das Umwandeln von Serien- in Paralleldarstellung im Empfänger durch das Empfangsschieberegister. Um dem Mikroprozessor mehr Freizügigkeit für den Zeitpunkt zu geben, zu dem er ein Zeichen an den Sender übergibt und ein Zeichen aus dem Empfänger abholt, enthält der Sender außerdem noch ein Sendeparallelregister und der Empfänger ein Empfangsparallelregister. Der Mikroprozessor übergibt Zeichen immer an das Sendeparallelregister, und der Sender holt es von dort in das Sendeschieberegister, sobald er das vorhergehende Zeichen ausgesendet hat. Entsprechend gelangt das empfangene Zeichen im Empfänger zunächst in das Empfangs-schieberegister, und der Empfänger übergibt es von dort in das Empfangsparallelregister, von wo es der Mikroprozessor lesen kann.

Der Sender muss außer der Parallel-Serien-Wandlung der Zeichen noch Bits oder Zeichen, die nur für das spezielle Übertragungsverfahren benötigt werden, in den seriellen Datenstrom einfügen, und der Empfänger muss diese Bits und Zeichen wieder entfernen. Damit wird der Übertragungsweg „transparent", d. h. der Mikroprozessor muss sich nicht mit den Besonder-heiten des Übertragungsverfahrens befassen, sondern tauscht mit Sender und Empfänger nur noch einfache Zeichen aus.

Der Datenbuspuffer enthält acht bidirektionale Datentreiber in Tri-State-Technik zur Ankop-pelung an den Datenbus des Mikroprozessors. Über diese Treiber werden vom Mikropro-zessor zu sendende Zeichen, Mode-, Kommando- und SYNC-Wörter in die zugeordneten Register im Baustein eingeschrieben und empfangene Zeichen und Statuswörter aus den zugeordneten Registern ausgelesen.

Die Schreib-/Lese-Steuerung nimmt vom Systemsteuerbus Signale auf und erzeugt Steuer-signale für die internen Abläufe im Baustein. Sie enthält die Register für das Mode- und Kommandowort, mit denen die Bausteinfunktion festgelegt wird.

Ein 1-Signal am Eingang RESET bringt den USART in den inaktiven Zustand, in dem er bis zur Übergabe eines vollständigen Satzes von Steuerwörtern bleibt. Die Dauer des RESET-Impulses (1-Signal) muss mindestens sechs Taktperioden von CLK (Systemtakt) betragen.

Der über den Eingang CLK zugeführte Takt dient dazu, die internen Abläufe des Bausteins zu steuern. Normalerweise wird an dem Eingang CLK das Signal Φ_2 (TTL) des Taktgenerators gelegt. Externe Ein- oder Ausgangssignale des USART sind nicht vom Signal CLK abhängig.

Ein 0-Signal am Eingang CS gibt den USART frei. Ohne diese Freigabe werden keine Lese- und Schreibzyklen ausgeführt. Wenn der Eingang auf 1-Signal liegt, sind die Datenanschlüsse des Bausteins im hochohmigen Zustand. Die Signale an den Eingängen WR und RD beein-flussen dann nicht die Abläufe im Baustein.

Beim Einschreiben und Auslesen aus dem USART gibt das Signal C/D (Control/Data) die Art des Datenworts an. Bei C/D = 1 handelt es sich um ein Mode-, Kommando-, SYNC-oder Statuswort, bei C/D = 0 um ein Zeichen.

Ein 0-Signal am Eingang WR (Write) teilt dem USART mit, dass der Mikroprozessor ein Datenwort an den USART schickt (Mode-, Kommando-, SYNC-Wort oder -Zeichen).

Ein 0-Signal am Eingang RD (Read) teilt dem USART mit, dass der Mikroprozessor ein Datenwort vom USART erwartet (Statuswort oder Zeichen).

Tabelle 1.6 zeigt die Funktion der Signale CS, C/D, WR und RD.

Tabelle 1.6 zeigt, dass zur Ausgabe von Mode-, Kommando-, SYNC1- und SYNC2-Worte die gleichen Signale an den USART angelegt werden. Da diese Wörter jedoch in unter-schiedlichen Registern im Baustein abgespeichert werden müssen, muss sie der Baustein unterscheiden können. Die Unterscheidung erfolgt durch die Reihenfolge der Übergabe.

Abbildung 1.11 zeigt die Verbindung des USART am Mikroprozessorbus.

Der USART besitzt einen Eingang und zwei Ausgänge, die vom Mikroprozessor durch Einlesen eines Statusworts direkt abgefragt bzw. durch Ausgeben eines Kommandoworts direkt gesetzt werden können, ohne dass sie noch weitere Auswirkungen auf die Funktion

Tab. 1.6: Funktion der Signale CS, C/D, WR und RD

Signale der Anschlüsse				Datenrichtung an D0 bis D7	Art des Datenworts an D0 bis D7
CS	C/D	WR	RD		
0	0	1	0	vom USART	Zeichen
0	0	0	1	zum USART	Zeichen
0	1	1	0	vom USART	Statuswort
0	1	0	1	zum USART	Modewort
					Kommandowort
					SYNC1-Wort
					SYNC2-Wort
1	X	X	X	hochohmiger Zustand	—

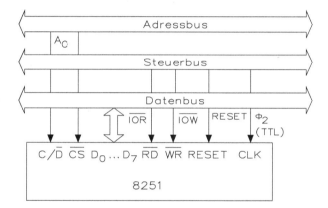

Abb. 1.11: Verbindung des USART und dem 8-Bit-Mikroprozessorbus

des Bausteins verursachen. Sie lassen sich daher für beliebige Zwecke verwenden. Die Anschlüsse sind jedoch insbesondere dafür gedacht, die Anpassung von Modems mit Hilfe entsprechender Software zu vereinfachen, und von da ergeben sich auch deren Namen.

Der Zustand des Eingangs DSR (Betriebsbereitschaft, Data Set Ready) kann über das Statuswort abgefragt werden. Der Eingang lässt sich für beliebige Zwecke verwenden. Er ist speziell für Eingabe des Signals „Betriebsbereitschaft = „Data Set Ready" vorgesehen.

Der Ausgang DTR (DE-Einrichtung betriebsbereit, Data Terminal Ready) kann über das Kommandowort gesetzt werden. Er lässt sich für beliebige Zwecke verwenden. Der Ausgang ist speziell für die Ausgabe des Signals „DE-Einrichtung betriebsbereit" = „Data Terminal Ready" vorgesehen.

Der Ausgang RTS (Sendeteil einschalten, Request to Send) kann über das Kommandowort gesetzt werden. Er lässt sich für beliebige Zwecke verwenden. Der Ausgang ist speziell für die Signale „Sendeteil einschalten" = „Request to Send" vorgesehen.

1.1.4   Sender- und Empfängerbetrieb eines USART

Der Sender übernimmt Zeichen in Paralleldarstellung vom Sendeparallelregister in das Sendeschieberegister und sendet sie zusammen mit den je nach Übertragungsverfahren zusätzlich
erforderlichen Bits oder Zeichen über den Ausgang für die seriellen Sendedaten T x D als
seriellen Datenstrom aus. Der Sender wird von der Sendesteuerung gesteuert. Der Ausgang
T x D des Senders ist nach Anlegen eines RESET-Impulses immer dann auf 1-Signal, solange
keine Zeichen gesendet werden und nicht BREAK-Zustand programmiert ist.

Die Sendesteuerung steuert alle mit dem Senden serieller Daten zusammenhängenden Vorgänge. Zur Wahrnehmung dieser Funktion tauscht sie Signale aus, sowohl intern mit den anderen Funktionsblöcken des Bausteins, als auch extern mit außerhalb des Bausteins liegenden
Einheiten.

Die zeitlichen Verhältnisse bei der Ausgabe von Zeichen durch den Sender werden durch den
von außen angelegten Sendetakt bestimmt. Die Sendesteuerung leitet von diesem Sendetakt
über einen Frequenzteiler, der mit dem Modewort wahlweise auf das Teilverhältnis 1, 16
oder 64 eingestellt werden kann, den Takt für den Bitwechsel am Ausgang für die seriellen
Sendedaten T x D ab. Bei Synchronbetrieb ist das Teilverhältnis automatisch 1, bei Asynchronbetrieb kann es unter den genannten Möglichkeiten frei gewählt werden.

Der Eingang T x C (Sendetakt, Transmitter Clock) dient zur Zuführung des Sendetakts. Der
Sendetakt bestimmt zusammen mit dem über das Modewort programmierten Teilverhältnis
die Übertragungsgeschwindigkeit des gesendeten Signals. Der Bitwechsel am Ausgang für
die seriellen Sendedaten T x D erfolgt mit fallenden Flanken des Sendetakts T x C.

Mit 1-Signal am Eingang CTS (Sender-Freigabe, Clear to Send) wird der Sender gesperrt.
Falls der Sender beim Anlegen des Sperrpegels gerade arbeitet, wird das Sperren erst wirksam,
nachdem alle vor dem Anlegen des Sperrpegels an den Baustein übergebenen Zeichen ausgesendet wurden. Mit 0-Signal am Eingang CTS wird der Sender freigegeben, falls gleichzeitig
als zweite Bedingung das T x ENABLE-Bit im Kommandoregister auf 1 steht.

Der Ausgang T x EMPTY (Senderegister leer, Transmitter Empty) meldet mit 1-Signal, dass
sowohl im Sendeparallelregister als auch im Sendeschieberegister kein Zeichen mehr zum
Senden vorhanden ist. Sobald der Baustein ein neues Zeichen vom Mikroprozessor erhalten
hat, geht der Ausgang T x EMPTY wieder auf 0-Signal. Die beschriebene Funktion dieses
Ausgangs hängt nicht davon ab, ob der Sender freigegeben oder gesperrt ist. Der Ausgang
T x EMPTY zeigt damit das Ende eines zusammenhängenden Blocks von gesendeten Zeichen
an und kann dazu benutzt werden, bei Halbduplexbetrieb die Senderichtung umzukehren.
Bei Synchronbetrieb werden, falls kein zu sendendes Zeichen im Baustein vorhanden ist,
automatisch SYNC-Zeichen als Füllzeichen eingefügt. In diesem Fall bedeutet 1-Signal
am Ausgang T x EMPTY, dass die Senderegister leer sind und deshalb das automatische
Senden von SYNC-Zeichen unmittelbar bevorsteht oder schon läuft. Während des Sendens
von SYNC-Zeichen behält der Ausgang T x EMPTY ein 1-Signal. Abbildung 1.12 zeigt die
Arbeitsweise.

Der Ausgang T x RDY (Sender bereit, Transmitter Ready) meldet mit 1-Signal dem Mikroprozessor, dass das Sendeparallelregister leer und damit für die Annahme eines zu sendenden Zeichens bereit ist. Sobald wieder ein Zeichen im Sendeparallelregister steht, geht der
Ausgang auf 0-Signal. Falls der Sender jedoch durch Rücksetzen des T x ENABLE-Bits
im Kommandoregister gesperrt ist, bleibt der Ausgang T x RDY immer auf 0-Signal. Der

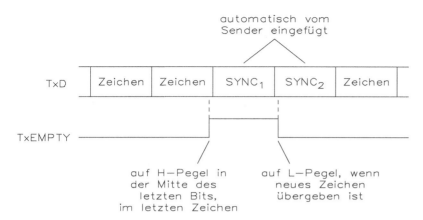

Abb. 1.12: Arbeitsweise eines synchronen Sendebetriebs

Ausgang T x RDY kann zum Auslösen von Interrupt benutzt werden. Wenn der Sender über das T x ENABLE-Bit im Kommandoregister gesperrt ist, ist gleichzeitig das Anfordern von Interrupt über den Ausgang T x RDY blockiert.

Der Empfänger nimmt den seriellen Datenstrom über den Eingang für die seriellen Empfangsdaten R x D auf, tastet ihn ab, gibt die einzelnen Bits in das Empfangsschieberegister, trennt die nur für das spezielle Übertragungsverfahren bedeutsamen Bits oder Zeichen ab und übergibt die vollständigen Zeichen zum Abholen durch den Mikroprozessor an das Empfangsparallelregister. Der Empfänger wird von der Empfangssteuerung gesteuert.

Die Empfangssteuerung steuert alle mit dem Empfang serieller Daten zusammenhängenden Vorgänge. Zu diesem Zweck tauscht sie Signale aus, sowohl intern mit anderen Funktionsblöcken des USART, als auch extern mit außerhalb des Bausteins liegenden Einheiten.

Die zeitlichen Verhältnisse beim Abtasten von Zeichen durch den Empfänger werden durch den von außen angelegten Empfangstakt bestimmt. Die Empfangssteuerung leitet von diesem Empfangstakt über einen Frequenzteiler, der mit dem Modewortwahlweise auf das Teilverhältnis 1, 16 oder 64 eingestellt werden kann, den Takt für das Abtasten der Bits am Anschluss für die seriellen Empfangsdaten R x D ab. Bei Synchronbetrieb ist das Teilverhältnis automatisch 1, bei Asynchronbetrieb kann es unter den genannten Möglichkeiten frei gewählt werden.

Die Empfangssteuerung unterbindet bei Asynchronbetrieb durch zwei Prüfschaltungen das unerwünschte Anlaufen des Empfängers durch Störungen. Die erste Prüfschaltung verhindert, dass der Empfänger nach einem RESET-Impuls den durch eine offene Leitung am Eingang R x D hervorgerufenen Pegel als Anlaufschritt eines Zeichens interpretiert. Der Empfänger wird nach einem RESET-Impuls erst freigegeben, nachdem am Eingang für die seriellen Empfangsdaten R x D ein 1-Signal festgestellt wurde. Der nächste Übergang auf 0-Signal wird dann als Beginn eines Anlaufschritts erkannt. Die zweite Prüfschaltung verhindert, dass der Empfänger fälschlich einen Störimpuls als Anlaufschritt eines Zeichens interpretiert. Zu diesem Zweck wird immer dann, wenn ein Anlaufschritt erwartet wird, nach einem 1-0-Übergang am Eingang R x D noch einmal im Abstand einer halben Bitzeit des Signals geprüft. Wird dabei 0-Signal gefunden, handelt es sich um einen Anlaufschritt, und die Abtastung des

Zeichens beginnt. Wird dagegen 1-Signal gefunden, handelt es sich um einen Störimpuls, und der Empfänger wartet weiter auf einen einwandfreien Anlaufschritt.

Auch wenn ein Zeichen vom Empfänger bereits abgetastet ist, können noch Fehler festgestellt werden. Die Empfangssteuerung prüft auf drei Arten von Fehlern. Ein Paritätsfehler PE (Parity Error) liegt vor, wenn der Baustein auf Betrieb mit Paritätsbit programmiert ist und die Prüfung auf (je nach Programmierung) gerade oder ungerade Parität einen Fehler ergibt. Ein Sperrschrittfehler FE (Frame Error), der nur bei Asynchronbetrieb auftreten kann, liegt vor, wenn bei der Abtastung des Sperrschritts eines Zeichens 1-Signal gefunden wird. Ein Überlauffehler OE (Overrun Error) liegt vor, wenn der Empfänger ein neues Zeichen in das Empfangsparallelregister übergeben hat, bevor der Mikroprozessor das alte Zeichen von dort abgeholt hat. Bei Auftreten der genannten Fehler setzt die Empfangssteuerung die entsprechenden Fehlerbits im Statusregister, die dann der Mikroprozessor durch Einlesen des Statusworts abfragen kann. Die Fehlerbits lassen sich durch Ausgabe eines Kommandoworts rücksetzen. Das Auftreten von Fehlern beeinflusst darüber hinaus nicht die Arbeit des Empfängers.

Der Eingang R x C (Empfangstakt, Receiver Clock) dient zur Zuführung des Empfangstakts. Der Empfangtakt bestimmt zusammen mit dem über das Modewort programmierte Teilverhältnis die Abtastfrequenz des empfangenen Signals. Die Abtastung des Signals am Eingang R x D erfolgt mit ansteigenden Flanken des Empfangstakts T x C.

Der Anschluss SYNDET/BD (Synchronisationssignal/-erkennung und BREAK-Erkennung, SYNC-/BREAK-Detect) hat je nach programmierter Betriebsart des USART unterschiedliche Funktionen und kann dabei entweder als Ein- oder Ausgang arbeiten. Nach einem RESET-Impuls ist der Anschluss als Ausgang geschaltet und auf 0-Signal gesetzt. Die drei unterschiedlichen Funktionen des Anschlusses in den einzelnen mit dem Modewort programmierten Betriebsarten sind folgende:

Bei Programmierung des USART für Synchronbetrieb mit interner Zeichensynchronisation (d. h. Zeichensynchronisation mit Hilfe von SYNC-Zeichen) arbeitet der Anschluss SYNDET/BD als Ausgang. Er nimmt 1-Signal an, wenn der Empfänger bei Programmierung auf Einfach-SYNC-Zeichen das festgelegte SYNC-Zeichen und bei Programmierung auf Doppel-SYNC-Zeichen beide festgelegten SYNC-Zeichen eingelesen hat. Der genaue Zeitpunkt für den Übergang auf 1-Signal an Anschluss SYNDET/BD ist die Mitte des letzten Zeichenbits, falls nicht auf Paritätsbit programmiert wurde, bzw. die Mitte des Paritätsbits, falls auf Paritätsbit programmiert wurde. Bei Einlesen des Statusworts durch den Mikroprozessor wird der Ausgang SYNDET/ BD auf 0-Signal rückgesetzt.

Bei Programmierung des USART für Synchronbetrieb mit externer Zeichensynchronisation (d. h. Zeichensynchronisation mit Hilfe eines besonderen Steuersignals) arbeitet der Anschluss SYNDET/BD als Eingang für das Synchronisationssignal. Nach einer positiven Signalflanke an diesem Eingang beginnt der Empfänger mit dem Abtasten des Eingangs R x D, wobei das erste Bit mit der folgenden ansteigenden Flanke von R x C abgetastet wird. Zum Starten des Empfängers muss mindestens für die Dauer einer Periode von R x C ein 1-Signal an den Eingang SYNDET-BD gelegt werden, dann darf das Signal wieder auf 0-Signal gehen.

Bei Programmierung des USART für Asynchronbetrieb arbeitet der Anschluss SYNDET/BD als Ausgang. Er nimmt 1-Signal an, wenn beim Abtasten des Signals am Eingang R x D im Anlaufschritt, in den Datenbits, im Paritätsbit und im ersten Bit des Sperrschritts einheitlich

0-Signal angetroffen wird. Das entspricht dem BREAK-Zustand der Leitung. Der Ausgang wird zurückgesetzt, wenn der Eingang R x D wieder auf 1-Signal geht.

Der Ausgang R x RDY (Empfänger bereit, Receiver Ready) meldet mit 1-Signal dem Mikroprozessor, dass im Empfangsparallelregister ein neues Zeichen steht, das vom Mikroprozessor abgeholt werden kann. Sobald der Mikroprozessor das Zeichen abgeholt hat, geht der Ausgang wieder auf 0-Signal. Falls der Empfänger jedoch über das R x ENABLE-Bit im Kommandowort gesperrt ist, bleibt der Ausgang immer auf 0-Signal.

Der Ausgang R x RDY kann zum Auslösen von Interrupt benutzt werden. Wenn der Empfänger über das R x ENABLE-Bit im Kommandoregister gesperrt ist und gleichzeitig das Anfordern eines Interrupts über den Ausgang R x RDY blockiert.

1.1.5 Programmierung eines USART

Bevor der USART nach dem Anlegen eines RESET-Impulses Zeichen senden und empfangen kann, muss er durch Übergabe von Steuerwörtern für die vorgesehene Betriebsart programmiert werden. Je nach Betriebsart sind dazu zwei bis vier Bytes vom Mikroprozessor zu übergeben. Es sind dies das Mode-Wort, bei Synchronbetrieb. Die Codes von bis zu zwei SYNC-Zeichen, und das Kommandowort. Diese Worte werden in Registern des USART gespeichert, um jederzeit zur Verfügung zu stehen.

Anschließend können Zeichen gesendet und empfangen werden. Dazu übergibt der Mikroprozessor dem USART die Zeichen in Paralleldarstellung und holt Zeichen in Paralleldarstellung ab. Um den Zustand des USART festzustellen, kann der Mikroprozessor jederzeit ein Statuswort vom USART einlesen.

Bei der Übergabe der Steuerworte an den USART lässt sich aus den Signalen am Baustein nicht erkennen, ob es sich um das Mode-, SYNC1-, SYNC2- oder Kommandowort handelt. Es muss jedoch sichergestellt werden, dass die einzelnen Steuerworte in die richtigen ihnen zugeordneten Register im USART geschrieben werden. Zu diesem Zweck ist für die Übergabe der Steuerworte eine bestimmte Reihenfolge festgelegt, und der USART erkennt daraus die Art des Steuerworts. Aus Tab. 1.7 geht die festgelegte Reihenfolge hervor.

Tab. 1.7: Typischer Datenblock bei der Initialisierung des USART

Modewort zum USART
SYNC1-Wort zum USART [1]
SYNC2-Wort zum USART [1] [2]
Kommandowort zum USART
Zeichen vom/zum Statuswort vom USART
...
Kommandowort zum USART
Zeichen vom/zum Statuswort vom USART

1) entfällt bei Programmierung auf Asynchronbetrieb
2) entfällt bei Programmierung auf Einfach-SYNC-Zeichen

Nach Anlegen eines RESET-Impulses ist der USART deaktiviert. Der Baustein erwartet zunächst die Übergabe eines Modeworts. Aus Bit D0 und D1 dieses Worts entnimmt der Baustein, ob Asynchron- oder Synchronbetrieb gewählt wird. Bei Synchronbetrieb (D0 = 0, D1 = 0) erwartet der Baustein als nächstes den Code des SYNC1-Zeichens. Soll mit Doppel-SYNC-Zeichen gearbeitet werden, was der Baustein aus Bit D7 = 0 im Modewort erkennt, erwartet er anschließend den Code des SYNC2-Zeichens. Das nächste übergebene Steuerwort wird als Kommandowort interpretiert. Je nach Inhalt des Modeworts gibt es Fälle, dass der USART bereits nach dem Modewort oder nach dem SYNC1-Wort das Kommandowort erwartet. Nach der Übergabe des Kommandoworts erfolgt im Allgemeinen die Zeichenübertragung, wobei der Mikroprozessor Zeichen und Statusworte aus dem USART ausliest und Zeichen an ihn abgibt. Während der Zeichenübertragung kann das Kommandowort jederzeit geändert werden. Will man die Betriebsart wechseln, so kann man dem USART durch ein Bit ein Kommandowort mitteilen, dass das nächste Steuerwort wieder ein Modewort sein wird.

Wenn die im Ablaufplan angegebene Reihenfolge der Steuerworte nicht eingehalten wird, werden die Steuerworte vom USART falsch interpretiert. Werden weniger Steuerworte als für die vorgesehene Betriebsart erforderlich übergeben, können keine Zeichen übertragen werden.

Mit dem Modewort wird die Betriebsart und der Aufbau der seriellen Zeichen für den USART festgelegt.

Bit D0 und D1 (B1, B2 = Baud Rate): Mit den Bits D0 und D1 wird zwischen Asynchron- und Synchronbetrieb gewählt und das Verhältnis zwischen Sendetakt-/Empfangstakt-Frequenz und Bitwechsel-/Abtast-Frequenz (Baudrate) festgelegt. Die Angaben gelten gemeinsam für Sender und Empfänger.

Bit D2 und D3 (L1, L2 = Length): Mit Bit D2 und D3 wird die Länge der Zeichen festgelegt. Die Angabe gilt gemeinsam für Sender und Empfänger. Der Sender verwendet die angegebene Zahl von Bits aus dem vom Mikroprozessor übergebenen Zeichenwort, ausgehend vom niederstwertigen Bit, und lässt die nicht benötigten höchstwertigen Bits unberücksichtigt. Der Empfänger übergibt die angegebene Zahl von Bits rechtsbündig zusammen mit Nullen in den nicht belegten höchstwertigen Bits als Zeichenwort an den Mikroprozessor.

Bit D4 (PEN = Parity Enable): Mit Bit D4 wird festgelegt, ob der Sender ein Paritätsbit zu dem Zeichen zufügen und der Empfänger ein Paritätsbit abtasten und die Parität prüfen soll. Das Paritätsbit ist bei der mit Bit D2 und D3 des Modeworts festgelegten Zeichenlänge nicht mitgezählt und für den Mikroprozessor nicht zugänglich.

Bit D5 (EP = Even Parity): Falls mit Bit D4 ein Paritätsbit festgelegt wurde, kann man mit Bit D5 bestimmen, ob beim Einfügen des Paritätsbits durch den Sender und beim Prüfen des Paritätsbits durch den Empfänger ungerade oder gerade Parität zugrunde gelegt werden soll.

Bit D6 und D7 (S1, S2 = Stop-Bits, ESD = External SYNC Detection, SCS = Single Character Synchronization): Die Funktion von Bit D6 und D7 hängt davon ab, ob mit Bit D0 und D1 Asynchron- oder Synchronbetrieb gewählt wurde. Bei Asynchronbetrieb bestimmen Bit D6 und D7 (S1, S2 = Stop-Bits) die Länge des Sperrschritts beim Sender. Der Empfänger benötigt in jedem Fall nur einen Sperrschritt mit der Dauer eines Bits.

Bei Synchronbetrieb wählt man mit Bit D6 (ESD = External SYNC Detection) zwischen interner und externer Zeichensynchronisation. Mit Bit D7 (SCS = Single Character Synchronization) wird festgelegt, ob zur Zeichensynchronisation bei interner Synchronisation und zum Auffüllen von Pausen Einfach- oder Doppel-SYNC-Zeichen verwendet werden sollen.

Mit dem Kommandowort werden Sender und Empfänger freigegeben bzw. gesperrt und verschiedene Hilfsfunktionen gesteuert.

Bit D0 (T x ENABLE = Transmitter Enable): Mit Bit D0 kann der Sender software-mäßig gesperrt werden. Falls der Sender bei Übergabe des Sperrkommandos gerade arbeitet, wird das Sperren erst wirksam, nachdem alle vor dem Sperrkommando übergebenen Zeichen ausgesendet sind. Über das Bit D0 kann der Sender auch freigegeben werden, falls als zweite Bedingung der Eingang CTS auf 0-Signal liegt.

Bit D1 (DTR = Data Terminal Ready): Mit Bit D1 kann der Ausgang DTR gesetzt werden, ohne dass das weitere Auswirkungen für die Arbeit des Bausteins hat. Es ist zu beachten, dass der Wert des Bits DTR und das Signal am Ausgang DTR zueinander invers sind (Bit DTR = 1 ergibt Ausgang DTR = 0).

Bit D2 (R x ENABLE = Receiver Enable): Mit Bit D2 kann der Empfänger software-mäßig gesperrt und wieder freigegeben werden. Genauer gesagt wird damit der Ausgang R x RDY, der für Interrupt benutzt wird, aktiviert und deaktiviert. Bei D2 = 0 hat der Ausgang R x RDY immer 0-Signal, so dass nie ein Interrupt ausgelöst werden kann. Ist D2 = 1, so geht der Ausgang R x RDY auf 1-Signal, sobald ein Datenwort zum Abholen durch den Mikroprozessor bereitsteht. Den Empfänger selbst kann man nicht richtig ausschalten, er tastet laufend das am Eingang R x D anliegende Signal ab. Deshalb ist es möglich, dass nach Ausgabe von D2 = 1 sofort ein Interrupt kommt, da vorher bereits ein Zeichen eingelesen wurde.

Bit D3 (SBRK= Send BREAK): Mit Bit D3 kann der Ausgang T x D in den BREAK-Zustand (0-Signal) gebracht werden.

Bit D4 (ER = Error Reset): Mit Bit D4 können die drei Fehlerbits im Statusregister einmalig rückgesetzt werden.

Bit D5 (RTS = Read to Send): Mit Bit D5 kann der Ausgang RTS gesetzt werden, ohne dass das weitere Auswirkungen für die Arbeit des Bausteins hat. Es ist zu beachten, dass der Wert des Bits RTS und der Pegel am Ausgang RTS zueinander invers sind (Bit RTS = 1 ergibt Ausgang RT = 0).

Bit D6 (IR = Initialization Request): Mit D6 kann dem Baustein mitgeteilt werden, dass das nächste Steuerwort ein Modewort sein wird. Diese Möglichkeit ist deshalb erforderlich, weil alle Steuerworte dem Baustein mit den gleichen Signalen übergeben werden. Die Übergabe eines neuen Modeworts wird nötig, wenn man die Betriebsart oder den Aufbau der seriellen Zeichen ändern möchte.

Bit D7 (EH = Enter Hunt Mode): Mit Bit D7 kann der Baustein im Synchronbetrieb in den Suchmode gebracht werden, in dem er auf Zeichensynchronisation wartet. Beim Asynchronbetrieb hat der Suchmode keine Auswirkung.

Aus dem Statuswort kann der Mikroprozessor den Zustand einer Reihe von Bausteinanschlüssen und das Auftreten von Fehlern bei empfangenen Zeichen feststellen. Das Statuswort darf jederzeit abgefragt werden. Während des Einlesens des Statusworts wird der Inhalt des Statusregisters nicht geändert. Es kann bis zu 28 Taktperioden von CLK dauern, bis eine Änderung des Bausteinstatus ins Statusregister möglich ist.

Bit D0 (T x RDY = Transmitter Ready): Bit D0 zeigt an, ob das Sendeparallelregister leer ist und der Mikroprozessor daher ein neues Zeichen an den Baustein übergeben kann. Im Gegensatz zum Ausgang T x RDY ist das Bit T x RDY nicht mit dem Eingangssignal CTS und dem Bit T x ENABLE im Kommandoregister verknüpft (Ausgang T x RDY = Bit T x RDY ∧ CTS ∧ Bit T x ENABLE).

Das Bit D0 des Statusworts erlaubt die Zusammenarbeit zwischen Mikroprozessor und USART nach dem Abfrageverfahren (polling) anstelle des Interrupt-Verfahrens mit Hilfe des Ausgangs T x RDY. Nach dem Einlesen des Statusworts erkennt der Mikroprozessor an Bit D0 = 1, dass er ein neues zu sendendes Zeichen an den USART ausgeben kann.

Bit D1 (R x RDY=Receiver Ready): Das Bit D1 zeigt an, ob das Empfangsparallelregister ein Zeichen zum Abholen durch den Mikroprozessor enthält. Das Bit liefert logisch genau die gleiche Aussage wie der Ausgang R x RDY.

Das Bit D1 des Statusworts erlaubt die Zusammenarbeit zwischen Mikroprozessor und USART nach dem Abfrageverfahren (polling) anstelle des Interrupt-Verfahrens mit Hilfe des Ausgangs R x RDY. Nach dem Einlesen des Statusworts erkennt der Mikroprozessor an Bit D1 = 1, dass er ein empfangenes Zeichen aus dem USART abholen kann.

Bit D2 (T x EMPTY = 2 Transmitter Empty): Das Bit D2 zeigt an, ob beide Senderegister leer sind, d. h. ob der Sender kein Zeichen mehr zum Senden enthält. Das Bit liefert logisch genau die gleiche Aussage wie der Ausgang T x EMPTY.

Bit D3 (PE = Parity Error): Das Bit D3 zeigt an, ob seit dem letzten Rücksetzen des Bits mit einem Kommandowort ein Paritätsfehler bei den empfangenen Zeichen festgestellt wurde. Das Auftreten dieses Fehlers beeinflusst nicht die Arbeit des Empfängers. Das Bit D3 kann mit einem entsprechenden Kommandowort rückgesetzt werden.

Bit D4 (OE = Overrun Error): Das Bit D4 zeigt an, ob seit dem letzten Rücksetzen des Bits mit einem Kommandowort ein Zeichen im Empfangsparallelregister von einem neuen Zeichen überschrieben und damit verlorengegangen ist. Dieser Fehler tritt dann auf, wenn der Mikroprozessor ein Zeichen nicht rechtzeitig abholt. Das Auftreten dieses Fehlers beeinflusst nicht die Arbeit des Empfängers. Das Bit D4 kann mit einem entsprechenden Kommandowort rückgesetzt werden.

Bit D5 (FE = Frame Error): Das Bit D5 zeigt an, ob seit dem letzten Rücksetzen des Bits mit einem Kommandowort ein Zeichen empfangen wurde, bei dem bei Abtastung des Sperrschritts nicht 0-Signal gefunden wurde. Das Auftreten dieses Fehlers beeinflusst nicht die Arbeit des Empfängers. Das Bit D5 kann mit einem entsprechenden Kommandowort rückgesetzt werden.

Bit D6 (SYNDET/BD = SYNC/BREAK-Detection): Das Bit D6 hat den dem Pegel des Anschlusses SYNDET/BD entsprechenden Wert. Bei Synchronbetrieb mit externer Zeichensynchronisation zeigt das Bit das Auftreten von SYNC-Zeichen, bei Asynchronbetrieb das Auftreten des BREAK-Zustands am Eingang R x D an.

Bit D7 (DSR = Data Set Ready): Über Bit D7 kann der Pegel am Eingang DSR, der sonst keine weiteren Auswirkungen hat, abgefragt werden. Es ist zu beachten, dass der Pegel am Eingang DSR und der Wert des Bits DSR zueinander invers sind. (Eingang DSR = 0 ergibt Bit DSR = 1).

1.1.6   USART im Asynchron- und Synchronbetrieb

Nach dem Festlegen der Betriebsart durch Übergabe des Modeworts fängt der Empfänger sofort mit dem Abtasten des Signals am Eingang für die seriellen Empfangsdaten R x D an. Der Empfänger selbst kann nicht ausgeschaltet werden. Auch die Prüfschaltungen für Zeichenfehler arbeiten ständig und setzen die Fehlerbits im Statuswort. Das mit dem Kommandowort übergebene Steuerbit R x ENABLE hat nur die Funktion, das Signal am Ausgang R x RDY und im Statuswort das Bit R x RDY zu aktivieren oder zu deaktivieren. Es soll für das folgende angenommen werden, dass im Kommandoregister das Bit R x ENABLE auf 1 gesetzt ist. Da vor dem Aktivieren des Empfängers bei empfangenen Zeichen bereits Fehler aufgetreten sein könnten, sollten zunächst die Fehlerbits im Statusregister zurückgesetzt werden. Abbildung 1.13 zeigt die Impulsfolge für den Asynchronbetrieb.

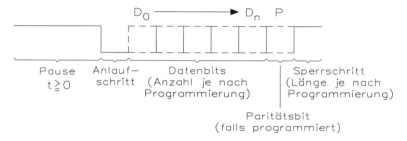

Abb. 1.13: Impulsfolge beim Asynchronbetrieb

Der Eingang R x D liegt normalerweise auf 1-Signal. Der Empfänger wartet zunächst auf den Anlaufschritt eines Zeichens, den er dann akzeptiert, wenn eine fallende Signalflanke auftritt und eine halbe Bitzeit danach 0-Signal gefunden wird. Nach einem gültigen Anlaufschritt tastet der Empfänger zunächst die programmierte Anzahl von Zeichenbits ab, anschließend (falls programmiert) das Paritätsbit. Die Abtastung erfolgt mit ansteigenden Flanken des Empfangstakts R x D ungefähr in Bit-Mitte. Der Empfänger prüft die Parität und den Sperrschritt und setzt im Fehlerfall das Paritäts- bzw. Sperrschritt-Fehler-Bit im Statuswort. Nachdem das Zeichen vollständig empfangen ist, wird es in das Empfangsparallelregister übergeben. Der Ausgang R x RDY geht auf 1-Signal und im Statuswort das Bit R x RDY auf 1, und daraus kann der Mikroprozessor erkennen, dass ein Zeichen zum Abholen bereit ist. Wenn der Mikroprozessor das vorhergehende Zeichen noch nicht abgeholt hat, wird es im Empfangsparallelregister vom nächsten Zeichen überschrieben und ist verloren. In diesem Fall wird das Bit für Überlauffehler im Statusregister gesetzt. Das Auftreten der genannten Fehler beeinflusst nicht das Arbeiten des Bausteins. Die Fehlerbits können durch Einlesen des Statusworts vom Mikroprozessor abgefragt und durch Übergabe eines entsprechenden Kommandoworts rückgesetzt werden.

Der Abtastzeitpunkt für die Bits wird bei Asynchronbetrieb digital bestimmt. Es ist zu diesem Zweck erforderlich, dass die Frequenz des Empfangstakts ein Vielfaches (programmierbar 16 oder 64) der Baudrate ist. Die Empfangs-Steuerung enthält einen Zähler, der durch Programmierung auf das Teilverhältnis 16 bzw. 64 geschaltet werden kann und auf dessen Takteingang der Empfangstakt liegt. Dieser Zähler wird mit dem Anlaufschritt eines Zeichens rückgesetzt (synchronisiert). Immer wenn der Zähler die mittlere Stellung, d. h. $16/2 = 8$ bzw. $64/2 = 32$ erreicht hat, liefert er einen Abtastimpuls. Es ist leicht einzusehen, dass bei Asynchronbetrieb dieses Verfahren der digitalen Bitsynchronisation nicht mehr funktioniert, wenn die Frequenz des Empfangstakts gleich der Baudrate ist. Wenn man jedoch dafür sorgt, dass die Takte für Sender und Empfänger an den beiden Enden einer Übertragungsstrecke völlig synchron sind, kann man auch die Frequenz des Empfangstakts gleich der Baudrate verwenden. In diesem Fall spricht man von ISO-Synchronbetrieb.

Der Ausgang beim Senden des Synchronbetriebs für die seriellen Sendedaten T x D hat nach einem RESET-lmpuls bis zum Senden des ersten Zeichens ein 1-Signal. Nachdem das Mode- und die SYNC-Worte übergeben sind, der CTS-Eingang auf 0-Signal gelegt und das Bit $D0 = T x ENABLE$ im Kommandoregister auf 1 gesetzt ist, ist der Sender bereit. Wenn der Mikroprozessor vorher noch kein Zeichen übergeben hat, werden zunächst automatisch SYNC-Zeichen ausgesendet. Der Mikroprozessor darf immer dann ein Zeichen zum Senden an den USART übergeben, wenn der Ausgang T x RDY auf 1-Signal oder im Statuswort Bit $D0 = T x RDY$ auf 1 ist.

Sobald der USART ein Zeichen vom Mikroprozessor erhalten hat, und das vorhergehende Zeichen vollständig übertragen hat, sendet er das neue Zeichen über den Ausgang T x D aus. Die Zeichenübertragung beginnt mit dem niederwertigen Bit, dann folgen die weiteren Zeichenbits entsprechend der programmierten Zeichenlänge, abschließend kommt – falls auf Paritätsbit programmiert ist – das Paritätsbit. Der Bitwechsel am Ausgang T x D erfolgt mit jeder fallenden Flanke des Sendetakts T x C. Wenn kein Zeichen zum Senden bereit steht, werden automatisch SYNC-Zeichen ausgesendet. Abbildung 1.14 zeigt die Impulsfolge für den Synchronbetrieb.

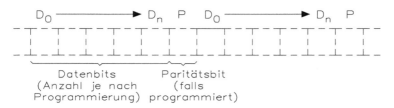

Abb. 1.14: Impulsfolge im Synchronbetrieb

Bei Synchronbetrieb für das Empfangen von Daten kann man zwischen interner und externer Zeichensynchronisation wählen. In beiden Fällen muss der Baustein nach Übergabe des Mode- und der SYNC-Worte zunächst durch Übergabe eines entsprechenden Kommandoworts in den Suchmode gebracht werden. Zweckmäßigerweise setzt man dabei auch gleich im Kommandoregister das R x ENABLE-Bit, damit dem Mikrocomputer über den Ausgang R x RDY bzw. das Bit R x RDY im Statuswort gemeldet wird, wenn ein Zeichen zum Abholen bereit ist. Da durch vorher empfangene Zeichen bereits die Fehlerbits im Statuswort gesetzt sein können, sollte man sie auch gleich mit dem Kommandowort rücksetzen.

Bei Wahl der internen Zeichensynchronisation tastet der Empfänger im Suchmode das Signal am Eingang R x D jeweils mit ansteigenden Flanken des Empfangstakts R x C ab und vergleicht nach dem Abtasten jedes neuen Bits die letzten abgetasteten Bits mit dem festgelegten SYNC1-Zeichen. Eine Paritätsprüfung wird während des Suchmodes nicht durchgeführt.

Wenn der Baustein für Einzel-SYNC-Zeichen programmiert ist, ist der Suchmode beendet, sobald sich beim Vergleich Gleichheit ergibt. Wenn der Baustein jedoch für Doppel-SYNC-Zeichen programmiert ist, wird anschließend noch geprüft, ob das nächste eingelesene Zeichen mit dem festgelegten SYNC2-Zeichen gleich ist, erst dann ist der Suchmode beendet. Der Ausgang SYNDET/BD geht auf 1-Signal, sobald das bzw. die beiden SYNC-Zeichen gefunden sind, und geht auf 0-Signal mit dem Einlesen des Statusworts. Auch nach Beendigung des Suchmodes werden die ankommenden Zeichen weiterhin mit den vorgegebenen SYNC-Zeichen verglichen – wobei allerdings die Zeichengrenzen durch die erreichte Zeichensynchronisation festliegen – und beeinflussen den SYNDET/BD-Ausgang und das SYNDET/BD-Bit im Statusregister. Wenn also beim Einlesen des Statusworts zweimal hintereinander SYNDET/BD = 1 gefunden wird, kann man daraus schließen, dass in der Zwischenzeit mindestens einmal das SYNC-Zeichen bzw. das Doppel-SYNC-Zeichen empfangen wurde. Wenn die Zeichensynchronisation im Laufe der Zeit verloren gegangen ist, kann der Mikroprozessor den Empfänger wieder in den Suchmode bringen. Mit dem Starten des Suchmodes werden automatisch alle Bits im Empfangsschieberegister auf 1 gesetzt, um zu verhindern, dass durch die vorher empfangenen Bits zufällig das SYNC-Zeichen vorgetäuscht wird.

Bei Wahl der externen Zeichensynchronisation erfolgt Synchronisation über den als Eingang geschalteten Anschluss SYNDET/BD. Sobald 1-Signal an diesem Eingang anliegt (Dauer mindestens eine Taktperiode von R x C), beendet der Empfänger den Suchmode und beginnt mit dem Einlesen von Zeichen. Bei externer Zeichensynchronisation kann der Suchmode jederzeit über den SYNDET/BD-Eingang wieder gestartet werden.

Die Abtastung des seriellen Datenstroms erfolgt mit den ansteigenden Flanken des Empfangstakts R x C. Nach Eintritt der Zeichensynchronisation wird jeweils die durch die Programmierung festgelegte Anzahl von aufeinanderfolgenden Bits einem Zeichen zugeordnet. Nachdem ein vollständiges Zeichen im Empfangsschieberegister steht, wird es an das Empfangsparallelregister übergeben. Beim Auftreten eines Paritätsfehlers wird das zugehörige Fehlerbit im Statusregister gesetzt. Der Ausgang R x RDY geht auf 1-Signal und im Statusregister das Bit R x RDY auf 1, und daraus kann der Mikroprozessor erkennen, dass ein Zeichen zum Abholen bereit ist. Wenn der Mikroprozessor das vorhergehende Zeichen noch nicht abgeholt hat, wird es im Empfangsparallelregister vom nächsten Zeichen überschrieben und ist damit verloren. In diesem Fall wird das Bit für Überlauffehler im Statusregister gesetzt. Das Auftreten der genannten Fehler beeinflusst nicht das Arbeiten des Bausteins. Die Fehlerbits können durch Einlesen des Statusworts vom Mikroprozessor abgefragt und durch Übergabe eines entsprechenden Kommandoworts rückgesetzt werden.

1.1.7 USART als RS232C-Schnittstelle

Es gibt zwei Arten der Datenübertragung, die parallele und die serielle Übertragung. Die parallele Übertragung verläuft schneller und einfacher, weil ein ganzes Zeichen mit seinen acht Bits gleichzeitig über parallele Leitungen übertragen werden kann, wobei jeweils eine Leitung pro Bit zur Verfügung steht. Rechnerintern erfolgt die gesamte Kommunikation über parallele Leitungen auf dem internen Datenbus (8-, 16-, 32-, 64-, 128- und 256-Bit-Format), so dass sich ein ganzes oder auch mehrere Zeichen gleichzeitig übertragen lassen.

Eine parallele Übertragung über Verbindungskabel des Typs Centronics beispielsweise kann aus praktischen und wirtschaftlichen Gründen jedoch nur über kürzere Strecken (max. 15 m) erfolgen. Daher läuft üblicherweise die externe Datenkommunikation größtenteils seriell ab, d. h. es wird jeweils ein Bit nach dem anderen auf einer einzelnen Leitung gesendet.

Die serielle Übertragung stellt höhere Anforderungen an das Empfangs- und das Sendegerät, die „wissen" müssen, wann ein Zeichen beginnt und endet, und in welcher Reihenfolge die Bits angeordnet sind. Sender und Empfänger müssen mit der gleichen Geschwindigkeit senden und empfangen können. Man spricht hier von der Übertragungsrate, die allgemein in Bit/s (Bit pro Sekunde) angegeben wird.

Um dem Datenendgerät auf der Empfangsseite mitzuteilen, wo ein Zeichen beginnt und endet, sind weitere Bits erforderlich, und zwar ein sogenanntes Startbit und ein oder mehrere Stoppbits.

Es gibt zwei Arten der seriellen Übertragung, die asynchrone und die synchrone Übertragung. Bei asynchroner Übertragung wird jedes Zeichen jeweils für sich mit den jeweiligen Start- und Stoppbits übertragen. Der Empfänger weiß dann, dass nach jedem Startbit ein Zeichen folgt, das gedeutet werden muss. Das Stoppbit am Ende teilt mit, dass ein Zeichen vollständig übertragen wurde. Etwa 90 % bis 95 % der seriellen Datenkommunikation erfolgen asynchron.

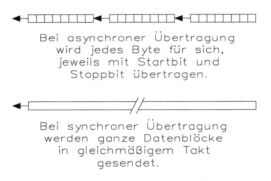

Bei asynchroner Übertragung
wird jedes Byte für sich,
jeweils mit Startbit und
Stoppbit übertragen.

Bei synchroner Übertragung
werden ganze Datenblöcke
in gleichmäßigem Takt
gesendet.

Abb. 1.15: Asynchrone und synchrone Übertragung

Bei synchroner Übertragung in Abb. 1.15 wird die gesamte Mitteilung als Block in gleichmäßigem Takt gesendet. Dieser Takt wird mit Hilfe eines Taktgenerators auf einer separaten Leitung übertragen, oder auf das eigentliche Datensignal aufmoduliert.

Die asynchrone Übertragung ist eine einfache und preisgünstige Form der Datenkommunikation. Nachteilig ist dabei im Vergleich zur synchronen Übertragung der mangelnde Wirkungsgrad, da eine asynchrone Übertragung außer dem eigentlichen Dateninhalt rund 20 % bis 25 % sogenannter Steuerbits umfasst, im Gegensatz zur synchronen Übertragung ohne Steuerbits.

Im Kommunikationsbereich werden Datenendgeräte oft als Sender bzw. Empfänger bezeichnet. Dabei können zwei Geräte, wie z. B. ein PC, Roboter oder anderes Steuersystem, natürlich Sender und Empfänger zugleich – allerdings selten gleichzeitig – sein.

Wenn die Übertragung nur in einer Richtung erfolgen soll, z. B. zwischen einem Rechner, der eine „Ein/Aus"-Anweisung zu einem Stellmotor sendet, redet man von einer Simplex-

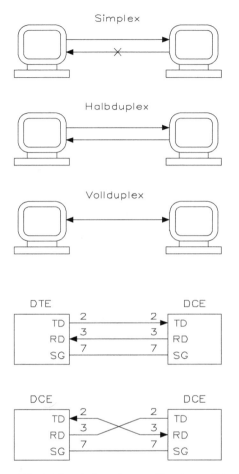

Abb. 1.16: Arbeitsweise von Simplex und Duplex

übertragung. Wenn der Motor außerdem eine Rückmeldung abgeben soll, z. B. dass er läuft und welche Drehzahl er hat, ist eine Duplexübertragung, d. h. eine Übertragung in beiden Richtungen erforderlich.

Halbduplex bedeutet, dass die kommunizierenden Geräte abwechselnd senden, d. h. die Übertragung kann in beiden Richtungen erfolgen, jedoch nicht gleichzeitig. Vollduplex bedeutet, dass eine gleichzeitige Kommunikation in beiden Richtungen möglich ist.

Zwei Abkürzungen, die man in diesem Zusammenhang öfters sieht, sind „DEE" oder „DTE" (Data Terminal Equipment) sowie „DÜE" oder „DCE" (Data Communication Equipment). DEE (DTE) steht dabei für Datenendeinrichtung und DÜE (DCE) steht für Datenübertragungseinrichtung. Datenendgeräte (DEG) können als DEE (DTE) oder DÜE (DCE) konfiguriert sein. Der RS-232-Standard schreibt 25-polige Steckverbinder vor, aber in der Praxis setzt man 9-polige SUB-Steckverbinder ein.

Für Datenendeinrichtungen wird also oft die Abkürzung DEE (DTE) benutzt, bei Modems und anderen Kommunikationsgeräten die Bezeichnung DÜE (DCE), während andere Geräte wie Multiplexer und Drucker sowohl Datenendeinrichtungen als auch Datenübertragungseinrichtungen – DEE oder DÜE – sein können. Eine Datenendeinrichtung unterscheidet sich insofern von einer Datenübertragungseinrichtung als Datensendung und -empfang auf unterschiedlichen Stiften der jeweiligen Schnittstelle erfolgen. Um übliche Fehlschaltungen zu vermeiden, ist es daher außerordentlich wichtig, die Definition der Systeme zu kennen.

Wenn man eine Datenendeinrichtung mit einer Datenübertragungseinrichtung verbindet, sendet die DEE ihre Daten auf Stift 2, während die DÜE ihre Daten auf Stift 2 empfängt, obwohl das Signal in beiden Fällen TD (Transmit Data) hat. Wenn man zwei Datenübertragungseinrichtungen zusammen schaltet, müssen zum Verbindungsaufbau Stift 2 und 3 über Kreuz verbunden sein, damit der Sender richtig die Daten zum Empfänger überträgt.

Wenn zwei oder mehrere Modems zu einem Netzwerk verbunden werden und dabei die gesendeten Informationen nicht beeinflussen, spricht man von transparenter Übertragung. Am besten beschreibt dies der Satz: „Was auf der einen Seite gesendet wird, kommt beim Empfänger genauso an". Transparent bedeutet aber auch, dass alle angeschlossenen Geräte die Nachrichten „mithören".

Der größte Teil der industriellen Netzwerke basiert auf Master-Slave-Konfigurationen. Bei diesen Systemen sendet eine Mastereinheit – oder auch mehrere – in bestimmten Abständen Nachrichten und wartet auf Antwort. Dieser Vorgang wird auch als Polling bezeichnet. Da diese Systeme transparent sind, muss jede Slaveeinheit ihre eigene Adresse aufweisen. Der Master beginnt seine gesendeten Nachrichten mit der Slaveadresse. Der jeweilige Slave erkennt seine Adresse und reagiert auf die gesendeten Daten und Befehle. Ist die Nachricht abgearbeitet, so wird eine Bestätigung gesendet, und der nächste Slave kann aufgerufen werden. Das Format der Adresse und der Daten ist eine Sache des benutzten Protokolls. Die Modems werden durch das Protokoll nicht beeinflusst, solange die Signale den Regeln des Protokolls entsprechen.

Sind die Slaves nicht in der Lage, ihre eigene Adresse zu erkennen, so können adressierbare Modems benutzt werden. Eine Nachricht, die an alle Slaveeinheiten gesendet wird, bezeichnet man als Broadcast-Nachricht. Diese enthält normalerweise eine Anweisung an alle Slaves zur Ausführung eines Befehls. Ein Beispiel hierfür ist ein SPS-System, das beispielsweise mehrere Sirenen für den Alarm steuert. Bei einem Alarmfall sollen alle Sirenen starten, was durch eine solche Broadcast-Nachricht erzielt werden kann.

Die schnellste Geschwindigkeit ist nicht unbedingt die optimale Übertragungsrate. Mit zunehmender Übertragungsrate nimmt nämlich auch die Gefahr von Übertragungsfehlern zu. Kabeltyp und Übertragungsdistanz setzen die Grenzen dafür, was als optimal betrachtet werden kann. Dabei strebt man immer nach größter Zuverlässigkeit der Übertragung und einem Höchstmaß an Störsicherheit.

Um digitale Datensignale auf einer üblichen Kupferdrahtleitung senden zu können, müssen die Signale umgewandelt werden. Die Kabellänge wirkt dämpfend und kann eine Änderung der Signale bewirken. Bei hohen Übertragungsraten nehmen solche Einwirkungen kritische Ausmaße an.

Zur Beschreibung von Übertragungsgeschwindigkeiten werden zwei Ausdrücke benutzt, die sich manchmal nur schwer auseinanderhalten lassen: Bit/s und Baud.

Die Übertragungsgeschwindigkeit wird in Bits (Datenbits pro Sekunde) gemessen. Da grob ausgedrückt ca. 10 Bits pro Zeichen erforderlich sind, kann man sich einfach ausrechnen, wie viele Zeichen pro Sekunde übertragen werden. Bei einer Übertragungsgeschwindigkeit von 9600 Bit/s werden also ca. 960 Zeichen in der Sekunde übertragen.

Zur Umwandlung des digitalen Signals in ein Signal, das auf dem Datennetz weitergeleitet werden kann, werden Modems benutzt. Ein Modem sorgt für die Umwandlung (Modulation) von Signalen, wobei der Ausdruck Baud angibt, wie oft pro Sekunde ein Signal umgewandelt wird. Jeder Umwandlungsvorgang stellt ein „Paket" dar, das auf der Leitung zum Modem des Empfängers befördert wird, der dann dieses Paket „aufpackt" (demoduliert) und wieder in digitale Signale umwandelt (V.22 und höher).

Kurzstreckenmodems sind transparent und die Übertragung erfolgt ohne Modulation, d. h. die Daten werden genau so empfangen, wie sie gesendet werden. Telemodems können wie Kurzstreckenmodems arbeiten oder mit einem integrierten Pufferspeicher für eine Anzahl von Bits, der vor der Sendung aufgefüllt wird. Zu jedem Sendezeitpunkt wird ein vollständiger Pufferinhalt ausgesendet und die Werte für die Übertragungsgeschwindigkeit in Bit/s, sowie die Anzahl der Sendevorgänge pro Sekunde, Baud, sind also unterschiedlich. Wenn ein Modem mit 2400 Baud sendet und jeder Sendevorgang vier Bits in komprimiertem Zustand umfasst, ergibt sich eine Übertragungsrate von 9600 Bit/s.

Der Begriff Modem ist aus der Kombination von Modulation, d. h. Umwandlung eines Signals, und Demodulation, d. h. Rückführung auf das Ursprungssignal, entstanden. Zur Weiterleitung auf unterschiedlichen Kabelsorten müssen Datensignale umgewandelt und entsprechend angepasst werden. Dabei müssen die logischen Signalwerte 1 oder 0 in erfassbare Spannungsänderungen auf einer Gleichstrom- oder Wechselstromleitung umgesetzt werden.

Computersysteme kommunizieren miteinander auf einer Ebene, die vom Anwender selten wahrgenommen wird. Befehle, Fragen und Bereitschaftssignale werden abgegeben. So fordert z. B. der Drucker den Rechner auf, mit der weiteren Sendung von Daten zu warten, weil sein Pufferspeicher voll ist. Wenn der Puffer dann leer ist, sendet der Drucker ein neues Signal und teilt dem Rechner dadurch mit, dass er empfangsbereit ist.

Ein solcher Vorgang wird als Handshake bezeichnet und dient zur Regelung des Datenflusses zwischen verschiedenen Geräten. Beispiele für Handshake-Signale sind zeichenbasierte X_{on}/X_{off}- oder Statussignale auf unterschiedlichen Signalebenen der Schnittstelle.

Nimmt man als praktisches Beispiel einen PC mit angeschlossenem Drucker. Der PC sendet Daten mit einer Geschwindigkeit von 9600 Bit/s zum Drucker. Der Drucker kann jedoch nur mit 1200 Bit/s ausdrucken. Normalerweise verwenden deswegen die meisten Drucker einen Pufferspeicher zur Zwischenlagerung der eintreffenden Daten. Wenn dieser aber voll ist, kann es zu Kommunikationsproblemen kommen. Um diese zu vermeiden, kann der PC den Befehl X_{off} senden, damit ihm der PC keine weiteren Daten schickt. Hat der Drucker dann den Pufferspeicher abgearbeitet, sendet er den Befehl X_{on}, der dem PC mitteilt, dass der Datenempfang wieder möglich ist.

Beim Hardware-Handshake bedient man sich anstelle von Software-Befehlen der Signale an beispielsweise der RS232-Schnittstelle, um die Übertragung zu steuern. Um bei obigem Beispiel zu bleiben, würde der Drucker das Signal DTR (Data Terminal Ready) auf hohem Pegel ($+3$ V bis $+15$ V) halten und dadurch mitteilen, dass ein Druckerbetrieb möglich ist. Wenn der Pufferspeicher voll oder das Papier zu Ende ist, kann der Drucker dem PC

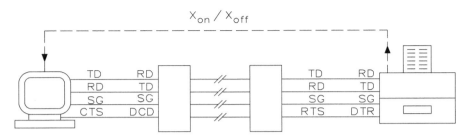

Abb. 1.17: Handshake-Signale bei einem X_{on}/X_{off}-Betrieb

durch einen niedrigen DTR-Pegel ($-3\,V$ bis $-15\,V$) mitteilen, dass keine weiteren Daten entgegengenommen werden können. Abbildung 1.17 zeigt die Handshake-Signale bei einem X_{on}/X_{off}-Betrieb.

Andere häufig benutzte Handshake-Signale sind – z. B. bei der Kommunikation zwischen PC und Modem – RTS (Request to Send) und CTS (Clear to Send). Dabei stellt RTS eine Sendeanforderung dar, d. h. wenn der PC seine Daten übertragen möchte, signalisiert der PC durch ein hohes RTS-Signal ($+3\,V$ bis $+15\,V$) den Druckerbefehl. Es werden dann noch keine Daten übertragen. Das verbundene Modem erfasst das RTS-Signal und setzt seinerseits das CTS-Signal, wenn es zum Datenempfang bereit ist.

Diese Handshake-Signale können auch zum Einschalten des Sendeteils in einem Modem benutzt werden, das nur im Halbduplexbetrieb arbeitet, z. B. Funkmodems, oder in der Kommunikation über RS485.

Wenn das Sendeteil durch RTS eingeschaltet wurde, wird CTS zurückgesendet, oft mit einer Verzögerung von $10\,ms$ bis $20\,ms$, um ausreichende Zeit für eine Stabilisierung der Verbindung vor dem Aussenden der Daten zu erzielen.

Es gibt auch weitere Hardwaresignale, die melden, ob angeschlossene Geräte eingeschaltet und kommunikationsbereit sind: Das DTR-Signal (Data Terminal Ready) von einer Datenendeinrichtung (DTE) oder das DSR-Signal (Data Set Ready) von einer Datenübertragungseinrichtung (DÜE/DCE) wie einem Modem. Das DCD-Signal wird z. B. von Modems benutzt, um einem PC zu melden, dass eine Trägerwelle auf der Leitung vorhanden ist, d. h. dass die Verbindung zwischen den Modems steht. Abbildung 1.18 zeigt die Arbeitsweise.

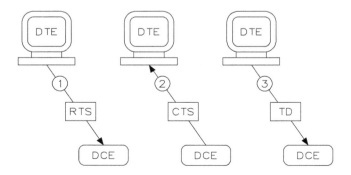

Abb. 1.18: Arbeitsweise der Hardwaresignale zwischen DTE und DCE

Diese Signale können auch lokal überbrückt werden, falls ihre Funktion nicht erforderlich ist.

Es ist aber nicht damit getan, dass man sich über das Aussehen von Datenblöcken und deren Umwandlungs- und Sendebedingungen einigt. Als nächster Schritt muss auch Einigkeit darüber bestehen, wie die Leitungsverbinder, d. h. Stecker und Steckbuchsen usw., aussehen sollen und mit welchen Spannungspegeln gearbeitet wird, d. h. man muss sich über die physischen und elektrischen Eigenschaften von Schnittstellen im klaren sein. Außerdem gibt es logische Schnittstellen, die definieren, was ein Signal bedeutet. In einem Protokoll wird festgelegt, welche Verknüpfung die Signale aufweisen, wie die Kommunikation eingeleitet und beendet wird, wie die Reihenfolge beim Senden und Empfangen aussieht, wie Mitteilungen bestätigt werden.

Die physikalischen Eigenschaften einer Schnittstelle sind bestimmend dafür, wie die Geräte zusammengeschaltet werden und welche Leitungsverbinder benutzt werden müssen. Die elektrischen Eigenschaften einer Schnittstelle sind bestimmend dafür, welche Signalpegel zur Übertragung benutzt werden und welche Bedeutung sie aufweisen (1 oder 0). Die logischen Eigenschaften einer Schnittstelle sind bestimmend dafür, wie die Signale genutzt werden. Abbildung 1.19 zeigt die Datenkommunikation nach V.24 (CCITT-Standard) oder RS232C (ITU-I-Standard).

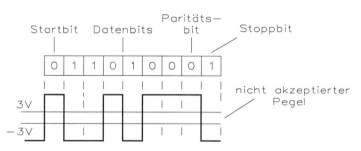

Abb. 1.19: Datenkommunikation nach V.24 (CCITT-Standard) oder RS232C (ITU-I-Standard)

Die übliche Schnittstelle für die Datenkommunikation über serielle Ports von Rechnern ist die 9-/25polige RS-232-Schnittstelle. Nach der Empfehlung sollte die Kabellänge 15 m nicht überschreiten. Um größere Übertragungsdistanzen zu erzielen, kann man je nach Kommunikationsmedium (z. B. Glasfaser- oder Kupferleitungen) verschiedene Modems benutzen. V.24 (CCITT-Standard) oder RS232C (ITU-I-Standard) sind zwei im Prinzip gleiche Standards. Dabei beschreibt V.24 die physikalischen Eigenschaften, während V.28 die elektrischen Eigenschaften beschreibt. Diese Schnittstelle wird daher auch manchmal als V.24/V.28 bezeichnet. Der Schnittstellenstandard beschreibt und definiert die Stifte und die Signale und Spannungspegel des Steckverbinders.

Die Steckbelegung nach V.24 (CCITT-Standard) oder RS-232C (ITU-I-Standard) sind in Abb. 1.20 gezeigt.

Tabelle 1.8 zeigt die Pinbelegung.

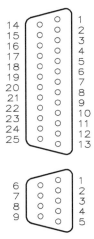

Abb. 1.20: Steckbelegung nach V.24 (CCITT-Standard) oder RS232C (ITU-I-Standard)

Tab. 1.8: Steckbelegung nach V.24 (CCITT-Standard) oder RS232C (ITU-I-Standard)

Stift 9/25		Bezeichnung V.24	Bezeichnung RS232C	Signal	Signalname	Richtung
	1	101	AA	GND	Protective Ground	—
3	2	103	BA	TD	Transmit Data	I
2	3	104	BB	RD	Received Data	O
7	4	105	CA	RTS	Request To Send	I
8	5	106	CB	CTS	Clear To Send	O
6	6	107	CC	DSR	Data Set Ready	O
5	7	102	AB	SG	Signal Ground	—
1	8	109	CF	DCD	Data Carrier Detector	O
	9	—	—		Evtl. $+12\,$V	—
	10	—	—	STF	Evtl. $-12\,$V	—
	11	126	SCF	TC	Select Transmit Frequency	I
	12	122	SCB	RC	Secondary DCD	O
	13	121	SBA	DTR	Secondary CTS	O
	14	118	SBA	SQD	Secondary TD	I
	15	114	DB	EC	Transmit Clock	O
	16	119	SBB	RFR	Secondary RD	O
	17	115	DD		Receive Clock	O
	18	—	—		—	—
	19	120	SCA		Secondary RTS	I
4	20	108/2	CD		Data Terminal Ready	I
	21	110	CG		Signal Quality Detect	O
9	22	125	CE		Ring Indicator	O
	23	111	CH/CI		Data Signal Rate Selector	O
	24	113	DA		External Clock	I
	25	133	—		Ready For Receiving	I

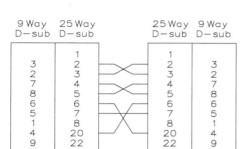
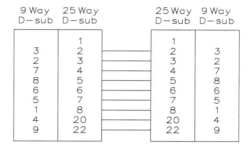

Abb. 1.21: Verbindungen zwischen DEE und DÜE

Tab. 1.9: Signale nach V.24 (CCITT-Standard) oder RS232C (ITU-I-Standard)

GND	Protective Ground	Schutzerde – Stift 1 (25pol.)
SG	Signal Ground	Signalerde – für alle Daten- und Meldeleitungen. Stift 7 (25-pol.)/Stift 5 (9-pol.)/V.24
TD	Transmit Data	Sendedaten – von der DEE zur DÜE
RD	Received Data	Empfangsdaten – von der DÜE zur DEE
RTS	Request to Send	Sendeteil einschalten – die DEE fordert die DÜE zum Senden von Daten auf dem Datenkanal auf. Die DEE wartet auf die Bestätigung der Sendebereitschaft der DÜE (CTS).
CTS	Clear to Send	Sendebereitschaft – die DÜE kann die von der DEE kommenden Daten übertragen
DSR	Data Set Ready	Betriebsbereitschaft – die DÜE meldet dies der DEE
DTR	Data Terminal Ready	Sendebereitschaft – die DEE meldet dies der DÜE
DCD	Data Carrier Detect	Empfangssignalpegel – die DÜE meldet der DEE den Empfang eines Trägers bzw. den Verbindungsaufbau
EC	External Clock	Externer Sendeschritttakt – zur DÜE bei synchroner Übertragung
TC	Transmit Clock	Sendeschritttakt – von der DÜE an die DEE gesendet zur Synchronisierung der Sendedaten
RC	Receive Clock	Empfangsschritttakt – von der DÜE an die DEE gesendet zur Decodierung der Empfangsdaten
RI	Ring Indicator	Ankommender Ruf – die DÜE meldet der DEE den Empfang eines Rufsignals

Die Texte bezeichnen die üblichen Signale bei der lokalen Kommunikation über Kurzstreckenmodems. Die Richtung (I/O) kennzeichnet die Übertragungsrichtung vom Modem aus (DCE/DÜE), wobei I (Input) einen Eingang und O (Output) einen Ausgang bezeichnet. Hier sind in deutschen Texten auch die Abkürzungen E (Eingang) und A (Ausgang) üblich.

Das Signal TD (Transmit Data) ist ein Ausgangssignal an einer Datenendeinrichtung (DTE/DEE), aber ein Eingangssignal an einer Datenübertragungseinrichtung (DCE/DÜE).

In Abb. 1.21 wird aufgezeigt, wie ein 9-/25-poliger Sub-D-Steckverbinder für alle Arten von Verbindungen zwischen DEE und DÜE beschaltet sein muss. Tabelle 1.9 zeigt die Erläuterungen zu den wichtigsten Signalen.

1.2   HDLC/SDLC-Protokoll

HDLC (High Level Data Link Control) ist ein Standard-Übertragungsprotokoll, das von der ISO (International Standards Organization) genormt wurde. HDLC ist die Vorschrift, die bei der Realisierung der ISO X.25 Paket-Übertragungssysteme verwendet wird.

SDLC (Synchronous Data Link Control) ist ein IBM-Übertragungsprotokoll, welches bei der Realisierung der SNA (System Network Architecture) eingesetzt wird. Beide Protokolle sind bit-orientiert, code-unabhängig und ideal für Vollduplexbetrieb.

Einige Anwendungen in der Praxis sind die Verbindung von Datenendgerät zu Datenendgerät, Datenendgerät zu Zentralprozessor, Zentralprozessor zu Zentralprozessor, Satellitenkommunikation, Paketübertragung und andere schnelle Datenverbindungen. In Systemen, in denen aufwendige Verkabelung und Verbindungshardware erforderlich sind, kann jedes der beiden Protokolle zur Vereinfachung der Schnittstellen dienen (indem seriell gearbeitet wird), wodurch die Kosten für die Verbindungshardware verringert werden.

Da beide Protokolle unabhängig von der Geschwindigkeit sind, stellt die Verminderung der Verbindungshardware einen wichtigen Anwendungsfall dar.

1.2.1   Netzwerk für HDLC/SDLC

Sowohl beim HDLC- wie beim SDLC-Übertragungsverfahren steuert eine Primärstation (PRIMARY STATION, Control Station) entsprechend einer vorgegebenen Hierarchie das gesamte Netzwerk (data link) und sendet Kommandos zu den Sekundärstationen (SECONDARY STATION, Slave Station). Letztere folgen diesen Befehlen und reagieren mit dem Aussenden entsprechender Antworten (RESPONSES). Wenn eine Station während des Sendens die Übertragung vorzeitig abbrechen muss, so sendet sie ein Abbruchzeichen. (ABORT). Wird ein Abbruchzeichen erkannt, ignoriert die empfangende Station den Datenübertragungsblock, als FRAME bezeichnet wird. Das Ausfüllen der zeitlichen Lücken zwischen Datenübertragungsblöcken kann entweder durch fortlaufendes Übertragen von Frame-Einleitungszeichen (frame preambles) genannt FLAGS oder von Abbruchzeichen erfolgen.

Diese Füllzeichen sind innerhalb eines Datenübertragungsblocks nicht zulässig. Sobald eine Station eine zusammenhängende Serie von mehr als 15 aufeinanderfolgenden „Einsen" empfängt, geht sie in einen Ruhezustand (IDLE) über.

Ein einzelnes Kommunikationselement wird als ein Datenübertragungsblock oder Frame bezeichnet, der sowohl zur Steuerung des Netzwerks als auch zur Datenübertragung verwendet werden kann. Die Elemente eines Datenübertragungsblocks ist das 8-Bit-Startflag (F), das aus einer Null, sechs Einsen und einer weiteren Null besteht, das 8-Bit-Adressenfeld A (address field), ein 8-Bit-Steuerfeld C (controll field), ein variables (N-Bit) Datenfeld I (Information field), eine 16-Bit-Frame-Prüfsequenz FCS (frame check sequence oder Blockprüfzeichen) und ein 8-Bit-Abschlussflag (F), welches das gleiche Bitmuster wie das Startflag aufweist. Beim HDLC-Protokoll können die Adressenbytes (A) und Steuerbytes (C) erweitert werden. HDLC und SDLC verwenden drei Arten von Datenübertragungsblöcken (Frames): Einen Datenframe zur Übertragung von Daten, einen Steuerframe für Steuerzwecke und einen Frame für die Initialisierung und Steuerung der Sekundärstationen.

Ein wesentliches Kennzeichen des Datenübertragungsblocks besteht darin, dass sein Inhalt durch Einfügen oder Weglassen von Null-Bits „codetransparent" wird. Der Anwender kann daher jedes Format oder jeden Code für die Datenübertragung verwenden, die für sein System geeignet sind. Das Format kann von einer Computer-Wortlänge bis zu einem vollständigen „Speicherauszug" reichen. Der Datenübertragungsblock ist bit-orientiert, d. h. Bits, und nicht Zeichen besitzen in jedem Feld eine spezielle Bedeutung. Die Frameprüfsequenz FCS (frame check sequence) stellt ein Fehlererkennungsschema dar, welches ähnlich dem zyklischen Redundanzprüfwort CRC (cyclic redundancy checkword) bei magnetischen Plattenspeichern ist. Die Kommando- und Antwortframes enthalten Laufnummern in den Steuerfeldern, die die gesendeten und empfangenen Datenübertragungsblöcke identifizieren. Die Laufnummern werden bei Wiederanlaufverfahren nach Fehlern ERP (Error Recovery Procedures) und als implizite Quittierung bei der Frameübertragung verwendet, wodurch die Vollduplex-Eigenschaften der HDLC/SDLC- Protokolle verbessert werden.

Im Gegensatz dazu arbeitet das BISYNC-Protokoll praktisch im Halbduplexbetrieb (mit Richtungsumkehr), da hier Quittierungsblöcke sofort gesendet werden müssen. HDLC/SDLC verringert daher die Verzögerungszeiten und besitzt einen bis zu doppelt so großen Durchsatz wie BISYNC.

HDLC oder SDLC können auch auf Halbduplexleitungen verwendet werden, was jedoch mit einer entsprechenden Verminderung des Datendurchsatzes verbunden ist, da beide Verfahren vor allem für Vollduplexübertragungen entwickelt wurden. Wie bei jedem synchronen Übertragungssystem wird die Übertragungsgeschwindigkeit durch den vom Modem gelieferten Takt bestimmt und die Protokolle selbst sind unabhängig von der Geschwindigkeit.

Ein Nebenprodukt des Einfügens oder Weglassens von Null-Bits ist die Kompatibilität mit dem Senden und Empfangen von NRZI (Non-Return-to-Zero-lnvert)-Daten. Letztere gestatten die Verwendung von HDLC/SDLC-Protokollen mit Hardware für asynchrone Datenübertragung, bei der die Takte aus den NRZI-codierten Daten abgeleitet werden. Abbildung 1.22 zeigt das Format des Datenübertragungsblocks.

Start–Flag (F)	Adressen–feld (A)	Steuer–feld (C)	Datenfeld (I)	Frame–Prüfsequenz (FCS)	Abschluss–Flag (F)
01111110	8 Bit	8 Bit	Variable Länge (nur in Datenframes)	16 Bit	01111110

Abb. 1.22: Format des Datenübertragungsblocks

1.2.2 HDLC/SDLC-Steuerbaustein

Der HDLC/SDLC-Steuerbaustein ist ein spezieller peripherer Mikrocomputerbaustein für die Datenübertragungsverfahren HDLC (High Level Data Link Control) der ISO (International Standards Organization) und SDLC (Synchronous Data Link Control) von IBM. Dieser Steuerbaustein verringert die Mikroprozessorsoftware, indem er einen umfassenden Befehlssatz für die Frameebene bereitstellt und einfache Aufgaben hardwaremäßig löst, die mit dem Zusammensetzen oder Zerlegen von Datenübertragungsblöcken und der Daten-sicherung zusammenhängen. Der Steuerbaustein kann entweder für synchrone oder asyn-chrone Übertragungen eingesetzt werden. Bei asynchronen Anwendungen können die Daten so programmiert werden, dass sie im NRZI-Code codiert oder decodiert werden. Der Takt wird unter Verwendung einer Phase-Locked-Loop-Schaltung aus den NRZI-Daten abgeleitet. Die Bitfolgeunabhängigkeit der Daten (Datentransparenz) wird durch Einfügen oder Weg-lassen von Null-Bits erzielt. Die Datenübertragungsblöcke werden während des Empfangs automatisch durch Verifizierung der Frameprüfsequenz FCS (Frame Check Sequence) auf Fehler überprüft. Die FCS wird automatisch erzeugt und beim Senden vor dem Abschlussflag eingefügt.

Der Steuerbaustein kann Flags (01111110), Abbruch-, Leer- und GA (EOP = end-of-poll)-Zeichen erkennen.

Der Steuerbaustein kann entweder eine primäre (Steuer-) oder eine sekundäre (Slave-) Rolle annehmen. Er kann daher ohne weiteres in einer SDLC-Schleifenanordnung eingesetzt wer-den, wie sie für das IBM 3650 (Retail Store System, Einzelhandelssystem) typisch ist, indem der Steuerbaustein im 1-Bit-Verzögerungsbetrieb arbeitet. In einer derartigen Anordnung kann eine Zweidrahtleitung sehr effektiv für die Übertragung von Daten zwischen einer Steu-erzentrale und Schleifenstationen eingesetzt werden. Der Ausgangsanschluss der digitalen Phase-Locked-Loop-Schaltung kann von der Schleifenstation verwendet werden, ohne dass ein genauer Sendetakt vorhanden ist.

Abbildung 1.23 zeigt die Innenschaltung eines HDLC/SDLC-Steuerbausteins und Tab. 1.10 die Funktionen.

Die Mikroprozessor-Schnittstelle ist bei Verwendung eines DMA-Steuerbausteins (Abb. 1.24) optimiert. Die Schnittstelle ist flexibel und gestattet Datenübertragungen mit oder ohne DMA, die durch Unterbrechung oder ohne Unterbrechung gesteuert sein können. Sie gestattet ferner eine optimale Leitungsausnützung durch den Mechanismus der vorzeitigen Unterbrechungs-anforderung für gepufferte Überlappung der Sendekommandos (wobei nur das Datenfeld zum Speicher übertragen werden kann). Sie besitzt auch getrennte Empfangs- und Sende-Unterbrechungsanforderungskanäle für eine effiziente Arbeitsweise. Der Steuerbaustein hält die Unterbrechungsanforderung aktiv, bis alle zugehörigen Unterbrechungsergebnisse gele-sen worden sind.

Der Mikroprozessor verwendet die Prozessorschnittstelle zur Übergabe von Kommandos und zur Übertragung von Daten. Sie besteht aus sieben Registern, die über CS-, A_1-, A_0-, RD- und WR-Signale adressiert werden, sowie aus zwei unabhängigen Datenregistern für Empfangs-daten und Sendedaten. A_1 und A_0 werden im Allgemeinen von den beiden niederwertigen Bits des Adressenbusses abgeleitet. Wird ein Mikroprozessor verwendet, können die RD- und WR-Signale von den Signalen I/OR und I/OW eines Decoders gebildet werden. Tabelle 1.11 zeigt die Adressdecodierung der sieben Register.

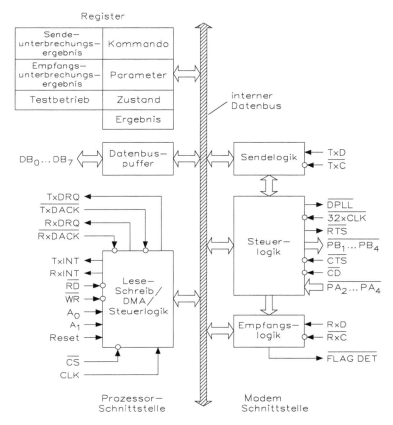

Abb. 1.23: Innenschaltung eines HDLC/SDLC-Steuerbausteins

Tab. 1.10: Funktionen eines HDLC/SDLC-Steuerbausteins

Bezeichnungen	Richtung	Funktion
RESET	I	Ein Zustand mit 1-Signal an diesem Anschluss bringt den Steuer-baustein in den inaktiven Zustand. Der Steuerbaustein verbleibt in diesem Zustand, bis ein Kommando vom Prozessor ausgegeben wird. Die Ausgangssignale der Modemschnittstelle werden auf 1-Signal geschaltet. Reset muss für mindestens zehn Takte aktiv bleiben.
CS	I	(Chip select): Die RD- und WR-Eingänge werden durch das Bausteinauswahl-Eingangssignal freigegeben.
DB_0 bis DB_7	I/O	Die acht Datenbusanschlüsse sind bidirektional mit drei Aus-gangszuständen (Tri-State), die die Schnittstelle zum System-Datenbus darstellen.
WR	I	(Write): Das Schreibsignal wird zur Steuerung der Übertragung von Kommandos oder Daten vom Prozessor zum Steuerbaustein verwendet.

Tab. 1.10: (fortgesetzt)

Bezeichnungen	Richtung	Funktion
RD	I	(Read): Das Lesesignal wird zur Steuerung der Übertragung eines Datenbytes oder Statusworts vom Steuerbaustein zum Prozessor verwendet.
T x INT	O	(Transmitter Interrupt): Das Sende-Unterbrechungs-Anforderungs-Signal zeigt an, dass die Senderlogik bedient werden muss.
R x INT	O	(Receiver Interrupt): Das Empfangs-Unterbrechungs-Anforderungs-Signal zeigt an, dass die Empfängerlogik bedient werden muss.
T x DRQ	O	(Transmitter DMA Acknowledge): Das Empfangs-DMA-Quittierungs-Signal teilt dem Steuerbaustein mit, dass der R x DMA-Zyklus beginnen kann.
R x RDQ	O	(Receiver DMA Request): Fordert eine Übertragung von Daten vom Steuerbaustein zum Speicher nach einem Empfangsvorgang an.
T x DACK	I	(Transmitter DMA Request): Fordert eine Übertragung von Daten vom Speicher zum Steuerbaustein für einen Sendevorgang an.
R x DACK	I	(Receiver DMA Request): Fordert eine Übertragung von Daten vom Steuerbaustein zum Speicher nach einem Empfangsvorgang an.
A_0, A_1	I	Diese beiden Anschlüsse sind Register-Auswahl-Anschlüsse der Prozessorschnittstelle.
T x D	O	(Transmitted Data): An diesem Anschluss werden die seriellen Daten zum Übertragungskanal gesendet.
T x C	I	(Transmitter Clock): Der Sendetakt wird zur Synchronisation der Sendedaten verwendet.
R x D	I	(Received Data): An diesem Anschluss werden die seriellen Daten vom Übertragungskanal empfangen.
R x C	I	(Receiver Clock): Der Empfangstakt wird zur Synchronisation der Empfangsdaten verwendet.
32 x CLK	I	Der Takt x 32 wird zur Taktregenerierung verwendet, wenn ein asynchrones Modem eingesetzt wird. In Schleifenanordnungen kann die Schleifenstation ohne einen genauen Takt x 1 arbeiten, wenn sie den Takt x 32 in Verbindung mit dem DPLL-Ausgang verwendet. (Dieser Anschluss muss geerdet werden, wenn er nicht verwendet wird.)
DPLL	O	(Digital Phase Locked Loop): Der Ausgang der digitalen Phase-Locked-Loop-Schaltung kann mit R x C und/oder T x C verbunden werden, wenn ein Takt x 1 nicht vorhanden ist. DPLL wird zusammen mit dem 32 x CLK verwendet.

Tab. 1.10: (fortgesetzt)

Bezeichnungen	Richtung	Funktion
FLAG DET	O	(Flag Detect): Das Signal „Flagerkennung" zeigt an, dass ein Flag (01111110) vom aktiven Empfänger aufgenommen wurde.
RTS	O	(Request to Send): Das Signal für die „Sendeaufforderung" zeigt an, dass der Steuerbaustein zum Senden von Daten bereit ist.
CTS	I	(Clear to Send): Das Signal „Sendebereitschaft" zeigt an, dass das Modem bereit ist, Daten vom Steuerbaustein anzunehmen.
CD	I	(Carrier Detect): Das Signal „Trägererkennung" zeigt an, dass die Übertragung gestartet wurde und der Steuerbaustein mit der Abtastung von Daten auf der R x D-Leitung beginnen kann.
PA_2–PA_4	I	(General purpose input ports) Universaleingangskanäle: Die Logikpegel an diesen Anschlüssen können vom Prozessor über den Datenbuspuffer gelesen werden.
PB_1–PB_4	O	(General purpose output ports) Universalausgangskanäle: Der Prozessor kann diese Anschlüsse über den Datenbuspuffer beschreiben.
CLK	I	Symmetrisches TTL-Taktsignal

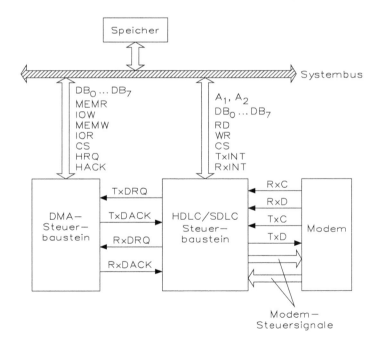

Abb. 1.24: HDLC/SDLC-Steuerbaustein mit DMA-Steuerbaustein

Tab. 1.11: Adressdecodierung der sieben Register des HDLC/SDLC-Steuerbausteins

A_1	A_0	T x DACK	R x DACK	CS	RD	WR	Register
0	0	1	1	0	1	0	Kommando
0	0	1	1	0	0	1	Zustand
0	1	1	1	0	1	0	Parameter
0	1	1	1	0	0	1	Ergebnis
1	0	1	1	0	1	0	Rücksetzen
1	0	1	1	0	0	1	T x INT-Ergebnis
1	1	1	1	0	1	0	—
1	1	1	1	0	0	1	R x INT-Ergebnis
X	X	0	1	1	1	0	Sendedaten
X	X	1	0	1	0	1	Empfangsdaten

Beschreibung der Register:

- Kommandoregister: Operationen werden durch Einschreiben in das Kommandoregister eingeleitet.
- Parameterregister: Parameter von Kommandos, die zusätzliche Informationen benötigen, werden in dieses Register geschrieben.
- Ergebnisregister: Enthält ein unmittelbares Resultat, das ein Ergebnis eines ausgeführten Kommandos beschreibt.
- Sendeunterbrechungs-Ergebnisregister: Enthält das Ergebnis einer HDLC/SDLC-Sendeoperation (guter/fehlerhafter Abschluss).
- Empfangsunterbrechungs-Ergebnisregister: Enthält das Ergebnis einer Steuerbaustein-Empfangsoperation (guter/fehlerhafter Abschluss), gefolgt von zusätzlichen Ergebnissen, die die Ursache für die Unterbrechung detaillieren.
- Zustandsregister: Das Zustandsregister gibt den Zustand der Mikroprozessorschnittstelle des Steuerbausteins wieder.

Die Mikroprozessor-Schnittstelle des Steuerbausteins enthält zwei unabhängige Datenschnittstellen für Empfangsdaten und Sendedaten. Bei hohen Datenübertragungs-Geschwindigkeiten ist die Datenübertragungsrate des Steuerbausteins groß genug, um die Verwendung des direkten Speicherzugriffes (DMA) für die Übertragung der Daten zu rechtfertigen. Für den DMA-Betrieb besitzt die DMA-Schnittstelle des Steuerbausteins folgende Signale:

- T x DRQ (Transmit DMA Request, Sende-DMA-Anforderung): Fordert eine Übertragung von Daten vom Speicher zum Steuerbaustein für eine Sendeoperation an.
- T x DACK: (Transmit DMA Acknowledge, Sende-DMA-Quittierung): Das T x DACK-Signal zeigt dem Steuerbaustein an, dass ein Sende-DMA-Zyklus beginnen kann.
- R x DRQ (Receive DMA Request, Empfangs-DMA-Anforderung): Fordert eine Übertragung von Daten vom Steuerbaustein zum Speicher für eine Empfangsoperation an.
- R x DACK: (Receive DMA Acknowledge, Empfangs-DMA-Quittierung): Das R x DACK-Signal zeigt dem Steuerbaustein an, dass ein Empfangs-DMA-Zyklus beginnen kann.
- RD, WR: (Read, Write): Die Signale RD und WR werden zum Festlegen der Richtung der Datenübertragung verwendet.

DMA-Übertragungen erfordern die Verwendung eines DMA-Steuerbausteins. Aufgabe des DMA-Steuerbausteins ist es, aufeinanderfolgende Adressen zu liefern und die zeitliche Steuerung der Übertragung zu übernehmen, wobei die Startadresse vom Mikroprozessor bestimmt wird. Das Zählen der Datenblocklängen wird vom Steuerbaustein durchgeführt.

Zur Anforderung einer DMA-Übertragung bringt der Steuerbaustein den entsprechenden DMA-REQUEST-Anschluss auf 1-Signal.

Die Signale DMA ACKNOWLEDGE und READ legen die DMA-Daten auf den Bus (unabhängig von CHIP SELECT). Die Signale DMA ACKNOWLEDGE und WRITE bewirken eine Übertragung der DMA-Daten zum Steuerbaustein unabhängig von CHIP SELECT.

Es ist auch möglich, den Steuerbaustein ohne DMA einzusetzen. In dieser Betriebsart muss der Mikroprozessor als Reaktion auf die durch das Zustandswort angezeigte Datenanforderung ohne DMA die Daten zum Steuerbaustein übermitteln.

1.2.3   Modem-Schnittstelle

Die Modem-Schnittstelle des Steuerbausteins besitzt sowohl vorgegebene als auch vom Anwender zu definierende Modem-Steuerfunktionen. Alle Signale sind aktiv bei 0-Signal, so dass invertierende Treiber und invertierende Empfänger zur Anpassung an Standardmodems verwendet werden können. Für asynchronen Betrieb enthält diese Schnittstelle eine programmierbare NRZI-Daten-Codierung/Decodierung, eine digitale Phase-Locked-Loop-Schaltung für eine effiziente Taktrückgewinnung aus den NRZI-Daten, sowie Modem-Steuerkanäle mit automatischer CTS-, CD-Auswertung und RTS-Erzeugung. Diese Schnittstelle gestattet dem HDLC/SDLC-Steuerbaustein, in einer PRE-FRAME SYNC-Betriebsart zu arbeiten, in der der Steuerbaustein einem Datenübertragungsblock 16-Bit-Übergänge voranstellt, um in Ruhe befindliche Leitungen vor der Übertragung der ersten Flag zu synchronisieren. Abbildung 1.25 zeigt das synchrone Modem für Duplex- und Halbduplexbetrieb.

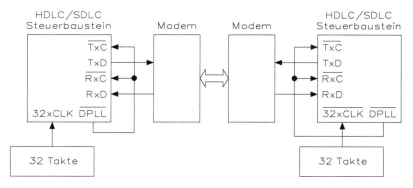

Abb. 1.25: Synchrones Modem für Duplex- und Halbduplexbetrieb

Es ist zu beachten, dass alle Kanaloperationen des Steuerbausteins mit logischen Werten arbeiten: Zum Beispiel ist Bit D_0 von Kanal A eine „Eins" (logisch „Eins"), wenn CTS eine physikalische „Null" (logisch „Null") aufweist.

- Kanal A – Eingangskanal: Während des Betriebs fragt der Steuerbaustein die Eingangs-
anschlüsse CTS (Clear to Send) und CD (Carrier Detect) ab. CTS legt den Beginn einer
Übertragung fest. Wenn während des Sendens CTS verlorengeht, erzeugt der Steuerbaustein eine Unterbrechung. Ebenso erzeugt der Steuerbaustein während des Empfangs eine
Unterbrechung, wenn CD verlorengeht.

Die vom Anwender definierten Eingangsbits entsprechen den Anschlüssen PA_4, PA_3 und PA_2
des Steuerbausteins. Der Steuerbaustein fragt diese Bits weder ab noch beeinflusst er sie.

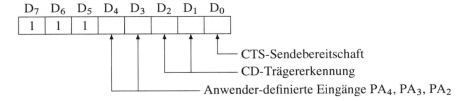

- Kanal B – Ausgangskanal: Wenn der Prozessor RTS während des normalen Betriebs
aktiviert ist, ändert der Steuerbaustein das Potential an diesem Anschluss nicht. Wenn es
jedoch der Prozessor RTS in den inaktiven Zustand bringt, aktiviert ihn der Steuerbaustein
vor jeder Übertragung und bringt ihn eine Bytedauer nach der Übertragung wieder in
den inaktiven Zustand. Während der Empfänger aktiv ist, erscheint am Flag-Erkennungs-
anschluss jedesmal ein Puls, wenn eine Flagsequenz im empfangenen Datenstrom festgestellt wurde. Nach dem Rücksetzen des Steuerbausteins werden alle Anschlüsse des
Kanal B auf einem hohen, inaktiven Pegel gehalten.

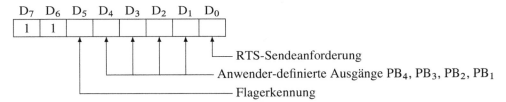

Die vom Anwender definierten Bits entsprechen dem Zustand der Anschlüsse PB_4 bis PB_1.
Der Steuerbaustein fragt diese Bits weder ab noch beeinflusst er sie.

Die seriellen Daten werden durch den Sende $(T x C)$- und Empfangstakt $(R x C)$ des Anwenders synchronisiert. Die Vorderflanke von $T x C$ erzeugt neue Sendedaten und die Rückflanke von $R x C$ wird zur Abtastung der Empfangsdaten verwendet. Die NRZI-Codierung/
Decodierung der Empfangs- und Sendedaten ist programmierbar.

Die in der seriellen Datenschnittstelle enthaltenen Diagnostik-Möglichkeiten, bestehen aus
einem programmierbaren Zurückschleifen der Daten und einem wählbaren Takt für den
Empfänger. In der Betriebsart „Zurückschleifen" werden die an den $T x D$-Anschluss gelegten
Daten anstelle der Daten von $R x D$-Anschluss intern zur Empfangsdaten-Eingangsschaltung
geführt, so dass der Mikroprozessor sich selbst Daten senden kann, um die Arbeitsweise des
Steuerbausteins zu prüfen.

Beim Zurückschleifen der Daten können dem Empfänger bei Verwendung der Prüfmöglich-
keit mit wählbarem Takt falsche Abtastzeiten durch die externe Schaltung zugeführt werden.
Der Anwender kann wahlweise den $R x C$-Eingang durch den $T x C$-Anschluss ersetzen, so

dass der Takt, der zur Erzeugung der zurückgeschleiften Daten verwendet wird, zur Abtastung der Daten dient. Da T x D aus der Vorderflanke von T x C gebildet und R x D an der Rückflanke abgetastet wird, ermöglicht der gewählte Takt den Bitgleichlauf.

Obwohl der Steuerbaustein voll kompatibel mit den HDLC/SDLC-Übertragungsprotokollen ist, die in erster Linie für synchrone Übertragung geschaffen wurden, kann der Steuerbaustein auch für asynchrone Anwendungen unter Verwendung dieser Schnittstelle eingesetzt werden. Sie verwendet eine digitale Phase-Locked-Loop-Schaltung (DPLL) für die Taktwiedergewinnung aus dem Empfangsdatenstrom und programmierbare NRZI-Codierung und -Decodierung von Daten. Die Verwendung der NRZI-Codierung bei der SDLC-Übertragung garantiert, dass innerhalb eines Datenübertragungsblocks Datenzustandswechsel in Abständen von wenigstens alle fünf Bits auftreten – die längste Sequenz von Einsen, die ohne Nullbit-Einfügung übertragen werden kann. Die DPLL-Schaltung sollte nur bei Verwendung der NRZI-Codierung eingesetzt werden, da die NRZI-Codierung Null-Sequenzen als Leitungszustandswechsel überträgt. Die digitale Phase-Locked-Loop-Schaltung erleichtert auch die asynchrone Vollduplex- und Halbduplexübertragung mit oder ohne Modems. Abbildung 1.26 zeigt den Asynchronbetrieb ohne Modem im Duplex- und Halbduplexbetrieb für die HDLC/SDLC-Übertragung.

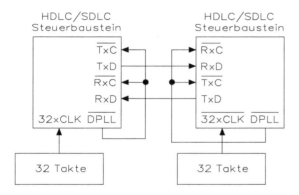

Abb. 1.26: Asynchronbetrieb ohne Modem im Duplex- und Halbduplexbetrieb

Bei asynchronen Anwendungen wird der Takt aus dem empfangenen Datenstrom unter Verwendung der digitalen Phase-Locked-Loop-Schaltung (DPLL) abgeleitet. Die DPLL benötigt ein Takteingangssignal, das eine 32-mal so hohe Frequenz wie die Datenübertragungs-Geschwindigkeit besitzt. Die Empfangsdaten (R x D) werden mit 32 x CLK abgetastet und die DPLL des Steuerbausteins liefert einen Abtastimpuls, der nominell in der Mitte der R x D-Bitelemente liegt. Die DPLL besitzt eine gewisse interne „Trägheit", wodurch die Empfindlichkeit gegen Leitungsrauschen und Bitverzerrungen verringert wird. Dies wird durch ein Abgleichen des Phasenfehlers in diskreten Schritten erreicht. Da der nominelle Abtastimpuls nach 32 Impulsen der 32 x CLK erscheint, werden diese Korrekturzahlen in Abhängigkeit davon, in welchem der vier Fehlerquadranten die Datenflanken auftreten, vom Nennwert subtrahiert oder addiert.

Wenn beispielsweise eine R x D-Flanke im Quadranten A1 festgestellt wird, ist es offensichtlich, dass der DPLL-Abtastimpuls „A" zu nahe an der Rückflanke des Datenelements liegt. Der Abtastimpuls „B" wird dann bei $T = (T_{nominell} - 2\,\text{Impulse})$ 30 Impulse der 32 x CLK platziert, um den Abtastimpuls „B" in Richtung auf die Soll-Mitte des nächsten Bit-Elements zu bewegen. Eine im Quadranten B1 auftretende Datenflanke würde einen kleineren Korrekturschritt der Phase mit $T = 31$ Impulsen von 32 x CLK bewirken. Bei Verwendung dieses Verfahrens wird der DPLL-Impuls zur Bitmitte wandern, wobei er im ungünstigsten Fall die Zeit von 12 Datenbits benötigt, wenn die R x D-Flanken konstant ankommen. Zur Erzielung des Bitgleichlaufs nach einer Übertragungspause kann die PRE-FRAME SYNC-Betriebsart verwendet werden.

Die DPLL vereinfacht die Realisierung von SDLC-Schleifenstationen. Bei dieser Anwendung ist jede sekundäre Station in einer Schleifendatenverbindung eine Relaisstation im Ein-Bit-Verzögerungs-Betrieb. Die in die Schleife vom Schleifensteuergerät (Primärstation) ausgesendeten Signale werden von Station zu Station weitergegeben und dann zum Steuergerät zurückgeführt. Jede Sekundärstation, die ihre Adresse im A-Feld findet, nimmt den Datenübertragungsblock zur Verarbeitung in dieser Station an. Alle empfangenen Datenübertragungsblöcke werden an die nächste Station in der Schleife weitergegeben.

Schleifenstationen müssen den Takt aus dem ankommen NRZI-Datenstrom wiedergewinnen. Die DPLL erzeugt den R x Abtasttakt für den Empfang und verwendet denselben Takt für die zeitliche Steuerung des Sendens.

Der Steuerbaustein ist ein intelligenter, peripherer Baustein, der dem Mikroprozessor viele der Routinearbeiten abnimmt, die mit dem Aufbau und dem Empfang von Datenübertragungsblöcken verbunden sind. Als peripherer Baustein nimmt er Kommandos vom Mikroprozessor an, führt diese Kommandos aus und liefert am Ende der Ausführung Unterbrechungsanforderungen und Ergebnis-Signale an den Prozessor zurück. Die Kommunikation mit dem Prozessor erfolgt durch Aktivieren der Anschlüsse CS, RD und WR, während A_1 und A_0 die entsprechenden Register auf dem Baustein auswählen, wie es bei der Beschreibung der Hardware bereits behandelt wurde. Die folgenden Vorgänge laufen im Steuerbaustein ab:

- Kommandophase: Der Prozessor schreibt Kommando und Parameter in die Kommando- und Parameterregister des Steuerbausteins.
- Ausführungsphase: Der Steuerbaustein führt die Kommandos selbstständig aus.
- Ergebnisphase: Der Steuerbaustein signalisiert dem Prozessor, dass die Ausführung abgeschlossen wurde. Der Prozessor muss ein oder mehrere Register lesen.

Während der Kommandophase schreibt die Software ein Kommando in das Kommandoregister. Die Kommandobytes beschreiben die Art der geforderten Operation. Zahlreiche Kommandos benötigen weitere detaillierte Informationen, die in einem derartigen Fall als bis zu vier Parametern in das Parameterregister eingeschrieben werden. Das Flussdiagramm der Kommandophase zeigt, dass ein Kommando nicht gegeben werden darf, wenn das Zustandsregister anzeigt, dass der Baustein gerade belegt ist. Ebenso ergibt sich eine fehlerhafte Arbeitsweise, wenn ein Parameter ausgesendet wird, während der Parameterpuffer bereits voll ist. Der Steuerbaustein ist ein Baustein für Vollduplexbetrieb und sowohl Sender wie Empfänger können gleichzeitig ein Kommando ausführen oder Ergebnisse weitergeben. Deshalb sind getrennte Unterbrechungsanschlüsse vorhanden. Das Kommandoregister kann jedoch zu einem gegebenen Zeitpunkt nur für eine Kommandosequenz verwendet werden.

1.2.4   HDLC-Realisierung

Der HDLC/SDLC-Steuerbaustein besitzt einen umfassenden Vorrat leistungsfähiger Kommandos, wodurch er sehr einfach in Vollduplex-, Halbduplex, synchronen, asynchronen und SDLC-Schleifenanordnungen, mit oder ohne Modems eingesetzt werden kann. Diese Kommandos für die Datenübertragungsblöcke verringern den Aufwand für den Prozessor und die Software. Der Steuerbaustein besitzt Pufferspeicher für Adressen- und Steuerbytes, so dass die Empfangs- und Sendekommandos in gepufferten und nicht gepufferten Betriebsarten verwendet werden können.

Beim gepufferten Sendebetrieb sendet der Steuerbaustein automatisch das Startflag, liest den Adressen- und den Steuerzeichenpuffer, sendet das Adressen- und das Steuerfeld aus und holt sich dann mittels DMA das Datenfeld. Wenn der Steuerbaustein das Datenfeld gesendet hat, fügt er automatisch die Frame-Prüfsequenz (FCS) und die Abschlussflags hinzu. Entsprechend werden beim gepufferten Lesebetrieb des Adressen- und des Steuerfelds in ihren zugehörigen Pufferregistern gespeichert und es wird nur das Datenfeld zum Speicher übertragen.

Bei nicht gepuffertem Sendebetrieb gibt der Steuerbaustein das Start-Flag automatisch ab, holt dann das Adressen-, das Steuer- und das Datenfeld aus dem Speicher, sendet sie aus und fügt das FCS-Zeichen und die Abschlussflags hinzu. Bei nicht gepuffertem Empfangsbetrieb wird der gesamte Inhalt des Datenübertragungsblocks zum Speicher gesendet, mit Ausnahme der Flags und der FCS.

Die HDLC-Adressen- und Steuerfelder sind erweiterbar. Die Erweiterung erfolgt durch Setzen des niederwertigen Bits des zu erweiternden Feldes auf Eins. Eine Null im niederwertigen Bit zeigt das letzte Byte des entsprechenden Feldes an.

Da die Erweiterung des Adressen/Steuerfeldes normalerweise softwaremäßig ausgeführt wird, um maximale Flexibilität der Erweiterung zu erzielen, erzeugt oder bearbeitet der Steuerbaustein den erweiterten Inhalt der HDLC-Adressen/Steuerfelder nicht. Erweiterte Felder werden vom Steuerbaustein transparent zum Anwender weitergegeben, entweder als Unterbrechungsergebnisse oder als Datenübertragungsanforderungen. Die Software muss die Felder für das Senden zusammensetzen und sie bei Empfang abfragen.

Der Anwender kann jedoch die leistungsfähigen Kommandos des Steuerbausteins vorteilhaft einsetzen, um den Aufwand der Prozessorsoftware auf ein Minimum zu reduzieren, und das Puffermanagement bei der Handhabung erweiterter Felder zu vereinfachen. Der gepufferte Betrieb kann beispielsweise zur Separierung der ersten zwei Bytes dienen und danach werden die anderen Bytes aus dem Puffer abgefragt. Der gepufferte Betrieb eignet sich besonders gut für ein aus zwei Bytes bestehendes Adressenfeld.

Wenn der Steuerbaustein entsprechend programmiert ist, erkennt er Protokoll-Steuer-Zeichen, die nur bei HDLC vorkommen, wie z. B. ABORT (Abbruch), das aus einer Serie von sieben oder mehr Einsen (01111111) besteht. Da das Abbruchzeichen das Gleiche ist wie das GA-(EOP) Zeichen, das bei SDLC-Schleifenanwendungen eingesetzt wird, ist die Verwendung von Kommandos für Schleifensenden und -empfang bei HDLC nicht zu empfehlen. HDLC unterstützt keinen Schleifenbetrieb.

Schlüssel für Zusammenfassung der Kommandos des Steuerbausteins:

B0   = niederwertiges Byte der Empfangspufferlänge
B1   = höherwertiges Byte der Empfangspufferlänge
L0   = niederwertiges Byte der Sende-Framelänge
L1   = höherwertiges Byte der Sende-Framelänge
A1   = Vergleichsfeld Eins der Empfangs-Frame-Adresse
A2   = Vergleichsfeld Zwei der Empfangs-Frame-Adresse
A   = Adressenfeld des empfangenen Frames. Bei nicht gepuffertem Betrieb wird dieses Ergebnis nicht geliefert
C   = Steuerfeld des empfangenen Frames. Bei nicht gepuffertem Betrieb wird dieses Ergebnis nicht geliefert
R x I/R = Empfangs-Unterbrechungsergebnis-Register
T x I/R = Sende-Unterbrechungsergebnis-Register
R0   = niederwertiges Byte der Länge des empfangenen Datenübertragungsblocks
R1   = höherwertiges Byte der Länge des empfangenen Datenübertragungsblocks
IC   = Unterbrechungs-Ergebnis-Code

Abbildung 1.27 zeigt den typischen Empfang von Datenübertragungsblöcken und Abb. 1.28 das typische Senden von Datenübertragungsblöcken.

Sowohl beim HDLC- wie beim SDLC-Übertragungsverfahren steuert eine Primärstation (Primary Station) entsprechend einer vorgegebenen Hierarchie das gesamte Netzwerk (Data Link) und sendet Kommandos zu den Sekundärstationen (Secondary Station). Letztere folgen diesen Befehlen und reagieren mit dem Aussenden entsprechender Antworten (Responses). Wenn eine Station während des Sendens die Übertragung vorzeitig abbrechen muss, so sendet sie ein Abbruchzeichen (Abort). Wird ein Abbruchzeichen erkannt, ignoriert die empfangende Station den Datenübertragungsblock, den man als Frame bezeichnet. Das Auffüllen der zeitlichen Lücken zwischen Datenübertragungsblöcken kann entweder durch fortlaufendes Übertragen von Frame-Einleitungszeichen (Frame Preambles), die man als Flags bezeichnet, oder von Abbruchzeichen erfolgen. Diese Füllzeichen sind innerhalb eines Datenübertragungsblocks nicht zulässig. Sobald eine Station eine zusammenhängende Serie von mehr als 15 aufeinander folgenden 1-Signalen empfängt, geht sie in den Ruhezustand (Idle) über.

Ein einzelnes Kommunikationselement bezeichnet man als Datenübertragungsblock oder als „Frame", der sowohl zur Steuerung des Netzwerks als auch zur Datenübertragung verwendet wird. Die Elemente eines Datenübertragungsblocks sind in Abb. 1.29 gezeigt. Der Block beginnt mit dem 8-Bit-Start-Flag (F), das aus einem 0-Signal, sechs 1-Signalen und einen 0-Signal besteht. Danach folgt das 8-Bit-Adressenfeld A (Address Field), das 8-Bit-Steuerfeld C (Control Field), der Bit-variable Paketkopf, das ebenfalls variable Datenfeld, die 16-Bit-Prüfsequenz FCS (Frame Check Sequence), und das Ende des Rahmens bildet ein 8-Bit-Abschlussflag F, welches das logische Bitmuster wie das Startflag aufweist. Beim HDLC-Protokoll kann man die Adressenbytes (A) und die Steuerbytes (C) entsprechend erweitern. HDLC und SDLC verwenden drei Arten von Datenübertragungsblöcken: Einen Datenframe zur Übertragung von Daten, einen Steuerframe für Steuerungszwecke und einen Frame für die Initialisierung und Steuerung der Sekundärstation. Ein wesentliches Kennzeichen des Datenübertragungsblocks besteht darin, dass der Inhalt durch Einfügen oder Weglassen von 0-Bits codetransparent wird. Der Anwender kann daher jedes Format oder jeden Code für die Datenübertragung verwenden, die für sein System geeignet sind. Das Format

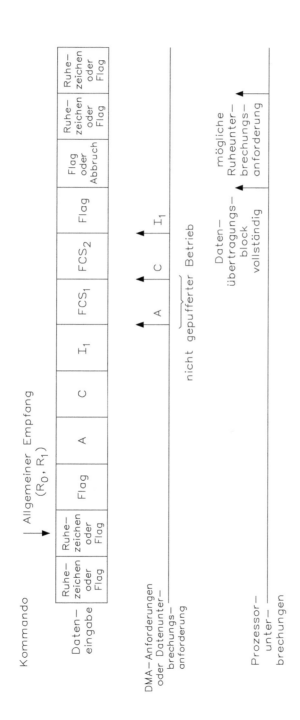

Abb. 1.27: Empfang von Datenübertragungsblöcken

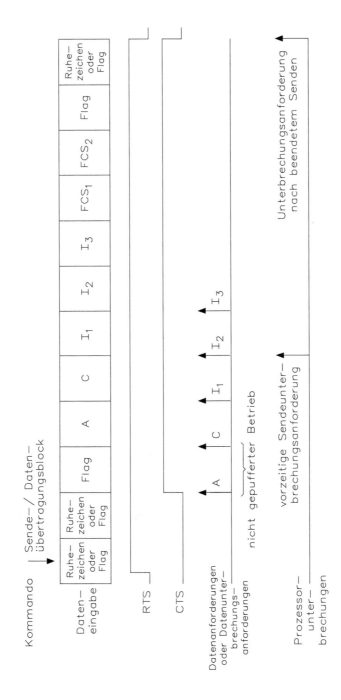

Abb. 1.28: Senden von Datenübertragungsblöcken

Abb. 1.29: Aufbau eines Zeichenrahmens für serielle Datenübertragungsblöcke (Frames)

kann von einer Computerwortlänge bis zu einem vollständigen „Speicherauszug" reichen. Der Datenübertragungsblock ist Bit-orientiert, d. h., die Bits und nicht die Zeichen besitzen in jedem Fall eine spezielle Bedeutung. Die Prüfsequenz FCS (Frame Check Sequence) stellt ein Fehlererkennungsschema dar, welches ähnlich dem zyklischen Redundanzprüfwort CRC (Cyclic Redundancy Checkword) bei Festplattenspeichern ist. Die Kommando- und Antwortframes enthalten Laufnummern in den Steuerfeldern, die die gesendeten und empfangenen Datenübertragungsblöcke identifizieren. Die Laufnummern werden bei Wiederanlaufverfahren nach Fehlern ERP (Error Recovery Procedures) und als inplizite Quittierung bei der Frameübertragung verwendet, wodurch die Vollduplex-Eigenschaften der HDLC/SDLC-Protokolle verbessert werden.

Bei der Datenübertragung auf einem Netz wird eine CRC-Kontrolle im 16- oder 32-Bit-Format durchgeführt. Die Erstellung dieser CRC-Kontrolle ist ein relativ einfaches Verfahren, wie Abb. 1.30 zeigt.

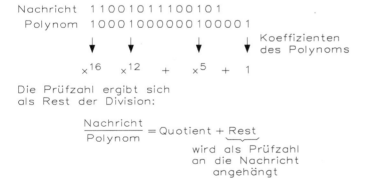

Abb. 1.30: Erzeugung der CRC-Kontrolle

Zur Berechnung des CRC-Zeichens werden die Datenzeichen durch das jeweilige Polynom dividiert. Den verbleibenden Rest zählt man den nachfolgenden Zeichen hinzu, welche neuerlich durch das Polynom dividiert werden. Dies wird so lange durchgeführt, bis das Blockende durch das entsprechende Steuerzeichen angekündigt wird. An dieses wird der zuletzt errechnete Rest angefügt und als CRC-Bitfolge übertragen. Durch diese Prozedur lässt sich auf der Empfangsseite jeder Block durch das Generatorpolynom dividieren, ohne dass sich ein Rest bildet. Geht die Division ohne verbleibenden Rest auf, so wurde der Datenblock fehlerfrei empfangen und lässt sich positiv quittieren. Durch die Verwendung von Generatorpolynomen ergibt sich ein hoher Wirkungsgrad, da man selbst Mehrfachfehler in der Praxis erkennen kann. Ist der verbleibende Rest kleiner als das Polynom, wird eine Fehlermeldung ausgegeben. Nur wenn der Rest größer als das Polynom ist, besteht die Möglichkeit, dass durch Übertragungsfehler ein Restpolynom entstanden ist, welches sich durch das Generatorpolynom ohne Rest dividieren lässt.

Erhält der HDLC/SDLC-Baustein im Sender einen Funktionsaufruf und die entsprechenden Daten, erfolgt die Umsetzung vom parallelen Datenformat in einen seriellen Informationsfluss, unter Berücksichtigung der einzelnen Protokolle. Dadurch verringert sich der Softwareaufwand zwischen Mikroprozessor und HDLC/SDLC-Baustein erheblich, denn die Hardware löst alle Aufgaben, die mit der Zusammensetzung oder Aufteilung von Datenübertragungsblöcken und der Datensicherung zusammenhängen. Dies gilt auch für die asynchrone und synchrone Datenübertragung.

1.3 Leitungscodes

Für die Übertragung der Informationen stehen mehrere Formate zur Verfügung. Das NRZ-Format (Non Return Zero) entspricht der direkten Zeichencodierung mit zwei Zuständen. Es treten keine Phasenverschiebungen und Laufzeitverzögerungen auf. Für die HDLC/SDLC-Protokolle verwendet man das NRZI-Format (Non Return Zero Inverted) und damit lässt sich das Problem mit einem Taktzyklus lösen. Die Signalflanken werden regelmäßig beim Erscheinen eines 0-Signals erzwungen. Am Sender wird automatisch bei jedem 0-Signal eine Flanke durch Polaritätswechsel erzeugt.

Während die FM0- und die FM1-Codierung (Frequenzmodulation) im Wesentlichen zur Informationsaufzeichnung auf Disketten und Festplatten verwendet wird, arbeiten die meisten Netzwerke nach der Manchester-Codierung. Diese Übertragungsformate stellen eine binäre Methode dar, wie man Daten und Takt in einem gemeinsamen Informationskanal unterbringen kann. Beim Manchester-Code wird jedes Bit aus der Datenmenge während einer halben Bitdauer original und während der nächsten Hälfte komplementär übertragen.

1.3.1 Digitale Datenkommunikation

Bei der Datenkommunikation kann davon ausgegangen werden, dass die zu transportierenden Informationen in digitaler Form, d. h. in Form von Bitketten vorliegen. Im Allgemeinen und insbesondere für Zwecke der Speicherung und des Transports werden jeweils acht binäre Informationseinheiten (Bits) zu Bytes (octets) zusammengefasst. Darüberhinaus werden für den Transport oftmals noch größere Einheiten gebildet, die als Block, Rahmen, Paket, Nachricht o. Ä. bezeichnet werden und deren Länge in der Praxis meist ein Vielfaches von Bytes beträgt.

Sollen binäre Informationen übertragen werden, die andere Größen beinhalten (Dezimalziffern, Buchstaben, Steuerzeichen usw.), so muss bestimmten Bitkombinationen eine entsprechende Bedeutung zugewiesen werden (Zeichencodierung). Zeichencodes sind typischerweise 7- oder 8-Bit-Codes, was einen Zeichenvorrat von maximal 128 bzw. 256 Zeichen ergibt. Die wichtigsten Codes sind die internationale Fassung des vom CCITT standardisierten Internationalen Alphabets Nr. 5 (IA Nr. 5), die mit der amerikanischen Version ASCII (American Standard Code for Information Interchange) identisch ist und weltweit die stärkste Verbreitung gefunden hat, und EBCDIC (Extended Binary Coded Decimal Interchange Code), der von IBM verwendet wird. Um eine deckungsgleiche Interpretation der ausgetauschten Information sicherzustellen, müssen Kommunikationspartner sich bezüglich des zu verwendenden Zeichencodes verständigen. Leitungscodes können durch die codeabhängigen Häufigkeiten bestimmter Bitfolgen einen geringen indirekten Einfluss auf die Datenübertragung aufweisen und es besteht kein direkter Einfluss, da die Codierung und Decodierung außerhalb des Übertragungssystems im engeren Sinne stattfindet.

Eine Nachricht muss zunächst in Informationsblöcke zerlegt werden, die bei vorgegebener Maximallänge variabel groß sein können (z. B. ein Textzeichen, aber auch mehrere tausend Bits) und als selbstständige Einheiten durch das Netz transportiert werden. Die Informationsblöcke werden mit einer Fehlersicherung versehen, die zumindest das Erkennen von Übertragungsfehlern auf der Empfängerseite gewährleisten soll, darüber hinaus aber auch eine Korrektur fehlerhafter Daten erlaubt.

Die Blocksynchronisation ist notwendig, damit in dem seriellen Bitstrom auf Empfängerseite Blockanfang und Blockende erkennbar sind. Die nachfolgenden Operationen – Codierung und evtl. Verwürfelung und Modulation – dienen der physikalischen Signalaufbereitung.

Bei Beschränkung auf feste Blockgrößen ist das Problem der Blocksynchronisation relativ einfach zu lösen. Schwieriger ist das Problem, wenn unterschiedlich lange Blöcke übertragen werden sollen. Wenn die zu übertragende Information zeichencodiert ist (z. B. ASCII), kann die Synchronisation über Blocksteuerzeichen erfolgen, indem bestimmten Codes (Bitfolgen) die Bedeutung „Blockanfang" oder „Blockende" zugewiesen wird. Diese Vorgehensweise ist nicht anwendbar, wenn bittransparent (d. h. unverschlüsselte Binärinformationen) übertragen werden soll, da in diesem Falle, beliebige Bitkombinationen im Datenstrom vorkommen können und deshalb keine Bitkombination für Steuerungszwecke sich reservieren lassen. Es gibt zwei grundsätzliche Lösungen für dieses Problem, auf die in dem Kapitel über Standards noch näher eingegangen wird:

- Strukturierung eines Blocks in der Weise, dass ein Steuerungsteil fester Struktur ein Längenfeld enthält, über das die Länge des variabel langen Datenteils festgelegt wird. Diese Methode wird bei dem Protokoll DDCMP (Protokolle der Schicht 2) angewendet.
- Durch die Modifikation der Originaldaten wird eine Verhinderung bestimmter Bitkombinationen durchgeführt, die dann als Blocksteuerzeichen verwendet werden. Auf der Empfängerseite müssen durch eine inverse Operation die ursprünglichen Daten wieder hergestellt werden. Die HDLC- und SDLC-Protokolle verwenden diese Strategie.

Übertragungssysteme können für die Übertragung digitaler oder analoger Informationen ausgelegt sein. Das Fernsprechnetz ist in Teilen noch ein analoges Netz. Wenn digitale Informationen (etwa von Datenendgeräten) über das Fernsprechnetz übertragen werden sollen, müssen zur Anpassung sogenannte Modems (Modulator/Demodulator) eingesetzt werden.

Die Datennetze arbeiten auch heute schon auf der Basis digitaler Übertragungstechnik. Generell geht die Entwicklung hin zu digitalen Netzen (auch für die Sprachkommunikation), und es ist deshalb erforderlich, originär analoge Signale (wie z. B. Sprache) in digitale Informationen umwandeln zu können und umgekehrt.

Das bekannteste Verfahren zur Verwandlung kontinuierlicher analoger Signale in diskrete digitale Information ist das PCM-Verfahren (Pulse Code Modulation). Dabei wird aus einem analogen Signal durch Abtastung und Quantisierung ein digitaler Bitstrom erzeugt.

Die Abtastung erfolgt zeitlich äquidistant und dies ist sinnvoll, weil sonst die Abszissenwerte (Abtastzeitpunkte) festgehalten und ebenfalls übertragen werden müssten. Man kann deshalb von einer Abtastrate (sample rate) sprechen, die die Zahl der Abtastungen pro Zeiteinheit angibt. Der Abtastwert (sample) ist der Wert des analogen Signals zum Abtastzeitpunkt. Da die Amplitudenwerte des analogen Signals zu den Abtastzeitpunkten nur mit endlicher Genauigkeit festgestellt werden können (die Genauigkeit hängt von der Auflösung des A/D-Wandlers ab), ist damit eine Quantisierung verbunden, d. h., dem Wertekontinuum des analogen Signals stehen endlich viele diskrete Werte des A/D-Wandlers gegenüber (z. B. 256 bei einer Auflösung von acht Bit) und die Amplitudenwerte werden den Quantisierungsintervallen zugeordnet.

Es ist offensichtlich, dass auf diese Weise aus einem kontinuierlichen Analogsignal eine Folge diskreter Binärwerte erzeugt wird. Die Rechtfertigung für diese Vorgehensweise kommt aus dem Abtasttheorem, welches besagt, dass aus der Folge der diskreten Werte das analoge Ausgangssignal dann rekonstruiert werden kann, wenn die Abtastfrequenz mindestens das Doppelte der oberen Grenzfrequenz des ursprünglichen Analogsignals beträgt.

Eine wichtige Anwendung ist die Digitalisierung (PCM-Codierung) analoger Sprachsignale. Hierbei wird als Abtastrate 8 kHz festgelegt, woraus sich nach dem Abtasttheorem als obere Grenzfrequenz des zu übertragenden Sprachsignals 4 kHz ergibt (im Fernsprechnetz ist die obere Grenzfrequenz 3,4 kHz). Als Auflösung genügen bei Sprachsignalen acht Bits, so dass sich eine Datenrate von 64 kbps ergibt (1 Codewort der Länge 1 Byte alle 125 μs). Dieser sich aus der PCM-Codierung des Sprachsignals ergebende Datenstrom von einem Byte pro 125 μs bildet die Grundlage des digitalen Fernsprechsystems und des ISDN.

ISDN (Integrated Services Digital Network) wurde in den 1980er Jahren als neuer Standard in der Fernmeldetechnik eingeführt. Bei ISDN werden Telefon und Telefax, aber auch Bildtelefonie und Datenübermittlung integriert. Über ISDN können also abhängig von den jeweiligen Endgeräten Sprache, Texte, Grafiken und andere Daten übertragen werden. ISDN stellt über die S0-Schnittstelle eines Basisanschlusses zwei Basiskanäle (B-Kanäle) mit je 64 kBit/s sowie einen Steuerkanal (D-Kanal) mit 16 kBit/s zur Verfügung. Der digitale Teilnehmeranschluss hat zusammengefasst eine maximale Übertragungsgeschwindigkeit von 144 kBit/s (2B + D). In den beiden B-Kanälen können gleichzeitig zwei unterschiedliche Dienste mit einer Bitrate von 64 kBit/s über eine Leitung bedient werden.

Der Vollständigkeit halber soll noch nachgetragen werden, dass bei der Sprachdigitalisierung die PCM-Werte modifiziert werden. Vor dem Hintergrund, dass das menschliche Gehör im Bereich kleiner Amplituden feiner reagiert als bei großen Amplituden, kommt eine Kompressionstechnik zur Anwendung, durch die bei kleinen Amplituden die Auflösung verbessert wird auf Kosten der Auflösung bei großen Amplituden. In Deutschland und in den meisten Staaten der Welt kommt dabei eine 13-Segment-Kennlinie nach dem sogenannten A-Gesetz (logarithmische Empfindlichkeit des menschlichen Gehörs) zum Einsatz. In den USA und Japan wird eine 15-Segment-Kennlinie (μ-Law) verwendet. Beide Varianten sind durch die CCITT-Empfehlung G.711 standardisiert.

1.3.2 Leitungscodes für digitale Übertragungen

Da hier nur digitale Übertragungen betrachtet werden, muss das Übertragungssystem die logischen Zustände „0" und „1", d. h. mindestens zwei diskrete Zustände elektrisch repräsentieren können. Die kleinste Einheit eines Digitalsignals wird als Codeelement bezeichnet. Ein Codeelement hat n Kennzustände zu n $\geq$ 2, ein zweistufiges Codeelement heißt binär (binary), ein dreistufiges ternär (ternary), ein vierstufiges quaternär (quaternary) usw. Ein binäres Element entspricht einem Bit, ein quaternäres kann dagegen die Information einer Zweier-Bitgruppe tragen, d. h., wenn man von einer festen Zeitdauer T eines Codeelementes ausgeht, die doppelte Informationsmenge pro Zeiteinheit befördern.

Definiert man als Schrittgeschwindigkeit:

$$v_s = \frac{1}{T} \qquad \text{(Einheit Baud, T = Dauer eines Codeelementes, Schrittdauer),}$$

so ergibt sich die Übertragungsgeschwindigkeit (äquivalente Bitrate) zu

$$v_u = v_s \cdot \ln n \qquad \text{(n = Anzahl diskreter Kennzustände eines Codeelementes).}$$

Bei binären Codeelementen stimmen somit Bitrate und Schrittgeschwindigkeit (Baud) überein.

Mehrere Codeelemente können zu einem Codewort zusammengefasst werden. Beim ISDN wird beispielsweise auf der Teilnehmeranschlussleitung eine 4B3T-Codierung verwendet, bei der vier Binärwerte (Bits) auf ein Codewort mit drei ternären Codeelementen abgebildet werden.

Es ist unbedingt erforderlich, in einem Übertragungssystem die Codeelemente mit möglichst vielen Kennzuständen zu verwenden, weil dadurch der Informationsdurchsatz bei vorgegebener Bandbreite erhöht werden kann. Der Durchsatz ist aber nicht das einzige wichtige Kriterium. Sehr wichtig ist es auch, dass aus dem auf seinem Weg vom Sender zum Empfänger gedämpften und vielen verfälschenden Einflüssen ausgesetzten Signal auf der Empfängerseite die Information sicher zurückgewonnen werden kann, und dies, ohne dass die Anforderungen an Sender, Empfänger und Übertragungsmedium extrem hochgeschraubt werden müssen. Während sich zwei oder drei diskrete Zustände relativ leicht elektrisch darstellen lassen (z. B. U_L, U_H oder $-U_H$, 0, $+U_H$), steigt der Aufwand darüberhinaus stark an.

Zwei weitere Anforderungen an Leitungscodes sind

- Gleichstromfreiheit
- Taktrückgewinnung

Insbesondere bei Basisbandübertragungen zwischen galvanisch entkoppelten Stationen (typisch für lokale Netze) können keine Gleichstromanteile übertragen werden. Diese entstehen, wenn datenabhängig positive und negative Impulse ungleichgewichtig auftreten.

Auf der Senderseite werden die Codeelemente in einem bestimmten Takt erzeugt, der zur Identifikation der Elemente auch auf der Empfängerseite vorhanden sein muss. Das Taktsignal könnte auch auf einer separaten Leitung parallel zum Nutzsignal übertragen werden. Bei geeigneten Leitungscodes lässt sich das Taktsignal aber auch aus den beim Empfänger ankommenden Nutzsignalen zurückgewinnen, d. h. solche Leitungscodes werden als selbsttaktend bezeichnet. In Abb. 1.31 sind einige binäre Leitungscodes gezeichnet.

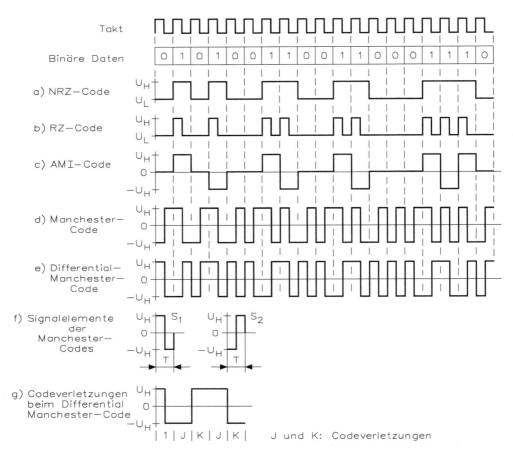

Abb. 1.31: Aufbau von binären Leitungscodes

- NRZ-Code (Non-Return-to-Zero) hat die folgende Codierungsvorschrift:

  „0" $\Leftrightarrow$ U_L

  „1" $\Leftrightarrow$ U_H

  Diese Signaldarstellungsform ist die einfachste und naheliegendste. Die Pulsdauer der Rechteckimpulse ist gleich der Schrittdauer. Durch „1"- Folgen entsteht ein ununterbrochenes Signal. Das Signal ist nicht gleichstromfrei und es erlaubt keine Taktrückgewinnung auf der Empfängerseite.

- RZ-Code: Beim RZ-Code (Return-to-Zero) werden zur Darstellung der Bits Rechteckimpulse der halben Schrittdauer verwendet. Das Signal ist nicht gleichstromfrei. Bei „1"-Folgen wird (im Gegensatz zum NRZ-Code) der Takt mit übertragen, bei „0"-Folgen jedoch nicht.

  „0" $\Leftrightarrow$ U_L

  „1" $\Leftrightarrow$ $U_H \to U_L$ nach $T/2$.

- AMI-Code: Beim AMI-Code (Alternate Mark Inversion), auch Bipolar-Code, handelt es sich um einen pseudoternären Code, da drei unterschiedliche Signalzustände existieren, die aber nur zur Darstellung von zwei diskreten Werten benutzt werden. Durch die alternative Darstellung der „1" wird das Signal gleichstromfrei und „1"-Folgen enthalten Taktinformation, „0"-Folgen jedoch nicht, so dass das Signal nicht selbsttaktend ist.

$$\text{„0"} \Leftrightarrow U_L$$

$$\text{„1"} \Leftrightarrow \text{alternierend } U_H \text{ und } -U_H$$

An der S_0-Schnittstelle des ISDN kommt eine modifizierte AMI-Codierung mit vertauschten Darstellungen für „0" und „1" zum Einsatz.

Abgeleitet vom AMI-Code sind die HDB_0-Codes. Bei diesen werden längere „0"-Folgen verhindert, indem nach n „0"-Werten in Folge, abweichend von der Codierungsvorschrift des AMI-Codes, ein Impuls erzeugt wird, der aus diesem Grunde als Codeverletzung bezeichnet wird. Dieser Puls dient der Taktgewinnung. Positionierung und Polarität dieser eingeschobenen Pulse müssen so gesteuert werden, dass sie zum einen von echten „1"-Werten unterscheidbar sind, zum anderen die Gleichstromfreiheit des Signals erhalten bleibt. Bei den HDB_n-Verfahren kann nach jeweils längstens n-Schrittdauern auf der Empfängerseite ein Taktsignal erzeugt und zur Taktsynchronisation verwendet werden. Von besonderer Bedeutung ist das HDB_3-Verfahren, das vom CCITT für 2-, 8- und 34-Mbps-Übertragungsverfahren standardisiert wurde.

- Beim Manchester-Code werden die Signale aus den beiden in Abb. 1.31f dargestellten Signalelementen S_1 und S_2 zusammengesetzt, die um 180° phasenverschoben sind. Dies geschieht nach der folgenden Codierungsvorschrift:

$$\text{„0"} \Leftrightarrow -U_H \text{ nach } T/2 \quad (S_1)$$

$$\text{„1"} \Leftrightarrow U_H \text{ nach } T/2 \quad (S_2)$$

Dieser Code ist gleichstromfrei und selbsttaktend. Allerdings ist die Taktfrequenz doppelt so hoch wie die Schrittgeschwindigkeit, so dass für die Übertragung eine höhere Bandbreite erforderlich ist.

- Beim Differential-Manchester-Code wird aus den gleichen Signalelementen wie beim normalen Manchester-Code:

$$\text{„0"} \Leftrightarrow \text{Polaritätswechsel am Schrittanfang}$$

$$\text{„1"} \Leftrightarrow \text{Kein Polaritätswechsel am Schrittanfang}$$

Der Differential-Manchester-Code kommt beim Token-Ring zum Einsatz, wo für die Rahmensynchronisation gezielt Codeverletzungen benutzt werden. Es werden dort zwei Typen von Codeverletzungen benutzt:

J-Codeverletzung: Kein Polaritätswechsel am Schrittanfang und in der Mitte des Intervalls.

K-Codeverletzung: Polaritätswechsel am Schrittanfang, kein Polaritätswechsel in der Intervallmitte.

1.3.3 Trägerfrequenztechniken

Bisher wurden Verfahren zur Signalübertragung im Basisband besprochen, die man – wegen der Verwendung von Signalimpulsen unterschiedlicher Amplitude – als Verfahren mit Pulsamplitudenmodulation bezeichnen kann. Das erforderliche Frequenzspektrum des Übertragungsweges reichte dabei von 0 Hz (Gleichstrom) bis zu sehr hohen Frequenzen, oberhalb der Nyquistfrequenz des zu übertragenden Signals.

Viele für die Datenübertragung benutzte Übertragungswege weisen ungünstigere Übertragungseigenschaften auf. In der Praxis sind sie bei tiefen Frequenzen und ab einer gewissen oberen Frequenzgrenze praktisch undurchlässig, denn sie weisen ein Bandpassverhalten auf. Beispielsweise hat die Fernsprechübertragung eine untere bzw. obere Frequenzgrenze von 0,3 kHz bzw. 3,4 kHz. Würde man auf der Sendeseite ein digitales Signal anlegen, so würde empfangsseitig kein rechteckiges, sondern ein durch Leitungskapazitäten und -induktivitäten verzerrtes Signal ankommen. Basisbandübertragungsverfahren sind deshalb bei bandbegrenzten Übertragungswegen ungeeignet. Stattdessen benutzt man dort Übertragungsverfahren mit modulierten Trägern, sogenannte Trägerfrequenztechniken. Die Datenendeinrichtungen sind dann über ein Modem an den Übertragungsweg angeschlossen.

Bei der Modulation wird das Nachrichtensignal in einem Modulator einem Träger aufgeprägt. Handelt es sich um einen sinusförmigen Träger, spricht man von zeitkontinuierlicher Modulation, ist er pulsförmig, so liegt eine zeitdiskrete Modulation vor. Dabei werden sowohl der zeitliche Verlauf des Signals als auch Lage und Dichte seiner spektralen Anteile verändert. Je nach Parameter des Trägersignals, dem das Nachrichtensignal aufgeprägt wird, spricht man von Amplitudenmodulation (AM), Frequenzmodulation (FM), Phasenmodulation (PM), Pulsamplitudenmodulation (PAM), Pulsdauer- und Pulswinkelmodulation.

Die drei letztgenannten Verfahren werden zur Übertragung analoger Signalverläufe durch modulierte Pulse bekannter Pulsfrequenz benutzt und kommen deshalb für die Datenübertragung nicht in Betracht. Es soll hier als Beispiel das Puls-Code-Modulationsverfahren erwähnt werden, das von einem zeitdiskreten pulsamplituden-modulierten Signal ausgeht.

Die einzelnen Pulsamplituden werden gemäß einer, besonders wenig Quantisierungsrauschen erzeugenden Kennlinie analog-digital gewandelt und als binäre Codeworte nach dem HDB_n-Verfahren übertragen.

Liefert die Nachrichtenquelle binäre Signale an, dann spricht man von digitaler Modulation. Dabei wird der sinusförmige Träger entsprechend der binären Datenfolge „hart" umgetastet, z. B. unterscheidet man gemäß Abb. 1.32 zwischen

• Amplitudenumtastung ASK (amplitude shift keying)
• Frequenzumtastung FSK (frequency shift keying)
• Phasenumtastung PSK (phase shift keying).

Bei der ASK werden zwei Signalamplituden des Trägers (0 und 1) verwendet um die binäre Datenfolge zu übertragen. Bei FSK werden zwei Frequenzen („Töne") alternativ verwendet. Bei PSK wird der Phasenverlauf des Trägers systematisch verändert. Anstelle zweiwertiger ist auch mehrwertige Modulation üblich, z. B. vier Amplitudenstufen, mehrere Töne bzw. vier Phasenshifts (z. B. 45°, 135°, 225° und 315°). Auch sind Kombinationen möglich, z. B. kann man vier Phasenshifts und zwei Amplitudenstufen kombinieren und dabei dann 3 Bit/Baud übertragen.

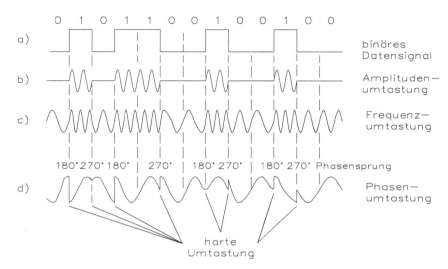

Abb. 1.32: Digitale Modulation mit (a) binäres Datensignal, (b) Amplitudenumtastung, (c) Frequenz-umtastung, (d) Phasenumtastung

Im Unterschied zu Basisbandsystemen bezeichnet man den bzw. die durch Trägerfrequenz-technik auf einem Übertragungsmedium gewonnene(n) (Übertragungsweg(e) als Kanal bzw. Kanäle.

Man unterscheidet zwischen linearen und nicht linearen Modulationstechniken. Lineare Tech-niken wie die Amplitudenmodulation nutzen die verfügbare Bandbreite des Kanals (Bit/Hz) besonders gut aus, erfordern jedoch, dass Frequenz und Phasenlage des Trägers im Demo-dulator beim Empfänger genau bekannt sind (kohärenter Empfänger). Diese Forderung trägt normalerweise spürbar zum Realisationsaufwand im Modem bei.

Frequenz- und Phasenmodulation sind nicht lineare Verfahren und kommen mit einem nicht linearen Empfänger aus. Aus der Sicht der Bandbreiteausnutzung sind sie weniger effektiv als ASK und kommen deshalb für Hochgeschwindigkeitsübertragung höchstens in Kombination mit ASK und weiteren Verfahren in Betracht.

Der Fernsprechkanal wird im Ortsnetz (beim Teilnehmer) nur in einem kleinen Frequenzbe-reich genutzt. Für die Datenübertragung werden eine oder mehrere sinusförmige Trägerspan-nungen im Frequenzbereich zwischen 1 kHz und 2 kHz mit der Signalspannung moduliert. Die Trägerspannung hat den Verlauf

$$u(t) = H \cdot \sin(\Omega \cdot t - \varphi) \qquad Q = 2 \cdot \pi \cdot f$$

wobei u(t) der zeitlich variable Amplitudenwert, H die Maximalamplitude (Scheitelwert) und φ die Phasenlage der Schwingung sind. Wiederholt man diese Schwingung ständig, so hat sie keine Entropie. Erst die Modulation der Amplitude H der Frequenz $d(\omega t - \varphi)/dt$ oder der Phase φ dieser Schwingung mit einem dem zu übertragenden Datenstrom äquivalenten Basisbandsignal führt zu einem Information tragenden Trägersignal. In Abhängigkeit der geforderten Datenübertragungsgeschwindigkeit $v = 1/T$ ist mindestens ein Frequenzband von Null bis zur Nyquistfrequenz $1/(2T)$ erforderlich, das durch das Modulationsverfahren in die unmittelbare Nähe der Trägerfrequenz verlegt wird.

2 Leitungssysteme in der Nachrichten-, Informations- und Kommunikationstechnik

Verwendet man als Übertragungsmedium einen Kupferdraht, ergibt sich bei immer höher werdenden Übertragungsgeschwindigkeiten ein wichtiger Aspekt. Auch in der industriellen Datenübertragung kommt es, gerade im Hinblick auf Störungen, auf das richtige Kabel an. Hier unterscheiden sich die Übertragungsmedien hauptsächlich durch die Übertragungsgeschwindigkeit, die Materialkosten und die Verlegbarkeit.

In erster Linie hängt das eingesetzte Medium aber vom verwendeten Protokoll der Übertragung ab. Dort werden die physikalischen Eigenschaften der Schnittstelle und damit das Übertragungsmedium, welches zum Einsatz kommen darf, festgelegt. Ebenso wird die mögliche Leitungslänge spezifiziert, die im Wesentlichen von der Störempfindlichkeit der Schnittstelle, der Baudrate, dem Leitungswiderstand bzw. der Kapazität und Induktivität der Leitung abhängt. Im praktischen Einsatz stehen heute die verschiedenen Medien zur Verfügung.

Die ungeschirmte Zweidrahtleitung (Unshielded Twistet Pair, UTP) ist die preiswerteste und mit dem geringsten Aufwand zu verlegende Lösung. Sie ist relativ bekannt aus der Telefontechnik. Sie hat sich als Übertragungsmedium jedoch nicht durchgesetzt, da hier nur eine geringe Übertragungsgeschwindigkeit und eine begrenzte Entfernung erreicht wird. Ferner ist dieser Kabeltyp empfindlich gegen EMV-Störungen. Man erzielt mit diesem Übertragungsmedium eine Ausdehnung von ca. 100 m bis 200 m bei einer Geschwindigkeit bis zu 200 kBit/s.

Eine bessere Möglichkeit bietet die geschirmte Zweidrahtleitung (Shielded Twistet Pair, STP). Es handelt sich hier um ein Kabel mit zwei voneinander abgeschirmten verdrillten Leiterpaaren, mit einem gemeinsamen Außenschirm. Je nach physikalischer Schnittstelle werden auch mehradrige verdrillte Leitungen eingesetzt.

In der Automatisierungstechnik ist die geschirmte Zweidrahtleitung zur Zeit das meist verwendete Übertragungsmedium. Die Ausdehnung liegt bei 1 km bis 3 km bei einer Übertragungsgeschwindigkeit größer 1 MBit/s.

Mit einem Koaxialkabel lassen sich gleichzeitig mehrere Nachrichten übermitteln. Der Hauptanwendungsfall dieses Übertragungsmediums sind Computernetzwerke, z. B. das Ethernet in der Bürokommunikation. In der Feldebene wird es selten eingesetzt, da es gegenüber der Zweidrahtleitung teurer und schwieriger zu verlegen ist. Der Vorteil diese Kabeltyps liegt in einer hohen Übertragungsgeschwindigkeit und einer guten Störsicherheit.

Die Ausdehnung liegt bei einigen Kilometern, wobei ein Bussegment meist, wegen der spezifischen Dämpfung, nicht länger als ca. 500 m ausgelegt wird. Die Übertragungskapazität liegt bei bis zu 300 MBit/s.

Der Lichtwellenleiter (LWL) bzw. das Glasfaserkabel ist enorm leistungsfähig und gewinnt in der modernen Datenübertragung immer mehr an Bedeutung. Durch dieses Kabel werden keine elektrischen, sondern Lichtimpulse übertragen. Deshalb ist dieses Kabel unempfindlich gegenüber elektromagnetische Störungen.

Der LWL besteht aus einer dünnen Glasfaser oder Kunststofffaser, die aus Stabilitätsgründen mit verschiedenen Schutzschichten ummantelt ist. Man unterscheidet zwischen der Mehrmoden- und Einmodenfaser. Bei der Einmodenfaser existiert ein Lichtstrahl der achsenparallel geführt wird, so dass das Signal am Ausgang des Kabels fast unverändert erscheint. Anders ist es bei der Mehrmodenfaser. Das Licht teilt sich in mehrere Strahlen und läuft durch Reflexion am Rand durch das Kabel hindurch. Es ergeben sich Laufzeitunterschiede und die Signale erscheinen am Ausgang etwas verbreiteter. Daher ist bei diesem Typ die Bandbreite der Signalübertragung etwas begrenzt.

In der Netzwerk- und Nachrichtentechnik werden zunehmend Lichtwellenleiter – kurz LWL – als Kommunikationsmedium eingesetzt. Vor allem in der Netzwerktechnik lassen sich mit LWL deutlich größere Distanzen überbrücken, als mit herkömmlicher Kupferverkabelung. Darüber hinaus ist die Datenübertragung über LWL resistent gegen elektrische Einflüsse wie z. B. Blitzschlag und Einkoppelung von Fremd- und Störsignalen.

Elektrische Signale werden in Lichtsignale gewandelt und über LWL-Transmitter in den Lichtwellenleiter eingespeist. Als Übertragungsmedium werden meist Glasfasern eingesetzt, es gibt aber auch Systeme die mit Kunststofffasern arbeiten. Bei den Glasfasern unterscheidet man zwei physikalische LWL-Typen: Multimodefasern und Monomodefasern.

Multimodefasern haben einen Faserdurchmesser von $62,5\,\mu m$ oder $50\,\mu m$. Da sich Licht, wenn möglich, in alle Richtungen ausbreitet, nimmt es innerhalb der Faser verschiedene Signalwege (deshalb Multimode) an. Durch die unterschiedlichen Reflexionswinkel legt das Licht kürzere und längere Wege zurück, bis es beim Empfänger ankommt.

Solche Multimode-LWL werden auch als Stufenindexfasern bezeichnet. Neben den Stufenindexfasern gibt es Gradientenindexfasern. Auch bei diesen Fasern breitet sich das Licht in verschiedene Richtungen aus. Durch eine besondere optische Beschaffenheit werden die Lichtstrahlen aber sanft abgelenkt und nicht wie bei der Stufenindexfaser vom Rand reflektiert.

Gradientenindexfasern haben eine höhere Bandbreite als Stufenindexfasern und erlauben deshalb höhere Signalgeschwindigkeiten.

Mit beiden Multimodefasertypen können abhängig vom zu übertragenen Signal, Distanzen bis zu mehreren Kilometern überbrücken (bei 100BaseFX z. B. max. 2 km).

Monomodefasern – oft auch als Singlemodefasern bezeichnet – haben einen Faserdurchmesser von $3\,\mu m$ bis $9\,\mu m$. Bedingt durch den geringen Faserdurchmesser kann sich das Licht nur auf einem Signalweg ausbreiten (deshalb Monomode). Monomodefasern erlauben je nach zu übertragendem Signal Distanzen von bis zu 50 km.

2.1   Leitungssystem als Vierpol

Die Nachrichtenübertragung mittels elektrischer Leitungen lässt sich mit Hilfe der Vierpole beschreiben. Ein Vierpol kann aus beliebigen passiven und aktiven Bauelementen bestehen. Der Vierpol hat zwei Eingangs- und zwei Ausgangsklemmen. Eine elektrische Leitung kann

Abb. 2.1: Allgemeine Darstellung eines Vierpols, der aus beliebigen passiven und aktiven Bauelementen bestehen kann

man sich als eine Vielzahl hintereinander geschalteter Vierpole vorstellen. Bei einer homogenen Leitung sind die hintereinander geschalteten Vierpole identisch. Abbildung 2.1 zeigt die allgemeine Darstellung eines Vierpols.

Handelt es sich bei einem Leitungssystem um ungleiche Vierpole, so spricht man von einer inhomogenen Leitung. Um die komplexen Vorgänge entlang einer Leitung verständlich erklären zu können, arbeitet man immer mit homogenen Leitungssystemen.

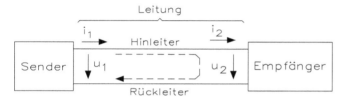

Abb. 2.2: Aufbau eines drahtgebundenen Übertragungssystems

Abbildung 2.2 zeigt den Aufbau eines drahtgebundenen Übertragungssystems. Der Sender gibt seine Ausgangsspannung als Eingangsspannung u_1 auf den oberen Leiter (Hinleiter) und der Empfänger erhält die Ausgangsspannung u_2 als Eingangsspannung. Die untere Leitung ist der Rückleiter. Der Aufbau kann als Vierpol betrachtet werden.

2.1.1 Elektrische Leiter

Elektrische Leiter sind Werkstoffe, die den elektrischen Strom bei einer definierten Spannung gut leiten. Damit diese Stromwege eingehalten werden, muss das leitende Material, aus dem sie hergestellt sind, mit nicht leitendem Material, dem Isolator oder der Isolierschicht umgeben sein. Das leitende Material bildet den Leiter, das nicht leitende Material die Isolierung.

Ein Maß dafür, wie gut ein Werkstoff den elektrischen Strom leiten kann, ist die elektrische Leitfähigkeit χ. Sie beträgt für einen sehr guten Leiter aus Kupfer über $58\,\mathrm{m/(\Omega \cdot mm^2)}$. Für einen Isolator ist die elektrische Leitfähigkeit ρ unter $10^{-10}\,\mathrm{m/(\Omega \cdot mm^2)}$ und für die häufig verwendeten Isolierstoffe in der Größenordnung um $10^{-15}\,\mathrm{m/(\Omega \cdot mm^2)}$.

Das Grundprinzip elektrischer Leitfähigkeit ist der Ausgangspunkt für die Entwicklung und Herstellung von Kabeln, Leitungen und Wickeldrähten, wie diese in der Elektroindustrie, Nachrichten-, Informations- und Kommunikationstechnik ihre Verwendung finden. Im allgemeinen Sprachgebrauch versteht man unter Kabeln festverlegte bzw. im Erdreich verlegte isolierte Leiter mit größerem Leiterquerschnitt, bestehend aus mehreren miteinander verseilten Einzeldrähten, die mit einem Mantel umgeben sind.

Leitungen sind für feste oder lose Verlegung bestimmte isolierte Leiter, die bevorzugt in Innenräumen eingesetzt werden. Sie bestehen aus einem oder mehreren Leitern mit verhältnismäßig kleinem Querschnitt und sind flexibel verlegbar. Die Grenze zwischen Kabeln und Leitungen ist nicht eindeutig und lässt sich nur von dem jeweiligen Anwendungsfall bestimmen.

Wickeldrähte dienen zur Herstellung von Wicklungen und Spulen für elektrische Maschinen und Geräte. Ihr konstruktiver Aufbau ist gegenüber anderen Leiterausführungen am einfachsten, da sie sich nur aus dem Leiter und der Isolierhülle zusammensetzen.

Die wichtigsten Aufbauelemente für Kabel, Leitungen und Wickeldrähte sind:

- Leiter
- Isolierhülle
- Schirm
- Mantel
- Schutzhülle und Bewehrung

die, entsprechend ihrem jeweiligen Anwendungsfall, sowohl in ihrer Anordnung als auch in der Wahl des Materials in unterschiedlichster Form bei der Fertigung der Endprodukte zusammengestellt werden können. Abbildung 2.3 zeigt die Aufbauelemente für Kabel, Leitungen und Wickeldrähte.

Als Leiterwerkstoff für Kabel, Leitungen und Wickeldrähte wird Kupfer aufgrund seiner großen elektrischen Leitfähigkeit, der hervorragenden Wärmeleitfähigkeit, der hohen mechanischen Festigkeit, guten Verformbarkeit und der besseren Möglichkeit zur Herstellung zuverlässiger elektrisch leitender Verbindungen dem Aluminium vorgezogen.

Zur technischen und kommerziellen Verständigung zwischen den Herstellern und Anwendern von Kabeln, Leitungen und Drähten werden bestimmte Angaben über die Leiterabmessungen verwendet, die häufig in genormten Größen festgelegt sind. Bei Starkstromkabeln und -leitungen sowie bei feindrähtigen Leitern von Fernmeldeleitungen wird der Nennquerschnitt angegeben. Der Nennquerschnitt ist die gerundete Angabe der Querschnittsfläche des Leiters in mm². Er dient zur Bestimmung der maximalen Strombelastung und damit der Erwärmung der Kabel und Leitungen. Bei Fernmeldekabeln und eindrähtigen Fernmeldeleitungen sowie für Wickeldrähte erfolgt die Angabe des Leiterdurchmessers.

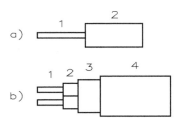

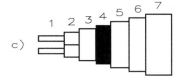

Abb. 2.3: Aufbauelemente für a) Wickeldraht oder einadrige Leitung; b) Starkstromleitung oder Kunststoffkabel; c) Starkstrom- oder Fernmeldeleitung, 1: Leiter, 2: Isolierhülle, 3: gemeinsame Aderumhüllung, Gürtel oder Innenmantel, 4: Mantel bzw. äußere Umhüllung, 5: innere Schutzhülle, 6: Bewehrung, 7: äußere Schutzhülle bzw. Außenmantel

Der geometrische Leiterquerschnitt wird aus Masse und Dichte des Leiterwerkstoffs und Länge eines Probestücks bei mehrdrähtigen Leitern in der Fertigungskontrolle ermittelt. Damit lässt sich die Einhaltung der Abmessungen der Einzeldrähte und der Technologie in der Leiterfertigung überwachen.

$$A_g = \frac{m}{l \cdot \rho} \cdot 10^3$$

A_g: Fläche des geometrischen Leiterquerschnitts (mm^2)
m: Masse des Leiters (kg)
ρ: Dichte des Leiterwerkstoffs (8,9 g $\cdot$ mm^3 für Kupfer und 2,7 g $\cdot$ mm^3 für Aluminium)
l: Länge des Leiters (m)

Der elektrisch wirksame Querschnitt ist nicht mit dem Nennquerschnitt identisch. Er ist abhängig vom Leiteraufbau (Schlaglänge, Leiterverdichtung) und vom spezifischen Widerstand des Leiterwerkstoffs. Durch die in den Normvorschriften getroffene Festlegung maximaler Leiterwiderstände für jeden Nennquerschnitt ist die Bestimmung des elektrischen Querschnitts über eine Gleichstromwiderstandsmessung nicht mehr erforderlich.

2.1.2 Leitungen und Kabel

Die Haupterzeugnisse der Kabelindustrie sind Kabel, Leitungen und Wickeldrähte, deren gemeinsames Merkmal der Aufbau aus einem oder mehreren isolierten Leitern ist, zu deren Erfordernissen noch weitere Aufbauelemente hinzugefügt werden. Diese Haupterzeugnisse lassen sich den verschiedenen Anwendungsbereichen zuordnen, wie Tab. 2.1 zeigt.

Tab. 2.1: Erzeugnisgruppen von Leitungen bzw. Kabeln und deren Anwendungen in der Praxis

Erzeugnisgruppe	Anwendungsbereich
Starkstromkabel	Energieübertragung und -verteilung, sowie für Steuerungs- und Regelungstechnik
Starkstromleitungen	Energieübertragung und -verteilung, sowie für Steuerungs- und Regelungstechnik
Fernmeldeleitungen	Leitungsgebundene Übermittlung von Informationen im Orts- und Fernverkehr
Fernmeldekabel	Installation, Anschluss oder Verbindung von Informationsanlagen sowie für Regelungs- und Messzwecke
Hochfrequenzkabel und -leitungen	Leitungsgebundene Übertragung von hohen Frequenzsignalen in der Rundfunk- und Fernsehsende- und -empfangstechnik und mit zugehöriger Messtechnik
Wickeldrähte	Spulen und Wicklungen, vorwiegend zum Einsatz in elektrischen Maschinen (Transformatoren, Motoren, Generatoren), sowie in Relais und in mess- und nachrichtentechnischen Geräten

Starkstromleitungen bestehen aus einem bzw. mehreren isolierten Leitern. Über den isolierten Leitern (Adern) sind außer bei Adernleitungen eine oder mehrere Schutzhüllen (Mäntel) aufgebracht. Starkstromleitungen sind im Aufbau und Werkstoffeinsatz der Installationstechnik, dem elektrischen Anschluss ortsveränderlicher Betriebsmittel oder spezieller elektrischer Geräte angepasst. Starkstromleitungen sind in der Regel nicht geeignet zur Verlegung in Erde oder Wasser.

Starkstromleitungen für feste Verlegungen sind so aufgebaut, dass diese bei ihrem Einsatz fest montiert oder so angeordnet werden müssen, dass diese sich nur unwesentlich bewegen können. Je nach Anforderungen an die Beweglichkeit der Leitungen werden gleiche Leitungstypen mit unterschiedlichem Leiteraufbau hergestellt. Bei Leitungen z. B. für Hausinstallationen (auf, in oder unter Putz) verwendet man massive Leiter. Leitungen, die gelegentlich gebogen werden, z. B. an Türen oder Klappen, erhalten vieldrähtige Leiter. Leitungen, die sich häufig oder dauernd bewegen, müssen immer mit feindrähtigen Leitern ausgeführt sein.

Zu den Kunststoffkabeln zählt man alle Kabel mit einer Isolierhülle aus PVC (Polyvinylchlorid), PE (Polyethylen), VPE (vernetzte PE), PA (Polyamid), TE (Fluorpolymere) oder EPM (Terpolymere). Kunststoffkabel weisen im Verhältnis zu anderen Kabeln eine geringere Masse auf. Deshalb kann man diese leicht verlegen und montieren. Kunststoffkabel sind universell einsetzbar für Verlegung in Erde und Luft, auf Brücken und Stahlkonstruktionen, in Gebäuden und Kabelkanälen und auch bei Überwindung großer Höhenunterschiede. Der relativ kleine zulässige Biegeradius während und nach der Verlegung ermöglicht eine raumsparende Trassenführung. PE- bzw VPE-isolierte Kabel werden für alle Übertragungsspannungen bis 400 kV hergestellt und sind ausnahmslos fast ohne Einschränkungen in der Praxis einsetzbar.

Fernmeldekabel übertragen Telefongespräche, Fernkopien (Telefax), ISDN-Daten sowie Rundfunk- und Fernsehprogramme über beliebige Entfernungen und werden zunehmend auch für die Datenfernübertragungen von PC-LAN (Local Area Network), PC-MAN (Metropolitan Area Network) bis PC-WAN (Wide Area Network) genutzt. Im Verkehrswesen sind Fernmeldekabel z. B. in Signal- und Sicherungsanlagen eingesetzt. Bei den zu übertragenden elektrischen Signalen handelt es sich im Allgemeinen um Wechselströme, die aus Frequenzgemischen innerhalb eines bestimmten Frequenzbereichs bestehen.

Die Übertragungseigenschaften von Fernmeldekabeln werden durch die Dämpfungskonstante, Phasenkonstante und den Wellenwiderstand beschrieben, die von den Leitungskonstanten wie Wirkwiderstand, Induktivität, Ableitung, Kapazität und von der Frequenz der zu übertragenden Wechselströme abhängen. Daraus ergeben sich praktische Folgerungen für den Aufbau dieser Kabel:

- Verwendung verlustarmer Materialien für die Isolierhüllen, um eine kleine Ableitung über einen möglichst weiten Frequenzbereich zu erhalten.
- Verwendung hohlraumhaltiger Isolierhüllen mit einem hohen Luftanteil am Gesamtvolumen zur Erzielung einer kleinen Permittivität und damit kleiner Kapazität bei gegebenem Leiterabstand.

Fernmeldekabel lassen sich aufgrund der unterschiedlichen Übertragungsanwendungen in folgende Kategorien einteilen:
- Niederfrequenzkabel
- Trägerfrequenzkabel
- Kabel für besondere Zwecke

Ein Hauptanwendungsgebiet von Niederfrequenzkabeln sind die Ortsnetze der Telekom. Sie verbinden die Teilnehmer mit der nächstgelegenen Endvermittlungsstelle. Da von der Vermittlungsstelle zu jedem Teilnehmer eine symmetrische Doppelader zu schalten ist, benötigt man Kabel mit einer sehr hohen Aderzahl (bis zu 1000 Leiter und mehr). Die Zuverlässigkeit der Kabelanlagen erhöht sich durch die Verwendung von längswasserdichten Kabeln (Abb. 2.4a) mit Schichtmantel. Für die freitragende Verlegung in Luft werden sogenannte Luftkabel (Abb. 2.4b) gefertigt, in die als Trageorgan ein verzinkter Stahldraht eingefügt ist.

a)

b)

c)

d)

Abb. 2.4: Aufbau von Kabeln, a) Fernmeldekabel, b) Fernmeldeluftkabel, c) koaxiale HF-Leitung als Trägerfrequenzkabel und d) symmetrische HF-Leitung als Trägerfrequenzkabel

Trägerfrequenzkabel unterscheidet man nach der Anordnung der zu einem Stromkreis gehörenden Leiter in koaxialer und symmetrischer Bauart (Abb. 2.4c und Abb. 2.4d). Die Trägerfrequenzübertragung auf symmetrischem Kabel erfordert die Verlegung eines gesonderten Kabels für jede Übertragungsrichtung. Trägerfrequenzkabel koaxialer Bauart werden als Fernnetzkabel in nationalen und internationalen Fernmeldenetzen eingesetzt. Die niedrige Dämpfungskonstante ermöglicht die Übertragung breiter Frequenzbänder. Gegenwärtig erfolgt eine Ausnutzung bis zu einer Frequenz von 60 MHz (10 800 Fernsprechkanäle), d. h., dass sich über ein Koaxialkabel mit vier Koaxialpaaren maximal 21 600 Gespräche zur gleichen Zeit in einer Gesprächsrichtung übertragen lassen.

Sehr entscheidenden Einfluss auf die Erhöhung der Übertragungsraten von bestehenden Fernmeldenetzen kann man mit den neu entwickelten Übertragungstechniken, wie z. B. PCM- (Pulscodemodulation) und die ISDN-Technik (Integrated Service Digital Network), erreichen. So lassen sich mit Trägerfrequenzkabeln in Verbindung mit der PCM-Technik bereits Bitraten bis zu 565 MBit/s und mit der ISDN-Technik über eine Kupferdoppelader 2×64 kBit/s in Verbindung mit einem separaten Zeichenkabel übertragen.

2.1.3   Fernmeldeleitungen

Fernmeldeleitungen dienen der Informationsübertragung in bzw. an elektronischen Geräten und daher setzt man diese in allen Bereichen der Technik ein. So finden diese z. B. in den Fernmeldeämtern und in der Hausinstallation des Telefonnetzes, in Datenverarbeitungsanlagen, in Anlagen der Rundfunk-, Fernseh- und Phonoindustrie sowie in elektromedizinischen und wissenschaftlichen Geräten ihre Anwendung. Auch in der gesamten Elektronik, SPS-Technik und analogen bzw. digitalen Steuerungs-, Mess- und Regelungstechnik setzt man diesen Kabeltyp ebenfalls ein. Das Erzeugungssortiment ist sehr umfangreich und lässt sich nach den Einsatzbestimmungen in folgende Gruppen aufteilen:
• Fernmeldeleitungen für feste Verlegung
• Fernmeldeleitungen für ortsveränderliche Betriebsmittel
• Fernmeldeleitungen für besondere Zwecke

Entsprechend dem Aufbau lassen sich diese Leitungen folgendermaßen unterscheiden:
• eindrähtige Leiter für Leitungen, die fest verlegt werden,
• Litzenleiter für Leitungen, die einer Biegebeanspruchung beim Gebrauch unterworfen sind,
• Lahnlitzenleiter (Kupferband 0,3 mm × 0,02 mm, wendelförmig um Trägerfaden gesponnen) für Leitungen, die extrem hohen Biegebeanspruchungen unterworfen sind, wie z. B. Apparateleitungen am Telefon.

Fernmeldeleitungen für feste Verlegungen sind Leitungen, die bei ihrem Einsatz fest montiert bzw. unwesentlich bewegt werden, wie z. B.:
• Schaltdrähte: Diese dienen für die Verdrahtungen in Geräten der Nachrichten-, Steuerungs-, Mess- und Regelungstechnik.
• Schaltleitungen: Diese verwendet man für die Installation von Fernmeldeanlagen und in der gesamten Steuer-, Mess- und Regelungstechnik.
• Mantelleitungen: Für die Hausinstallation, in der Fernmeldetechnik sowie in der gesamten Steuer-, Mess- und Regelungstechnik zur Verlegung im Freien und in Räumen.
• Schaltlitzen: Diese dienen in beweglichen Teilen innerhalb von elektrischen Geräten, wenn diese relativ selten bewegt werden, z. B. an Türen von Schaltschränken. Schaltlitzen, Fernmeldeschaltleitungen und -mantelleitungen enthalten zum einfacheren Auftrennen des Mantels bei der Montage einen Reißfaden.

Fernmeldeleitungen für ortsveränderliche Betriebsmittel setzt man dort ein, wo die Leitungen ständigen Biegebeanspruchungen ausgesetzt und deshalb aus fein- oder feinstdrähtigen Kupferleitern aufgebaut sind. Man kann in der praktischen Anwendung unterscheiden zwischen:
• Schlauchleitungen, die man als flexible Verbindungsleitungen in Informations- und Datenverarbeitungsanlagen, Messtechnik, Rundfunk- und Phonogeräten verwendet.
• Anschlussleitungen für den Anschluss ortsveränderlicher Fernsprechapparate.
• Apparateleitungen, die in und an Fernmeldeapparaten sowie an Phonogeräten, bei denen eine hohe Biegebeanspruchung der Leitungen besteht, installiert sind.

Fernmeldeleitungen für besondere Zwecke sind in ihrer Konstruktion dem speziellen Anwendungszweck direkt angepasst und hierzu gehören Trägerfrequenz- und PCM-Schaltleitungen. Diese Leitungen setzt man hauptsächlich im Bereich der Nachrichtenübertragung ein und damit lassen sich, je nach Aufbau und Anwendung, bis zu 120 Trägerfrequenzkanäle oder bis zu 480 PCM-Kanäle gleichzeitig übertragen. Auch Fernmeldeleitungen eignen sich für die Signalübertragung in der Tontechnik für Rundfunk und Fernsehen. Tragarmleitungen, die in Phonogeräten installiert sind, lassen sich mit besonders kleinen Abmessungen ausführen. Thermometer-Anschlussleitungen dienen für die Verbindung zwischen den elektronischen Geräten und den Temperatureinrichtungen. Bandleitungen können bis zu 40 Adern enthalten, welche, parallel nebeneinander liegend, miteinander durch Verschweißung der Isolierhülle aus PVC verbunden sind. Sie werden für feste Verlegung in Einrichtungen der Mess-, Regelungs- und Informationsverarbeitungstechnik angewendet. Ihre Konstruktion ermöglicht ein Abtrennen beliebig vieler Einzeladern vom Leitungsverband, ohne die Isolierhülle zu beschädigen.

2.1.4   Hochfrequenzkabel

HF-Kabel und -Leitungen dienen der leitungsgebundenen Übertragung von Hochfrequenzsignalen in der Sende- und Empfangstechnik des Hörfunk- und Fernsehbereichs und in der zugehörigen Messtechnik. Die Qualität von HF-Kabeln ist vorwiegend durch eine dämpfungs-, reflexions- und störungsarme Übertragung der Signale gekennzeichnet. Das erfordert:

- vorteilhafte Konstruktionsformen und qualitativ hochwertige Werkstoffe für den Leiter (Seele), Dielektrikum, Schirm (verzinnte bzw. versilberte Geflechte oder feste Ummantelung).
- größte Sauberkeit, Sorgfalt und Genauigkeit während des gesamten Fertigungsvorgangs.

Als Leiterwerkstoff für die Innenleiter setzt man vorwiegend E-CuF20 ein. Bei größeren HF-Kabeln wird der Innenleiter als dünnwandiger Wellenrohrleiter aus SE-CuF20 hergestellt. Im Frequenzbereich des UKW-Rundfunks und des Fernsehens fließt der Strom nur in einer äußerst dünnen Schicht an der Leiteroberfläche, deren Dicke bei 50 Hz etwa 0,01 mm und bei 800 Hz etwa 0,002 mm beträgt. Abbildung 2.5 zeigt den Aufbau einer abstrahlenden HF-Leitung.

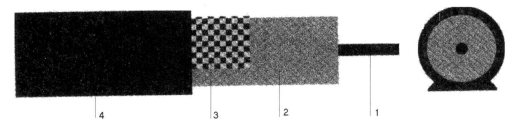

Abb. 2.5: Aufbau einer abstrahlenden HF-Leitung (1: Innenleiter, Kupfer, blank, 2: Isolierung, 3: Außenleiter, Kupfer, geprägtes Band, 4: Mantel)

Spezifische und Flächenwiderstände gelten nur für Gleichstrom. Überträgt man dagegen einen Wechselstrom durch einen Leiter, lässt sich messtechnisch feststellen, dass eine Widerstandserhöhung mit zunehmender Frequenz auftritt. Die Widerstandserhöhung ist nicht nur von der Frequenz, sondern auch von der Form des Leiterquerschnitts abhängig. Die Zunahme des Widerstands von Runddrähten ist bei größeren Durchmessern stärker als bei sehr kleinen. Bandförmige Leiter weisen umso geringere Widerstandswerte auf, je größer das Verhältnis

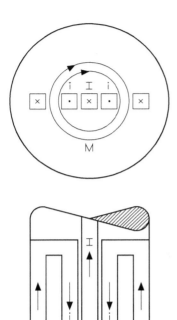

Abb. 2.6: Ausschnitt aus einem Wechselstrom führenden Leiter, I: „Stromfaden" des Hauptstroms (Augenblickswert), i: induzierter Wirbelstrom in der Nachbarschaft von I, M: Magnetfeld des Hauptstroms I

von „Breite zu Durchmesser" ist. Die Widerstandszunahme hat ihre Ursache in der mit wachsender Frequenz zunehmenden Verdrängung des Stroms vom Inneren des Leiters nach außen zu seiner Oberfläche. Deshalb spricht man vom „Hauteffekt" oder „Skineffekt".

Für die Entstehung des Hauteffekts betrachtet man Abb. 2.6 und hier ist ein Ausschnitt eines Runddrahts gezeigt. In der Mitte befindet sich der Stromfaden I und dicht daneben sind zwei kleine Leiterschleifen als „herausgeschnitten" zu betrachten. Der Stromfaden wird von einem Magnetfeld M umgeben, das seine Stärke und Richtung mit der Frequenz des Wechselstromfadens verändert. Dieses magnetische Wechselfeld erzeugt Ströme in der unmittelbaren Nachbarschaft – also in dem gleichen Leiter – deren Richtung nach der Rechtshandregel bestimmt werden kann. In dem dargestellten Augenblick fließen die unmittelbar neben dem Stromfaden I entstehenden Ströme i, die man als Wirbelströme definiert, ihm direkt entgegen. Diese bilden über den restlichen Teil des Leiters einen Stromkreis. Man erkennt, dass in Richtung zur Oberfläche die Ströme wieder die gleiche Richtung wie der ursprüngliche Stromfaden aufweisen. Die Ströme in seiner unmittelbaren Nachbarschaft weisen ihn jedoch mehr oder weniger auf, d. h. der Strom wird durch den Skineffekt nach außen abgedrängt. Gegen die Oberfläche des Leiters kann diese Wirkung nur teilweise auftreten, da außerhalb des Leiters keine Wirbelströme entstehen können.

Die vorstehende Erläuterung ist natürlich nicht exakt, sie soll nur eine ungefähre Vorstellung für die Wirkungsweise des Skineffekts vermitteln. Bei großem Leiterquerschnitt und hohen Frequenzen geht die Stromverdrängung so weit, dass im Inneren praktisch kein Strom mehr

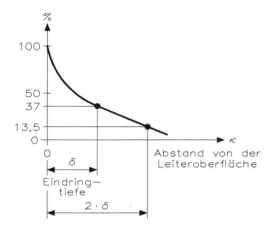

Abb. 2.7: Abnahme der Stromdichte zum Leiterinneren infolge des Hauteffekts. In Ordinatenrichtung ist das Verhältnis der Stromdichte in Abstand κ zur Stromdichte an der Leiteroberfläche aufgetragen

fließt. In der Praxis verwendet man deshalb Rohrleiter anstelle von Volleitern. Die Abnahme des Stroms von der Oberfläche zur Leitermitte verläuft nach einer e-Funktion, wie Abb. 2.7 zeigt.

Die Kurve zeigt die Abnahme der Stromdichte zum Leiterinneren infolge des Hauteffekts. Als Maß für die Stromverdrängung wird diejenige Tiefe 1/e angegeben, bei der der Strom auf den 1/e-ten Teil abgesunken ist, also auf etwa 37 % des an der Oberfläche fließenden Stroms. Diesen Wert definiert man als Eindringtiefe oder äquivalente Leiterschichtdicke δ. Jeder Werkstoff hat hier einen anderen Wert und dieser ist aus den entsprechenden Tabellenbüchern zu entnehmen. Man muss diesen Leiter nicht wesentlich dicker als 2 · δ konstruieren, denn in der Übertragung fließt ein Strom von 86,5 %. Mit einem Wert von 3 · δ lassen sich dagegen 95 % für den Stromfluss erreichen. Wenn die Frequenz des Stroms bekannt ist, lässt sich somit der erforderliche Durchmesser des Materials oder der Rohrwandung berechnen. Für einen 1-MHz-Strom reicht eine Kupferschicht von

$$2 \cdot \delta = 2 \cdot 65\,\mu\text{m} = 0{,}13\,\text{mm}$$

aus. Über dieses Maß hinausgehende Leiterstärken tragen nicht mehr wesentlich zur Stromleitung bei, d. h. für die Praxis, dass ein runder Draht von 0,26-mm-Durchmesser für 1 MHz gerade die optimale Dimensionierung ist, da die Schichtdicke von seiner Oberfläche nach der Mitte zu gerechnet praktisch den ganzen Querschnitt ausfüllt. Benötigt man nun einen größeren Querschnitt, dann ist die Vergrößerung des Durchmessers nutzlos, da im Kern des Leiters praktisch kein Strom mehr fließen kann. Man verwendet in solchen Fällen mehrere voneinander isolierte Einzeldrähte, wie Abb. 2.8 zeigt. Der Querschnitt eines jeden Litzendrahts ist dann voll ausgenutzt und die Summe der Querschnitte aller parallel geschalteten Drähte ergibt den Gesamtquerschnitt.

Man kann auch noch eine etwas andere Betrachtungsweise wählen, damit die Widerstandsverringerung durch litzenförmige Leiter verständlicher wird: Da der Strom vorwiegend an der Oberfläche fließt, wird die Leitfähigkeit umso größer sein, je mehr Oberfläche vorhanden ist. Benötigt man beispielsweise einen Querschnitt von 0,2 mm², so ist für den Gleichstrom

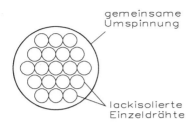

gemeinsame
Umspinnung

lackisolierte
Einzeldrähte

Abb. 2.8: Querschnitt durch eine Litze

ein Draht mit einem Durchmesser von 0,5 mm erforderlich. Bei 1 MHz hat dieser Draht aber den 2,2-fachen Wert des Gleichstromwiderstands. Teilt man den notwendigen Querschnitt auf 100 Litzendrähte mit dem Durchmesser von 0,05 mm auf, ergibt sich eine Widerstands-zunahme von nur 0,1 %. Der 0,5 mm dicke Draht hat einen Umfang von etwa 1,6 mm, die 0,05 mm dicken Litzendrähte je 0,16 mm, und alle 100 zusammen also rund 16 mm. Die Leitung hat also eine 10-mal so große Oberfläche bekommen, ohne dass dafür ein größerer Kupferaufwand erforderlich ist.

Beispiel: In welcher Tiefe ist der Strom auf 37 % des Werts an der Oberfläche abgesun-ken, wenn in einer Antennenzuleitung aus Bronzedraht mit spezifischem Leitwert von $\rho = 26 \, (\text{A} \cdot \text{m})/\text{mm}^2$ ein Wechselstrom mit der Frequenz von $f = 196 \, \text{MHz}$ fließt?

$$\kappa = \sqrt{\frac{2}{2 \cdot \pi \cdot f \cdot \rho \cdot \mu_r}} = \sqrt{\frac{2}{2 \cdot 3,14 \cdot 196 \, \text{MHz} \cdot 26 \, (\text{A} \cdot \text{m})/\text{mm}^2 \cdot 1}} = 7,9 \, \mu\text{m}$$

Bei dieser Formel handelt es sich um eine zugeschnittene Größengleichung. Die Eindringtiefe κ in μm gilt für einen Strom, wenn dieser auf 37 % (1/e) an der Oberfläche abgesunken ist. Der Wert von μ_r ist die relative Permeabilität (bei nicht ferromagnetischen Werkstoffen ist $\mu_r = 1$) und der Wert von κ stellt die Leitfähigkeit des Drahts dar.   □

Beispiel: Wie groß ist der Widerstand eines Drahts mit einem Durchmesser von $d = 1,5 \, \text{mm}$ und einer Länge von $l = 140 \, \text{m}$ mit einem spezifischen Widerstand von $\gamma = 0,02 \, \text{m}/(\Omega \cdot \text{mm}^2)$ bei Gleichstrom und für eine Hochfrequenzspannung mit einer Wellenlänge von $\lambda = 1,2 \, \text{m}$?

$$A = \frac{d^2 \cdot \pi}{4} = \frac{(1,5 \, \text{mm})^2 \cdot 3,14}{4} = 1,767 \, \text{mm}^2$$

$$R = \frac{\gamma \cdot l}{A} = \frac{0,02 \, \text{m}/(\Omega \cdot \text{mm}^2) \cdot 140 \, \text{m}}{1,767 \, \text{mm}^2} = 1,586 \, \Omega$$

$$k = \sqrt{\frac{\mu_r}{4 \cdot \gamma}} = \sqrt{\frac{1}{4 \cdot 0,02 \, \text{m}/(\Omega \cdot \text{mm}^2)}} = 3,54$$

$$f = \frac{c}{\lambda} = \frac{300\,000 \, \text{km/s}}{1,2 \, \text{m}} = 250 \, \text{MHz}$$

$$n = k \cdot d \cdot \sqrt{f} = 3,54 \cdot 1,5 \, \text{mm} \cdot \sqrt{250 \, \text{MHz}} = 84$$

$$R_{HF} = n \cdot R = 84 \cdot 1,586 \, \Omega = 133,1 \, \Omega$$

Zuerst berechnet man für den Gleichstromwiderstand R den Querschnitt der Leitung. Aus den Werten der relativen Permeabilität μ_r und dem spezifischen Widerstand γ erhält man die Materialkonstante k. Aus dieser lässt sich dann der Vervielfachungsfaktor n berechnen und hieraus entsteht der Widerstand R_{HF} für das Hochfrequenzverhalten. In diesem Fall hat der Draht einen Hochfrequenzwiderstand von $R_{HF} = 133\,\Omega$. $\qquad\qquad\square$

Neben der Aufteilung des Querschnitts auf Litzendrähte setzt man auch häufig in der Praxis bandförmige oder plattenförmige Leiter ein. Beispielsweise dient das Gerätechassis als indirekter Leiter für Masse bzw. Spannungsrückleitung oder Signalrückführung. Da bei hohen Frequenzen ohnehin nur die Chassisoberfläche stromführend ist, lässt sich ein preiswerter Werkstoff, wie Stahl oder Aluminium verwenden, den man mit einer dünnen, gut leitenden Schicht, etwa Silber, galvanisch überzieht.

2.1.5 Wellenwiderstand

Neben dem eigentlichen Widerstandswert des Leiters ist vor allem im Bereich der Hochfrequenztechnik noch der Begriff des Wellenwiderstands erwähnenswert. In der Praxis ist man im Allgemeinen gewohnt, dass beim Einschalten eines Stroms über eine Leitung hinweg am Ende sofort der gewünschte Strom fließt. In Wirklichkeit tritt jedoch eine zeitliche Verzögerung auf, bis sich der Einschaltvorgang vom Anfang der Leitung bis zu ihrem Ende fortgepflanzt hat. Dies erfolgt zwar nahezu mit der Lichtgeschwindigkeit c, beansprucht aber dennoch eine endliche Zeit t und so wird bei einer Leitungslänge von $l = 10\,\mathrm{m}$ ein Zeitraum von

$$t = \frac{l}{c} = \frac{10\,\mathrm{m}}{3 \cdot 10^8\,\mathrm{m/s}} = 33{,}33\,\mathrm{ns}$$

erforderlich sein, bis der Einschaltvorgang am Ende der Leitung wirksam wird. Welcher Strom fließt nun im Einschaltmoment in die Leitung hinein? Wenn man, wie gewohnt, annimmt, dass der Strom ohne zeitliche Verzögerung sofort zu fließen beginnt, dann ist bei einer als verlustlos angenommenen Leitung sofort der Strom $I = U/R$ vorhanden. Da in Wirklichkeit aber eine endliche Zeit vorhanden ist, kann – einfach gesprochen – die Stromquelle nicht sofort erkennen, welchen Wert der Lastwiderstand am Leitungsende hat und welcher Strom fließen muss. Tatsächlich fließt zunächst in die Leitung ein Strom hinein, dessen Größe $I = U/Z$ beträgt. Eine eindringende Welle findet im Einschaltmoment einen von der Form des Leitungsgebildes abhängigen charakteristischen Widerstand vor, den man als Wellenwiderstand Z bezeichnet. Der Strom I fließt nun durch die Leitung hindurch bis zum Belastungswiderstand R. Ist dieser genau gleich dem Wellenwiderstand, dann bleibt der Wert I bestehen. Ist R dagegen größer als Z, fließt zuviel Strom in die Leitung. Der Überschuss wird reflektiert und fließt zurück, so dass sich auf der Leitung ein Strom einstellt, der dem Abschlusswiderstand entspricht. Wählt man dagegen R kleiner als Z, reicht der ursprüngliche Strom I nicht aus, um dem ohmschen Gesetz Genüge zu leisten. Man kann sich dann eine negative Reflexion vorstellen, deren Strom sich zu I_1 addiert und somit den erforderlichen größeren Strom I_2 erzeugt.

Der Wellenwiderstand einer Leitung ist vor allem von der verteilten Kapazität zwischen Hin- und Rückleiter und von der Art und Weise dieser Kapazität abhängig, wie sich das mit den Strömen verknüpfte Magnetfeld ausdehnen kann. Bei weit auseinander liegenden Leitern entsteht ein ausgedehntes Magnetfeld, das mit einer großen Induktivität L verknüpft ist. Bei dicht nebeneinanderliegenden Leitern ist das Magnetfeld sehr gering, wogegen die Kapazität größer als bei der ersten Ausführung sein wird. Induktivität, Kapazität und den unvermeidlichen Leiterwiderstand des Kupfers muss man sich bei dieser Betrachtung als unendlich fein verteilt über die Länge des Leiters denken. Zusätzlich muss man noch den Isolationswiderstand zwischen den Leitern berücksichtigen, wenngleich dieser Einfluss vielfach in der Praxis keine große Rolle spielt.

Bei richtiger Dimensionierung gehen Kupferwiderstand und Isolation nur in geringem Maße in den Wellenwiderstand ein. Bei langen Leitungen schließt sich ein Teil des Wechselstroms über die verteilte Kapazität C' kurz, so dass nur ein Bruchteil der eingespeisten Leistung an den Verbraucher fließen kann, d. h. die Leitung ist gedämpft. Wenn weniger als 1/10 der zugeführten Spannung an dem Abschlusswiderstand vorhanden ist, was 1/100 der zugeführten Leistung entspricht, dann wirkt sich der Abschlusswiderstand auf den in die Leitung hineinfließenden Strom nicht mehr aus: Am Leitungsanfang fließt stets der Strom $I = U_1/Z_1$, unabhängig davon, ob am Leitungsende ein Leerlauf, Kurzschluss oder eine andere Belastung vorhanden ist. Der Wellenwiderstand ist somit gleich dem Eingangswiderstand einer stark dämpfenden, also sehr langen Leitung (genauer betrachtet als unendlich lange Leitung). Leitungen der Hochfrequenztechnik werden meist so konstruiert, dass diese einen genau definierten Wellenwiderstand aufweisen:

- Koaxialkabel für Hochfrequenz: $50 \, \Omega$, $60 \, \Omega$ und $75 \, \Omega$
- Symmetrisches Antennenkabel: $240 \, \Omega$
- Leitungen der Niederfrequenztechnik: $600 \, \Omega$
- Hochfrequenzfernkabel: $75 \, \Omega$ und $150 \, \Omega$

Ein Leitungssystem, also ein Leiterpaar, das keine galvanische Verbindung mit Erde oder der Gerätemasse hat, bezeichnet man als symmetrische Leitung. Genau genommen ist dieser Ausdruck nur dann richtig, wenn die Kapazität C_{10} des Hinleiters und C_{20} des Rückleiters gegen Erde bzw. Masse gleich oder wenigstens nahezu identisch sind. Solche Leiter finden vorzugsweise in der Niederfrequenztechnik und zur Informationsfernübertragung ihre Verwendung, ferner bei bestimmten Antennenzuleitungen. Abbildung 2.9 zeigt den Aufbau einer symmetrischen Leitung.

Wird eine der beiden Erdkapazitäten unendlich groß, dann ist der betreffende Leiter praktisch mit Erde verbunden, wie Abb. 2.10 zeigt. Als Hinleiter dient der ungeerdete Draht, den

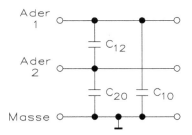

Abb. 2.9: Aufbau einer symmetrischen Leitung mit C_{10}: Kapazität der Ader 1 gegen Erde bzw. Masse, C_{20}: Kapazität der Ader 2 gegen Erde bzw. Masse, C_{12}: Kapazität der Adern 1 und 2 gegeneinander

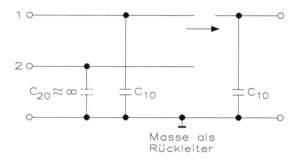

Abb. 2.10: Aufbau einer unsymmetrischen Leitung ($C_{20} \rightarrow \infty$)

man auch als „heißen" Leiter bezeichnet. Die Rückleitung erfolgt über die Gerätemasse oder Erde. Ein einseitig geerdetes Leitersystem ist also im Prinzip ein unsymmetrisches System, weil C_{10} und C_{20} völlig verschieden voneinander sind. Die meisten Leitungen der Hochfrequenztechnik sowie vieler elektronischer Einrichtungen sind unsymmetrisch geschaltet. Werden zwei unsymmetrische Leitersysteme dicht nebeneinander angeordnet, dann besteht zwischen den beiden „heißen" Leitungen 1 und 2 eine Kapazität C_{12}. Führt nun der Leiter 1 eine Wechselspannung oder werden Impulsfolgen übertragen, wird ein Teil dieser Leistung auf das zweite Leitersystem gekoppelt, was man als „Nebensprechen" oder „Übersprechen" bezeichnet. Abbildung 2.11 zeigt die gegenseitige Beeinflussung zweier unsymmetrischer Leitersysteme.

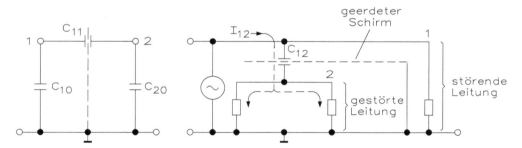

Abb. 2.11: Gegenseitige Beeinflussung zweier unsymmetrischer Leitersysteme durch „Übersprechen"

Je größer die Kapazität, desto mehr Leistung geht von dem einen Leitungssystem auf das andere über und kann dort Störungen verursachen. Dies lässt sich nur durch einen geerdeten Schirm zwischen den beiden heißen Leitern beseitigen. Das Beeinflussungssystem fließt dann von Leiter 1 über den Schirm nach Erde ab, ohne in das Leitersystem eindringen zu können. Unsymmetrische Leitersysteme dürfen also ohne eine kapazitive Abschirmung nicht nebeneinander angeordnet sein, wenn sie sich nicht gegenseitig beeinflussen sollen.

Abbildung 2.12 zeigt die gegenseitige Beeinflussung zweier symmetrischer Leitersysteme durch „Übersprechen", wenn also zwei symmetrische Leiterpaare nebeneinander angeordnet sind. Bei dieser Anordnung würde die geometrische Symmetrie der Kapazitäten dieser Leitungen untereinander praktisch identisch sein. Das hat zur Folge, dass sich die von einem in das

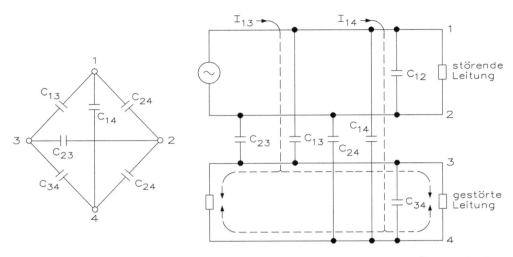

Abb. 2.12: Gegenseitige Beeinflussung zweier symmetrischer Leitersysteme durch „Übersprechen"

andere Leitersystem übertragenen Ströme kompensieren, und zwar umso besser, je weniger die einzelnen Kapazitäten voneinander abweichen.

In Abb. 2.12 rechts sind zwei der vier möglichen in das Nachbarsystem eindringenden Ströme dargestellt. Sind die Kapazitäten C_{13} und C_{14} genau gleich, heben sich die Ströme im Lastwiderstand wegen ihrer Gleichheit auf. Ebenso verhält es sich mit den Strömen über C_{23} und C_{24}. Solche symmetrischen Leitersysteme kommen in Kabeln für Fernsprech- und innerhalb von Datenübertragungen vor. Obwohl hier viele Leiter dicht beieinander liegen, reduziert sich das Übersprechen infolge der kapazitiven Symmetrie des Systems weitgehend.

Wenn zwei Leitersysteme dicht nebeneinander liegen, entsteht ein Übersprechen nicht nur durch die gegenseitige Kapazität, sondern auch durch die unvermeidlichen Magnetfelder, die mit jedem Strom verknüpft sind und die auch das benachbarte Leitungssystem durchsetzen: Es entsteht ein induktives Übersprechen, wie Abb. 2.13 zeigt.

Diese Art des Übersprechens lässt sich verringern, indem die Einzeldrähte eines Leiterpaars dicht aneinander gelegt werden, damit möglichst wenig Magnetfeld umfasst wird. Ist das Leiterpaar zusätzlich verdrillt, kehrt das Magnetfeld nach jeder Schlaglänge seine Richtung um, so dass die im Nachbarsystem induzierten Spannungen abwechselnd gegeneinander gerichtet sind und sich aufheben.

Abbildung 2.14 zeigt Aufbau und Wirkungsweise einer verdrillten Leitung. Diese Maßnahme ist immer dann erforderlich, wenn Messleitungen in unmittelbarer Nähe von Starkstromleitungen verlaufen.

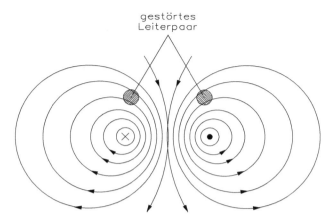

Abb. 2.13: Übersprechen durch das Magnetfeld eines störenden Leiterpaars

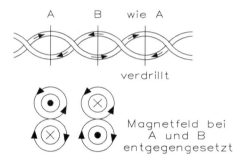

Abb. 2.14: Aufbau und Wirkungsweise einer verdrillten Leitung

2.2 Kenngrößen von Leitungen

Jede Leitung stellt einen passiven Vierpol dar. Somit erfährt jedes Signal beim Durchlauf eine entsprechende Beeinflussung. Am Leitungsende sind verschiedene Veränderungen des Signals messbar:

- Veränderung der Signalform (Verzerrung)
- Veränderung der Amplitude (Dämpfung)
- Veränderung der Phasenlage (Laufzeit)

Betrachtet man sich den grundsätzlichen Aufbau eines drahtgebundenen Übertragungssystems, wie Abb. 2.2 zeigt, so sind für den Strom oft recht unterschiedlich wirksame Abschnitte (Hinleiter, Rückleiter) vorhanden. Fließt nun ein hochfrequenter Wechselstrom durch die Leitung, so zeigt diese ganz andere Eigenschaften als bei niedrigen Frequenzen. Entscheidend für das Verhalten ist der Quotient aus der Leitungslänge l und der Wellenlänge λ des zu übertragenden Signals. Dieses Verhältnis wird als die „elektrische Länge" einer Leitung angegeben. Bei dieser „Länge" handelt es sich um eine dimensionslose Größe von $1/\lambda$.

Die Wellenlänge auf eine bezogene „elektrische Länge" der Leitung lässt sich dadurch definieren. Eine Leitung gilt als elektrisch lang, wenn $1/\lambda > 0,01$ ist, denn nur dann können sich viele vollständige Schwingungszüge eines Signals mit einer bestimmten Frequenz f auf einer Leitung ausbreiten. Für diesen, den nicht stationären Zustand, kann die Ortsabhängigkeit von Spannung und Strom auf der Leitung mit Hilfe der Vierpoltheorie nach Betrag und Phase exakt ermittelt werden.

2.2.1   Ersatzschaltbild einer realen Leitung

Zur Erfassung der Probleme der Signalübertragung wird häufig mit einem Ersatzschaltbild der Leitung gearbeitet. Abbildung 2.15 zeigt das Ersatzschaltbild einer realen Leitung und die Veränderungen der Signalform durch die Leitung.

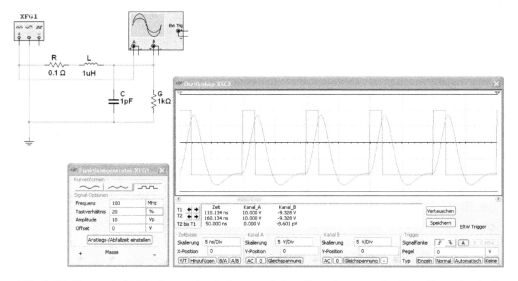

Abb. 2.15: Ersatzschaltbild einer realen Leitung und den Veränderungen der Signalform durch die Leitung. Der Funktionsgenerator erzeugt eine unsymmetrische Rechteckspannung (Tastverhältnis 20 %) für die Leitung und mit dem Oszilloskop wird die verzerrte Ausgangsspannung gemessen.

Das Ersatzschaltbild einer Leitung besteht aus komplexen und realen Widerständen. Hierbei wird im Wesentlichen der ohmsche Widerstand R durch das Leitermaterial bestimmt. Die Induktivität L entsteht durch die gestreckte Form der Leitung, d. h. um den stromdurchflossenen Hin- und Rückleiter entsteht ein magnetisches Feld, das die elektrischen Größen beeinflusst. Da sich technisch kein unendlich hoher Isolationswiderstand herstellen lässt, tritt ein Querwiderstand, die Ableitung oder der Leitwert G zwischen den Leitern, auf. Entlang der Leitung hat man aber nicht nur ein magnetisches, sondern auch ein elektrisches Feld. Es lässt sich durch die gegenüberliegenden Flächen der Hin- und Rückleiter erklären. Es entsteht auch eine Kapazität und diese beschreibt die Kopplung über das elektrische Feld der beiden Leiter.

Die Werte der in dem Ersatzschaltbild angegebenen komplexen und realen Widerstände sind von der Bauform und den verwendeten Materialien der Leitung abhängig. Die Werte für R, L, C und G kann man sich entlang einer Leitung vorstellen. Um verschiedene Leitungsgrößen miteinander vergleichen zu können, werden die Leitungsgrößen R, L, C und G auf eine Längeneinheit bezogen. Die Werte werden dann mit Belägen bezeichnet und sind folgendermaßen definiert:

Widerstandsbelag $R' = \dfrac{R}{l}$ in Ω/km oder mΩ/m

Induktivitätsbelag $L' = \dfrac{L}{l}$ in mH/km oder μH/m

Kapazitätsbelag $C' = \dfrac{L}{l}$ in nF/km oder pF/m

Leitungswertbelag $G' = \dfrac{G}{l}$ in μS/km oder nS/m

Die Leitungskonstanten sind also eine Funktion der Leitungslänge l oder mathematisch ausgedrückt:

$R' = f(l)$

$L' = f(l)$

$G' = f(l)$

$C' = f(1)$

Beispiel: Aus dem Datenblatt eines Kabels werden der Kapazitätsbelag C' mit 55 nF/km und der Induktivitätsbelag L' zu 0,31 mH/km entnommen. Welche Kapazität C bzw. Induktivität L hat diese Leitung im Ersatzschaltbild, wenn die Länge l = 200 m aufweist?

$C = C' \cdot l = 55\,nF/km \cdot 0{,}2\,km = 11\,nF$

$L = L' \cdot l = 0{,}31\,mH/km \cdot 0{,}2\,km = 6{,}2 \cdot 10^{-2}\,mH = 62\,μH$ □

Die für eine Leitung einer bestimmten Länge wirksamen Werte von R', L', G' und C' kann man somit durch eine einfache Multiplikation mit der Leitungslänge berechnen. Man erhält als Ergebnis die Leitungsbeläge. Sollen die Werte von Spannung und Strom längs der Leitung exakt beschrieben werden, ist außer der Längenabhängigkeit auch die Frequenzabhängigkeit von Spannung und Strom zu beachten, denn das Ersatzschaltbild der Leitung besteht nicht nur aus ohmschen Widerständen, sondern auch aus frequenzabhängigen Blindwiderständen. Spannung und Strom entlang der Leitung sind also eine Funktion der Länge l und der Frequenz f.

Bei der realen Leitung kann auf den Eingang eine sinusförmige Wechselspannung geschaltet werden. Man erkennt deutlich, dass zwischen Eingang und Ausgang eine Phasenverschiebung auftritt. Der sogenannte Längswiderstand R steht dabei für den Wirkwiderstand des Innenleiters, auch die etwas schwer erfassbare Widerstandszunahme mit ansteigender Frequenz (Skineffekt) ist darin berücksichtigt. Da jeder stromdurchflossene Leiter von einem Magnetfeld umgeben ist, ergibt sich immer eine Längsinduktivität L. Zwischen den beiden Leitern ist naturgemäß auch eine Kapazität C vorhanden, womit die Kopplung über das elektrische

Feld erfasst wird. Da die Permittivität (früher: Dielektrikum), wie bei jedem Kondensator, diverse Verluste aufweist, wird noch ein Querwiderstand parallel zur Kapazität C eingeführt, der meistens als Leitwert G oder Ableitung definiert ist.

Aus dem Ersatzschaltbild ist außerdem zu entnehmen, dass eine Leitung immer ein frequenzabhängiges Übertragungsverhalten besitzt. Wegen der Längsinduktivität und der Querkapazität liegt eindeutig eine LC-Tiefpasscharakteristik vor, d. h. es existiert eine obere Grenzfrequenz, und damit eine Begrenzung für den Einsatz zu hoher Frequenzen. Dies bedeutet für eine handelsübliche Koaxialleitung der TV-Technik, dass sie z. B. nur bis etwa 1 GHz zur Signalübertragung einsetzbar ist.

2.2.2   Messtechnische Ermittlung der Leitungsbeläge

Aus einem Datenblatt eines Kabels werden der Kapazitätsbelag mit $C' = 55\,\text{nF/km}$ und ein Induktivitätsbelag mit $L' = 0{,}31\,\text{mH/km}$ entnommen. Welche Kapazität C bzw. Induktivität L hat diese Leitung, wenn man mit dem Ersatzschaltbild einer simulierten Leitung arbeitet, die eine Länge von $l = 200\,\text{m}$ aufweist?

$$C = C' \cdot l = 55\,\text{nF/km} \cdot 0{,}2\,\text{km} = 11\,\text{nF}$$

$$L = L' \cdot l = 0{,}31\,\text{mH/km} \cdot 0{,}2\,\text{km} = 62\,\mu\text{H}$$

Aus diesen beiden Werten lässt sich der Wellenwiderstand berechnen:

$$Z = \sqrt{\frac{L}{C}} = \sqrt{\frac{62\,\mu\text{H}}{11\,\text{nF}}} = 75\,\Omega$$

Sind die Leitungsbeläge nicht aus dem Datenblatt bekannt, so können sie zwar berechnet werden, aber viel einfacher ist es, diese Werte messtechnisch zu ermitteln. Mit einem Kapazitätsmessgerät wird dazu die Kapazität C eines am Ende offenen, mit einem Induktivitätsmessgerät die Induktivität L des am Ende kurzgeschlossenen Leitungsstücks gemessen. Zu beachten ist dabei, dass die Wellenlänge λ der Messfrequenz sehr viel größer als die Länge l des gemessenen Leitungsstücks zu sein hat, also $\lambda \ll l$ gelten muss. Bei Messungen an einem Leitungsstück von 0,5 m bis 1 m ist dies jedoch immer der Fall und Abb. 2.16 zeigt das Ersatzschaltbild einer realen Leitung.

Da die Permittivität einer HF-Leitung normalerweise sehr gut ist, kann diese Komponente relativ verlustfrei arbeiten, und daher vernachlässigt man den Ableitungsbelag. Die Größenordnung von dem Widerstandsbelag lässt sich abschätzen, wenn man die in die Leitung hineingeschickte Leistung P_1 mit der an ihrem Ende herauskommenden Leistung P_2 vergleicht. Der Unterschied zwischen den beiden Leistungen ist dann ein Maß für den Widerstandsbelag.

Bei Messungen an einem Leitungsstück von 0,5 m bis 1 m ist dies jedoch immer der Fall. Mit der bekannten Leitungslänge l kann auf die Beläge geschlossen werden, wie die beiden Messungen in Abb. 2.17 zeigen.

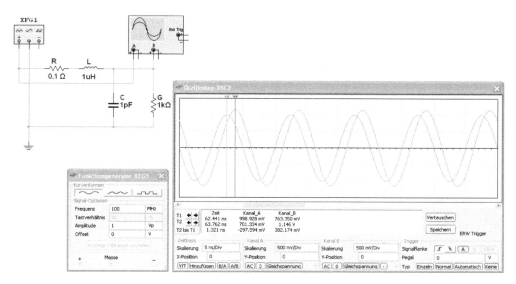

Abb. 2.16: Ersatzschaltbild einer realen Leitung und den Veränderungen der Signalform durch die Leitung. Der Funktionsgenerator erzeugt eine Sinusspannung für die Leitung und mit dem Oszilloskop wird die Ausgangsspannung gemessen

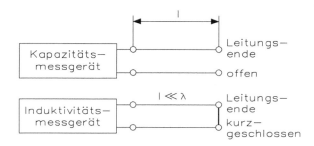

Abb. 2.17: Messung der Kapazität und Induktivität einer Leitung

2.2.3 Dämpfung und Dämpfungskonstante

Mit dem Begriff der Dämpfung a werden die reduzierenden Einflüsse der Leitungsbeläge auf Spannung, Strom und Leistung längs einer Leitung erfasst. Da immer Wirkleistungsverluste in Form von Wärme im Leitermaterial und im Dielektrikum auftreten, und bei einer unabgeschirmten Leitung auch Abstrahlungsverluste berücksichtigt werden müssen, weist jede reale Leistung eine gewisse Dämpfung auf, die mit „a" (attenuation) gekennzeichnet wird.

Werden längs einer sehr langen Leitung die Werte von Spannung und Strom gemessen, erkennt man, dass diese nicht geradlinig entlang der Leitung abnehmen. Aus der Simulation erkennt man, dass sich die Spannung nach einer e-Funktion ändert. Dies gilt auch für den Stromverlauf. Spannung und Strom werden innerhalb eines Leitungssystems bedämpft. Das Maß der Dämpfung pro Längeneinheit ist die Dämpfungskonstante α. Als Ergebnis der Leitungstheorie beschreiben die nachfolgenden Gleichungen den Verlauf von Spannung und

Strom in Abhängigkeit der Länge l. Werden diese Gleichungen grafisch dargestellt, kommt man zum typischen Lade- und Entladevorgang von Kondensatoren und Spulen.

$$U_l = U_1 \cdot e^{-\alpha \cdot l} \qquad I_l = I_1 \cdot e^{-\alpha \cdot l}$$

Der Exponent der e-Funktion muss negativ sein, da Spannung und Strom mit zunehmender Entfernung vom Leitungsanfang abnehmen. Der Ausdruck $\alpha \cdot l$ lässt sich zum Dämpfungsmaß a zusammenfassen:

$$a = \alpha \cdot l$$

Mit den folgenden Angaben kann man die Spannung für jeden beliebigen Punkt auf der Leitung beschreiben:

U_1 = Spannung am Leiteranfang
U_l = Spannung an dem um die Länge l vom Leiteranfang entfernten Punkt
l   = Entfernung vom Leiteranfang
e   = Basis der e-Funktion
α = Dämpfungskonstante

Bei der Messanordnung von Abb. 2.18 sind einige Besonderheiten zu beachten. Der Funktionsgenerator hat einen Innenwiderstand von $R_i = 0\,\Omega$. Durch den Widerstand von $R_i = 60\,\Omega$ lässt sich ein praxisnaher Wert für den Innenwiderstand definieren. Das Leitungssystem besteht aus dem bekannten Widerstandsbelag von $R' = 0{,}1\,\Omega$, dem Induktivitätsbelag von

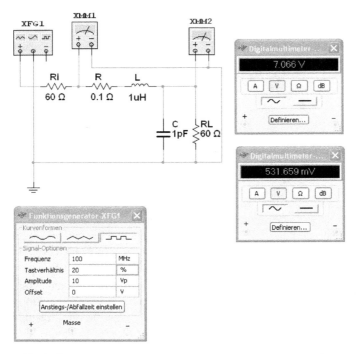

Abb. 2.18: Anordnung der Messgeräte zur Erfassung der Dämpfung a

$L' = 1\,\mu H$ und dem Kapazitätsbelag von $C' = 1\,pF$. Wichtig ist bei der Messanordnung, dass der Innenwiderstand R_i identisch ist mit dem Abschlusswiderstand und dieser hat einen Wert von $R_L = 60\,\Omega$.

Wird in einem drahtgebundenen Übertragungssystem die Spannung U_x an einer beliebigen Stelle d der Leitung gemessen, so lässt sich für den Spannungspunkt U_x folgender Ausdruck formulieren:

$$U_x = U_1 \cdot e^{-a}$$

Die Amplitude einer Spannungswelle nimmt wegen dieses Gesetzes längs der Leitung exponentiell nach einer e-Funktion mit zunehmender Länge x ab. Um das Dämpfungsmaß a zu erhalten, stellt man diese Gleichung nach a um. Mit dem Zusatz „-maß" zum Wort wird Dämpfung so definiert, dass mit einem Größenverhältnis in Verbindung mit dem Logarithmus gerechnet werden muss.

$$a_U = 20 \cdot \log \frac{U_1}{U_2} = 20 \cdot \log \frac{7{,}066\,V}{531{,}66\,mV} = 22{,}48\,dB$$

Zwischen der Quelle (Funktionsgenerator) und der Senke tritt in der Simulationsschaltung von Abb. 2.18 eine Dämpfung von $a = 22{,}48\,dB$ auf. Auch das Strom- oder Leistungsdämpfungsmaß wird wie folgt definiert:

$$a_I = 20 \cdot \log \frac{I_1}{I_2} \qquad a_P = 10 \cdot \log \frac{P_1}{P_2}$$

In der Praxis bezieht man analog wie bei den Leitungsbelägen das Dämpfungsmaß a auf eine Länge, d. h. auf 1 m, 100 m oder 1 km. Damit ergibt sich der Dämpfungsbelag α, auch Dämpfungskoeffizient oder Dämpfungskonstante, in 1/m bzw. dB/m:

$$\alpha = \frac{a}{l} \qquad \text{oder in} \qquad \frac{dB}{100\,m}$$

In der Schaltung von Abb. 2.18 werden bei einer Frequenz von $f = 100\,MHz$ an einer Leitung mit $l = 25\,m$ die angezeigten Spannungen gemessen. Wie groß ist der Dämpfungsbelag α in dB/100 m?

$$\alpha = \frac{a}{l} = \frac{22{,}48\,dB}{25\,m} = \frac{0{,}899\,dB}{1\,m} = \frac{89{,}9\,dB}{100\,m}$$

Der Dämpfungsbelag α kann auch für einen bestimmten Frequenzbereich bezeichnet werden, jedoch ist in der Praxis dieser Aufwand zu groß, so dass man die Darstellung der Frequenzabhängigkeit in Diagrammform bevorzugt. Wichtig ist, dass die Dämpfungskonstante fast in jeder Leitung mit zunehmender Frequenz zunimmt. Die Ausnahme sind die Hohlleiter, da bei höheren Frequenzen immer mehr der Skineffekt zur Wirkung kommt.

2.2.4 Phasenkonstante und Signallaufzeit

Wird an den Eingang einer Leitung eine sinusförmige Wechselspannung mit der Amplitude U_1 angelegt, so breitet sich auf der Leitung eine Spannungswelle mit der Geschwindigkeit v aus. In Abb. 2.19 ist ersichtlich, dass die Spannung U_2 gegenüber der Spannung U_1

- ein gedämpftes Verhalten zeigt
- erst nach der Laufzeit t_L messbar ist

Mit der grundlegenden Beziehung v = Weg l/Zeit t lässt sich die Laufzeit t_L = 1/v eines Signals vom Kabelanfang bis zum Kabelende ermitteln. Eine Leitung kann wegen dieses Effekts als Verzögerungsglied im ns- oder μs-Bereich benützt werden.

Die verlustlose Übertragungsleitung von Abb. 2.19 findet man unter der horizontalen Toolbar. Dieses Element stellt ein Netzwerk mit zwei Anschlüssen (Vierpol) dar, also ein Medium wie ein Draht oder eine Verbindungsleitung. Über diese Übertragungsleitung können die elektrischen Impulse eine Übertragungsleitung passieren. Dieses Modell ist ideal und simuliert nur die charakteristische Impedanz und die Eigenschaften der Verzögerungszeit. Die charakteristische Impedanz hat ein ohmsches Verhalten und berechnet sich aus $\sqrt{L/C}$. Die Werte des Induktivitätsbelags und des Kapazitätsbelags sind gegeben mit

$$C' = \frac{t_d}{Z} \qquad L' = t_d \cdot c$$

C' = Kapazitätsbelag
L' = Induktivitätsbelag
t_d = Verzögerungszeit
Z = Nennimpedanz
c = Lichtgeschwindigkeit

Abbildung 2.19 zeigt die Simulation der Phasenkonstante an einer verlustlosen Übertragungsleitung. In dem Fenster sind die Länge der Übertragungsleitung, der Widerstand, der induktive

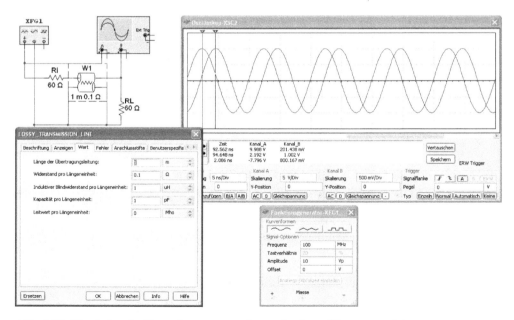

Abb. 2.19: Simulation der Phasenkonstante an einer verlustlosen Übertragungsleitung

Blindwiderstand, die Kapazität und der Leitwert pro Längeneinheit aufgelistet. Diese Werte lassen sich auf die jeweilige Länge der Übertragungsleitung einstellen.

Die Verzögerungszeit kann folgendermaßen berechnet werden:

$$t_d = \frac{1}{v_p} \qquad v_p = v_f \cdot c$$

1 = Leitungslänge
v_p = Ausbreitungsgeschwindigkeit
v_f = Geschwindigkeitsfaktor
c = Lichtgeschwindigkeit

Die Laufzeit t_L oder Verzögerungszeit t_d kann man auch als Phasenverschiebungswinkel φ zwischen der sinusförmigen Eingangsspannung U_1 und der Spannung U_2 an einer beliebigen Stelle x der Leitung interpretieren. Bei der Simulation handelt es sich um die Ausgangsspannung U_2. Um ein Maß für diesen Phasenwinkel definieren zu können, hat man analog zur Dämpfungskonstante α die Phasenkonstante β eingeführt, die ebenfalls auf die Leitungslänge bezogen ist

$$\beta = \frac{b}{l} \quad \text{in } \frac{1}{m} \quad \text{bzw.} \quad \frac{rad}{m} \quad \text{oder} \quad \frac{Grad}{m}$$

Die Größe $b = \beta \cdot l$ ist demnach der Winkel im Bogen- bzw Gradmaß, um den sich die Phase nach der Leitungslänge l gegenüber der Eingangsspannung gedreht hat.

Beispiel: Eine Leitung hat einen Phasenkoeffizienten von $\beta = \pi/4 \, rad/m = 45°/m$. Die Leitungslänge soll l = 10 m betragen. Wie groß ist der Phasenwinkel φ zwischen der Eingangsspannung U_1 und der Ausgangsspannung U_2?

$$\varphi = 45°/m \cdot 10 \, m = 450°$$

Berücksichtigt man, dass eine Periode 360° hat, so tritt die am Ausgang auftretende Spannung U_2 immer nach einer Phasenlage von $450° - 360° = 90°$ zur Spannung U_1 auf und die Ausgangsspannung eilt der Eingangsspannung um 90° nach.   □

Die Momentaufnahme der Spannungen zeigt, dass sich an den verschiedenen Stellen unterschiedliche Spannungsvektoren einstellen. Die Phasenänderung pro Kilometer bezeichnet man als Phasenkonstante β. Der Abstand zweier Punkte zu dem nächsten Vektor gleicher Phasenlage ist die Wellenlänge λ. Es entsteht ein Zusammenhang zwischen Phasenkonstante und Wellenkonstante:

$$\beta = \frac{2 \cdot \pi}{\lambda}$$

Bisher wurde die Spannungs- und Stromwelle für einen bestimmten Zeitpunkt betrachtet. Liegt nun ständig eine sinusförmige Wechselspannung am Anfang der Leitung, so tritt mit einer fortschreitenden Welle eine Geschwindigkeit auf, die sich folgendermaßen berechnen lässt:

$$v = \frac{s}{t} = \frac{\lambda}{T} = \frac{2 \cdot \pi}{\beta \cdot T} = \frac{2 \cdot \pi \cdot f}{\beta}$$

Die Fortpflanzung der Wellengeschwindigkeit kann man also in Abhängigkeit der Phasenkonstanten β und damit in Abhängigkeit der Leitungskonstanten darstellen. Aus der geänderten Fortpflanzung der Welle gegenüber Vakuum ergeben sich in einem Leiter auch andere Ausbreitungsgeschwindigkeiten und damit verbunden andere Wellenlängen des Urspannungssignals gegenüber dem Medium Vakuum, wo in der Physik die Lichtgeschwindigkeit gemessen wird. Für die Ausbreitungsgeschwindigkeit der Wellen gilt

$$v = \frac{\omega}{\beta}$$

Für symmetrische Kabel gilt

$$v = \frac{1}{\sqrt{L' \cdot C'}}$$

Im Medium Luft hat man eine Fortpflanzungsgeschwindigkeit von $v \approx 300\,000$ km/s. Dies gilt nicht für die Nachrichtenübertragung, wenn man leitungsgebundene Systeme hat. Hier handelt es sich immer um geringere Fortpflanzungsgeschwindigkeiten. Bei einem angenommenen Wert von $100\,000$ km/s ergeben sich für eine Frequenz von $f = 300$ Hz beispielsweise $\lambda_{300\,Hz} = 333,3$ km und für $f = 3,4$ kHz ein Wert von $\lambda_{3,4\,kHz} = 29,4$ km. Eine vollständige Schwingung des menschlichen Sprachsignals mit $f = 300$ Hz liegt nach einer Entfernung von 333,3 km vor. Im Vakuum legt eine elektromagnetische Welle gleicher Frequenz bereits 1000 km zurück.

2.2.5   Ausbreitungsgeschwindigkeit und Verkürzungsfaktor

Wie aus dem vorherigen Teilkapitel ersichtlich ist, entsteht durch die fortschreitenden Wellen von Spannung und Strom eine Dämpfung (Dämpfungskonstante α) und gleichzeitig eine Phasenverschiebung (Phasenkonstante β) zwischen Eingangs- und Ausgangssignal. Soll also das Verhalten von Spannung und Strom längs einer Leitung vollständig beschrieben werden, muss eine Größe eingeführt werden, die den Zusammenhang zwischen Dämpfungskonstante und Phasenkonstante verknüpft. Die geometrische Addition von Dämpfungskonstante α und Phasenkonstante β ergibt die Ausbreitungskonstante γ. Da die Phasenkonstante jeden beliebigen Wert annehmen kann, schreibt man allgemein:

$$\gamma = \alpha + j \cdot \beta$$

Das Formelzeichen j zeigt an, dass man die Größen nicht linear addieren kann, sondern geometrisch addieren muss. Die Ausbreitungskonstante γ ist also eine komplexe Größe mit dem Realteil α und dem Imaginäranteil $j\beta$. Genaugenommen ergibt sich der Wert γ aus der Wellengleichung der Leitungstheorie. In dieser sind die Werte der Leitungskonstanten enthalten.

Die verlustbehaftete Übertragungsleitung ist ein Netzwerk mit zwei Anschlüssen, das ein Medium wie einen Draht oder eine Verbindungsleitung nachbildet. Das Modell bildet ohmsche Verluste zusammen mit der charakteristischen Impedanz und den Verzögerungszeit-Eigenschaften der Übertragungsleitung nach. Da dieses Modell ein zweiteiliges Faltungsmodell für verlustbehaftete Einzelleiter-Übertragungsleitungen darstellt, lassen sich folgende Leitungstypen simulieren:

- RLC-Verhalten (gleichförmige Übertragungsleitungen, wobei nur Serienverluste auftreten)
- RC-Verhalten (gleichförmige RC-Leitung)
- LC (verlustlose Übertragungsleitung)
- RG (verteilter Serien- und Parallelwirkleitwert)

Über das Fenster kann man die Einstellungen einer verlustbehafteten Übertragungsleitung vornehmen. Die Charakteristik einer verlustbehafteten Übertragungsleitung wird durch folgende Telegraphengleichungen beschrieben:

$$\frac{\partial u}{\partial x} = -\left(L \cdot \frac{\partial i}{\partial t} + R_i\right) \qquad \frac{\partial i}{\partial x} = -\left(C \cdot \frac{\partial u}{\partial t} + G_u\right)$$

mit den folgenden Grenz- und Anfangsbedingungen:

$$u(0,t) = u_1(t), \qquad u(l,t) = u_2(t)$$
$$i(0,t) = i_1(t), \qquad i(l,t) = -i_2(t)$$
$$u(x,t) = u_0(x), \qquad i(x,0) = i_0(x)$$

wobei sich die Übertragungsleitung von der x-Koordinate 0 bis 1 erstreckt:

l = Leitungslänge
u(x,t) = Spannung bei Punkt x zur Zeit t
i(x,t) = Strom in positiver x-Richtung bei x zur Zeit t
u(0,t) = Spannung bei Punkt x zur Zeit t
i(0,t) = Strom in positiver x-Richtung bei 0 zur Zeit t
u(x,0) = Spannung bei Punkt x zur Zeit 0
i(x,0) = Strom in positiver x-Richtung bei x zur Zeit 0

Dieser Gleichungssatz wird zunächst mit der Laplace-Transformation in ein verknüpftes gewöhnliches Differenzialgleichungspaar in x und s transformiert. Die Gleichungen werden anschließend zur numerischen Faltung umgewandelt. Abschließend sind diese Gleichungen mit Hilfe der umgekehrten Laplace-Transformation wieder in den Zeitbereich zu transformieren. Tabelle 2.2 zeigt die Parameter und Standardwerte der verlustbehafteten Übertragungsleitung.

Tab. 2.2: Parameter und Standardwerte der verlustbehafteten Übertragungsleitung für die Simulation

Formelbezeichnung	Parameter	Standard	Einheit
l	Länge der Übertragungsleitung	1	m
R	Widerstandsbelag	0,1	Ω
L	Induktivitätbelag	1	μH
C	Kapazitätsbelag	1	pF
G	Wirkleitwert	0	mho (S)

Eine verlustbehaftete Übertragungsleitung mit Verlust Null lässt sich zur Nachbildung der verlustlosen Übertragungsleitung verwenden und ist möglicherweise genauer als die verlustlose Übertragungsleitung.

Das Oszillogramm für eine verlustbehaftete Übertragungsleitung, die im Prinzip die Fortpflanzungsgeschwindigkeit v_L darstellt. Die Fortpflanzungsgeschwindigkeit der elektromagnetischen Felder längs einer Leitung hängt von der Permittivitätskonstanten ε_r und der Permeabilitätskonstanten μ_r im Bereich der Leitung ab:

$$v_L = \frac{1}{\sqrt{\varepsilon_0 \cdot \varepsilon_r \cdot \mu_0 \cdot \mu_r}} = \frac{1}{\sqrt{\varepsilon_0 \cdot \mu_0}} \cdot \frac{1}{\sqrt{\varepsilon_r \cdot \mu_r}}$$

mit $\varepsilon_0 = 8{,}86 \cdot 10^{-12}$ As/V und $\mu_0 = 1{,}256 \cdot 10^{-6}$ Vs/A. Für Vakuum oder Luft gilt $\varepsilon_r \approx 1$ und $\mu_r \approx 1$. Für den Spezialfall der Fortpflanzungsgeschwindigkeit v_L in Vakuum gilt

$$v_L = \frac{1}{\sqrt{\varepsilon_0 \cdot \mu_0}} = c$$

Die Lichtgeschwindigkeit liegt bei $c \approx 300\,000$ km/s. Wenn man die Permittivitätskonstante ε_r und die Permeabilitätskonstante μ_r in diese Gleichung einsetzt, erhält man $c \approx 300\,000$ km/s. Bei Leitungen mit Permittivitätskonstanten $\varepsilon_r \approx 1$ und Permeabilitätskonstanten $\mu_r > 1$ ergibt sich aus

$$v_L = \frac{c}{\sqrt{\varepsilon_r}}$$

Die Fortpflanzungsgeschwindigkeit v_L eines Signals auf einer Leitung ist also immer kleiner als die Lichtgeschwindigkeit c. Durch den Ausdruck

$$\frac{1}{\sqrt{\varepsilon_r}} = \frac{v_L}{c} = k$$

erhält man den Verkürzungsfaktor k und dieser ist immer kleiner 1. Die Bezeichnung „Verkürzungsfaktor" kommt von der Tatsache, dass die elektro-magnetischen Wellen bei der Ausbreitung auf einer Leitung mit $\varepsilon_r > 1$ in ihrer Wellenlänge verkürzt werden. Bindet man diesen Sachverhalt in die allgemein gültigen Grundformeln für den Zusammenhang zwischen der Wellenlänge λ, der Frequenz f und der Ausbreitungsgeschwindigkeit v eines periodischen Vorgangs ein, ergibt sich

$$\lambda \cdot f = v$$

mit der Dimension von m/s. Wird also z. B. die Fortpflanzungsgeschwindigkeit v_L bei konstanter Frequenz f kleiner, so ist dies nur durch eine Verringerung von λ_L möglich, da $\lambda_L \approx v_L$ ist. Der Verkürzungsfaktor k ist für eine homogene Leitung eine konstante Größe, die aus dem Datenblatt zu entnehmen ist. Damit lässt sich die Permittivitätskonstante ε_r des Isolationsmaterials auf die Ausbreitungsgeschwindigkeit v_L des Signals und dessen Wellenlänge λ_L auf der Leitung schließen. Aber auch ein Zusammenhang von λ_L mit der Phasenkonstanten β ist vorhanden.

Breitet sich eine Welle mit der Geschwindigkeit v_L auf einer Leitung aus, so legt sie in der Zeit, die einer Periodendauer $T = 1/f$ entspricht, genau den Weg der Wellenlänge λ_L zurück. In die Formel $\beta = b/l$ ist für b deshalb für die Länge $l = \lambda$ der dazu gehörende Phasenwinkel von $2\pi \stackrel{\wedge}{=} 360° \stackrel{\wedge}{=} T$ einzusetzen und es gilt

$$\beta = \frac{b}{l} = \frac{2 \cdot \pi}{\lambda}$$

Stellt man nach $\lambda = 2 \cdot \pi/\beta$ um, folgt

$$v_L = (2 \cdot \pi/\beta) \cdot f = \omega/\beta$$

Aus diesem Grunde wird die Ausbreitungs- oder Wanderungsgeschwindigkeit v_L einer elektromagnetischen Welle auf einer Leitung häufig auch als Phasengeschwindigkeit v_P bezeichnet.

Beispiel: Bei den in der HF-Technik üblichen Koaxialkabeln bewegt sich der Verkürzungsfaktor zwischen $k_1 = 0{,}66$ und $k_2 = 0{,}85$. Wie groß sind die dazugehörenden Werte für v_{L1} bzw v_{L2}? Welche Phasenkonstante β ist in einem Vorgang mit der Frequenz $f = 20\,MHz$ zuzuordnen, wenn die Übertragung des Signals auf einer Leitung mit $k_2 = 0{,}85$ erfolgt?

$$v_{L1} = k_1 \cdot c = 0{,}66 \cdot 300\,000\,km/s = 198\,000\,km/s$$

$$v_{L2} = k_2 \cdot c = 0{,}85 \cdot 300\,000\,km/s = 255\,000\,km/s$$

Die Phasenkonstante ist $\beta = (2 \cdot \pi/\lambda)$ und damit

$$v_L/f = k_2 \cdot \frac{c}{f} = 0{,}85 \cdot \frac{300\,000\,000\,(m/s)}{20 \cdot 10^6\,Hz} = 12{,}75\,m$$

$$\beta = \left(\frac{2 \cdot \pi}{\lambda}\right) = \frac{2 \cdot \pi}{12{,}75\,m} = 0{,}49 \cdot 1/m \qquad \Box$$

2.2.6 Drahtgebundene Wellenausbreitung

Um den Zusammenhang zwischen Spannung und Strom darzustellen, muss mit der Größe des Wellenwiderstands gerechnet werden. Der Wellenwiderstand wird mit $\underline{Z}_L$ in Ω definiert. Das Spannungs-/Stromverhältnis u_1/i_1 an jedem beliebigen Punkt einer sehr langen Leitung ist immer konstant, d. h., dass der Wellenwiderstand entlang einer homogenen Leitung als konstant anzunehmen ist. Die Ableitung aus der Leitungstheorie liefert uns folgendes Ergebnis für die Beschreibung des Wellenwiderstands in Abhängigkeit von den Leitungskonstanten:

$$\underline{Z}_L = \sqrt{\frac{R' + j\omega L'}{G' + j\omega C'}}$$

Der Wellenwiderstand wird als komplexe Größe angegeben. In der Praxis sind die durch den Widerstand R und die Kapazität C hervorgerufenen Verluste sehr gering und können zur Vereinfachung des Rechenvorgangs vernachlässigt werden. Somit gilt für die verlustarme Leitung oder bei sehr hohen Frequenzen, wenn $\omega \cdot L' \gg R'$ und $\omega \cdot C' \gg G'$.

$$Z_L = \sqrt{\frac{L'}{C'}}$$

Der Wellenwiderstand einer verlustarmen Leitung ist ein reeller Wert und damit frequenz-unabhängig. Für diese Untersuchung lässt sich das Simulationsmodell für eine verlustlose Übertragungsleitung einsetzen. Der Wellenwiderstand ist ein Wert, der die Übertragungs-eigenschaften der Leitung bestimmt. Bei einer realen homogenen Leitung ist der Wellen-widerstand von den Leitungskonstanten und der Frequenz abhängig. In der NF-Technik wird der Wellenwiderstand der Leitung meistens auf 800 Hz bezogen. Werden höherfre-quente Signale übertragen, so bezieht sich der Wellenwiderstand auf andere Frequenzen, die innerhalb des Übertragungsbereichs liegen. Der Wellenwiderstand wird innerhalb der Übertragungsbandbreite näherungsweise als konstant angenommen. An dieser Stelle muss noch darauf hingewiesen werden, dass der Wellenwiderstand nicht mit dem Scheinwider-stand der Leitung verwechselt werden darf. Der Wellenwiderstand stellt das Verhältnis von Spannung und Strom einer fortschreitenden Welle in einer Richtung dar. Es hat an jeder Stelle der Leitung den gleichen Wert. Der Scheinwiderstand wird aus dem Verhältnis von Gleichspannung und -strom am Anfang der Leitung gebildet. Wie noch gezeigt wird, können sich am Leitungsanfang mehrere Spannungs- und Stromwellen addieren.

Wie die Messschaltung in Abb. 2.19 zeigt, legt man an den Eingang einer Leitung einen HF-Generator an und damit breiten sich elektromagnetische Wellen auf der Leitung aus. Diese Wellenausbreitung ist drahtgebunden und man spricht von der „geführten Ausbreitung = Wellenleitung". Im Gegensatz hierzu stehen die drahtlosen Vorgänge über Antennen. Sofern die Leitung sehr lang gegenüber der Wellenlänge λ ist (l > 10λ), ergibt sich die Feldverteilung nach Abb. 2.20.

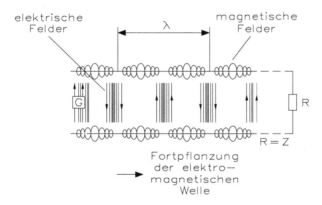

Abb. 2.20: Feldverteilung einer drahtgebundenen Wellenausbreitung

Die Leitung wird hier symbolisch durch zwei parallel geführte Drähte dargestellt, die Größe der „magnetischen Feldringe" bzw. die Anzahl der „gedrängten Striche beim elektrischen Feld" sind als Amplituden der jeweiligen Feldstärken zu interpretieren. Da jedes elektrische Feld an einem bestimmten Ort auf der Leitung seine Energie aus dem Abbau des vorherge-henden Felds bezieht und umgekehrt, sind die in den Feldern gespeicherten Energiemengen einander identisch, sofern man von den Verlusten absieht. In diesem Fall betrachtet man sich eine ideale Übertragungsleitung. Die elektromagnetische Energie befindet sich deshalb im zeitlichen Mittel je zur Hälfte im induktiven und kapazitiven „Ersatzbauelement" der Kapazität C und der Induktivität L.

Durch eine Gegenüberstellung des Wellenwiderstands und des Scheinwiderstands der Leitung wird deutlich, dass der Wellenwiderstand nur von den Leitungskonstanten und der Frequenz abhängig ist. Der Scheinwiderstand weist zusätzlich eine Abhängigkeit zur Leitungslänge und zum Abschlusswiderstand auf.

$$\underline{Z}_L = \sqrt{\frac{R' + j\omega L'}{G' + j\omega C'}} \qquad \underline{Z} = \underline{Z}_L \cdot \frac{\underline{Z}_a + \underline{Z}_L \cdot \tan \gamma \cdot l}{\underline{Z}_L - \underline{Z}_a \cdot \tan \gamma \cdot l}$$

Durch diese Formeln wird deutlich, dass mit zunehmender Leitungslänge der Abschluss-widerstand am Ende eines Leitungssystems an Bedeutung verliert. Bei $l \rightarrow \infty$ wird der Scheinwiderstand gleich dem Wellenwiderstand der Leitung. Bei Anpassung entspricht der Scheinwiderstand ebenfalls dem Wellenwiderstand.

Beispiel: Durch eine Messung eines Kabels erhält man eine Induktivität von $L' = 1,12\,\mu H$ und eine Kapazität von $C' = 200\,pF$. Wie groß ist der Wellenwiderstand?

$$Z_L = \sqrt{\frac{L'}{C'}} = \sqrt{\frac{1,12\,\mu H}{200\,pF}} = 75\,\Omega \qquad\qquad \square$$

Abbildung 2.21 zeigt eine Frequenzanalyse der Übertragungsleitung von Abb. 2.19. Bei der AC-Frequenzanalyse wird zunächst der DC-Arbeitspunkt berechnet, um lineare Kleinsignal-modelle für alle nicht linearen Bauteile zu erhalten. Danach wird eine komplexe Matrix (mit Real- und Imaginärteil) erstellt. Um eine Matrix zu bilden, werden den DC-Quellen immer Nullwerte zugewiesen. AC-Quellen, Kondensatoren und Induktivitäten lassen sich durch die jeweiligen AC-Modelle darstellen. Nicht lineare Bauteile werden durch lineare AC-Kleinsignalmodelle nachgebildet, die sich aus der DC-Arbeitspunktberechnung ableiten las-sen. Für alle Eingangsquellen werden sinusförmige Signale eingesetzt, und die Frequenz der Quellen wird ignoriert. Wenn der Funktionsgenerator auf Rechteck- oder Dreiecksignalkurve eingestellt ist, wird dieser bei der Analyse intern auf Sinus umgeschaltet. Danach berechnet die AC-Frequenzanalyse das Schaltungsverhalten als Funktion der Frequenz.

Die AC-Frequenzanalyse führt man folgendermaßen aus:

1. Die Schaltung ist zu überprüfen und die Analyseknoten zu bestimmen. Man kann den Betrag und die Phase einer Quelle zur AC-Frequenzanalyse angeben, indem man auf die Quelle doppelklickt und dann auf das Register „Analyse einstellen" klickt.
2. Die „Analyse/AC-Frequenz" ist zu wählen und es erscheint das Einstellfenster.
3. Die Eingaben oder Änderungen sind im Dialogfeld vorzunehmen.
4. Man klickt auf das Feld „Simulieren" oben rechts.

Das Ergebnis der AC-Frequenzanalyse wird in zwei Diagrammen dargestellt: Verstärkung bzw. Dämpfung über Frequenz und Phase über der Frequenz. Diese Diagramme werden nach Abschluss der Analyse angezeigt, wobei aus dem Kurvenverlauf zu erkennen ist, dass keine Verstärkung, sondern eine Dämpfung vorliegt.

Die AC-Frequenzanalyse wird in Abb. 2.21 bei 1 Hz gestartet und bei 10 GHz gestoppt. Als Intervalltyp wurde die Dekade gewählt, die Punktzahl beträgt 100 und die vertikale Skala ist auf logarithmisch eingestellt.

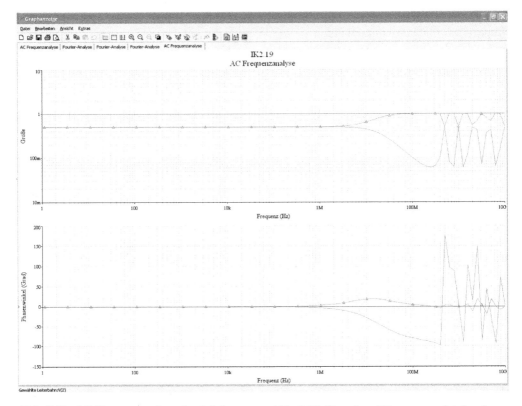

Abb. 2.21: AC-Frequenzanalyse der Schaltung von Abb. 2.19. Das obere Diagramm zeigt den Spannungsverlauf zwischen 1 Hz und 10 GHz und das untere die Phasenverschiebung

2.2.7   Digitale Signale in Leitungssystemen

In der Impulstechnik gelten allgemein die nachfolgenden Definitionen. Die Anstiegszeit t_{an} oder t_r (rise-time) ist bestimmt durch die Zeit, in der die Spannung von 10 % auf 90 % der Gesamtamplitude (100 %) ansteigt. Ab 100 % beginnt die Dachschräge D wobei ein Überschwingen auftreten kann. Die Abfallzeit t_{ab} oder t_f (fall-time) ist bestimmt durch die Zeit, in der die Spannung von 90 % auf 10 % der Gesamtamplitude absinkt. Die Impulsdauer t_p (propagation = Ausbreitung) stellt die Signallaufzeit dar oder man arbeitet mit Impulsbreite t_w (pulse-width). Beide Impulswerte misst man bei 50 % der Gesamtamplitude.

Betrachtet man sich die Anstiegszeit t_{an} genauer, so beginnt diese bei 0 % der Gesamtamplitude. Die Zeitspanne von 0 % bis 10 % bezeichnet man als t_d (delay-time) und es handelt sich um eine Verzögerungszeit. Die Einschaltzeit berechnet sich aus $t_{ein} = t_d + t_r$. Die Abfallzeit beginnt bei 90 % und die Zeit von 100 % auf 90 % definiert man als Speicherzeit t_s (storage-time). Die Ausschaltzeit berechnet sich aus $t_{aus} = t_s + t_f$.

Die höchste Frequenz, mit der man einen Ausgang eines TTL-Bausteins betreiben kann, ergibt sich aus der Summe der Anstiegs- und Abfallzeiten mit

$$f_{max} \leq \frac{1}{t_{an} + t_{ab}}$$

Prinzipiell gelten diese Definitionen auch für alle anderen Signale, die Flanken an den Vorder- und Rückseiten aufweisen.

Zur Verbindung logischer Schaltelemente verwendet man gedruckte Leiterbahnen, einfache Drähte oder Koaxialkabel. Lassen sich diese Verbindungsleitungen nicht ausreichend kurz halten (< 25 cm), so sind bei Entwurf und Aufbau entsprechender Schaltungen folgende Punkte zu beachten:

- Durchlaufverzögerungen: Eine Verbindungsleitung besitzt eine Durchlaufverzögerung von etwa 5 ns pro Meter, d. h., eine Pegelveränderung an einem Leitungsende wirkt sich am anderen Ende nicht sofort, sondern erst nach einer entsprechenden Verzögerungszeit aus.
- Leitungsimpedanz: Bei einer Spannungsänderung, die schneller als die doppelte Durchlaufzeit in der Leitung erfolgt, wird die Stromentnahme aus der Spannungsquelle während des Spannungssprungs durch die Impedanz der Spannungsquelle und durch die Leitungsimpedanz bestimmt, und zwar unabhängig vom Abschlusswiderstand.

$$\text{Leitungsstrom} = \frac{\text{Spannungssprung } \Delta U}{\text{Impedanz der Spannungsquelle} + \text{Leitungsimpedanz}}$$

Für ein typisches Berechnungsbeispiel zur Bestimmung eines Spannungssprungs von 1- nach 0-Signal sollen folgende Bedingungen vorhanden sein, wenn man mit TTL-Schaltkreisen arbeitet:

- Spannungssprung: 3,7 V auf 0,2 V
- Leitungsimpedanz: 50 Ω
- Gatterausgangswiderstand: 10 Ω
- Abfallzeit: Doppelte Durchlauflänge in der Leitung

Der Leitungsstrom errechnet sich aus:

$$I_L = \frac{3,7\,V - 0,2\,V}{50\,\Omega + 10\,\Omega} = 58\,mA$$

Die typische Leitungsimpedanz in der Praxis beträgt $Z = 40\,\Omega$ bis $200\,\Omega$ (je nach Anordnung der Leiterbahnen).

Ein Spannungssprung an der einen Seite einer Leitung mit einer Länge von $l = 2$ m bewirkt erst nach einer Durchlaufverzögerung von 10 ns eine entsprechende Spannungsveränderung am anderen Ende der Leitung. Diese Spannungsänderung hängt von der Leitungsimpedanz Z_0 und vom Abschluss des Leitungsendes ab: Diese wird am Leitungsende reflektiert und erscheint – wiederum nach einer der Leitungslänge entsprechenden Verzögerungszeit – am Sender, wo diese erneut reflektiert wird usw. Die Amplitude des Signals verkleinert sich dabei mit jeder Reflexion. Um solche Reflexionen zu vermeiden, müsste die Leitung mit einem Widerstand entsprechend der Leitungsimpedanz abgeschlossen sein. Dies ergibt jedoch sehr ungünstige Gleichstromwerte. Deshalb ist es zweckmäßig, die Leitungslänge so kurz zu halten, dass die doppelte Durchlaufzeit nicht länger als die Anstiegs- bzw. Abfallzeit des Sendeimpulses ist, d. h. die Reflexionen bleiben dann vernachlässigbar klein.

Bei den Standard-TTL-Bausteinen der 74-Serie sind Leitungslängen unter 25 cm, die einer doppelten Durchlaufzeit von maximal 2,5 μs entsprechen, vollkommen unkritisch, da die kürzeste Anstiegs- bzw Abfallzeit ebenfalls 2,5 ns beträgt. Bei einer Leitungslänge von l = 1 m sind die ungünstigsten Reflexionsverhältnisse erreicht, wenn die Amplitude der Reflexionen für alle Leitungslängen ≥1 m gleich ist und nur der zeitliche Ablauf ändert sich.

2.2.8   Signale auf einer verlustfreien Übertragungsleitung

Muss man die Leistungsfähigkeit der heutigen Nachrichten-, Informations-, Kommunikationstechnik und Computersysteme voll ausnutzen, kommt man nicht um die Tatsache, die TTL-Ausgänge und die Ausgänge von speziellen Bustreiberbausteinen mit in die Betrachtung der Leitungssysteme einzubeziehen. Neben den klassischen Anforderungen, wie hohe Geschwindigkeit und geringer Leistungsverbrauch, kommt der Treiberleistung dieser Schnittstellen eine immer größere Bedeutung zu. Dies zeigt sich besonders in komplexen Systemen, wo die Schaltkreise in der Lage sein müssen, niederohmige Busleitungen oder Rückwandverdrahtungen schnell und störsicher zu treiben. Übertragungsleitungen mit einem Wellenwiderstand von weniger als 30 Ω sind dabei keine Seltenheit mehr. Kann der erforderliche Ausgangsstrom nicht oder nur teilweise von den Endstufen der Treiber erzeugt werden, so ist in der Regel eine reduzierte Systemgeschwindigkeit die Folge. Um diese zusätzlichen Verzögerungszeiten zu vermeiden, kann man folgende Maßnahmen treffen:

- Treiberfähigkeit des Senderschaltkreises erhöhen bzw. geeigneten Schaltkreis einsetzen
- Wellenwiderstand Z der Übertragungsleitung erhöhen
- kürzere Übertragungsleitungen verwenden

In der Praxis bietet sich als Problemlösung nur die Wahl einer höheren Treiberfähigkeit an, da sowohl die Leitungsimpedanz als auch die Länge der Übertragungsleitung als feste Bestandteile in einer Schaltung vorgegeben sind. Welche Treiberfähigkeit, d. h. welcher Strom zur Verfügung gestellt werden muss, um eine Leitung mit einem bestimmten Wellenwiderstand Z bei einem bestimmten Pegel U_p zu treiben, beschreibt das ohmsche Gesetz:

$$I = \frac{U_p}{Z}$$

Für eine niederohmige Busleitung gilt z. B.:

$$I = \frac{U_{IH}}{Z} = \frac{2\,V}{30\,\Omega} = 67\,mA$$

U_{IH}: minimale Eingangsspannung bei H-Pegel (1-Signal)
Z: Leitungsimpedanz
I: erforderlicher Ausgangsstrom

Es muss also ein Strom von $I_{min} = 67\,mA$ von dem Ausgang eines Treibers zur Verfügung gestellt werden, damit der erforderliche Spannungspegel U_{IH} (minimal geforderte Eingangsspannung für den H-Pegel in TTL-Technik) nach Anlegen des Signals erreicht wird. Ein doppelt so hoher Ausgangsstrom, also I = 134 mA, ist erforderlich, wenn der Treiberschaltkreis nicht am Leitungsanfang oder -ende, sondern in der Leitungsmitte angeschlossen wird.

Für den Treiber liegt jetzt eine Parallelschaltung der niederohmigen Busleitung vor, d. h. die Leitungsimpedanz wird halbiert und beträgt nur noch $Z_p = 15\,\Omega$. Der Einsatz herkömmlicher Bustreiber scheidet aufgrund des zu geringen Ausgangsstroms von $I_{Qmax} = -16\,\text{mA}$ oder $-64\,\text{mA}$ aus. Nur noch Treiberschaltkreise mit genügend hoher Treiberfähigkeit lassen sich hier einsetzen, um einen gültigen L- bzw. H-Pegel zu gewährleisten.

Wenn in einem Verbindungssystem die Spannungen und Ströme fließen, werden grundsätzlich in der Nähe liegende Leitungen beeinflusst. Elektrostatische und elektromagnetische Felder wirken auf die Umgebung ebenso wie Felder, die durch die Rückströme auf den Masseleitungen erzeugt werden. Alle diese Erscheinungen sind in der Praxis unter dem Begriff „Übersprechen" zusammengefasst. Die Übertragungsleitungen lassen sich in vier Gruppen aufteilen:

- Koaxialkabel
- verdrillte Leitungen (Twisted Pair)
- einfache Eindraht-Leitungen
- Leiterbahnen auf gedruckten Schaltungen

Aufgrund der niedrigen Impedanz und der guten Abschirmung ist das Übersprechen bei Verbindung von Koaxialkabeln äußerst gering und stellt daher in TTL-Systemen kein Problem dar. Durch den fertigungstechnischen Aufwand ist jedoch der Einsatz von Koaxialkabeln sehr teuer.

Ein normaler Draht stellt die einfachste und preiswerteste Verbindung dar und Abb. 2.22 zeigt eine Möglichkeit zur Untersuchung einer Drahtverbindung mittels eines Netzwerkanalysators.

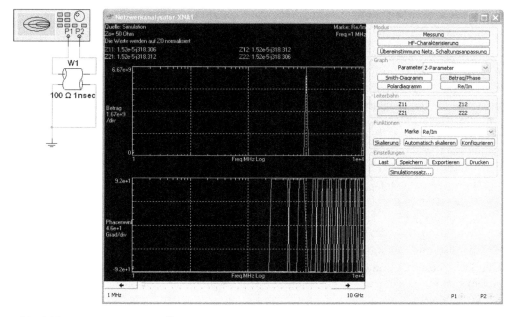

Abb. 2.22: Untersuchung einer Übertragungsleitung mit Hilfe eines Netzwerkanalysators

Bei der Simulation einer verlustfreien Übertragungsleitung verwendet man ein Netzwerkmodell mit zwei Anschlüssen, das ein Medium, wie ein Stück Draht oder eine Verbindungsleitung darstellt. Über dieses Modell mit einer Länge von $l = 100\,m$ und einer Laufzeitverzögerung von $t = 1\,ns$ kann das elektrische Signal die Übertragungsleitung passieren. Das Modell ist ideal und simuliert nur die charakteristischen Impedanzen bzw. die Verzögerungseigenschaften der Übertragungsleitung. Die charakteristische Impedanz Z errechnet sich aus der Wurzel der Leitungsinduktivität L' durch die Leitungskapazität C'. Die verlustlose Übertragungsleitung wird durch ein LC-Modell beschrieben. Mit dem Netzwerkanalysator lässt sich das Verhalten dieser Übertragungsleitung untersuchen. Für die formale Beschreibung der Eigenschaften von Übertragungssystemen verwendet man einen Zweipol oder ein Vierpolklemmenpaar. Diese fassen ganze Baugruppen oder Netzwerke zu einem Objekt mit zweipoligem Eingang und zweipoligem Ausgang zusammen. Zweipole werden durch ihre Kenngrößen beschrieben, und eben eine Aufgabe der Nachrichtentechnik ist die Ermittlung der Kenngrößen von Zweipolen, was dann auch als Netzwerkanalyse bezeichnet wird.

Parameter, die unabhängig von der äußeren Beschaltung sind, eignen sich für die Beschreibung eines Zweipols. Man unterscheidet zwischen passiven und aktiven, linearen und nicht linearen, symmetrischen und nicht symmetrischen Zweipolen. Da hier verlustlose Übertragungssysteme untersucht werden sollen, werden in diesem Fall nur lineare zeitinvariante Zweipole betrachtet. Diese verhalten sich proportional, was für das Ausgangssignal gegenüber dem Eingangssignal gilt, d. h., ein Sinussignal am Eingang wird auch am Ausgang wieder als Sinussignal abgebildet. Solche Systeme führen zu einfachen linearen algebraischen Bestimmungsgleichungen.

2.2.9   Charakterisierung und Messen von Zweipolen

Eine Charakterisierung von Zweipolen kann z. B. mit den Kenngrößen von Strömen und Spannungen erfolgen. Bei der allgemeinen Betrachtung eines linearen Zweipols sind für die Beschreibung der Eingangs- bzw. der Ausgangskenngrößen die Richtungen der Spannungen und Ströme festzulegen. In dem Schaltfeld „Kennlinie" des Netzwerkanalysators findet man links S_{11} (Eingangsfaktor) bzw. S_{21} (Vorwärtsübertragungsfaktor) und rechts S_{12} (Rückwärtsübertragungsfaktor) und S_{22} (Ausgangsfaktor). Solche Parameter können z. B. reale oder komplexe Widerstände sein. Sie werden allgemein als Impedanzen definiert. Andere Parameter können Admittanzen sein, also die Kehrwertparameter der Impedanzen. Die Wahl der richtigen Parameter hängt immer von der jeweiligen Betrachtungsweise ab.

Für die Vierpolgleichungen gibt es folgende Gleichungssysteme:
- Widerstandsform (Tab. 2.3)
- Leitwertform (Tab. 2.4)
- Kettenform (Tab. 2.5)
- Hybridform (Tab. 2.6)

Über das Fenster „Format" lassen sich die einzelnen Formate aufrufen. S-Parameter (Streuwerte) sind mit einem linearen Gleichungssystem beschreibbar. Den einzelnen Koeffizienten der Gleichungen werden neben der formalen Beschreibung bestimmte Bezeichnungen zugeordnet. Im Einzelnen wird S_{11} als Eingangsreflexionsfaktor, S_{12} als Rückwärtsübertragungsfaktor, S_{21} als Vorwärtsübertragungsfaktor und S_{22} als Ausgangsreflexionsfaktor bezeichnet. Diese Bezeichnungen ergeben sich aus der Auflösung der linearen Gleichungen nach den

Tab. 2.3: Vierpolgleichungen in Widerstandsform

$\begin{aligned}U_1 &= Z_{11} \cdot I_1 + Z_{12} \cdot I_2 \\ U_2 &= Z_{21} \cdot I_1 + Z_{22} \cdot I_2\end{aligned}$	Matrizenschreibweise $\begin{pmatrix} U_1 \\ U_2 \end{pmatrix} = \begin{pmatrix} Z_{11} Z_{12} \\ Z_{21} Z_{22} \end{pmatrix} \cdot \begin{pmatrix} I_1 \\ I_2 \end{pmatrix}$
$Z_{11} = \dfrac{U_1}{I_1}$ bei $I_2 = 0$: Leerlaufwiderstand primär	
$-Z_{22} = \dfrac{U_2}{I_2}$ bei $I_1 = 0$: Leerlaufwiderstand sekundär (Vierpol von rechts betrieben)	
$Z_{21} = \dfrac{U_2}{I_1}$ bei $I_2 = 0$: Kernwiderstand vorwärts	
$-Z_{12} = \dfrac{U_1}{I_2}$ bei $I_1 = 0$: Kernwiderstand rückwärts (Vierpol von rechts betrieben)	

Tab. 2.4: Vierpolgleichungen in Leitwertform

$\begin{aligned}I_1 &= Y_{11} \cdot U_1 + Y_{12} \cdot U_2 \\ I_2 &= Y_{21} \cdot U_1 + Y_{22} \cdot U_2\end{aligned}$	Matrizenschreibweise $\begin{pmatrix} I_1 \\ I_2 \end{pmatrix} = \begin{pmatrix} Y_{11} Y_{12} \\ Y_{21} Y_{22} \end{pmatrix} \cdot \begin{pmatrix} U_1 \\ U_2 \end{pmatrix}$
$Y_{11} = \dfrac{I_1}{U_1}$ bei $U_2 = 0$: Kurzschlussleitwert primär	
$-Y_{22} = \dfrac{I_2}{U_2}$ bei $U_1 = 0$: Kurzschlussleitwert sekundär (Vierpol von rechts betrieben)	
$Y_{21} = \dfrac{I_2}{U_1}$ bei $U_2 = 0$: Kernleitwert vorwärts	
$-Y_{12} = \dfrac{I_1}{U_2}$ bei $U_1 = 0$: Kernleitwert rückwärts (Vierpol von rechts betrieben)	

Tab. 2.5: Vierpolgleichungen in Kettenform

$\begin{aligned}U_1 &= A_{11} \cdot U_2 + A_{12} \cdot I_2 \\ I_1 &= A_{21} \cdot U_2 + A_{22} \cdot I_2\end{aligned}$	Matrizenschreibweise $\begin{pmatrix} U_1 \\ I_1 \end{pmatrix} = \begin{pmatrix} A_{11} A_{12} \\ A_{21} A_{22} \end{pmatrix} \cdot \begin{pmatrix} U_2 \\ I_2 \end{pmatrix}$
$A_{11} = \dfrac{U_1}{U_2}$ bei $I_2 = 0$: umgekehrter Spannungsübersetzung im Leerlauf	
$A_{22} = \dfrac{I_1}{I_2}$ bei $U_2 = 0$: umgekehrter Stromübersetzung im Kurzschluss	
$A_{21} = \dfrac{I_1}{U_2}$ bei $I_2 = 0$: umgekehrter primärer Kernleitwert im Leerlauf	
$A_{12} = \dfrac{U_1}{I_2}$ bei $U_2 = 0$: umgekehrter primärer Kernleitwert im Kurzschluss	

Tab. 2.6: Vierpolgleichungen in Hybridform

$\begin{aligned} U_1 &= H_{11} \cdot I_1 + H_{12} \cdot U_2 \\ I_2 &= H_{21} \cdot I_1 + H_{22} \cdot U_2 \end{aligned}$	Matrizenschreibweise $$\begin{pmatrix} U_1 \\ I_2 \end{pmatrix} = \begin{pmatrix} H_{11} & H_{12} \\ H_{21} & H_{22} \end{pmatrix} \cdot \begin{pmatrix} I_1 \\ U_2 \end{pmatrix}$$

$H_{11} = \dfrac{U_1}{I_1}$ bei $U_2 = 0$: Eingangswiderstand bei Ausgangskurzschluss

$H_{22} = \dfrac{I_2}{U_2}$ bei $I_1 = 0$: Ausgangsleitwert bei offenem Eingang

$H_{21} = \dfrac{I_2}{I_1}$ bei $U_2 = 0$: Stromverstärkung bei Ausgangskurzschluss

$H_{12} = \dfrac{U_1}{U_2}$ bei $I_1 = 0$: Spannungsrückwirkung bei offenem Eingang

einzelnen Parametern. Der erste Index gibt den Erzeugungsort der Welle an und der zweite Index kennzeichnet das Ziel der Ausgangswelle.

Die Streuparameter sind Verhältnisgrößen, die der zu bestimmende Zweipol hinsichtlich seiner Reflexionseigenschaften an den Anschlüssen und den Übertragungs- bzw. Transmissionseigenschaften beschreibt. Die Werte beziehen sich in den meisten Fällen auf einen Wellenwiderstand von 50 Ω ($Z_0 = 50\,\Omega$, links oben im Bildschirm). Streuparameter sind in der Höchstfrequenztechnik geeignete Parameter, die sich messtechnisch auch einfach ermitteln lassen.

Durch den Netzwerkanalysator lässt sich ein Messobjekt hinsichtlich seiner Reflexions- bzw. Transmissionseigenschaften untersuchen. Die Transmissionseigenschaften können im Einzelnen z. B. Verstärkung, Einfügedämpfung, Einfügephase, Gruppenlaufzeit u. a. sein. Als Reflexionseigenschaften werden Rückflussdämpfung, Reflexionskoeffizient, Stehwellenverhältnis oder Anpassung angegeben. Diese Größen unterscheiden sich in ihrer Darstellung als lineare (z. B. Reflexionsfaktor) oder logarithmische (z. B. Rückflussdämpfung in dB) Größen.

Die verlustlose Übertragungsleitung wird am Anfang mit dem Messpunkt P_1 und am Ende mit dem Messpunkt P_2 verbunden. Die Signalquelle am Messpunkt P_1 ist in den meisten Fällen ein Synthesizer, der ein hochfrequentes Signal über einen großen Frequenzbereich erzeugen kann. Dieses Signal dient zum einen der Anregung des Messobjekts, zum anderen wird ein Teil des Signals als Referenzsignal verwendet. Die Frequenzstabilität solcher Signalquellen ist ein wichtiger Faktor für die Genauigkeit des gesamten Messsystems. Deshalb verwenden die meisten Netzwerkanalysatoren entweder eine interne 10-MHz-Zeitbasis, die als Referenz für den gesamten Analysator dient, oder aber einen 10-MHz-Eingang, um das Messgerät an ein bereits vorhandenes Frequenznormal anzuschließen.

Für die Messung von S_{11} und S_{21} wird der Eingangsschalter von der Signalquelle des Netzwerkanalysators so umgeschaltet, dass die Übertragungsleitung in Vorwärtsrichtung betrieben wird, so dass das Signal über die beiden Richtkoppler K_1 und K_2 zum Messobjekt aufgeschaltet wird. Im ersten Koppler des Netzwerkanalysators wird ein proportionaler Anteil des Signals ausgekoppelt und der Auswerteeinheit zugeführt. Dieser Anteil dient als Referenzsignal für die Bestimmung der Parameter S_{11} und S_{21}. Der Signalanteil, der durch den ersten Richtkoppler hindurchkommt, erreicht durch einen zweiten Koppler, der in Rückwärtsrichtung betrieben wird, fast vollständig das Messobjekt. Dort wird ein Teil am Messobjekt reflektiert. Die rücklaufende Welle bildet den Anteil und wird ebenfalls über den Koppler zur Auswerteeinheit geführt. Die Auswerteeinheit bildet dann das Verhältnis aus den beiden Wellen und wird dann als S_{11}-Parameter am Bildschirm dargestellt.

Der Signalanteil, der durch das Messobjekt hindurch übertragen wird, ist für die Bestimmung des Transmissionsfaktors S_{21} erforderlich. Das Signal kommt vom Messobjekt über die Messleitungen zu dem internen Richtkoppler K_3, der einen zu S_{21} proportionalen Anteil zur Auswerteeinheit auskoppelt. Dort wird dann der Quotient aus ankommender Welle und dem Referenzsignal gebildet. Das Ergebnis stellt den S_{21}-Parameter dar und wird über den Bildschirm ausgegeben.

Die Messung der beiden anderen Parameter S_{22} und S_{12} geschieht in analoger Weise wie eben beschrieben. Der Schalter wird für diesen Zweck in Rückwärtsrichtung umgestellt, damit das Signal, das von der Quelle erzeugt wird, von der anderen Seite zum Messobjekt übertragen werden kann.

2.2.10 Signale auf einer verlustbehafteten Übertragungsleitung

Bei der Untersuchung einer verlustbehafteten Übertragungsleitung sind folgende Fälle zu unterscheiden:
- Signalübertragung in parallel laufenden Drähten gleicher Richtung: Schaltet der Ausgang des Funktionsgenerators von H- nach L-Pegel oder umgekehrt, werden die auf der Leitung eingekoppelten Störungen kurzgeschlossen, da diese bei beiden Pegelzuständen einen sehr niedrigen Ausgangswiderstand aufweisen. Die eintreffenden Störungen sind in diesem Fall so gering, dass diese nicht beeinflusst werden.
- Entgegengesetzte Signalübertragung in parallel laufenden Drähten gleicher Richtung: Kritischer ist diese Art, denn hier treten Störungen auf, die eingekoppelt werden. Die Störungen werden erst kurzgeschlossen, wenn diese über die Leitung angekommen sind. Bei einer 50 cm langen Leitung lässt sich die Störung erst nach 5 ns (doppelte Signallaufzeit!) abbauen. Impulse dieser Breite sind aber bereits in der Lage, einen Empfänger zu triggern, wenn dieser in schneller TTL-Technik realisiert worden ist.

Besteht die Übertragungsstrecke zum Beispiel aus zwei Drähten mit einem Durchmesser von 1 mm, die in einem Abstand von 0,75 mm geführt sind, und beträgt der Abstand zur Masseleitung 20 mm, ergibt sich der Wellenwiderstand des Kabels mit 200 Ω und die Koppelimpedanz mit 80 Ω. Der Störabstand ist dann:

$$\frac{U_{gl}}{U_{sl}} = \frac{1}{1,5 + 80\,\Omega/200\,\Omega} = 0,53$$

Da nun aber kein Logiksystem mit diesem Störabstand arbeitet, der größer als 50 % des Signalhubs ist, lässt sich diese Anordnung in der Praxis nicht verwenden. Liegen die Leitungen 1 mm entfernt von einer Massefläche (Ground Plane), erhält man die Impedanz von $Z_0 = 50\,\Omega$ und $Z_k = 125\,\Omega$.

Verwendet man verdrillte Leitungen (Twisted Pair), liegen Impedanzen von $Z_0 = 80\,\Omega$ und $Z_k = 400\,\Omega$ vor. Der Störabstand wird dann:

$$\frac{U_{gl}}{U_{sl}} = \frac{1}{1{,}5 + 400\,\Omega/80\,\Omega} = 0{,}15$$

Für TTL-Schaltungen beträgt der typische Störabstand aber

$$\frac{U_{Schalt} - U_{o(L)}}{U_{o(H)} - U_{o(L)}} = \frac{1{,}2\,V}{3{,}1\,V} = 0{,}4$$

Aus diesem Grund kann im letzten Beispiel die Übertragung nicht durch ein Übersprechen gestört werden. Tabelle 2.7 enthält die elektrischen Werte der wichtigsten verdrillten Leiterpaare aus isolierter Kupferlitze. Dabei handelt es sich um Richtwerte, da die genauen Werte von den verwendeten Werkstoffen und der geometrischen Anordnung abhängig sind.

Tab. 2.7: Typische Werte der wichtigsten verdrillten Leiterpaare aus isolierter Kupferlitze

Litzentyp	Querschnitt	Außen-durchmesser	Widerstands-belag für Hin- und Rückleitung	Induktivitäts-belag der Schleife	Kapazitätsbelag des Leiterpaares	Wellenwider-stand der Leitung
	d [mm^2]	d$_a$ [mm]	R$'$ [mΩ/m]	L$'$ [nH/m]	C$'$ [pF/m]	Z [Ω]
$5 \times 0{,}1$ Ø	0,04	0,55	900	700	54	113,9
$10 \times 0{,}1$ Ø	0,08	0,65	450	590	58	101
$14 \times 0{,}15$ Ø	0,25	1,30	150	610	42	121
$14 \times 0{,}2$ Ø	0,50	1,60	75	530	47	106
$24 \times 0{,}2$ Ø	1,00	2,00	38	480	49	99

Jedes elektrische Signal, das über ein Kabel oder eine Leiterbahn auf einer gedruckten Schaltung läuft, benötigt eine bestimmte Zeit, um vom Sender bis zum Empfänger zu gelangen. Diese Zeit definiert man als Signallaufzeit. Diese berechnet sich aus der Länge des Übertragungsweges und der Fortpflanzungsgeschwindigkeit der elektromagnetischen Welle nach der Formel

$$\tau = l \cdot v$$

Die Ausbreitungsgeschwindigkeit v einer Welle entlang eines verlustfreien Kabels mit konstantem Querschnitt ist gegeben durch die Beziehung

$$v = \frac{c}{\sqrt{\varepsilon_r \cdot \mu_r}}$$

wobei c die Lichtgeschwindigkeit mit $3 \cdot 10^8$ m/s, ε_r die Permittivität und μ_r die Permeabilität des in die Leitung umgebenden Isoliermaterials ist. Für die hier interessierenden Fälle lässt sich mit einer Laufzeit von 5 ns/m rechnen. Die Fortpflanzungsgeschwindigkeit ist also unabhängig von den geometrischen Abmessungen der Leitung. Letztere bestimmt aber den Wellenwiderstand Z der Leitung.

Die in der Praxis in Frage kommenden Leitungen weisen einen Wellenwiderstand zwischen 50 Ω und 200 Ω auf. Ist die Leitung am Anfang und am Ende nicht mit ihrem definierten und angepassten Abschlusswiderstand abgeschlossen, treten Reflexionen auf d. h., der in die Leitung eingespeiste Impuls wird an die Leitungsenden reflektiert und läuft auf dem Kabel solange hin und her, bis seine elektrische Energie durch die in der Schaltung enthaltenen Verlustwiderstände (ohmsche Widerstände des Kabels, Wellenwiderstand des Empfängers, Innenwiderstand am Ausgang des Senders) verbraucht worden ist. Der Faktor, um den die reflektierte Amplitude verkleinert wird, bezeichnet man als Reflexionsfaktor ρ:

$$\rho = \frac{R_a - Z_0}{R_a + Z_0}$$

Den Abschlusswiderstand R_a definiert man auch als „Terminator". Ist die Übertragungsleitung am Ende offen ($R_a = \infty$), so wird $\rho = 1$, d. h. der Impuls wird formgetreu reflektiert. Ist die Leitung am Ende mit einem Widerstand abgeschlossen, der der Impedanz des Kabels entspricht, wird $\rho = 0$, und es treten keine Reflexionen auf.

Die Eingangs- und Ausgangswiderstände der TTL-Schaltungen, die zur Bestimmung der Reflexionen benötigt werden, lauten:

Eingangswiderstand $\quad R_{i(L)} = 1\,k\Omega$

$R_{i(H)} = \infty$

Ausgangswiderstand $\quad R_{Q(L)} = 10\,\Omega$

$R_{Q(H)} = 150\,\Omega$

Da die reine mathematische Behandlung dieses Problems auf Grund der Nichtlinearität aller Widerstände auf Schwierigkeiten stößt, ist es günstiger, zur Ermittlung der Reflexionen ein grafisches Verfahren anzuwenden. Als Beispiel soll eine Berechnung für eine Übertragungsleitung zur Ermittlung der Reflexionen zwischen Sender und Empfänger mit einer Impedanz von Z = 150 Ω und einer Länge von l = 0,5 m durchgeführt werden. Aus der Länge l der Leitung ergibt sich die Signallaufzeit mit

$$\tau = l \cdot v = 5\,m \cdot 5\,ns/m = 25\,ns$$

Für die Amplitude der Reflexionen ist dieser Wert nicht maßgebend. Dieser bestimmt jedoch die Breite der entstehenden Störimpulse. Die Ausgangsspannung des Gatters G_1 beträgt im H-Zustand etwa 3,7 V und damit ist ein störungsfreier Pegel auf der Leitung vorhanden.

Die verlustbehaftete Übertragungsleitung ist ein Netzwerk mit zwei Anschlüssen, das ein Medium wie einen Draht oder eine Verbindungsleitung nachbildet. Das Modell bildet ohmsche Verluste zusammen mit der charakteristischen Impedanz und den Verzögerungszeit-Eigenschaften der Übertragungsleitung nach. Dieses Modell stellt ein zweiteiliges Faltungsmodell für verlustbehaftete Einzelleiter-Übertragungsleitungen dar. Eine verlustbehaftete Übertragungsleitung mit Verlust Null lässt sich zur Nachbildung der verlustlosen Übertragungsleitung verwenden und ist möglicherweise genauer als die verlustlose Übertragungsleitung.

Ein Zweipol oder ein Vierpolklemmenpaar wird durch den komplexen Widerstand $\underline{Z}$ oder den Betriebseingangswiderstand $\underline{Z}_{B1}$ beschrieben. In der Niederfrequenztechnik wird meist nur der Betrag von $\underline{Z}$, also der Scheinwiderstand gemessen. Weniger interessiert ist der absolute Wert von $\underline{Z}$ als die Abweichung von einem Soll-, Bezugs- oder Systemwiderstand. Dieser kann ein Generatorinnenwiderstand oder ein Leitungswellenwiderstand sein, so dass dies meist reell anzusehen ist. Als Maß für diese Abweichung gilt der komplexe Reflexionsfaktor $\underline{r}$:

$$\underline{r} = \frac{\underline{Z} - \underline{Z}_0}{\underline{Z} + \underline{Z}_0}$$

und die Reflexions-, Echo- oder Rückflussdämpfung ist

$$a_r = 20 \cdot \lg \frac{1}{r}$$

In diesem Zusammenhang spricht man insbesondere von einer Fehldämpfung a_F, wenn $\underline{Z}$ der Eingangswiderstand einer Fernsprech-Zweidrahtleitung und $\underline{Z}_0$ der Widerstand der sog. Leitungsnachbildung ist.

Alle komplexen Impedanzen mit positivem Realteil, d. h. alle stabilen Last- oder Quellwiderstände liegen innerhalb dieser Diagramme.

2.3   Untersuchung von Leitungssystemen

Leitungen dienen in der Nachrichten-, Informations- und Kommunikationstechnik zur Übermittlung von analogen und digitalen Signalen und diese enthalten bekanntlich eine Vielzahl von Frequenzen, d. h. sie beanspruchen ein Frequenzband mit einer bestimmten Bandbreite. Bei der Anwendung muss also grundsätzlich darauf geachtet werden, dass die Leitung für den zu übertragenden Frequenzbereich geeignet ist. Die durch den Aufbau bedingten Eigenschaften einer Leitung bzw. eines Kabels sind entscheidend dafür auszuwählen, welche Signalform oder -frequenz übertragen werden soll.

2.3.1   Frequenz- und Wellenbereiche

Generell erfolgt die Nachrichtenübertragung in zahlreichen Frequenzbändern. In der Rundfunk- und Fernsehtechnik arbeitet man nicht nur mit der Frequenz, sondern auch mit der Wellenlänge λ. Der formale Zusammenhang zwischen Frequenz f, Wellenlänge λ und der Ausbreitungsgeschwindigkeit v einer Welle ist

$$\lambda = \frac{v}{f}$$

Für die Ausbreitungsgeschwindigkeit von elektrischen Signalen auf einer zweiadrigen Leitung lässt sich $v \approx 240\,000$ km/s einsetzen. Bei der Ausbreitung elektromagnetischer Wellen im freien Raum ergibt sich dagegen ein theoretischer Wert von $v \approx 300\,000$ km/s, also näherungsweise die Lichtgeschwindigkeit c.

Die Bereichsziffer N umfasst jeweils einen Frequenzbereich von $0,3 \cdot 10^N$ Hz bis $3 \cdot 10^N$ Hz. Betrachtet man sich z. B. $N = 7$, ergibt sich ein Bereich zwischen $0,3 \cdot 10^7$ bis $3 \cdot 10^7$, was einem Frequenzbereich von 3 MHz bis 30 MHz entspricht. Statt der deutschen Bezeichnung „HF" verwendet man auch „RF" (radio frequency) und diese Bezeichnung definiert den gesamten Bereich der elekromagnetischen Wellen, der für die drahtlose Nachrichtenübertragung verwendbar ist. Tabelle 2.8 zeigt die Frequenz- und Wellenbereiche in der Nachrichtentechnik.

Tab. 2.8: Frequenz- und Wellenbereiche in der Nachrichtentechnik

Bezeichnung	Frequenz	Wellenlänge (gerundet)
technischer Wechselstrom	16,66 Hz bis 300 Hz	18 000 km bis 1000 km
Netz-Wechselstrom	50 Hz	6000 km
Fernmeldetechnik	300 Hz bis 3,4 kHz	1000 km bis 88 km
Musikübertragung	30 Hz bis 16 kHz	10000 km bis 18,75 km
Hör- und Rundfunk		
Langwelle LW	148,5 kHz bis 283,5 kHz	2 km bis 1 km
Mittelwelle MW	526,5 kHz bis 1,606 MHz	570 m bis 187 m
Kurzwelle KW	2,3 MHz bis 26,1 MHz	130 m bis um
Ultrakurzwelle UKW	87,5 MHz bis 108 MHz	3,4 m bis 2,8 m
Fernseh-Rundfunk		
Band 1	47 MHz bis 68 MHz	6,4 m bis 4,4 m
Band III	174 MHz bis 230 MHz	1,7 m bis 1,3 m
Band IV	470 MHz bis 606 MHz	638 mm bis 500 mm
Band V	606 MHz bis 862 MHz	500 mm bis 350 mm
Band VI	11,7 GHz bis 12,5 GHz	26 mm bis 24 mm
Kabelfernsehen		
Kanal S4 bis S10	125 MHz bis 174 MHz	2,4 m bis 1,7 m
Kanal S11 bis S20	230 MHz bis 300 MHz	1,3 m bis 1 m
Kanal S21 bis S37	302 MHz bis 438 MHz	0,99 m bis 0,68 m
Radartechnik	15 GHz bis 300 GHz	20 m bis 1 mm
Analoge Richtfunktechnik	300 MHz bis 13 GHz	1 m bis 23 mm
Glasfaserleiter	187 THz bis 375 THz	$1,6\,\mu$m bis $0,8\,\mu$m

2.3.2 Frequenzband und Bandbreite

Wie bereits erwähnt, ist für die Übertragung von Nachrichten eine unvorhersehbare Zustandsänderung der physikalischen Größe erforderlich. Es muss sich also entweder die Amplitude, die Frequenz oder die Phasenlage eines Signals ändern, um eine Information auf leitungsgebundenen Systemen zu übertragen.

Die Signalbandbreite hängt unmittelbar mit der Nachrichtenart und mit den an die jeweiligen Empfangsqualitäten gestellten Forderungen zusammen. So ist bei einer Fernsprechübertragung lediglich eine Verständlichkeit zwischen den Teilnehmern gefordert bei einer

Rundfunkübertragung wird dagegen Studioqualität zwischen 20 Hz und 20 kHz erwartet. Ein Fernsehbild soll flimmerfrei und mit hoher Auflösung übertragen werden. Betrachtet man die jeweils erzeugten Signale genauer, so lässt sich folgendes feststellen:

- Sprach- und Musiksignale bestehen aus unregelmäßig geformten Gleichspannungen oder Gleichströmen.
- Digitale und analoge Informationen, aber auch Fernsehbilder bestehen aus bestimmten zeitlichen Signalen in Gleich- oder Wechselspannungen bzw -ströme, d. h. sie weisen eine mehr oder weniger starke Impulsstruktur auf.

Die Bandbreite wird bereits durch den Wandler am Eingang eines Übertragungssystems eingeschränkt. Im nachfolgenden Umsetzer werden die Signale zur besseren Ausnutzung der knappen und teuren Übertragungswege umgesetzt. Es stehen für die unterschiedlichen Übertragungssysteme verschiedene Multiplex- und Modulationsverfahren zur Auswahl, die sich unter anderem auch hinsichtlich ihrer Störempfindlichkeit und Bandbreite unterscheiden. Bei der Auswahl des Modulationsverfahrens und der weiteren Bandbreitenbegrenzung sind verschiedene Aspekte zu betrachten, wie z. B.

- Signalverzerrungen sind abhängig von der Bandbreitenbegrenzung.
- Signalrauschen sowie lineare und nicht lineare Verzerrungen durch Übertragungsmittel vergrößern sich mit der Bandbreite.
- Die Auswirkungen von Fremdstörungen müssen unbedingt beachtet und beseitigt werden.
- Die Zahl der übertragbaren Nachrichtenkanäle steigt mit Verringerung der Bandbreite.

Wie bereits erklärt wurde, lässt sich jedes Signal durch sinusförmige Teilschwingungen darstellen. Jede Signalveränderung führt zur Entstehung weiterer derartiger Teilschwingungen. Dabei werden die Frequenzen der Oberwellen umso größer, je schneller die Signaländerung, z. B. je steiler die Flanken eines Impulses sind, erfolgt. Für die Nachrichtenübertragung ist also generell ein bestimmter Frequenzbereich erforderlich, welcher auch als Frequenzband bzw. Bandbreite (bandwidth) Δf bezeichnet wird.

Beispiel: Bei einer Dreieckspannung mit U = 1 V und f = 1 kHz sind die Fourier-Koeffizienten U_0, $\hat{u}_{1n}$ und $\hat{u}_{2n}$ zu berechnen. Anschließend ist die Fourier-Reihe bis einschließlich 4. Oberschwingung zu schreiben.

$$u(t) = \frac{8 \cdot U}{\pi^2} \left[\sin(\omega_1 t) - \frac{1}{3^2} \sin(3\omega_1 t) + \frac{1}{5^2} \sin(5\omega_1 t) \ldots \right]$$

Der Gleichspannungsanteil ist Null, d. h. $U_0 = 0$. Sämtliche Cosinusglieder sind dann ebenfalls Null, also die Fourier-Koeffizienten $\hat{u}_{1n} = 0$. Da lediglich die ungeradzahligen Vielfachen von f_1 auftreten, muss man nur die Fourier-Koeffizienten $\hat{u}_{21}$, $\hat{u}_{23}$ und $\hat{u}_{25}$ berechnen:

$$\hat{u}_{21} = \frac{8 \cdot U}{\pi^2} = \frac{8 \cdot 1}{\pi^2} \approx 0{,}81\,\text{V}$$

$$\hat{u}_{23} = \frac{8 \cdot U}{\pi^2 \cdot 3^2} = \frac{8 \cdot 1}{\pi^2 \cdot 3^2} \approx 0{,}09\,\text{V}$$

$$\hat{u}_{25} = \frac{8 \cdot U}{\pi^2 \cdot 5^2} = \frac{8 \cdot 1}{\pi^2 \cdot 5^2} \approx 0{,}032\,\text{V}$$

Damit erhält man folgende Fourier-Reihe:

$$u(t) = 0{,}81\,\text{V} \cdot \sin(\omega_1 \cdot t) - 0{,}09\,\text{V} \cdot \sin(3 \cdot \omega_2 \cdot t) + 0{,}032\,\text{V} \cdot \sin(5 \cdot \omega_1 \cdot t) \qquad \square$$

Rein theoretisch betrachtet ist die niedrigste Frequenz eines periodischen nicht sinusförmigen Signals f = 0 Hz und die höchste Frequenz der Oberschwingung die Frequenz unendlich (f = ∞). Für eine 100-%ig exakte Signalübertragung ist demnach ein Frequenzbereich von f = 0 Hz (DC) bis f = ∞ erforderlich. Dies ist allerdings praktisch nicht möglich. Außerdem steigt der technische und damit finanzielle Aufwand einer Nachrichtenübertragung mit der Höhe der übertragbaren Frequenzen prinzipiell exponentiell an. Aus wirtschaftlichen Gründen ist man deshalb bemüht, nur die unbedingt notwendigen Frequenzen zu übertragen und nimmt dadurch einen Verlust der Übertragungsqualität in Kauf. Abbildung 2.23 zeigt zu dieser Aufgabe der Fourier-Analyse eine Simulation.

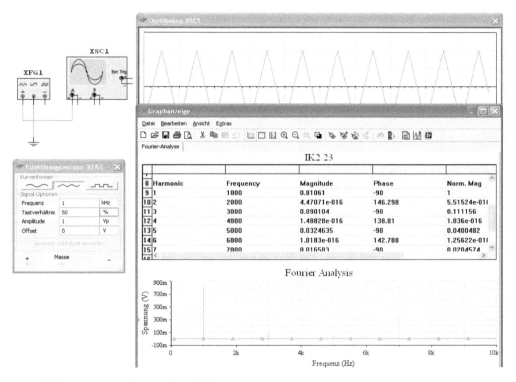

Abb. 2.23: Simulation einer Fourier-Analyse

Bei einer Frequenz von 1 kHz ergibt sich eine Magnitude (Spannungsamplitude) von 0,81 V bei einer Phasenverschiebung von −90°, bei einer Frequenz von 3 kHz eine Spannung von 0,09 V und −90°, bei einer Frequenz von 5 kHz eine Spannung von 0,032 V und −90°.

Zum Erreichen dieser Simulation klickt man auf den Balken „Simulieren", dann auf „Fourier" und führt die Einstellungen durch.

In der Praxis schränkt man zur Nachrichtenübertragung die Bandbreite ein, d. h. es wird eine untere Grenzfrequenz f_u und eine obere Grenzfrequenz f_o festgelegt. Dabei darf f_o nicht zu niedrig gewählt werden, damit z. B. eine digitale Signaländerung nicht eingeschränkt wird. Über den formalen Zusammenhang lässt sich die mindestens erforderliche obere Grenzfrequenz berechnen mit

$$f_0 \geq \frac{1}{2 \cdot t_r}$$

Die durch die untere Grenzfrequenz f_u und obere Grenzfrequenz f_o begrenzte Bandbreite definiert man als Nachrichtenkanal und diese lässt sich berechnen mit

$$\Delta f = f_o - f_u$$

Der Nachrichtenkanal ist bei den meisten Übertragungsstrecken deutlich geringer als deren technisch realisierbare Bandbreite. Durch eine frequenzmäßige Aneinanderreihung einzelner Nachrichtenkanäle werden somit mehrere gleichartige Nachrichtenkanäle in einer Übertragungsstrecke untergebracht.

Beispiel: Wie groß muss die obere Grenzfrequenz f_o einer Nachrichtenübertragung mindestens sein, wenn die Anstiegszeit $t_r \leq 1\,\mu s$ nicht überschritten werden soll. Welchen Wert muss die untere Grenzfrequenz aufweisen, damit die Bandbreite $\Delta f = 475\,kHz$ beträgt?

$$f_0 \geq \frac{1}{2 \cdot t_r} = \frac{1}{2 \cdot 1\,\mu s} = 500\,kHz$$

$$f_u = f_o - \Delta f = 500\,kHz - 475\,kHz = 25\,kHz \qquad \square$$

2.3.3   Dämpfung und Verstärkung

Aus den bisherigen Betrachtungen wurde deutlich, dass die Qualität der Nachrichtenübertragung von dem Übertragungskanal beeinflusst wird. Ohne Berücksichtigung der Störsignale ist dabei der prinzipielle zeitliche Signalverlauf am Eingang der Übertragungsstrecke gleich demjenigen am Ausgang. Allerdings gibt es Unterschiede bezüglich der Phasenlage und der Signalamplitude. In der Praxis ist vor allem der Einfluss der Übertragungsstrecke auf die Signalamplitude von Interesse.

Für eine mathematische Behandlung ist es zweckmäßig, die Übertragungsstrecke von Abb. 2.24 als Vierpol zu betrachten. Für eine Übertragungsstrecke verwendet man im Allgemeinen die Definitionen des Vierpols, denn es sind vier Anschlussklemmen vorhanden, die sich gegenseitig beeinflussen. Die Ein- und Ausgangsgrößen sind meist komplex und werden mit den Indizes „1" und „2" bezeichnet. Als typische Beispiele hat man eine Übertragungsstrecke, einen Verstärker oder einen Übertrager. Die Nachrichtenquelle lässt sich als Spannungsquelle mit dem komplexen Innenwiderstand $\underline{Z}_1$ (60 Ω) und die Nachrichtensenke als komplexer Widerstand $\underline{Z}_2$ (60 Ω) auffassen. Betrachtet man nur die Beträge der Scheinwiderstände $\underline{Z}_1$ und $\underline{Z}_2$, d. h. ohne Berücksichtigung der Phasenlage, erhält man die Anordnung von Abb. 2.24.

Aufgrund der stets vorhandenen Widerstände im Leistungssystem des Übertragungskanals ist die Ausgangsspannung U_2 immer kleiner als die Eingangsspannung U_1, d. h. es liegt eine Dämpfung vor. Für Abb. 2.24 gilt der Spannungsdämpfungsfaktor D_U, der Spannungsübertragungsfaktor A_U bzw. der Spannungsverstärkungsfaktor V_U:

$$D_U = \frac{U_1}{U_2} = \frac{10\,V}{1,37\,V} = 7,3 \qquad A_U = \frac{U_2}{U_1} = \frac{1}{D_U} = 0,137$$

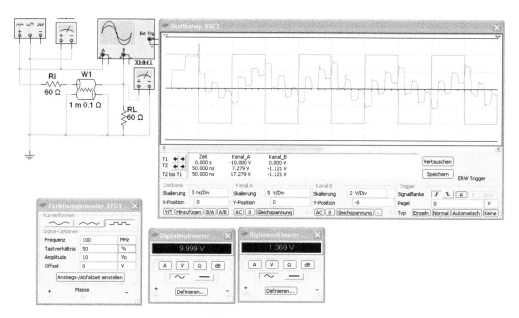

Abb. 2.24: Nachrichtenübertragung mit Übertragungskanal als Vierpol, wobei durch die Rechteck-frequenz von f = 100 MHz erhebliche Verzerrungen auftreten

Für die Bedingung $U_2 > U_1$ gilt:

$$A_U \to V_U = \frac{U_2}{U_1} = \frac{1}{D_U}$$

Beachten Sie unbedingt, dass die drei Größen des Spannungsdämpfungsfaktors D_U, Spannungsübertragungsfaktors A_U bzw. Spannungsverstärkungsfaktors V_U immer dimensionslos sind, da sie das Verhältnis zweier gleichartiger Signale beinhalten.

In der Praxis treten zwischen dem Eingangs- und Ausgangssignal bei einer Übertragungsstrecke erhebliche Unterschiede auf und die Werte des Spannungsdämpfungsfaktors D_U, Spannungsübertragungsfaktors A_U bzw. Spannungsverstärkungsfaktors V_U nehmen in der Praxis sehr hohe Werte an. Aus diesem Grunde arbeitet man mit Leistungsdämpfungsmaß a_p bzw Leistungsverstärkungsmaß v_p.

$$a_p = 10 \cdot \log \frac{P_1}{P_2} = -v_p \qquad v_p = 10 \cdot \log \frac{P_2}{P_1} = -a_p$$

Normalerweise verwendet man bei Übertragungssystemen nicht die Leistung, sondern nur die Spannung und es gilt:

$$a = 20 \cdot \log \frac{U_1}{U_2} = 20 \cdot \log \frac{10\,\text{V}}{1{,}37\,\text{V}} = 17{,}26\,\text{dB}$$

Beispiel: Ein Verstärker hat eine Eingangsspannung von $U_1 = 100\,\mu V$ und eine Ausgangsspannung von $U_2 = 50\,V$. Wie hoch ist die Verstärkung?

$$v = 20 \cdot \log \frac{U_2}{U_1} = 20 \cdot \log \frac{50\,V}{100\mu V} = 114\,dB \qquad \square$$

Beispiel: Bei einer Antenne wird ohne Zusatzelemente eine Spannung von $U_{min} = 70\,\mu V$ gemessen. Mit einem Reflektor und fünf Direktoren erhöht sich die Spannung auf $U_{max} = 176\,\mu V$. Wieviel dB beträgt der Antennengewinn?

$$a = 20 \cdot \log \frac{U_1}{U_2} = 20 \cdot \log \frac{176\,\mu V}{70\,\mu V} = 8\,dB \qquad \square$$

Beispiel: Das Vor- und Rück-Verhältnis einer 7-Elemente-Antenne ist mit $a = 24\,dB$ angegeben. Wie groß ist das Spannungsverhältnis? Wieviel % der Vorwärtsspannung wird von der Rückseite her aufgenommen? Wie hoch ist die Spannung von rückwärts, wenn von vorn $220\,\mu V$ gemessen wurden?

$$20 \cdot \log \frac{U_1}{U_2} = 24\,dB \rightarrow \log \frac{U_1}{U_2} = \frac{24\,dB}{20} = \log 1,2$$

Der Numerus von $\log 1,2 = 15,85$

$$\frac{U_1}{U_2} = 15,85 \qquad \text{(Spannungsverhältnis)}$$

$$\frac{U_1}{U_2} \cdot 100\,\% = \frac{1}{15,85} \cdot 100\,\% = 6,3\,\% \qquad \text{(werden von der Rückseite aufgenommen)}$$

$$U_1 = \frac{U_2}{15,85} = \frac{220\,\mu V}{15,85} = 13,9\,\mu V \qquad \text{(beträgt die Spannung von rückwärts)} \quad \square$$

Beispiel: Ein Verstärker liefert bei einer Eingangsleistung von $P_1 = 0,5\,W$ eine Ausgangsleistung von $P_2 = 8\,W$. Wie groß ist die Leistungsverstärkung?

$$v = 10 \cdot \log \frac{P_2}{P_1} = 10 \cdot \log \frac{8\,W}{0,5\,W} = 12\,dB \qquad \square$$

Die Dezibelangaben für die Dämpfung oder Verstärkung sind Verhältniswerte im logarithmischen Maßstab. Früher arbeitete man auch mit Neper und hierbei handelt es sich um Verhältniswerte im logarithmischen Maßstab mit natürlichen Logarithmen (ln).

2.3.4   Absoluter und relativer Pegel

Mit den eingeführten Größen in der Nachrichten-, Informations- und Kommunikationstechnik ist es möglich, die Zu- oder Abnahme eines Signals zu bestimmen. Häufig benötigt man an einem bestimmten Ort des Nachrichtenübertragungssystems allerdings auch den tatsächlichen Signalwert. Aus diesem Grund wird der Signalwert zu einer gleichartigen Bezugsgröße ins Verhältnis gesetzt, wobei wieder logarithmische Beziehungen gebildet werden. Die so entstandene Größe bezeichnet man als Pegel (level). Als Signale sind vor allem wieder Spannungen oder Leistungen wichtig. Je nachdem, welches Signal betrachtet wird, unterscheidet man zwischen dem Leistungspegel L_P und dem Spannungspegel L_U in Dezibel dB:

$$L_P = 10 \cdot \log \frac{P_1}{P_0} \qquad L_U = 20 \cdot \log \frac{U_1}{U_0} + 10 \cdot \log \frac{Z_0}{Z_1}$$

Ist die Bezugsgröße in dieser Gleichung ein genormter Wert (Standardwert bzw. Normwert), so spricht man vom „absoluten" Pegel. Dessen Verwendung erlaubt, aufgrund des einheitlichen Bezugswerts, einen Vergleich unterschiedlicher Übertragungsstrecken. Zur eindeutigen Kennzeichnung einer absoluten Pegelangabe erhält das Dezibel noch einen dem Normwert entsprechenden Zusatz. Als wichtigster Normwert gilt in der Nachrichten-, Informations- und Kommunikationstechnik die Leitung des 1-mW-Senders (Normalsender), wie Abb. 2.25 zeigt.

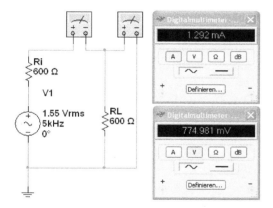

Abb. 2.25: Schaltung und genormte Verhältnisse bei einem 1-mW-Sender (Normalsender)

Der Innenwiderstand des Senders (Sinusgenerator) hat $Z_1 = 600\,\Omega$ und der Lastwiderstand von $Z_L = 600\,\Omega$. Da der Innenwiderstand gleich dem Lastwiderstand ist, spricht man von einer Leistungsanpassung und daher zeigt das Voltmeter die halbe Ausgangsspannung des Senders an. An dem Lastwiderstand wird folgende Leistung umgesetzt

$$P_0 = \frac{U_0^2}{Z_0} = \frac{(775\,\text{mV})^2}{600\,\Omega} = 1\,\text{mW} \qquad L_u = 20 \cdot \log \frac{U_1}{0{,}775\,\text{V}}$$

Man beachte, dass in diesem Fall bei dem Spannungspegel das Widerstandsverhältnis wegen $R_i = Z_0$ und $\log(1) = 0$ ist und deshalb nicht benötigt wird. Neben „dBm" ist auch dB (1 mW) bzw. dB (0,0775 V) in der Praxis üblich. Außer den Bezugsgrößen des Normalsenders gibt es noch weitere Standardwerte. So ist beispielsweise bei Antennenanlagen (aufgrund der geringen Spannungen) die Spannung $U_0 = 1\,\mu\text{V}$ an einem 75-Ω-Widerstand vereinbart. Früher arbeitete man mit 60-Ω-Widerständen. Die absolute Pegelangabe für den Spannungspegel erfolgt dann in dBμV (sprich: dB über ein Mikrovolt).

Beispiel: Ein Antennenverstärker hat eine Ausgangsspannung von $U_1 = 25\,mV$. Wie groß ist der absolute Spannungspegel L_U in dBμV und dBm, wenn mit einer Spannungsanpassung gearbeitet wird?

$$L_U = 20 \cdot \log \frac{U_1}{U_0} = 20 \cdot \log \frac{25\,mV}{1\,\mu V} \approx 88\,dB\mu V$$

$$L_U = 20 \cdot \log \frac{U_1}{0{,}775\,V} = 20 \cdot \log \frac{25\,mV}{0{,}775\,V} \approx -29{,}8\,dBm \qquad \square$$

Setzt man in diese Gleichungen beliebige Bezugsgrößen ein, so arbeitet man mit relativen Pegeln. Eine relative Pegelangabe ist sinnvoll, wenn in der Nachrichten-, Informations- und Kommunikationstechnik die an verschiedenen Orten vorhandenen Spannungs- bzw. Leistungsverhältnisse auf einen Punkt (Bezugspunkt oder Referenzpunkt) bezogen werden müssen. In der Praxis wählt man den Anfang des Übertragungssystems als Bezugspunkt und ordnet diesem den relativen Pegel Null zu. Zur eindeutigen Kennzeichnung wird meistens an das Dezibel der Buchstabe „r" angehängt, also „dBr". Nachteilig bei diesen Angaben ist, dass sich keine verschiedenen Nachrichtenübertragungssysteme mehr vergleichen lassen, es sei denn, es liegt jeweils der gleiche Referenzpunkt vor. Dieser Nachteil hat auch einen Vorteil, man kann nämlich die entsprechende Pegelangabe ohne Einschränkungen wählen.

Das Übertragungssystem von Abb. 2.26 besteht aus zwei verlustbehafteten Übertragungsleitungen und einem Spannungsverstärkerblock. Dieses Element multipliziert die Eingangsspannung mit dem eingestellten Verstärkungsfaktor und liefert das Ergebnis an den Ausgang. Dieser Block lässt sich nicht nur in der Nachrichten-, Informations- und Kommunikationstechnik einsetzen, sondern in Regelungssystemen und in der analoger Rechentechnik. Die charakteristische Gleichung lautet

$$U_a = K(U_e + U_{I\,off}) + U_{O\,off}$$

Die Parameter und Standardwerte für diesen Spannungsverstärkerblock sind in Tab. 2.9 gezeigt.

Tab. 2.9: Parameter und Standardwerte für diesen Spannungsverstärkerblock

Formelzeichen	Parametername	Standard	Einheit
K	Verstärkungsfaktor	1	V/V
$U_{I\,off}$	Eingangs-Offsetspannung	0	V
$U_{O\,off}$	Ausgangs-Offsetspannung	0	V

Für die Planung eines Nachrichtenübertragungssystems ist eine ortsabhängige Darstellung der Pegelverhältnisse unbedingt erforderlich. Deshalb trägt man die absoluten Pegelverhältnisse in Abhängigkeit von Ort bzw. Länge des Übertragungssystems in ein Pegeldiagramm ein, wie Abb. 2.26 zeigt.

Am Anfang des Nachrichtenübertragungssystems befindet sich der Sender und am Ende der Empfänger. Zwischen Sender und Empfänger sind vier Leitungssysteme und drei Verstärker vorhanden. Gemäß den bisherigen Ausführungen ist die Differenz zweier absoluter Pegel

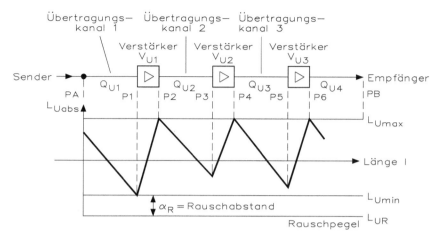

Abb. 2.26: Prinzipieller Aufbau eines Pegeldiagramms für Nachrichtenübertragungssysteme mit Leitungen und Verstärkern

ein relativer Pegel, welcher seinerseits als Dämpfungs- bzw Verstärkermaß definiert werden kann. Innerhalb der Übertragungsstrecke sind also Pegel- und Dämpfung- bzw. Verstärkerangaben zu addieren und zu subtrahieren. Bei sinkendem Verlauf zwischen zwei Punkten tritt eine Dämpfung auf, bei steigendem Verlauf hat man eine Verstärkung. Es ist unbedingt darauf zu achten, dass der maximal zulässige Signalpegel L_{Umax} nicht überschritten wird, um Störungen auf benachbarten Übertragungsstrecken zu vermeiden. Wichtig ist außerdem, dass der mindestens erforderliche Signalpegel L_{Umin} nicht unterschritten wird, da in diesem Fall das Nutzsignal nicht mehr vom Rauschsignal zu trennen ist. Zwischen dem niedrigsten Signalpegel und dem eigentlichen Rauschpegel muss der sogenannte Rauschabstand entsprechend groß sein, wie noch gezeigt wird.

Beispiel: Welcher absolute Spannungspegel L_{UX} in dBm ergibt sich zwischen den Punkten P_1 bis P_4 in Abb. 2.26, wenn $a_{U1} = 40\,dB$, $a_{U2} = 45\,dB$ und $v_{U2} = 35\,dB$ sind und am Punkt PA der Spannungspegel $L_U = 20\,dBm$ beträgt?

$$P_1 : L_{U1} = 20\,dBm - 40\,dB = -20\,dBm$$

$$P_2 : L_{U2} = -20\,dBm + 45\,dB = 25\,dBm$$

$$P_3 : L_{U3} = 25\,dBm - 35\,dB = -10\,dBm$$

$$P_4 : L_{U4} = -10\,dBm + 35\,dB = 25\,dBm \qquad \qquad \square$$

2.3.5 Verzerrungen

In der Praxis muss bei einer wirtschaftlichen Nachrichtenübertragung die Bandbreite des Übertragungskanals begrenzt werden und dadurch entsteht ein Verlust bei der Übertragungsqualität. Betrachtet man sich einen Rechteckimpuls vor einem Übertragungskanal, hat man eine steile Flanke. Am Ende eines Übertragungskanals wird dagegen die Flankensteilheit erheblich reduziert, so dass es zu deutlichen Änderungen zwischen der Signalform am Eingang gegenüber dem Ausgang kommt. Allgemein spricht man bei jeder Änderung der Signalform infolge der realen Eigenschaften eines Übertragungskanals von einer Verzerrung (distortion). Bezüglich der Ursachen und Auswirkungen unterscheidet man zwischen linearen Verzerrungen (linear distortion) und nicht linearen Verzerrungen (non-linear distortion).

Bei den linearen Verzerrungen besteht zwischen dem Eingangs- und Ausgangssignal stets ein linearer Zusammenhang, d. h., dass eine einzelne Sinusschwingung (Harmonische) für sich alleine betrachtet, nicht verzerrt wird. Allerdings kann sich ihre Amplitude oder ihre Phasenlage bezüglich einer anderen Sinusschwingung (Harmonische) ändern, wodurch das Gesamtsignal verzerrt wird. Abbildung 2.27 zeigt die Übertragung einer sinusförmigen Wechselspannung über eine verlustbehaftete Übertragungsleitung.

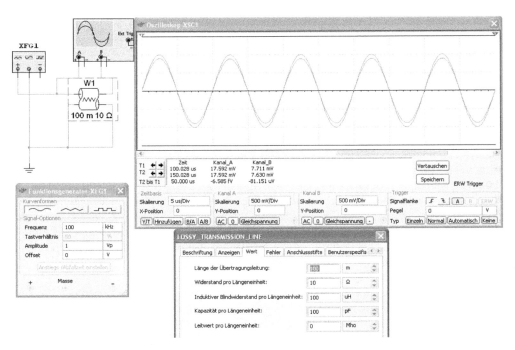

Abb. 2.27: Übertragung einer sinusförmigen Wechselspannung mit einer Frequenz von $f = 100\,\mathrm{kHz}$ über eine verlustbehaftete Übertragungsleitung mit einer Länge von $l = 100\,\mathrm{m}$

An dem Ein- und Ausgang der verlustbehafteten Übertragungsleitung ist jeweils ein Kanal des Oszilloskops angeschlossen. Man erkennt, dass keine Verzerrungen auftreten. Durch den Funktionsgenerator können Sie zwischen den einzelnen Spannungsformen wählen und die Frequenz entsprechend einstellen. Damit lassen sich die linearen Verzerrungen untersuchen.

Für die Fourier-Analyse der verlustbehafteten Übertragungsleitung von Abb. 2.27 ergibt sich das Diagramm von Abb. 2.28. In diesem Fall wurde die Grundschwingung auf $f_0 = 100\,\mathrm{MHz}$ eingestellt und man erkennt Überschwingungen bei $2 \cdot f_0 = 200\,\mathrm{MHz}$, $3 \cdot f_0 = 300\,\mathrm{MHz}$, bei $4 \cdot f_0 = 400\,\mathrm{MHz}$ usw.

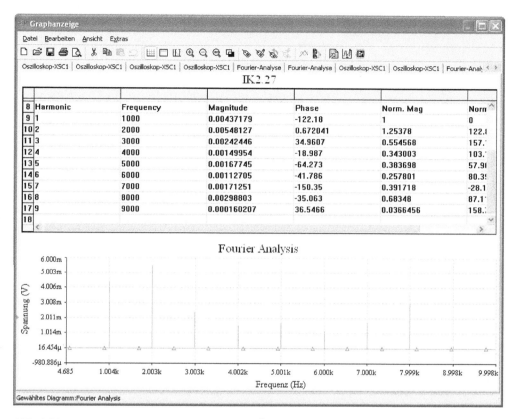

Abb. 2.28: Fourier-Analyse für die verlustbehaftete Übertragungsleitung mit einer Länge von $l = 100$ m

2.4   Aufbau von Leitungssystemen

Leitungen dienen in der Nachrichten-, Informations- und Kommunikationstechnik zur Übermittlung von analogen und digitalen Signalen. Diese enthalten bekanntlich eine Vielzahl von Frequenzen, d. h., sie beanspruchen ein Frequenzband mit einer bestimmten Bandbreite. Bei der Anwendung muss also grundsätzlich darauf geachtet werden, dass die Leitungen für den zu übertragenden Frequenzbereich geeignet sind. Die durch den Aufbau bedingten Eigenschaften einer Leitung bzw. eines Kabels sind entsprechend dafür auszuwählen, welche Signalform oder -frequenz übertragen werden soll.

Für Leitungssysteme in der Nachrichten-, Informations- und Kommunikationstechnik gelten folgende Kabelbezeichnungen:

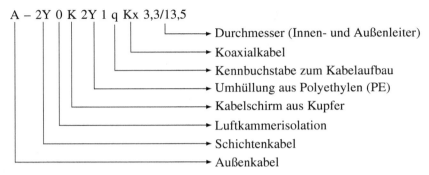

A – 2Y 0 K 2Y 1 q Kx 3,3/13,5

- Durchmesser (Innen- und Außenleiter)
- Koaxialkabel
- Kennbuchstabe zum Kabelaufbau
- Umhüllung aus Polyethylen (PE)
- Kabelschirm aus Kupfer
- Luftkammerisolation
- Schichtenkabel
- Außenkabel

Diese Kabelbezeichnung ist ein Beispiel für die Vielzahl an Möglichkeiten.

2.4.1   Symmetrische Leitungen

Dieser symmetrische Leitungstyp wird je nach Anwendung auch als Zwei-, Paralleldraht-, Doppelleitung, Adernpaar oder Flachleitung bezeichnet. In der Praxis findet man die Definition „symmetrische Leitung", da der Aufbau nach Abb. 2.29 erfolgt.

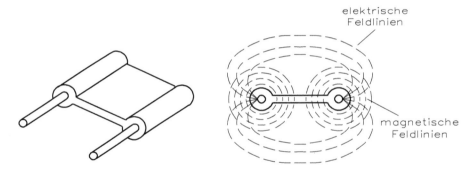

Abb. 2.29: Aufbau einer „symmetrischen Feldlinienverteilung" mit elektrischer und magnetischer Feldlinienverteilung

Die Induktivität und Kapazität einer symmetrischen Leitung wird von dem Abstand a der beiden Leitungen zueinander, vom Durchmesser d des Drahts, von der relativen Permeabilität μ_r und der Permittivität ε_r bestimmt.

$$L = 0{,}4 \cdot \mu_r \cdot l \cdot \ln\left(\frac{2a}{d}\right) = 0{,}92 \cdot \mu_r \cdot l \cdot \log\left(\frac{2a}{d}\right)$$

$$C = \frac{27{,}6 \cdot \varepsilon \cdot l}{\ln\left(\frac{2a}{d}\right)} = \frac{12 \cdot \varepsilon \cdot l}{\log\left(\frac{2a}{d}\right)}$$

a = Abstand in mm
d = Durchmesser in mm
l = Länge in m
C = Kapazität in pF
L = Induktivität in μH

Es handelt sich hierbei um zwei Größengleichungen.

Beispiel: Welche Induktivität und Kapazität hat eine „symmetrische Leitung" bei einem Drahtdurchmesser von d = 0,6 mm, einem Drahtabstand von a = 4 mm, einer Länge von l = 25 m mit einem Isoliermaterial von ε_r = 2 und μ_r = 1,2?

$$\ln\left(\frac{2a}{d}\right) = \log\left(\frac{16}{1,25}\right) = \lg 12,8 = 1,107$$

$$L = 0,92 \cdot \mu_r \cdot l \cdot 1,107 = 0,92 \cdot 1,2 \cdot 25 \cdot 1,107 = 25,5\,\mu H$$

$$C = \frac{12 \cdot \varepsilon_r \cdot l}{1,107} = \frac{12 \cdot 2 \cdot 25}{1,107} = 542\,pF$$

Die „symmetrische Leitung" hat eine Induktivität von L = 25,5 µH und eine Kapazität von C = 542 pF. Der Wellenwiderstand Z ist ein Kennwert, der von der Kapazität und Induktivität der Längeneinheit einer Leitung abhängig ist. Da bei der Induktivität und Kapazität mit gleicher Länge gearbeitet wird, muss nicht auf l = 1 m umgerechnet werden.

$$Z_L = \sqrt{\frac{L}{C}} = \sqrt{\frac{25,5\,\mu H}{542\,pF}} = 216\,\Omega$$

Diese „symmetrische Leitung" hat einen Wellenwiderstand von Z = 216 Ω. Der Wellenwiderstand lässt sich auch mit der folgenden Formel näherungsweise berechnen:

$$Z_L = \frac{120}{\sqrt{\varepsilon_r}} \cdot \ln\frac{2 \cdot a}{d} = \frac{120}{\sqrt{2}} \cdot \ln\frac{2 \cdot 8\,mm}{1,25\,mm} = 216\,\Omega$$

Bei dieser Berechnung wird nicht mit dem dekadischen Logarithmus „log" gearbeitet, sondern mit dem natürlichen Logarithmus „ln". Zwischen den beiden Rechnungen tritt eine Differenz auf, denn in der direkten Berechnung des Wellenwiderstands ist der Wert der relativen Permeabilität μ_r nicht berücksichtigt.   □

Bei der symmetrischen Leitung handelt es sich um eine ungeschirmte Leitung. Tabelle 2.10 zeigt den Verkürzungsfaktor und die Dämpfung von symmetrischen, nicht abgeschirmten Zweidrahtleitungen. Bei den ungeschirmten symmetrischen Zweidrahtleitungen sind folgende Standardwerte für den Wellenwiderstand Z_L üblich: 75, 95, 125, 150, 240 und 300 Ω.

Aufgrund ihres Aufbaus weisen diese beiden symmetrischen Leitungstypen auch die üblichen vier Leitungsbeläge auf, mit denen der Wellenwiderstand Z_L berechnet werden könnte. Bei

Tab. 2.10: Verkürzungsfaktor und Dämpfung von symmetrischen, nicht abgeschirmten Zweidrahtleitungen

Z_L (Ω)	Verkürzungsfaktor	Leiterdurchmesser (mm)	Dämpfung 200 MHz	dB/100 m 400 MHz
75	0,68	7 × 0,32	36	50
75	0,7	7 × 0,7	18,6	26
150	0,77	7 × 0,32	12,8	18,2
300	0,82	7 × 0,32	6	8,4
300	0,82	7 × 0,4	5,2	7,3
300	0,82	1,3	3,8	5,4

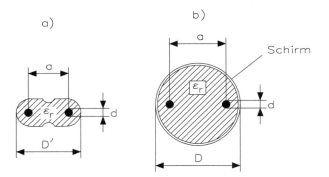

Abb. 2.30: Aufbau von symmetrische Leitungen a) Flachbandkabel und b) Rundkabel

derartigen Konfigurationen ist es jedoch möglich, eine Formel anzugeben, mit der aus den geometrischen Abmessungen und der Dielektrizitätskonstanten des Isolationsmaterials der Wellenwiderstand Z berechenbar ist. Abbildung 2.30 zeigt zwei symmetrische Leitungen.

In der Praxis findet man auch „symmetrische Leitungen" in einem Rundkabel, wenn eine Abschirmung vorhanden ist. In diesem Fall muss noch der Außendurchmesser D berücksichtigt werden. Wenn die Bedingung

$$d/D < 0{,}22 \qquad \text{und} \qquad a/d < (1 - 2d/D)$$

erfüllt ist, kann der Wellenwiderstand berechnet werden.

Beispiel: Welchen Wellenwiderstand hat eine Doppelleitung bei einem Drahtdurchmesser von 1,25 mm, einem Drahtabstand von 8 mm, einer Länge von 25 m mit einem Isoliermaterial von $\varepsilon_r = 2$?

$$Z_L = \frac{120}{\sqrt{\varepsilon_r}} \cdot \ln \frac{2 \cdot a}{d} = \frac{120}{\sqrt{2}} \cdot \ln \frac{2 \cdot 8\,\text{mm}}{1{,}25\,\text{mm}} = 217\,\Omega \qquad \square$$

Für die runde Doppelleitung gilt für den Wellenwiderstand

$$Z_L = \frac{120}{\sqrt{\varepsilon_r}} \cdot \ln \frac{2 \cdot a(D^2 - a^2)}{d(D^2 + a^2)}$$

wobei die Bedingungen für $d/D < 0{,}22$, sowie $a/d < (1 - 2d/D)$ berücksichtigt werden müssen.

Beispiel: Welche Induktivität und Kapazität hat eine „symmetrische Leitung" bei einem Kabeldurchmesser von $D = 8\,\text{mm}$, Drahtdurchmesser von $d = 0{,}6\,\text{mm}$, Drahtabstand von $a = 4\,\text{mm}$, Länge von $l = 25\,\text{m}$ und Isoliermaterial mit $\varepsilon_r = 2$?

$$Z_L = \frac{120}{\sqrt{2}} \cdot \ln \frac{2 \cdot 4\,\text{mm}\,(8^2 - 4^2)}{0{,}6\,\text{mm}\,(8^2 + 4^2)} = 177\,\Omega \qquad \square$$

Sieht man von der ausgesprochenen Weitverkehrstechnik ab, so werden auch heute noch Nachrichten innerhalb von Fernmeldeanlagen über drahtgebundene Kanäle (symmetrische Leitungen) übermittelt. Das wird in absehbarer Zukunft so bleiben, selbst dann, wenn nach und nach immer mehr Lichtwellenleiter zum Einsatz kommen werden.

In der Fernmelde- und Kommunikationstechnik ist die Bezeichnung „Ader" für den einzelnen Leiter üblich. Der aus Hin- und Rückleiter bestehende Übertragungskanal erfordert also zwei Adern a und b, Adernpaar (AP) oder Doppelader (DA). Es ist zweckmäßig, mehrere bis sehr viele Adernpaare zu Kabeln zu vereinen.

Während bei Energieversorgungskabeln hohe Belastbarkeit und Spannungsfestigkeit die wesentlichsten Gesichtspunkte bei der Konstruktion sind, benötigt man von Fernmeldeleitungen möglichst geringe gegenseitige kapazitive und induktive Einflüsse.

Bei stets gleichbleibender Lage einer Ader zu der oder den anderen wäre die induktive und kapazitive Verkopplung unter den Leitern konstant. Diese Kopplungen sind hier jedoch höchst unerwünscht, da sie Verzerrungen der Signale hervorrufen und den Wert des Induktivitätsbelages L' und des Kapazitätsbelages C' ungünstig beeinflussen. Damit sinkt die Grenzfrequenz, d. h. der Anwendungsbereich, ferner hat der Wellenwiderstand für jede Doppelader einen anderen Wert.

Um diese Verkopplungen in ihrer Wirkung möglichst aufzuheben, verdrillt (verseilt) man die Adern systematisch miteinander (Abb. 2.31)

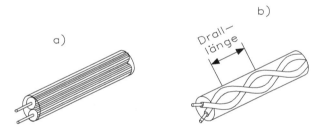

Abb. 2.31: Paralleles (a) und verseiltes Adernpaar (b)

Durch dieses Prinzip der Verseilung wird sowohl die Kapazität als auch die gegenseitige magnetische Beeinflussung zwischen zwei Adern geringer, die einzelnen Adern allerdings länger als das Kabel. Das Verhältnis zwischen der tatsächlichen Länge der Einzelleiter und der Kabellänge bezeichnet man als Verseilungsfaktor. In der Praxis gibt es außer der Paarverseilung noch die Dreierverseilung, bei der drei Einzeladern verseilt sind, und die Viererverseilung. Die Bildung eines Viererseils ist nach zwei Verfahren möglich.

Bei der Stern-Verseilung werden die vier Adern gleichzeitig miteinander verdrillt. Es ergibt sich dabei der Stern-Vierer (ST-Vierer nach Abb. 2.32).

Die Verdrillung der Adern ist aber auch in zwei Stufen realisierbar. Nach der von Dieselhorst und Martin zuerst angegebenen Methode sind jeweils zwei bereits verseilte Adernpaare nochmals miteinander verseilt. Man erhält damit den bekannten DM-Vierer (Abb. 2.33) nach Dieselhorst und Martin.

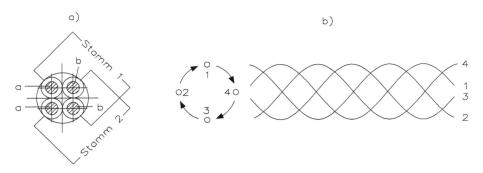

Abb. 2.32: Aufbau eines Stern-Vierers mit a) Schnitt b) Längsanordnung der Adern

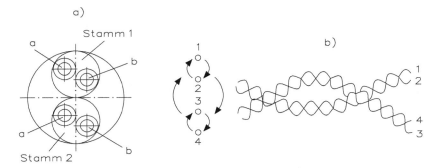

Abb. 2.33: Dieselhorst-Martin-Verseilung mit a) Schnitt b) Längsanordnung der Adern

Vorteilhaft bei der DM-Verseilung ist die geringe Kapazität zwischen den Stämmen, wodurch das Nebensprechen ebenfalls klein wird, d. h. die Übersprechdämpfung wird groß. Dafür bringt man bei der Sternverseilung mehr Adern unter. Die Wahl der jeweiligen Verseilung hängt vom Anwendungsfall ab. In kleinen Gebäuden mit vielen kurzen Anschlüssen oder in Ruf- und Klingelanlagen von Hochhäusern wird man z. B. sternverseilte Kabel verlegen, in ausgedehnten Fermeldenetzen (Bezirksnetze) ist die DM-Verseilung günstiger.

Der Aufbau derartiger Kabel erfolgt lagenweise aus den Vierern, wobei zunächst Grundbündel und dann Hauptbündel gebildet werden. Fünf Viererseile bilden ein Grundbündel, fünf Grundbündel ein Hauptbündel. Man spricht deshalb von einem „hierarchischen" Aufbau der Mehrleiterkabel (Abb. 2.34).

In der Fernmeldepraxis wird zwischen Ortskabel (Ok), Bezirkskabel (Bk) und Fernkabel (Fk) unterschieden. Zur Kompensation des Leitungsbelages werden bei Nahverkehrsleitungen sogenannte Pupinspulen in den Leitungsweg eingebaut (Abb. 2.35). Dadurch erhöht sich die Leitungsinduktivität L, was zwar eine Erhöhung des Wellenwiderstandes der „bespulten" Leitung bedeutet, aber gleichzeitig eine Verringerung des Dämpfungsbelages α zur Folge hat.

Bei richtiger Bemessung der Spulen können die negativen Einflüsse von R' und C' eliminiert werden, dass die Dämpfung der Leitung insgesamt ein Minimum annimmt. Von einer formelmäßigen Darstellung der Zusammenhänge soll in diesem Rahmen abgesehen werden, eine vergleichende Übersicht zu den Fernmeldekabeln ist in Tab. 2.11 gezeigt.

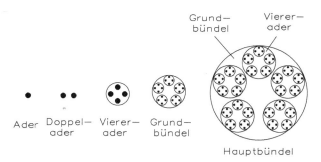

	Haupt–bündel	Grund–bündel	Vierer–ader	Doppel–ader	Ader
Ader	–	–	–	–	1
Doppelader	–	–	–	1	2
Viererader	–	–	1	2	4
Grundbündel	–	1	5	10	20
Hauptbündel	1	5	25	50	100

Abb. 2.34: Aufbau eines Mehrleiterkabels

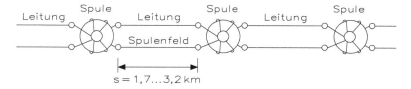

Abb. 2.35: Prinzip der bespulten Leitung

Tab. 2.11: Eigenschaften unbespulter und bespulter Fernmeldekabel

Kabelart	Leiter Ø in mm	Stammleitung	Kap.-Belag C' in nF/km	Ind.-Belag L' in mH/km	Wid.-Belag R' in Ω/km	Bespulung		Dämpfungs-belag α		Wellenwider-stand Z_L in Ω	Grenzfrequenz f_g in Hz
						L-Spule in mH	Abstand s in km	in mN/km	in dB/km		
Bezirkskabel unbespult	0,8	St	34	0,7	70	—	—	76	0,66	635	—
	1,5	St	36	0,7	20	—	—	43	0,37	340	—
Bezirkskabel bespult	0,8	St	34	0,7	70	70	1,7	25	0,22	1640	3600
	1,5	St	36	0,7	20	100	3,0	13	0,11	1000	3600
Fernkabel unbespult	1,4	St	35,5	0,7	21	170	1,7	9	0,08	1720	3100
	1,4	St	35,5	0,7	21	30	1,7	17	0,15	730	7260
	1,4	St	35,5	0,7	21	12	1,7	21	0,18	520	11200

Die besprochenen verdrillten Leitungen sind hauptsächlich für die Übertragung niederfrequenter Signale im kHz-Bereich geeignet. Für hochfrequente Vorgänge von 1 MHz bis einige GHz wird vor allem die koaxiale Leitung verwendet, sie kann aber natürlich auch im NF-Gebiet eingesetzt werden.

2.4.2   Koaxialkabel

Wie aus dem Aufbau ersichtlich ist (Abb. 2.36), bildet der zum Innenleiter (mit dem Durchmesser d) konzentrische Außenleiter (mit dem Durchmesser D) die Abschirmung, d. h. das elektromagnetische Feld ist „eingesperrt" und kann nicht nach außen abgestrahlt werden. Umgekehrt wird der grundlegende Nachteil einer offenen Leitung vermieden, nämlich die Möglichkeit der Beeinflussung durch elektrische und magnetische Felder von außen her („Störeinstreuung").

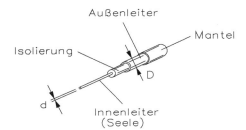

Abb. 2.36: Aufbau eines koaxialen Kabels

Wegen der ungleichen elektrischen Eigenschaften des Hin- und Rückleiters wird das koaxiale Kabel auch als unsymmetrischer Leitungstyp bezeichnet. Die über die Länge erforderliche, konstante Fixierung des Innenleiters zur Abschirmung kann entweder
1. durch Stützen aus Isolationsmaterial im gleichen Abstand
2. durch das vollständige Ausfüllen mit Kunststoff geschehen

Im ersteren Fall ist das Kabel besonders „kapazitätsarm" und verlustlos, da die Kapazität C' klein wird. Die zweite Ausführung ist normalerweise in der Praxis anzutreffen.

Die Induktivität und die Kapazität einer Koaxialleitung errechnen sich aus dem Innendurchmesser D des Außenleiters und dem Durchmesser d des Innenleiters.

$$L = 0{,}2 \cdot \mu_r \cdot 1 \cdot \ln\left(\frac{D}{d}\right) = 0{,}46 \cdot \mu_r \cdot 1 \cdot \log\left(\frac{D}{d}\right)$$

$$C = \frac{55{,}3 \cdot \varepsilon_r \cdot 1}{\ln\left(\frac{D}{d}\right)} = \frac{24 \cdot \varepsilon_r \cdot 1}{\log\left(\frac{D}{d}\right)}$$

Eine solche Gleichung bezeichnet man eine zugeschnittene Größengleichung, d. h. es sind nur die entsprechenden Größen richtig einzusetzen (z. B. d und D in mm, ε_r ist dimensionslos) und der Wellenwiderstand Z_L wird in Ohm angegeben.

Beispiel: Eine Koaxialleiter hat einen Drahtdurchmesser von d = 1,6 mm, einen Durchmesser der Abschirmung von D = 20 mm, einer Länge von 40 m mit einem Isoliermaterial von

$\varepsilon_r = 2{,}5$ und $\mu_r = 15$. Welche Induktivität und Kapazität ergibt sich?

$$\ln\left(\frac{D}{a}\right) = \log\left(\frac{20}{1{,}6}\right) = \log 12{,}5 = 1{,}097$$

$$L = 0{,}46 \cdot \mu_r \cdot l \cdot 1{,}097 = 0{,}46 \cdot 15 \cdot 40 \cdot 1{,}097 = 302\,\mu H$$

$$C = \frac{24 \cdot \varepsilon_r \cdot l}{1{,}097} = \frac{24 \cdot 2{,}5 \cdot 40}{1{,}097} = 2{,}19\,nF \qquad \square$$

Der Wellenwiderstand Z_L einer derartigen Leiteranordnung lässt sich z. B. aus der Grundformel $Z_L = \sqrt{L'/C'}$ ermitteln. Meistens benützt man aber die Formel, in der die geometrischen Abmessungen und die Dielektrizitätskonstante stehen. Es gilt:

$$Z_L = \frac{138}{\sqrt{\varepsilon_r}} \cdot \lg\frac{D}{d} = \frac{60}{\sqrt{\varepsilon_r}} \cdot \ln\frac{D}{d} \qquad \text{in } \Omega$$

Eine solche Gleichung bezeichnet man eine zugeschnittene Größengleichung, d. h. es sind nur die entsprechenden Größen richtig einzusetzen (z. B. d und D in mm, ε_r ist sowieso dimensionslos) und der Wellenwiderstand Z_L wird in Ohm angegeben.

Zu beachten ist, dass der Faktor 138 bzw. 60 vor dem Logarithmus hier dimensionsbehaftet ist, und zwar mit Ohm. Die unterschiedliche Zahl ergibt sich aus dem jeweiligen Logarithmus (ln ist der natürliche und log ist der dekadische Logarithmus). Aus beiden Formeln ist jedoch ersichtlich, dass auch der Wellenwiderstand Z_L des koaxialen Kabels unabhängig von der Länge l der Leitung und der Frequenz f des eingespeisten Signals ist.

Beispiel: a) Welchen Wellenwiderstand Z_L hat ein koaxiales Leitungsstück mit der Länge $l = 1\,m$, wenn die Abmessungen $d = 1{,}7\,mm$ und $D = 11{,}5\,mm$ betragen? Die Dielektrizitätskonstante des PE-Isolators ist $\varepsilon_r = 2{,}3$. b) Auf welchen Wert steigt der Wellenwiderstand Z_L an, wenn das Kabel um den Faktor 15 verlängert wird?
a) $Z_L = 60/\sqrt{\varepsilon_r} \cdot (\ln D/d) = 60/\sqrt{2{,}3} \cdot (\ln 11{,}5/1{,}7) = 75{,}6\,\Omega$
b) Der Wellenwiderstand ist unabhängig von der Länge l! $\qquad \square$

In der Praxis sind folgende Werte für den Wellenwiderstand Z_L einer koaxialen Leitung anzutreffen:
- 35 Ω und 50 Ω in der Mess- und HF-Technik
- 52,5 Ω, 53,5 Ω und 58 Ω (60 Ω nicht mehr Standard)
- 75 Ω in der HF-Technik allgemein, Antennenanlagen, Empfänger
- 93 Ω und 120 Ω in der Computer- und Studiotechnik

Wie jede Leitung, so besitzt auch das koaxiale Kabel eine frequenzabhängige Dämpfungskonstante α. Sie ergibt sich formelmäßig aus der Summe der „Widerstandsdämpfung" $R'/(2 \cdot Z_L)$ und der „Ableitungsdämpfung" $(G' \cdot Z_L)/2$ zu:

$$\alpha = \frac{R'}{2 \cdot Z_L} + \frac{G' \cdot Z_L}{2} = \alpha_R + \alpha_G \qquad \text{in } \frac{Np}{km}$$

Zu beachten ist hier, dass die Größen richtig eingesetzt werden, und die daraus resultierende Dimension wird ausnahmsweise in Neper pro km angegeben!

Die in dieser Gleichung vom ersten Term auftretende Dämpfung ist in allen praktisch vorkommenden Fällen vorhanden. Sie nimmt infolge des Skineffekts mit der Quadratwurzel aus der Frequenz f zu.

Für eine „schwach gedämpfte" koaxiale Leitung lässt sich deshalb schreiben:

$$\alpha \approx \frac{R'}{2 \cdot Z_L} \quad \text{in} \quad \frac{Np}{km}$$

Die Formeln für den Verkürzungsfaktor k und die Ausbreitungsgeschwindigkeit v_L bzw. die Wellenlänge auf der Leitung gelten analog. Außerdem lassen sich noch Beziehungen für v_L und die Phasenkonstante β in Abhängigkeit der Leitungsbeläge angeben.

Voraussetzung für die folgenden vereinfachten Formeln ist jedoch, dass der Einfluss der Beläge R' und G' gegenüber der Wirkung der L'- und C'-Beläge vernachlässigt werden darf.

$$v_L = \frac{1}{\sqrt{L' \cdot C'}} \quad \text{in} \quad \frac{m}{s} \qquad \beta = \omega\sqrt{L' \cdot C'} \quad \text{in} \quad \frac{1}{m}$$

Beispiel: Gegeben ist eine koaxiale Leitung vom Typ RG 213 mit $Z_L = 50\,\Omega$. Es ist anhand des Verlaufs der Dämpfungskonstanten α aus Tab. 2.11 der Widerstandsbelag R' des (schwach gedämpften) Kabels in Ω/m für eine Frequenz f von 10 MHz zu ermitteln. Man beachte dabei besonders, dass in Tab. 2.11 die Dämpfungskonstante α in dB/100 m aufgetragen ist, bei der Formel aber mit Np/km zu arbeiten ist!

Hinweis: 1 Np = 8,686 dB

Aus Tab. 2.11 wird für das Kabel RG 213 ein α-Wert von 2 dB/100 m bei f = 10 MHz abgelesen, was 20 dB/1000 m = 20 dB/1 km entsprechen. Damit folgt für α = 20 dB/1 km · 8,686 dB = 2,3 Np/km. Über die Gleichung ergibt sich für R':

$$\alpha = R'/(2 \cdot Z_L) \rightarrow R' = \alpha \cdot (2 \cdot Z_L)$$
$$= 2,3\,Np/km \cdot 2 \cdot 50\,\Omega = 230\,\Omega/km = 0,23\,\Omega/m \qquad \square$$

Beispiel: Von einem TV-Antennen-Koaxkabel sind der Kapazitätsbelag C' = 67,5 nF/km und der Induktivitätsbelag L' = 0,38 mH/km bekannt. a) Die Ausbreitungsgeschwindigkeit v_L ist zu bestimmten! b) Welchen Verkürzungsfaktor k besitzt diese Leitung?

a) $v_L = \dfrac{1}{\sqrt{L' \cdot C'}} = \dfrac{1}{\sqrt{0,38\,mH/km \cdot 67,5\,nF/km}} = 197\,440\,km/s$

b) $k = \dfrac{v_L}{c} = \dfrac{197\,440\,km/s}{300\,000\,km/s} = 0,658$ \hfill $\square$

2.4.3   Lichtwellenleiter

Die optischen Übertragungssysteme kommen in zwei Bereichen zur praktischen Anwendung: in der Weitverkehrstechnik und im lokalen Netzwerk. Wo man große Entfernungen überbrücken muss, wie bei Übertragungsstrecken der Nachrichten-, Informations- und Kommunikationstechnik, kommt nur die Einmodenfaser wegen ihrer sehr geringen Dämpfung in

Frage. Diese erfordert in der Anwendung entsprechend hoch entwickelte Komponenten, wie Einmodenfaser-Steckverbinder, Sender mit Laserdiode und hochempfindliche Empfänger.

Im lokalen Netzwerkbereich, wo die einzelnen Stationen üblicherweise einige Meter bis maximal 10 km voneinander entfernt sind, findet man für die Informationsübertragung vorwiegend Mehrmodenfasern. Die hierfür verwendeten LWL-Komponenten, wie Mehrmodenfaser-Steckverbinder, Sender mit IREDs (Infrared Emitting Diodes) und Empfänger mit PIN-Photodioden (Positive Intrinsic Negative Diode), sind als ausgereifte Serienprodukte in ausreichender Stückzahl zu niedrigen Kosten verfügbar. Für sehr kurze Übertragungsstrecken (unter 50 m) setzt man Kunststofffasern mit speziell dafür entwickelten LWL-Komponenten ein. Sollen wirkungsvolle Problemlösungen für den industriellen Einsatz erarbeitet werden, muss man in sehr vielen Anwendungen standardisierte Schnittstellen übernehmen.

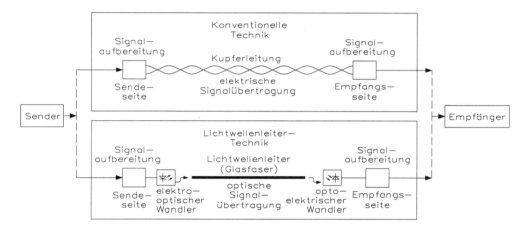

Abb. 2.37: Konventioneller und optischer Übertragungsweg mit standardisierten Schnittstellen

Wenn man sich Abb. 2.37 betrachtet, ergeben sich prinzipiell nur in der Übertragungsmethode geringfügige Unterschiede. Bei einer elektrischen und optischen Übertragung liefert der Sender ein paralleles Datenbyte, das von der Sendeseite in einen seriellen Datenstrom umgewandelt wird. Bei der elektrischen Signalaufbereitung hat man einen Pegelumsetzer für die Ansteuerung der Kupferleitung, beim Lichtwellenleiter den elektro-optischen Wandler.

Der Unterschied zwischen Kupferleitung und Lichtwellenleiter liegt in der extremen Störsicherheit, hohen Übertragungsrate, großen Reichweite und universellen Anwendbarkeit. Der unbestrittene Mehraufwand beim Lichtwellenleiter muss sich für kostenbewusste Anwender in messbaren Vorteilen begründen, um diese Vorteile auch erkennen zu können. Wenn Sender und Empfänger jeweils ein PC sind, ergibt sich nur eine wesentlich höhere Störsicherheit, denn die Übertragungsrate ist in der PC-Technik weitgehend festgelegt. Dies gilt auch für die Reichweite bis 50 m und für die einfache Anwendbarkeit, denn es werden praktisch nur digitale Datenströme übertragen. Häufig wird z. B. bei der Planung eines Übertragungssystems nicht beachtet, dass das zunächst einfachere elektrische System das andere Problem nicht ohne Mehraufwand zu lösen vermag. Werden aber dann die im Einzelfall zur Lösung des Übertragungswegs notwendigen zusätzlichen Kosten erfasst, z. B. weitere Montagestunden bei der Installation, verstärkte Abschirmmaßnahmen, nachträglich eingebaute Trennverstärker usw. zeigt sich, dass der Einsatz eines optischen Übertragungssystems in vielen Fällen von vornherein der preiswerte und technisch bessere Weg gewesen wäre.

Nach der eigentlichen Übertragungsstrecke folgt auf der Empfangsseite wieder eine Signalaufbereitungseinheit, die das Signal in die ursprüngliche Form zurückwandelt, die Dämpfungen und Verzerrungen automatisch ausgleichen und das Signal dem Empfänger zuführt. Die Verwendung von standardisierten Schnittstellen ermöglicht es auch, nachträglich konventionelle auf optische Strecken umzurüsten. Die Signalaufbereitung selbst muss in einem optischen System aber nicht das Abbild der konventionellen Lösung sein. Wesentlich für eine analoge Übertragungsstrecke ist ein wert- und zeitkontinuierliches Ausgangssignal, das dem Eingangssignal entspricht. Jede Abweichung geht auf Kosten von Nichtlinearitäten und Übertragungsverzerrungen.

Eine sichere und zuverlässige Übertragung von analogen Signalen kann man durch eine ausreichend bemessene Dynamik erzielen. Diese gilt sowohl für die Übertragung von digitalen Signalen, die einem Einsatz von automatischen Verstärkungsregelungen zugänglich sind, wie z. B. Videosignale, als auch für fest eingestellte Strecken, wie sie sich bei der analogen, schnellen Messwertübertragung einsetzen lässt. Im letzteren Fall muss auf geeignete Weise dafür gesorgt werden, dass der Einfluss der Kabelstrecke inklusive der Verbindungselemente kompensiert wird.

Universell einsetzbare Übertragungssysteme, die auch Analogsignale übertragen sollen, die keine Signalelemente bekannter Größe beinhalten, wie z. B. den Synchronimpuls bei Videosignalen, müssen in Signalformen umgesetzt werden, bei denen in der Signalamplitude keine Informationen mehr enthalten sind. Nur dann bleiben Dämpfungsänderungen auf der Übertragungsstrecke ohne Einfluss auf die zu übertragenden Informationen.

Ein optisches Übertragungssystem für den Einsatz im lokalen Bereich besteht im einfachsten Fall aus einem Sender, der mittels eines elektro-optischen Wandlers (IRED) das elektrische Signal in optische Strahlung umwandelt, dem Lichtwellenleiter als Übertragungsstrecke und dem Empfänger, dessen optoelektrischer Wandler (PIN-Photodiode) aus der optischen Strahlung wieder ein elektrisches Signal zurückgewinnt.

Die Grundkomponenten sind eine optische Lichtquelle, der Modulator, der Lichtwellenleiter, ein optischer Empfänger und der Demodulator. Die Ansteuerung des Modulators erfolgt im Allgemeinen digital, um die größtmögliche Datenübertragungsrate zu erzielen. Die verwendeten optischen Sender sind je nach gewünschter Übertragungsreichweite Laserdioden (für weite Strecken) oder Lumineszenzdioden (für kurze Strecken). Das emittierte Licht leitet man über den Lichtwellenleiter zum Ort des Empfängers. Hier wird das optische Signal über den Detektor und Demodulator in einen elektrischen Datenfluss umgewandelt.

Digitale Übertragungsformen (z. B. Pulscodemodulation) sind für die optische Nachrichtenübertragung besonders geeignet, da analog modulierte Signale einen wesentlich größeren Signal-Rauschabstand benötigen als digital modulierte Daten bei gleicher Übertragungsrate. Zusätzlich sind die Anforderungen bei analoger Modulation erheblich größer als bei digitalen Verfahren.

Für ein globales Netzwerk (>10 km) verwendet man heute ausschließlich Monomodefasern. Wegen des kleinen lichtführenden Kerndurchmessers von 9 μm lassen sich leistungsstarke Laserquellen einsetzen. Sie sind aufgrund ihrer gebündelten Abstrahlcharakteristik besonders für weite Strecken geeignet und gewährleisten, dass eine ausreichend hohe Sendeleistung (typ. $0\ldots-5$ dBm) in die Faser eingekoppelt wird. Die bevorzugten Betriebswellenlängen sind 1300 nm und 1550 nm, da hier die Fasern besonders wenig Verluste aufweisen.

Die maximale Dämpfung eines Faserabschnitts im Monomodebereich liegt bei etwa 30 dB. Dieser Dynamikbereich sollte in der Praxis mindestens einen Dämpfungsmessplatz abdecken. Da man im gesamten Bereich der Nachrichten-, Informations- und Kommunikationstechnik sehr breitbandige Signale übertragen muss (>500 Mbit/s), sind Laser mit sehr schmaler Halbwertsbreite im Einsatz. Diese reagieren jedoch empfindlich auf Reflexionen im Übertragungsweg (Interferenz-Effekte). Um eine homogene Übertragungsstrecke aufzubauen, werden möglichst wenige Steckverbindungen eingesetzt. Um Frenel-Reflexionen an Glas-Luft-Übergängen ($a_R = 14$ dBm) zu vermeiden, müssen Steckverbindungen auf Faserkontakt ausgelegt sein. Aufgrund der minimalen Abmessungen der Faserkerne kommen hier nur Präzisionsstecker zur Anwendung, die jedoch einen sorgfältigen Umgang und Pflege erfordern (Reinigung usw.). Aufgrund der vielen Steckverbindertypen in der Nachrichten-, Informations- und Kommunikationstechnik sind für die Messgeräte universelle Adaptionsmöglichkeiten gefordert.

Optische Anlagen im Kurz- und Mittelstreckenbereich arbeiten vorwiegend mit Multimodefasern, da die Einkopplungsbedingungen wesentlich einfacher sind. Als Sendeelement kommen LED-Lichtquellen bei 850 nm und 1300 nm in Frage, da sie in den größeren Kernquerschnitt ausreichend hohe Sendeleistungen einkoppeln können. Die Sendepegel liegen hier typisch bei -10 dB/km bis -20 dB/km, was für die kurzen Strecken (<5 km im LAN-Bereich) ausreichend ist. Die Streckendynamik ist hier niedriger und erstreckt sich bis max. 15 dB, wobei hier mehrere Steckverbindungen enthalten sein können. Ein Dämpfungsmessplatz für diese Anwendungen kommt demzufolge mit einer geringeren Messdynamik aus.

Die verwendeten Steckverbindungen bei Multimodesystemen benötigen nicht die engen mechanischen Toleranzen wie die Steckverbinder im Monomodebereich und weisen zudem einen Luftspalt auf. Dies erleichtert die Handhabung wesentlich, da auch weniger auf peinlichste Sauberkeit geachtet werden muss.

Die physikalischen Grundlagen der LWL-Technik werden in der Wellenoptik beschrieben. Im Gegensatz zur Ausbreitung von elektromechanischen Wellen in metallischen Leitern treten im Bereich der Optik Effekte auf, die in der molekularen Struktur des Übertragungsmediums begründet sind. Zum Verständnis der physikalischen Besonderheiten beim Einsatz von Lichtwellenleitern lässt sich die „geometrische" Optik anwenden. Sie befasst sich mit der geradlinigen Ausbreitung des Lichts in homogenen Medien. Im Rahmen der geometrischen Optik spielt die Ausbreitung von Licht in Medien unterschiedlicher Dichte eine besondere Rolle, da hierüber das Brechungsgesetz hergeleitet werden kann. Andere optische Effekte, wie der wellenlängenabhängige Brechungsindex oder die Dispersionserscheinungen von Materie lassen sich durch die „Strahlungsoptik" nur quantitativ beschreiben.

Die Ausbreitung von Licht in einem Lichtwellenleiter basiert auf der optischen Totalreflexion. Diese wird immer dann beobachtet, wenn eine Wellenfront unter einem kritischen Winkel auf eine Grenzfläche trifft. Die Totalreflexion kann man zur verlustarmen Signalübertragung von Licht in einem Lichtwellenleiter einsetzen. Beim Auftreffen einer Wellenfront auf die Trennfläche zweier optisch durchlässiger Medien mit unterschiedlicher Ausbreitunggeschwindigkeit des Lichts, wird ein Teil des gebrochenen Lichts in das erste Medium reflektiert, während der übrige Anteil in das zweite Medium eindringt. Bei Vergrößerung des Einfallwinkels beobachtet man auch eine Zunahme des Brechungswinkels. Ab dem kritischen Winkel a_{Total} breitet sich die gebrochene Wellenfront parallel zur Grenzfläche beider Medien aus. Bei einer weiteren Vergrößerung des Einfallwinkels dringt kein Licht mehr in das zweite Medium mit geringerer optischer Dichte ein, d. h. die gesamte Energie des einfallenden Wellenpakets wird in das Ursprungsmedium reflektiert, wie Abb. 2.38 zeigt.

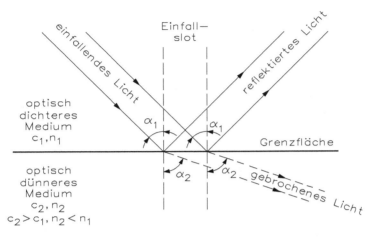

Abb. 2.38: Brechung eines Wellenpakets an einer Grenzfläche

Das Brechungsgesetz von Snellius besagt, dass der Sinus des Einfallwinkels im Medium 1 zum Sinus des Brechungswinkels im Medium 2 in einem konstanten Verhältnis steht.

$$n_1 \cdot \sin a_1 = n_2 \cdot \sin a_2$$

n_1 = Brechungsindex Medium 1
n_2 = Brechungsindex Medium 2
α_1 = Einfallwinkel der Wellenfront
α_2 = Ausgangswinkel der Wellenfront

Der Brechungsindex steht im direkten Verhältnis zur Fortpflanzungsgeschwindigkeit des Wellenpakets im betreffenden Medium:

$$n_{1,2} = \frac{c_1}{c_2}$$

$n_{1,2}$ = relativer Brechungsindex
c_1 = Ausbreitungsgeschwindigkeit der Wellen im Medium 1
c_2 = Ausbreitungsgeschwindigkeit der Wellen im Medium 2

Vakuum besitzt den Brechungsindex $n = 1$, da sich das Licht hier ungehindert mit maximaler Geschwindigkeit $3 \cdot 10^8$ m/s ausbreiten kann. Optisch dichtere Medien weisen aufgrund der geringeren Ausbreitungsgeschwindigkeit einen Index auf, der Werte zwischen 0 und 1 annimmt. Abbildung 2.39 zeigt den Übergang für die Brechung einer Totalreflexion an der Grenzfläche zweier Medien.

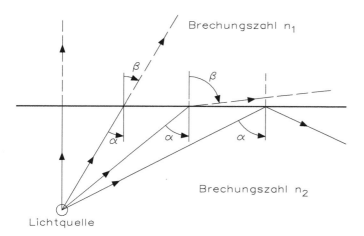

Abb. 2.39: Übergang der Brechung zur Totalreflexion eines Wellenpakets an der Grenzfläche zweier Medien

Beim Übergang von einem Medium mit der Ausbreitungsgeschwindigkeit c_1 in ein Medium mit der Ausbreitungsgeschwindigkeit c_2 erfährt die Lichtwelle an einer ebenen Grenzfläche der beiden lichtdurchlässigen Medien eine Richtungsänderung.

Es gilt
$$\frac{\sin \alpha}{\sin \beta} = \frac{c_1}{c_2} = \frac{n_2}{n_1}$$

Die Phasenbrechungszahlen n_1 und n_2 zweier Medien verhalten sich umgekehrt wie die Ausbreitungsgeschwindigkeit c_1 und c_2 der Lichtwelle. Die Phasenbrechungszahl n ist der Faktor, um den die Lichtgeschwindigkeit in einem optisch dichteren Medium, z. B. Glas, kleiner ist als im Vakuum. Bei $\alpha_2 > 90°$ kommt es zur Totalreflexion.

Zur Fortpflanzung eines Wellenpakets in einem Lichtwellenleiter wird die Totalreflexion an der Wandlung des LWL genutzt. Die Güte der Grenzschicht aus Siliziumoxid/Luft oder eines anderen optisch dünnen Mediums und die optische Reinheit des LWL sind maßgeblich an den Dämpfungsfaktoren der Übertragungsstrecke beteiligt.

Aufgrund der Welleneigenschaft des Lichts ist nicht bei jedem beliebigen Auftreffwinkel eine Fortpflanzung durch ständige Totalreflexion möglich. Hier kann auch die geometrische Optik keine vollständige Erklärung liefern. Als mathematische Erklärung dieses Vorgangs kann man auf die allgemeine Lösung der Maxwell-Gleichung für den Spezialfall der optischen Wellenausbreitung zurückgreifen. Sie besagt, dass Fortpflanzung nur bei einer bestimmten, durch die optische Anordnung gegebene Anzahl „M" diskreter Winkel möglich ist. Jeder dieser Winkel entspricht einer bestimmten Wellenleitmöglichkeit, den sogenannten „Ausbreitungsmoden".

Zum Verständnis der möglichen Ausbreitungsmoden in einem optischen Wellenleiter betrachtet man einen ebenen Lichtwellenleiter mit einem Kern, der den Brechungsindex n_1 besitzt und einen Mantel mit dem Brechungsindex n_2 ($n_2 > n_1$) hat. Der resultierende Wellenvektor von Abb. 2.40 mit $n_1 \cdot k$ setzt sich aus einer x-und einer z-Komponente zusammen. Die x-Richtung, die senkrecht zur Lichtwellenleiter-Achse verläuft, lässt sich durch den folgenden

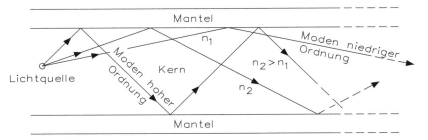

Abb. 2.40: Lichtausbreitung in einem Lichtwellenleiter

Ausdruck beschreiben:

$$z = n_1 \cdot k \cdot \cos\alpha$$

Die z-Richtung, die parallel zur Ausbreitungsrichtung der Faserachse verläuft, wird durch den folgenden Term definiert:

$$z = n_1 \cdot k \cdot \sin\alpha$$

Die x-Komponente der ebenen Welle wird an der Grenzfläche zwischen Kern und Mantel des Lichtwellenleiters reflektiert. Bei jeder Reflexion kommt es zu einem Phasenwechsel der x-Komponente. Nach jeweils einer Reflexion an der Ober- bzw. Unterseite der Kern/Mantelfläche beobachtet man konstruktive Interferenz zwischen zwei Wellen gleicher Ausbreitungsrichtung. Es bildet sich eine stehende Welle senkrecht zur Ausbreitungsrichtung aus.

Die Feldverteilung in x-Richtung ändert sich nicht, während die Welle parallel zur z-Achse fortschreitet. In Abb. 2.41 ist die variierende z-Komponente des elektrischen Felds dargestellt. Die feste Feldverteilung in x-Richtung mit der periodischen z-Abhängigkeit wird als „Moden" bezeichnet. Eine Moden kann nur unter ganz besonderen Bedingungen auftreten, denn man muss einen bestimmten Winkel β einhalten. Moden mit großem Auftreffwinkel bezeichnet man als Moden niedriger Ordnung und die mit kleinem Auftreffwinkel als Moden hoher Ordnung. Moden niedriger Ordnung verlaufen fast parallel zur Faserachse, während Moden hoher Ordnung sich im Bereich des Grenzwinkels fortpflanzen. Am Beispiel von Abb. 2.42 lassen sich die drei möglichen Ausbreitungsmoden erklären.

Die Modennummer „m" beschreibt die Anzahl der Nulldurchgänge des elektrischen Feldvektors E bezogen auf die x-Achse.

Bei der Betrachtung elektromagnetischer Wellen unter den Gesichtspunkten der geometrischen Optik bilden die Orte konstanter Phase eine Wellenfront. Für den vereinfachten Fall der Ausbreitung von monochromatischem Licht in z-Richtung eines Wellenleiters beobachtet man folgende Phasengeschwindigkeit

$$v_{Ph} = \frac{\omega}{A}$$

v_{Ph} = Phasengeschwindigkeit
ω = Kreisfrequenz der Welle
A = Ausbreitungskonstante der Welle

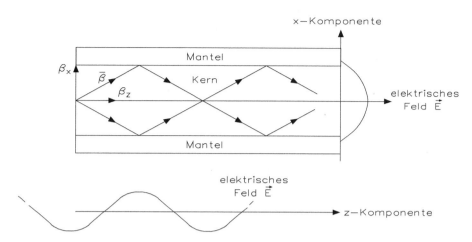

Abb. 2.41: x- und z-Komponenten einer ebenen Welle

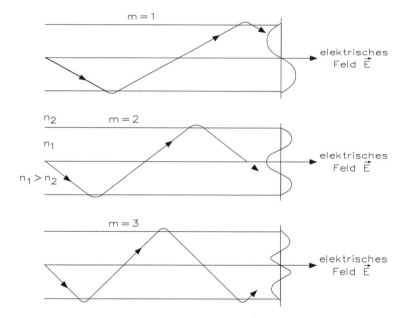

Abb. 2.42: Ausbreitungsmoden niedriger Ordnung in einem dielektrischen Leiter

In der Praxis ist es jedoch schwierig, absolut monochromatisches Licht zu erzeugen. Man beobachtet hier daher eine Anzahl verschiedener Wellenlängen und somit auch unterschiedliche Phasenkonstanten. Bei der Betrachtung der Ausbreitung solcher Felder bilden dann Gruppen mit ähnlichen Frequenzen eine Wellenfront. Diese bewegen sich jedoch nicht mit der Phasengeschwindigkeit der einzelnen Wellen, sondern man beobachtet eine sogenannte Gruppengeschwindigkeit v_{Ph}. Die Berücksichtigung der Gruppenlaufzeit in Relation zur

Phasenlaufzeit ist bei der Definition des Übertragungsverhaltens von Lichtwellenleitern daher von großer Bedeutung.

Wenn elektromagnetische Wellen mit Atomen oder Molekülen des Übertragungsmediums in Wechselwirkung treten, werden durch das elektromagnetische Feld der Welle die ursprünglichen Bewegungen der geladenen Teilchen gestört. Das überlagerte elektromagnetische Feld versetzt die Moleküle der Materie in eine erzwungene harmonische Schwingung. Die Energie der elektromagnetischen Welle wird in diesem Fall zum Teil durch das System der Oszillation absorbiert. Dieser Vorgang ist ein möglicher Leistungsverlust beim Signaltransport mittels optischer Lichtwellenleiter.

Ein zweiter Effekt, der auch zu erhöhten Dämpfungsverlusten führt, ist die Streuung elektromagnetischer Wellen an den gebundenen Elektronen. Für den Fall, dass eine elektromagnetische Welle durch ein Molekül hindurchtrifft, werden wie bereits besprochen, die natürlichen Bewegungen der Teilchen gestört. Durch die einfallenden Wellen lassen sich zudem Atome in einen Zustand höherer Energie versetzen und elektromagnetische Strahlung gleicher Frequenz abstrahlen. Die abgestrahlte Leistung entspricht dem Energieanteil, die durch die gebundenen Elektronen der einfallenden Welle entzogen wurden. Diesen Vorgang bezeichnet man allgemein als Streuung.

Da das Dämpfungsverhalten von Lichtwellenleitern entscheidend deren wirtschaftlichen Einsatz mitbestimmt, ist eine Betrachtung dieser Effekte notwendig. Lineare Streumechanismen teilen sich in zwei Teilbereiche auf, die „Rayleigh"- und die „Mie"-Streuung. Beide Prozesse sind dadurch gekennzeichnet, dass ein Teil der optischen Übertragungsleistung innerhalb einer Übertragungsmode linear auf eine andere Mode übertragen wird. Diese Übertragung bedeutet einen Verlust an Signalenergie, da der Energietransfer in Form von Wärmestrahlung oder als Mantelmode mit einer Dämpfung im Fasermantel stattfinden kann. Da es sich um lineare Effekte handelt, beobachtet man keinerlei Frequenzänderung des Ausgangssignals bei auftretender Streuung.

Bei der molekularen Struktur eines LWL-Kerns handelt es sich um SiO_2-Verbindungen, die mikroskopisch kleine Dichteinhomogenitäten und Variationen in der Zusammensetzung aufweisen. Zu dieser optisch nicht idealen Struktur kommt es innerhalb des Erstarrungsprozesses des SiO_2 während des Herstellungsverfahrens von Lichtwellenleitern. Der optisch nicht ideale Erstarrungsprozess bewirkt eine Änderung des Brechungsindexes und somit eine Streuung des einfallenden Lichts. Da sich die gestreuten Wellen kugelförmig in alle Richtungen ausbreiten, beobachtet man eine Dämpfung der eingestrahlten elektromagnetischen Welle. Die Rayleigh-Streuung ist dadurch gekennzeichnet, dass die Abmessung der streuenden Teilchen sehr klein gegen die Wellenlänge des beteiligten Lichts ist.

Dieser Effekt ist bei den zur Zeit verwendeten LWL-Materialien von nicht zu vernachlässigender Bedeutung. Je kleiner die gewählte Wellenlänge des Lichts ist, umso problematischer wird der Effekt der Rayleigh-Streuung, d. h. der Energieverlust bei der Übertragung von analogen Informationen oder digitalen Signalen nimmt mit geringer werdender Wellenlänge zu. Die sich optisch auf der Rayleigh-Streuung ergebende Abschwächungskonstante h ist proportional zu

$$h = \text{konst} \frac{1}{\beta^4} \qquad \begin{array}{l} h = \text{Abschwächungskonstante} \\ \beta = \text{Wellenlänge} \end{array}$$

Bei der Betrachtung des Dämpfungsverlaufs eines LWL in Abhängigkeit von der Wellenlänge wird der Trend des Kurvenverlaufs maßgeblich durch den Effekt der Rayleigh-Streuung mitbestimmt.

Die Mie-Streuung wird dagegen durch Streuung an mikroskopisch kleinen Teilchen oder Lufteinschlüssen im Kern des Lichtwellenleiters hervorgerufen, wobei die Streuzentren die Größenordnung der Wellenlänge aufweisen. Als Mie-Streuung bezeichnet man Effekte, die an optischen Inhomogenitäten auftreten und die in der Größenordnung der eingestrahlten Wellenlänge liegen. Im Gegensatz zur Dämpfung durch Rayleigh-Strahlung lässt sich die auftretende Mie-Streuung signifikant durch Optimierung des LWL-Fertigungsprozesses reduzieren, da die Streuzentren keine molekulare Größe aufweisen. Verluste durch Mie-Streuung können in Lichtwellenleitern auch zu erheblicher Dämpfung des zu übermittelnden Lichtwellenpakets führen.

2.5   Messung von Bitfehlern

Vom theoretischen Standpunkt aus gesehen mag es sehr seltsam erscheinen, dass im Zusammenhang mit einer digitalen Übertragung überhaupt Fehler auftreten können. Es sind ja schließlich nur zwei Zustände (0-Signal bzw. 1-Signal) möglich und nicht, wie bei einer analogen Übertragung, die unendlich vielen Werte dazwischen! Wie kann es dann trotzdem zu Bitfehlern kommen?

Die Störquellen sind je nach System und Übertragungsmedium recht unterschiedlich. In der praktischen Anwendung treten nur gelegentliche Störimpulse beim Nutzsignal auf, die von Starkstromleitungen eingekoppelt werden, vor allem bei Schalt- und Kurzschlussvorgängen in den Netzen. Normalerweise muss man aber bei der Übertragung von Binärsignalen über eine Leitung immer mit den sogenannten „linearen Verzerrungen" rechnen. Die Folge davon sind endliche Anstiegs- und Abfallzeiten der als „ideal rechteckförmig" in die Leitung eingespeisten Impulse (Abb. 2.43).

Bei den Grundsystemen auf der Basis symmetrischer Kabel ist das Nahnebensprechen als hauptsächlichste Störquelle anzusehen. Die koaxiale Leitung schneidet hier besser ab, da bei ihr dieser Effekt mit zunehmender Frequenz immer mehr abnimmt. Werden die zu übertragenden Bitraten sehr hoch, sind in erster Linie die Einflüsse des unvermeidlichen Rauschens bemerkbar (dies gilt auch für die Übertragung über Lichtwellenleiter).

Eine weitere wesentliche Störung stellt der Unterschied zwischen der Taktfrequenz der sendenden und der empfangenden Stelle in einem digitalen Übertragungssystem dar. Weicht z. B. die Freilauffrequenz im Taktkreis eines Regenerators von der Sollfrequenz ab, so wird die Taktfrequenz „auswandern", wenn das zu regenerierende Pulssignal längere Nullfolgen enthält, und zwar solange, bis wieder Taktimpulse zur Synchronisation eintreffen. Dieses Hin- und Herzittern des Übertragungstaktes wird als Jitter bezeichnet und ist einfach eine Schwankung des digitalen Signals um die idealen, äquidistanten Kennzeitpunkte, die normalerweise die Flanken der Impulse darstellen. Das ist eigentlich nichts grundsätzlich Neues, früher hatte man schon einen ähnlichen Effekt, nämlich die Telegraphie- oder Schrittverzerrung!

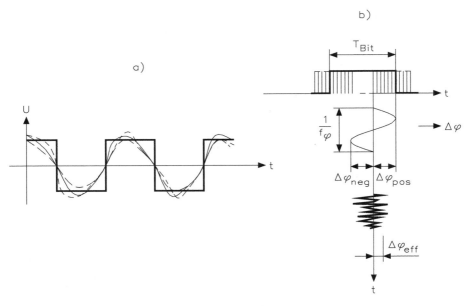

Abb. 2.43: a) Auswirkung von linearen Verzerrungen auf einen Rechteckvorgang, b) digitales Signal mit Jitter und Jitterkenngrößen

Die relativ einfache, qualitative Erfassung der Auswirkungen des Jitters ist über das soge-nannte Augendiagramm möglich. Der Vollständigkeit halber sei erwähnt, dass man je nach Ursache verschiedene Arten von Jitter unterscheidet:

- den nicht systematischen Jitter, der durch das erwähnte Nebensprechen, aber auch vom thermischen Rauschen, Impulsstörungen, etc. verursacht wird, also statistischer Natur ist.
- den systematischen Jitter, der bei der Taktrückgewinnung als Reaktion auf die Verzerrung bestimmter Muster im Digitalsignal entsteht. Da er von der übertragenen Signalfolge abhängt, nennt man ihn auch Musterjitter!

2.5.1   Definition der Bitfehlerrate (BER)

Um die richtige Übertragung digitaler Signale zu kontrollieren, ist es am einfachsten, eine bekannte Bitfolge zu senden, und das Empfangssignal damit zu vergleichen. In der guten, alten Fernschreibtechnik ist diese Bitsequenz der berühmte Satz, der alle Buchstaben des Alphabets enthält:

THE QUICK BROWN FOX JUMPS OVER THE LAZY DOG

Lässt man diesen Text eine gewisse Zeit lang über das System laufen, so sind Übertragungs-fehler direkt aufspürbar!

Auch zum Testen der heutigen, komplexen digitalen Übertragungssysteme werden spezielle Bitmuster verwendet, die man auf der Empfangsseite automatisch einer Fehlerüberprüfung unterwirft. Bezieht man nun die Zahl der fehlerhaft empfangenen Bits auf die Gesamtzahl der übertragenen, so erhalten wir den wichtigen Begriff der Bitfehlerhäufigkeit F_{Bit} abgekürzt als BER (engl.: bit error rate). Für diese Bitfehlerquote gilt also folgende Definition:

$$\text{Bitfehlerhäufigkeit } F_{Bit} = \frac{\text{Zahl der fehlerhaft empfangenen Bits}}{\text{Gesamtzahl der übertragenen Bits}}$$

Wird z. B. bei einem Vergleich von 1000 übertragenen Bits gerade ein Bit falsch empfangen, so bedeutet dies eine Bitfehlerhäufigkeit von $F_{Bit} = 1\,\text{Bit}/10^3\,\text{Bit} = 10^{-3}$. Für die Sprach-verständlichkeit wirken sich solche Bitfehlerraten bis zu 10^{-5} kaum störend aus (Tab. 2.12), vorausgesetzt, dass die Fehler gleichmäßig verteilt sind. Es ist leicht einzusehen, dass mit abnehmendem Signalrauschverhältnis die Bitfehlerhäufigkeit immer größer wird!

Tab. 2.12: Subjektiv empfundene Störauswirkung bei unterschiedlichen BER-Raten

BER	Akustische Wahrnehmbarkeit
10^{-6}	nicht wahrnehmbar
10^{-5}	einzelne Knackgeräusche, bei niedrigem Sprachpegel gerade wahrnehmbar
10^{-4}	höhere Knackrate, etwas störend bei niedrigem Sprachpegel
10^{-3}	dichte Aufeinanderfolge von Knacken, störend bei jedem Sprachpegel
10^{-2}	Prasseln, stark störend, Verständlichkeit merkbar verringert
$5 \cdot 10^{-2}$	fast nicht mehr verständlich

Bei dichter Aufeinanderfolge von Knacken ergibt sich ein Störgeräusch, das mit dem durch die Quantisierung hervorgerufenen Quantisierungsgeräusch verglichen werden kann. Da diese Bitfehler statistischen Charakter besitzen, treten sie (wie das Rauschen) zu beliebigen Zeiten auf, d. h. sie sind also nicht voraussagbar. In der Praxis der PCM-Übertragung werden BER-Raten in einer Größenordung von 10^{-6} bis 10^{-7} angestrebt. Diese Angaben gelten auch für Rundfunkübertragungen auf digitaler Basis (HiFi: weniger als 10^{-7}!). Wegen dieser kleinen BER-Werte besteht außerdem ein grundsätzliches, messtechnisches Problem. Wenn man überschlägt, dass statistisch gesehen, bei einem PCM-Grundsystem mit 2048 Mbit/s eine Bitfehlerrate von 10^{-8} einen einzigen Bitfehler pro Minute bedeutet, so kann man sich vorstellen, dass oft über einen relativ großen Zeitraum gemessen werden muss, um eine halbwegs gesicherte Aussage zu erhalten.

2.5.2   Messtechnische Erfassung der Bitfehlerrate

Die Ermittlung der Fehlerhäufigkeit kann bei PCM-Systemen außerhalb des eigentlichen Betriebs über eine Bitfehlermessung geschehen. Während der laufenden Datenübertragung ist jedoch eine Codefehlermessung sinnvoller, wenn, wie bei den Leitungskanälen üblich, pseudoternäre Digitalsignale über die Strecke geschickt werden.

Die Güte eines Übertragungssystems hängt davon ab, wieviele Fehler in einer empfangenen Nachrichtenmenge enthalten sind. Durch unterschiedliche Eigenschaften des Übertragungs-mediums können Signale empfangsseitig so stark verformt sein, dass sie falsch interpretiert werden und zu Fehlern führen. Neben dem durch Störungen veranlassten Hinzufügen bzw. Auslöschen von Signalen ist vor allem die Verformung übertragener Signale eine häufige

Fehlerquelle. Hat das empfangene primäre Signal eine andere Form als das gesendete, so spricht man von Verzerrung. Bei den für die Informationsübertragung interessanten Primärsignalen wirken sich Verzerrungen als Schrittverzerrungen aus, so dass die tatsächlichen Kennzeitpunkte gemäß empfangenem Signal von den entsprechenden Sollzeitpunkten des gesendeten Primärsignals abweichen.

Als einseitige Verzerrung wird bei binären Signalen eine Schrittverzerrung bezeichnet, bei der alle Abschnitte des einen Kennzustandes ($+1$ bzw. -1) auf Kosten des anderen Kennzustandes um einen gleich großen Betrag verlängert werden. Abbildung 2.44 zeigt die beiden Möglichkeiten einseitiger Verzerrung: Bei der nacheilenden Verzerrung sind die Abschnitte des Kennzustandes A, bei der voreilenden Verzerrung die des Kennzustandes Z symmetrisch um die Dauer Δt gegenüber dem ursprünglichen Signal verlängert. Statt voreilender bzw. nacheilender spricht man auch von negativer bzw. positiver Verzerrung.

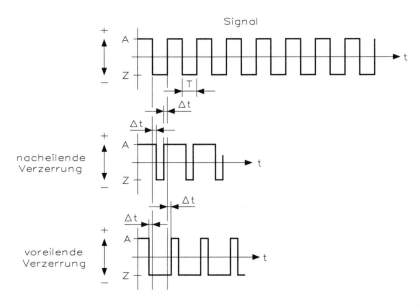

Abb. 2.44: Möglichkeiten der einseitigen Verzerrung eines im Taktschritt T wechselnden Signals

Die einseitige Verzerrung δ_e wird in % der Schrittdauer T angegeben

$$\delta_e = 2 \cdot \Delta t / T \cdot 100\,\%$$

Weichen die Kennzeitpunkte eines empfangenen Signals nicht entsprechend der einseitigen Verzerrung, sondern individuell von ihrem Sollzeitpunkt ab, so spricht man von individueller Verzerrung (Abb. 2.45). Der Grad der Verzerrung ist dann an den Sollzeitpunkten unterschiedlich groß

$$\delta_i = \Delta t / T \cdot 100\,\%$$

und darf, zur Vermeidung von Fehlern, einen Maximalwert nicht überschreiten.

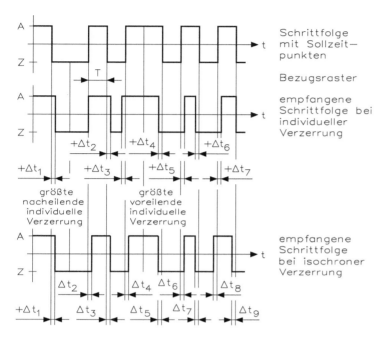

Abb. 2.45: Individuelle und isochrone Verzerrung Schrittfolge mit Sollzeitpunkten

Bei isochronen Signalen ist als Isochronverzerrungsgrad ein Maß eingeführt, das für eine Folge von Schritten die Differenz von Maximal- und Minimalwert der Abweichung $\Delta t_{max} - \Delta t_{min}$ der Kennzeitpunkte von den Sollzeitpunkten zur Schrittdauer T ins Verhältnis setzt. Δt_{max} wird durch den Kennzeitpunkt bestimmt, der, bezogen auf seinen Sollzeitpunkt am spätesten, Δt_{min} durch den Kennzeitpunkt, der am frühesten auftritt. Gemäß Abb. 2.45 ergeben sich für das dargestellte Beispiel $\Delta t_{max} = \Delta t_3$ und $\Delta t_{min} = \Delta t_8$. Die isochrone Verzerrung

$$\delta_{is} = (\Delta t_{max} - \Delta t_{min})/T \cdot 100\,\%$$

erfasst Wirkungen der einseitigen und der individuellen Verzerrung in einem Maß. Gründe für die individuelle Verzerrung sind vor allem die charakteristische und die unregelmäßige Verzerrung.

Charakteristische Verzerrungen ergeben sich als Folge des Dämpfungs- und Phasenverlaufs des Übertragungsmediums, als deren Folge die Signale der einzelnen Schritte des Binärsignals während der Schrittdauer T noch nicht völlig eingeschwungen sind. Man spricht deshalb auch von Einschwingverzerrung. Da ein noch nicht völlig ein- bzw. ausgeschwungener Schritt Signalbeiträge in den nächsten Schritt überträgt addieren sich die Kennwerte benachbarter Schritte, so dass Nachbarzeichenbeeinflussung (intersymbol interference) auftritt. Dies kann häufig zu Übertragungsfehlern führen.

Als unregelmäßige Verzerrungen schließlich bezeichnet man Schrittabweichungen, deren Betrag und zeitliche Lage zufällig sind. Sie sind meistens die Folge von Störspannungen benachbarter Übertragungskanäle.

Als Folge von Verzerrungen können empfangsseitige Fehler auftreten. Bei serieller Übertragung interessieren vor allem Bitfehler und ihre Häufigkeit, während bei paralleler Übertragung Zeichenfehler betrachtet werden.

Als Bitfehlerrate bezeichnet man das Verhältnis aus Zahl fehlerhaft übertragener Bits zu Gesamtzahl übertragener Bits. Die Zeichenfehlerrate ist entsprechend definiert. Durch Messung kann man für die unterschiedlichen üblichen Übertragungswege, z. B. in den Postnetzen, Aussagen über die üblichen Fehlerhäufigkeiten erreichen. Wählt man ausreichend große Messintervalle, so kann man diese Häufigkeiten als Wahrscheinlichkeiten interpretieren und spricht deshalb von Bitfehlerwahrscheinlichkeit bzw. Zeichenfehlerwahrscheinlichkeit.

Zur Feststellung von Codefehlern bei AMI- oder HDB-3-Signalen ist kein spezielles Prüfbitmuster erforderlich. Bei der AMI-Version (Alternate Mark Inversion) handelt es sich bekanntlich um ein pseudoternäres Signal, weil drei Signalzustände, nämlich „+1", „0" und „−1" auftreten können, die aber nicht durch eine ternäre Codierung entstehen, sondern durch das alternierende Umpolen der „1"-Elemente. Da die Einsen abwechselnd als +1 und −1 gesendet werden, ist der Fehler auf einfache Weise erkennbar. Als weiterer Vorteil dieses Verfahrens ist einfach zu bemerken, dass aus dem Wechsel von positiv und negativ die Zwischengeneratoren den Synchronisationstakt leicht wiedergewinnen können. Beim ebenfalls häufigen HDB-Code (High Density Bipolar 3) sind zwei aufeinanderfolgende Einsen gleicher Polarität zugelassen (sie unterbrechen eine zu lange Nullfolge), diese Verletzungsbits müssen aber ihrerseits eine AMI-Folge bilden.

Über eine logische Schaltung prüft das Messgerät, ob die Codierregeln bei der Übertragung eingehalten wurden. Man benötigt also kein spezielles Prüfmuster, sondern wertet lediglich die im Betrieb vorkommenden Digitalsignale aus. Werden Abweichungen von den Codiergesetzen erkannt, so müssen diese auf Bitfehlern beruhen. Allerdings wird damit nicht die „echte" Fehlerhäufigkeit gemessen, da besonders bei rasch aufeinanderfolgenden Fehlern (Büschelfehler) nicht alle Bitfehler zu Codeverletzungen führen. Bei den in der Praxis interessanten Fehlerhäufigkeiten ist jedoch die Übereinstimmung zwischen Bitfehlerhäufigkeit und Codeverletzungshäufigkeit vollkommen ausreichend.

Als Testdaten für eine Bitfehlermessung verwendet man sogenannte pseudozufällige Bitfolgen. Die Bezeichnung kommt von der Tatsache, dass die Verteilung der 0- und 1-Signale nicht wirklich zufällig ist, sondern sich nach einer bestimmten Anzahl von Bits wiederholt. In der Praxis spricht man deshalb von PN-Folgen (Pseudo-Noise) oder PRBS-Signal (Pseudo Random Binary Sequence).

Eine PN-Folge wird üblicherweise mit einem Pseudozufallsgenerator erzeugt, der aus einem rückgekoppelten Schieberegister aufgebaut ist. Derartige Bitfolgen enthalten alle Bitkombinationen, die bei einer vorgegebenen Schieberegisterlänge realisierbar sind. Die Periodendauer hängt dabei sowohl von der Länge des Schieberegisters als auch davon ab, welche Anschlüsse für die Rückkopplung verwendet werden. Nach $(2^n - 1)$-Takten wiederholt sich die Zufallsfolge. Häufig anzutreffen sind Sequenzlängen mit $2^9 - 1 = 511$ Bit (Abb. 2.46), $2^{15} - 1 = 32\,767$ Bit, $2^{17} - 1 = 131\,071$ Bit oder $2^{23} - 1 = 8\,388\,607$ Bit. Lange PN-Folgen benötigt man z. B. zum Testen von Übertragungssystemen mit ungewöhnlich hohen Signallaufzeiten (Verbindungen über Satelliten), oder bei hohen Bitraten. Je länger die PN-Folge, desto kleiner wird die minimale BER, die gemessen werden kann, da der Kehrwert der Bitanzahl direkt proportional der Bitfehlerrate ist. Abbildung 2.46 zeigt eine Schaltung zur Erzeugung einer Pseudozufallsfolge mit $2^9 - 1$ Bit durch ein rückgekoppeltes Schieberegister.

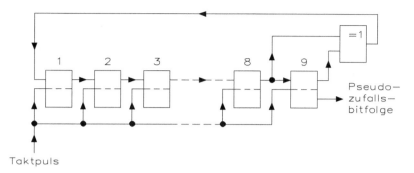

Abb. 2.46: Erzeugung einer Pseudozufallsfolge mit $2^9 - 1$ Bit durch ein rückgekoppeltes Schieberegister

Spektral betrachtet ist ein PRBS-Signal nichts anderes als das digitale Äquivalent zum farbigen (rosa) Rauschen. Alle Frequenzkomponenten, angefangen von einer bestimmten unteren bis zu einer oberen Grenzfrequenz sind im Signal mehr oder weniger stark vertreten. Die höchste Frequenz erzeugt dabei eine Bitkombination, bei der sich die Null und Eins dauernd abwechseln. Die niedrigste Frequenz, die in einem digitalen Signal überhaupt auftreten kann, entspricht einer langen Reihe von „Nullen" oder „Einsen". Je länger die Bitsequenz ist, desto mehr Frequenzen können zwischen der niedrigsten und der höchsten Frequenz im Spektrum auftreten!

2.5.3 BER-Messung auf digitaler Basis

Um die Bitfehlerrate BER eines über einen Nachrichtenkanal übertragenen Bitstroms zu ermitteln, wird das ankommende Signal zunächst regeneriert und im richtigen Takt aufbereitet. Der Vergleich mit dem im Empfänger vorhandenen Referenzmuster (dort befindet sich ebenfalls ein Mustergenerator) erfolgt dann entweder im Leitungscode oder erst nach der Decodierung.

Eine automatische Synchronisation wird dadurch erreicht, indem man das ankommende Signal eine kurze Zeit an Stelle des rückgekoppelten Signals in das Schieberegister einliest und dann auf Eigenbetrieb umschaltet. Über eine Anzeige kann der Synchronisationszustand erkannt werden. Daraufhin vergleicht die Schaltung Bit für Bit das Empfangssignal mit dem Referenzsignal. Sollte wirklich einmal ein 0-Signal an Stelle eines 1-Signals auftreten (oder umgekehrt), so wird der Fehler über einen Zähler erfasst, auf die Anzahl der bereits eingelaufenen (bzw. vorgewählten) Bits nach der Definition der Gleichung bezogen und als Fehlerhäufigkeit angezeigt. Das Übersichtsschaltbild eines solchen Geräts zeigt die Abb. 2.47.

Wie schon erwähnt, sind bei einer sehr kleinen Fehlerhäufigkeit relativ lange Messzeiten notwendig, vor allem, wenn noch dazu die Messunsicherheit gering bleiben soll. Bei einer typischen BER von etwa 10^{-7} und einer zulässigen Unsicherheit von 10 % ist die Überprüfung von mindestens $4 \cdot 10^9$ Bit erforderlich, was bei einer Bitrate von 1 Mbit/s bereits eine Messzeit von mehr als einer Stunde bedeutet. Um solch lange Messzeiten zu vermeiden, nimmt man deshalb meistens eine absolute Fehlermessung vor.

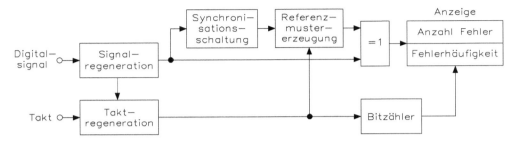

Abb. 2.47: Prinzip der digitalen BER-Messung

Beispiel: Über welche Zeit t_M muss bei dem im Text angedeuteten Betriebszuständen mindestens gemessen werden, damit man bei der Bitfehlerrate BER eine einigermaßen sichere Aussage treffen kann?

$$t_M = \frac{\text{Anzahl der geprüften Bits}}{\text{Bitrate}} = \frac{4 \cdot 10^9 \,\text{Bit}}{1\,\text{MBit/s}} = 4 \cdot 10^9 \cdot 10^{-6}\,\text{s} = 4000\,\text{s}$$

$$t_M = \frac{4000}{3600}\,\text{h} = 1,11\,\text{h} \qquad\qquad\qquad \square$$

Die Fehlerhäufigkeitsmessung unter Verwendung von festen Prüfmustern hat den Vorteil einer hohen Messgenauigkeit. Sie gestattet außerdem eine weitergehende Fehleranalyse nach Einfügungs- oder Auslassungsfehlern, sowie nach der Polarität der gestörten Impulse. Man verwendet dieses Verfahren auch zur Überprüfung von Regenerationsverstärkern auf Empfindlichkeit gegenüber Nebensprechstörungen.

2.5.4   BER-Messung auf analoger Basis (Augendiagramm)

Ein Hilfsmittel, das es erlaubt, mit wenig Aufwand sehr anschaulich die Qualität einer digitalen Übertragung zu beurteilen, stellt das sogenannte Augendiagramm dar. Über sein Aussehen können Dämpfungs- und Laufzeitverzerrungen erkannt und allgemein auf die Störanfälligkeit des Übertragungssystems geschlossen werden. Das Diagramm, welches eine gewisse Ähnlichkeit mit einem Auge aufweist, erhält man durch Anlegen des empfangenen und demodulierten Signals an den Y-Eingang eines Oszilloskops, das gleichzeitig extern mit dem Taktsignal der Daten (Bitclock) getriggert wird. Als horizontale Zeitbasis werden eine oder mehrere Perioden der Bitdauer eingestellt. Durch das „Übereinanderschreiben" der vielen einzelnen Signalelemente eines Zufallsmusters (PRBS), die zeitlich nacheinander auftreten, entsteht aufgrund des Nachleuchtens oder der Speicherung des Bildschirms das Augendiagramm, wie Abb. 2.48 zeigt.

Im Messaufbau zur Aufnahme des Augenmusters (engl.: eye pattern) repräsentiert das Filter die Tiefpasscharakteristik des Übertragungskanals.

Die Empfangsgüte eines isochronen Binärsignals mit einem sendeseitigen Verlauf gemäß Abb. 2.49a und einem empfangsseitigen, durch die typischen Verzerrungen des (Übertragungsweges bedingten, Signalverlauf nach Abb. 2.49b und Abb. 2.49c kann sehr einfach beurteilt werden, indem man den zeitlichen Verlauf aller Signale während einer Schrittdauer T

auf dem Bildschirm eines Oszilloskops übereinanderschreibt. Für die Signale a) ergibt sich
dann am Bildschirm ein Rechteck, während die Signale b) und c) je nach Verformungsgrad,
ein mehr oder weniger geöffnetes „Auge" ergeben. Mit zunehmender Bandbegrenzung und
konstanter Schrittdauer nimmt die Signalverformung zu.

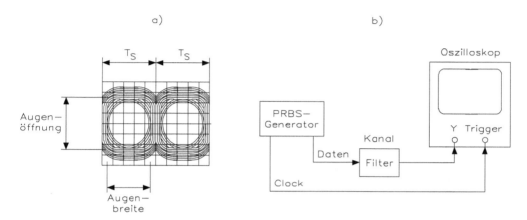

Abb. 2.48: a) typisches Aussehen eines Augendiagramms und b) Messaufbau zur Aufnahme des
Augenmusters mit einem analogen Oszilloskop

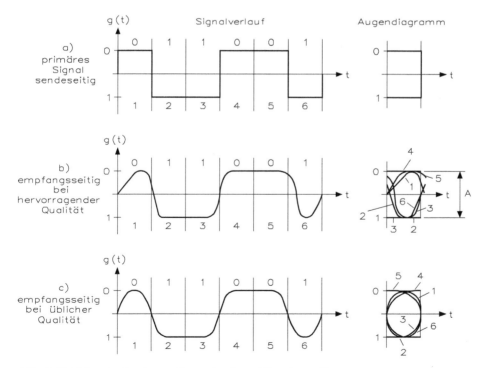

Abb. 2.49: Zeitverläufe primärer Datensignale und ihre Augendiagramme

Die Öffnung des Auges in Richtung der Zeitachse ist ein Maß für die Schrittverzerrung; sie nimmt mit zunehmender Verzerrung des zeitlichen Verlaufs des Datensignals ab. Die dazu senkrechte Öffnung macht Aussage über die Empfindlichkeit der Übertragungsstrecke gegenüber Störsignalen. Einige Datenübertragungseinrichtungen DÜE erlauben durch Einstellen von Parametern eine Anpassung an das empfangene Signal, sodass dann das Auge durch Verstellen und Beobachten des Resultats am Bildschirm optimal eingestellt werden kann.

Um das Aussehen des Augendiagramms auch etwas zahlenmäßig zu erfassen und pauschal die Tendenz (größer oder kleiner) bei auftretenden Bitfehlern angeben zu können, hat man einige Definitionen eingeführt (Abb. 2.50).

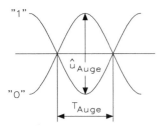

Abb. 2.50: Augendiagramm für ein binäres PRBS-Signal

Die wichtigste Größe und gleichzeitig ein Kriterium für den „worst-case" ist die vertikale Augenöffnung $\hat{u}_{Auge}$ in den Abb. 2.51 und Abb. 2.52, die immer im Zusammenhang mit der vorgegebenen Entscheidungsschwelle zu verstehen ist. Anhand dieser Schwelle wird entschieden, ob das gerade übertragene Bit eine Null oder eine Eins war. Aber auch die horizontale Augenöffnung lässt Rückschlüsse auf Einflüsse während der Übertragung zu. So stellt die Augenbreite ein direktes Maß für den Jitter dar. Im Idealfall eines jitterfreien Bitmusters würden sich alle Augenlinien bzw. die Schwelldurchgänge in einem Punkt schneiden!

Die Abb. 2.51 zeigt z. B. das Augendiagramm eines binären (nur 0- bzw. 1-Zustand möglich) PRBS-Signals, das im Basisband über einen Kanal mit cosinusförmiger Tiefpasscharakteristik übertragen wurde. Aus Abb. 2.51 ist die entsprechende Figur für einen pseudoternären

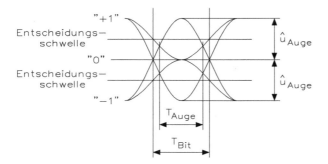

Abb. 2.51: Augendiagramm für ein quasiternäres AMI-Signal

Vorgang (AMI-Signal mit drei Zuständen: $+1$, 0 und -1) ersichtlich. Auch das Augenmuster eines GMSK-modulierten, binären Signals darf in dieser Übersicht nicht fehlen (Abb. 2.52), da derartige digitale Frequenzmodulationsverfahren mit „Gauß'scher Vorfilterung" des Signals immer häufiger Anwendung finden.

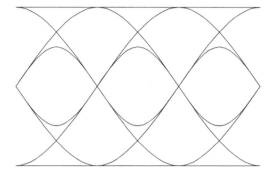

Abb. 2.52: Augendiagramm für ein GMSK-Signal

Höherwertige Systeme auf der Basis von z. B. vier Modulationszuständen wie die 4-PSK-Methode führen zu Diagrammen mit drei Augen (Abb. 2.52). Die Aussagekraft dieser Augenmuster kann ergänzt werden durch die Aufnahme eines dazugehörigen Phasenzustandsdiagramms (Abb. 2.53).

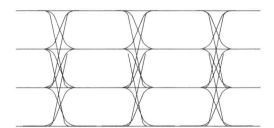

Abb. 2.53: Augendiagramm für ein 4-PSK-Signal

Je größer die Augenöffnungen in jede Richtung sind, desto sicherer wird die Übertragung und desto wahrscheinlicher ist es, dass die Diskriminatorschaltung den gerade vorliegenden Signalwert richtig interpretieren kann. Schließt sich das Auge aufgrund von Störungen auf dem Übertragungsweg (Nebensprechen, Rauschen), so muss damit gerechnet werden, dass die Entscheidungsschwelle immer häufiger nach der falschen Seite hin überschritten wird. Prinzipiell ist es möglich, ein Augendiagramm für jedes Digitalsignal aufzuzeichnen, also auch für das Sende- und Empfangssignal in einem Übertragungssystem. Durch Vergleichen des Augenmusters vor und nach der Übertragung kann mit einiger Übung eine Aussage darüber getroffen werden, welchen Dämpfungs- und Laufzeitverzerrungen das Signal auf dem Übertragungsweg ausgesetzt ist.

Als Beispiel für eine praktische Anwendung sei erwähnt, dass das Augendiagramm ein sinnvolles Kriterium bei der Wahl der Abstände von Regenerierverstärkern längs einer Leitung darstellt. Da das Auge sozusagen alle Einflüsse erfasst, wird dann die Regeneratorfeldlänge so ausgelegt, dass auch bei den für das System schwierigsten Bitsequenzen des PRBS-Signals das Auge „noch offen bleibt".

2.5.5   Bitfehlerdarstellung im Signalzustandsdiagramm

Wie Ihnen bekannt ist, werden in digitalen Übertragungssystemen anstelle der binären Frequenzmodulation (die nur zwei mögliche Zustände kennt) immer häufiger „frequenzoptimierte" Modulationsverfahren verwendet. Es handelt sich hier um spezielle Varianten der Quadraturmodulation. Am bekanntesten sind dabei noch die vierstufige (für 2440 Bit/s) und die achtstufige (für 4800 Bit/s) Phasendifferenzmodulation. Bei einer Übertragungsgeschwindigkeit von 9600 Bit/s ist jedoch bereits eine kombinierte Amplituden- und Phasenmodulation mit 16 Modulationsstufen üblich.

Die unterschiedlichen Wertigkeiten der Modulation können durch das sogenannte Signal- oder Phasenzustandsdiagramm (Konstellationsdiagramm) dargestellt werden. Dazu führt man im empfangsseitigen Datenmodem die nach der Demodulation entstehenden Signale r(t) und q(t) dem X- bzw. Y-Eingang eines Oszilloskops zu. Durch Helldunkelsteuerung mit der Schrittfrequenz (über den Z-Eingang) entsteht dann auf dem Bildschirm als etwas ungewöhnliche Lissajous-Figur das Signalzustandsdiagramm.

Mit Hilfe dieser Diagramme (Abb. 2.54) lassen sich die einzelnen Modulationsverfahren besonders anschaulich interpretieren. Die Lage eines jeden Punktes in den verschiedenen Quadranten steht ja für eine spezielle Bitsequenz und stellt somit einen Modulationszustand dar. Mit Bitfehlern muss dann gerechnet werden, wenn ein Punkt außerhalb seines ihm zugeordneten Entscheidungsbereiches (gestrichelte Linien) zu liegen kommt.

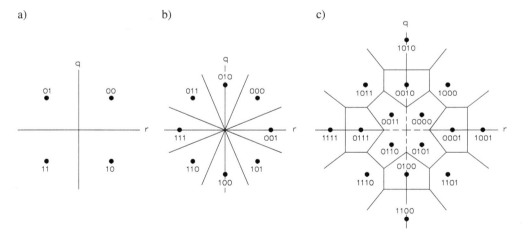

Abb. 2.54: Signalzustandsdiagramme und Codewörter bei einer a) vierstufigen Phasendifferenzmodulation, b) achtstufigen Phasendifferenzmodulation, c) Quadratur-Amplitudenmodulation (16 Stufen)

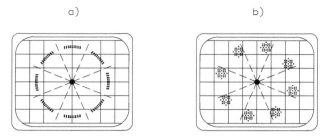

Abb. 2.55: Signalzustandsdiagramm bei einer achtstufigen Phasendifferenzmodulation
a) mit Phasenjitter, b) bei ungenügendem Signal-Geräusch-Abstand

Es ist einzusehen, dass besonders bei der hier höchsten Übertragungsrate von 9600 Bit/s wegen des engen Entscheidungsbereiches die Störungen aufgrund von Geräusch, Phasenjitter, Phasensprüngen, Pegelspannungen, usw. klein bleiben müssen, damit die Bitfehlerrate nicht zu sehr ansteigt. Sind trotzdem Bitfehler zu beobachten, so treten diese im Signalzustandsdiagramm auf und sind sofort qualitativ erkennbar. Abbildung 2.55a zeigt für eine 8-stufige PDSK-Modulation z. B. die Auswirkung einer Störphasenmodulation oder einer Überlagerung des Nutzbitstroms mit einem Rauschsignal, was zum Phasenjitter führt. Im Diagramm hat dies zur Folge, dass die Signalpunkte nicht mehr an Ort und Stelle bleiben, sondern sich bogenförmig bewegen.

Wird andererseits der Signal-Geräusch-Abstand zu gering (z. B. infolge des Nebensprechens), so zeigt die Struktur ein ebenfalls charakteristisches Aussehen, aus der ein geübtes Auge leicht den Grund der störenden Beeinflussung entnehmen kann (Abb. 2.55b).

3 Modulation und Demodulation

Aufgabe der Übertragungstechnik ist es, die in der Ursprungsfrequenzlage vorhandene Nachricht auf Kabel- oder Funksysteme zu übertragen, wobei zur Mehrfachausnutzung der Übertragungswege die Nachricht durch Modulation in eine andere Frequenzlage umgesetzt werden muss. Auf Funkwegen ist es aus physikalischen Gründen nicht möglich, niedrige Frequenzen wirtschaftlich zu übertragen.

Modulation bedeutet, eine elektromagnetische Schwingung im Rhythmus einer Nachricht zu verändern. Die Trägerfrequenz Ω dient als Transportmittel der Nachricht mit der Frequenz f bzw. Bandbreite ω oder Δf. Diese Art der Nachrichtenübertragung bezeichnet man als Schwingungsmodulation und diese lässt sich folgendermaßen untergliedern:

Amplitudenmodulation (AM): Die Trägeramplitude wird im Rhythmus der Modulationsamplitude verändert.

Frequenzmodulation (FM): Die Trägerfrequenz wird im Rhythmus der Modulationsamplitude verändert.

Phasenmodulation (PM): Die Trägerphase wird im Rhythmus der Modulationsamplitude verändert.

Eine andere Art der Modulation ist die Pulsmodulation. Die Nachricht wird hier in entsprechende Impulse mit Impulslänge bzw. Impulspause aufgegliedert, wobei die Information in der Amplitude, der Länge oder dem Abstand der Impulse je nach Modulationsart enthalten sein kann. Die Pulsmodulation lässt sich folgendermaßen untergliedern:

Pulsamplitudenmodulation (PAM): Die Pulsamplitude wird proportional zum Augenblickswert der Modulationsamplitude geändert.

Pulsphasenmodulation (PPM): Die Pulsphase wird proportional zum Augenblickswert der Modulationsamplitude geändert.

Pulsdauermodulation (PDM): Die Pulsdauer wird proportional zum Augenblickswert der Modulationsamplitude geändert.

Pulsfrequenzmodulation (PFM): Die Pulsfrequenz wird proportional zum Augenblickswert der Modulationsamplitude geändert.

Pulscodemodulation (PCM): Die Pulsamplitude wird proportional zum Augenblickswert der Modulationsamplitude geändert. Die so entstandene PAM wird dann quantisiert und anschließend codiert.

Neben diesen Verfahren gibt es in der digitalen Datenübertragung noch spezielle Tastmöglichkeiten:

- ASK: Amplitudenumtastung (amplitude shift keying)
- FSK: Frequenzumtastung (frequency shift keying)
- PSK: Phasenumtastung (phase shift keying)

Im Sender arbeitet ein Modulator, der die entsprechende Nachricht in eine hochfrequente Trägerschwingung umsetzt. Solange die Nachricht in der hochfrequenten Trägerschwingung enthalten ist, ist diese nicht über elektroakustische Wandler (Lautsprecher, Kopfhörer) hörbar. Dazu ist immer eine Trennung von Nachricht und Trägerschwingung erforderlich. Die Zurückgewinnung des niederfrequenten Signals ist Aufgabe der Demodulation.

3.1   Amplitudenmodulation

Die Amplitudenmodulation ist das älteste Verfahren zur Übertragung einer Nachricht über einen Träger. Hierunter versteht man die Steuerung der Amplitudenwerte eines hochfrequenten Trägers entsprechend dem zeitlichen Verlauf einer niederfrequenten Modulationsspannung. Die Trägerkreisfrequenz ω_T muss dabei stets groß gegenüber der Modulationskreisfrequenz ω_M des Nachrichtensignals sein.

3.1.1   Überlagerung

Durch Addition zweier Schwingungen mit unterschiedlichen Frequenzen an einem linearen Bauteil, beispielsweise einem Widerstand, erhält man eine Überlagerung, wie Abb. 3.1 zeigt. Es gelten die Bedingungen: $f = \frac{1}{2} \cdot f_2$, $\hat{u}_2 = \frac{1}{2} \cdot \hat{u}_1$, $\varphi_1 = \varphi_2$.

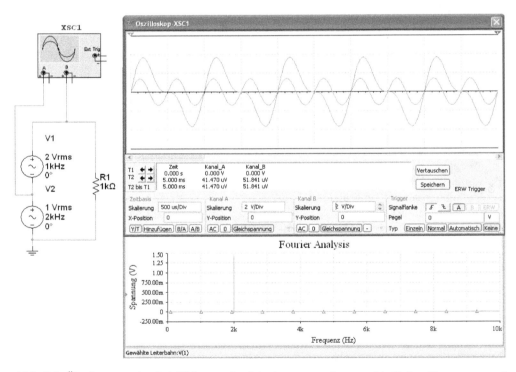

Abb. 3.1: Überlagerung durch Addition zweier Schwingungen mit unterschiedlichen Frequenzen und Amplituden

Durch die Überlagerung hat man nicht nur eine einzige sinusförmige Frequenz, sondern es tritt eine unerwünschte Verzerrung auf. Wenn man die beiden Grundfrequenzen zu der gemeinsamen Ausgangsspannung grafisch addiert, erhält man den zeitabhängigen Verlauf als sogenanntes Zeitbild und zum anderen den frequenzabhängigen Verlauf als sogenanntes Frequenz- oder Amplitudenspektrum. Auch jede andere nicht sinusförmige Spannung lässt sich in gleicher Art beschreiben, da sie, wie sich durch die Fourier-Analyse mathematisch nachweisen lässt, aus sinusförmigen Spannungen unterschiedlicher Frequenz und Amplitude besteht. Wenn man die Fourier-Analyse aufrufen und starten möchte, so muss man unter Simulieren, Analysen, Fourier-Analyse die Befehlsfolge anklicken und man erhält das eingestellte Frequenzspektrum, das man über das Einstellfenster definiert.

Bei der Überlagerung entstehen keine neuen Frequenzen, d. h. es sind nur die beteiligten Frequenzen enthalten:

$$\left.\begin{aligned} u_1 &= \hat{u}_1 \cdot \sin \omega_1 \cdot t \\ u_2 &= \hat{u}_2 \cdot \sin \omega_2 \cdot t \end{aligned}\right\} \quad u_R = \hat{u}_1 \cdot \sin \omega_1 \cdot t + \hat{u}_2 \cdot \sin \omega_2 \cdot t$$

Die Form der entstandenen Summenschwingung ist abhängig von den Amplituden und Frequenzen der beteiligten Schwingungen. Es ergeben sich keine sinusförmigen Schwingungen, sondern höchstens sinusähnliche Schwingungen. Die sogenannten „Hüllkurven" lassen sich in einigen Fällen noch als sinusförmig betrachten.

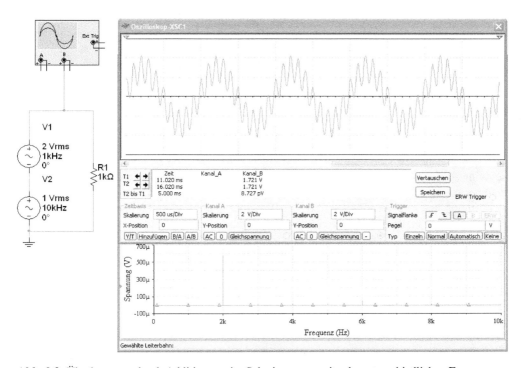

Abb. 3.2: Überlagerung durch Addition zweier Schwingungen mit sehr unterschiedlichen Frequenzen

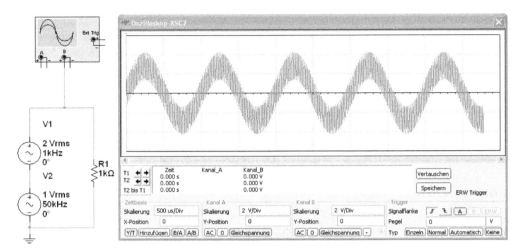

Abb. 3.3: Überlagerung durch Addition zweier Schwingungen

Für die Schaltung von Abb. 3.2 gelten die Bedingungen: $10 \cdot f_1 = f_2$, $\hat{u}_2 = \frac{1}{2} \cdot \hat{u}_1$, $\varphi_1 = \varphi_2$. Vergleicht man diese Überlagerung mit der von Abb. 3.1, erkennt man, wie eine Hüllkurve entsteht. Hüllkurven sind gedachte Linien als Verbindung aller Maxima bzw. Minima, wie sie beispielsweise durch eine Schwebung entsteht. Wichtig, Hüllkurven verlaufen immer parallel.

Bei den Schaltungen von Abb. 3.1, Abb. 3.2 und Abb. 3.3 sind zwei Spannungsquellen in Reihe geschaltet und damit addieren sich die Spannungen. In der Praxis ist ein Betrieb möglich, wenn sich ein Widerstand in dem Ausgangsteil befindet. Durch den Widerstand hat man ein lineares Bauelement in der Schaltung und es können keine neuen Frequenzen entstehen, wie das bei nicht linearen Bauelementen der Fall ist. Dies ist auch aus der Fourier-Analyse erkennbar.

Für die Schaltung von Abb. 3.4 gelten die Bedingungen: $f_1 \approx f_2$, $\hat{u}_2 = \frac{1}{2} \cdot \hat{u}_1$, $\varphi_1 = \varphi_2$. Die beiden Spannungsquellen erzeugen Frequenzen, die sehr ähnlich sind. Dadurch tritt ein besonderer Fall der Überlagerung auf, den man als Schwebung bezeichnet. Zwei Sinus-schwingungen mit ähnlich gleicher Amplitude und fast identischen Frequenzen addieren sich zu einer positiven und negativen Hüllkurve. Es entsteht keine Sinusschwingung, sondern eine Schwebung aus sinusförmigen Halbbögen. Die charakteristischen Punkte einer Schwingung sind die Punkte A, die sogenannten Phasensprünge.

Je nach Frequenzverhältnis und Amplituden der beiden Schwingungen stellen sich im Prinzip die in Abb. 3.4 gezeigten Überlagerungsbilder ein. Insgesamt hat man in der Praxis vier Formen von Überlagerungsschwingungen:

Fall a: $a_1 < a_2$ und $\omega_1 < \omega_2$

Fall b: $a_1 > a_2$ und $\omega_1 < \omega_2$

Fall c: $a_1 = a_2$ und $\omega_1 \approx \omega_2$

Fall d: $a_1 \neq a_2$ und $\omega_1 \approx \omega_2$

Sind in Fall a die beiden Generatoren niederohmig, so ist die Spannung zwischen den Klemmen a und b in jedem Moment, unabhängig von dem, was in dem angeschlossenen äußeren Kreis passiert, praktisch gleich der algebraischen Summe der Leerlaufspannungen der

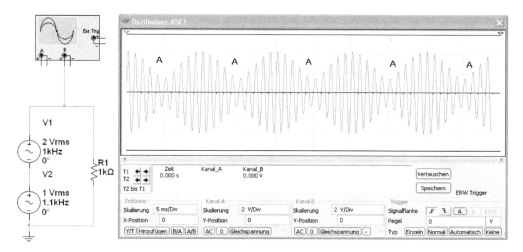

Abb. 3.4: Entstehung einer Schwebung durch Addition zweier Schwingungen, wobei die beiden Frequenzen annähernd identisch sind

beiden Generatoren. Sind alle Werte spannungs- und stromunabhängig, also konstant, treibt die resultierende Spannung einen ihr genau proportionalen Strom durch die Schaltung. Die an dem Widerstand entstehende Spannung zeigt das typische Bild einer Überlagerung, d. h., die einfache Addition zweier Teilspannungen zu einer gemeinsamen Ausgangsspannung. Die Amplituden und Frequenzen der Einzelschwingungen beeinflussen sich nicht gegenseitig und es treten keine neuen Frequenzen auf, denn es sind nur die beiden Generatorfrequenzen vorhanden.

Je nach Frequenzverhältnis und Amplituden der beiden Schwingungen stellt sich ein entsprechendes Übertragungsbild ein, wie Abb. 3.5 zeigt. Für die Schaltung gelten die Bedingungen: $f_1 \approx f_2$, $\hat{u}_2 = \hat{u}_1$, $\varphi_1 = \varphi_2$. Da mit fast identischen Frequenzen gearbeitet wird, tritt wieder ein Sonderfall der Überlagerung ein, nämlich eine Schwebung. Sie entsteht, wenn zwei Teilschwingungen nahezu die gleiche Schwingungszahl aufweisen. In diesem Fall verstärken sich die beiden Schwingungen zu gewissen Zeiten. Zu anderen Zeiten heben sie sich dagegen ganz oder teilweise auf, je nachdem, ob sie gleiche oder ungleiche Amplituden aufweisen. Abbildung 3.5 zeigt diesen Fall zweier gleich großer Schwingungen, deren Frequenzen sich wie 50 : 51 verhalten. Immer dann, wenn die eine Schwingung der anderen um eine oder mehrere ganze Schwingungen oder Vielfache von 360° vorauseilt, sind beide miteinander in Phase und verstärken sich. Das geschieht beispielsweise nach jeweils 15 Schwingungen der tiefen oder 16 Schwingungen der höheren Frequenz. In der Mitte zwischen den Summationsstellen heben sich die beiden Schwingungen gegenseitig auf, da ein Phasenunterschied von 180° vorhanden ist.

Mathematisch ergibt sich Folgendes: Hat man bei den Einzelschwingungen die gleiche Amplitude, ist also $u_1 = U \cdot \sin \omega_1 \cdot t$ und $u_2 = U \cdot \sin \omega_2 \cdot t$, erhält man eine Gesamtspannung von

$$u = u_1 + u_2 = U (\sin \omega_1 \cdot t + \sin \omega_2 \cdot t)$$

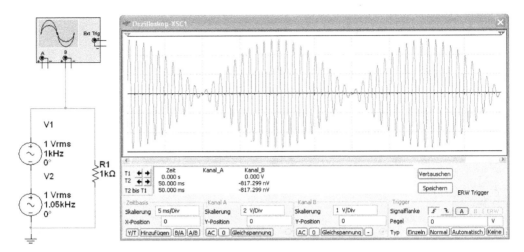

Abb. 3.5: Entstehung einer Schwebung durch Addition zweier Schwingungen, wobei die beiden Frequenzen fast identisch sind

Dieser Ausdruck stellt gewissermaßen das Frequenzspektrum der Überlagerung dar. Der Ausdruck lässt sich nach einer Umformung in eine Zeitfunktion umwandeln mit

$$u = 2 \cdot U \cdot \cos \frac{\omega_1 - \omega_2}{2} \cdot t \cdot \sin \frac{\omega_1 + \omega_2}{2} \cdot t$$

oder

$$u = U(t) \cdot \sin \frac{\omega_1 + \omega_2}{2} \cdot t \qquad \text{mit} \quad U(t) = 2 \cdot U \cdot \cos \frac{\omega_1 - \omega_2}{2} \cdot t$$

Danach kann die Schwebung als eine Sinusschwingung interpretiert werden, die die mittlere Frequenz $(\omega_1 + \omega_2)/2$ und eine Amplitude $U(t)$ hat, die sich cosinusförmig ändert, also den Wert $\pm 4\,V$ und dann den Wert 0 annimmt. Die Amplitude ändert sich im Rhythmus der Schwebungsfrequenz mit

$$\omega_s = 2 \cdot \frac{\omega_1 - \omega_2}{2} = \omega_1 - \omega_2$$

Der Wert ω_s ist nicht gleich der halben Differenz der Einzelfrequenzen, also nicht gleich $(\omega_1 - \omega_2)/2$, sondern doppelt so groß, da die Cosinusfunktion je Periode zwei Nullstellen hat. In diesem Zusammenhang ist es unkorrekt, bei Schwebungen von einem Schwebungston zu sprechen. Bei der Überlagerung entsteht kein Schwebungston, es tritt keine neue Frequenz $\omega_s = \omega_1 - \omega_2$ auf, sondern eine periodische Lautstärkeschwankung. Eine periodische Lautstärkeschwankung bedeutet aber keinen neuen Ton, das soll aber nicht bedeuten, dass das Ohr, wenn es zwei Schallwellen beispielsweise mit einem Frequenzunterschied von $\Delta f = 100\,Hz$ wahrnimmt, keine Tondifferenz erkennt. Das hängt jedoch nicht damit zusammen, dass das Schallfeld so eine Frequenz enthält, sondern damit, dass das Ohr bei großer Lautstärke, gewissermaßen bei Übersteuerung, nicht linear arbeitet und dadurch, wie bei einer richtigen Modulation, physiologisch einen Differenzton von $100\,Hz$ hervorbringt.

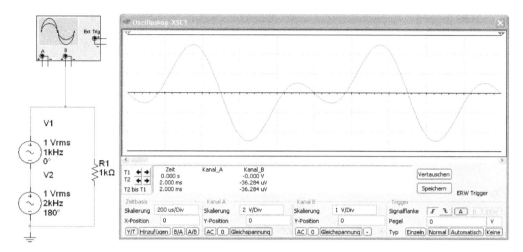

Abb. 3.6: Entstehung einer Schwebung durch Addition zweier Schwingungen, wobei eine Phasenverschiebung zwischen den beiden Amplituden vorhanden ist

Für die Schaltung von Abb. 3.6 gelten die Bedingungen: $f_1 \approx f_2$, $\hat{u}_2 = \hat{u}_1$, $\varphi_1 = 180° \cdot \varphi_2$. An den Oszillogrammen von Abb. 3.1 bis Abb. 3.5 erkennt man in der Summenschwingung immer einen sehr flachen Verlauf. Dies ist dadurch zu erklären, dass in diesem Bereich die beiden addierten Schwingungen gleich große, aber entgegengesetzte Steigungen aufweisen. In Abb. 3.6 ergeben sich infolge der verschiedenen Steigungen mit etwa gleicher Amplitude in den Bereichen in denen sie sich aufheben, die gewünschten Phasensprünge. Durch diese Phasensprünge erreicht man die Grundlagen der Phasenumtastung.

3.1.2 Grundlagen der AM-Technik

Um eine Modulation zu erreichen, muss die entsprechende Schaltung einen in definierter Weise veränderbaren Widerstand aufweisen. Dies wird durch ein Bauteil mit nicht linearer Kennlinie (Dioden oder Transistoren) erreicht. Das Wesen der Modulation besteht darin, dass nach dem Beeinflussungsvorgang neue Frequenzen entstehen, die vor dem eigentlichen Modulationsvorgang nicht vorhanden sind. Diese neuen Frequenzen stehen zu den ursprünglichen in einem bestimmten gesetzmäßigen Zusammenhang.

In der Schaltung von Abb. 3.7 stellt die Diode einen steuerbaren Widerstand dar. Bei einer Diode handelt es sich um ein nicht lineares Bauelement, bedingt durch den typischen Kennlinienverlauf. Durch den Strom der Nachrichtenschwingung ω wird rhythmisch der nicht lineare Innenwiderstand der Diode beeinflusst. Die niederfrequente Spannung hat $U = 1\,V$ bei einer Frequenz von $f = 1\,kHz$. Die hochfrequente Spannung wurde auf $U = 1,5\,V$ und einer Frequenz von $f = 10\,kHz$ eingestellt. Dadurch ergibt sich diese modulierte Hochfrequenzspannung mit ihrer Hüllkurve, die der niederfrequenten Spannung entspricht.

Bei der Amplitudenmodulation wird die Amplitude der hochfrequenten Trägerschwingung durch die niederfrequente Schwingung der Nachricht beeinflusst. Die Form der niederfrequenten Modulationsspannung erscheint als Hüllkurve der hochfrequenten Trägerschwingung.

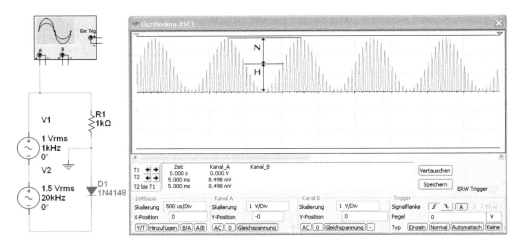

Abb. 3.7: Modulation einer hochfrequenten mit einer niederfrequenten Spannung mit einem Modulationsgrad von m = 100 %

Das Ausmaß der Einschnürung und Ausbuchtung der modulierten Trägerschwingung hängt von der Amplitude N der niederfrequenten Nachrichtenschwingung im Verhältnis zur Amplitude H der hochfrequenten Trägerschwingung ab. Das Verhältnis der maximalen Änderung N zur mittleren Amplitude H bezeichnet man als Modulationsfaktor m und dieser berechnet sich aus

$$m = \frac{N}{H}$$

Da die Amplitude N der niederfrequenten Nachrichtenschwingung und die Amplitude H der hochfrequenten Trägerschwingung als Spannungswert angegeben wird, ist der Modulationsfaktor m dimensionslos. Der Ausdruck m · 100 wird als Modulationsgrad bezeichnet und damit in Prozentwerten berechnet aus

$$m_\% = \frac{N}{H} \cdot 100$$

Der Modulationsgrad kann zwischen 0 % im unmodulierten Zustand und 100 % bei voller Aussteuerung des Modulators betragen. Ein Modulationsgrad von über 100 % verursacht starke Verzerrungen, da die Hüllkurve nicht mehr das getreue Abbild der modulierten Schwingung darstellt. Zu kleine Modulationsgrade führen zu einer ungünstigen Ausnutzung der HF-Energie und zur Verschlechterung des Signal-Geräuschabstands in der Nachrichtenübertragung.

Mit Hilfe des Oszillogramms von Abb. 3.8 lässt sich der Modulationsgrad berechnen. Hier kann man auch die folgende Formel verwenden:

$$m = \frac{A - B}{A + B}$$

Aus dem Oszillogramm lassen sich die Werte von A = 1,8 Div und für B = 0,4 Div ablesen.

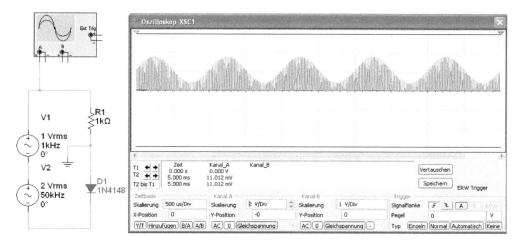

Abb. 3.8: Modulation einer hochfrequenten mit einer niederfrequenten Spannung (Modulationsgrad von m ≈ 65 %)

$$m = \frac{1{,}8\,\text{Div} - 0{,}4\,\text{Div}}{1{,}8\,\text{Div} + 0{,}4\,\text{Div}} = \frac{1{,}4\,\text{Div}}{2{,}2\,\text{Div}} = 0{,}64$$

Die Darstellung der Zeitfunktion einer amplitudenmodulierten Schwingung hat den Nachteil, dass sie keinen gültigen Schluss zulässt, welche eine frequenzmäßige Breite der Übertragungswege aufweisen muss, der dieses modulierte Nachrichtensignal übermitteln soll. Gerade aber dies ist für die Planung und das Betreiben einer Übertragungsanlage von grundlegender Bedeutung. Zum besseren Verständnis der Modulationsvorgänge wählt man daher die Darstellung des erzeugten Frequenzspektrums.

Durch den Einsatz eines Multiplizierers in Abb. 3.9 ergibt sich eine multiplikative Modulation der hochfrequenten mit einer niederfrequenten Spannung. Der Multiplizierer in der Simulation multipliziert zwei Eingangsspannungen durch die charakteristische Gleichung:

$$U_a = k \cdot (X_k(U_x + U_{off}) \cdot Y_k(U_Y + Y_{off})) + U_{off}$$

An den Eingängen X und Y liegen zwei Eingangsspannungen an. Die anderen in dieser Gleichung vorhandenen Formelzeichen sind in Tab. 3.1 gezeigt.

Tab. 3.1: Parameter und Standardwerte des Multiplizierers

Formelzeichen	Parametername	Standard	Einheit
k	Ausgangsverstärkung	0.1	V/V
U_{off}	Ausgang	0.0	V
Y_{off}	Y-Offset	0.0	V
Y_k	Y-Verstärkungsfaktor	1.0	V/V
X_{off}	X-Offset	0.0	V
X_k	X-Verstärkungsfaktor	1.0	V/V

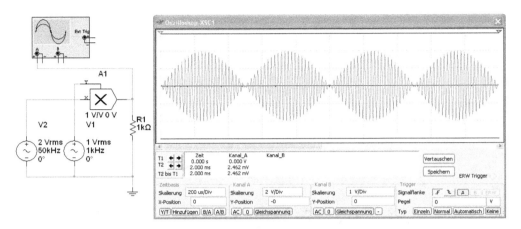

Abb. 3.9: Multiplikative Modulation einer hochfrequenten mit einer niederfrequenten Spannung

Bei der multiplikativen Modulation spricht man auch von der Produktmodulation, denn die Modulationsspannung bewirkt eine Veränderung des Verstärkungsgrads. Die Ausgangsspannung lässt sich mit folgender Gleichung beschreiben:

$$U_{AM} = k \cdot (u_0 + \hat{u}_M \cdot \sin(\omega_M \cdot t) \cdot \hat{u}_T \cdot \sin(\omega_T \cdot t))$$

der Modulationsgrad berechnet sich aus

$$m = \frac{\hat{u}_M}{u_0 \cdot \hat{u}_T}$$

Die Gleichung ist bis auf einen konstanten Faktor identisch mit der Gleichung für das amplitudenmodulierte Signal.

3.1.3   Messung einer AM-Spannungsquelle

Unter dem Symbol der Quellen-Bauteilebibliothek befindet sich die AM-Spannungsquelle. Diese lässt sich einfach programmieren, wenn man durch einen Doppelklick das Fenster öffnet. Mit dieser Spannungsquelle kann man dann zahlreiche Versuche mit amplitudenmodulierten Schaltungen aus der Nachrichtentechnik durchführen. Abbildung 3.10 zeigt die Messung einer AM-Spannungsquelle mittels Oszilloskop.

Über das Einstellfenster kann man die Eigenschaften der AM-Spannungsquelle beeinflussen. Das Verhalten dieser AM-Quelle lässt sich folgendermaßen beschreiben:

$$U_a = u_C \cdot \sin(2 \cdot \pi \cdot f_c \cdot t) (1 + m(2 \cdot \pi \cdot f_m \cdot t))$$

Mit dem Wert von u_C stellt man die Trägeramplitude in Volt, über f_c die Trägerfrequenz in Hz, durch m den Modulationsindex und mit f_m die Modulationsfrequenz ein. Wenn man mit den in dem Einstellfenster gezeigten Werten arbeitet, ergibt sich das Oszillogramm von Abb. 3.10.

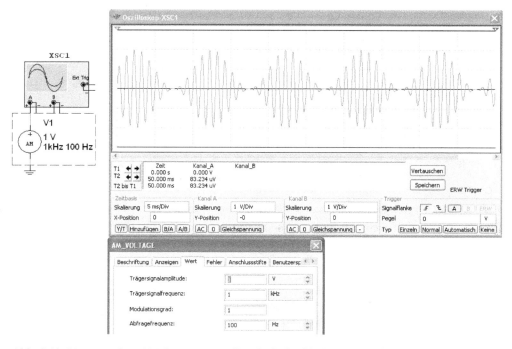

Abb. 3.10: Messung einer AM-Spannungsquelle mittels Oszilloskop mit geöffnetem Einstellfenster

Für die nachfolgenden Betrachtungen soll noch von einer gewissen Vereinfachung ausgegangen werden, d. h., dass auf dem hochfrequenten Träger nur eine niederfrequente Modulationsspannung mit einer bestimmten Frequenz aufmoduliert wird. Diese Schaltung bezeichnet man als AM-Modulator. Am Ausgang eines solchen Modulators tritt im Idealfall eine zur Zeitachse symmetrische, aber nicht mehr rein sinusförmige Spannung $u_{AM}(t)$ auf. Wie das Oszillogramm zeigt, entspricht die beim $u_{AM}(t)$-Verlauf als Hüllkurve gedachte Linie dem Aussehen der Modulationsspannung u_M. Diese Verhältnisse lassen sich mathematisch formulieren. Geht man vom Ansatz für ein AM-Signal aus, folgt nach Umformung und Anwendung des sogenannten Additionstheorems für das Modulationsprodukt schließlich der Ausdruck, der das amplitudenmodulierte Ausgangssignal in Form der einzelnen Anteile beschreibt. Für den Ansatz gilt:

$$u_{AM}(t) = [\hat{u}_T + \hat{u}_M \cdot \sin \omega_M \cdot t] \cdot \sin \omega_T \cdot t$$

$$u_{AM}(t) = \hat{u}_T \left[1 + \frac{\hat{u}_M}{\hat{u}_T} \cdot \sin \omega_M \cdot t \right] \cdot \sin \omega_T \cdot t$$

$$u_{AM}(t) = \hat{u}_T \cdot \sin \omega_T \cdot t + \hat{u}_T \frac{\hat{u}_M}{\hat{u}_T} \cdot \sin \omega_T \cdot t \cdot \sin \omega_M \cdot t$$

Nach der Umformung und Anwendung des Additionstheorems gilt

$$\sin \alpha \cdot \sin \beta = \frac{1}{2} \cos (\alpha - \beta) - \frac{1}{2} \cos (\alpha + \beta)$$

und für das Modulationsprodukt:

$$u_{AM}(t) = \hat{u}_T \cdot \sin \omega_T \cdot t + \frac{\hat{u}_T}{2} \cdot \frac{\hat{u}_M}{\hat{u}_T} \cdot \cos\left[(\omega_T - \omega_M)t\right] - \frac{\hat{u}_T}{2} \cdot \frac{\hat{u}_M}{\hat{u}_T} \cdot \cos\left[(\omega_T + \omega_M)t\right]$$

Aus dieser Gleichung ist ersichtlich, dass eine amplitudenmodulierte Schwingung $u_{AM}(t)$ eigentlich aus drei Teilschwingungen aufgebaut ist:

- Die Schwingung enthält den ursprünglichen Träger mit unveränderter Amplitude und Frequenz
- Die 2. Teilschwingung hat eine kleinere Amplitude als der Träger und die Differenzspannung mit der Summenfrequenz $f_u = f_T - f_M$
- Außerdem existiert noch ein dritter Anteil mit der gleichen Amplitude wie die Differenzspannung, aber jetzt mit der Summenfrequenz $f_o = f_T + f_M$

Die Summe der Augenblickswerte aller Teilschwingungen ergibt bei Überlagerung die modulierte Schwingung $u_{AM}(t)$. Um die Verhältnisse zu verdeutlichen, lassen sich die einzelnen Werte am Generator einstellen.

Der Modulationsgrad m berechnet sich

$$m = \frac{\hat{u}_N}{u_H} \cdot 100\,\%$$

aus der Niederfrequenzspannung $\hat{u}_N$ und der Hochfrequenzspannung $\hat{u}_H$. Für eine sinusförmige amplitudenmodulierte HF-Spannung s gilt

$$s = \hat{u}_H(1 + m \cdot \cos \omega_N \cdot t) \cdot \cos \omega_H \cdot t$$

Die beiden Seitenbandfrequenzen errechnen sich aus

- untere Seitenbandfrequenz: $f_u = f_H - f_N$
- obere Seitenbandfrequenz: $f_o = f_H + f_N$
  mit f_H = Frequenz des Trägers
  f_N = Modulationsfrequenz

Die Bandbreite eines amplitudenmodulierten Senders muss deshalb sein

$$\Delta f = 2 \cdot f_N$$

und dabei bedeutet hier f_N die höchste, einwandfrei zu übertragende Niederfrequenzschwingung. Der Modulationsgrad bestimmt die Lautstärke, die Modulationsfrequenz dagegen die Tonhöhe.

Durch die Darstellung einer amplitudenmodulierten Trägerschwingung kann man darauf schließen, dass die Änderung der Trägeramplitude die Information für die Lautstärke beinhaltet und dass die Tonhöhe in der Frequenz der Hüllkurve enthalten ist. Um ein Maß für die Beeinflussung der Trägerspannung zu erhalten, wurde der Begriff „Modulationsgrad m" eingeführt. Hierunter versteht man das Verhältnis der Amplitude der niederfrequenten Signalspannung zur Amplitude der unmodulierten hochfrequenten Trägerspannung. Der Modulationsgrad wird in der Praxis in % angegeben. Er muss kleiner als 100 % gehalten werden, da sonst starke Verzerrungen bei der Demodulation auftreten. Wird das Modulationssignal größer als das Trägersignal, liegt eine sogenannte Übermodulation vor. Rundfunksender werden bei größter Signalspannung höchstens zu 80 % ausmoduliert und bei einer mittleren Lautstärke erreicht man Werte um 30 %.

3.1.4 Frequenzspektrum

Aus den bisherigen Abbildungen ist die Nachrichtenschwingung mit der Amplitude α als Hüllkurve der Trägerschwingung unmittelbar zu erkennen. Dies führt oft zu der falschen Meinung, dass die Frequenz der Nachrichtenschwingung in der modulierten Trägerschwingung enthalten ist und im Empfänger nur wahrnehmbar umgesetzt werden müsste. Dies ist jedoch nicht der Fall.

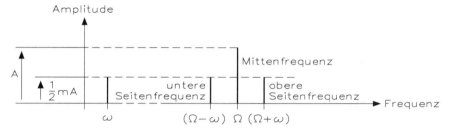

Abb. 3.11: Modulationsprinzip und Frequenzspektrum einer amplitudenmodulierten Schwingung

In Abb. 3.11 wird einem Modulator eine Nachrichtenschwingung mit der Frequenz ω zugeführt, die auf die Trägerschwingung ω aufmoduliert werden soll. Im idealen Fall sind am Modulationsausgang vier Frequenzen vorhanden. Die Nachrichtenschwingung ω, die Trägerfrequenz Ω, die Summenfrequenz Ω + ω und die Differenzfrequenz Ω − ω. Die neu erzeugten Summen- und Differenzfrequenzen werden als Seitenfrequenzen des Trägers bezeichnet. Betrachtet man nur das amplitudenmodulierte Signal, erkennt man, dass die ursprüngliche Frequenz ω im Spektrum nicht mehr vorhanden ist, denn sie ist durch zwei neue Frequenzen vertreten. Die Amplitude dieser neuen Frequenzen ist vom Modulationsgrad abhängig und beträgt maximal die halbe Trägeramplitude.

Das Unterdrücken bestimmter Frequenzen und das Erzeugen neuer Frequenzen ist charakteristisch für die Modulationsvorgänge in der AM-Technik und sie unterscheiden sich deutlich von Überlagerungsvorgängen. Das Modulationsspektrum einer einfachen Amplitudenmodulation ist Ω ± ω.

Besteht nun die zu modulierende Nachrichtenspannung ω aus einem ganzen Frequenzband, z. B. aus der Sprache, erscheinen im Frequenzspektrum statt der beiden Seitenfrequenzen nun zwei vollständige Seitenbänder. Jedes Seitenband enthält dabei den vollen zu übertragenden Nachrichteninhalt. In jedem Seitenband sind die Anzahl der einzelnen Frequenzen die gleichen wie im ursprünglichen NF-Band. Man erkennt, dass das obere Seitenband die gleiche Lage hat wie das NF-Band, d. h. die höchste Niederfrequenz ω_0 erscheint auch im oberen Seitenband als höchste Frequenz. Das obere Seitenband liegt demnach in seiner Regellage.

Demgegenüber stellt das untere Seitenband eine Invertierung dar. Die ursprünglich tiefen Frequenzen liegen höher, also näher zum Träger hin, als die hohen Frequenzen des NF-Bands. Hier spricht man von der Kehrlage des unteren Seitenbands. Werden in einer Funkeinrichtung beide Seitenbänder erzeugt und übertragen, spricht man von der Zweiseitenbandübertragung.

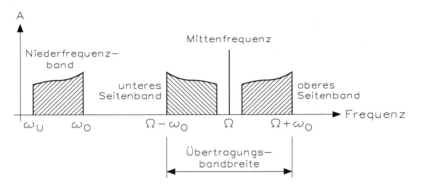

Abb. 3.12: Spektrum bei Amplitudenmodulation mit einem Frequenzgemisch

Aus Abb. 3.12 lässt sich die notwendige Bandbreite für eine Zweiseitenbandmodulation (ZM) ablesen und es gilt für die Übertragungsbandbreite B_{AM}

$$B_{AM} = 2 \cdot \omega_0$$

Wird die Bandbreite durch die höchste zu übertragende Nachrichtenfrequenz definiert, erhält man

$$B_{AM} = 2 \cdot f_0 \approx 2 \cdot B_0$$

Der Wert f_0 stellt die höchste im Nachrichtenband vorkommende Frequenz dar und B_0 ist die Basisbandbreite. Ist z. B. bei einem Mittelwellenrundfunksender die höchste zu übertragende Nachrichtenfrequenz 4,5 kHz, so muss ein HF-Übertragungsweg mit einer Bandbreite von 9 kHz zur Verfügung stehen.

Durch die Fourier-Analyse erhält man Abb. 3.13, wenn die AM-Spannungsquelle in Abb. 3.10 untersucht wird. In der Mitte erkennt man die Trägerfrequenz Ω mit einer Amplitude von $A = 1$. Links von der Trägerfrequenz Ω sind die untere Seitenfrequenz mit $f_u = 900\,Hz$ und rechts die obere Seitenfrequenz von $f_o = 1,1\,kHz$ vorhanden. Die beiden Messcursors befinden sich auf $f_1 = 850\,Hz$ und $f_2 = 1,15\,kHz$. Aus dem Messfenster lassen sich die Werte für die Amplitude ablesen mit jeweils $y_1 = y_2 = 0.000$. Die Differenz der Frequenz zwischen den beiden Messpunkten beträgt $\Delta f = 300\,Hz$. Aus Gründen der Übersichtlichkeit wurden diese beiden Messpunkte gewählt.

Aus der Fourier-Analyse erkennt man die Spektrallinien für Ω, $\Omega - \omega$ und $\Omega + \omega$ mit den dazugehörigen Amplituden. Die Amplituden der beiden symmetrisch zum Träger liegenden Seitenfrequenzen sind dabei immer gerade halb so groß wie die Amplitude der niederfrequenten Signalspannung. Sprach- und Musiksignale enthalten jedoch viele Frequenzen, z. B. das Fernsprechband von 300 Hz bis 3,4 kHz oder ein HiFi-Signalgemisch von 20 Hz bis 20 kHz. Bei der Modulation eines Trägers mit einem NF-Band ergeben sich deshalb sogenannte Seitenbänder, die ebenfalls symmetrisch zum Träger liegen. Als Schaltzeichen für ein Frequenzband wird nach DIN 40700 ein Dreieck verwendet, das vom kleineren zum größeren Frequenzwert hin ansteigt, wie Abb. 3.14 zeigt.

Links erkennt man das Signalfrequenzband von 30 Hz bis 3,4 kHz und rechts die Trägerfrequenz mit den Seitenfrequenzbändern. Besonders wichtig für spätere Überlegungen ist,

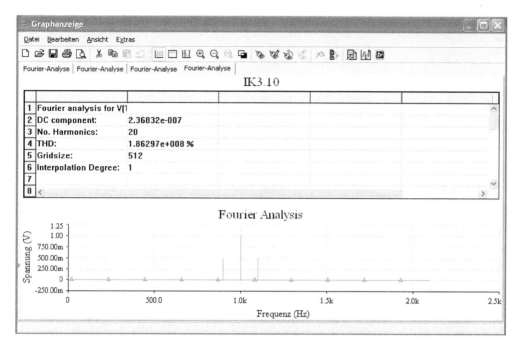

Abb. 3.13: Fourier-Analyse der Schaltung von Abb. 3.10

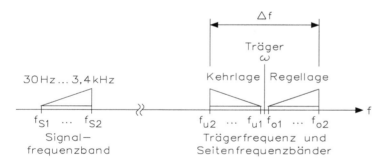

Abb. 3.14: Frequenzspektrum eines niederfrequenten Bands und des damit verbundenen hochfrequenten AM-Signals

dass der gesamte Nachrichteninhalt jedes der beiden Seitenbänder gleich dem im Signalfrequenzband ist! Zu bemerken ist noch, dass das obere Seitenband (Upper Side Band = USB) in der „Regellage" entsteht, d. h., zunehmende Frequenzen im Modulationssignal sind auch im Seitenband in steigender Reihenfolge angeordnet. Beim unteren Seitenband (Lower Side Band = LSB) hingegen liegen die tiefen Modulationsfrequenzen über den hohen, d. h. sie weisen eine „Kehrlage" auf.

Aus der Spektraldarstellung von Abb. 3.14 erkennt man, dass die Bandbreite Δf_{AM} eines bisher beschriebenen Doppelseiten-AM-Signals dem doppelten Wert der höchsten niederfrequenten Signalspannung f_{Mmax} entspricht. Es gilt

$$\Delta f_{AM} = 2 \cdot f_{Mmax}$$

Daraus lassen sich die Frequenzgrenzen der einzelnen Seitenbänder berechnen.

3.1.5   Verfahren in der Amplitudenmodulation

Bezieht man die Leistung eines Seitenbands P_{SB} auf die gesamte mittlere Leistung P_{AM} des AM-Signals, so ist eine wirkungsgradähnliche Betrachtung möglich mittels der folgenden Formel

$$\frac{P_{SB}}{P_{AM}} = \frac{\left(\frac{m}{2}\right)^2}{1 + 2\left(\frac{m}{2}\right)^2}$$

Für den optimalen Fall des vorausgesteuerten Trägers mit m = 1, nimmt dieses Verhältnis den Wert von 1/6 an, d. h., nur ein Sechstel der gesamten Signalleistung wird zur Übertragung der Information, die je in einem Seitenband komplett enthalten ist, eigentlich benötigt. Vom Standpunkt der Ökonomie auf der Senderseite ist deshalb die einfache AM-Technik nur ein Verfahren mit geringem Wirkungsgrad, denn man verschwendet den größten Teil der Leistung, um den unmodulierten Träger, der keine Nachricht enthält, auszustrahlen. Dafür sind die Demodulationsschaltungen im Empfänger einfach zu realisieren, wie noch gezeigt wird. Ungünstig ist bei allen AM-Verfahren die relativ große Störanfälligkeit des Signals, da die in der Amplitude liegende Information durch Zündfunken, elektrische, statische und magnetische Entladungen, schnelle Lastwechsel von gesteuerten bzw. geregelten Antrieben mit Elektromotoren die steile Schaltflanken verursachen und damit hochfrequente Störimpulse erzeugen, durch nicht entstörte Frequenzumrichter, falsch oder nicht abgeschlossene Hochfrequenzleitungen, unterdimensionierte Netzteile, unbeschaltete induktive Lasten, Lichtbogen usw. beeinflusst und verzerrt wird, was z. B. als Krachen oder Prasseln im Lautsprecher hörbar ist. Trotz dieser Nachteile arbeiten die Rundfunkempfänger im LW-, MW- und KW-Bereich mit der Amplitudenmodulation.

Die ungünstige Leistungsbilanz bzw. die relativ große Signalbandbreite des bisher beschriebenen Zweiseiten- oder Doppelseitenbandverfahrens hat zur Entwicklung der Einseitenbandmodulation geführt. So ist es z. B. möglich, den Träger zu unterdrücken (carrier suppression) oder wenigstens teilweise abzusenken (carrier reduction). Durch diese Maßnahme lässt sich zwar Leistung einsparen, aber der Bedarf der Bandbreite Δf_{AM} bleibt unverändert, wie Abb. 3.15 zeigt.

Wird zusätzlich noch ein Seitenband unterdrückt (oberes oder unteres), so kommt man zur Einseitenband-Amplitudenmodulation (single sideband amplitude modulation = SSB-AM) mit der Halbierung der Bandbreite auf die maximale Modulationsfrequenz von

$$\Delta f_{ESB-AM} = f_{M\,max}$$

Optimal ist es, gleichzeitig eine Trägerabsenkung oder noch besser eine Trägerunterdrückung vorzunehmen, wie Abb. 3.16 zeigt. Nach diesem Verfahren wird z. B. der kommerzielle drahtlose Nachrichtenverkehr abgewickelt, aber auch die Trägerfrequenztechnik und die Funkamateure wenden diese Technik an.

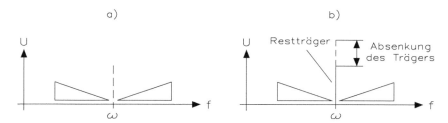

Abb. 3.15: Zweiseitenband-Amplitudenmodulation mit Trägerunterdrückung a) und Trägerabsenkung b)

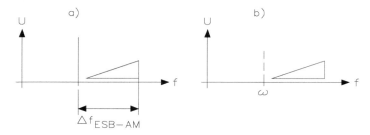

Abb. 3.16: Einseitenband-Amplitudenmodulation ohne Trägerunterdrückung a) und mit unterdrücktem Träger b)

Einen Sonderfall stellt die Restseitenband-Amplitudenmodulation dar, die eine Anwendung in der Fernsehtechnik hat. Dieses Verfahren wird immer dann eingesetzt, wenn aus technischen Gründen ein Teil eines Seitenbands mitübertragen werden muss, aber trotzdem eine Frequenzeinsparung sinnvoll ist. Abbildung 3.17 zeigt dieses Verfahren für einen HF-Kanal eines Fernsehsenders.

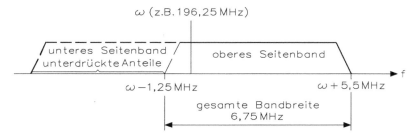

Abb. 3.17: Spektrum eines Einseitenbandsignals mit Träger und Restseitenband

Ähnlich wie für eine unmodulierte Schwingung lässt sich auch ein Zeigerdiagramm für eine mit einem Sinuston modulierte Trägerfrequenz erstellen. In diesem Zeigerdiagramm müssen die Trägerschwingung Ω und die beiden die Frequenzen $\Omega+\omega$ und $\Omega-\omega$ darstellenden Zeiger der Seitenbandschwingung mit der Amplitude $(m/2)A$ zusammenwirken, wie Abb. 3.18 zeigt.

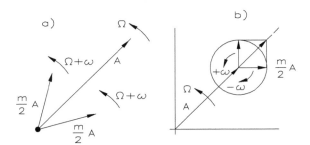

Abb. 3.18: Zeigerdiagramm einer amplitudenmodulierten Schwingung, a) die drei Zeiger mit ihren unterschiedlichen Drehgeschwindigkeiten, b) vektorielle Addition der Zeiger

Der Zeiger A, dessen Zeigerlänge die Amplitude der Trägerschwingung angibt, dreht sich mit einer Geschwindigkeit, die der Frequenz der Trägerschwingung entspricht. Für die momentane Betrachtung ist es sinnvoll, diesen im statischen Zustand zu betrachten. Man sollte sich vorstellen, dass das Zeigerbild stroboskopartig dann belichtet wird, wenn der Zeiger A nach einer Umdrehung den gleichen Phasenwinkel wieder eingenommen hat. Die Seitenbandschwingungen nehmen hierbei wegen ihrer um $\pm\omega$ von Ω abweichenden Drehgeschwindigkeit eine jeweils andere Lage ein. Da die gleich langen Zeiger der Seitenbandschwingungen im entgegengesetzten Richtungssinn drehen, hat der in seiner Amplitude sich ändernde Summenanzeiger immer die gleiche Richtung wie der Träger.

3.1.6   Additive Modulationsschaltungen

Bei der additiven Mischung werden die Modulationsfrequenz f_M und die Trägerfrequenz f_T in Serie auf den Eingang einer Transistorschaltung zugeführt. Ein Transistor stellt ein nicht lineares Bauelement dar. Der einfache Diodenmischer arbeitet bereits wie eine additive Mischstufe. In der Praxis überlagert man die zu mischenden Anteile zunächst linear und gibt sie dann auf ein verstärkendes Bauelement, z. B. einen Transistor oder MOSFET.

An dem Eingang A des Addierers liegt die Modulationsfrequenz f_M und am Eingang B die Trägerfrequenz f_T. Der Eingang C wird nicht angeschlossen. Der Ausgang des Addierers steuert einen Transistor an und der Transistor ist ein nicht lineares Bauteil.

Für die Betrachtungen soll von einer gewissen Vereinfachung ausgegangen werden, d. h., dass auf dem hochfrequenten Träger nur eine niederfrequente Modulationsspannung mit einer bestimmten Frequenz aufmoduliert wird. Am Ausgang eines solchen Modulators tritt im Idealfall eine zur Zeitachse symmetrische, aber nicht mehr rein sinusförmige Spannung $u_{AM}(t)$ auf. Wie das Oszillogramm zeigt, entspricht die beim $u_{AM}(t)$-Verlauf als Hüllkurve gedachte Linie dem Aussehen der Modulationsspannung u_M. Diese Verhältnisse lassen sich mathematisch formulieren. Geht man vom Ansatz für ein AM-Signal aus, folgt nach Umformung und Anwendung des sogenannten Additionstheorems für das Modulationsprodukt schließlich der Ausdruck, der das amplitudenmodulierte Ausgangssignal in Form der einzelnen Anteile beschreibt.

Mit der Schaltung von Abb. 3.19 kann man drei Analysen durchführen.

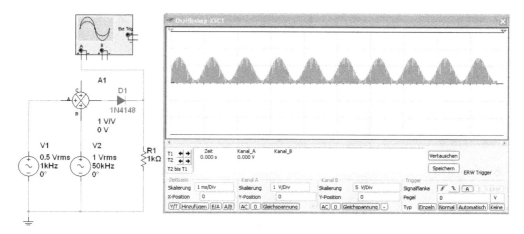

Abb. 3.19: Additive Modulationsschaltung mit Addierer und Diode

Die erste Analyse ist die Wechselstromanalyse (AC-Frequenzanalyse) der additiven Modulationsschaltung. Bei dieser Analyse wird zunächst der DC-Arbeitspunkt berechnet, um lineare Kleinsignalmodelle für alle nicht linearen Bauteile zu erhalten. Danach wird eine komplexe Matrix (mit Real- und Imaginärteil) erstellt. Um eine Matrix zu bilden, werden jeder DC-Quelle Nullwerte zugewiesen. Die AC-Quellen, Kondensatoren und Induktivitäten setzt der Simulator in die jeweiligen AC-Modelle um. Nicht lineare Bauteile behandelt das Programm als lineare AC-Kleinsignalmodelle, die sich aus der DC-Arbeitspunktberechnung ableiten lassen. Für alle Eingangsquellen werden sinusförmige Signale angenommen, und die Frequenz der Quellen automatisch ignoriert.

Wenn man diese Analyse anklickt, lassen sich die Ergebnisse der AC-Frequenzanalyse in zwei Diagrammen darstellen: Verstärkung über Frequenz und Phase über Frequenz. Diese Diagramme werden nach Abschluss der Analyse angezeigt. Durch den Messcursor lassen sich die Werte auch über die digitale Messwertausgabe ablesen.

Mit der Transientenanalyse bzw. die Einschwinganalyse der additiven Modulationsschaltung lässt sich eine weitere Analyse durchführen. Bei dieser Methode berechnet das Programm das Schaltungsverhalten als Funktion der Zeit. Jede Eingangsperiode wird in Intervalle aufgespaltet, und für jeden Periodenzeitpunkt wird eine DC-Analyse durchgeführt. Die Spannungskennlinie an einem Knoten ergibt sich durch die Spannungswerte, die den Zeitpunkten innerhalb einer vollständigen Periode zugeordnet sind. Durch das Fenster der Transientenanalyse lassen sich alle Schaltungspunkte auswählen.

DC-Quellen besitzen konstante Werte und die Werte von AC-Quellen sind zeitabhängig. Kondensatoren und Induktivitäten werden durch Ladungsspeicherungsmodelle dargestellt. Mit der numerischen Integration lässt sich die übertragende Energiemenge in einem Zeitintervall berechnen.

Das Ergebnis der Transientenanalyse wird als Diagramm mit dem Spannungsverlauf über die Zeit dargestellt. Das Diagramm erscheint nach Abschluss der Analyse und wird automatisch optimiert, um eine realistische Darstellung zu erhalten.

Durch die Fourier-Analyse der additiven Modulationsschaltung erhält man die Fourier-Darstellung. Mit der Fourier-Analyse lassen sich DC-Anteile, die Grundwelle und die Harmonischen eines Zeitbereichssignals untersuchen. Bei dieser Analyse wird auf die Ergebnisse der Zeitbereichsanalyse die diskrete Fourier-Transformation angewandt. Hierzu wird eine Zeitbereichs-Spannungskurvenform in deren Frequenzbereichsanteile zerlegt. Das Programm führt automatisch eine Zeitbereichsanalyse durch, um die Fourier-Analyseergebnisse zu erzeugen.

Wenn eine Fehlermeldung nach dem Start der Fourier-Analyse erscheint, wurden keine Ausgangsknoten bestimmt. Die Ausgangsvariable ist der Knoten, aus dem während der Analyse die Spannungskurvenform extrahiert wird.

Für die Analyse ist außerdem eine Grundfrequenz erforderlich, die auf den Frequenzwert einer AC-Quelle in der Schaltung eingestellt werden sollte. Wenn mehrere AC-Quellen in der Schaltung vorhanden sind, was in Abb. 3.19 der Fall ist, kann man die Grundfrequenz auf den kleinsten gemeinsamen Faktor der Frequenz einstellen. Wenn die Schaltung eine 1-kHz- und eine 50-kHz-Quelle enthält, stellt man die Grundfrequenz auf 0,5 kHz ein.

Die vertikale Skala lässt sich in den Maßstäben linear, logarithmisch oder in Dezibel einstellen. In der Technik verwendet man meistens die logarithmische Darstellung, denn damit sind die Besonderheiten aus dem Diagramm besser zu erkennen.

Die Fourier-Analyse erzeugt ein Diagramm mit Fourier-Spannungskomponentenbeträgen im linearen bzw. logarithmischen Maßstab oder zeigt die Werte in Dezibel an. Optional lassen sich auch die Phasenkomponenten über die Frequenz ausgeben. Das Betragsdiagramm wird standardmäßig als Balkendiagramm ausgegeben, man kann jedoch auch die Darstellung als Liniendiagramm wählen.

3.1.7   Multiplikative Modulationsschaltungen

Bei Röhren oder speziellen Transistoren ist es möglich, die Signale an getrennte Elekroden zu geben. Damit wird der Strom durch das Bauelement zuerst vor dem Signal an der ersten Elektrode gesteuert und danach von dem an der zweiten Elektrode, d. h. die Wirkungen multiplizieren sich. Wegen dieses Doppeleffektes spricht man von einer multiplikativen Mischung.

Abbildung 3.20 zeigt eine multiplikative Modulationsschaltung mit Multiplizierer und Diode. Diese Schaltung hat den Vorteil, dass weniger unerwünschte Mischprodukte mit Oberschwingungen als bei der additiven Mischung entstehen. Ein weiterem Pluspunkt der multiplikativen Mischung ist die Entkopplung von Oszillator- und Eingangskreis. Dadurch wird verhindert, dass die Oszillatorspannung über den Eingangskreis auf die Antenne gelangt und abgestrahlt wird. Bei der additiven Mischung müssen zur Verhinderung dieser Störstrahlung besondere Schaltungsmaßnahmen getroffen werden.

3.1.8   Einweggegentaktmodulator

Zur Erzeugung der Zweiseitenband-Amplitudenmodulation mit unterdrücktem Träger wird entweder der Einweggegentaktmodulator oder der Ringmodulator (Doppelgegentaktmodulator) eingesetzt.

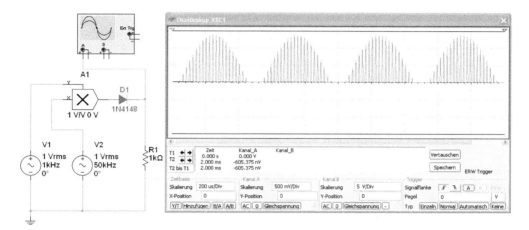

Abb. 3.20: Multiplikative Modulationsschaltung mit Multiplizierer und Diode

Bei der additiven und multiplikativen Mischung entsteht am Ausgang der Schaltung immer ein typisches Zweiseitenbandsignal mit Träger. Dieser Träger benötigt jedoch relativ viel Leistung, ohne eine Information zu beinhalten. Das Abtrennen des Trägers von den nahe liegenden Seitenbändern durch Filter ist wegen der erforderlichen hohen Filtersteilheiten schwer zu realisieren. Der Ringmodulator stellt eine Gegentaktschaltung dar, in der der Träger am Ausgang jedoch nicht auftreten kann.

Die einfachste Form eines Gegentaktmodulators ist der in Abb. 3.21 gezeigte Einweggegentaktmodulator. Die Trägerspannung, die immer sehr viel größer als die Modulationsspannung ist, steuert wahrend der positiven Halbwelle die beiden Dioden in ihren Durchlassbereich. Bei der negativen Halbwelle arbeiten dagegen die beiden Dioden im Sperrbereich. Dies ist nur möglich, da bei den beiden Übertragern eine Mittelanzapfung vorhanden ist. Für die Modulationsspannung wirken die Dioden wie ein trägerfrequent gesteuerter Schalter. Am Ausgangsübertrager erzeugt der Modulator die im Takt der Trägerfrequenz zerhackte Modulationsspannung.

Die Trägerfrequenz selbst ist im Ausgangssignal nicht enthalten, wie man aus dem Oszillogramm erkennen kann. Die von ihr hervorgerufenen Ströme durch die beiden primärseitigen Wicklungen des Ausgangsübertragers führen zu zwei gleich großen, aber entgegengesetzten Magnetfeldern, die sich gegenseitig aufheben. Voraussetzung für eine gute Trägerunterdrückung ist die sorgfältige Symmetrierung des Einweggegentaktmodulators. Die Kennlinien der beiden Dioden müssen genau übereinstimmen.

Im Ausgangssignal des Einweggegentaktmodulators sind neben den beiden Seitenbändern noch andere unerwünschte Modulationsprodukte enthalten, wie die Fourier-Analyse zeigt. Man erkennt die Modulationsfrequenz und die Mischprodukte von $3 \cdot f_T$ mit $\pm f_M$, $5 \cdot f_T$ mit $\pm f_M$, $7 \cdot f_T$ mit $\pm f_M$ usw. Da die Diodenkennlinien nicht exakt quadratisch arbeiten, sind noch andere störende Mischprodukte im Frequenzspektrum enthalten, z. B. $2 \cdot f_M$, $3 \cdot f_M$, $4 \cdot f_M$ usw. f_T mit $\pm 2 \cdot f_M$, f_T mit $\pm 3 \cdot f_M$, f_T mit $\pm 4 \cdot f_M$ usw. $2 \cdot f_T$ mit $\pm f_M$, $2 \cdot f_T$ mit $\pm 2 \cdot f_M$, $2 \cdot f_T$ mit $\pm 3 \cdot f_M$ usw. $3 \cdot f_T$ mit $\pm 2 \cdot f_M$, $3 \cdot f_T$ mit $\pm 2 \cdot f_M$, $3 \cdot f_T$ mit $\pm 3 \cdot f_M$ usw. Die Störprodukte lassen sich verringern, wenn der Modulator mit einem rechteckigen Trägersignal großer Amplitude

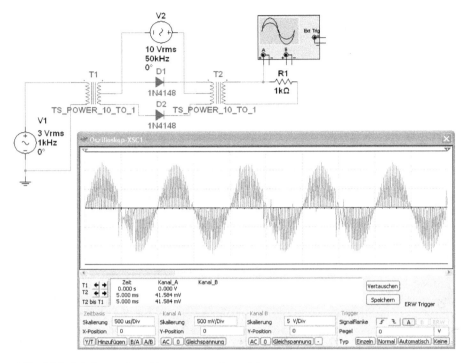

Abb. 3.21: Schaltung eines Einweggegentaktmodulators

angesteuert wird. Dies lässt sich einfach realisieren, wenn man einen Rechteckgenerator verwendet. Hier kann man auch das entsprechende Tastverhältnis verändern. Durch das Rechtecksignal lässt sich der Arbeitspunkt der Dioden im Durchlassbereich konstant halten und kann auf einen möglichst linearen Teil der Kennlinie gelegt werden. Bei Ansteuerung mit einer Rechteckträgerspannung spricht man von Schaltmodulatoren.

3.1.9   Ringmodulator

Beim Ringmodulator oder Doppelgegentaktmodulator liegt zwischen den beiden Übertragern eine Dioden-Brückenschaltung, wie die Schaltung von Abb. 3.22 zeigt.

Wie das Oszillogramm zeigt, tritt die niederfrequente Modulationsspannung am Ausgang des Ringmodulators nicht auf. Beim Ringmodulator wird durch die rechteckförmige Trägerspannung abwechslungsweise ein Diodenpaar durchgeschaltet, während das andere gesperrt ist, d. h., das Diodenpaar D_1 und D_4 ist leitend, das Diodenpaar D_2 und D_3 dagegen gesperrt, wenn eine positive Halbwelle der Trägerspannung vorhanden ist. Das Diodenpaar D_2 und D_3 ist leitend und das Diodenpaar D_1 und D_4 gesperrt, wenn eine negative Halbwelle der Trägerspannung anliegt. Durch dieses Verfahren wird am Modulatorausgang die Modulationsspannung im Takt der Trägerfrequenz umgepolt. Auch beim Ringmodulator entstehen durch die nicht linearen Diodenkennlinien unerwünschte Modulationsprodukte, die teilweise innerhalb des Nutzbands auftreten und die Klirrdämpfung erheblich beeinflussen.

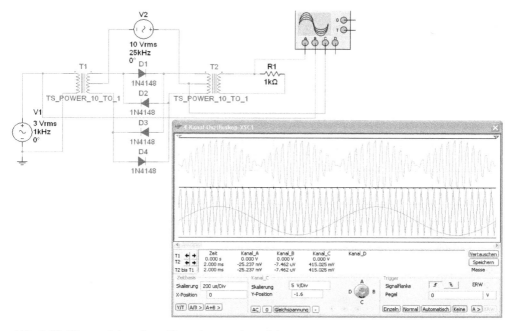

Abb. 3.22: Ringmodulator bzw. Doppelgegentaktmodulator

Die Ausgangsspannung des Ringmodulators erhält das Aussehen einer modulierten Rechteckspannung mit einem für das Verfahren charakteristischen Phasensprung beim Nulldurchgang
des Modulationssignals, d. h. die negative Schwingung setzt sich nicht im positiven Bereich
fort. Es schließt sich sofort wieder ein negativer Teil an. Man erkennt auch, dass die Hüllkurve
die doppelte Frequenz des Modulationssignals aufweisen muss, da das Signal im positiven wie
im negativen Bereich den typischen Charakter einer Brückengleichrichtung bzw. Zweiweg-
gleichrichtung aufweist.

3.1.10 Zweiseitenband-Amplitudenmodulation

Beim AM-Verfahren wird das Nachrichtensignal gemeinsam mit der Trägerschwingung an
Bauelemente mit nicht linearer Übertragungskennlinie geschaltet. Dabei entstehen neue Spek-
tralkomponenten, aus denen mit Hilfe eines Bandpasses das amplitudenmodulierte Signal
gewonnen werden kann. In der Praxis strebt man immer eine lineare Modulation an, jedoch
ist es erforderlich, dass der Modulator eine quadratische Aussteuerungskennlinie hat nach

$$i_a(t) = K \cdot u(t)^2$$

Mit $u(t) = \hat{u}_T \cdot \sin \omega_T + \hat{u}_M \cdot \sin \omega_M \cdot t$ entsteht dann das Spektrum, wie Abb. 3.23 zeigt.

Das amplitudenmodulierte Signal erhält ein Spektrum mit der Bandbreite $2 \cdot \omega_M$ der Mittenfrequenz ω_T. Die ebenfalls vorhandenen unerwünschten Komponenten liegen bei anderen
Frequenzen und lassen sich ausfiltern. Die quadratische Kennlinie ist zur Modulation ideal
geeignet, da die Seitenbänder linear mit dem modulierten Signal zusammenhängen und keine

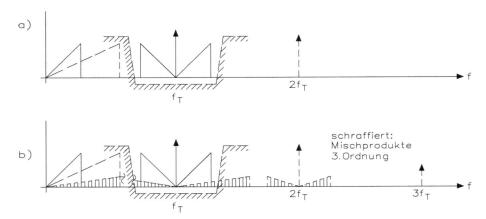

Abb. 3.23: Modulation an nicht linearen Kennlinien, a) bei einer quadratischen Kennlinie, b) bei einer Kennlinie mit kubischen Anteilen

Mischprodukte höherer Ordnung auftreten. Dioden und Transistoren sind keine Bauelemente mit rein quadratischen Kennlinien und ihr Verhalten muss durch eine Reihenentwicklung betrachtet werden mit

$$I = I_0 + c_1 \cdot u(t) + c_2 \cdot u(t)^2 + c_3 \cdot u(t)^3 + \ldots$$

bzw.

$$I = I_0 + \sum_{n=1}^{\infty} c_n \cdot u(t)^n$$

Bereits für $n = 3$ werden störende Anteile erzeugt, die sich vom Nutzsignal nicht mehr trennen lassen, d. h. der Klirrfaktor erhöht sich erheblich. Dies ist in der unteren Abb. 3.23 gezeigt.

Beim Einsatz von Transistoren in Modulationsschaltungen wird die nicht lineare Abhängigkeit zwischen den Eingangsgrößen I_B bzw. U_{BE} und den Ausgangsgrößen I_C bzw. U_{CE} ausgenutzt. Die Trägerspannung liegt immer an der Basis des Transistors. Je nachdem, an welchem Anschluss die Modulationsspannung liegt, unterscheidet man zwischen der Basis-Emitter- und der Kollektormodulation. Außerdem muss man noch zwischen additiver und multiplikativer Modulation unterscheiden.

Für die Auslegung einer Sendestufe ist es wichtig zu wissen, wie groß die mittlere Ausgangsleistung eines AM-Signals ist und welche Spitzenleistungen auftreten können. Die mittlere Leistung ist für die Wärmebelastung der Bauelemente interessant, dagegen bestimmt die Spitzenleistung die elektrische Belastung. Die Trägerleistung bei einem unmodulierten Träger berechnet sich in Verbindung mit dem Lastwiderstand R_L aus

$$P_T = \frac{\hat{u}_T^2}{2 \cdot R_L} \qquad R_L = \text{Lastwiderstand}$$

Bei moduliertem Träger schwankt die Amplitude zwischen einem minimalen und einem maximalen Wert, wobei die Differenz vom Modulationsgrad m abhängig ist. Mit Rücksicht auf die Verzerrung beträgt der Modulationsgrad zwischen 60 % und 80 %.

$$u_{AM\,max} = (1 + m) \cdot \hat{u}_T \qquad u_{AM\,min} = (1 - m) \cdot \hat{u}_T$$

Hieraus lassen sich die maximale und minimale Leistung berechnen.

$$P_{AM\,max} = (1 + m)^2 \cdot P_T \qquad P_{AM\,min} = (1 - m)^2 \cdot P_T$$

Bei einem Modulationsgrad von 100 % (m = 1) ist die maximale Leistung viermal größer als bei unmoduliertem Träger, während die minimale Leistung Null beträgt.

Die Leistung des amplitudenmodulierten Signals verteilt sich auf die Trägerfrequenz und auf die beiden Seitenbänder. Die Leistungsverteilung lässt sich einfach aus dem Zeigerdiagramm ablesen. Die mittlere Trägerleistung ist, unabhängig vom Modulationsgrad immer gleich und beträgt

$$P_T = \frac{\hat{u}_T^2}{2 \cdot R_L} \qquad R_L = \text{Lastwiderstand}$$

Die mittlere Leistung eines Seitenbands, bezogen auf die Trägerleistung, lässt sich aus der Spannung berechnen

$$\hat{u}_{SB} = \frac{\hat{u}_T \cdot m}{2}$$

Die Leistung ist damit

$$P_{SM} = \frac{\left(\hat{u}_T^2 + \frac{m}{2}\right)^2}{2 \cdot R_L} = \frac{P_T \cdot m^2}{4}$$

Für die mittlere Leistung des gesamten AM-Signals gilt

$$P_{AM} = P_T + P_{uSB} + P_{oSB} = P_T \cdot \left(1 + \frac{m^2}{2}\right)$$

Aus der Gleichung ergibt sich, dass selbst bei einem Modulationsgrad von 100 % (m = 1) nur ein Drittel der gesamten Leistung in den Seitenbändern vorhanden ist und zwei Drittel im Träger. Bei geringen Modulationsgraden ist die Leistungsverteilung noch ungünstiger. Wenn man bedenkt, dass bereits in einem einzigen Seitenband die gesamte Nachricht enthalten ist, so ergibt sich, dass 1/6 der Sendeleistung ausreicht, um die gesamte Information zu übertragen, wenn man auf der Sendeseite den Träger und ein Seitenband unterdrückt. Jedoch zeigt sich in der Praxis, dass eine Verminderung des Störabstands nicht eintritt. Darüber hinaus reduziert sich der Bandbreitebedarf um die Hälfte.

Diese Vorteile erhält man durch Anwendung der Einseitenband-Amplitudenmodulation, jedoch müssen diese durch einen höheren Schaltungsaufwand bei der Demodulation im Empfänger erkauft werden.

3.1.11 Einseitenband-Amplitudenmodulation

Die Vor- und Nachteile der Einseitenband-Amplitudenmodulation in der kommerziellen Nachrichtentechnik sind:

Vorteile: Bei der Zweiseitenband-Amplitudenmodulation entspricht die HF-Übertragungsbandbreite mindestens der doppelten Signalbandbreite, d. h. es ergibt sich eine Frequenzbandersparnis von 50 %. Da ein Seitenband fehlt, kann man eine doppelte Ausnutzung des zur Verfügung stehenden Gesamtübertragungsbands einsetzen.

Die in einer nach dem Zweiseitenbandverfahren modulierten Welle enthaltene Leistung setzt sich aus der Leistung des Trägers und den Leistungen der Seitenbänder zusammen, d. h. es tritt eine Ersparnis an Sendeleistung auf. Der Modulationsfaktor m bestimmt dabei die Leistungsverteilung. Bei einem normal modulierten Sender mit einem Modulationsfaktor von z. B. 80 % oder m = 0,8 beträgt die Signalleistung P

$$P = 2 \cdot \left(\frac{m}{2}\right)^2 = 2 \cdot \left(\frac{0,8}{2}\right)^2 = 0,32$$

Dies ergibt eine Trägerleistung von 32 %. Bei einem einseitenbandmodulierten Sender ist es möglich, die gesamte HF-Leistung nur dem einen Seitenband zuzuführen.

Bei der drahtlosen Nachrichtentechnik treten vorwiegend im Kurzwellenfrequenzbereich Mehrwegeausbreitungen auf und es kommt zu einem selektiven Trägerschwund. Die dabei mit unterschiedlicher Phasenlaufzeit am Empfangsort eintreffenden Wellenzüge können sich aufheben, wenn ihre Phasendifferenz 180° beträgt. In diesem Fall kommt es zum Totalschwund.

Bei gleicher Phasenlage der direkten mit der über einen Umweg am Empfangsort eintreffenden Wellenfront tritt Verstärkung auf. Der entstehende Interferenzschwund ist frequenzselektiv und betrifft immer nur eine bestimmte Frequenz. Über längere Zeit ändert sich die Umwegbedingung für die am Empfangsort eintreffenden Wellenzüge. Damit wandern auch die Frequenzstellen des Interferenzschwunds, d. h. sie treten also an wechselnden Stellen des übertragenden Frequenzbands auf.

Bewegt sich die Schwundstelle innerhalb des Bereichs der Seitenbandfrequenzen, ist die Störbeeinflussung minimal, da nur immer ein Ton in dem Nachrichtenfrequenzspektrum ausgelöscht wird. Fällt die Schwundstelle auf den Träger selbst, so entsteht dadurch beim Demodulationsvorgang eine große Verzerrung des gesamten Nachrichtensignals. Eine solche bis zur Unverständlichkeit der Nachricht führende Verzerrung tritt bei der Einseitenband-Amplitudenmodulation nicht auf.

Nachteile: Der schaltungstechnische Aufwand ist erheblich größer auf der Sendeseite. Der Sender muss den Träger und das zweite Seitenband unterdrücken. Da der Frequenzabstand zwischen der dem Träger benachbarten Seitenbandfrequenz und dem Träger selbst klein ist, sind sehr steile Filter erforderlich. Deshalb setzt man auf der Sendeseite Gegentaktmodulatoren ein, die bereits ein zweiseitenbandamplitudenmoduliertes Signal mit unterdrücktem Träger erzeugen. Dadurch entfällt die Notwendigkeit, neben dem einen Seitenband auch noch den Träger ausfiltern zu müssen. Die Filter für die Seitenbandunterdrückung lassen sich mit vertretbarem Aufwand nur für feste und genormte Zwischenfrequenzen realisieren.

Auch auf der Empfangsseite ist der schaltungstechnische Aufwand größer. Der auf der Empfangsseite zur Demodulation erforderliche Träger wird hochfrequent nur mit einem Trägerrest oder tritt nicht in Erscheinung. Er muss im Empfänger separat erzeugt und dem Empfangsband wieder zugesetzt werden.

Neben dem Träger muss bei der Einseitenband-Amplitudenmodulation auch eines der beiden Seitenbänder unterdrückt werden. Dafür stehen zwei Verfahren zur Verfügung:

• Filtermethode
• Phasenmethode

Für die Realisierung eines aktiven Bandpassfilters gibt es mehrere Möglichkeiten, wobei man in der Praxis meistens die Schaltung von Abb. 3.24 einsetzt. Es handelt sich um ein aktives Bandpassfilter mit Zweifachgegenkopplung. Wenn man sich diese Schaltung genau betrachtet, erkennt man, dass der Kondensator C_1 mit dem Widerstand R_1 einen Tiefpass und der Kondensator C_2 mit dem Widerstand R_2 einen Hochpass bildet. Die Berechnung ist recht aufwendig, verkürzt sich jedoch erheblich, wenn man $C_1 = C_2 = C$ wählt. Bei einem aktiven Bandpass- oder Bandsperrfilter ist keine Spule vorhanden und daher verwendet man statt der Resonanzfrequenz den Begriff der Mittenfrequenz.

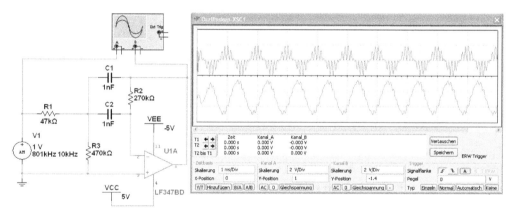

Abb. 3.24: Aktives Bandpassfilter mit Zweifachgegenkopplung für die Filtermethode zur Einseitenband-Amplitudenmodulation

Mittenfrequenz: $\qquad f_M = \dfrac{1}{2 \cdot \pi \cdot C} \cdot \sqrt{\dfrac{R_1 + R_2}{R_1 \cdot R_2 \cdot R_3}}$

Verstärkung bei f_M: $\quad V_{f0} = -\dfrac{R_2}{2 \cdot R_1}$

Güte: $\qquad\qquad\quad Q = \pi \cdot f_M \cdot R_2 \cdot C$

Bandbreite: $\qquad\quad \Delta f = \dfrac{1}{\pi \cdot R_2 \cdot C}$

Für die Schaltung von Abb. 3.24 gilt dann eine Verstärkung von

$$V_M = -\frac{R_2}{2 \cdot R_1} = -\frac{270\,k\Omega}{2 \cdot 47\,k\Omega} = 2{,}87$$

Aus dem Oszillogramm lassen sich die Ein- und Ausgangsspannung ablesen und die Berechnung für die Dämpfung lautet:

$$a = 20 \cdot \log\frac{U_2}{U_1} = 20 \cdot \log\frac{4\,V}{4{,}2\,V} = -0{,}42\,dB$$

Für die Mittenfrequenz gilt:

$$f_M = \frac{1}{2 \cdot \pi \cdot C} \cdot \sqrt{\frac{R_1 + R_2}{R_1 \cdot R_2 \cdot R_3}}$$

$$= \frac{1}{2 \cdot 3{,}14 \cdot 1\,nF} \cdot \sqrt{\frac{47\,k\Omega + 270\,k\Omega}{47\,k\Omega \cdot 270\,k\Omega \cdot 470\,k\Omega}} = 2{,}07\,kHz$$

Die Güte berechnet sich aus

$$Q = \pi \cdot f_M \cdot R_2 \cdot C = 3{,}14 \cdot 2{,}07\,kHz \cdot 270\,k\Omega \cdot 1\,nF = 1{,}75$$

Die Berechnung der Bandbreite ist

$$\Delta f = \frac{1}{\pi \cdot R_2 \cdot C} = \frac{1}{3{,}14 \cdot 270\,k\Omega \cdot 1\,nF} = 1180\,Hz$$

Die gemessenen und die berechneten Werte sind identisch, wenn man mit dem Bode-Plotter arbeitet.

Bei der Phasenmethode hat man zwei Ringmodulatoren mit den gleichen, jedoch um 90° phasenverschobenen Modulations- und Trägersignalen. Die oberen Seitenbänder an den beiden Modulationsausgängen sind dann um 180° phasenverschoben und die unteren Seitenbänder dagegen in Phase. Addiert oder subtrahiert man die Ausgangssignale der beiden Modulatoren, so wird ein Seitenband unterdrückt. Beide Modulatoren müssen genau gleiches Übertragungsverhalten aufweisen. Bei Addition wird das obere Seitenband gelöscht, bei Subtraktion das untere. Das Problem bei dieser Variante ist, dass eine Phasendrehung von exakt 90° vorhanden sein muss.

3.1.12 Demodulation einer amplitudenmodulierten Schwingung

Solange die Nachricht in der hochfrequenten Trägerschwingung enthalten ist, ist sie weder über elektroakustische Wandler (Lautsprecher, Kopfhörer) erkennbar, noch von einem Verstärker für den NF-Bereich aufzubereiten. Dazu ist die Trennung von Nachricht und dem Träger notwendig. Die Zurückgewinnung des niederfrequenten Signals ist Aufgabe des Demodulators. Dem Demodulator muss immer ein hochfrequentes Signal angeboten werden, das ausreichend verstärkt ist und keine wesentlichen Anteile anderer am Empfängereingang vorhandener, aber nicht für den Empfang bestimmter Signale enthält. Die am Demodulatorausgang erzeugte NF-Spannung ist relativ gering, d. h. man kann sie bestenfalls mit einem hochohmigen Kopfhörer wahrnehmen. Durch einen nachgeschalteten Verstärker wird die Spannung auf eine entsprechende Leistung angehoben.

Jede Modulationsart erfordert verschiedene Schaltungstechniken zum Rückgewinn des NF-Signals. Allen Demodulationsschaltungen liegt die Forderung nach einer möglichst geringen Verfälschung der Nachricht zu Grunde.

Die Nachricht ist bei der AM-Demodulation in der Hüllkurve des hochfrequenten Signals vorhanden. Da die Amplituden der Hüllkurve symmetrisch zur Zeitachse der HF-Schwingung verlaufen, werden die positiven und negativen Anteile in der Addition zu Null. Die Informationen können aus der Hüllkurve wiedergewonnen werden, wenn man z. B. alle negativen Spannungsanteile unterdrückt. Dies ist einfach mittels einer Gleichrichterschaltung möglich. Geeignet sind immer Bauelemente mit nicht linearer Kennlinie, wie dies bei Dioden der Fall ist.

Eine typische Demodulationsschaltung ist in Abb. 3.25 gezeigt. Über ein Bandfilter erhält die Diode in der Demodulationsschaltung die modulierte Trägerschwingung. Das Bandfilter besteht aus dem Kondensator C_1 und den beiden Spulen des Übertragers. Durch die Diode und den Widerstand R_3 fließt ein pulsierender Strom, dessen Größe von der augenblicklichen

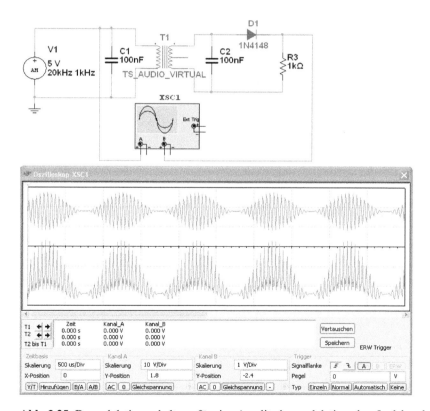

Abb. 3.25: Demodulationsschaltung für eine Amplitudenmodulation ohne Ladekondensator

Amplitude der Trägerschwingung abhängig ist. Im Oszillogramm erkennt man den Spannungsverlauf, der sich am Lastwiderstand ohne den Ladekondensator ergeben würde.

Bei dem Modulator wird ein Bandfilter mit induktiver Kopplung verwendet. Der Koppelfaktor k berechnet sich aus der Gegeninduktivität M und den beiden Spuleninduktivitäten mit

$$k = \frac{M}{\sqrt{L_1 \cdot L_2}}$$

Die Trägerfrequenz in der AM-Quelle ist auf 20 kHz und die Modulationsfrequenz auf 1 kHz eingestellt. Der Modulationsgrad beträgt 0,8, wie auch der obere Kurvenverlauf zeigt. Durch die Diode kann nur die positive Halbwelle passieren und aus dem Oszillogramm erkennt man, dass die negative Halbwelle abgeschnitten ist.

Um die Nachricht aus der Hüllkurve hinter der Diode zurückzugewinnen, muss man die Trägerschwingung unterdrücken. Dies übernimmt der Kondensator C_1 und die Zeitkonstante mit $\tau = R_3 \cdot C_3$ ist so bemessen, dass die Ladespannung der Hüllkurve der modulierten Spannung folgt, wie das Oszillogramm in Abb. 3.26 zeigt. Im Vergleich zur hochfrequenten Schwingung muss die Zeitkonstante groß sein, jedoch klein im Verhältnis zur Modulationsschwingung.

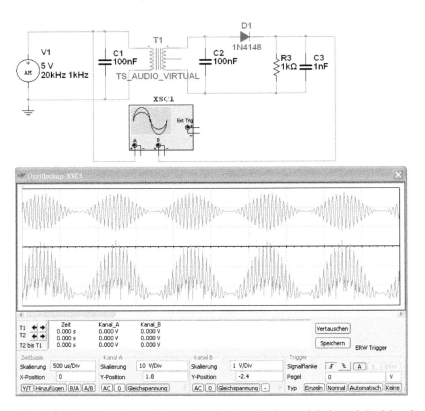

Abb. 3.26: Demodulationsschaltung für eine Amplitudenmodulation mit Ladekondensator

Wählt man die Zeitkonstante zu groß, kann die Ladespannung der Modulationsschwingung nicht mehr folgen. Das RC-Glied stellt für die Trägerfrequenz einen sehr geringen Blindwiderstand dar.

Das RC-Glied kann man auch als Tiefpass betrachten, dessen Eigenschaften durch die Grenzfrequenz f_g beschrieben wird. Die Grenzfrequenz gibt an, bei welcher Frequenz sich die Ausgangsspannung um 3 dB oder das 0,7-fache verringert hat:

$$f_g = \frac{1}{2 \cdot \pi \cdot R \cdot C}$$

Wählt man für $R_L = 10\,k\Omega$ und $C_L = 2\,nF$, ergibt sich eine Grenzfrequenz von $f_g \approx 8\,kHz$. Man erkennt, dass höhere, über 8 kHz liegende Tonfrequenzen zunehmend bedämpft werden. Dies nimmt man für AM-Empfang in der Rundfunktechnik in Kauf, weil dort die Trägerfrequenzen ohnehin nur einen Abstand von 9 kHz aufweisen und die NF-Bandbreiten im Idealfall einen Wert von 4,5 kHz annehmen. Dieses Beispiel ist eine übliche Dimensionierung in der Praxis.

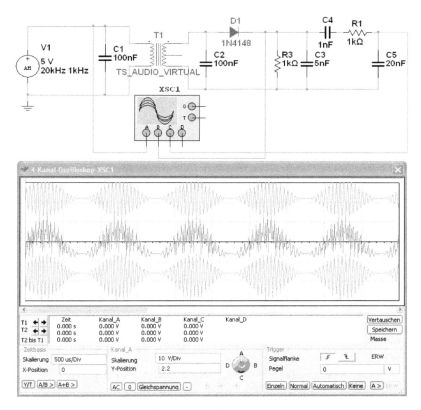

Abb. 3.27: Demodulationsschaltung für eine Amplitudenmodulation mit Ladekondensator und Siebkette

Das Oszillogramm von Abb. 3.27 zeigt den Verlauf der Spannung am Ladekondensator und nach dem Siebglied, das aus dem Widerstand R_1 und dem Kondensator C_5 besteht. Man kann sie als Überlagerung von drei Anteilen auffassen, eines Gleichspannungsanteils, einer niederfrequenten Spannung (Modulationsspannung) und einer hochfrequenten Restsspannung (Trägerschwingung). Die Nachricht ist im niederfrequenten Anteil enthalten, Gleichspannung und die HF-Restspannungen müssen jedoch abgetrennt werden. Die Gleichspannung wird vom Kondensator C_4 zurückgehalten, das sich anschließende Tiefpassfilter aus R_1 und C_5 unterdrückt den noch vorhandenen Rest der Trägerschwingung. Am Ausgang der Schaltung steht die Modulationsschwingung U_m zur Verfügung.

3.2   Frequenzmodulation

Bei einer Frequenzmodulation FM ändert die Modulationsspannung die Frequenz der Trägerschwingung, d. h. die erzeugte Amplitude am Ausgang wird nicht beeinflusst. Die Frequenzmodulation muss an der Stelle vorgenommen werden, wo die Trägerschwingung selbst erzeugt wird.

Mit der simulierten FM-Spannungsquelle kann man Versuche zur Frequenzmodulation durchführen. Die Einstellungen lassen sich ändern, wenn man durch einen Doppelklick das Fenster öffnet. Mit dieser Spannungsquelle kann man direkt frequenzmodulierte Versuche aus der Nachrichtentechnik durchführen. Abbildung 3.28 zeigt die Messung einer FM-Spannungsquelle mittels Oszilloskop.

Beeinflusst man die Frequenz f_T einer Trägerschwingung im Takt der zu übertragenden Information, entsteht eine frequenzmodulierte Schwingung. Je nach Amplitude der modulierenden Spannung U_M ist die Abweichung von der Trägerfrequenz unterschiedlich groß. In dem Oszillogramm wurde die Zuordnung so gewählt, dass ein in positiver Richtung verlaufendes Modulationssignal die Frequenz der Trägerschwingung erhöht. Da die Amplitude des Trägers fast immer konstant vorhanden ist, liegt die Information nur in den ungleichen Abständen der Nulldurchgänge des FM-Signals.

Die Auswirkung des Modulationssignals auf die Trägerfrequenz lässt sich auch im Spektralbereich darstellen. Durch Kombination der Zeit- und Frequenzabhängigkeit ist ersichtlich, dass das FM-Signal in jedem Augenblick durch eine andere Frequenz gekennzeichnet ist. Aus diesem Grund spricht man auch von der „Augenblicksfrequenz" des Trägers. Definiert man den Abstand der Frequenz f_{max} bzw. f_{min} von der Trägerfrequenz f_T als Frequenzhub Δf, so ist die Codierung der niederfrequenten Information im hochfrequenten Bereich folgendermaßen formulierbar:
- Die Amplitude des Modulationssignals (Lautstärke des NF-Signals) ist direkt proportional dem Frequenzhub Δf
- Die Frequenz des Modulationssignals (Tonhöhe des HF-Signals) bestimmt, wie oft dieser Frequenzhub pro Sekunde durchlaufen, d. h. geändert werden muss.

Auch bei der Frequenzmodulation lässt sich ein Ausdruck für den zeitlichen Verlauf des modulierten Signals definieren und es gilt:

$$u_{FM} = \hat{u}_T \cdot \sin\left(\omega_T \cdot t + \frac{\Delta\omega_T}{\omega_M} \cdot \sin\omega_M \cdot t\right)$$

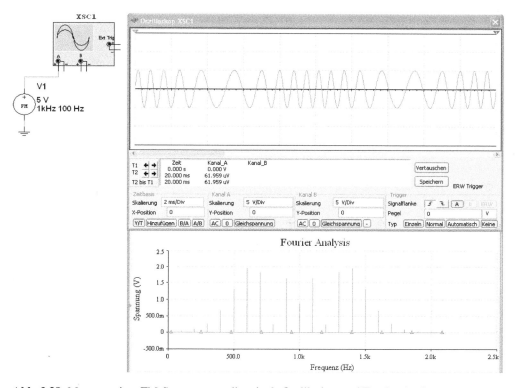

Abb. 3.28: Messung einer FM-Spannungsquelle mittels Oszilloskop und Fourier-Analyse

Aus dem Verhältnis von Frequenzhub Δf_1 und Modulationsfrequenz f_M (der Faktor 2π lässt sich kürzen) kann man den Modulationsindex η berechnen

$$\eta = \frac{\Delta \omega_T}{\omega_M} = \frac{\Delta f_T}{\omega_M \cdot f_M}$$

Die dimensionslose Zahl η kann man als „Intensität des FM-Signals" betrachten. Im Gegensatz zum Modulationsgrad m bei der AM ist der Zustand $\eta > 1$ durchaus möglich und üblich, ohne dass Verzerrungen auftreten. Das FM-Verfahren eignet sich deshalb viel besser zur Übertragung großer Dynamikbereiche in einem NF-Signal, wobei hier unter Dynamik das Verhältnis zwischen größter und kleinster Lautstärke zu verstehen ist. Bei der AM-Technik ist die Dynamik stark begrenzt, da sich der Träger nur bis zu 80 % ausmodulieren lässt.

Zwischen dem Modulationsindex η und der Störanfälligkeit eines FM-Signals besteht erfahrungsgemäß ein direkter Zusammenhang. Nimmt man eine gleich starke Störquelle, also z. B. ein Rauschen mit konstanter Amplitude über alle Frequenzen an, so ergibt sich, dass niedrige Frequenzen viel weniger gestört werden, als die hohen im NF-Spektrum. Zum Ausgleich dieser Frequenzabhängigkeit der Störbeeinflussung müssen bei einer FM-Übertragung geeignete Maßnahmen getroffen werden, was man mit den Begriffen „Preemphasis bzw. Deemphasis" bezeichnet.

3.2.1   Erzeugung einer Frequenzmodulation

Bei der Frequenzmodulation stellt man sich am besten einen Oszillator vor, der eine entsprechende Frequenz erzeugt, die von den frequenzbestimmenden Bauelementen eines Schwingkreises bestimmt wird. Steuert man diesen Schwingkreis durch eine Nachrichtenschwingung ω an, und diese ändert das Schwingungsverhalten ω, ergibt sich die gewünschte Frequenzmodulation, wie Abb. 3.29 zeigt.

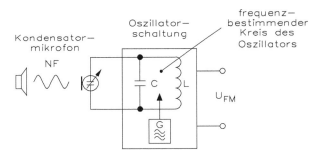

Abb. 3.29: Erzeugung einer Frequenzmodulation

Die Frequenz des Oszillators wird durch die Größen der Spule L, des Kondensators C und der Kapazität eines parallel zum Schwingkreis geschalteten Kondensatormikrofons bestimmt. Wirkt die Signalschallquelle (Sprache, Musik, Geräusche) auf das Kondensatormikrofon, ändert sich dessen Kapazität und damit die Frequenz der augenblicklich erzeugten Trägerschwingung. Die Trägerschwingung lässt sich in drei Abschnitte gliedern: Im ersten Abschnitt (Ruhezustand) erzeugt der Oszillator die „mittlere" Frequenz der Trägerschwingung. Bei einer positiven Signalamplitude wird im Schwingungsbild die augenblicklich erzeugte Trägerschwingung höher und bei einer negativen Signalamplitude niedriger.

Wichtig bei der Frequenzmodulation ist
- dass die Größe der Frequenzänderung von dem Schalldruck, also der Intensität der Nachrichtenspannung, abhängig ist
- dass die Schnelligkeit, mit der die Trägerschwingung in ihrer Frequenz beeinflusst wird, von der Höhe der Frequenz der Nachrichtenschwingung abhängig ist

Die Nachricht des Modulationssignals steckt also in der Frequenzänderung der Trägerschwingung und nicht in der Amplitude. Das ist wichtig in der Nachrichtentechnik, wo mit der Atmosphäre ein offenes, ungeschirmtes Übertragungsmedium vorhanden ist und Amplitudenstörungen durch Schwund oder Störimpulse sehr häufig auftreten. Die Störer bewirken hauptsächlich eine zusätzliche Amplitudenmodulation und lassen sich vor der Demodulation im Empfänger mit einem Amplitudenbegrenzer unterdrücken, ohne direkten oder indirekten Einfluss auf die eigentliche Nachricht.

Bei der FM-Technik arbeitet man also mit einem sehr hochwertigen Verfahren und die Seitenbandfrequenzen werden über eine sehr große HF-Breite erzeugt, die entgegen denen der AM-Technik in voller Zahl übertragen werden müssen. Die für die Frequenzmodulation erforderliche große Bandbreite steht im Meter-, Dezimeter-, Zentimeter- und Millimeterwellenbereich zur Verfügung.

Beim Modulationsvorgang ändert sich die Trägerschwingung, von der Trägermittenfrequenz im unmodulierten Zustand ausgebend, um den Wert ΔF. Die Trägerfrequenz ändert sich also je nach Amplitude der Modulationsspannung zwischen den Extremwerten $\Omega + \Delta F$ und $\Omega - \Delta F$. Wenn man sich die Fourier-Analyse betrachtet, erkennt man bei 1 kHz den Träger und dann die Seitenbandfrequenzen, die bei 600 Hz und 1,4 kHz besonders ausgeprägt sind.

Im Oszillogramm (Zeitdiagramm) von Abb. 3.28 stellt sich dies als eine stetige Änderung der Lage der Nulldurchgänge innerhalb der Trägerschwingung dar. Sie folgen periodisch enger oder weiter aufeinander. Der Betrag der Trägerfrequenzänderung ΔF wird als Frequenzhub definiert. Die Häufigkeit, mit der sich bei der Frequenzmodulation die Trägerfrequenz ändert, ist der Frequenz der modulierten Nachrichtenspannung proportional. Für die Überlegung, dass ein symmetrisch zum Träger liegendes Frequenzspektrum entsteht, kann man über die AC- und die Fourier-Analyse messen und betrachten. Durch den Einfluss der Modulationsspannung wird der sinusförmige Verlauf der unmodulierten Trägerschwingung bei jeder Frequenzerhöhung „gestaucht" und bei jeder Frequenzreduzierung „gedehnt". Mit der stetigen Frequenzänderung innerhalb des Frequenzhubs weicht die Schwingung in ihrer Form von einer mathematisch feststehenden Sinusfunktion ab. Bekanntlich enthält jede von der Sinusfunktion der Grundwelle abweichende Schwingung zusätzliche Oberwellen, die das Frequenzspektrum der Frequenzmodulation bilden. Der Zusammenhang zwischen Frequenzhub und Bandbreite des erzeugten FM-Spektrums lässt sich mit Hilfe der Besselfunktionen beschreiben.

Eine unmodulierte Trägerwelle erzeugt ohne Modulationssignal die mittlere Frequenz $\Omega \pm \Delta F$, wobei die Größe von $\Delta F = 0$ ist. Die Größe von ΔF ist abhängig von der Modulationsspannung und da $\Omega \pm \Delta F$ ist, sind die Augenblicksfrequenzen nicht messbar. Für den Frequenzhub und die Modulationsspannung gilt der Zusammenhang:

Frequenzhub $\Delta F \approx$ Modulationsspannung U_M

Die Modulationsspannung ist proportional der Änderungsgeschwindigkeit des Frequenzhubs.

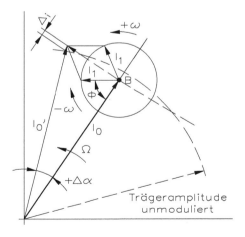

Abb. 3.30: Zeigerdiagramm für eine Frequenzmodulation

Das Zeigerdiagramm von Abb. 3.30 setzt sich im einfachsten Fall aus dem Zeiger des Trägers und den beiden Zeigern der symmetrisch zum Träger entstehenden Seitenbandfrequenzen zusammen. Die Modulationsspannung hat in diesem Beispiel für das einfache Zeigerdiagramm eine so geringe Einwirkung auf die Trägerfrequenz, dass das entstehende Frequenzspektrum nur aus drei Frequenzen besteht: der Trägerfrequenz, hier mit I_0 bezeichnet, und den beiden Seitenbandfrequenzen, dargestellt mit den beiden Zeigern I_1. Die beiden Zeiger I_1 drehen sich mit der relativen Geschwindigkeit von $\pm\omega$ gegen den Trägerzeiger I_0. Der wesentliche Unterschied zum Zeigerbild der Amplitudenmodulation besteht darin, dass die beiden Summenzeiger aus den Seitenbandfrequenzen I_1 nicht in Richtung des Trägerzeigers liegen, sondern senkrecht dazu. Die Resultierende aus den beiden Zeigern I_0 steht senkrecht auf der Spitze des Trägerzeigers I_0 und erzeugt dabei die gewünschte Winkeländerung. Beim Modulationsvorgang bestimmt gewissermaßen die Winkelgeschwindigkeit für die Rotation des Trägerzeigers, die in ihrer Wirkungsweise einer Änderung der Phasengeschwindigkeit entspricht. Wird demgegenüber die Phase einer Schwingung geändert, so bedeutet dies auch grundsätzlich eine Änderung der Frequenz.

3.2.2 Spektrum und Bandbreite

Bei der Frequenzmodulation bleibt die Amplitude der Trägerfrequenz konstant, d. h. dass der beim Modulationsvorgang im Zeigerdiagramm entstehende Trägerzeiger I_0' ständig bei der Phasenänderung um $\pm\Delta\alpha$ mit seiner Spitze einen Kreisbogen beschreiben muss. Die Darstellung in Abb. 3.30 zeigt, dass eine Frequenzmodulation jedoch kein einfaches und eindeutiges Zeigerbild ergibt wie bei der Amplitudenmodulation. Bei genauerer Betrachtung tritt bei der Phasenänderung des Trägerzeigers eine Amplitudenänderung um Δi auf, d. h. dass noch weitere Zeiger aus zusätzlichen Seitenbandfrequenzen zur exakten geometrischen Darstellung des Diagramms mit einbezogen werden müssen. Welche Teilschwingungen und deren Zeiger das jeweils sind, ergibt sich aus der mathematischen Darstellung der Frequenzmodulation mit Hilfe der Besselfunktion, und es gilt:

$$\left.\begin{array}{l} u_M(t) = \hat{u}_M \cdot \sin\omega \cdot t \\ u_T(t) = \hat{u}_T \cdot \sin\Omega \cdot t \end{array}\right\} \quad u_{FM}(t) = \hat{u}_T \cdot \sin\left(\Omega \cdot t + \frac{\Delta F}{\omega} \cdot \sin\omega \cdot t\right)$$

Aus der Besselfunktion ist zu erkennen, dass
- die Modulationsamplitude $\hat{u}_M$ der Modulation nicht mehr vorhanden ist
- die Amplitude der modulierten Schwingung u_{FM} kann maximal die Trägeramplitude $\hat{u}_T$ erreichen
- die Auflösung der Besselfunktion würde zeigen, dass neben ω noch die Frequenzen $n(\Omega \pm \omega)$ im Frequenzspektrum enthalten sind, wobei n theoretisch unendlich ist, d. h. es sind unendlich viele Frequenzen vorhanden.

Wie aus Abb. 3.30 ersichtlich ist, ist $\Delta\alpha$, also die Phasenänderung der Trägerschwingung umso größer, je höher die Modulationsspannung ist, die auf die Trägeramplitude einwirkt. Der Wert $\Delta\alpha$ ist also ein Maßstab für die Modulationstiefe der Nachrichtenspannung auf der Trägerschwingung. Diese Modulationstiefe wird durch den Modulationsindex mit dem Formelzeichen η ausgedrückt und steht mit dem erzeugten Frequenzhub und der Modulationsfrequenz in einer festen Beziehung:

$$\text{Modulationsindex } \eta = \frac{\text{Frequenzhub } \Delta F}{\text{Modulationsfrequenz } f_{\text{mod}}}$$

Beispiel: Bei einem FM-UKW-Sender beträgt der Modulationsindex $\eta = 5$. Um die höchste NF-Übertragungsfrequenz von $15\,\text{kHz}$ frequenzmoduliert zu übertragen, führt der Träger folgenden Frequenzhub aus

$$\eta = \frac{\Delta F}{f_{\text{mod}}} \qquad \text{und daraus folgt} \quad \Delta F = \eta \cdot f_{\text{mod}} = 5 \cdot 15\,\text{kHz} = \pm 75\,\text{kHz} \qquad \square$$

Der Frequenzhub ist keineswegs mit der zur Übertragung notwendigen Bandbreite identisch. Die erforderliche Bandbreite muss vielmehr so groß sein, dass alle innerhalb des erzeugten Modulationsspektrums angehörenden Einzelfrequenzen übertragen werden. Wird eine Trägerschwingung mit einem Sinuston frequenzmoduliert, ist der gegenseitige Abstand der symmetrisch zum Träger entstehenden Seitenbandfrequenzen immer gleich der Modulationsfrequenz. Die Amplitude jeder Seitenbandfrequenz und der Trägerwelle bestimmt sich aus der Besselfunktion anhand der Größe des für die betreffende frequenzmodulierte Schwingung geltenden Modulationsindex. Da allein dieser Modulationsindex für die Amplitudengrößen der Seitenbandfrequenzen bestimmend ist, sind mit Hilfe der Besselfunktion immer die Amplitudenwerte für verschiedene Größen von η auszurechnen. Mittels der Fourier-Analyse kann man das FM-Frequenzspektrum ermitteln.

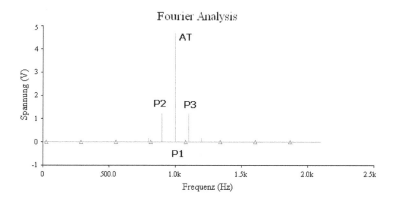

Abb. 3.31: FM-Modulationsspektrum bei einem Modulationsindex von $\eta = 0{,}5$

In der Abb. 3.31 ist das FM-Modulationsspektrum bei einem Modulationsindex von $\eta = 0{,}5$, in Abb. 3.32 bei $\eta = 2$ und in Abb. 3.32 bei $\eta = 5$ gezeigt. Die Modulationsfrequenz ist konstant bei $f_{\text{mod}} = 200\,\text{Hz}$, während die Trägerfrequenz auf $f_T = 1\,\text{kHz}$ eingestellt wurde.

Bei dem FM-Modulationsspektrum mit einem Modulationsindex von $\eta = 0{,}5$ erkennt man beim Punkt P_1 die Amplitude des Trägers AT. Links vom Punkt P_1 ist P_2 und diese Seitenbandfrequenz wird mit $\Omega - \omega$ angegeben. Der Punkt P_3 entspricht der Seitenbandfrequenz mit $\Omega + \omega$.

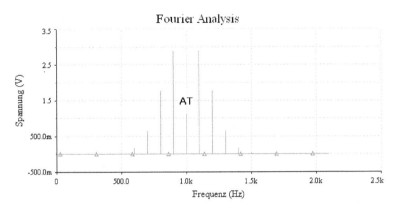

Abb. 3.32: FM-Modulationsspektrum bei einem Modulationsindex von $\eta = 2$

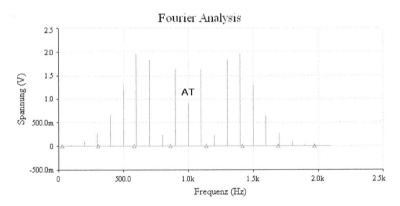

Abb. 3.33: FM-Modulationsspektrum bei einem Modulationsindex von $\eta = 5$

Bei dem FM-Modulationsspektrum mit einem Modulationsindex von $\eta = 2$ erkennt man, wie die beiden Seitenbandfrequenzen erhöht sind, wenn man sich die Amplitude des Trägers betrachtet. Zwischen dem Träger und den beiden Seitenbandfrequenzen hat man eine Modulationsfrequenz von $\pm 200\,\mathrm{Hz}$.

Bei dem FM-Modulationsspektrum mit einem Modulationsindex von $\eta = 5$ erkennt man, wie sich die effektive Breite vergrößert, d. h. je höher die NF-Amplitude, umso größer das Spektrum.

Wie man aus den Fourier-Analysen von Abb. 3.31, Abb. 3.32 und Abb. 3.33 feststellen kann, ist in jedem Fall das ganze Band mit Spektralfrequenzen ausgefüllt, die alle im Abstand der Modulationsfrequenz f_{mod} zueinander stehen. Während bei der Amplitudenmodulation zur verzerrungsfreien Signalübermittlung nur der Träger und das obere bzw. untere Seitenband übertragen werden müssen, ist bei der Frequenzmodulation die verzerrungsfreie Übertragung aller im Hochfrequenzbereich entstehenden Spektralfrequenzen erforderlich. Daher ist im Allgemeinen die Hochfrequenzübertragungsbreite bei der Frequenzmodulation erheblich größer als bei der Amplitudenmodulation. Sie ist umso größer, je höher die Nachrichtenamplitude und damit der in Hz ausgedrückte Frequenzhub ΔF ist.

Geht man davon aus, dass ein Klirrfaktor von etwa 1 % durch Bandbegrenzungseinflüsse auf das zu übertragende Spektrum zugelassen ist, errechnet sich die Übertragungsbandbreite aus

$$B_{FM} \approx 2 \cdot (\Delta F + f_{mod})$$

Bei dieser Definition der Bandbreite werden Spektralanteile, deren Amplituden kleiner als ca. 10 % der Amplitude des unmodulierten Trägers sind, nicht übertragen.

Beispiel: Ein FM-UKW-Sender wird mit einem Frequenzhub von 75 kHz betrieben. Wie groß ist die Bandbreite bei einer Modulationsfrequenz von 15 kHz?

$$B_{FM} \approx 2 \cdot (\Delta F + f_{mod}) = 2 \cdot (75\,kHz + 15\,kHz) = 180\,kHz \qquad \square$$

Vergleicht man diese Bandbreite mit der Amplitudenmodulation, ergibt sich

$$B = 2 \cdot 15\,kHz = 30\,kHz$$

Die Bandbreite bei der Frequenzmodulation ist immer wesentlich größer als bei der Amplitudenmodulation!

In der Praxis arbeitet man noch mit der folgenden Formel für die Bandbreite:

$$B \approx 2 \cdot (\Delta F + 2 \cdot f_{mod})$$

Hier wird ersichtlich, dass sich die Spektralanteile, deren Amplituden kleiner als 5 % der Amplitude unmodulierten Trägers sind, nicht mehr übertragen lassen.

3.2.3 Störungen in der Übertragung

Für eine hochwertige und ungestörte Nachrichtenübertragung mittels der Frequenzmodulation muss jede Beeinflussung des FM-Spektrums vermieden werden. Geht man von einer solchen idealen Übertragung aus, ergibt sich nach Abb. 3.33 zu einem bestimmten FM-Spektrum ein Zeigerbild, aus dem sich durch geometrische Konstruktion die Phasenänderung des Trägerzeigers ablesen lässt, die der Modulationstiefe, also dem Modulationsindex H, entspricht. Abbildung 3.34 zeigt die Addition des Trägerzeigers AT aus den Komponenten bei einem Modulationsindex von $\eta = 1$.

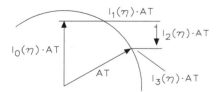

Abb. 3.34: Zeigerdiagramm für die Addition des Trägerzeigers AT aus den Komponenten bei einem Modulationsindex von $\eta = 1$

Bei der Konstruktion des Zeigerdiagramms werden die Amplitudengrößen der entstehenden Seitenbandspektralfrequenzen immer rechtwinklig zueinander zum resultierenden Trägerzeiger AT zusammengefügt, der somit entsprechend der Phasenänderung durch den Modulationsvorgang eine wechselnde Drehgeschwindigkeit im Einheitskreis ausführt. Mit der FM-

Messschaltung von Abb. 3.28 lässt sich die Simulation für die Fourier-Analyse mit einem Modulationsindex von $\eta = 1$ durchführen. Aus dieser Analyse erkennt man wie sich $\Omega + n \cdot \omega$ und $\Omega - n \cdot \omega$ zu Ω verhält.

Eine typische Signalbeeinflussung entsteht, wenn die zur Verfügung stehende Übertragungsbandbreite des Übertragungssystems kleiner ist als die Breite des entstehenden Spektrums. Aus der Konstruktion des Zeigerdiagramms ist erkennbar, dass in einem solchen Fall durch die Begrenzung außenliegender Spektralfrequenzen eine Resultierende entsteht, die sich von einer ungestörten Übertragung durch eine andere Phasenänderung unterscheidet. Der so entstehende Störphasenhub $\Delta\Phi_{Stör}$ erzeugt nach der Demodulation am Ausgang des Übertragungssystems unterschiedliche Klirrprodukte, also Störspannungen im übertragenden Nachrichtensignal. Es sind Störspannungen, die immer bei der Betrachtung des Frequenzmultiplexsystems auftreten, und zwar umso mehr, je größer die Differenz zwischen Breite des Signalspektrums und der tatsächlich zur Verfügung stehenden Übertragungsbandbreite ist.

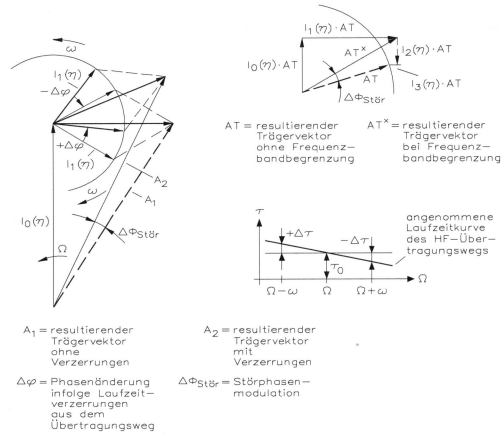

Abb. 3.35: Beeinflussung eines frequenzmodulierten Signals durch Phasenverzerrungen im hochfrequenten Übertragungskanal

In der Praxis entsteht eine Übertragungsstörung dadurch, dass sich die Gruppenlaufzeit für das FM-Spektrum nicht konstant verhält, d. h. die einzelnen Spektralfrequenzen passieren den Übertragungsweg also ungleich schnell und es treten Phasenfehler auf. Auch hier zeigt Abb. 3.35 einen Störphasenhub $\Delta\Phi_{\text{Stör}}$, der im Niederfrequenzsignal nach der Übertragung eine Störkomponente erzeugt. Abhilfe kann hier nur eine Laufzeitentzerrung der Übertragungsstrecke mit Hilfe von Entzerrern bringen.

Ähnliche Verhältnisse ergeben sich, wenn das FM-Signalspektrum durch einen ungünstigen Frequenzamplitudengang unterschiedlich gedämpft wird. Die so entstehenden Dämpfungsverzerrungen führen ebenfalls zu einem Störphasenhub, der sich nach der Demodulation in eine Störspannung umsetzt.

Zu einem Störphasenhub, der nach der Demodulation des FM-Übertragungssignals zu Störspannungen führt, kommt es gleichfalls, wenn die Trägermittenfrequenz nicht mit der Bandmitte des Übertragungskanals übereinstimmt. Ändert man das Zeigerdiagramm entsprechend, lässt sich erkennen, dass durch Fehlen von Spektralfrequenzen eine einseitige Bandbegrenzung in einem Störphasenwinkel auftritt. Da ein FM-Modulator aus einem steuerbaren, aber frei in seiner Frequenz schwingenden Oszillator besteht, muss eine Nachstimmschaltung die Trägermittenfrequenzen überwachen und durch Nachstimmung gegebenenfalls zur Übertragungsbandmitte zurückführen.

Äußere Störeinflüsse im Empfangsweg eines FM-Signals wirken sich auf den Signalgeräuscheabstand des Nutzsignals aus. In der Praxis geht man davon aus, dass innerhalb der Bandbreite des Empfängers im Abstand $\omega_{\text{Stör}} = \Omega_{\text{Stör}} - \Omega_{\text{Nutz}}$ zu einer Nutzträgeramplitude A_N mit der Frequenz Ω_N eine hochfrequente Störamplitude $A_{\text{Stör}}$ mit der Frequenz $\Omega_{\text{Stör}}$ auftritt. Die Beeinflussung lässt sich durch ein Zeigerdiagramm darstellen, wie Abb. 3.36 zeigt.

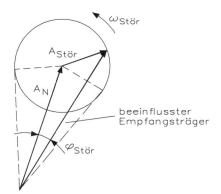

Abb. 3.36: Störbeeinflussung durch hochfrequente Störspannung

In diesem Diagramm ist $A_{\text{Stör}}$ die hochfrequente Störamplitude, die mit der relativen Geschwindigkeit $\omega_{\text{Stör}}$ um die Spitze des Nutzsignalzeigers A_N eine Drehbewegung ausführt. Aus Abb. 3.36 ist erkennbar, dass die hochfrequente Störspannung eine Amplitudenmodulation des Nutzträgers bewirkt, aber im Wesentlichen auch eine Störphasenänderung des Nutzträgers um den Phasenwinkel $\varphi_{\text{Stör}}$ erzeugt. Für den FM-Empfänger ist dagegen die Störamplitudenmodulation nicht wichtig, da sie wegen der Begrenzerwirkung der FM-Demodulationseinheit nicht zur Auswirkung kommt. Als störende Komponente bleibt nur die

Störphasenänderung $\Delta \varphi_{\text{Stör}}$. Es lässt sich außerdem nachweisen, dass bei bestimmten Amplitudenverhältnissen $A_{\text{Stör}}/A_{\text{N}}$, das nach der Demodulation entstehende Störprodukt umso kleiner ist, je größer der Frequenzhub für den Nutzträger gewählt wird und je näher der hochfrequente Störer $\Omega_{\text{Stör}}$ an der Trägerfrequenz Ω_{Nutz} liegt. Durch folgende Formel lässt sich der Störgrad bei einer Frequenzmodulation definieren:

$$S_{\text{FM}} = \frac{A_{\text{Stör}}}{A_{\text{Nutz}}} \cdot \frac{\omega_{\text{Stör}}}{\Delta F}$$

S_{FM}: Störgrad bei der Frequenzmodulation

$A_{\text{Stör}}$: empfangene, hochfrequente Störamplitude

A_{Nutz}: Nutzamplitude des frequenzmodulierten Trägers

$\omega_{\text{Stör}}$: Abstand der Störfrequenz von der Trägerfrequenz

ΔF: Frequenzhub des modulierten Nutzträgers

Trägt man das nach dem Empfangsdiskriminator entstehende Verhältnis der Störamplitude zur Nutzamplitude auf, ergibt sich der Wert 1, wenn der Störfrequenzabstand zum Nutzträger dem Frequenzhub des Nutzträgers gleich ist. In diesem Fall wirkt sich das hochfrequente Störverhältnis $A_{\text{Stör}}/A_{\text{N}}$ niederfrequenzmäßig voll aus. Das niederfrequente Störverhältnis wird Null, wenn der hochfrequente Störer mit dem Nutzträger frequenzgleich ist.

Empfängt nun beispielsweise ein FM-Empfänger, dessen Niederfrequenzbandbreite als obere Übertragungsfrequenz 15 kHz aufweist, ein FM-Signal mit einem Hub von 75 kHz, so bildet sich ein Störverhältnis von maximal

$$S_{\text{FM max}} = \frac{A_{\text{Stör}}}{A_{\text{Nutz}}} \cdot \frac{15\,\text{kHz}}{75\,\text{kHz}} = \frac{\omega_{\text{Stör}}}{\Delta F} \cdot \frac{1}{5}$$

aus. Dabei nimmt man in der Praxis an, dass der Frequenzunterschied des Störsignals zum Nutzträger $\omega_{\text{Stör}} \cdot 15\,\text{kHz}$ beträgt. Ein höherer Frequenzunterschied kommt wegen der mit 15 kHz begrenzten NF-Übertragungsbandbreite nicht zur Auswirkung.

Setzt man theoretisch den Störträger mit dem Nutzträger in den Amplituden gleich, so könnte sich in dem Beispiel ein maximales Signal-Störverhältnis nach der Demodulation von

$$S_{\text{FM max}} = \frac{1 \cdot 1}{1 \cdot 5} = 1:5 \quad \text{oder} \quad 0{,}2$$

ergeben, d. h. dass der Störer um den Faktor 0,2 am NF-Ausgang gedämpft vorhanden ist.

Aus der Gleichung für S_{FMmax} ist zu entnehmen, dass der Störgrad bei Frequenzmodulation durch Erhöhung des Frequenzhubs innerhalb des Nutzsenders verringert werden kann. Demnach lässt sich bei der Frequenzmodulation nur mit größerer Übertragungsbandbreite ein geringerer Störgrad erzielen, da ein großer Hub bekanntlich ein breites Signalspektrum bedeutet, das voll übertragen werden muss.

Nimmt man an, dass hochfrequente Störspannungen z. B. auch durch Rauschen der Empfängerstufe entstehen (z. B. weißes Rauschen), so wird, entsprechend der Funktion

$$S_{\text{FM}} = \frac{A_{\text{Stör}}}{A_{\text{Nutz}}} \cdot \frac{\omega_{\text{Stör}}}{\Delta F}$$

das über ein breites Frequenzband amplitudenkonstante Rauschspektrum am Systemausgang eines FM-Übertragungskanals eine dreieckförmige Verteilung der Rauschleistung aufweisen.

Geht man nun weiter von einem breitbandigen Nutzsignal aus, das mit konstanter Spannung und damit konstantem Hub für alle Signalspannungen frequenzmoduliert wurde, verringert sich mit höherer Signalfrequenz nach der Übertragung auch der Signalgeräuschabstand in den hohen Nachrichtenfrequenzen. Da dieser Nachteil für hohe Übertragungsqualität abgestellt werden muss, bedient man sich eines einfachen schaltungstechnischen Tricks: Durch ein passives Netzwerk wird auf der Sendeseite eines FM-Systems in der Basisfrequenzlage, also vor der eigentlichen Modulation, eine Amplitudenanhebung der hohen Frequenzen und eine Amplitudenabsenkung der tiefen Frequenzen vorgenommen. Hierdurch wird dann ein für alle Nutzsignalfrequenzen gleich großer Signalgeräuschabstand am Demodulatorausgang des FM-Übertragungssystems erreicht. Damit sich diese bewusst vorgenommene Vorverzerrung des Signals durch ein sogenanntes Preemphase-Netzwerk wieder im Empfänger zurückneh- men lässt, bedient man sich eines Deemphase-Netzwerks, das die Verzerrung der Sendeseite auf der Empfangsseite umsetzt. Dadurch linearisiert sich der Frequenzamplitudengang über die gesamte Übertragungsbandbreite wieder. Bei dieser Technik wird erreicht, dass ein gleichmäßiger Signalgeräuschabstand für die Übertragung aller Frequenzen innerhalb des Übertragungskanals vorhanden ist.

3.2.4 Frequenzmodulator mit Kapazitätsdiode

Ein wichtiges Bauelement in einem Frequenzmodulator ist die Kapazitätsdiode. Der Dotie- rungsgrad ist normalerweise immer vom Diodentyp bzw. vom Herstellungsprozess abhängig. Ein Dotierungsgrad von 0,3 ist meist bei Standarddioden (geeignet für Gleichrichterschaltun- gen) zu finden, während man einen Dotierungsgrad ab 0,5 bei Kapazitätsdioden einsetzt, um das Kapazitätsverhalten der Diode entsprechend zu vergrößern. Für VHF- und UHF-Dioden gilt ein Dotierungsgrad größer 0,75. Durch die Simulation lässt sich der Dotierungsgrad einer Diode jederzeit einstellen und aus einer Standarddiode wird eine entsprechende Kapazitäts- diode.

Die Speicherladung innerhalb jeder Standarddiode ist die Ladung, die der Strom in einer Durchlassrichtung speichert. Diese Ladung ergibt sich daraus, dass die Sperrschichtdicke im Durchlasszustand der Diode geringer ist als im Sperrzustand. Die Ladung bleibt gespeichert, solange ein Strom in Durchlassrichtung fließt. Der Strom ist abhängig von der Durchlass- spannung und damit auch vom Durchlassstrom. Mit größer werdendem Diodenstrom wird die Sperrschichtdicke geringer und damit die Speicherladung größer.

Beim Übergang vom Durchlassbereich in Sperrrichtung baut der Ausräumstrom die Speicher- ladung ab. Der Wert der Speicherladung ist gegeben mit dem Produkt aus dem Mittelwert des Ausräumstroms und der Rückwärts-Erholungszeit. Mit Hilfe der Speicherzeit t_S lässt sich die Minoritätsträgerlebensdauer in der simulierten Diode bestimmen, welche zusammen mit dem Dotierungsgrad, dem Sperrschichtpotential und der Speicherschichtkapazität das AC-Modell bildet. Die Minoritätsträgerlebensdauer errechnet sich aus

$$\tau = \frac{t_S}{\ln\left(1 + \frac{I_F}{I_R}\right)}$$

t_S: Speicherzeit in s
I_F: Vorwärtsstrom in A
I_R: Rückwärtsstrom in A
τ: Minoritätsträgerlebensdauer in s

Unter einer Speicherschaltdiode versteht man eine Diode, die nach dem Umschalten vom Durchlasszustand auf den Sperrzustand in Sperrrichtung während einer kurzen Zeitspanne – der Speicherzeit – zunächst einen niederohmigen Widerstandswert hat und anschließend im Verlauf einer sehr kurzen Übergangszeit einen hohen Widerstandswert annimmt. Der Strom I_F, der nach dem Umpolen der Diode vom Durchlass auf Sperrwirkung kurzzeitig einen hohen Sperrstrom fließen lässt, stellt den Faktor I_F des jeweiligen Diodenstromwerts dar. Das Ansammeln von beweglichen Ladungsträgern eines Vorzeichens erfolgt in dem Bahngebiet der Diode.

Die vollständige und exakte Ermittlung der Modellparameter C_{j0}, φ, m und τ ist eine aufwendige Angelegenheit. Nicht so exakt, aber sehr viel schneller geht es mit Hilfe der entsprechenden Parameter aus den Datenblättern der Halbleiterhersteller und folgenden Gleichungen:

$$C_{j0} \approx 30E-12 \cdot I_{Max}$$

$$\tau \quad \approx 1,44 \cdot t_{rr}$$

$$\varphi \quad \approx 0,75$$

$$m \approx \text{Wert ist aus den Datenbüchern zu entnehmen}$$

I_{max}: maximaler Diodenstrom in Durchlassrichtung
t_{rr}: Rückwärtserholungszeit

Kapazitätsdioden werden zur Abstimmung von Schwingkreisen für automatische Frequenznachstimmschaltungen, Frequenzvervielfacher, Modulationsschaltungen, Bandbreitenregelung in kapazitiv gekoppelten Bandfiltern sowie in dielektrischen und parametrischen Verstärkern eingesetzt. Bei allen diesen Anwendungen wird die Abhängigkeit der Sperrschichtkapazität von der angelegten Sperrspannung ausgenutzt. In der Simulation ist kein Symbol für eine Kapazitätsdiode vorhanden, aber durch die Einstellmöglichkeiten des Simulators lässt sich jede Standarddiode in eine Kapazitätsdiode umwandeln.

Jede Diode, die in Sperrrichtung betrieben wird, arbeitet praktisch mehr oder weniger als Kapazitätsdiode. Während bei Standarddioden der in Sperrrichtung betriebene pn-Übergang nur eine geringe Kapazität aufweist, nützt man diese unerwünschte Kapazität bei den Kapazitätsdioden praktisch aus. Die leitfähige p- und n-Zone stellen in einer Diode die Platten des Kondensators dar. Die Sperrschicht lässt sich als Dielektrikum verwenden. Die Kapazität berechnet sich aus

$$C = \frac{\varepsilon_0 \cdot \varepsilon_r \cdot A}{s}$$

ε_0: elektrische Feldkonstante
ε_r: Permittivität (früher: Dielektrizitätszahl)
A: wirksame Plattenfläche
s: Abstand der Platten

Der Abstand zwischen der p- und der n-Zone ist abhängig von der angelegten Spannung. Eine geringe Sperrspannung bedeutet einen geringen Abstand, also eine große Kapazität. Erhöht sich die Sperrspannung, vergrößert sich der Abstand zwischen den beiden Halbleiterplatten und die Kapazität verringert sich.

Wie der Kennlinienverlauf in den Datenbüchern zeigt, hat man keinen linearen Verlauf bei $\Delta\alpha \cdot n$. Die Sperrschichtkapazität lässt sich berechnen aus

$$C_j = \frac{C_{j0}}{\left(1 + \frac{U_R}{U_D}\right)^n}$$

C_{j0}: Sperrschichtkapazität bei $U_R = 0\,V$
U_D: Diffusionsspannung, 0,7 V bei Siliziumdioden
n: Größe, die vom Herstellungsverfahren der Diode beeinflusst wird
　　n = 0,33 bei Dioden mit linearem Störstellenübergang
　　n = 0,5 bei Dioden mit abruptem pn-Übergang
　　$n \geq 0{,}75$ bei Dioden mit hyperabruptem pn-Übergang

Frequenzmodulatoren, die Kapazitätsvariationsdioden oder Variacaps enthalten, haben eine weite Verbreitung gefunden. Variacaps sind Siliziumflächendioden mit relativ hoher Dotierung. Ihr Sperrstrom ist extrem niedrig und liegt im nA-Bereich. Das ist im Interesse einer hohen Kreisgüte wichtig. Die von der Sperrschicht getrennten Ladungsträgerfronten wirken als Kondensatorbeläge. Mit zunehmender Sperrspannung wächst die Dicke der Sperrschicht, die Kapazität der Kapazitätsdiode sinkt. Dieser Effekt erlaubt es, mit einer Steuerspannung die Resonanzfrequenz eines Schwingkreises zu verändern.

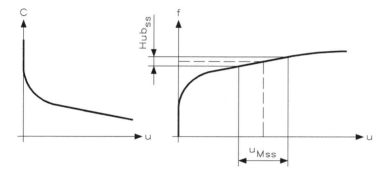

Abb. 3.37: Kennlinie einer Kapazitätsdiode und Modulatorsteilheit

Abbildung 3.37 zeigt die Kennlinie einer Kapazitätsdiode als Funktion der Sperrspannung. Die spannungsabhängige Kapazität kann mit der Gleichung beschrieben werden:

$$C(u) = k \cdot u^{-n} \qquad \text{mit} \quad n = 0{,}3 \text{ bis } 0{,}5$$

Der Wert k ist eine typenabhängige Konstante. Die Modulationskennlinien, die sich mit Variacaps in Schwingkreisen erzielen lassen, weisen keinen linearen, sondern logarithmischen Verlauf auf. Im Interesse geringer Modulationsverzerrungen dürfen sie nur in einem kleinen (und dann näherungsweise linearen) Bereich ausgesteuert werden. Ein größerer Aussteuerungsbereich ist realisierbar, wenn die Modulationsspannung invers zur Modulationskennlinie vorverzerrt wird. Bei der Bildung eines frequenzmodulierten Signals als Differenzfrequenz zweier im Gegentakt modulierter Oszillatoren heben sich die überwiegend quadratischen

Verzerrungen gegenseitig auf. Eine solche Anordnung eignet sich für einen größeren Hub und auch für extreme Anforderungen an die Linearität.

Der Betriebsbereich der Kapazitätsdiode liegt zwischen dem Durchlassbereich (Sperrspannung $\approx 0{,}6$ V) und der Durchbruchspannung bei etwa 30 Volt. Bei der Dimensionierung einer Schaltung ist darauf zu achten, dass die Summe von Diodenvorspannung. Modulationsspannung und Trägerspannung diese Grenzen nicht überschreitet. Die Diode würde sonst extrem niederohmig, und starke Signalverzerrungen oder gar die Zerstörung des Variacaps wären die Folge.

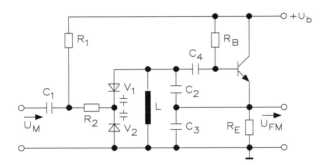

Abb. 3.38: Frequenzmodulator mit Kapazitätsdioden

Abbildung 3.38 zeigt einen Frequenzmodulator, der auf einer Colpitts-Oszillatorschaltung basiert. Der Transistor arbeitet in Kollektorschaltung. Sein Gleichstromarbeitspunkt wird durch die beiden Widerstände R_B und R_E eingestellt. Der frequenzbestimmende Schwingkreis wird durch L, C_2, C_3 und die beiden Kapazitätsdioden gebildet. Die Gegeneinanderschaltung der beiden Varaktoren verhindert weitgehend eine Beeinflussung der Resonanzfrequenz durch die hochfrequente Trägerspannung und vermeidet die damit verbundenen Verzerrungen. Die Diodenkapazitäten ändern sich mit der Trägerspannung gegensinnig, mit der modulierenden Spannung aber gleichsinnig. Die Rückkopplung erfolgt über den Emitter und den kapazitiven Spannungsteiler C_2 und C_3. Die Bauelemente C_1 und C_4 sind Koppelkondensatoren. Über die beiden Widerstände R_1 und R_2 wird die Vorspannung für die Kapazitätsdioden zugeführt. Da ihre Größe unmittelbar auf die Resonanzfrequenz eingeht, muss eine gute Stabilisierung der Betriebsspannung gewährleistet sein.

Der Modulator ist zunächst ohne Ansteuerung durch Abgleich der Schwingkreisspule L auf die Mittenfrequenz abzustimmen. Änderungen der Mittenfrequenz während des Betriebs könnten durch Variation der Diodenvorspannungen ausgeregelt werden.

3.3   Pulsmodulation

Bei dieser Art der Modulation dienen Impulse oder Impulsgruppen als Nachrichtenträger. Werden die Parameter für einen Puls, die Pulsamplitude, die Pulsphase, die Pulsdauer oder die Pulsfrequenz proportional zum Augenblickswert der Modulationsamplitude geändert, spricht man von:

- Pulsamplitudenmodulation   PAM
- Pulsdauermodulation   PDM
- Pulsphasenmodulation   PPM
- Pulsfrequenzmodulation   PFM

Werden Impulsgruppen in digitaler Form nach dem zu übertragenden Augenblickswert einer Nachrichtenamplitude codiert, so liegt eine Pulscodemodulation PCM vor.

3.3.1   Pulsamplitudenmodulation

Bei der Pulsamplitudenmodulation wird das analoge Nachrichtensignal mit einer Impulsfolge abgetastet. Damit die Übertragung eines so abgetasteten Signals ohne Informationsverlust erfolgen kann, muss nach dem Abtasttheorem von Shannon die Impulsfrequenz mindestens doppelt so groß sein wie die im Analogsignal höchste vorkommende Frequenz mit

$$f_1 > 2 \cdot f_0$$

f_1 = Impulsfolgefrequenz für die Abtastung eines Nachrichtenkanals
f_0 = höchste im Nachrichtenkanal vorkommende Frequenz

Als Beispiel für eine Pulsamplitudenmodulation soll das Fernsprechfrequenzband dienen, das eine maximale Frequenz von $f_0 = 3,4\,\text{kHz}$ erreicht. Zur Erzeugung der Pulsamplitudenmodulation ist daher eine Frequenz von $f_1 = 2 \cdot 3,4\,\text{kHz} = 6,8\,\text{kHz}$ als Abtastfrequenz ausreichend. Zur Bildung einer Norm hat man sich international auf eine geringfügig höhere Frequenz von 8 kHz geeinigt. Damit werden bei einem Fernsprechsignal mit einer Bandbreite zwischen 300 Hz bis 3,4 kHz in einer Sekunde bis zu 8000 Abtastungen vorgenommen. Der zeitliche Abstand der Impulse entspricht also $1/8\,\text{kHz} = 125\,\mu\text{s}$. Früher verwendete man für die Pulsamplitudenmodulation den Gegentaktmodulator von Abb. 3.39.

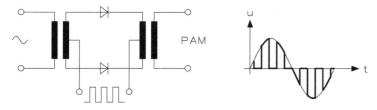

Abb. 3.39: Pulsamplitudenmodulation mit Gegentaktmodulator

Bei dieser Schaltung erkennt man, dass die Pulsamplitudenmodulation durch die Ansteuerung mittels eines Funktionsgenerators erzeugt werden kann, wenn am Eingang und Ausgang jeweils ein Übertrager mit Mittelabgriff vorhanden ist. Diese Schaltung setzt man auch in der Amplitudenmodulation ein. Aus der Technik der Amplitudenmodulation ist bekannt, dass bei einer Trägerfrequenz f_T mit einer Modulationsfrequenz f_M als Ergebnis sowohl die Trägerfrequenz selbst als auch ein unteres und oberes Seitenband entsteht. Bei der Pulsamplitudenmodulation ist diese Trägerfrequenz lediglich durch eine Pulsfolge zu ersetzen. Von der Fourier-Analyse her ist bekannt, dass Pulsfolgen durch eine Vielzahl sinusförmiger Frequenzen mit unterschiedlichen Amplituden darstellbar sind. So setzt sich z. B. eine Folge von Rechteckimpulsen aus Frequenzen $f_0 - f_n$ sowie einem Gleichspannungsanteil zusammen. Die verschiedenen Frequenzen sind hierbei Harmonische, die in der Pulsfrequenz und in dem Tastverhältnis a enthalten sind. Der Puls wirkt sich nur auf die Amplitude der einzelnen Harmonischen aus und kann für die Betrachtung hier außer acht gelassen werden. Das Ergebnis einer Pulsamplitudenmodulation ist demzufolge einer Vielfachamplitudenmodulation mit den Frequenzen $f_0 - f_n$ und dem Gleichstromanteil gleichzusetzen. Demzufolge erhält man als Modulationsprodukt alle Trägerfrequenzen mit ihren Seitenbändern. Die verschiedenen Frequenzen sind hierbei Harmonische der Pulsfrequenz (das Tastverhältnis) der Pulse wirkt sich nur auf die Amplituden der einzelnen Harmonischen aus und kann für die Betrachtung hier außer acht gelassen werden wie Abb. 3.40 zeigt.

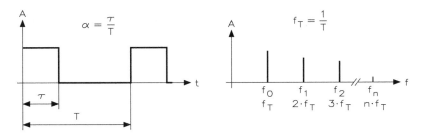

Abb. 3.40: Frequenzspektrum einer Rechteckimpulsfolge

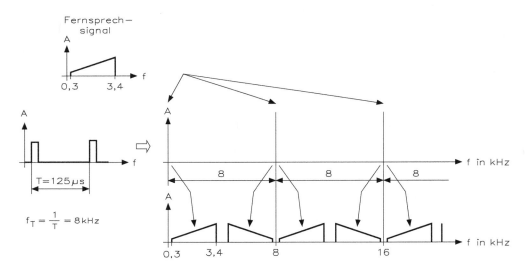

Abb. 3.41: Frequenzspektrum einer PAM-Modulation

Der beschriebene Vorgang ist in Abb. 3.41 am Beispiel eines Fernsprechsignals mit der Bandbreite von 300 Hz bis 3400 Hz, also $f_m = 3400\,Hz$, und einer Abtastfrequenz von $f_T = 8\,kHz$, d. h. mit Pulsen im Abstand von

$$T = \frac{1}{f_T} = \frac{1}{8\,kHz} = 125\,\mu s$$

dargestellt.

Übersteigt die maximal zu übertragende Frequenz 4 kHz, so ist die Grenzbedingung $f_T \geq 2 \cdot f_m$ nicht mehr erfüllt, die Seitenbänder überlappen sich und stören sich damit gegenseitig (Abb. 3.42). Um solche Verzerrungen zu vermeiden, ist es zweckmäßig, den Eingang des PAM-Modulators mit einem Tiefpass zu schützen und das Fernsprechsignal auf 3400 Hz zu begrenzen.

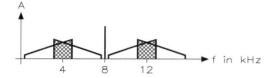

Abb. 3.42: Verzerrungen bei PAM durch Überschreiten der Grenzfrequenz

Ein Tiefpass hat die Eigenschaft, dass er einen Rechteckimpuls verzögert und verformt durchlässt. Dies bezeichnet man Impulsantwort. Gelangt nun ein PAM-Signal auf einen Tiefpass, überlagern sich die Impulsantworten der einzelnen Impulse so, dass sich das Modulationssignal fehlerfrei wieder aufbaut. Zur Demodulation genügt ein einfacher RC-Tiefpass. Bei dieser Art der Demodulation erhält man aber nur geringe Leistungen. Mit einer Abtast- und Halteschaltung (Sample and Hold) wird die Leistung erheblich verbessert. Bei dieser Schaltung werden die Abtastproben während der Signalpause in einem Kondensator gespeichert (gehalten) und man erhält dadurch eine Treppenspannung.

Aus dem PAM-Modulationsspektrum kann mit geringem Aufwand das Fernsprechsignal zurückgewonnen werden. Prinzipiell ist es gleich, welches der Seitenbänder für die Demodulation verwendet wird, jedoch eignet sich der Frequenzbereich bis 4 kHz, bei dem sich das Fernsprechsignal in der Ursprungslage befindet. Somit kann ein Tiefpass bis 3400 Hz als Demodulator verwendet werden. Es wird zugleich ersichtlich, dass entsprechend der Filtercharakteristik des Tiefpasses eine Lücke verbleiben muss, d. h. die Abtastfrequenz f_T mehr als doppelt so groß wie die Modulationsfrequenz sein sollte. Der PAM-Modulationsvorgang und PAM-Demodulationsvorgang lassen sich praktisch einfach mit einem elektronischen Schalter und einem Tiefpass darstellen (Abb. 3.43).

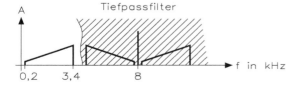

Abb. 3.43: PAM-Demodulation

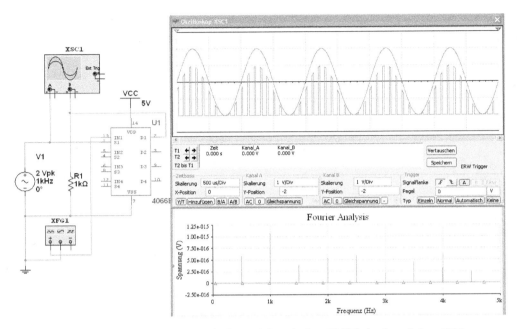

Abb. 3.44: Pulsamplitudenmodulation mit einem elektronischen CMOS-Analogschalter 4066

Die Signalinformation liegt bei PAM in der Pulsamplitude, sodass das Übertragungsverfahren, ähnlich wie die Amplitudenmodulation, noch empfindlich gegen Amplitudenstörungen ist. Sie eignet sich daher nicht direkt für den kommerziellen Einsatz unter erschwerten Übertragungsbedingungen. Um die Übertragungseigenschaften zu verbessern, wird die Pulsamplitudenmodulation in eine Pulscodemodulation überführt.

Vergleicht man die Pulsamplitudenmodulation von Abb. 3.43 mit Abb. 3.44, erkennt man die Vorteile der CMOS-Technik. Das sinusförmige Signal wird durch einen CMOS-Analogschalter 4066 für die Pulsamplitudenmodulation erzeugt. Durch den Funktionsgenerator lässt sich nicht nur die Frequenz, sondern auch das Tastverhältnis (Duty cycle) einstellen.

Bei den meisten Analogschaltern wird das eigentliche Schaltelement durch ein MOSFET-Paar gebildet. Im Gegensatz zu bipolaren Transistoren können MOSFETs bidirektionale Ströme auf dem Drain-Source-Kanal verarbeiten. Darüber hinaus treten bei den spannungsgesteuerten MOSFETs nicht die bei einem bipolaren Transistor durch Basis-Emitter-Ströme bedingten Fehler auf. Durch seine besseren Eigenschaften und einfachere Herstellung ist der MOSFET als Anreicherungstyp für Schaltanwendungen dem Verarmungstyp vorzuziehen. Der Anreicherungstyp ist selbstisolierend, und die Drain- und Source-Region werden in einem einzigen Diffusionsschritt gebildet. In dem CMOS-Analogschalter 4066 sind vier Kanäle mit den Eingängen A und den Ausgängen B vorhanden, die über die Steuereingänge C mit einem TTL-Signal angesteuert werden. Dadurch wird der Schalter geöffnet (hochohmiger Zustand) oder geschlossen (niederohmiger Zustand).

Im Prinzip stellt die Parallelschaltung eines p- und eines n-Kanal-MOSFET einen Spannungsteiler mit Längstransistor dar. Durch die Ansteuerung mit dem Rechteckgenerator lassen sich die beiden Längstransistoren ein- oder ausschalten und damit verändert sich der Kanalwiderstand. Aus diesem Grund hat man einen Spannungsteiler, und die Ausgangsspannung an dem 1-kΩ-Lastwiderstand berechnet sich aus

$$U_2 = U_1 \cdot \frac{R_L}{R_L + R_{DS}}$$

In der Schaltung erkennt man auch die Nachteile dieses Analogschalters. Die Eingangssignalspannung muss durch eine Gleichspannung auf ein bestimmtes Potential angehoben werden, damit es zu keinen Verzerrungen kommt. Außerdem tritt beim Einschalten ein Überschwingen auf, das Störungen hervorrufen kann. Bei dieser Technik ist zu beachten, dass man keine technologische Optimierung vornehmen kann, wie dies bei der Herstellung von integrierten Schaltkreisen der Fall ist.

Ein einziger n-Kanal- oder p-Kanal-MOSFET des Anreicherungstyps kann bereits als leistungsfähiger Analogschalter arbeiten. Der Übergangswiderstand zwischen Ein- und Ausgang des Analogschalters variiert jedoch beträchtlich in Verbindung mit der Signalspannung. Die Parallelschaltung einer n-Kanal- und einer p-Kanal-Version, eine nahezu universelle Konfiguration für CMOS-Analogschalter und verringert diese Variation erheblich. Komplementäre Steuersignale am Gate schalten nicht beide MOSFETs gleichzeitig ein oder aus, sondern verzögert um Kurzschlüsse zu vermeiden.

Die Schaltung von Abb. 3.44 zeigt einen CMOS-Analogschalter, den man auch als Transmissionsgatter bezeichnet. Der obere MOSFET ist ein n-Kanal- und der untere ein p-Kanal-MOSFET. Das Verhalten des Übergangswiderstands R_{DS} ist die Grundlage zum Verständnis der Schalterfunktion. Dieser Übergangswiderstand in einem MOSFET ist nämlich in hohem Maße von der Gate-Source-Spannung abhängig. Aus der Parallelschaltung dieser beiden MOSFETs ergibt sich jedoch ein Übergangswiderstand, der für den größten Teil des analogen Signalbereichs konstant ist.

Die Ansteuerung der beiden MOSFETs ist unterschiedlich und für den Anwender wichtig. Durch das Hinzufügen interner Pegelumsetzer ist eine direkte Ansteuerung des CMOS-Analogschalters durch externe TTL-Bausteine möglich. Der Funktionsgenerator erzeugt hierzu eine Ausgangsspannung von ±5 V, die direkt an dem n-Kanal-MOSFET (oberer Transistor) anliegt. Für die Ansteuerung des p-Kanal-MOSFET (unterer Transistor) benötigt man dagegen Signalpegel, die um 180° invertiert sein müssen.

Beim Umschalten der Steuerspannung tritt durch die Gate-Kanal-Kapazität immer eine kleine Spannungsspitze auf, die das Signal am Ausgang nachteilig verändert. Daher benötigt man immer einen Abschlusswiderstand am Ausgang des CMOS-Schaltkreises. Wenn man mit diesem Aufbau Signalamplituden unter 100 mV schaltet, werden diese Spannungsspitzen als sehr störend empfunden. Abhilfe bringt nur eine niederohmige Signalspannungsquelle oder ein integrierter CMOS-Analogschalter, der diesen Nachteil nicht kennt.

Übersteigt bei der Pulsamplitudenmodulation die maximal zu übertragende Frequenz einen Wert von 4 kHz, so ist die Grenzbedingung $f_T \geq 2 \cdot f_m$ nicht mehr erfüllt, die Seitenbänder überlappen sich und stören sich damit gegenseitig. Um solche Verzerrungen zu vermeiden, ist es immer zweckmäßig, den Eingang der Pulsamplitudenmodulation mit einem Tiefpass zu schützen, der das Fernsprechsignal auf 3,4 kHz begrenzt, wie Abb. 3.45 zeigt.

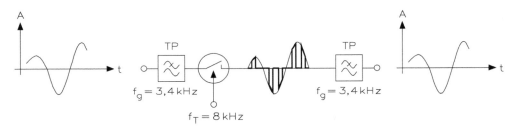

Abb. 3.45: Pulsamplitudenmodulation und deren Demodulation

Bei der Schaltung befindet sich vor und nach dem Analogschalter 4066 jeweils ein Tiefpass-filter mit einer Grenzfrequenz von

$$f_g = \frac{1}{2 \cdot \pi \cdot R \cdot C} = \frac{1}{2 \cdot 3,14 \cdot 1\,k\Omega \cdot 50\,nF} = 3,2\,kHz$$

Ein Tiefpass hat die Eigenschaften, dass er einen Rechteckimpuls verzögert und verformt durchlässt. Dies bezeichnet man als Impulsantwort. Schaltet man nun ein Signal einer Pulsamplitudenmodulation auf einen Tiefpass, überlagern sich die Impulsantworten der einzelnen Impulse so, dass sich das Modulationssignal fehlerfrei wieder aufbaut. Zur Demodulation genügt also nur ein einfacher Tiefpass. Bei dieser Art der Demodulation erhält man aber nur geringe Ausgangsleistungen, die danach entsprechend verstärkt werden müssen.

3.3.2 Pulsdauermodulation

Bei der Pulsdauermodulation (PDM) wird zunächst mittels einer Abtast-Halte-Schaltung (S&H-Einheit) ein PAM-Signal erzeugt. Die so entstandene Treppenspannung steuert einen Operationsverstärker an, der als Komparator arbeitet, wie die Schaltung von Abb. 3.46 zeigt.

Durch den Operationsverstärker wird das Trägersignal, das an dem nicht invertierenden Eingang liegt, mit dem Modulationssignal verglichen, das den invertierenden Eingang ansteuert. Der Funktionsgenerator erzeugt eine Sägezahnspannung, wobei das Tastverhältnis auf 96 % eingestellt wurde, d. h., es ergibt sich eine große Zeitdauer für die Anstiegsflanke und eine sehr kurze Abfallflanke. Die Sägezahnspannung liegt am Eingang S1 des Analogschalters 4066 und wird durch den Taktgenerator ein- bzw. ausgeschaltet. Wichtig ist hier die Einstellung des Tastverhältnisses mit 40 %. Durch Änderung dieses Tastverhältnisses erkennt man während der Simulation die Arbeitsweise der Pulsdauermodulation. Am Ausgang D1 des Analogschalters befindet sich der Haltekondensator mit $C_1 = 100\,nF$.

Der Kondensator C_1 wird durch die Sägezahnspannung auf- bzw. entladen. Der Analogschalter wird dabei durch die Pulsfolge des PAM-Signals gesteuert. Über- oder unterschreitet nun die Spannung am Kondensator die Treppenspannung, schaltet der Komparator entsprechend um und gibt so an seinem Ausgang eine dauermodulierte Pulsfolge ab. Am Ausgang entsteht ein PDM-Signal.

Zur Demodulation einer Pulsdauermodulation dient ein einfacher Tiefpass mit einem speziellen Entzerrer.

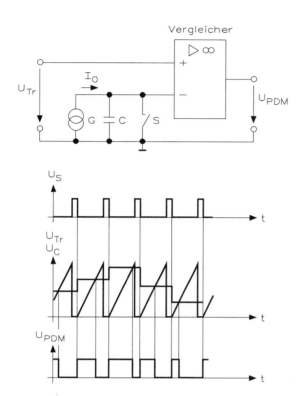

Abb. 3.46: Schaltung und Impulsdiagramm für die Pulsdauermodulation

3.3.3 Pulsphasenmodulation

Steuert man mit dem Ausgang des Komparators in der Schaltung ein Monoflop an, wird aus einer Pulsdauermodulation (PDM) eine Pulsphasenmodulation (PPM), wie Abb. 3.47 zeigt.

Den Baustein für das Monoflop bzw. monostabilen Multivibrator findet man in der Bauteilbibliothek unter den gemischten Schaltkreisen. Dieser Baustein erzeugt einen Ausgangsimpuls fester Dauer als Antwort auf eine Flanke am Eingang. Die Länge des Ausgangsimpulses wird durch das an den Multivibrator angeschlossene RC-Zeitsteuerglied bestimmt.

Der monostabile Multivibrator besitzt zwei digitale Eingänge, die mit A_1 und A_2 gekennzeichnet sind. Der Eingang A_1 lässt sich über eine positive Flanke triggern, der Eingang A_2 durch eine negative. Nach der Triggerung des Monoflops wird das Eingangssignal ignoriert, bis die metastabile Zeit abgelaufen ist.

Das externe RC-Glied bestimmt die monostabile Zeit. Nach der Triggerung schaltet der Ausgang Q für die metastabile Zeit auf ein 1-Signal. Die Berechnung erfolgt nach

$$t_m = 0{,}7 \cdot R \cdot C$$
$$= 0{,}7 \cdot 1\,k\Omega \cdot 50\,nF$$
$$= 35\,\mu s$$

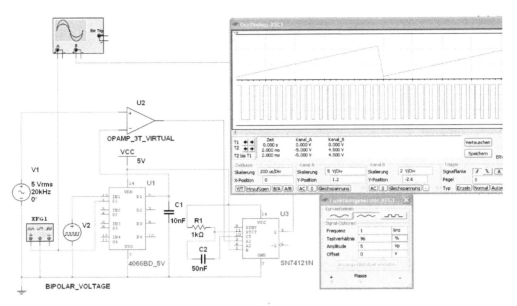

Abb. 3.47: Schaltung und Impulsdiagramm für die Pulsphasenmodulation

Der Ausgang W hat während dieser Zeit ein 0-Signal. Nach dem Einschalten der Betriebsspannung wird der Ausgang Q immer auf 1-Signal gesetzt. Die metastabile Zeit lässt sich innerhalb eines weiten Bereichs ändern.

Die Anschlüsse des Monoflops sind wie folgt belegt:

*   Der Widerstand R_1 liegt zwischen der Betriebsspannung, dem Kondensator C_2 und dem Anschluss R_T/C_T.
*   Der Kondensator C_2 ist mit dem Anschluss C_T zu verbinden.
*   Für die Simulation benötigt das Monoflop noch die Betriebsspannung.

Wenn man das Symbol für das Monoflop anklickt, erscheint ein Fenster für die Einstellungen des Monoflops.

Aus dem Oszillogramm erkennt man die Arbeitsweise der Pulsphasenmodulation. Über- oder unterschreitet die Spannung an dem Kondensator die Treppenspannung, schaltet der Vergleicher entsprechend an seinem Ausgang um und es entsteht eine dauermodulierte Pulsfolge. Mit dieser Pulsfolge wird das Monoflop an seinem negierten Eingang getriggert. Damit entsteht am Ausgang des Monoflops eine Pulsphasenmodulation, die sich über das RC-Verhältnis entsprechend einstellen lässt. Bei der Pulsphasenmodulation sind Pulsamplitude und Pulsbreite konstant. Die Signalinformation liegt allein in der unterschiedlichen Pulsfolge mit entsprechender Abstands- bzw. Phasenlage.

Das Ausgangssignal der Pulsphasenmodulation wird zu Übertragungszwecken nach dem AM-Prinzip auf einen HF-Träger aufmoduliert. Die Demodulation erfolgt durch eine Einweg- oder Brückengleichrichtung. Aus den Pulsfolgen des so wiedergewonnenen Pulsphasenmodulationssignals werden dann dreieckförmige Spannungen erzeugt. Die ebenfalls mitübertragenen Synchronisierungsimpulse werden jetzt zur Abtastung der Dreieckspannungen verwendet. Es entsteht ein PAM-Signal (Pulsamplitudenmodulation), das sich mittels eines Tiefpassfilters demodulieren lässt.

3.3.4 Pulsfrequenzmodulation

Zur Erzeugung der Pulsfrequenzmodulation benötigt man am Eingang eine astabile Kippstufe, die man mit Transistoren, einem Operationsverstärker oder mit dem Zeitgeber 555 realisieren kann. Die Kippstufe steuert ein Monoflop an, wobei man wieder mit Transistoren, Operationsverstärker oder Zeitgeber 555 arbeitet. Durch die astabile Kippstufe und das nachgeschaltete monostabile Kippglied wird eine Pulsfolge so umgesetzt, dass die Pulsfrequenz proportional zur Spannung des Nachrichtensignals ist.

Bei der Schaltung von Abb. 3.48 besteht die astabile Kippstufe aus zwei Transistoren. Das astabile Kippglied setzt sich aus zwei dynamisch angesteuerten Schaltstufen zusammen. Wie bei einem bistabilen Kippglied wird auch hier der Ausgang der linken Schaltstufe mit dem Eingang der rechten Schaltstufe und umgekehrt verbunden. Im Gegensatz zum Flipflop kennen Rechteckgeneratoren keine stabilen Ruhelagen, d. h., die Leitzustände der beiden Transistorstufen wechseln ständig von dem leitenden (0-Signal am Ausgang) in den sperrenden Zustand (1-Signal am Ausgang), je nach Dimensionierung der Bauelemente.

Für die Simulation des Rechteckgenerators benötigt man eine Starttaste, denn ohne Betätigung der Leertaste kann der PC keine Berechnung aufnehmen. Diese Taste wird jedoch nicht für die Hardware benötigt, wenn man die Schaltung mit realen Bauteilen aufbaut. Da bei der Simulation mit idealen Werten gearbeitet wird, ist diese Maßnahme unbedingt erforderlich.

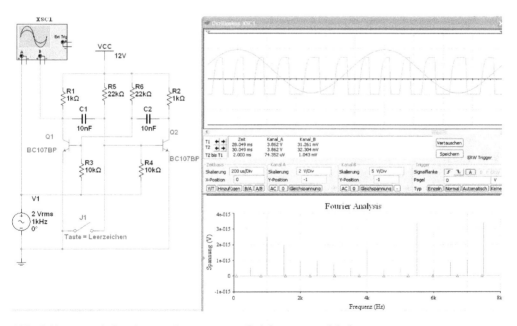

Abb. 3.48: Vorstufe für eine transistorgesteuerte Pulsfrequenzmodulation

Für die Beschreibung der astabilen Kippstufe wird von einem Zeitpunkt ausgegangen, bei dem gerade der linke Transistor T_1 leitend ist und daher der rechte Transistor T_2 gesperrt ist. Am Eingang der rechten Schaltstufe muss also unmittelbar vorher ein Potentialsprung von $+U_b \rightarrow 0\,V$ erfolgt sein. Damit ist der Transistor T_2 für die Zeit t_2 gesperrt. Diese Zeit errechnet sich aus

$$t_2 = 0{,}7 \cdot R_2 \cdot C_2 = 0{,}7 \cdot 10\,k\Omega \cdot 5\,nF = 35\,\mu s$$

Der Kondensator C_2 kann sich über den Widerstand R_2 nach einer e-Funktion aufladen. Der Wert von 0,7 ist die Ladezeit, wenn der Kondensator etwa 50 % seiner Ladespannung erreicht hat. Erreicht die Spannung den Wert von $U_{BE} \approx 0{,}7\,V$ des Transistors T_2, schaltet dieser durch und es entsteht am Ausgang A_2 ein Potentialsprung von $+U_b \rightarrow 0\,V$ Durch diesen Potentialsprung, der gleichzeitig am Eingang der linken Schaltstufe zur Wirkung kommt, wird der Transistor T_1 gesperrt und es tritt ein Kippvorgang auf. Die Sperrdauer des Transistors T_1 errechnet sich aus

$$t_1 = 0{,}7 \cdot R_1 \cdot C_1 = 0{,}7 \cdot 10\,k\Omega \cdot 5\,nF = 35\,\mu s$$

Nach der Zeit t_1 folgt ein weiterer Kippvorgang. Der Rechteckgenerator arbeitet so lange, bis die Betriebsspannung abgeschaltet wird.

Die Gesamtschwingungsdauer T für den Rechteckgenerator ist

$$T = t_1 + t_2 = 35\,\mu s + 35\,\mu s = 70\,\mu s$$

und die Frequenz berechnet sich aus

$$f = \frac{1}{T} = \frac{1}{70\mu s} = 14{,}28\,kHz$$

Der Rechteckgenerator schwingt mit 14,28 kHz. Da mit identischen Werten gearbeitet wird, ergibt sich ein symmetrisches Tastverhältnis.

Die Frequenz lässt sich auch berechnen nach

$$f = \frac{1}{0{,}7(R_1 \cdot C_1 + R_2 \cdot C_2)}$$

Wählt man unterschiedliche Werte für die beiden Widerstände und/oder den Kondensator aus, lassen sich unsymmetrische Tastverhältnisse erzielen. Das Tastverhältnis kann geändert werden, indem man die Kondensatoren und – innerhalb gewisser Grenzen – die Widerstände ungleich groß dimensioniert. Wenn man beide Einschaltzeiten unabhängig voneinander einstellen will, muss gewährleistet sein, dass sich die beiden Kondensatoren in der Pause jeweils über die Kollektorwiderstände wieder aufladen können. Zur stetigen Einstellung der Einschaltzeiten können die Widerstände durch eine Reihenschaltung eines Festwiderstands und eines Einstellers (Potentiometer) ersetzt werden. Damit die Schaltung einwandfrei arbeitet, darf man die Widerstände nicht zu hochohmig wählen, da sonst die Transistoren wegen zu geringem Basisstrom nicht mehr ganz durchsteuern.

Wichtig bei dieser simulierten Schaltung ist der spannungsgesteuerte Sinusoszillator, der in der Quellen-Bauteilebibliothek untergebracht ist. Bei diesem Oszillator wird eine Eingangsspannung oder ein Eingangsstrom als unabhängige Variable in der stückweisen linearen

Kurve verwendet, die durch die Wertepaare (Steuersignal und Frequenz) beschrieben wird. Aus dieser Kurve wird ein Frequenzwert bestimmt, und der Oszillator erzeugt ein Sinussignal mit dieser Frequenz.

Wesentlich sicherer arbeitet die Vorstufe einer Pulsfrequenzmodulation mit dem Timer 555. Das Simulationsmodell für den Timer finden Sie in der Bauteilebibliothek mit gemischten Schaltkreisen. Dieser Baustein besteht aus zwei Komparatoren, einem symmetrischen Widerstandsspannungsteiler, Flipflop und Entladungstransistor. Abbildung 3.49 zeigt die Schaltung einer Pulsfrequenzmodulation mit dem 555.

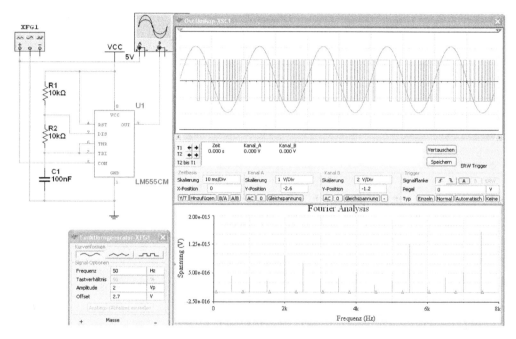

Abb. 3.49: Vorstufe einer Pulsfrequenzmodulation mit dem 555 und der Zeitgeberbaustein arbeitet als Rechteckgenerator

Der Baustein 555 beinhaltet zwei Operationsverstärker, die als Komparatoren arbeiten. Die Leerlaufverstärkung liegt in der Größenordnung von $v_0 \approx 10^5$. Die beiden Komparatorausgänge sind mit einem internen Flipflop verbunden, das die Eingangsinformationen speichern kann. Dieses Flipflop hat eine Vorzugslage, d. h., wenn man die Betriebsspannung einschaltet, hat der Ausgang Q des Flipflops ein 0-Signal. Dieses Signal wird durch den nachfolgenden Inverter mit einem Leistungstransistor am Ausgang negiert. Der Ausgang hat also nach dem Einschalten der Betriebsspannung immer ein 1-Signal.

Zwei Komparatoren, ein RS-Flipflop und ein invertierender Ausgangsverstärker sind in dem Zeitgeberbaustein 555 vorhanden. Das Flipflop steuert außerdem direkt einen internen Transistor für die Entladefunktion des externen Kondensators an, der einen offenen Kollektorausgang hat. Ist das Flipflop gesetzt, ist dieser Transistor durchgeschaltet und der Eingang „Entladung" (DIS) befindet sich auf 0 V. Wurde das Flipflop zurückgesetzt, ist der

Transistor gesperrt. Mit einem 0-Signal an dem Reset-Eingang lässt sich das Flipflop direkt zurücksetzen. Im Ruhezustand ist dieser Eingang immer mit $+U_b$ zu verbinden.

Wichtig in dem Baustein 555 ist der Spannungsteiler, der aus drei gleichgroßen Widerständen mit $R = 5\,k\Omega$ mit einer Toleranz von $1\,\%$ besteht. Durch den internen Spannungsteiler ergeben sich folgende Verhältnisse an den beiden Komparatoren:
Komparator I: Schaltpunkt bei 2/3 der Betriebsspannung
Komparator II: Schaltpunkt bei 1/3 der Betriebsspannung

Aus diesen Spannungsverhältnissen lassen sich die einzelnen Funktionen des 555 ableiten. Die Betriebsspannung darf zwischen 4 V und 18 V schwanken, ohne dass sich die Funktionsweise ändert, denn der Spannungsteiler ist direkt mit der Betriebsspannung verbunden.

Der invertierende Eingang des Komparators I ist mit dem Eingang „Kontrollspannung" verbunden. Über diesen Eingang kann man den Spannungsteiler in seinen Verhältnissen ändern und dies wird bei den Modulationsversuchen verwendet. Wird dieser Eingang nicht benötigt, verbindet man ihn mittels eines Kondensators von 10 nF bis 100 nF mit Masse. Andernfalls kann es im Betrieb unangenehme Störungen geben, besonders bei elektromagnetischen Impulsen.

Die Vergleichsspannung von 2/3 der Betriebsspannung liegt an dem invertierenden Eingang des internen Komparators I. Legt man an den Eingang „Schwelle" eine Spannung, vergleicht der Komparator I diese mit der Vergleichsspannung und der Eingangsspannung. Ist die Spannung kleiner 2/3 der Betriebsspannung, hat der Ausgang des Komparators ein 1-Signal. Überschreitet die Spannung den Wert 2/3, kippt der Ausgang des Komparators auf 0-Signal. Da eine sehr hohe Leerlaufverstärkung vorhanden ist, erfolgt der negative Ausgangssprung im μs-Bereich. Mit dieser negativen Flanke wird das nachgeschaltete Flipflop getriggert und setzt sich. Der Ausgang Q des Flipflops hat ein 1-Signal und der Ausgang des 555 dagegen ein 0-Signal. Unterschreitet die Spannung an dem Eingang „Schwelle" wieder den Wert 2/3 der Betriebsspannung, kippt der Ausgang des Komparators II von 0- nach 1-Signal zurück. Diese positive Flanke wird aber von dem Flipflop nicht verarbeitet und der Zustand des Flipflops bleibt erhalten.

Die Vergleichsspannung beträgt 1/3 der Betriebsspannung und liegt an dem nicht invertierenden Eingang des Komparators II. Legt man an den Eingang „Trigger" eine Spannung, erfolgt ein Vergleich zwischen interner und externer Spannung. Ist die Triggerspannung größer 1/3 der Betriebsspannung, hat der Ausgang des Komparators ein 1-Signal. Unterschreitet die Triggerspannung den Wert 1/3, schaltet der Komparator an seinem Ausgang auf 0-Signal um und es entsteht eine negative Triggerflanke, die das Flipflop zurücksetzt. Vergrößert sich die Triggerspannung wieder und überschreitet 1/3 der Betriebsspannung, schaltet der Komparator von 0- auf 1-Signal. Die dadurch entstehende positive Flanke hat aber keinen Einfluss auf das Flipflop und es bleibt in seinem stabilen Zustand. Der Ausgang des 555 hat während dieser Zeit immer ein 1-Signal.

Für den 555 ergeben sich daher folgende Trigger-Bedingungen:
Eingang „Schwelle": positiver Triggerimpuls bei 2/3 der Betriebsspannung
Eingang „Trigger": negativer Triggerimpuls bei 1/3 der Betriebsspannung

Die beiden Triggerimpulse müssen an ihren Flanken keine Steilheit aufweisen. Selbst langsame Analogspannungen werden durch die beiden internen Komparatoren digitalisiert und von dem nachgeschalteten Flipflop weiterverarbeitet. Durch seine stabile Funktionsweise ist der Baustein universell in der Praxis verwendbar.

Der Frequenzbereich des 555 liegt zwischen 10^{-3} und 10^6 Hz. Die Frequenz wird von zwei externen Widerständen und einem Kondensator bestimmt. Dabei ergibt sich eine hohe Frequenzstabilität, denn die Temperaturdrift des 555 liegt bei nur 50 ppm/K (Prozent pro Million/Kelvin).

Die Schaltung von Abb. 3.49 zeigt den 555 in seiner Funktion als Rechteckgenerator. Schaltet man die Betriebsspannung ein, kann sich der Kondensator C über die beiden Widerstände R_1 und R_2 nach einer e-Funktion aufladen. Erreicht die Spannung an dem Kondensator den Wert 2/3 der Betriebsspannung, schaltet der Komparator I das Flipflop. Der Ausgang des 555 kippt auf 0-Signal und gleichzeitig schaltet der interne Transistor durch. Dadurch kann sich der Kondensator nur über den Widerstand R_2 nach einer e-Funktion entladen. Die Spannung am Kondensator sinkt und unterschreitet die Spannung den Wert 1/3 der Betriebsspannung, schaltet der Komparator das Flipflop wieder zurück. Der Ausgang des 555 hat nun ein 1-Signal und der interne Transistor für die Entladung sperrt. Jetzt kann sich der Kondensator C wieder über die beiden Widerstände aufladen.

Die Ladezeit für den Kondensator C berechnet sich aus

$$t_1 = 0{,}7 \cdot (R_1 + R_2) \cdot C$$

und die Entladezeit aus

$$t_2 = 0{,}7 \cdot R_2 \cdot C$$

Die Periodendauer ist die Addition von t_1 und t_2 mit

$$T = 0{,}7 \cdot (R_1 + R_2) \cdot C + 0{,}7 \cdot R_2 \cdot C$$
$$T = 0{,}7 \cdot (R_1 + 2 \cdot R_2) \cdot C$$

Die Periodendauer und daher die Frequenz des Rechteckgenerators mit dem 555 wird durch die beiden Widerstände und dem Kondensator bestimmt mit

$$f = \frac{1}{0{,}7(R_1 + 2 \cdot R_2) \cdot C}$$

In der Schaltung hat man folgende Werte: $R_1 = R_2 = 10\,k\Omega$ und $C = 0{,}1\,\mu F$. Für die Dauer des 1-Signals gilt

$$t_1 = 0{,}7 \cdot (R_1 + R_2) \cdot C = 0{,}7 \cdot 20\,k\Omega \cdot 0{,}1\,\mu F = 1{,}4\,ms$$

und für die Periodendauer

$$T = 0{,}7 \cdot (R_1 + 2 \cdot R_2) \cdot C = 0{,}7 \cdot 30\,k\Omega \cdot 0{,}1\,\mu F = 2{,}1\,ms$$

Damit hat das 0-Signal eine Zeitdauer von $t_2 = 2{,}1\,ms - 1{,}4\,ms = 0{,}7\,ms$. Dies ergibt ein Tastverhältnis von

$$V = \frac{T}{t_i} = \frac{2{,}1\,ms}{1{,}4\,ms} = 1{,}5\,ms$$

oder einen Tastgrad von $G = 1/V = 0{,}666$.

Die Frequenz errechnet sich aus

$$f = \frac{1}{T} = \frac{1}{0{,}7 \cdot (R_1 + 2 \cdot R_2) \cdot C} = \frac{1}{0{,}7 \cdot (30\,\text{k}\Omega) \cdot 0{,}1\,\mu\text{F}} = 476\,\text{Hz}$$

Die Frequenz lässt sich durch das Widerstandsverhältnis einfach ändern. Hat man einen Baustein 555 in Transistor-Standardtechnologie, dürfen Widerstandswerte zwischen 1 kΩ und 1 MΩ verwendet werden. Hat man dagegen einen 555 in CMOS-Technologie, sind Widerstände bis zu 22 MΩ möglich. Für den Kondensator eignen sich Kapazitätswerte zwischen 1 nF und 1000 μF für die Standardtechnologie und bis zu 10 000 μF für die CMOS-Technik.

Zur Erzeugung eines spannungsgesteuerten Frequenzgenerators, der nach dem PFM-Prinzip (Pulsfrequenzmodulation) arbeitet, verwendet man die Schaltung von Abb. 3.47. Der Zeitgeber 555 arbeitet in seiner astabilen Grundschaltung und erzeugt eine bestimmte Frequenz. Durch die Wechselspannung an dem Eingang „Kontrollspannung" verändert sich aber die Ausgangsfrequenz, wobei die Pulsfrequenz proportional zur Spannung des sinusförmigen Wechselsignals ist. Man beachte die Einstellungen am Funktionsgenerator, denn von diesen Werten hängt im Wesentlichen die Arbeitsweise der Pulsfrequenzmodulation ab.

Ein Monoflop oder ein monostabiles Kippglied verfügt über einen stabilen und einen unstabilen Zustand. Durch einen Triggervorgang verlässt das Monoflop seine stabile Lage und geht für eine bestimmte Zeit in eine unstabile Lage über. Nach dem Ablauf der monostabilen Zeit ist wieder ein stabiler Zustand vorhanden. Der unstabile Zustand ist von der Zeitkonstante eines Widerstands und eines Kondensators abhängig. Für die monostabile Funktion des 555 in Abb. 3.50 benötigt man nur einen Widerstand und einen Kondensator, die als Differenzierglied arbeiten. Die Auslösung der monostabilen Funktion erfolgt über den Triggereingang.

Beim Einschalten der Betriebsspannung kippt das interne Flipflop des 555 sofort in die Vorzugslage und der Ausgang hat ein 0-Signal. Durch einen negativen, aber kurzen Triggerimpuls aus dem Funktionsgenerator wird der Komparator II angesteuert und damit beginnt die

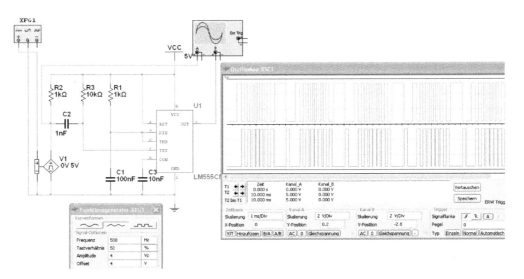

Abb. 3.50: Simulation eines Monoflops mit dem 555 für eine Pulsfrequenzmodulation

monostabile Phase. Der Ausgang hat während dieser Zeit ein 1-Signal. Wichtig bei dem 555 ist das Differenzierglied für den Triggereingang. Ohne diese externe Beschaltung funktioniert diese Schaltung nicht. Unterschreitet der Triggerimpuls 1/3 der Betriebsspannung, kippt das Flipflop zurück und der Ausgang hat kurzzeitig ein 0-Signal. Damit schaltet auch der interne Transistor für die Entladung durch und der Kondensator ist vollständig entladen, d. h. es herrschen immer die gleichen Anfangsbedingungen.

Der Kondensator C lädt sich über den Widerstand R nach einer e-Funktion auf. Die Entladung ist abgeschlossen, wenn die Spannung an dem Kondensator den Wert 2/3 der Betriebsspannung erreicht hat. Der Komparator 1 schaltet durch, das Flipflop setzt sich zurück und der Ausgang hat ein 0-Signal. Da die Ladung des Kondensators immer bei 0 V beginnt, errechnet sich die Zeitdauer nach

$$t_m = 1{,}1 \cdot R \cdot C$$

Für die Schaltung von Abb. 3.50 gilt

$$t_m = 1{,}1 \cdot R \cdot C = 1{,}1 \cdot 1\,k\Omega \cdot 0{,}1\,\mu F = 110\,\mu s$$

Der spannungsgesteuerte Rechteckoszillator arbeitet wie der spannungsgesteuerte Sinusoszillator. Die Ansteuerung erfolgt durch eine Sägezahnspannung, die der Funktionsgenerator erzeugt. Der Oszillator liefert ein entsprechendes Rechtecksignal, bei dem sich das Tastverhältnis, die Anstiegs- und Abfallzeit, sowie die maximale und minimale Ausgangsspannung einstellen lässt. Wie das Oszillogramm zeigt, ergibt sich ein unterschiedliches Tastverhältnis für das nachgeschaltete Monoflop.

Aufgabe des Monoflops bei der Pulsfrequenzmodulation ist die Erzeugung einer konstanten Ausgangslänge, wie das Oszillogramm zeigt. Die monostabile Zeit lässt sich durch Widerstand und Kondensator beeinflussen.

3.4 Digitale Signalübertragung

Im Wesentlichen unterscheidet man vier Arten der digitalen Signalübertragung:
- Deltamodulation (DM)
- Amplitudenumtastung (ASK, amplitude shift keying)
- Frequenzumtastung (FSK, frequency shift keying)
- Phasenumtastung (PSK, phase shift keying)

Die Deltamodulation ist eine Sonderform der Pulscodemodulation und gehört nur bedingt zu den digitalen Modulationen.

3.4.1 Deltamodulation

Die Deltamodulation ist ein Verfahren mit codierten Pulsen, ähnlich dem PCM-Verfahren. Während beim PCM-Verfahren jeder Abtastwert quantisiert und anschließend codiert wird, wird bei der Deltamodulation der Abtastwert geprüft, ob er größer oder kleiner ist als die vorhergegangene Information. Die Differenz wird dann als Bit mit einem 0- oder 1-Signal

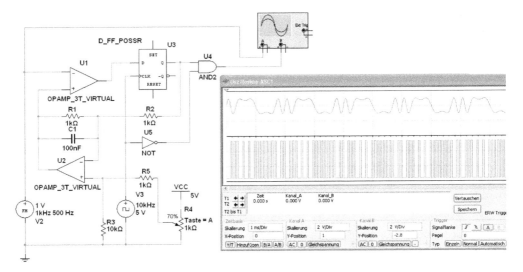

Abb. 3.51: Simulation einer Deltamodulation

übertragen. Die Erzeugung eines 1-Signals erfolgt nur, wenn der zweite Abtastwert größer ist als der erste. Ist der Wert dagegen kleiner, erzeugt der Deltamodulator ein 0-Signal. Bei diesem Verfahren muss die Abtastfrequenz wesentlich höher sein als beim PCM-Verfahren. Abbildung 3.51 zeigt die Simulation einer Deltamodulation.

Die Deltamodulation wurde entwickelt, um einerseits den Quantisierungsfehler gering zu halten und andererseits die Codewerte möglichst kurz zu halten, wie das Oszillogramm zeigt. Dabei wird nicht jede Abtastung des PAM-Signals neu bewertet, sondern nur die Änderung gegenüber der vorhergehenden Abtastung. Das verbessert die Kanalausnutzung bei hoher Quantisierungsgenauigkeit während der Übertragung. Solange der neu abgetastete Momentanwert größer als der vorher abgetastete ist, wird das Ausgangssignal der Deltamodulation zu 1-Signal. Wird der neu abgetastete Momentanwert kleiner, ist ein 0-Signal am Ausgang vorhanden.

Die Modulationsspannung wird von einem FM-Generator erzeugt, der in Reihe mit einer Gleichspannungsquelle geschaltet ist. Damit unterschreitet die FM-Spannung nicht die 0-V-Achse und der Deltamodulator kann ordnungsgemäß arbeiten. Der Operationsverstärker AR$_1$ arbeitet als Komparator und damit wird die volle Leerlaufverstärkung wirksam, wenn zwischen den beiden Eingängen eine Spannungsdifferenz auftritt. Der Komparator steuert mit seinem Ausgang direkt den D-Eingang des Flipflops an. Das D-Flipflop erhält vom 10-kHz-Takt seine Frequenz und kann entsprechend kippen, wenn der D-Eingang ein 1-Signal hat oder setzt sich zurück, wenn ein 0-Signal anliegt.

Das Ausgangssignal des D-Flipflops wird mit dem UND-Gatter verbunden und erzeugt das Ausgangssignal für die Deltamodulation.

Der Operationsverstärker U2 arbeitet als Integrator und über das Potentiometer R$_4$ lässt sich das Integrationsverfahren beeinflussen. Am Ausgang des Operationsverstärkers U2 entsteht eine Änderungsgeschwindigkeit, die an dem nicht invertierenden Eingang des Operationsverstärkers U1 anliegt. Es kommt daher immer zu einem Vergleich zwischen den beiden

Spannungen. Solange die Spannung des Integrators kleiner ist als die Modulationsspannung, erhält der D-Eingang des Flipflops ein 0-Signal und setzt sich zurück. Dadurch kann sich der Integrator weiter aufladen, erreichen beide Spannungen gleiche Werte, erzeugt der Komparator ein 1-Signal und das D-Flipflop setzt sich.

Die Differenzbildung und die Vorzeichenbewertung erfolgt durch den Komparator, während das D-Flipflop die Abtastung übernimmt und gleichzeitig die Codierung steuert, damit am Ausgang 0- bzw 1-Signale erzeugt werden. Im Gegensatz zum PCM-Verfahren können hier allerdings Abtastfrequenz und Anzahl der Quantisierungsstufen nicht mehr voneinander unabhängig gewählt werden. Die Abtastfrequenz mit 10 kHz ist identisch mit der Bitratefrequenz f_{Bit} und muss bei dieser 1-Bit-Codierung höher gewählt werden als sie das Abtasttheorem vorschreibt, damit keine zu großen Quantisierungsverzerrungen auftreten.

3.4.2 Amplitudenumtastung

Die Amplitudenumtastung (ASK, amplitude shift keying) ist ein Verfahren zur Übertragung von digitalen Signalen mit Hilfe einer hochfrequenten Trägerschwingung. Die Trägerschwingung U_T wird im Takt des digitalen Steuersignals U_{St} ein- und ausgeschaltet, wie Abb. 3.52 zeigt.

An dem Eingang S1 des CMOS-Bausteins 4066 liegt die Trägerschwingung an, die auf 3 kHz eingestellt wurde. Die Steuerung des Analogschalters übernimmt der Rechteckgenerator, der ein Taktsignal von 500 Hz erzeugt. Am Ausgang S1 des Analogschalters entsteht das Signal für eine Amplitudenumtastung.

Das Oszillogramm zeigt die Arbeitsweise der Amplitudenumtastung. Hat der Steuereingang S1 ein 1-Signal, ist der Analogschalter niederohmig und das Signal kann passieren. Am

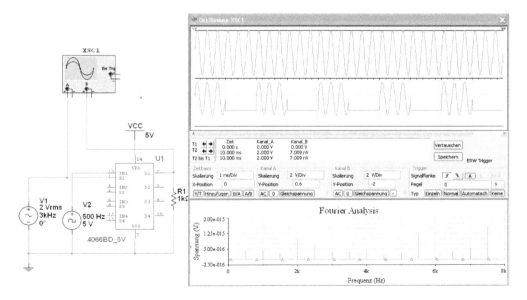

Abb. 3.52: Simulation einer Amplitudenumtastung

Ausgang erkennt man die Trägerschwingung mit 3 kHz. Schaltet der Rechteckgenerator auf 0-Signal, wird der Analogschalter hochohmig und am Ausgang beträgt die Spannung U = 0 V. Durch das Ein- und Ausschalten des Signals findet man auch die Definition „OOK" (on-off keying). Die Zeitfunktion lässt sich mit dem binären Codesignal c(t) darstellen mit

$$U_{ASK}(t) = \hat{u}_T \cdot c(t) \cdot \cos \omega_T \cdot t$$

Die Amplitudenumtastung hat im Zusammenhang mit der Übertragung von digitalen Basisbandsignalen keine Bedeutung.

Aus der Fourier-Analyse erkennt man die Trägerschwingung mit 3 kHz. Rechts und links davon befindet sich das obere Seitenband bei OSB = 3,5 kHz (Regellage) bzw. das untere Seitenband bei USB = 2,5 kHz (Restseitenband). Die beiden Seitenbänder sind symmetrisch um den Träger angeordnet. Zur Erkennung des Signalzustands genügt es, wenn das Spektrum nur bis zu den ersten Seitenschwingungen übertragen wird.

3.4.3   Frequenzumtastung

Das Verfahren der Frequenzumtastung (FSK, frequency shift keying) dient zur Übertragung von digitalen Signalen mit Hilfe einer hochfrequenten Trägerschwingung. Es wird die Frequenz der Trägerschwingung U_T im Takt des digitalen Takteingangssignals U_{Tt} umgetastet. Abbildung 3.53 zeigt die Simulation der Frequenzumtastung.

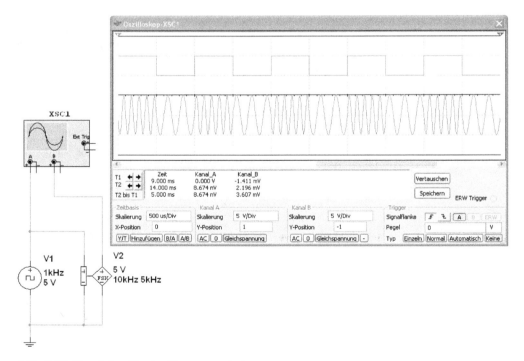

Abb. 3.53: Simulation für eine Frequenzumtastung

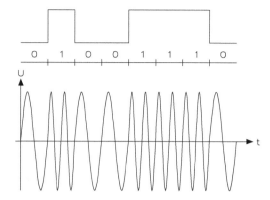

Abb. 3.54: FSK-Signal im Zeitbereich

Der Steuergenerator arbeitet mit 1 kHz und steuert die FSK-Quelle an. Hat der Generator ein
1-Signal, erzeugt die FSK-Quelle eine Anschaltfrequenz von $f_1 = 10\,\text{kHz}$ und bei einem
0-Signal eine Raumübertragungsfrequenz von $f_2 = 5\,\text{kHz}$. Die FSK-Quelle schaltet nur
zwischen zwei unterschiedlichen Frequenzen um, wie Abb. 3.54 zeigt.

Bei der Frequenzumtastung hat man eine zweistufige Umtastung und es gilt

$$u_{FSK}(t) = \hat{u}_T \cdot \cos(\omega_T \pm \Delta\omega_T) \cdot t$$

Wenn die Trägerfrequenz mit einem Frequenzhub $\Delta f_T = \Delta\omega_T/2\pi$ symmetrisch zu der
Mittenfrequenz $f_T = \omega_T/2\pi$ zwischen den Werten umgetastet wird, gilt

$$\Delta f_{T(1)} = f_T + \Delta f_T \quad \text{und} \quad f_{T(0)} = f_T - \Delta f_T$$

Durch die Frequenzumtastung erhält man die Fourier-Analyse. Man erkennt deutlich in
dem Liniendiagramm die beiden Frequenzen von $f_1 = 10\,\text{kHz}$ und $f_2 = 5\,\text{kHz}$. Für das
untere Seitenband USB und beim oberen Seitenband OSB entsteht jeweils ein Wert von
$\Delta f = \pm 1\,\text{kHz}$. Bezieht man das binäre Codesignal $c(f)$ in die Frequenzumtastung mit ein,
ergibt sich

$$u_{FSK}(t) = \hat{u}_T \cdot \cos[(\omega_T - \Delta\omega_T) + 2 \cdot c(t) \cdot \Delta\omega_T] \cdot t$$

Die Phasenumtastung stellt die Basis für eine Vielzahl von davon abgeleiteten (mehr oder
weniger komplexen) Phasenmodulationsarten dar. Im einfachsten Fall wird man dem binären
Datensignal nur zwei diskrete Phasenwerte zuordnen, also z. B. 0° und 180° (Abb. 3.55). Um
dieses Grundverfahren von den höherwertigen zu unterscheiden, ist auch die Bezeichnung
BPSK (Binary-PSK) oder 2-PSK üblich.

Außer einem Phasenwechsel mit nur zwei Winkeln können auch höherwertige Verfahren
zur Anwendung kommen, was entweder mehrwertige Signale oder die Verschachtelung
mehrerer zweiwertiger Signale ermöglicht. Die Zahl der Phasenpositionen wird dabei zur
Unterscheidung als Ziffer vor der Abkürzung PSK angegeben. Üblich ist eine Aufteilung des
Vollwinkels (360°) in 4, 8 oder 16 Bereiche, woraus eine 4-PSK oder QPSK (Quadrature
PSK), 8-PSK bzw. 16-PSK resultiert.

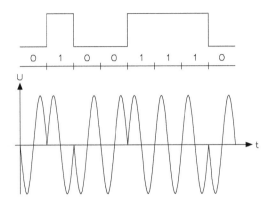

Abb. 3.55: BPSK-Signal oder 2-PSK im Zeitbereich

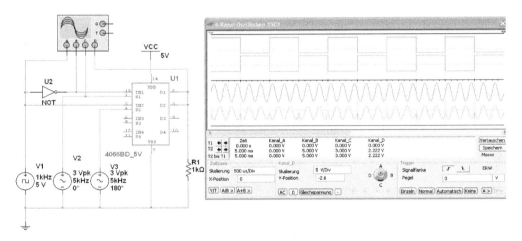

Abb. 3.56: Simulation einer Phasenumtastung (2-PSK)

In Abb. 3.56 wird die Phasenlage der Trägerschwingung U_T im Takt des digitalen Eingangs-signals U_M umgetastet gezeigt und es entsteht z. B. ein Phasensprung von 180°. In diesem Fall wird zwischen der Phasenlage der Trägerschwingung das Codesignal c(t) für zwei um 180° unterschiedliche Zustände geändert und es gilt

$$U_{PSK}(t) = \hat{u}_T \cdot \cos(\omega_T + c(t) \cdot \pi) \stackrel{\triangle}{=} \pm \hat{u}_T \cdot \cos \omega_T \cdot t$$

Arbeitet man mit einem idealen rechteckförmigen Digitalsignal, bleibt die Umhüllende des Modulationsprodukts bei FSK und PSK konstant, und die Amplitude der Trägerschwingung ändert sich nicht.

Der Rechteckgenerator für die Umtastung arbeitet mit einer Frequenz von f = 1 kHz. Dieses Taktsignal liegt direkt an dem Steuereingang IN2 des 4066 und in negierter Form an dem Steuereingang IN1. Beide Sinusgeneratoren erzeugen eine Frequenz von f = 5 kHz, jedoch wurde der rechte Sinusgenerator auf eine Phasenverschiebung von 180° eingestellt. Durch die unterschiedliche Ansteuerung des 4066 wird einmal die linke und dann die rechte Spannung des Sinusgenerators auf den Ausgang geschaltet. Es entsteht dadurch die Phasenumtastung.

Die beiden Ausgänge des CMOS-Analogschalters sind direkt miteinander verbunden. In der Simulation ergibt sich kein Fehler, aber wenn man die Schaltung praktisch umsetzt, treten an dem Ausgang immer Kurzschlüsse auf, wenn der CMOS-Analogschalter keine Verzögerungen an den Ein- und Ausschaltern hat. Mittels eines Operationsverstärkers, der als Addierer arbeitet, lassen sich die beiden Ausgänge zusammenfassen.

Man kann ein Liniendiagramm der Fourier-Analyse für eine Phasenumtastung simulieren. Aus dem Liniendiagramm lässt sich nicht unbedingt die Arbeitsweise einer praxisnahen Phasenumtastung ableiten.

Bei der Simulation der Zweiphasenumtastung (2-PSK) hat man die Grundlage dieses Verfahrens. Ausgehend von dem binären Codesignal gilt es, die beiden Amplitudenzustände des Modulationssignals (0 bzw. 1) in entsprechende Phasenzustände der Trägerschwingung (0° bzw. 180°), bezogen auf eine Referenzphase, umzusetzen. Wenn man sich die Fourier-Analyse betrachtet, entsteht bei 4 kHz der höchste Wert. Bei 2 kHz lässt sich das untere Seitenband erkennen und bei 6 kHz das obere Seitenband.

Das Spektrum des binären Modulationssignals erscheint zu beiden Seiten des unterdrückten Trägers. Die vollständige Übertragung des Spektrums symmetrisch zum Träger bis zur ersten Nullstelle lässt sich nur über einen idealen Bandpasskanal mit der Bandbreite $B_{HF} = 2 \cdot f_{Bit}$ erreichen. Für die Phasenentscheidung reicht eine theoretische Bandbreite von $B_{HF} = f_{Bit}$ aus. In der Praxis arbeitet man mit

$$B_{HF, pr} = 1{,}4 \cdot f_{Bit} = 1{,}4 \frac{r_{Bit}}{Bit}$$

Abbildung 3.57 zeigt ein 4-PSK-Signal im Zeitbereich. Bei der Vierphasenumtastung nimmt die Trägerschwingung vier diskrete Phasenzustände ein, die den vier möglichen Kombinationen von zwei aufeinanderfolgenden Bits des binären Codesignals zugeordnet sind. Entsprechend sind Phasensprünge der Trägerschwingung um 45°, 135°, 225° und 315° möglich. Die vier Phasenzustände werden auf zwei zueinander orthogonale Komponenten der Trägerschwingung übertragen, die in sich durch Zweiphasenumtastung moduliert sind. Die

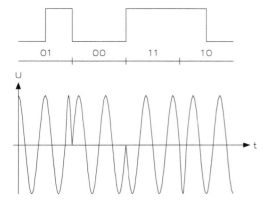

Abb. 3.57: 4-PSK-Signal im Zeitbereich

Tab. 3.2: Zuordnung der Phasenlagen für eine Trägerschwingung, wenn mit der Vierphasenumtastung gearbeitet wird

Bitfolge	Phasenlage
00	45°
01	135°
10	225°
11	315°

Zuordnung der Phasenlagen für eine Trägerschwingung auf das binäre Codesignal ist in Tab. 3.2 gezeigt.

Die Zuordnung von Tab. 3.3 bildet die Grundlage für die Achtphasenumtastung (8-PSK) und die Sechzehnphasenumtastung (16-PSK). Tabelle 3.3 zeigt eine Umcodierung der Bitfolge in die Tribits A, B und C sowie die Zuordnung auf die Trägerphasenlage.

Die Dauer eines Signalschrittes für die Vierphasenumtastung (4-PSK) beträgt $2 \cdot T_{Bit}$ und damit wird auch das Spektrum des Modulationsprodukts gegenüber der Zweiphasenumtastung auf die halbe Breite verringert.

Tab. 3.3: Umcodierung der Bitfolge in die Tribits A, B und C sowie die Zuordnung auf die Trägerphasenlage für die Achtphasenumtastung (8-PSK)

Bitfolge	Tribit A B C	Phasenlage
000	0 0 0	45°
001	0 0 1	90°
010	0 1 0	135°
011	0 1 1	180°
100	1 0 0	225°
101	1 0 1	270°
110	1 1 0	315°
111	1 1 1	360°

Man erkennt aus der Fourier-Analyse bei dem periodischen Wechsel des Signalzustands den Abstand von $2 \cdot T_{Bit}$. Zur vierstufigen Modulation der Trägerphase muss das binäre Codesignal durch Zusammenfassen von jeweils zwei aufeinanderfolgenden Bits in ein quaternäres Signal umcodiert werden, dessen Schrittdauer das zweifache der Bitdauer beträgt. Es werden „Dibits" gebildet mit der Dauer des Signalzustands von

$$T_{Dibit} = T_{Squat} = 2 \cdot T_{Sbin} = 2 \cdot T_{Bit}$$

Die mindest erforderliche Übertragungsbandbreite für die Vierphasenumtastung lässt sich bei der Beschränkung auf das erste Seitenschwingungspaar folgendermaßen berechnen

$$B_{HF} = 2 \cdot \frac{1}{2} \cdot \frac{f_{Bit}}{2} = \frac{1}{2} \cdot f_{Bit} = \frac{1}{2} \cdot \frac{r_{Bit}}{Bit}$$

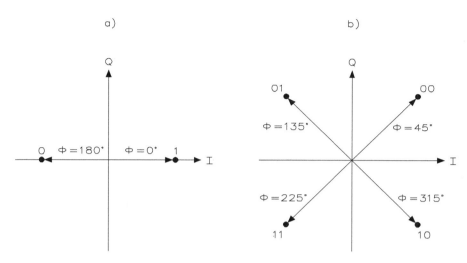

Abb. 3.58: Zeigerdiagramme für ein a) BPSK-Signal (2-PSK) und b) ein QPSK-Signal (4-PSK)

Die Bandbreitenausnutzung erreicht damit gegenüber der Zweiphasenumtastung den doppelten Wert. Abbildung 3.58 zeigt den Unterschied anhand der Zeigerdiagramme für ein a) BPSK-Signal (2-PSK) und b) ein QPSK-Signal (4-PSK).

Eine viel anschaulichere Information der gerade vorliegenden Zustände liefert jedoch die Komponentendarstellung eines PSK-Signals in der sogenannten I-Q-Ebene (Abb. 3.58). Die Buchstaben I und Q auf den Achsen kommen von den Abkürzungen für „**I**n **P**hase **K**omponente" (X-Achse) bzw. „**Q**uadrature **P**hase **K**omponente" (Y-Achse).

Unter dem Begriff „Quadratur" darf man sich hier übrigens nicht ein „Quadrieren" im Sinne der Algebra vorstellen. Das Wort stammt ganz woanders her, nämlich aus der Astronomie, wo die gegenseitige Stellung zweier Himmelskörper, in der sie von der Erde aus in einem Winkelabstand von 90° erscheinen, als „Quadratur" bezeichnet wird. Diese I-Q-Komponentendarstellung des Signals erhält man über den XY-Betrieb eines Oszilloskops, was bekanntlich auf dem Schirm eine Lissajousfigur ergibt. Aus der Stellung des resultierenden Signalzeigers lässt sich auf den Betrag und die Phase der Informationsspannung schließen, d. h. ein Signal wird durch einen Vektor repräsentiert! Jedem „auf 1 normierten" Zeiger in der Abb. 3.58 ist also ein PSK-Signal mit der jeweiligen Phase zugeordnet. An die Endpunkte der Zeiger schreibt man sinnvollerweise die Bitkombination, die der Phase dieses Zeigers entspricht.

Bei einem QPSK-Signal kann eine Phasenumtastung (gegenüber dem gerade vorliegenden Zeiger) um +90°, −90° bzw. 180° erfolgen. Das zeitliche Aussehen eines derartigen Signals bei vorgegebener Bitkombinationsfolge ist noch relativ überschaubar (Abb. 3.57).

Diese Vierphasenumtastung ist zwar schon ein ganz brauchbares Verfahren zur Datenübertragung, in der Praxis zeigt sich jedoch, dass vor allem die möglichen Phasensprünge um 180° sehr unangenehme Folgen aufweisen können. Diese bewirken nämlich sogenannte „Amplitudeneinbrüche" im Signal, woraus diverse Bitfehler resultieren können.

Die einfachste Methode, diese 180°-Phasensprünge zu verhindern, besteht darin, ein Verfahren zu benützen, wo derartige Sprünge nicht auftreten. Werden nur Phasensprünge von $\pi/4$,

$-\pi/4$, $3\pi/4$ und $-3\pi/4$ zugelassen, erhält man ein Modulationsverfahren, das als DQPSK (Differentially encoded QPSK oder 4-DPSK) bekannt geworden ist. Die Informationen liegen dann als eine Differenz von Phasen codiert vor, d. h. Symbole werden als Phasenänderungen anstelle von absoluten Phasenlagen übertragen. Auch für solch ein Verfahren lässt sich eine Zuordnungstabelle (Tab. 3.4) bzw. ein Phasenzustandsdiagramm angeben (Abb. 3.59).

Tab. 3.4: Zuordnungstabelle für die Bitkombination zur Phasenänderung

Bitkombination	Phasenänderung
11	$-3\pi/4$
01	$3\pi/4$
00	$\pi/4$
10	$-\pi/4$

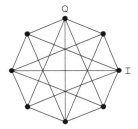

Abb. 3.59: Phasenzustandsdiagramm für das 4-DPSK-Verfahren

Durch die jeweils vier möglichen, sprunghaften Phasenänderungen entstehen beim DQPSK acht absolute Phasenzustände. Aus dieser Sicht kann man die 4-DPSK als eine abgewandelte 8-PSK-Methode auffassen.

Da vor allem die gefürchteten „100%-igen Amplitudeneinbrüche" nicht mehr auftreten, bedient sich z. B. der digitale Tonrundfunk über Satellit dieser Technik zur Übertragung.

Das davon abgeleitete, höherwertige 8-DPSK-Verfahren ($\pi/4$-DQPSK) ist als Modulationsmethode für Cellularnetze und Flugtelefonverbindungen geeignet. In der schnellen Datenübertragungstechnik findet man Systeme mit einer vierstufigen Phasendifferenzmodulation (4-DPSK) bei Datenflussraten bis $R = 2400$ Bit/s. Mit einem achtwertigen Phasenwechsel (8-DPSK) sind Übertragungsgeschwindigkeiten bis 4800 Bit/s realisierbar!

3.4.4   Kanalcodierung

Im Vergleich zum analogen Signal ist die digital übertragene Information gegenüber einer Signalverzerrung und Störeinflüssen wesentlich weniger empfindlich. Der Übertragungskanal muss jedoch auch hier bestimmten Anforderungen genügen, damit eine unverfälschte Rückgewinnung der Information möglich wird. In erster Linie betrifft dies die notwendige Bandbreite und Übertragungscharakteristik. Darüber hinaus hat auch der Signal/Störabstand am Eingang einen bedeutenden Einfluss auf die Fehlerhäufigkeit.

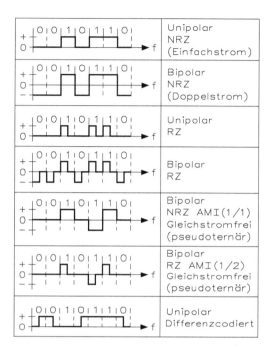

Abb. 3.60: Binäre Signalzuordnung in der Basisbandübertragung für serielle Datenkanäle

Die Kanalcodierung hat die Aufgabe, den seriellen Datenstrom in eine Basisbandübertragung gleichstromfrei umzusetzen. Abbildung 3.60 zeigt die Möglichkeiten der binären Signalzuordnung in der Basisbandübertragung.

Der Analog-Digital-Wandler übergibt seinen parallelen 8-Bit-Wert in einen USART (Universal Synchronous Asynchronous Receiver Transmitter), der dann an dem Ausgang als serielles Datenformat erscheint. Der USART ist mit seinem Ausgang am Eingang des Senders (Transmitter) verbunden, der für die Datenübertragung zuständig ist. Auf der anderen Seite erhält ein Empfänger (Receiver) den seriellen Datenstrom und setzt diesen wieder durch den USART in ein paralleles Format um.

Der vom USART ausgegebene bzw. empfangene Datenstrom im seriellen Format setzt sich aus einer unregelmäßigen Folge von 0- und 1-Signalen zusammen. Die Impulsfolge bildet ein sogenanntes NRZ-Signal (Non Return to Zero), bei dem der Signalwert zwischen aufeinanderfolgenden 1-Zuständen nicht auf 0-Signal zurückgeht. Als kürzester Signalzustand tritt die Bitdauer T_{Bit} auf. Daraus berechnet sich die Schrittgeschwindigkeit r_{Bit} des Binärsignals, also die Bitrate f_{Bit} mit Bit/s oder bps (bit per second)

$$r_{Bit} = \frac{1\,Bit}{T_{Bit}}$$

Für eine eindeutige Schwellwertentstehung muss von dem zufällig verteilten Pulssignal mindestens die erste Harmonische des kürzesten Wechsels, die durch eine typische 0-1-0-Folge entsteht, übertragen werden. Die dazu mindest notwendige Bandbreite, die Nyquist-

Bandbreite B_N, ist

$$B_N = \frac{1}{2 \cdot T_{Bit}} = \frac{1}{2} \cdot f_{Bit} = \frac{1}{2} \cdot \frac{r_{Bit}}{Bit}$$

Längere Folgen von 0- und 1-Signalen führen zu entsprechend niedrigeren Frequenzen der ersten Harmonischen im Spektrum bis zur Frequenz Null.

Die Schaltung von Abb. 3.61 zeigt die Erzeugung von pseudoternären Signalen aus binären Signalen. An dem UND-Gatter liegt der Umschalttakt mit $f_T = 10\,kHz$ und das Binärsignal mit $f_B = 1\,kHz$. Die UND-Verknüpfung zwischen diesen beiden Signalen steuert ein D-Flipflop an. Die beiden Ausgänge des D-Flipflops sind mit dem elektronischen Umschalter verbunden, der aus zwei UND-Gattern besteht. Die Ausgänge der UND-Gatter sind an einem Operationsverstärker angeschlossen, der als Differenzverstärker arbeitet. Damit entstehen am Ausgang die bipolaren RZ-Signale (Return to Zero).

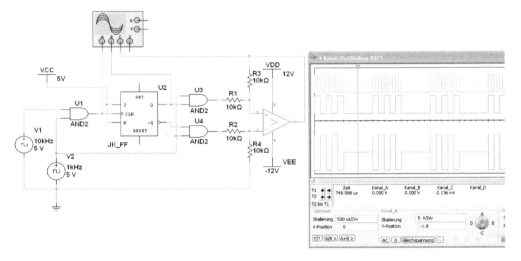

Abb. 3.61: Schaltung zur Erzeugung von pseudoternären Signalen aus binären Signalen

Bei der Übertragung eines digitalen Signals über Leitungen mit Zwischenverstärkern gilt es zunächst das binäre NRZ-Signal gleichstromfrei zu erzeugen und darüber hinaus noch möglichst viele Bittaktinformationen in den neuen Code einzubringen. Man erreicht dies durch eine Umcodierung in ein bipolares oder pseudoternäres Datensignal nach dem AMI-Code (Alternate Mark Inversion). Dabei werden aufeinanderfolgende 1-Signale abwechselnd als +1 und −1 gesendet. Über einen längeren Zeitabschnitt wird damit der Gleichanteil zu Null. Durch den Polaritätswechsel erhält man das ursprünglich durchlaufende 1-Signal wieder für den Bittakt. Dieses Verfahren bezeichnet man als „bipolar" bzw. „full width pulses". Im Gegensatz zur Umcodierung eines RZ-Signals, wo man die Definition mit „bipolar" bzw. „half width pulses" verwendet.

Der AMI-Code erlaubt eine einfache Fehlererkennung durch Prüfung des empfangenen Signals auf Codeverletzung. Wird ein gesendetes „+1"- oder „−1"-Signal als „0" empfangen oder eine gesendetes 0-Signal als „+1" oder „−1", dann weisen zwei aufeinanderfolgende 1-Bits die gleiche Polarität auf, was als eine Verletzung der AMI-Regel erkannt wird.

Bei längeren Null-Folgen fehlt allerdings auch nach der AMI-Codierung die Taktinformation. Dem begegnet man durch die Anwendung eines weiter differenzierenden Codes, z. B. dem HDB-3-Code (High Density Bipolar of order 3). Dieser Code geht aus dem AMI-Code hervor, wobei nur maximal drei 0-Signale nacheinander auftreten können.

3.5 Pulscodemodulation (PCM)

Die Pulscodemodulationstechnik hat in den letzten Jahren einen sehr großen Aufschwung genommen. Obwohl die Grundsätze des Verfahrens bereits um 1950 aufgestellt wurden, hat es der Mikroelektronik bedurft, eine geeignete Technik mit vertretbarem Aufwand bereitzustellen.

Es war abzusehen, dass die integrierte Analogtechnik immer mehr zugunsten konsequenter digitaler Systeme zurückgedrängt wird. Die Miniaturisierung und Verbilligung digitaler Baugruppen wie Codierer und Decodierer und die Entwicklung breitbandiger Übertragungsmedien wie Lichtwellenleiter werden entscheidend dazu beitragen.

Jede beliebige Schwingungsform lässt sich als Summe von sinusförmigen Schwingungen darstellen. Beim Betrachten der PCM-Vorgänge genügt es, sich auf einen einzelnen Sinuston zu beschränken, ohne deshalb die Allgemeingültigkeit einzubüßen.

Um ein analoges Signal in ein digitales PCM-Signal umzuwandeln, sind drei Schritte notwendig:

1. Abtastung
2. Quantisieren
3. Codieren

Die Abtastung eines analogen Signals entspricht der Pulsamplitudenmodulation PAM.

3.5.1 Bildung eines PCM-Signals

Den zur Übertragung des Analogsignals erforderlichen Amplitudenbereich unterteilt man in eine bestimmte Anzahl von Amplitudenintervallen (Amplitudenstufen). In einem Vergleicher wird dann festgestellt, in welches Amplitudenintervall die PAM-Probe fällt. Statt des genauen Wertes der PAM-Probe wird bei der PCM dann mit Hilfe eines Codewortes eine Kennziffer desjenigen Intervalles übertragen, in welches die PAM-Probe hineinfällt. Diesen Vorgang bezeichnet man als Amplitudenquantisierung. Verwandelt man auf der Empfangsseite die Codeworte in Amplituden zurück, so kann man den ursprünglichen Amplitudenwert nur durch einen festen, dem jeweiligen Intervall zugeordneten Wert annähern. Man wählt hierfür zweckmäßig Werte, die der Intervallmitte liegen und entsprechen. Nur die diesem Intervallmittenwert entsprechende PAM-Probe wird richtig wiedergegeben. Alle anderen PAM-Proben, die der gleichen Amplitudenstufe zugeordnet werden, vom mittleren Wert der Amplitudenstufe aber mehr oder weniger abweichen, sind mit einem Abrundungsfehler behaftet. Dieser Abrundungsfehler bewirkt eine Quantisierungsverzerrung, die als Geräusch bemerkbar sind. Je nachdem, ob man die Amplitudenintervalle alle gleich groß wählt oder ob man sie unterschiedlich groß gestaltet, unterscheidet man zwischen linearer Quantisierung und nicht linearer Quantisierung.

Die Anzahl der Amplitudenstufen ist nicht nur vom Amplitudenbereich des Analogsignals bzw. des PAM-Signals abhängig, sondern auch vom Zeichenvorrat des gewählten Codes.

Der Quantisierungsvorgang ist in Abb. 3.62 dargestellt. Der gesamte Quantisierungsbereich A, in dem die Werte des primären Signals $s_1(t)$ erwartet werden, wird in eine bestimmte Anzahl von Intervallen der Stufenhöhe ΔA geteilt. Die Teilung erfolgt so, dass die Stufenmitten bei den Werten $\pm 1/2A$, $\pm 3/2A$, $\pm 5/2A$ usw. liegen.

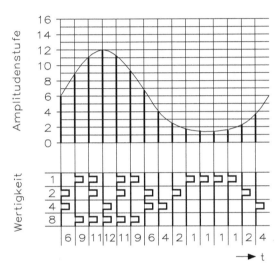

Abb. 3.62: Quantisierung eines Signals $s_1(t)$ in acht Stufen

In Abb. 3.62 sind acht gleich große Quantisierungsintervalle gewählt, deren Mittelwerte von 0 bis 7 beziffert sind. In den zeitlichen Abständen T_O wird nun das zu übertragende Signal $s_1(t)$ abgetastet. Die technische Einrichtung stellt dabei nicht die tatsächlichen Signalwerte fest, sondern prüft nur, in welchen der Quantisierungsintervalle sie jeweils liegen. Im einfachsten Fall werden dann die den Quantisierungsintervallen zugehörigen Werte (Code) bestimmt und übertragen. Das auf der Empfängerseite aus diesen Zustandswerten zurückgewonnene Signal $s_2(t)$ (gestrichelt) ist also ein wenig verschieden vom ursprünglichen Signal $s_1(t)$. Die Abweichung $s_o(t)$ stellt somit die Quantisierungsverzerrung dar.

Bei Sprachübertragungen mit gleichmäßig lauter Sprache ergeben 32 Stufen bereits eine vernünftige Fernsprechqualität. Für Fernsprechnetze, bei denen die Sprache der Teilnehmer ja sehr verschieden laut und leise ist, ist diese Zahl allerdings nicht ausreichend, auch wenn die Quantisierungsintervalle ungleichmäßig sind. Die Fernsprechnetze verschiedener Länder arbeiten deshalb mit 256 Quantisierungsstufen.

Nach den bisherigen Betrachtungen weist das Verfahren nur Nachteile auf, nämlich die Quantisierungsverzerrung und größeren Aufwand. Vergleicht man aber das Verfahren mit

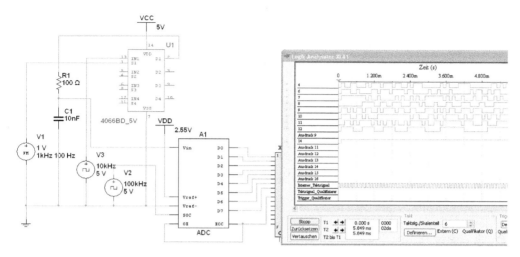

Abb. 3.63: Simulation einer Pulscodemodulation

der Schwingungsmodulation, erkennt man den entscheidenden Vorteil. Bei der Schwingungsmodulation häufen sich die Geräusche, die in den Verstärkerabschnitten auftreten. Ein quantisiertes Signal kann dagegen in jedem Verstärkerabschnitt wieder regeneriert werden, d. h., die Quantisierungsverzerrung tritt für die gesamte Übertragung nur ein einziges Mal auf.

Wie die Schaltung von Abb. 3.63 zeigt, benötigt man für die Simulation einer Pulscodemodulation mehrere Spannungsquellen, einen Analogschalter 4066, Widerstand, Kondensator und einen Analog-Digital-Wandler, der später in Abb. 3.64 und Abb. 3.65 erklärt wird. Auf ein Tiefpassfilter (Antialias-Filter) zwischen der FM-Quelle und dem Eingang S1 am Analogschalter wurde verzichtet. In der Praxis ist dieses Tiefpassfilter immer erforderlich.

Die FM-Quelle mit 1 V/1000 Hz/100 Hz ist mit einer Gleichspannungsquelle mit 1,5 V in Reihe geschaltet, d. h. die FM-Quelle erzeugt normalerweise negative Spannungsspitzen. Die Ausgangsspannung der FM-Quelle ist der Gleichspannung mit $U_{DC} = 1{,}5\,$V überlagert und liegt an dem Anschluss S1 des CMOS-Analogschalters 4066 an. Der Analogschalter wird am Eingang IN1 von dem Rechteckgenerator mit 10 kHz bei einem Tastverhältnis von 40 % angesteuert. Der Analogschalter arbeitet in Verbindung mit Widerstand und Kondensator als Sample & Hold-Einheit.

In der elektronischen Messtechnik, in der Datenerfassung und bei analogen Verteilungssystemen müssen auf periodischer Basis die entsprechenden Analogsignale an den Eingängen abgetastet werden. Liegt z. B. an einem Analog-Digital-Wandler eine analoge Spannung, so muss vor der Umsetzung diese Spannung in einem Abtast- und Halteverstärker zwischengespeichert werden. Ändert sich die Spannung am Eingang des Analog-Digital-Wandlers während der Umsetzphase, tritt ein erheblicher Messfehler auf. In der Praxis spricht man aber nicht von einem Abtast- und Halteverstärker, sondern von einer S&H-Einheit (Sample & Hold). Die Aufgabe eines Abtast- und Halteverstärkers ist die Zwischenspeicherung von analogen Signalen für eine kurze Zeitspanne, während sich die Eingangsspannung in dieser Zeit wieder ändern kann. Das Resultat dieser Abtastung ist mit der Multiplikation des Analogsignals in Verbindung mit einem Impulszug gleicher Amplitude identisch und es entsteht eine modulierte Pulsfolge. Die Amplitude des ursprünglichen Signals ist in der Hüllkurve des modulierten Pulszugs enthalten.

Ein Sample & Hold-Verstärker besteht im einfachsten Fall aus Kondensator und Schalter. An dem Schalter liegt die Eingangsspannung und ist der Schalter geschlossen, kann sich der Kondensator auf- bzw. entladen. Ändert sich die Eingangsspannung, ändert sich gleichzeitig auch die Spannung am Kondensator. Nach der Quantisierung durch die S&H-Einheit benötigt man für die Codierung einen Analog-Digital-Wandler. Die Spannung des Kondensators der S&H-Einheit liegt direkt an dem Eingang des Analog-Digital-Wandlers.

3.5.2   Quantisierung

Analog-Digital-Wandler oder ADW funktionieren nach sehr unterschiedlichen Umsetzungsverfahren. Ähnlich wie bei DA-Wandlern werden jedoch nur einige wenige Verfahren in der Praxis eingesetzt. Die Wahl des Verfahrens wird in erster Linie durch die Auflösung und die Umsetzgeschwindigkeit bestimmt. Aus der Tatsache, dass für jedes Umsetzverfahren jeweils ein spezieller AD-Baustein entwickelt wurde, kann abgeleitet werden, dass sich jedes einzelne AD-Verfahren unter bestimmten Anwendungsbedingungen vorteilhaft einsetzen lässt. Neben den bei der Umsetzung entstehenden grundlegenden Fehlern beinhaltet jedes Umsetzverfahren auch systembedingte Fehler. Für den Anwender von AD-Wandlern sind deshalb einige Grundkenntnisse über die verschiedenen Umsetzverfahren sehr vorteilhaft.

Bei einem AD-Wandler, der nach dem Zählverfahren arbeitet, wird die Impulsfolge eines Taktgenerators auf einen Zähler geschaltet. Die Ausgänge des Zählers sind mit einem DA-Wandler verbunden. Bei jedem Taktimpuls steigt die Ausgangsspannung des internen DA-Wandlers um 1 LSB (Least Significant Bit). Die Ausgangsspannung am DA-Wandler wird über einen Komparator, also einem Operationsverstärker mit hoher Leerlaufverstärkung, mit der Mess- bzw Eingangsspannung verglichen. Hat die Ausgangsspannung des DA-Wandlers den Wert der Mess- oder Eingangsspannung erreicht, schaltet der Komparator und sperrt den Taktgenerator.

Ein AD-Wandler, der nach dem Zählverfahren arbeitet, benötigt vier Funktionseinheiten. Der Komparator vergleicht die Messspannung U_m mit der Ausgangsspannung U_v vom DA-Wandler. Ist die Ausgangsspannung des DA-Wandlers kleiner als die Messspannung, weist der Ausgang des Komparators ein 1-Signal auf und der Taktgenerator kann arbeiten. Der Taktgenerator erzeugt eine bestimmte Frequenz, die den Vorwärtszähler ansteuert. Pro Taktimpuls erhöht sich die Wertigkeit des Zählers um +1. Die Wertigkeit des Zählers bestimmt über acht Leitungen die Eingangswertigkeit des DA-Wandlers und damit dessen Ausgangsspannung. Der Zählerausgang stellt das konvertierte Digitalwort dar, welches ein Mikroprozessorsystem über eine parallele Schnittstelle abfragen kann. Erreicht die Ausgangsspannung U_v die Höhe der Messspannung U_m schaltet der Komparator an seinem Ausgang auf 0-Signal um und stoppt so den Taktgenerator. Das Messergebnis liegt parallel an den Ausgängen.

Diese Schaltungsvariante hat Vor- und Nachteile. Einer der Vorteile ist die Realisierung eines Spitzenwert-AD-Wandlers. Vergrößert sich die Messspannung, läuft der Vorwärtszähler an und versucht über den nachgeschalteten DA-Wandler die Amplitude der Eingangsspannung zu erreichen. Verringert sich die Messspannung, tritt dagegen keine Änderung ein. Der Nachteil ist die lange Zeitdauer für eine komplette Umsetzung, nach dem Startsignal.

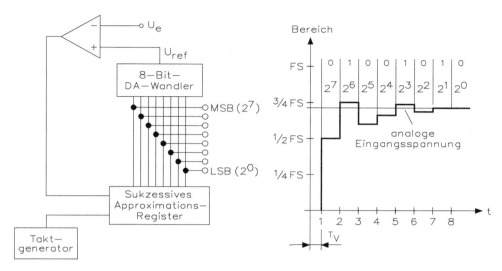

Abb. 3.64: AD-Wandler nach der „sukzessiven Approximation"

Für Wandler mit mittlerer bis sehr schneller Umsetzgeschwindigkeit ist das Verfahren der „sukzessiven Approximation", dem Wägeverfahren oder der stufenweisen Annäherung wichtig. Über 90 % aller AD-Wandler arbeiten nach diesem Prinzip. Im Falle der schrittweisen Annäherung wird der interne DA-Wandler von einer Optimierungslogik (SAR-Einheit oder sukzessives Approximations-Register) so gesteuert, dass die Umsetzung bei n-Bit-Auflösung in nur n Schritten beendet ist.

In Abb. 3.64 wird dieses Verfahren nach der „sukzessiven Approximation", dem Wägeverfahren oder der stufenweisen Annäherung, für die Simulation eingesetzt. Mittelpunkt der Schaltung ist das sukzessive Approximations-Register mit einer Optimierungslogik für die Ansteuerung des DA-Wandlers. Das Verfahren wird auch als Wägeverfahren bezeichnet, da seine Funktion vergleichbar ist mit dem Wiegen einer unbekannten Last mittels einer Waage, deren Standardgewichte in binärer Reihenfolge, also 1/2, 1/4, 1/8 ... 1/n kg, aufgelegt werden. Das größte Gewicht wird zuerst in die Schale gelegt. Kippt die Waage nicht, wird das nächst kleinere dazugelegt. Kippt aber die Waage, entfernt man das zuletzt aufgelegte Gewicht wieder und legt das nächstkleinere auf. Diese Prozedur lässt sich fortsetzen, bis die Waage im Gleichgewicht ist oder das kleinste Gewicht (1/n kg) aufliegt. Im letzteren Fall stellen die auf der Ausgleichsschale liegenden Standardgewichte die bestmögliche Annäherung an das unbekannte Gewicht dar.

Diesen Vorgang wiederholt der Wandler mit seinen nachfolgenden Stufen solange, bis für eine vorgegebene Auflösung die bestmögliche Annäherung der Ausgangsspannung des DA-Wandlers an die unbekannte Messspannung erzielt worden ist. Die Umsetzzeit des Stufenwandlers lässt sich daher sofort bestimmen. Der zeitliche Wert berechnet sich bei einer Auflösung von n Bit aus

$$T_u = n \cdot \frac{1}{f_T}$$

wobei f_T die Ausgangsfrequenz des Taktgenerators bedeutet.

Nach n-Vergleichen zeigt der Digitalausgang der SAR-Einheit jede Bitstelle im jeweiligen Zustand an und stellt damit das codierte Binärwort dar. Ein Taktgenerator bestimmt den zeitlichen Ablauf. Die Effektivität dieser Wandlertechnik erlaubt Umsetzungen in sehr kurzen Zeiten bei relativ hoher Auflösung. So ist es beispielsweise möglich, eine komplette 16-Bit-Wandlung in weniger als 80 ns durchzuführen.

Weitere Vorteile sind die Möglichkeiten eines „Short Cycle"-Betriebs, bei dem sich unter Verzicht auf Auflösung noch kürzere Umsetzzeiten ergeben. Die Fehlerquelle in diesem Verfahren ist ein inhärenter Quantisierungsfehler, der durch ein Überschwingen auftritt. Hat man einen 12-Bit-AD-Wandler, so muss der Taktgenerator drei verschiedene Frequenzen (z. B. 1 MHz, 2 MHz und 4 MHz) erzeugen. Die 1-MHz-Frequenz wird für die Umsetzung des MSB (Most Significant Bit) und für die beiden folgenden Bitstellen benötigt. Danach erhöht sich die Frequenz, da jetzt die Amplitudendifferenz der Ausgangsschritte erheblich geringer geworden ist. Bei den letzten drei Bits der Umsetzung kann man die Taktfrequenz nochmals erhöhen, denn die Quantisierungseinheiten verringern sich erheblich, sodass kein Überschwingen mehr möglich ist.

An dem Eingang V_{in} von Abb. 3.65 liegt eine sinusförmige Wechselspannung mit einem Gleichspannungsoffset von $U_{DC} = 1{,}5$ V an. Der Eingang V_{ref+} ist mit 2,55 V und V_{ref-} mit 0 V zu verbinden. Die Spannungen an diesen beiden Pins bestimmen die maximale Spannung.

Um die Umwandlung zu starten, muss Pin SOC (Start Of Conversion) auf 1 gesetzt werden, was der Rechteckgenerator mit f = 10 kHz übernimmt, d. h. alle 0,1 ms führt der AD-Wandler eine Umsetzung durch. Beim Start einer Umsetzung wird der Ausgang von Pin EOC (End Of Conversion) auf 0-Signal gesetzt und damit angezeigt, dass eine Umwandlung stattfindet. Wenn die Umwandlung nach 1 µs abgeschlossen ist, wird Pin EOC wieder auf 1-Signal gesetzt. Das digitale Ausgangssignal steht nun an den Pins D_0 bis D_7 zur Verfügung. Diese Tri-State-Ausgangspins können aktiviert werden, wenn Pin OE (Output Enable) auf 1-Signal gesetzt ist. Die Ausgänge des AD-Wandlers steuern direkt den Logikanalysator an und man erkennt die Arbeitsweise des AD-Wandlers.

Das digitale Ausgangssignal am Ende des Umwandlungprozesses ist äquivalent zum analogen Eingangssignal. Der diskrete Wert, der der Quantisierungsstufe des Eingangssignals entspricht, ist gegeben durch

$$\frac{\text{Eingangsspannung} \cdot 256}{V_{ref}}$$

Man beachte, dass das durch diese Formel beschriebene Ausgangssignal keine stetige Funktion des Eingangssignals ist. Der diskrete Wert wird anschließend in das binäre Signal umgesetzt, das an den Pins D_0 bis D_7 zur Verfügung steht, und gegeben ist durch

$$B_{IN}\left[\frac{\text{Eingangsspannung} \cdot 256}{V_{ref}}\right]$$

Für das Messen der Quantisierung benötigt man einen Logikanalysator. Abbildung 3.65 zeigt die Ausgangsspannung des AD-Wandlers.

Der Logikanalysator dient zur Darstellung von 16 Signalen in ihrem zeitlichen Verlauf (Impulsdiagramm). Gleichzeitig werden die an den Eingängen anstehenden Wörter direkt als Binär- und Hexadezimalzahl angezeigt. Der Logikanalysator lässt sich extern oder intern auf bestimmte Bitmuster oder automatisch triggern. Zwei Messcursors ermöglichen die einfache Analyse der aufgezeichneten Signale.

Die 16 Anschlüsse an der linken Seite des Symbols entsprechen den Anschlüssen und Zeilen im Instrumentenfenster. Nach der Aktivierung zeichnet der Logikanalysator nur die digitalen Werte der Eingangssignale an den Anschlüssen auf. Wenn das Triggersignal erkannt wird, zeigt der Logikanalysator die Pre- und Post-Triggerdaten an. Daten werden als Rechteckkurven über die Zeit dargestellt. In der obersten Zeile werden die Werte für Kanal 0 (in der Messpraxis das erste Bit in einem Digitalwort) ausgegeben, in der nächsten Zeile die Werte für Kanal 1 usw. Der binäre Wert eines jeden Bits im aktuellen Wort wird in den Anschlüssen am linken Rand des Instrumentenfensters angezeigt.

Um die Anzahl der Samples vor und nach der Triggerung anzugeben, wählt man Register „Instrumente" des Dialogfelds „Analyse/Analyse-Optionen". Der Logikanalysator speichert so lange Daten, bis die Pre-Triggeranzahl von Samples erreicht ist. Dann werden neu erscheinende Samples abgelegt, bis das Triggersignal erkannt wird. Nach dem Triggersignal werden Samples bis zum Wert der Post-Trigger-Samples gespeichert.

Um die Schwellenspannung für die Triggerung zu ändern, wählt man aus dem Register „Instrumente" das Dialogfeld „Analyse/Analyse-Optionen" für die Einstellungen aus.

Um bei nicht getriggertem Logikanalysator gespeicherte Daten auszugeben, klickt man auf „Stopp". Wenn der Logikanalysator bereits getriggert ist und Daten anzeigt, ist die „Stopp"-Funktion nicht wirksam. Um die Anzeige des Logikanalysators zu löschen, klickt man auf „Reset".

Der Takt gibt vor, wann der Logikanalysator ein Eingangssample zu lesen hat. Der Takt kann intern erzeugt werden oder liegt extern an. Der Takt wird folgendermaßen eingestellt:
• Klickt man auf „Einstellen" im Bereich „Takt" des Logikanalysators und im Dialogfeld „Takt-Setup" erscheint ein Eingabefeld
• Man bestimmt die Taktflanke „Positiv" oder „Negativ"
• Man wählt den Taktmodus „Extern" oder „Intern" aus
• Man klickt, wenn alles richtig ist, auf „Akzeptieren"

Der „Taktkennzeichner" ist ein Eingangssignal, das das Taktsignal filtert. Ein auf x eingestellter Taktkennzeichner ist deaktiviert, und das Taktsignal bestimmt, wann Samples gelesen werden. Bei der Einstellung von 1 oder 0 werden die Samples nur gelesen, wenn das Taktsignal mit dem gewählten Kennzeichnersignal übereinstimmt.

Für die Triggerung können Sie Wörter oder Wortkombinationen eingeben, nach deren Lesen der Logikanalysator ausgelöst wird. So geben Sie bis zu drei Wörter oder Wortkombinationen ein:
• Man klickt auf „Einstellungen" im Feld „Trigger" des Logikanalysators
• Man klickt in das Feld A, B oder C und gibt ein binäres Wort ein. Ein x bedeutet entweder 1 oder 0
• Man klickt das Feld „Triggerkombinationen" an und wählt aus den acht Kombinationen die Betriebsart aus
• Man klickt auf „Akzeptieren", wenn die Einstellungen richtig sind

Der Triggerkennzeichner ist ein Eingangssignal, das das Triggersignal filtert. Ein auf x eingestellter Kennzeichner ist deaktiviert, und das Triggersignal bestimmt, wann der Logikanalysator getriggert wird. Bei den Einstellungen 1 oder 0 wird der Logikanalysator nur getriggert, wenn das Triggersignal mit dem gewählten Triggerkennzeichner übereinstimmt. Abbildung 3.65 zeigt die Gesamtschaltung für einen AD-Wandler.

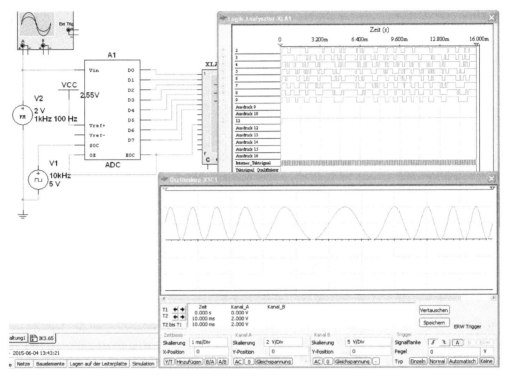

Abb. 3.65: Gesamtschaltung für den AD-Wandler

3.5.3   Codierung eines PCM-Signals

Den zur Übertragung eines analogen Signals erforderlichen Amplitudenbereich unterteilt man in eine bestimmte Anzahl von Amplitudenintervallen (Amplitudenstufen). In einem Vergleicher wird dann festgestellt, in welchem Amplitudenintervall die PAM-Probe vorhanden ist. Statt des genauen Werts der PAM-Probe wird bei der Pulscodemodulation mit Hilfe eines Codeworts eine Kennziffer desjenigen Intervalls übertragen, in welches die PAM-Probe hineinfällt. Diesen Vorgang bezeichnet man als Amplitudenquantisierung. Setzt man auf der Empfangsseite die Codeworte in Amplituden zurück, so kann man den ursprünglichen Amplitudenwert nur durch einen festen, dem jeweiligen Intervall zugeordneten Wert annähern. Man wählt hierfür zweckmäßig Werte, die der Intervallmitte entsprechen. Nur die in diesem Intervallmittenwert entsprechende PAM-Probe wird richtig wiedergegeben.

Alle anderen PAM-Proben, die von der gleichen Amplitudenstufe aber mehr oder weniger abweichen, sind mit einem Abrundungsfehler behaftet. Dieser Abrundungsfehler bewirkt eine Quantisierungsverzerrung, die als Geräusch bemerkbar ist. Je nachdem, ob man die Amplitudenintervalle alle gleich groß wählt oder ob diese unterschiedlich groß sind, muss man daher zwischen einer linearen und einer nicht linearen Quantisierung unterscheiden.

Der Taktgenerator mit $f_{Ab} = 10\,\text{kHz}$ erzeugt die Abtastfrequenz. Nach dem Shannon-Abtasttheorem reichen $f_{Ab} = 2 \cdot f_{max}$ für den S&H-Betrieb. Ein großes Problem bei der Abtastung von Amplituden hoher Geschwindigkeit ist der sogenannte Aliasing-Effekt. Dieses Phänomen kann man beispielsweise bei einer mit hoher Geschwindigkeit fahrenden Kutsche in einem Fernsehfilm beobachten. Die schnell drehenden Räder der Kutsche scheinen sich manchmal langsamer zu drehen, stehenzubleiben oder gar rückwärts zu laufen. Dieser Effekt ergibt sich aus der Tatsache, dass die Filmkamera nur eine bestimmte Anzahl von Bildern pro Sekunde aufnimmt (Abtastrate). Auch in der PCM-Technik kann es vorkommen, dass das Eingangssignal wesentlich höhere Frequenzen als die Abtastrate enthält. Die Folge: Bei einer hohen Frequenzanalyse werden falsche Werte umgesetzt. Abhilfe schafft in einem solchen Fall die Vorschaltung eines einfachen RC-Filters, das bei einer bestimmten Frequenz das Signal begrenzt. Nach dem Abtasttheorem erfolgt die Ermittlung bei einem stetigen Signal bereits dann, wenn die Abtastrate doppelt so hoch ist wie die Signalfrequenz. Deshalb werden Antialiasing-Filter normalerweise auf die halbe Abtastrate berechnet und eingestellt.

In der PCM-Simulation liegt eine sinusförmige Eingangsspannung an der Abtasteinheit. Die Folge der Abtastimpulse stellt einen schnell arbeitenden Schalter dar, der sich für eine sehr kurze Zeitspanne auf das analoge Eingangssignal auflädt und für den Rest der Abtastperiode abgeschaltet bleibt. Das Resultat dieser schnellen Abtastung ist mit der Multiplikation des Analogsignals mit einer Impulszeit gleicher Amplitude identisch und man erhält die gezeigte modulierte Pulsfolge wieder. Die Amplitude des ursprünglichen Signals ist in der Hüllkurve des modulierten Impulszugs enthalten. Wird nun dieser Abtastschalter durch einen Kondensator ergänzt (Sample & Hold-Schaltung), so lässt sich die Amplitude jeder Abtastung kurzfristig speichern.

Der Zweck der Abtastung ist der effiziente Einsatz von PCM-Systemen in Informationsverarbeitungssystemen und Kommunikationsübertragungsanlagen. Eine einzelne Datenübertragungsstrecke kann z. B. auf der Abtastbasis für die Übertragung einer ganzen Reihe von Analogkanälen genützt werden, während die Belegung einer kompletten Datenübertragungskette für die kontinuierliche Übertragung eines einzelnen Signals sehr unökonomisch ist.

Auf ähnliche Weise wird eine Informationserfassungsanlage und Kommunikationsverteilungssystem dazu eingesetzt, die vielen Parameter eines Prozesssteuerungssystems zu messen und zu überwachen. Auch dies geschieht durch Abtastung der Parameter und periodisches „Updating" der Kontrolleingänge.

Bei Datenwandlungssystemen ist es üblich, einen einzelnen Analog-Digital-Wandler hoher Geschwindigkeit und Genauigkeit einzusetzen und eine Reihe von Analogkanälen im Multiplexbetrieb von ihm abarbeiten zu lassen. Dabei stellt sich eine wichtige und fundamentale Frage bei den Überlegungen zu einem Abtastsystem: Wie oft muss ein Analogsignal abgetastet werden, um bei der Rekonstruktion keine Informationen zu verlieren?

Es ist offensichtlich, dass man aus einem sich langsam ändernden Signal alle nützlichen Informationen gewinnen kann, wenn die Abtastrate so gelegt wird, dass zwischen den Abtastungen keine oder so gut wie keine Änderungen des Signals erfolgen. Ebenso offensichtlich ist es, dass bei einer raschen Signaländerung zwischen den Abtastzyklen sehr wohl wichtige Informationen verloren gehen können. Die Antwort auf diese Frage ist das Abtasttheorem, das wie folgt lautet: Wenn ein kontinuierliches Signal begrenzter Bandbreite keine höheren Frequenzanteile als f_c (Corner- bzw Eckfrequenz oder Grenzfrequenz f_g) enthält, so lässt sich das ursprüngliche Signal ohne Störverluste wieder herstellen, wenn die Abtastung mindestens mit einer Rate von $2 \cdot f_c$-Abtastungen erfolgt.

Das Abtasttheorem kann am besten mit einem dargestellten Frequenzspektrum erklärt werden. Das Frequenzspektrum in einem kontinuierlichen System ist ein in der Bandbreite begrenztes Analogsignal mit Frequenzanteilen bis zur Eckfrequenz f_c. Wenn dieses Signal mit der Rate f_s (Sample-Frequency) abgetastet wird, so verschiebt der Modulationsprozess das ursprüngliche Spektrum an die Punkte f_s, $2 \cdot f_s$, $3 \cdot f_s$ usw. über das Originalspektrum hinaus.

Falls man nun die Abtastfrequenz f_s nicht hoch genug wählt, so wird ein Teil des zu f_s gehörigen Spektrums mit dem ursprünglichen Spektrum überlappt. Dieser unerwünschte Effekt ist als Frequenzüberlappung (frequency folding) bekannt. Beim Wiederherstellungsprozess des Originalsignals wird der überlappende Teil des Spektrums erhebliche Störungen im rekonstruierten Ausgangssignal verursachen, die auch durch nachträgliche Filterung nicht mehr zu eliminieren ist.

Aus dem Oszillogramm ist ersichtlich, dass das Originalsignal nur dann störungsfrei wiederhergestellt werden kann, wenn die Abtastrate so gewählt wird, dass $f_s - f_c > f$ ist und die beiden Spektren eindeutig nebeneinander liegen. Dies beweist nochmals die Behauptung des Abtasttheorems, nach dem $f > 2 \cdot f_c$ sein muss. Die Frequenzüberlappung kann aus zwei Möglichkeiten verhindert werden: Erstens durch Benützung einer ausreichend hohen Abtastrate und zweitens durch Filterung des Signals vor der Abtastung, um dessen Bandbreite auf $f_s/2$ zu begrenzen.

In der Praxis muss davon ausgegangen werden, dass abhängig von den Hochfrequenzanteilen des Signals, dem Rauschen und der nicht idealen Filterung immer eine geringe Frequenzüberlappung auftreten wird. Diesen Effekt muss man auf einen für die spezielle Anwendung vernachlässigbar kleinen Betrag reduzieren, indem die Abtastrate hoch genug angesetzt wird. Die notwendige Abtastrate kann in der wirklichen Anwendung unter Umständen weit höher liegen als das durch das Abtasttheorem gekennzeichnete Minimum.

Der Effekt einer unpassenden Abtastrate an einer Sinuswelle lässt sich durch die Simulation untersuchen, wenn man die einzelnen Frequenzen verändert. Eine Scheinfrequenz (Alias Frequency) ist hier das Resultat beim Versuch der Rekonstruktion des Eingangssignals. In diesem Falle ergibt eine Abtastrate von geringfügig weniger als zweimal pro Kurvenzug die niederfrequente Sinuswelle. Diese Scheinfrequenz kann sich deutlich von der Originalfrequenz unterscheiden. Aus der Simulation ist ferner zu erkennen, dass sich durch eine Abtastrate von mindestens zweimal pro Kurvenzug wie nach dem Abtasttheorem erforderlich ist, die Originalfrequenz relativ einfach wieder herstellen lässt.

Das Nyquist-Theorem besagt, dass ein Abtastfilter oder ein AD-Wandler die höchste zu messende Frequenz mindestens zweimal pro Zyklus abtasten muss. „Undersampling" oder Unterabtastung ist eine absichtliche Verletzung dieser Regel und diese lässt sich jedoch nur in einigen sorgfältig ausgesuchten Fällen zur Datenerfassung einsetzen. Durch dieses Verfahren ist man in der Lage, einen langsamen und damit preiswerten AD-Wandler für die Umsetzung hoher Signalfrequenzen in der Praxis zu verwenden.

„Undersampling" folgt den Aussagen des erweiterten oder allgemeinen Abtasttheorems, das besagt, dass ein abgetasteter Eingang aus Signalen rekonstruiert werden kann, falls die Frequenzkomponenten des Eingangs vollständig in einem bestimmten Intervall liegen. Das kann jeder Abschnitt zwischen zwei aufeinanderfolgenden ganzzahligen Vielfachen von $f_s/2$, also der halben Abtastfrequenz, sein.

Die Bedingungen des allgemeinen Abtasttheorems werden verletzt, wenn eine oder mehrere Frequenzkomponenten eine der Grenzen berühren. Die resultierenden, durch Frequenzüberlappung entstehenden Frequenzen verzerren dann normalerweise das Ausgangssignal. So verhindern sie eine eindeutige Interpretation, außer in einigen Sonderfällen, bei denen das Eingangsspektrum eine gewisse Struktur aufweist. Zwei solcher Fälle sind die doppelten Seitenbänder einer linearen Modulation und die erweiterten Spektren, denn diese entstehen beim Undersampling eines periodischen Signals. Um unerwünschte Faltungsprodukte zu vermeiden, ist daher eine vorherige Analyse des Spektrums im Hinblick auf die Wandlungsrate notwendig.

Wenn man breitbandige Signale mittels Undersampling umwandelt, liegen die Anforderungen an die Schaltung nicht mehr im eigentlichen Wandler, sondern vorrangig in der vorgeschalteten S&H-Stufe. Diese Stufe muss hier sehr schnelle Signale in präzisen gleichen Zeitabständen erfassen und sie dem Wandler als konstante Spannung präsentieren. Um das zu erreichen, ist eine erhöhte Bandbreite und Einschwingzeit erforderlich. Erst dann kann das abgetastete Eingangssignal ausgewertet werden, ohne weitere Verzerrungen hinzuzufügen. Der AD-Wandler selbst hat beim Undersampling eine unkritische Rolle. Er braucht die Wandlung nicht schneller durchzuführen, als das schnellste Signal für eine Taktperiode benötigt. Hier ist dies eine Rate von weniger als der Hälfte des Eingangssignals.

Nach der Abtastung, die eine zeitliche Quantisierung darstellt, muss das Signal noch in der Amplitude digitalisiert werden: Die Höhe jedes Abtastwerts wird in eine digitale Zahl gewandelt. Dabei hängt die mögliche Auflösung von der Länge des digitalen Wortes ab, das diesen Analogwert repräsentieren soll. Da die Auflösung mit jedem Bit verdoppelt wird, sinkt der Quantisierungsfehler für jedes zusätzliche Bit um ca. 6 dB, denn $20 \cdot \log 2 = 6{,}02$. Wenn der Quantisierungsfehler -60 dB betragen soll, dann ist ein 10-Bit-Analog-Digital-Wandler notwendig.

3.5.4   Kenngrößen eines PCM-Systems

Der vom PAM-Signal überstrichene Amplitudenbereich wird zur Wandlung in eine, bestimmte Anzahl von Stufen unterteilt (Quantisierung) und jeder Stufe ein Codewort zugeordnet. Die Codewörter selbst bestehen aus einer Folge der Zustände 1 und 0. In der Abb. 3.66 mit $16 = 2^4$ angenommenen Amplitudenstufen wird folglich jeder Stufe ein 4-Bit-Codewort gleichgesetzt. Das PCM-Signal ergibt sich dann aus der zeitlich aufeinanderfolgenden (seriellen) Übertragung der entsprechenden Codeworte für die Amplitudenwerte.

Als Beispiel dafür, dass
1. der umzusetzende Vorgang nicht immer sinusförmig sein muss, und
2. auch eine gröbere Stufung des Amplitudenbereichs möglich ist, zeigt Abb. 3.62 die Erzeugung eines PCM-Signals mit nur drei Bit langen Codewörtern!

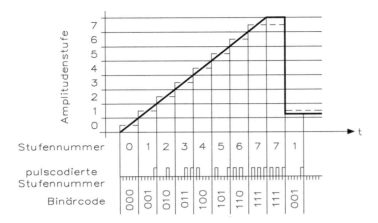

Abb. 3.66: Erzeugung eines PCM-Signals nach der Umsetzung einer Sägezahnspannung

Nachdem das ursprüngliche analoge Signal in eine Folge von Impulsen gleicher Amplitude und Dauer umgewandelt wurde, steckt die Information nur noch im jeweiligen Signalwert der Binärzeichen. Auch bei relativ schlimmen Verzerrungen der Impulse ist deshalb mittels Schwellwertschaltungen trotzdem eine einwandfreie Rückgewinnung (Regeneration) der Bitmuster möglich.

Von der Quantisierung der Amplitude hängen verschiedene Systemparameter ab. Prinzipiell wird der Störabstand immer größer, je feiner die Amplitudenstufung gewählt wird. Aus Tab. 3.5 ist ersichtlich, dass eine Erhöhung der Länge des Codewortes um ein Bit einen Zuwachs des Störabstands um 6 dB bringt!

Tab. 3.5: Zusammenhang von Quantisierung und Störabstand

Quantisierungsintervalle	Länge des Codewortes	Störabstand
32	5 Bit	32 dB
128	6 Bit	44 dB
256	8 Bit	50 dB
1024	10 Bit	62 dB
4096	12 Bit	74 dB

Andererseits ist zu bemerken, dass nach einem Grundgesetz der Nachrichtentechnik die Erhöhung der Qualität einer Übertragung (und ein größerer Störabstand bedeutet höhere Güte) immer mit einer ansteigenden Bandbreite bezahlt werden muss! Bei der PCM-Technik wird dieser Bandbreitenbedarf besonders schnell relativ groß, da die Bandbreite hier direkt vom Produkt der Abtastfrequenz und der Impulszahl pro Abtastwert (also von der Codierung) abhängt. Schon bei der Sprachübertragung mit $f_T = 8$ kHz und einer Wortlänge von 8 Bit ergibt sich eine erforderliche Bandbreite von 64 kHz für den Übertragungskanal!

Aus diesem Grund muss bei der Konzeption eines PCM-Systems stets ein Kompromiss zwischen der Übertragungsgeschwindigkeit, dem Störabstand und der Abtastfrequenz geschlossen werden. Um die Leistungsfähigkeit von verschiedenen PCM-Systemen schnell beurteilen und vergleichen zu können, fasst man die bestimmenden Größen zusammen und definiert die Bitrate R zu:

$$R = \text{Abtastfrequenz} \cdot \text{Codewortlänge} \cdot \text{Kanalanzahl in MBit/s}$$

Diese Größe R wird auch als Übertragungsgeschwindigkeit oder Datenflussrate eines PCM-Systems bezeichnet.

Die Aufgabe der Codierung besteht darin, die quantisierten Stufenwerte durch Kombinationen von Zustandswerten darzustellen. Für das Signal $s_1(t)$ in Abb. 3.66 traten die Stufenwerte 6 5 2 0 0 2 5 5 3 auf. Diese Werte müssen nun in einen aus Impulsen bestehenden Code umgewandelt werden. Daher stammt der Name Pulscodemodulation. Der einfachste Fall wäre ein Code aus binären Impulselementen. Diese binären Impulselemente setzt man zweckmäßigerweise aus einer Potenzreihe von 2 zusammen. Es ergibt sich dann folgende Zuordnung:

$$0 = 0 \cdot 2^2 + 0 \cdot 2^1 + 0 \cdot 2^0 = 000$$
$$1 = 0 \cdot 2^2 + 0 \cdot 2^1 + 1 \cdot 2^0 = 001$$
$$2 = 0 \cdot 2^2 + 1 \cdot 2^1 + 0 \cdot 2^0 = 010$$
$$3 = 0 \cdot 2^2 + 1 \cdot 2^1 + 1 \cdot 2^0 = 011$$
$$4 = 1 \cdot 2^2 + 0 \cdot 2^1 + 0 \cdot 2^0 = 100$$
$$5 = 1 \cdot 2^2 + 0 \cdot 2^1 + 1 \cdot 2^0 = 101$$
$$6 = 1 \cdot 2^2 + 1 \cdot 2^1 + 0 \cdot 2^0 = 110$$
$$7 = 1 \cdot 2^2 + 1 \cdot 2^1 + 1 \cdot 2^0 = 111$$

Jeder dieser acht Werte ist nach Abb. 3.62 durch drei Bits darstellbar. Zu beachten ist, dass die zugehörigen drei Impulse innerhalb einer Abtastperiode T_0 untergebracht werden müssen. Außerdem legt man die beiden vorkommenden Amplituden der Impulse (Null und Eins) symmetrisch zur Nulllinie, damit die Signalleistung gering gehalten werden kann. Da die kurzen Impulse für die Übertragung unnötig viel Frequenzband verbrauchen würden, schickt man sie durch einen Tiefpass, der dann die gezeichnete Signalfunktion s(t) in Abb. 3.67 herstellt.

Die Codierung lässt sich mit verschiedenen Verfahren durchführen, basierend auf dem Spannungsvergleich der Amplitudenprobe mit einem Spannungsnormal. Die in Abb. 3.68a bis c gezeigten Verfahren unterscheiden sich in ihrem technischen Aufwand und ihrer Verarbeitungsgeschwindigkeit. So ist das in Abb. 3.68a gezeigte direkte Codierverfahren am schnellsten, benötigt jedoch eine sehr große Anzahl von Referenzspannungen. Das Iterationsverfahren (Abb. 3.68b) kommt mit einer geringeren Zahl von Referenzspannungen aus, da es sich die passende Spannung mit Hilfe einer Kombination von Basiswerten zusammenstellt. Eine technisch einfache Lösung stellt die Zählcodierung dar (Abb. 3.68c).

Hier werden einer mit der Amplitudenprobe geladenen Kapazität mit Hilfe von Konstantstrompulsen Ladungsmengen gleicher Größe entnommen. Die für die Entladung erforderliche Anzahl der Pulse wird in einem Zähler gezählt, der gleichzeitig das entsprechende Codewort anzeigt. Dieses einfache, jedoch auch langwierige Verfahren kann verkürzt werden, indem man mit zwei verschiedenen Ladungsmengen für eine Grob- und eine Feinentladung arbeitet.

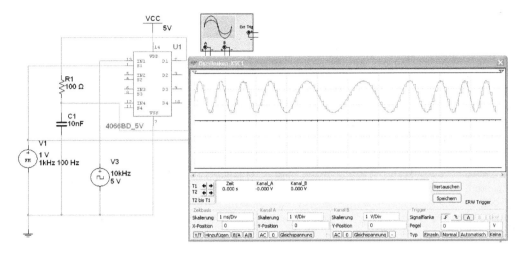

Abb. 3.67: Signal einer binären Pulscodemodulation

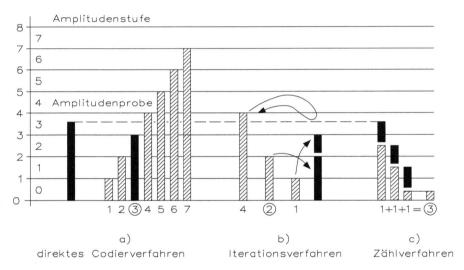

Abb. 3.68: Verschiedene Codierverfahren für das PCM-Verfahren

Bei der Rückgewinnung des PAM-Signals wird aus dem empfangenen Code ein mittlerer Spannungswert zurückgebildet.

Das Quantisierungsgeräusch mit der Maximalspannung einer halben Stufenbreite $U_Q = \pm A/2$ tritt nur zusammen mit einer Signalspannung auf. Es ist deshalb für die Beurteilung der Übertragungsqualität wichtig, den Abstand zwischen der Signal- und Geräuschspannung zu kennen. Bei der sogenannten linearen Quantisierung, bei der die Amplitudenstufen unabhängig von der Aussteuerungsamplitude gleiche Spannungsintervalle haben, wirkt sich das Quantisierungsgeräusch besonders stark bei niedrigen Signalpegeln aus.

Der Geräuschabstand, das Verhältnis der Leistungen, nimmt mit abnehmender Signalspannung U_S ab, da die Quantisierungsgeräuschspannung U_Q konstant bleibt. Der Quantisierungsgeräuschabstand in dB errechnet sich aus

$$\Delta n_Q = 20 \cdot \lg \frac{U_S}{U_Q}$$

Eine Verbesserung wäre zu erzielen, wenn man die Anzahl der Quantisierungsstufen erhöhen könnte, um damit kleinere Stufenbreiten und somit geringere Geräuschspannungen zu erhalten. Bei einer Wortlänge von acht Bit beträgt die Anzahl der Amplitudenstufen:

$$Z_8 = 2^8 = 256 \text{ Stufen}$$

Könnte man die Wortlänge um ein Bit erhöhen, so ließe sich bei $Z_9 = 512$ Stufen die Stufenbreite und damit die Quantisierungsgeräuschspannung halbieren. Auf diese Weise könnte der Störspannungsabstand um 6 dB verbessert werden.

$$\Delta n_{Q\,9\,Bit} = \Delta n_{Q\,8\,Bit} = 20 \cdot \lg \frac{512}{256} = 6 \text{ dB}$$

Die Wortlänge ist jedoch festgeschrieben, sodass man mit 256 Stufen auskommen muss.

Um trotzdem Verbesserungen erzielen zu können, wird die Stufenbreite für kleine Pegel kleiner und dafür für große Signalpegel größer gewählt, sodass die Gesamtzahl jedoch gleich bleibt. Damit erreicht man ein Ansteigen des Quantisierungsgeräusches mit zunehmendem Signalpegel und ist in der Lage, innerhalb der Aussteuergrenzen den Quantisierungsgeräuschabstand annähernd konstant zu halten. Dieser Vorgang wird als nicht lineare Quantisierung oder auch Kompression bezeichnet.

Auf der Empfangsseite ist der entgegengesetzte Vorgang, die Expansion, erforderlich, um ein unverzerrtes Signal zu erhalten. Die Eigenschaften der Kompander (Kompressor + Expander) sind bei der Telekom für das Fernsprechen mit der 13-Segment-Kompanderkennlinie festgelegt.

Die sich aus dem Zeichenvorrat des für Fernsprechübertragung verwendeten 8-Bit-Codes ergebenden 256 Stufen sind so eingeteilt, dass jedes Segment über 16 Stufen ($\hat{=}$ 4 Bit) verfügt. Dabei ist die Auflösung der Segmente 1a und 1b so, dass sie der Abstufung eines 12-Bit-Codes mit 4096 Stufen entsprechen und die weiteren Segmente jeweils eine um ein Bit reduzierte Auflösung haben. Dies entspricht jeweils einer Verdoppelung der Stufenbreiten.

Die unempfindlichste Abstufung liegt bei den Segmenten 7, die einem 6-Bit-Code mit 64 Stufen entsprechen. Das Segment 7 deckt den halben Eingangsaussteuerbereich ab.

Die Kompandierung lässt sich in der digitalen Signalebene gut reproduzierbar durchführen, indem zuerst alle Signalamplituden einheitlich im 12-Bit-Code codiert und anschließend auf einen der Kompanderkennlinie entsprechenden Code umgerechnet werden.

Für eine Spannungsprobe von z. B. $\pm 35{,}3$ mV, die als positive Spannung in der Stufe 7 des Segments 2 identifiziert würde, erhält man das Codewort vom Tab. 3.6.

Für die am Empfangsort ankommenden Codewörter werden die den ursprünglichen Quantisierungsstufen zugeordneten Signalwerte erzeugt. Dabei lässt sich zu jeder Codiermethode

Tab. 3.6: Beispiel eines Codeworts

Vz	Segment		Stufe				
+	2		7				
1	0	1	0	0	1	1	1

eine entsprechende Decodiermethode finden. Da es zur Quantisierung keinen inversen Vorgang gibt, ist sie grundsätzlich einfacher. Die decodierten Werte sind aber, wie bereits beschrieben, um die Quantisierungsverzerrung falsch.

Am einfachsten lassen sich Codes decodieren, wenn deren Werte in eindeutiger Weise mit Stellenwertigkeiten behaftet sind.

Für einen Dualcode eignet sich also am besten ein sogenannter Bewertungsdecoder. Das empfangene Codewort wird zunächst seriell in ein Schieberegister eingelesen. Die Synchronisierungseinrichtung muss aus dem PCM-Signal den Worttakt ableiten und immer dann den Schalter S schließen, wenn das gesamte Codewort eingelesen worden ist. Die Schalter oberhalb des Widerstandsnetzwerks werden nun von dem gespeicherten Codewort gesteuert. 1-Zustände bewirken das Schließen und 0-Zustände das Öffnen des betreffenden Schalters. Man erhält dadurch am Ausgang einen Spannungswert, der durch die Spannungsquelle U und durch das Widerstandsnetzwerk bestimmt wird. Dieser Spannungswert entspricht dem eingegebenen Codewort.

4 Ethernet und TCP/IP

Um ein lokales Netzwerk von anderen Kommunikationssystemen zu unterscheiden, wurden folgende charakteristischen Eigenschaften festgelegt:
- erstattet eine Kommunikation zwischen unabhängigen Stationen
- ermöglicht eine begrenzte Ausdehnung auf 1000 m
- hat kurze, jedoch nicht vernachlässigbare Signallaufzeiten
- hohe Übertragungsraten bis 100 MBit/s
- weist verhältnismäßig geringe Bitfehlerraten ($<10^{-9}$) auf
- verwendet eine serielle Übertragungsform
- befindet sich im privaten Besitz

Lokale Netzwerke unterscheiden sich durch:
- individuelle Netztopologie (Bus, Ring, Stern, Baum)
- unterschiedliche Netzzugangsverfahren (CSMA/CD, Tokenring, Tokenbus)
- Übertragungstechnologie (Basis- oder Breitbandübertragung)

Voraussetzung für den Anschluss eines PC an ein lokales Netz ist die Verfügbarkeit der für das festgelegte Übertragungsprotokoll benötigten Hard- und Software. Wegen der übermäßigen Komplexität, die ein Gesamtprotokoll aufweisen muss, damit alle zur Kommunikation notwendigen Aufgaben wie Segmentierung von Nachrichten, Verbindungsauf- und -abbau, Fehlerkontrolle, Flussmechanismen, Netzkontrolle, Signalcodierung usw. möglichst automatisch ablaufen, hat die ISO (International Standardization Organization) bereits 1980 ein Referenzmodell für die offene Kommunikation vorgeschlagen.

Dieses OSI-Modell (Open System Interconnection) sieht eine Strukturierung der Kommunikationsaufgaben in sieben Ebenen vor. Jede tieferliegende Ebene erbringt die entsprechenden Dienste für die nächst höher liegende Ebene. Die unterste Ebene (1) ermöglicht den eigentlichen Zugang zum physikalischen Medium (Kupferleitung, Lichtwellenleitung, Sende- und Empfangsteil für die infrarote Lichtübertragung oder Funkwellenübertragung).

Die unteren drei Ebenen (1 bis 3) beschäftigen sich mit netzspezifischen Protokollen, die Ebene 4 sorgt für die End-zu-End-Verbindung zweier Netzbenutzer und die höheren Ebenen (5 bis 7) beschreiben – unabhängig vom jeweils unterlegten Netz – die Protokolle bzw. die Datendarstellung und vereinheitlichten Regeln für den Anwender.

Obwohl sich lokale Netze in aller Regel in privatem bzw. industriellen Besitz befinden – somit sind gesetzlich vorgeschriebene Normen nicht unbedingt zu berücksichtigen –, besteht die Tendenz, normative Vereinbarungen oder lokale Netze mit bestehenden oder entsprechenden ISO-Normen für die offene Kommunikation in Einklang zu bringen. Hintergrund ist die Notwendigkeit, den Benutzern von lokalen Netzen über Gateways auch den Zugang zu öffentlichen Fernnetzen (WAN) zu ermöglichen.

4.1   Lokale und globale Netzwerke

Die heutige lokalen und globalen Netzwerke benötigen die Verknüpfung verschiedenster Endgeräte unterschiedlichster Hersteller. Alle sollen miteinander kommunizieren und gemeinsam
ein System regeln und steuern. Aber leider sprechen nicht alle Geräte die gleiche Programmiersprache, d. h. die einzelnen Geräte arbeiten eventuell mit unterschiedlichen Protokollen.
Das Protokoll definiert für den Informationsaustausch zwischen zwei und mehreren Geräten
das Datenformat und die Steuerungsprozedur (Code, Übertragungsart, usw.).

Diese Verständigungsprobleme hat man meist nicht, wenn man mit Geräten eines einzigen
Herstellers arbeitet. Ein solches herstellerabhängiges System bezeichnet man auch oft als
geschlossenes System, da die Anbindung von Fremdgeräten meist nicht berücksichtigt wird.

Da aber heute die Verbindung unterschiedlichster Geräte und das dazugehörige Netzwerk
unumgänglich sind, versuchen die einzelnen Hersteller, sich an bestimmte Normen, Standards
und Richtlinien anzulehnen. Somit lassen sich die unterschiedlichsten Prozessgeräte, die dann
kompatibel zueinander sind, zu einem offenen System zusammenfassen.

Um hier definierte Schnittstellen im Protokoll und damit Unabhängigkeit von Hard- und
Software zu erreichen, wurden 1978 in den USA von der ISO (International Standardization Organization) erste Schritte zur Ausarbeitung einer Norm unternommen. 1984 wurde
das entwickelte OSI (Open System Interconnection)-Referenzmodell als ISO-Norm 7498,
zur abstrakten Beschreibung der Interprozesskommunikation zwischen räumlich entfernten
Kommunikationspartnern, übernommen. In der Literatur findet man Begriffe wie ISO/OSI-
Schichtmodell oder 7-Schichtmodell, usw. Seit der Entwicklung wurden/werden weltweit,
basierend auf der ISO-Norm, entsprechende Normungsarbeiten für Bus-/Netzwerkprotokolle
durchgeführt.

Das OSI-Referenzmodell regelt, bzw. definiert den Ablauf der Datenkommunikation auf
sieben Ebenen (Abb. 4.1). Jede Ebene übernimmt eine klare Aufgabe zur Durchführung der
Kommunikation. Alle Ebenen lassen sich prinzipiell in zwei wesentliche Bereiche einteilen.

Die sieben Protokollschichten weisen jeweils Schnittstellen zu den benachbarten Ebenen auf.
Beim Senden von Informationen z. B. von PC „X" zum PC „Y" (Abb. 4.2) hat die Nachricht
ihren Ursprung in der höchsten Schicht 7. Der eigentliche Anwendungsprozess spielt sich
hier auf höchster Ebene im Anwenderprogramm ab. Die Nachricht wird durch alle Schichten
bis zur Schicht 1 weitergeleitet. Auf der Basis des „Physical Layer" wird die Nachricht
übertragen und vom Empfänger (PC „Y") wieder von Schicht 1 bis 7 zurücktransformiert.
Die Datenübertragung läuft aus der Sicht des Anwenders betrachtet komplett im Hintergrund
ab, d. h. er bedient im Vordergrund sein Anwenderprogramm und die Software realisiert, wie
beschrieben, im Hintergrund den Datenaustausch.

Wie die einzelnen Schichten in einem konkreten Fall realisiert werden, wird durch das Referenzmodell zunächst nicht festgelegt. Dieses steckt nur den groben Rahmen ab und spezielle
Implementierungen bleiben dem Entwickler/Anwender überlassen.

Die einzelnen Schichten lassen sich wie folgt beschreiben:

*   Schicht 1, Bitübertragungsschicht (Physical Layer): Auf dieser Schicht werden die ein-
    zelnen Bits über entsprechende Schnittstellen und ein zugehöriges Medium zwischen
    den Teilnehmern übertragen. Hier wird z. B. die Codierung, der Steckertyp und die
    Anschlussbelegung festgelegt. Außerdem wird die Art des Kabels (Zweidrahtleitung,

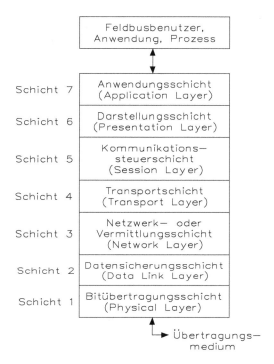

Abb. 4.1: Schichten des OSI-Referenzmodells

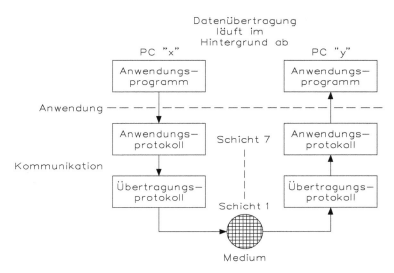

Abb. 4.2: Prinzipieller Datenaustausch zwischen zwei PCs

Koaxialkabel, LWL, Funk) seine Länge, Beschaffenheit und die Art der Übertragung (z. B. Funkübertragung) festgelegt. Ebenso werden hier die elektrische Spezifikation (z. B. RS485) und die Datenrate beschrieben.

- Schicht 2, Datensicherungsschicht (Data Link Layer): Hier wird die Datensicherung während der Übertragung vorgenommen und das Übertragungsprotokoll festgelegt. Diese Schicht ist unterteilt in MAC (Medium Access Control) und LLC (Logical Link Control). Die MAC-Schicht legt das Zugriffsverfahren fest und die LLC-Schicht übernimmt das Sicherungsprotokoll.
- Schicht 3, Netzwerk- oder Vermittlungsschicht (Network Layer): In dieser Schicht wird die Verbindung zwischen zwei Teilnehmern eines Netzwerks verwaltet. Bei einem komplexen Netzwerk findet hier die Auswahl des günstigsten Kommunikationswegs (Routing) statt.
- Schicht 4, Transportschicht (Transport Layer): Diese Schicht ermöglicht die vollduplexe Kommunikation zwischen zwei Teilnehmern, indem sie Dienste für den Datentransport bereitstellt. Dies sind Dienste zur Fehlererkennung und Korrektur sowie Wiederholungsanforderungen.
- Schicht 5, Kommunikationssteuerschicht (Session Layer): Sie stellt verschiedene Dienste bereit, die für beide Teilnehmer gemeinsame Umgebungen ermöglichen. Dies sind Hilfsmittel zum Verbindungsauf- und -abbau oder die Festlegung gemeinsamer Datenbereiche.
- Schicht 6, Darstellungsschicht (Presentation Layer): Aufgabe dieser Schicht ist die Umwandlung der maschinenorientierten Sichtweise der unteren Ebenen in eine problemorientierte Anwenderschicht. Sie definiert Prozeduren zur Konvertierung bzw. Formatanpassung und sorgt für eine korrekte Interpretation der Daten.
- Schicht 7, Anwendungsschicht (Application Layer): Sie bildet die Schnittstelle zwischen dem Anwender und dem Netzwerk. Die Anwendungsschicht stellt umfangreiche Dienste zur Verfügung, die von einem Anwenderprogramm direkt verwendet werden können, z. B. eine Datenbank, Dateitransfer, Jobtransfer, Nachrichtensysteme usw.

Im Zusammenhang mit diesem Modell sind schon viele Standards entwickelt worden. Auf Basis der Übertragungsschicht z. B. RS232, RS485, oder in der Sicherungsschicht die Zugriffsverfahren wie CSMA, usw., die zum Teil bereits vorab eingeführt waren. Auch der Profibus, der die Schichten 1, 2 und 7, oder der Modbus der die Schichten 1 und 2 dieses Modells umfasst, bauen sich als eine Art Standard auf diesem Referenzmodell auf.

Die unteren oder transportierenden Schichten 1 bis 4. Hier wird der Datenaustausch zwischen den verschiedenen Geräten und deren Prozessoren geregelt. Die höheren oder anwenderorientierten Schichten 5 bis 7 regeln den Datenaustausch zwischen Anwendungen innerhalb der einzelnen Prozeduren.

4.1.1   Netzwerkmanagement

Netzwerkmanagement ist ein vielseitiger Begriff, der im Zusammenhang mit der Kommunikation innerhalb von Netzwerken in verschiedenen Bereichen angewendet wird. So spricht man z. B. innerhalb eines komplexen Gesamtnetzes, welches aus verschiedenen Teilnetzen besteht, bei der Verwaltung der Teilnetze untereinander vom Netzwerkmanagement. Hierunter versteht man die Verbindung der unterschiedlichen Netzwerkarchitekturen mit verschiedenen Protokollanwendungen.

Ebenso verwendet man diesen Begriff bei der Vernetzung einzelner Teilnehmer unter-einander, innerhalb eines Teilnetzes. Außerdem steckt in jedem Busteilnehmer voll oder auch teilweise ein Netzwerkmanagement. Hier muss der Datenaustausch in einem Gerät zwischen den verschiedenen Übertragungsschichten/Ebenen ablaufen.

Grob lassen sich aber für alle Anwendungsbereiche die Aufgaben des Netzwerkmanagements in drei Bereiche einteilen:

- Kontrolle des Datenaustausches und Behebung von Fehlern, d. h. auch Vorbereitung des zu übertragenden Signals sowie die Interpretation des empfangenen Signals.
- Steuerung und Überwachung des Netzzustandes bzw. der Netzkonfiguration. Hierzu ge-hört die regelmäßige Überprüfung des Busses, welche Teilnehmer sind angeschlossen und welche Nachrichten werden gesendet, usw.
- Die Umsetzung und Interpretation von Befehlen aus Anwender- und Applikationspro-grammen, d. h. die Daten der Anwenderprogramme sind in eine Form zu bringen, da sie sich im Netzwerk verarbeiten lassen.

Wie die einzelnen Funktionen ausgeführt werden hängt von der Beschaffenheit (Art, Größe usw.) des Netzwerks ab. Bei einem kleinen Teilnetz mit wenigen Teilnehmern und einer zweiadrigen Busleitung sorgt z. B. das sogenannte MAC (Medium Access Control) dafür, dass sich nur eine Nachricht auf dem Bus befindet.

Im Folgenden soll nun das Netzwerkmanagement zwischen den Bearbeitungsebenen in einem Anwendersystem betrachtet werden (Abb. 4.3).

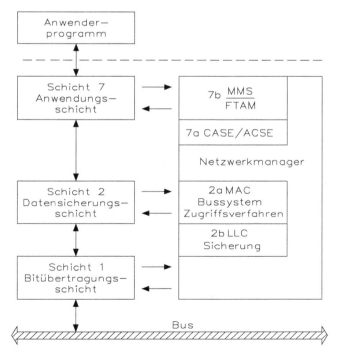

Abb. 4.3: Netzwerkmanagement zwischen den Bearbeitungsebenen innerhalb eines Anwendersystems

Das OSI-Referenzmodell ist in der Netzwerktechnik zu einem fundamentalen Pfeiler geworden. Da für ein minimales Kommunikationsprofil besonders die Schichten 1, 2 und 7 wichtig sind, sollen diese nun näher betrachtet werden. Neben der physikalischen Schicht 1, wo über eine entsprechende Schnittstelle die einzelnen Bits über ein Medium zwischen den einzelnen Teilnehmern übertragen werden, sorgt die Schicht 2 mit dem Buszugriffs- und Sicherungsverfahren für eine sichere Datenübertragung.

Diese Faktoren sind Aufgabe des sogenannten MAC (Medium Access Control) und LLC (Logical Link Control), die Teil des Netzwerkmanagements sind. Beide Profile teilen die Datensicherungsschicht 2 in die Bereiche 2a und 2b. Hierunter fallen genormte Verfahren wie das Zugriffsverfahren CSMA (Carrier Sence Multiple Access) sowie das Datensicherungsprotokoll „CRC-16" (Fehlerprüfung), d. h. hier wird für eine möglichst fehlerfreie Verbindung zwischen Empfänger und Netzausgang gesorgt. Neben der Fehlererkennung und Korrektur heißt das auch eine Zusammenfassung der Daten zu Blöcken, Vergabe der Adressierung usw. Das gesamte Netzwerkmanagement wird in den unterschiedlichen Busprotokollen definiert.

Einen weiteren Blick muss man auf die Schicht 7 mit ihren Anwenderprotokollen werfen. Hier haben sich zwei unterschiedliche Standards bzw. Richtungen entwickelt. Zum einen im Bürobereich das TOP (Technical Office Protocol) und zum anderen im Automatisierungs/ Prozessbereich das MAP (Manufactoring Automation Protocol). Der Automatisierungsbereich mit MAP soll nun betrachtet werden.

MAP wurde von GM (General Motors) 1980 durch die Gründung der MAP-Task-Force zum Leben hervorgerufen. Es ist ein Kommunikationsmodell welches für jede Schicht des OSI-Referenzmodells entsprechende Protokolle festschreibt. Auf dieser Basis sind drei Kommunikationsprofile (Zusammensetzung aller Normen der jeweiligen Schichten) entstanden:

Bei MAP (Full-Map) wird auf Basis von allen sieben Schichten gearbeitet.

Bei Mini-MAP arbeitet dieses System nur auf der Basis von drei Schichten. Wie bei vielen industriellen Bussystemen entfallen hier die Schichten 3 bis 6. Daher muss man gewisse Einschränkungen bei der Übertragungssicherheit treffen, aber dafür nimmt die Geschwindigkeit zu.

- MAP/EPA: Will man nun einen Mini-MAP-Protokollstapel (3-Schicht-Modell) mit einem MAP Protokollstapel (7-Schicht-Modell) zusammenfassen, bedarf es einer gewissen Struktur die durch MAP/EPA (MAP/Enhanced Performance Architectur) realisiert wird. Diese Struktur enthält alle Komponenten die zum Zusammenfügen/Verbinden nötig sind. Somit hat der Anwender die Möglichkeit von der oberen Ebene (Backbone) bis zur untersten Ebene (Feldebene) durchgehend zu kommunizieren.

MAP soll neben der Senkung von Herstellungskosten und Erhöhung der Flexibilität in der Anlagentechnik die Grundlage für CIM (Computer Integrated Manufacturing) schaffen. Man versteht unter CIM den Zusammenschluss aller Computer zu einer Einheit, um einen durchgängigen Informationsfluss von dem Auftragseingang über Produktion und Entwicklung bis zur Auslieferung zu erhalten. Dies umfasst z. B. auch alle Maschinen wie CNC- oder SPS-Systeme. Der MAP-Standard erlaubte es, das man Komponenten unterschiedlicher Hersteller zu einem gemeinsamen System verbindet.

Um eine solche Kommunikationsinfrastruktur herzustellen, muss man dem Anwender gewisse standardisierte Dienste zur Verfügung stellen. Hierzu dient Schicht 7 des Referenzmodelles. Nach MAP wird die Schicht 7 in zwei Teilbereiche 7a und 7b aufgeteilt.

Die Schicht 7a enthält allgemeine Dienste und wird bezeichnet als CASE (Common Application Service Elements). Diese Dienste, z. B. der Verbindungsaufbau, -abbau und -abbruch, können von jedem Anwender genutzt werden. Zuständig für diese Aufgaben ist der Anwender oder die sogenannten CASE-Diensterbringer bezeichnet mit ACSE (Association Control Service Elements).

Die Schicht 7b beschäftigt sich mit den speziellen Diensten, die sich nicht von jedem Anwender nutzen lassen. Hierunter fallen z. B. Protokolle wie MMS, FTAM und das Netzwerkmanagement. Das Protokoll MMS (Manufactoring Messaging Specification) sorgt für eine einheitliche Kommunikation zwischen den Prozessgeräten (SPS, etc.). Unter dem Begriff „MMS" findet man die weiteren Begriffe „Client" und „Server". In einem Büronetzwerk ist die von jedem Teilnehmer (Client) benötigte Software z. B. auf dem Server abgelegt. Der einzelne Teilnehmer fordert dann gewisse Dienste an, die der Server zur Verfügung stellt. Im FTAM (File Transfer Access and Management) werden Dienste zur Verfügung gestellt, die den Datentransfer zwischen zwei Benutzern ermöglichen, d. h. Öffnen und Schließen von Dateien, Lesen und Schreiben von Datensätzen, etc.

Bei den hier genannten Schichten steht das Netzwerk-Management als übergreifendes Kontrollorgan zur Verfügung. Hiermit kann der Anwender bis auf die Dienste der untersten Schichten zugreifen und hat somit die Möglichkeit eventuelle Hardware- oder Softwarefehler sehr gut zu analysieren.

Wird eine Nachricht zwischen zwei Teilnehmern über den Bus übertragen, so kann sich diese aus den verschiedensten Datenarten zusammensetzen. Hier lassen sich z. B. Zahlenwerte, Texte, Sonderzeichen oder Steuersignale übertragen. Das wichtigste bei der Übertragungsprozedur ist, dass für die zu übertragenden Daten vorher ein einheitliches vereinbartes Format festgelegt wurde. Durch diese Definition wird sichergestellt, dass sich alle Teilnehmer untereinander verstehen, d. h. „die gleiche Sprache sprechen". Ein solches Format, den Rahmen der zu übertragenden Nachricht, bezeichnet man als Telegramm. Beschrieben wird der Aufbau eines solchen Telegramms z. B. durch das jeweils verwendete Busprotokoll der einzelnen Feldbussysteme.

Grundsätzlich teilt man ein solches Telegramm in drei Teilbereiche, den Header, Body und Trailer. Abbildung 4.4 zeigt den prinzipiellen Aufbau eines solchen Datenblocks am Beispiel des verwendeten Modbus.

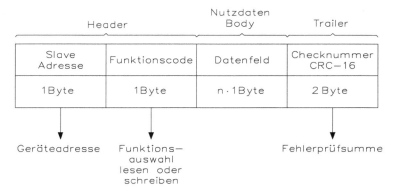

Abb. 4.4: Struktur des Datenblocks beim Modbus

Der Header (oder Telegrammkopf) enthält Protokollinformationen, die vor den Nutzdaten übertragen werden. Dies sind die Zieladresse des gewünschten Busteilnehmers (Slave) und ein Funktionscode, der angibt, ob Daten gelesen oder geschrieben werden sollen, beim Modbus hat jeder Busteilnehmer seine definierte Adresse. Legt der Master eine Nachricht auf den Bus, hören alle Slaves zu, aber nur derjenige, der die mit der Zieladresse übereinstimmende Adresse aufweist, bearbeitet das Telegramm.

Der Body des Datenblocks enthält die entsprechenden Nutzdaten. Im Beispiel des Modbusses enthält dieses Datenfeld die Informationen über Wortadresse, Wortanzahl und der eigentliche Wortwert.

Im Trailer, dem Schlussteil oder Datensicherungsteil, stehen Daten, die den Nutzdaten zur Validitätsprüfung oder Rahmenendkennung angehängt werden. Der Sender ermittelt nach einem festgelegten Verfahren (hier CRC-16) ein Prüfzeichen, welches im Trailer eingetragen wird. Der Empfänger ermittelt seinerseits nach dem gleichen Verfahren diese Prüfzeichen und vergleicht dieses mit dem empfangenen. Stimmen beide überein, wurde das Telegramm ohne Fehler übertragen.

Innerhalb eines Netzwerks werden die Nachrichten meist bit-orientiert übertragen. Ein Befehl wird in einem Anwenderprogramm generiert und in einen Funktions-/Zahlencode umgesetzt (Abb. 4.5).

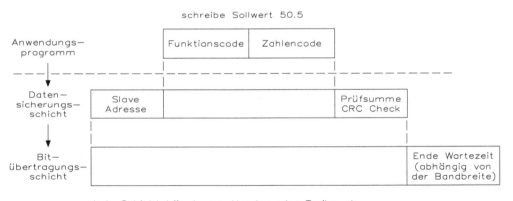

Abb. 4.5: Bearbeitungsebenen des Modbusses im Gerät (OSI-Modell)

Die Nachricht wird zur Datensicherungsschicht weitergeleitet. Sie errechnet die Prüfsumme und setzt die Zieladresse. Dieses Telegramm wird nun zur Bitübertragungsschicht weitergeleitet. Je nach verwendeter physikalischer Schnittstelle und Protokoll wird hier der Datenblock eventuell noch um bestimmte Steuerzeichen (Anfang-/Endeerkennung) ergänzt, d. h. es werden entsprechende „Flags" gesetzt. In dem Beispiel befindet sich am Ende des Telegramms lediglich eine Wartezeit, deren Länge von der verwendeten Baudrate abhängt. Nun wird das Signal übertragen und beim Empfänger in umgekehrter Reihenfolge wieder aufgegliedert.

4.1.2 Fehlersicherung

Bei der Übertragung von Informationen über Kommunikationswege kann das Auftreten von Fehlern grundsätzlich nicht ausgeschlossen werden. Die Aufgabe der Fehlersicherung (Übertragungssicherung) ist eine zweifache:

- Erkennen von Fehlern
- Beseitigen von Fehlern

Alle Verfahren können jedoch die Fehlerwahrscheinlichkeit nur vermindern, es bleibt immer eine von Null verschiedene Restfehlerwahrscheinlichkeit. Ziel der Übertragungssicherungsmaßnahmen ist es, die Restfehlerwahrscheinlichkeit so klein zu gestalten, dass sie für eine bestimmte Anwendung tragbar ist. Die in der Datenkommunikation meist angewendete Methode der Fehlerbeseitigung ist die Wiederholung eines als fehlerhaft erkannten Datenblocks. Eine Alternative dazu besteht darin, den Originaldaten in geeigneter Weise soviel Redundanz hinzuzufügen, dass – zumindest für bestimmte Fehler – auf der Empfängerseite eine Korrektur der fehlerhaften Daten möglich ist.

Wieviel Aufwand für die Erhöhung der Übertragungssicherheit getrieben werden muss, hängt zum einen von der Anwendung ab (im militärischen Bereich beispielsweise sind die Anforderungen besonders hoch), zum anderen von der Fehlerwahrscheinlichkeit des Übertragungskanals.

Typische Bitfehlerwahrscheinlichkeiten für Datenübertragungen sind:

$\approx 10^{-5}$ bei Benutzung von Fernsprechleitungen

$\approx 10^{-6}$ bis 10^{-7} bei Benutzung der digitalen Datennetze der Deutschen Bundespost

$\approx 10^{-9}$ bei Verwendung von Koaxialkabeln im lokalen Bereich

$\approx 10^{-12}$ bei Verwendung von Lichtwellenleitern

Diese Werte sind Richtwerte und im Einzelnen hängen die Werte von den Leitungslängen, dem Umfeld und allgemein von einer soliden Auslegung und Ausführung des Übertragungssystems ab.

Da eine Übertragung normalerweise blockorientiert erfolgt, spricht man auch von der Blockfehlerwahrscheinlichkeit und meint damit die Wahrscheinlichkeit, dass in einem Datenblock (bekannter Länge) mindestens ein Bitfehler auftritt, d. h. die Blockfehlerwahrscheinlichkeit hängt damit direkt von der Bitfehlerwahrscheinlichkeit und der Blocklänge ab.

Die Sicherung der Information wird durch Hinzufügen von Prüfbits (pro Byte) oder Prüfwörtern (pro Block) erreicht. Die Prüfinformation wird auf der Senderseite nach einem bestimmten Prinzip erzeugt und zusätzlich zur eigentlichen Nutzinformation zum Empfänger übertragen. Dort wird aus der empfangenen Information nach dem gleichen Prinzip die Prüfinformation erzeugt und mit der vom Sender übermittelten Prüfinformation verglichen. Eine Differenz gilt als Fehlernachweis und führt zur Wiederholung des als fehlerhaft erkannten Datenblocks.

Es existiert ein Zusammenhang zwischen der Bitfehlerwahrscheinlichkeit eines Übertragungskanals und der Größe eines Datenblocks als eine durch ein Prüfwort geschützte und gegebenenfalls zu wiederholende Einheit: Bei hohen Bitfehlerwahrscheinlichkeiten muss die Blockgröße klein sein, weil sich dann große Blöcke in doppelter Weise negativ auswirken:

- Die Wahrscheinlichkeit, dass ein Block fehlerfrei übertragen werden kann, wird klein
- Die bei den häufig erforderlichen Wiederholungen zu übertragenden Datenmengen sind groß

Generell gilt die Aussage, dass die Fehlererkennung und -beseitigung umso effizienter erfolgen muss, je größer die Wahrscheinlichkeit des Auftretens von Fehlern ist.

Der durch ein Prüfverfahren erzielbare Sicherheitsgewinn hängt zunächst natürlich vom Prüfverfahren selbst ab, wobei Aufwand und Wirkung nicht unabhängig sind. Daneben gehen aber bei jedem Verfahren die Bitfehlerrate des Übertragungskanals und die Länge der durch einen Prüfcode vorgegebener Länge zu überwachenden Information (Blocklänge) ein. Sehr viel schwieriger ist die Abschätzung der Wahrscheinlichkeit des Auftretens von Mehrfachfehlern. Die Praxis zeigt, dass Fehler sehr häufig „burstartig", d. h. zeitlich gehäuft auftreten, und auch sonstige systematische Effekte nicht auszuschließen sind. Die im weiteren Verlauf hierzu gemachten Angaben sind deshalb als praxisbezogene Richtwerte zu verstehen.

Die bekanntesten Methoden zur Erzeugung von Prüfcodes sind
- Querparität (VRC = Vertical Redundancy Check)
- Längsparität (LRC = Longitudinal Redundancy Check)
- Zyklische Blocksicherung (CRC= Cyclic Redundancy Check)

Die Querparitätsprüfung ist die bekannteste und einfachste der Prüfmethoden. Hierbei wird zu einer Informationseinheit (meist fünf oder acht Bits) ein Bit hinzugefügt, dessen Wert so bestimmt wird, dass die Gesamtinformation (einschl. Prüfbit) immer eine ungerade Anzahl von „1"-Werten (odd parity) oder eine gerade Anzahl von „1"-Werten (even parity) enthält. Erzeugt wird das Paritätsbit durch Modulo-2-Summation über die Bits der Informationseinheit.

Es ist offensichtlich, dass bei diesem Verfahren eine gerade Anzahl von Bitfehlern in einer überwachten Informationseinheit nicht erkennbar ist.

Sehr verbreitet ist die Querparitätsprüfung in Verbindung mit der Verwendung von Zeichencodes, hier insbesondere mit dem CCITT 1A Nr. 5 (ASCII), das ein 7-Bit-Code ist, der praktisch immer durch ein Paritätsbit auf eine Informationslänge von einem Byte ergänzt wird.

Die Rate unentdeckter Blockfehler kann durch dieses Verfahren um ca. zwei Größenordnungen gesenkt werden.

Die Vorgehensweise bei der Längsparität ist ähnlich wie beim Erzeugen eines Querparitätsbits, nur dass spaltenweise über die Bytes eines Blocks summiert und so als Prüfcode ein zusätzliches Byte erzeugt wird. Bei nicht zu großen Blocklängen sind die Gewinne ähnlich wie beim Querparitätsverfahren.

Längs- und Querparität können auch in Kombination angewendet werden. Dadurch lassen sich alle 2-Bit-Fehler, alle 3-Bit-Fehler sowieso (ungerade Zahl von Bitfehlern) und ein Teil der möglichen 4-Bitfehler erkennen (wenn in zwei fehlerhaften Bytes nicht die gleichen Bitpositionen betroffen sind).

Die Blockfehlerrate lässt sich dadurch um den Faktor 10^{-4} verringern.

Die zyklische Blocksicherung ist aufwendiger, aber auch erheblich wirkungsvoller als die vorher beschriebenen Paritätsverfahren. Sie ist auf beliebige Bitfolgen anwendbar, erfordert also nicht die Organisation der Information in Bytes oder anderen Einheiten. Für die zu übertragende Bitkette (Block) werden in der Regel 16 oder 32 als CRC (Cyclic Redundancy Check) oder FCS (Frame Check Sequence) bezeichnete Prüfbits berechnet und an die geschützte Information angehängt und mit dieser übertragen.

Bei diesem Verfahren werden die n Nutzbits als Koeffizienten eines Polynoms $U(x)$ (vom Grad $n - 1$) interpretiert. Dazu wird ein erzeugendes Polynom

$$G(x) = g_k \cdot x^k + \cdots + g_0$$

(CRC- oder Generatorpolynom) des Grades k benötigt, für das $g_k, g_0 \neq 0$ (d. h. $= 1$) gilt. Gängige Generatorpolynome sind:

CRC-16: $x^{16} + x^{15} + x^2 + 1$

CRC-CCITT: $x^{16} + x^{12} + x^5 + 1$

CRC-32: $x^{32} + x^{25} + x^{23} + x^{22} + x^{16} + x^{12} + x^{11} + x^{10} + x^8 + x^7 + x^5 + x^4$
              $+ x^2 + x + 1$

Die Vorgehensweise ist wie folgt:

- An die Nutzinformation werden k-Nullbits angehängt, wenn das CRC-Polynom den Grad k besitzt. Die Nachricht, einschließlich CRC-Feld hat dann $n + k$-Bits und entspricht dem Polynom $x^k \cdot U(x)$.
- $x^k \cdot U(x)$ wird unter Verwendung von Modulo-2-Arithmetik durch $G(x)$ dividiert, wobei ein Restpolynom $R(x)$ entsteht, das höchstens vom Grad $k-1$ ist und dessen Koeffizienten somit höchstens k Bits belegen.
- Die Koeffizienten von $R(x)$ werden als Prüfsumme in das CRC-Feld eingetragen. Da bei Verwendung von Modulo-2-Arithmetik die Operationen Addition, Subtraktion und Exklusives-ODER identisch sind, enthält die Gesamtnachricht einschließlich Prüfsumme das Polynom $B(x) = x^k \cdot U(x) - R(x)$, welches durch $G(x)$ teilbar ist, sodass bei Ausführung der Operation $B(x)/G(x)$ im Empfänger kein Rest entsteht, wenn die Übertragung fehlerfrei verlaufen ist.

Die Generierung der Prüfsumme ist mit verhältnismäßig geringem Aufwand mit Hilfe von Schieberegistern und Halbaddierern durch die bitweise Addition möglich.

Wenn Übertragungsfehler auftreten und statt des Polynoms $B(x)$ ein Polynom $B''(x)$ mit abweichenden Koeffizienten beim Empfänger ankommt, dann kann die Abweichung durch ein Fehlerpolynom $E(x)$ beschrieben werden und es gilt

$$B''(x) = B(x) \pm E(x)$$

Es ist offensichtlich, dass die Division der verfälschten Information durch das Generatorpolynom ($B''(x)/G(x)$) dann keinen Rest ergibt, wenn $E(x)$ ein Vielfaches von $G(x)$ ist, d. h., solche Abweichungen können nicht entdeckt werden.

Grundsätzlich können durch 16-Bit-CRC-Verfahren alle Fehler-Bursts von nicht mehr als 16 Bits und etwa 99,997 % aller längeren Bursts erkannt werden und bei 32-Bit-CRC-Verfahren sind es Bursts von nicht mehr als 32 Bits und 99,999 999 95 % aller längeren Bursts. Somit kann durch Anwendung eines CRC-16 (CRC-32) die Rate unerkannter Blockfehler um ca. 5 (10) Größenordnungen verringert werden.

Um während einer Nachrichtenübermittlung die Übertragung auf Fehler zu überprüfen, kann man sich, je nach Aufwand und Sicherheit, der unterschiedlichsten Verfahren bedienen. Sehr bekannt ist die Paritätsprüfung und der sogenannte CRC (Cyclic Redundancy Check).

Die einfache Paritätsprüfung wurde bereits kurz behandelt und ist in Tab. 4.1 gezeigt.

Im Folgenden soll kurz das CRC-Verfahren erklärt werden. Es ist ein häufig angewandtes Verfahren zur Überprüfung ganzer Nachrichtenblöcke. Hierbei werden alle Nutzdaten und

Tab. 4.1: Fehlererkennung über Paritätsbit beim ASCII-Code

Startbit	ASCII-Code für „J"	Paritätsbit	Stoppbit
1	1001010	1	00

Prüfung auf gerade Parität: $1 + 0 + 0 + 1 + 0 + 1 + 0 = 3$

$$3 + 1 \text{ (Paritätsbit)} \qquad = 4 \text{ gerade}$$

eine gewisse Anzahl von Prüfbits als Repräsentant eines Polynoms betrachtet. Diese Bitfolge wird durch ein sogenanntes „Generatorpolynom" dividiert. Dieses Polynom muss allen Kommunikationspartnern bekannt sein. Die Prüfbit werden vor der Division entweder mit „0" (Abb. 4.6) oder auch mit „1" vorbesetzt.

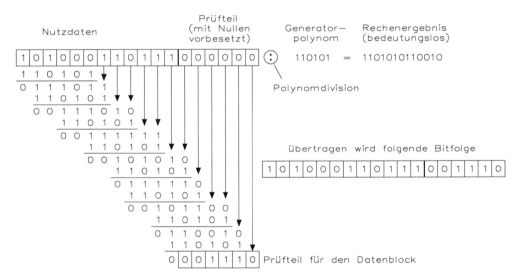

Abb. 4.6: Polynomdivision zur Ermittlung des Prüfteils beim CRC-Verfahren

In der Praxis wird die Division meist über Exklusiv-ODER-Gatter (Halbaddierer) realisiert. Der Divisionsrest (nicht das Rechenergebnis) wird als Prüfteil den Nutzdaten angefügt. Abbildung 4.6 zeigt ein einfaches Beispiel. Hier wird eine Nachricht von zehn Bits durch ein Generatorpolynom von sechs Bits im CRC-Verfahren ($X^5 + X^4 + X^2 + 1$) abgesichert. Die Bitfolge im Prüfteil beträgt hier (001110).

In der Praxis werden sehr häufig Generatorpolynome mit einer höchsten Potenz von 2^{16} verwendet. Man spricht dann auch vom CRC-16-Verfahren, bei dem 16 Bit als Prüfteil an die Nachricht angehängt werden. Dieses Verfahren wird ebenfalls bei dem Modbus verwendet. Hier wird die Checksumme CRC-16 als zwei Byte Prüfteil an den Datenblock angehängt (siehe Abb. 4.4). Das protokollspezifische Generatorpolynom beträgt hierbei ($X^{16} + X^{14} + 1 = 1010000000000001$).

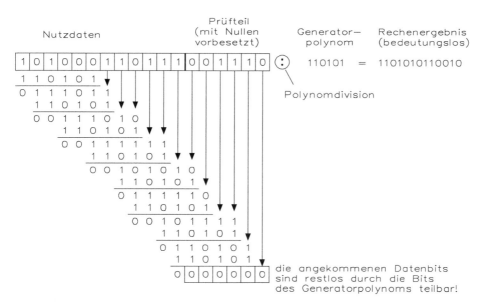

Abb. 4.7: Überprüfung der Nachricht im Empfänger

Der Empfänger teilt dann die Nachricht, bestehend aus Nutzdaten und Prüfteil, ebenfalls durch das ihm bekannte Generatorpolynom (Abb. 4.7) mit.

Dadurch, dass der Sender den Divisionsrest als Prüfteil angefügt hat, lässt sich die empfangene Bitfolge beim Empfänger nun restlos teilen. Entsteht hier ein Rest bei der Division, so muss ein Übertragungsfehler vorliegen.

4.1.3 Verbindung von Netzwerken

Bereits bei der Betrachtung der physikalischen digitalen Schnittstelle sowohl bei der Netzwerkbetrachtung (Topologien) kann man feststellen, dass hier jeweils nur eine bestimmte Ausdehnung möglich ist. So lässt z. B. die Schnittstelle RS422 oder RS485 nur eine Ausdehnung von max. 1200 m zu, die für gewisse Applikationen nicht ausreicht. Eine andere Anwendung erfordert eine Verbindung einzelner Teilnetze über unterschiedliche Kommunikationsebenen. Abbildung 4.8 zeigt die Stecker von RS422 und RS485.

Für die Schnittstelle nach RS422 gilt Tab. 4.2.

Für die Schnittstelle nach RS485 gilt Tab. 4.3.

Durch all diese Anforderungen entsteht zwangsläufig der Bedarf an speziellen Netzelementen. Diese Netzelemente heißen z. B. Repeater, Bridge, Router oder Gateway und sollen im Folgenden kurz beschrieben werden.

Definiert ist der Repeater als ein Gerät, der als Verstärker die Signale regeneriert, um eine Bustopologie zu erweitern. Hier muss beachtet werden, dass es sowohl regenerierende als auch nicht regenerierende Repeater gibt. Diese digitalen Verstärkerstationen können alle ankommenden Bits von einem Bussegment in ein anderes Segment kopieren. Er verbindet

Abb. 4.8: Steckerverbindung von RS422 und RS485

Tab. 4.2: Pinbelegung und Signale der RS422-Schnittstelle

Pin	Funktion	
1	Schutzerde/Schirm	Verbindung ist nicht notwendig
2		
3	GND/Signalmasse	Verbindung ist nicht notwendig
4	T x D (+)/Out (+)	Transmitted Data (+)/Sendedaten (+)
5	T x D (−)/Out (−)	Transmitted Data (−)/Sendedaten (−)
6		
7		
8	R x D (+)/IN (+)	Received Data (+)/Empfangsdaten (+)
9	R x D (−)/IN (−)	Received Data (−)/Empfangsdaten (−)

Tab. 4.3: Pinbelegung und Signale der RS485-Schnittstelle

Pin	Funktion	
1	Schutzerde/Schirm	Schutzerde/Schirm
2		
3	GND/Signalmasse	Verbindung ist nicht notwendig
4	T x D (+)/R x D (+)	Sende-/Empfangsdaten (+)
5	T x D (−)/R x D (−)	Sende-/Empfangsdaten (−)
6		
7		
8		
9		

also verschiedene Netzwerke auf der Schicht 1 (Abb. 4.9a). Wichtig ist hierbei, dass es sich um Netzwerke/Bussegmente mit dem gleichen Protokoll handelt. Die maximale Länge eines Netzstrangs kann somit durch einen Repeater vergrößert werden.

Vorteil der Repeater ist, dass sie unabhängig von den Netzwerkprotokollen arbeiten und sind für die verschiedensten Medien, z. B. Lichtwellenleiter, verfügbar. Die nicht regenerierenden Repeater reichen das Signal einfach nur weiter ohne dieses zu verstärken. Aus diesem Grund ist sowohl die Erhöhung der Ausdehnung als auch die maximale Anzahl der einsetzbaren Repeater begrenzt.

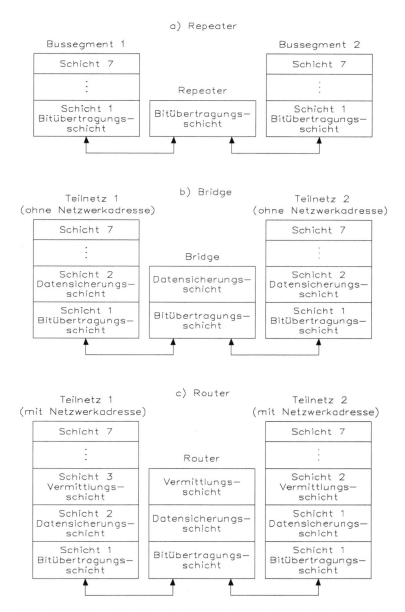

Abb. 4.9: Struktur eines Repeaters (a), einer Bridge (b) oder eines Routers (c)

Die regenerierenden Repeater frischen das zu übertragende Signal auf und befreien es von eventuellen überlagerten Störungen. Hierbei ist die maximale Anzahl der einsetzbaren Repeater theoretisch unbegrenzt, praktisch wird sie jedoch von dem Zeitverhalten auf dem Bus begrenzt, d. h. bei der Mediumverlängerung über Repeater wird mehr Zeit für die Datenübertragung in Anspruch genommen. Ein Slave muss aber dem Master in einem bestimmten festgelegten Zeitfenster antworten, sonst wird er abgemeldet. Somit können ab einer bestimmten Anzahl von Repeatern hier Probleme auftreten. Neben dem Aspekt der Zeit richtet sich die max. Anzahl von Repeatern auch nach dem verwendeten Protokoll sowie der Topologieform.

Die Bridge (Brücke) verbindet zwei gleiche Teilnetze miteinander, hat aber keine eigene Netzwerkadresse. Es können hier nur Netze mit gleichem Protokoll und gleicher Topologieform miteinander verbunden werden. Die Verbindung der Teilnetze erfolgt hierbei über die MAC-Ebene der Schicht 2 des OSI-Referenzmodells (Abb. 4.9b). Ein Bridge speichert komplette Rahmen von Datenblöcken und gibt sie zur Validitätsprüfung an ihre Datensicherungsschicht weiter.

Unterschieden wird zwischen der „Remote Bridge", die weit entfernte Netze über Standleitungen oder Satelliten verbindet. Die Datenübertragung erfolgt über Modems oder einer „Local Bridge", die nur sich örtlich berührende Netze miteinander verbindet.

Sinnvoll ist der Einsatz einer Bridge z. B. in einem überlasteten Netz, um ein Netzwerk in zwei Netze mit gleichem Aktivitätsniveau zu teilen. Durch geeignete Wahl der Trennstelle ist der Datenfluss über die Bridge nicht sehr hoch und jedes der beiden verbleibenden Netze hat nur noch die halbe Last zu bewältigen. Dies ist eine Art logische Entkopplung von Netzsegmenten. Ein weiterer Grund für den Einsatz ist die Erhöhung der Zuverlässigkeit des Netzwerks, da sich ein Störer über die Bridge hinaus nicht bemerkbar macht. Ferner bietet eine Bridge alle zuvor genannten Vorteile eines Repeaters.

Der Router hat eine eigene Adresse und kann ebenfalls zwei gleiche Teilnetze miteinander verbinden. Benötigt werden solche Geräte, wenn Datenpakete mehrere Netzwerke oder Knoten, mit mehreren Abzweigungen, passieren müssen. Ihre Aufgabe ist es Daten über solche Verzweigungen bis zum Zielnetzwerk zu übermitteln.

Die Verbindung der Netzsegmente erfolgt über Schicht 3 (Netzwerkvermittlungsschicht) des OSI-Modells (Abb. 4.9c). Jedes Teilnetz erhält seine eigene Netzadresse und jeder Teilnehmer seine Teilnehmeradresse. Auch jeder Router wird als eine Art Teilnehmer gesehen und erhält seine eigene Adresse. Die Übermittlung der Daten an die Zieladresse wird dem Router mit seinem Routerprotokoll der Schicht 3 überlassen. Hierbei kann es durchaus sein, dass die Daten über mehrere Router weitergereicht werden.

Ein Vorteil eines Routers ist die Verbreitung von sogenannten Broadcasts. Unter Broadcasting versteht man Nachrichtensendungen, die in einem Netzwerk an alle angeschlossenen Stationen gerichtet sind und die keine Rückmeldung erfordern. Router sind mit einer gewissen Intelligenz ausgestattet, was das Auffinden des besten Weges durch das Gesamtnetz betrifft. Sie sind in der Lage beim Anstehen von vielen und erhöhten Datensätzen eine Aufteilung auf verschiedene Wege durchzuführen. Somit ergibt sich eine sehr effiziente Verwertung der Leitungswege.

Einen kleinen Nachteil hat jedoch auch der Router, denn er ist genau wie die anderen Vermittlungsgeräte auf ein Protokoll begrenzt. Die Verbindung von Netzwerken mit unterschiedlichen Protokollen bedingt den Einsatz von Geräten die eine Protokollumsetzung vornehmen. Ein solches Vermittlungsgerät wäre z. B. das Gateway.

Das Gateway verbindet zwei oder mehrere ungleiche Datennetzwerke und übernimmt dabei die Protokollumsetzung. Es ist somit in der Lage verschiedene Netzwerkarchitekturen miteinander zu verbinden.

Man unterscheidet zwischen dem „Local Gateway", welches z. B. innerhalb eines Unternehmens den Datenaustausch von der Feldebene bis zur Unternehmensleitebene übernimmt und dem „Remote Gateway", das über einen Modemanschluss unterschiedliche Netzwerke über weitere Distanzen verbindet.

Allgemein kann man sagen, dass das Gateway eine Gesamtheit von Hard- und Software ist, die eine netzübergreifende Kommunikation ermöglicht. Je nach Anwendung werden hier unterschiedliche Anforderungen an ein Gateway gestellt, welches individuell anzupassen ist.

4.1.4 Netzwerke und Busbetrieb in der Automatisierung

In der heutigen computerorientierten Automatisierungstechnik hat der Feldbus zur Kommunikation zwischen den einzelnen Mess- oder Steuerkomponenten, im Prozess, eine zentrale Bedeutung. Ein Bus liegt dann vor, wenn von mehreren Einheiten die gleichen Signalleitungen zum Datentransfer benutzt werden. Grundsätzlich kann über den Bus jeder Teilnehmer mit jedem anderen kommunizieren. Er kann sich innerhalb eines digitalen Prozessgeräts, zum Datenaustausch z. B. zwischen Mikroprozessor oder Mikrocontroller, Speicher, Ein- und Ausgabeeinheit, befinden. Es ist ein paralleler Datenaustausch über mehrere parallele Leitungen oder eine serielle Kommunikation möglich.

Nun soll speziell der Datenaustausch zwischen einzelnen Automatisierungskomponenten betrachtet werden. Dies geschieht meistens über einen seriellen Bus, dem sogenannten Feldbus. Es handelt sich hierbei um ein kostengünstiges Datennetz für aktive und passive Teilnehmer in der Feldebene, zum Übertragen von dezentralen Ein-/Ausgabeinformationen.

Da ein solches Bussystem je nach Anwendung unterschiedlichste Aufgaben zu bewältigen hat und viele Firmen in den letzten Jahren eigene Bussysteme nutzten, ist die Anzahl verschiedenster Feldbussysteme ständig gestiegen.

Ein Vorteil solcher Feldbussysteme ist der geringere Verdrahtungsaufwand und eine damit verbundene Senkung der Installations- und Materialkosten. Innerhalb einer Anlage mussten z. B. zwischen zwei Schaltschränken, die einige Meter voneinander entfernt standen, insgesamt 40 Ein-/Ausgabeinformationen über 80 Leitungen mit entsprechenden Klemmen ausgetauscht werden. Hier ist jeder Sensor oder Aktor in einer Punkt-zu-Punkt-Verbindung mit höchstens einem Anschluss eines weiteren Geräts verbunden. Heute sitzt eventuell ein Feldmultiplexer in einem Schaltschrank, der die analogen und/oder binären Signale sammelt und als digitale Daten Bit für Bit seriell über ein zweiadriges Kabel, dem Bus, zur Steuerung überträgt.

Ein weiterer Vorteil ist die einfache Erweiterbarkeit und Änderbarkeit, indem sich die bestehende Bus-Infrastruktur nutzen lässt. Auch bei solchen Erweiterungen bleibt die Anlage transparent und das Nachrüsten von Busteilnehmern ist meist während der Betriebsphase möglich. Im Fehlerfall kann z. B. ein Teilnehmer vom Bus entfernt werden, ohne die Anlage abzuschalten, d. h. es ergibt sich kein Stillstand und damit eine höhere Anlagenverfügbarkeit. Solch ein Datenverbund über Feldbussysteme bietet ebenso die Möglichkeit den PC als Teilnehmer am Bus zu nutzen, um Prozessdaten an zentraler Stelle zu Sammeln, zu Visualisieren oder auch den Prozess zu bedienen.

Weitere Anforderungen die heute durch die unterschiedlichsten Anwendungen an einen Feldbus gestellt werden sind:

- hohe Sicherheit der Datenübertragung
- einfache Programmierung und Diagnosemöglichkeit des Bussystems
- deterministisches Zeitverhalten auf dem Bus (z. B. Echtzeitverhalten bei Regelungen)
- Interoperabilität (Einsatz von Geräten unterschiedlichster Hersteller durch standardisierte Geräteparameter)
- Übertragung von Hilfsenergie über das Buskabel
- sicherer Betrieb in explosionsgeschützten Zonen

Beim Einsatz eines Bussystems wird der Anwender anfangs mit einigen, gegenüber der konventionellen Technik, neuen Gesichtspunkten konfrontiert, die gewisse Kosten mit sich bringen. Hiermit sind nicht nur die Hardwarekosten der Prozessgeräte (SPS, Prozessregler, etc.) gemeint. Beim Einrichten eines solchen Systems entstehen bereits zu Beginn einige Kosten während der Informations- und Beratungsphase, d. h. bei der Vorplanung. Es fallen betreffend des Datenaustausches auf dem Bus (Softwareaufwand) Projektierungs- und Programmierkosten an, die heutzutage mit etwa 50 % den größten Kostenanteil an einer Anlage entstehen. Weiterhin sind die Dokumentationserstellung, die Inbetriebnahmephase und die spätere Pflege bzw. Wartung der Anlage zu berücksichtigen. Für diese Aufgaben ist ein speziell geschultes Fachpersonal nötig.

Betrachtet man allerdings über die Jahre gesehen alle Faktoren zusammen, stellt trotz der anfänglichen Kosten die Automatisierung, für den Anwender, eine erhebliche Kostenreduzierung gegenüber konventionellen Anlagen dar. Somit spielen Feldbussysteme eine zentrale Rolle in der Automatisierung und man kann sie als Rückgrat der künftigen industriellen Kommunikation bezeichnen.

Ein Unterscheidungsmerkmal bei der Vernetzung stellt die örtliche Ausdehnung dar, die ein Kommunikationsnetz bzw. Bussystem überbrücken muss. Die Entfernungen gehen von einigen Metern bis mehrere Kilometern. Netze die Verbindungen über größere Entfernungen zulassen werden als Weitverkehrsnetze, abgekürzt WAN (Wide Area Network) bezeichnet. Hier muss man zwischen den öffentlichen Netzen im Bereich der Telekom oder den privaten Netzen d. h. Fernwirknetzen (Signalübertragung über Hochspannungsnetze, Gas- oder Ölpipelines zur Überwachung und Steuerung weit verteilter Prozesse) unterscheiden. Das wohl umfangreichste nationale/internationale und jedem bekannte WAN ist das öffentliche analoge (früher) und heute das digitale Telefonnetz. Über die Wählverbindung wird in diesem Netz vor allem die Sprach-Kommunikation abgewickelt. Die Nutzung dieses Netzes zum Übertragen von Daten mittels Modem oder in Form von Faxtransfer hat fast keine Bedeutung, auch wenn die Zukunft bereits dem ISDN gehört.

ISDN (Integrated Services Digital Network) wurde in den 1980er Jahren als Standard in der Fernmeldetechnik eingeführt. Bei ISDN werden Telefon und Telefax, aber auch Bildtelefonie und Datenübertragung integriert. Über ISDN können also abhängig von den jeweiligen Endgeräten Sprache, Texte, Grafiken und andere Daten übertragen werden. ISDN stellt über die S0-Schnittstelle eines Basisanschlusses zwei Basiskanäle (B-Kanäle) mit je 64 kBit/s sowie einen Steuerkanal (0-Kanal) mit 16 kBit/s zur Verfügung. Der digitale Teilnehmeranschluss hat zusammengefasst eine maximale Übertragungsgeschwindigkeit von 144 kBit/s (2B + D). In den beiden B-Kanälen können gleichzeitig zwei unterschiedliche Dienste mit einer Bitrate von 64 kBit/s über eine Leitung bedient werden.

Im Nahbereich bis zu einigen Kilometern kennt man drei weitere Netze:
- MAN (Metropolitan Area Network): MAN hat eine Ausdehnung bis zu einigen zehn Kilometern und soll die Kommunikation in Ballungsräumen oder Städten abdecken. Diese Netzform kann natürlich wiederum mit größeren/umfangreicheren Netzen oder auch mit kleineren lokalen Teilnetzen wie HAN in Verbindung stehen.
- HAN (Home Area Network): HAN soll im privaten Bereich oder im Büro zum Einsatz kommen. Hier können verschiedene Medien wie Telefon, PC, Video- und Hi-Fi-Anlage etc. miteinander vernetzt werden.
- LAN (Local Area Network): In den industriellen Produktionsanlagen kennt man das LAN, das in seiner Ausdehnung auf einige Kilometer begrenzt ist. Dieses Netzwerk kann z. B. innerhalb einer Produktionsanlage verschiedenen Prozessgeräte (PC, SPS, Regler etc.) miteinander verbinden. Die Art und Weise dieser Verbindung wird in erster Linie von der jeweiligen Anwendung bestimmt.

Das Vernetzen innerhalb eines solchen Systems kann sich nun von der untersten Feldebene bis hin zur Unternehmensleitebene erstrecken. Oberstes Ziel solcher Systeme ist es, alle Vorgänge z. B. innerhalb eines Betriebs, zur Rationalisierung der Produktion/Fertigungsabläufe transparent zu gestalten. Eine typische Kommunikationshierarchie teilt sich auf in fünf Ebenen: Feld, Gruppenleitebene, Prozessleitebene, Produktionsleitebene und Unternehmensleitebene. Bei kleineren Betrieben und überschaubaren Fertigungsabläufen sind zum Teil nur die unteren Ebenen zu finden. Die Prozesse werden dann meist durch eine SPS und/oder einen PC von einer zentralen Warte aus gesteuert.

Durch unterschiedliche Anforderungen an die Datenverarbeitung in den einzelnen Ebenen, lässt sich leicht erkennen, dass das jeweils verwendete Bussystem verschiedene Leistungsmerkmale erfüllen muss. Dies ist in der Automatisierungstechnik am stärksten ausgeprägt, da in der Leistungsfähigkeit und Funktion der kommunizierenden Geräte erhebliche Unterschiede bestehen. Die anliegenden Daten sind in den einzelnen Ebenen vielfältig und nicht von gleicher Art. Je weiter z. B. die Pyramide nach unten geht, desto kürzer werden die zu übertragenden Datensätze und desto schneller müssen die Daten auf den Prozess wirken. Man spricht hier häufig vom Echtzeitverhalten.

Die einzelnen lokalen Busse oder Teilnetze und deren Leitrechner werden über eine Hauptdatenübertragungsleitung, dem sogenannten „Backbone", innerhalb der Fabrik miteinander gekoppelt. Die Verbindung der zum Teil ungleichen Datennetze erledigt ein Protokollumsetzer das „Gateway". Als Netzwerke werden hier Standard-LAN wie das „Ethernet" oder auch „Fast Ethernet" als Hochgeschwindigkeitsnetz mit 100 MBit/s eingesetzt. Als weitere Netze soll hier FDDI (Fiber Distributed Data Interface) oder ATM (Asynchronous Transfer Mode) genannt werden.

Die unterschiedliche Protokollstruktur, insbesondere zum Backbone, sieht man am deutlichsten in der unteren Ebene, der Feld- oder Sensor/Aktor-Ebene. Hier werden im Extremfall lediglich 1-Bit-Informationen übertragen. Dies können binäre Steuerkommandos oder Alarmmeldungen sein, die über einen geeigneten Feldbus (z. B. Bitbus, ASI, Profibus etc.) übertragen werden. Entweder untereinander zwischen den einzelnen Feldgeräten, oder sie werden an die nächst höhere, die Gruppenleitebene, weitergegeben.

In der Gruppenleitebene befinden sich Prozessgeräte wie PC, SPS, Kompaktregler usw., von denen aus entsprechende Programmvorgaben oder Sollwertvorgaben in umgekehrter Richtung ausgehen. Ferner werden von dieser Ebene einzelne Maschinen- oder Fertigungsgruppen gesteuert und verwaltet. Als Feldbusse können hier Interbus-S, Profibus, Modbus, ASI usw. genannt werden.

Ganze Verfahrensgruppen bestehend aus einzelnen Fertigungsgruppen werden dann von der übergeordneten Prozessleitebene aus überwacht. Hier kann man die einzelnen Leitwarten mit ihren PC und Leitrechnern betreiben. Auf dieser Ebene bei der Verbindung zwischen Leitrechner und Echtzeitrechner findet man ebenfalls Bussysteme wie den Profibus.

Die Aufgabe der Produktionsleitebene ist das Führen der Fabrik bzw. des Betriebs. Hier wird die gesamte Produktion überwacht bzw. gesteuert und die Kommunikation zu anderen Bereichen wie Auftragsvorbereitung, Einkauf, Vertrieb, Versand hergestellt. Diese Aufgabe übernehmen Prozessrechner und PC mit ihren PPS-Paketen (Produkt-Planungssystem).

Die oberste Unternehmensleitebene ist für das Führen des gesamten Unternehmens zuständig, hier wird managementorientiert gearbeitet. In diesem strategischen Rechenzentrum werden die administrativen Tätigkeiten durchgeführt.

Über die einzelnen Kommunikationsebenen können wiederum aus unterschiedlichen Bereichen Datenverbindungen zu öffentlichen Netzen hergestellt werden. Abschließend lässt sich festhalten, dass gerade in den untersten beiden Ebenen (Feld- und Gruppenleitebene) die komplexen Automatisierungsaufgaben über digitale Feldgeräte anstehen. Diese Aufgaben (wie Visualisieren, Steuern, Sollwertvorgabe) werden optimal durch entsprechende Feldbussysteme mit ihren angeschlossenen Automatisierungsgeräten (PC, SPS, Regler) erfüllt. Erst durch den Datenaustausch über solche Busse lässt sich die Leistungsfähigkeit moderner Automatisierungsgeräte voll nutzen.

Es wurde bereits behandelt, dass in einem LAN innerhalb eines Betriebs mehrere datenverarbeitende Geräte bzw. Automatisierungseinheiten zu einem Netzwerk verbunden sind. In erster Linie wird die Struktur dieses Netzwerks von dem jeweiligen eingesetzten Automatisierungskonzept bestimmt. Die Struktur bzw. die Klassifizierung eines solchen Netzes ist durch verschiedene Merkmale gekennzeichnet.

Dies sind das Übertragungsmedium, Zugriffsverfahren und die sogenannte Topologie. Man bezeichnet allgemein die Topologie auch als Netzwerkarchitektur und versteht darunter die Anordnung der einzelnen Kommunikationspartner (Endgeräte, PC, etc.) zueinander.

Es existieren verschiedene Topologien (Strukturen), die sich im Hinblick auf die Anforderungskriterien wie Verfügbarkeit, Erweiterbarkeit usw. unterscheiden. Die grundlegenden Formen sind Stern, Ring oder Bus, aus denen in der Praxis verschiedene Mischformen gebildet werden. Einen kurzen Vergleich der Grundformen zeigt Tab. 4.4.

In der Sternstruktur werden sämtliche Informationen über einen zentralen Knoten (z. B. einen Computer) geleitet. Alle Teilnehmer sind sternförmig um diese Zentrale gruppiert und direkt an sie angeschlossen (Abb. 4.10).

Die gesamte Kommunikation geht über die zentrale Einheit, d. h. die einzelnen Teilnehmer können nicht direkt miteinander kommunizieren. Somit besteht aber eine starke Abhängigkeit von diesem zentralen Knoten, da bei einem Ausfall die gesamte Anlage außer Betrieb geht. Bei einer Störung auf einer Leitung ist aber in der Regel nur der eine Teilnehmer davon betroffen und die Verbindung kann im laufenden Betrieb zum Austausch des Endgeräts zu- und abgeschaltet werden.

Tab. 4.4: Vergleich verschiedener Netzwerktopologien

	Sternstruktur	Ringstruktur	Busstruktur
Steuerung und Zugriffsberechtigung	Zentrale Steuerung, Zugriffsberechtigung durch zentrale Intelligenz geregelt.	Dezentrale Steuerung, Zugriffsberechtigung von Gerät zu Gerät übertragen.	Sowohl zentrale als auch dezentrale Steuerung möglich.
Verfügbarkeit und Redundanz	Fällt die zentrale Intelligenz aus, so fällt das Netzwerk aus.	Fällt die Leitung aus, so fällt das Netzwerk aus. Umgehungsschalter werden benötigt, um den Ausfall eines Geräts zu vermeiden.	Abhängig vom Bussteuerungsmodus. Für zentrale Steuerung (Sternstruktur), für dezentrale Steuerung (Ringstruktur). Ausfall einzelner Geräte hat keinen Einfluss auf die Netzwerkfunktion.
Erweiterbarkeit	Begrenzt durch die Anzahl der Leitungen zur zentralen Steuerung.	Theoretisch unbegrenzt, praktisch durch Tokenumlaufzeit, die die Antwortzeit bestimmt.	Theoretisch unbegrenzt, praktisch durch die Netzwerkabfragezeit.

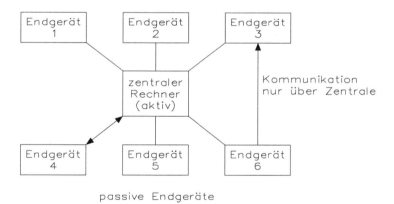

Abb. 4.10: Aufbau einer Sterntopologie

Möchte man bei dieser Struktur die Anlage um einen Teilnehmer erweitern, so ist dies durch eine neue Kabelverbindung möglich. Daher sollte man bei der Projektierung eine entsprechende Kapazität für die Leitungsverlegung vorsehen.

Angewendet wird diese Topologie überwiegend in der Bürokommunikation, wo an einem Zentralrechner oder Server viele PCs angeschlossen sind.

Bei der Ringstruktur wird die Information zwischen mehreren Stationen, die in einem Ring miteinander verbunden sind, weitergereicht (Abb. 4.11). Jede Station hat einen Sender und einen Empfänger. Empfängt eine Station Daten, so werden diese kopiert und mit einer Quittierung versehen auf den Ring zur nächsten Station weitergegeben. Der entsprechende Absender erkennt somit, dass die Daten korrekt empfangen wurden. Es gibt keine zentrale Steuerung, jede Station übernimmt zum Zeitpunkt der Übertragung die Kontrolle über den Ring.

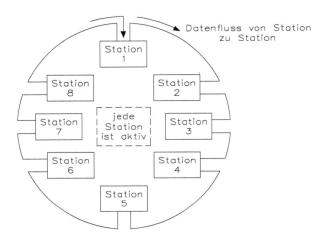

Abb. 4.11: Aufbau einer Ringtopologie

Bei der Ringstruktur kommt der Datenaustausch zum Erliegen, wenn eine Station ausfällt, da der Ring nun unterbrochen ist. Um dies zu vermeiden hat man hier sogenannte Überbrückungsschalter eingeführt, die im Fall einer gestörten Station den Ring wieder schließen. Somit können auch bei dieser Struktur Stationen während des Betriebs ausgetauscht werden.

Ein typischer Vertreter der Ringtopologie ist z. B. der Interbus-S. Hier wird die Hin- und Rückleitung in einem Kabel zusammengefasst. Die Anforderungen, die an solche Systeme gestellt werden, sind in erster Hinsicht die Einsparung von Kosten, bei der Verkabelung, Inbetriebnahme und Wartung.

Die bekannteste und überwiegend eingesetzte Struktur im LAN, ist die Busstruktur. Alle Stationen bzw. Teilnehmer sind über kurze Stichleitungen, an eine gemeinsame Datenleitung, dem sogenannten Bus, angeschlossen (Abb. 4.12). Prinzipiell kann hier jeder Busteilnehmer mit jedem beliebigen Teilnehmer kommunizieren, d. h. alle Stationen sind gleichberechtigt. Dies hätte jedoch eine Datenkollision auf dem Bus zur Folge und der Informationsgehalt würde zerstört werden. Um diesen Fall zu vermeiden, werden Zugriffsverfahren definiert, die den Datenverkehr auf den Bus regeln.

Eine Erweiterung der Anlage um ein zusätzliches Gerät, z. B. Busteilnehmer, ist sehr einfach möglich. Auch der Verdrahtungsaufwand ist hier sehr gering, hängt jedoch von der verwendeten physikalischen Schnittstelle ab. Sehr häufig wird hier die RS485-Schnittstelle mit dem Übertragungsmedium verdrillte Zweidrahtleitung verwendet. Aufgrund dieser physikalischen

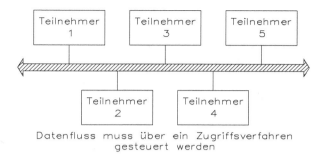

Abb. 4.12: Aufbau einer Bustopologie

Gegebenheiten ist die Ausdehnung eines Bussystems begrenzt. Bei der RS485 z. B. ist die Busstruktur auf maximal 1200 Meter ausgelegt.

Um größere Ausdehnungen zu erreichen lassen sich einzelne Busstränge über „Repeater" verbinden. Als Repeater bezeichnet man einen bidirektionalen Leitungsverstärker zur Verlängerung der Datenübertragungsstrecke. Man unterscheidet hier aber zwischen den regenerierenden und nicht regenerierenden Repeatern. Regenerierende Repeater regenerieren das Datensignal und können somit zur Erweiterung der Topologie verwendet werden (Abb. 4.13). Durch diese Repeater entstehen Verästelungen, die man auch als Baumstruktur bezeichnet. Ferner lassen sich hiermit verschiedene Topologien miteinander, zu einer gemischten Topologie, kombinieren.

Ist ein Repeater defekt, fällt lediglich ein Bussegment/-strang aus. Ein typischer Vertreter dieser Bustopologie ist der Profibus. Ebenfalls die Bustopologie oder die gemischte (freie) Form nutzt die LON-Technologie.

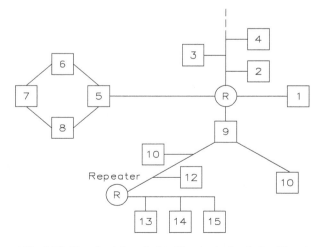

Abb. 4.13: Erweiterte/gemischte Topologie durch den Einsatz eines Repeaters

4.1.5   Zentrale und dezentrale Anordnung

Bei einer zentralen Anordnung eines Automatisierungsgeräts werden sämtliche Signale aus dem Prozess zu einer zentralen Steuer- und Regeleinrichtung übertragen. Typisches Beispiel hierfür ist die SPS, mit der als zentrale Steuereinheit alle Sensoren und Aktoren zu verbinden sind. Dies geschieht meist noch in der konventionellen analogen Technik (4...20 mA). Eine andere Möglichkeit im Zeitalter der Bussysteme besteht darin, alle analogen und/oder binären Signale in einem Feldmultiplexer zu sammeln und als digitales Protokoll über einen Feldbus (ein Buskabel) zur Zentrale zu übertragen (Abb. 4.14). In diesem Fall handelt es sich um keine intelligenten autarken Automatisierungseinheiten, sondern lediglich um die Sensoren und Aktoren im Prozess. Die gesamte Berechnung der Informationen, die Steuerung bzw. Regelung und der Programmablauf übernimmt in diesem Fall die zentrale Einheit.

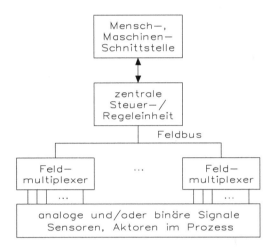

Abb. 4.14: Zentrales Automatisierungsgerät mit Feldbusanschluss

Die Eigenschaften dieser zentralen Anordnung und digitalen Datenübertragung über Feldmultiplexer sind:
- kurze Signalwege bei kritischen Signalen
- geringerer Installationsaufwand gegenüber der konventionellen Methode
- höhere Genauigkeit durch die digitale Übertragung
- übersichtlichere Projektierung
- schnelle Änderungen und einfache Erweiterung

Der heutige Trend geht von der zentralen, meist funktionsüberladenen Einheit hin zur vernetzten, dezentralen autarken Automatisierungsgeräten mit lokaler Intelligenz. Die in den bisherigen zentralen Systemen realisierten Funktionen werden auf dezentrale Geräte verlagert, mit dem Ziel, überschaubarere und wiederverwendbare Einheiten zu bekommen (Abb. 4.15).

Ein solches dezentrales Gerät kann z. B. eine Temperatur erfassen, an Ort und Stelle mit einem gewünschten Sollwert vergleichen und über eine integrierte Reglerfunktion den Stellgrad berechnen, und anschließend auf den Aktor ausgeben. Alle intelligenten Geräte sind durch einen Bus (Netzwerk) miteinander verbunden. In diesem Automatisierungsverbund werden die

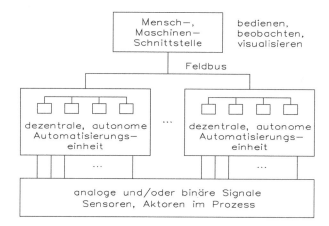

Abb. 4.15: Dezentrale autarke Automatisierungseinheit über den Feldbus vernetzt

in der Projektierung definierten Signale, Parameter- und Konfigurationsdaten ausgetauscht, sodass die gestellte Automatisierungsaufgabe vor Ort gelöst wird.

Die Eigenschaften dezentraler autarker Automatisierungseinheiten sind:
- kurze Reaktionszeiten ohne Abhängigkeit der Buslaufzeit
- höhere Anlagenverfügbarkeit durch autarke Einheiten
- schnelle Änderungen und einfache Erweiterbarkeit
- aufgaben- und anwenderorientierte Anlagenstruktur
- einfaches überschaubares Programmieren, Konfigurieren und Parametrieren des Systems

4.1.6   Zugriffsverfahren

Sind mehrere Geräte in einem Datenverbund zusammen vereint, so muss eine „Gesprächs-ordnung" organisiert sein, da sonst alle Geräte gleichzeitig senden könnten. Wie in einer Diskussionsrunde sollte immer nur ein Teilnehmer sprechen und durch Überlagerungen auf dem Bus würden sich die Informationen gegenseitig stören. Für einen ordnungsgemäßen Datenfluss sind verschiedene Zugriffsverfahren verantwortlich.

Bei diesem Vorgang der Buszuteilung, man nennt es auch „Bus-Arbitration" (Arbiter = Schiedsrichter), werden grundsätzlich zwei Methoden deutlich. Bezogen auf die Zeit unter-scheidet man das deterministische (bestimmte) und das stochastische (zufällige) Zugriffsver-fahren. Die wichtigsten Verfahren sind im Folgenden kurz beschrieben.

Bei dem einfachen Master/Slave-Verfahren gibt es auf dem Bus nur einen Master, der von zentraler Stelle aus die Zugriffsberechtigung der Busteilnehmer/Slaves steuert. Man bezeich-net diese zentrale Steuerung auch als „fixed-master". Das Senderecht steht nur dem aktiven Teilnehmer (Master) auf dem Bus zu, während die passiven Teilnehmer (Slaves) nur nach Aufforderung vom Master senden dürfen (Abb. 4.16).

Der Master fragt nach einem zyklischen Fahrplan nacheinander alle Slaves ab. Wichtige Teilnehmer können in diesem Fahrplan auch mehrmals berücksichtigt werden. Die sich immer wiederholende Abfrage vom ersten bis zum letzten Slave bezeichnet man auch als Polling-

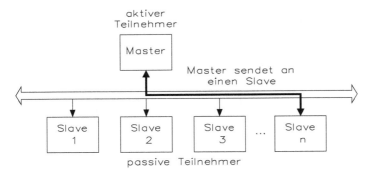

Abb. 4.16: Funktionseinheiten nach dem Master/Slave-Pinzip

verfahren oder Pollzyklus. Ein Vorteil bei diesem Prinzip ist es, dass sich eine maximale Antwortzeit berechnen lässt, nach der der Datenaustausch zwischen Master und Slave auf jeden Fall stattgefunden hat.

Diese unter der Leitung eines Masters stehende Kommunikation ist sehr einfach, allerdings gibt es hier Zuverlässigkeitsprobleme, da beim Ausfall des Masters keine Kommunikation mehr möglich ist. Andere Faktoren wie die Datenübertragungssicherheit bzw. -geschwindigkeit hängen von der verwendeten physikalischen Schnittstelle und dem eingesetzten Protokolltyp ab.

Bei dem Token-Passing-Verfahren gibt es keinen expliziten Master, sondern das Senderecht (Sprechrecht) wird zyklisch von Teilnehmer zu Teilnehmer weitergereicht. Dieses Signal oder Senderecht bezeichnet man als „Token". Wer den Token besitzt, darf den Bus steuern und muss ihn nach einer maximalen Sendedauer an seinen nächsten Teilnehmer weiterreichen. Alle anderen Busteilnehmer sind während dieser Zeit nicht sendeberechtigt.

Man bezeichnet eine solche dezentrale Bussteuerung auch „flying master", denn mit dem Erhalt des Token darf jeder Teilnehmer einmal als Bus-Master arbeiten. Er übernimmt dann die Kontrolle über die anderen nicht aktiven Teilnehmer. Vorteil bei diesem Verfahren ist, dass auch bei einer starken Busbelastung, durch eine vorgegebene Zeit (Tokenumlaufzeit), eine gleichmäßige Buszuordnung gewährleistet ist. Zeitverzögerungen können sich jedoch im Fehlerfall einstellen, insbesondere, wenn der Fehler-Token verlorengeht oder sich der Token verdoppelt.

Von dem Token-Passing-Verfahren gibt es zwei Möglichkeiten: Hier sind die Teilnehmer in der Ring-Topologie miteinander verbunden. Der Token kreist auf diesem Ring von Teilnehmer zu Teilnehmer und kann von einer sendewilligen Station besetzt werden (Abb. 4.17). Der Bus-Master setzt seine Nachricht ab und wartet bis sie wieder bei ihm angelangt ist. Nun wird der Token wieder freigegeben.

Beim Token-Bus hängen alle Teilnehmer an einem Bus (Abb. 4.18). Da man auch bei dieser Anordnung das Prinzip des Token beibehält, legt man einen „logischen Ring" fest, d. h. in einer Liste wird die Reihenfolge der Teilnehmer festgelegt und der Token kreist auf dem gedachten Ring, den die Liste vorgibt.

Der Unterschied zum Token-Ring besteht darin, dass sich die gesendete Nachricht direkt zur Zielstation übertragen lässt und nicht über die einzelnen Teilnehmer geschleift werden muss.

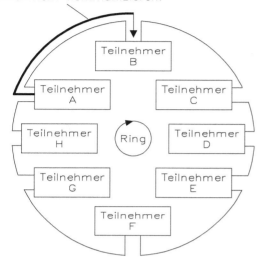

Abb. 4.17: Token-Ring-Prinzip

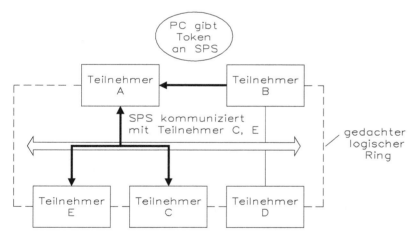

Abb. 4.18: Token-Bus-Prinzip

Bei dem klassischen stochastischen CSMA-Verfahren (Carrier Sense Multiple Access) sind alle Busteilnehmer zugriffsberechtigt. Sie überprüfen alle ständig den Bus und warten bis dieser frei ist. Ist dies der Fall, so kann ein Teilnehmer zugreifen (Abb. 4.19).

Müssen aber gleichzeitig mehrere Teilnehmer gleichzeitig Senden, dass das Medium frei ist und beginnen mit dem Senden der Informationen, so kommt es zu einer Kollision der Nach-

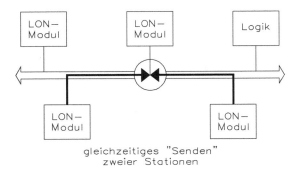

gleichzeitiges "Senden"
zweier Stationen

Abb. 4.19: Busteilnehmer sind zugriffsberechtigt nach dem CSMA-Prinzip

richten. Diese werden dadurch verfälscht und die Teilnehmer müssen ihren Übertragungsversuch zu einem späteren Zeitpunkt wiederholen.

Um solche Kollisionen auf dem Bus zu erkennen oder auch zu vermeiden, bedient man sich entsprechender Verfahren.

Bei dieser CSMA/CD-Methode (Carrier Sense Multiple Access with Collision Detection) versucht man Kollisionen am Bus durch Mithören und Vergleichen mit dem gesendeten Signal sehr rasch festzustellen, dass ein Fehler entstanden ist. Ist eine Kollision entstanden, wird diese durch die entsprechenden Stationen erkannt und diese brechen ihren Sendeversuch ab. Ein Zufallsgenerator in jeder Station bestimmt eine Wartezeit, nach der ein erneuter Versuch gestartet wird. Bei geringer Busauslastung funktioniert dieses Verfahren sehr gut, aber bei hoher Busauslastung steigen die Wartezeiten für den Buszugriff exponentiell an.

Dieses Verfahren wird z. B. im Ethernet (in der Bürokommunikation) verwendet, aber auch innerhalb der Automatisierungstechnik.

Bei dieser CSMA/CA-Methode (Carrier Sense Multiple Access with Collision Avoidance) gibt es unterschiedliche Ansätze, um durch verschiedene Zugriffsverfahren Kollisionen im Vorfeld zu vermeiden.

Eine Möglichkeit ist die Vergabe einer Quelladresse. Bei fast gleichzeitigem Senden zweier Teilnehmer senden beide ihre Adresse. Nun setzt sich der Teilnehmer mit der kleinsten (oder größten) Adresse durch und der andere bricht seinen Sendeversuch ab.

Weitere Methoden wären, dass jedem Teilnehmer nach Beendigung seines letzten Sendeversuchs, eine feste Zeitspanne zugeordnet wird nach welcher er auf das Medium zugreifen darf, oder man lässt das Zugriffsrecht, ähnlich dem Token, zyklisch wandern.

Sobald Ruhe auf dem Bus eingekehrt ist, berechnen die sendebereiten Stationen nach der Wahrscheinlichkeit eine Art Reihenfolge für die Übertragung. Es werden hier sogenannte „Slots" (Zeitschlitz) immer in 16er Blöcken bis maximal 1024 ermittelt. Der Teilnehmer mit der höchsten ermittelten Zahl darf zuerst senden (Abb. 4.20).

Die anderen Teilnehmer müssen die sogenannte „Slot-Time" abwarten. Je höher die Busbelastung ist, desto höher kann die errechnete Zahl für die Reihenfolge sein (max. 1024). Hiermit soll vermieden werden, dass zwei Module die gleiche Zahl „auswürfeln" (z. B. 16) und es somit doch zur Datenkollision kommt. Nachteil ist hier, dass die Wartezeiten für die Zugriffsberechtigung mit höherer Busbelastung ebenfalls länger werden.

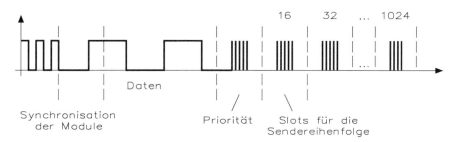

Abb. 4.20: Zugriffsverfahren nach der CSMA/CD-Methode

Ferner besteht bei diesem Verfahren noch die Möglichkeit, eine feste Priorität zu vergeben, sodass sich dieser Teilnehmer mit seiner wichtigen Nachricht auf jeden Fall vor den anderen durchsetzt.

4.1.7 Buskommunikation

Bei der Kommunikation über einen Bus spricht man auch von zwei typischen Formen, dem parallelen und dem seriellen Bus.

Der parallele Bus wird für den Transport von Daten über recht kurze Wege verwendet. Der Vorteil ist die hohe Übertragungsgeschwindigkeit beim Informationsaustausch. Nachteile sind die hohe Störanfälligkeit und die höheren Kosten bei der Verdrahtung gegenüber dem seriellen Bus. Daher werden parallele Busse meist im Inneren von Geräten z. B. in PCs eingesetzt. Bekannt sind hier der Adress-, Daten-, Steuer- und Stromversorgungsbus.

Der serielle Bus wird überwiegend als Peripheriebus zur Steuerung von Automatisierungskomponenten verwendet. Der serielle Bus ermöglicht die Kommunikation über längere Distanzen bei relativ hoher Störsicherheit. Ein weiterer Vorteil sind die geringeren Kosten für die Verdrahtung. Ein Nachteil gegenüber den parallelen Systemen besteht bei der geringeren Übertragungsgeschwindigkeit.

Bei der seriellen Übertragung werden die einzelnen Bits einer Nachricht hintereinander über das Medium gesendet. Die Daten werden, je nach Bussystem, nach einer festen Regel, dem Protokoll, übertragen. Im letzten Abschnitt über Zugriffsverfahren hat man gesehen, dass zu einer bestimmten Zeit, nur eine Information mit einer gewissen Übertragungsrate, gesendet werden kann. In der Kommunikationstechnik werden aber in diversen Anwendungen unterschiedliche Informationen mit unterschiedlichen Übertragungsraten zur gleichen Zeit verlangt. Dies bedingt verschiedene Formen in der Übertragungsart.

Man unterscheidet hier die folgenden drei Formen:

Ein Basisband überträgt nur ein Zeichen pro Zeiteinheit. Die Information wird direkt in Form von Impulsen (z. B. digital als 0- oder 1-Signal) auf das Übertragungsmedium eingespeist. Es steht also nur ein Übertragungskanal für alle Busteilnehmer zur Verfügung.

Typische Merkmale sind maximale Übertragungsgeschwindigkeiten von 10 MBit/s, eine räumliche Ausdehnung bis zu 1000 Metern, eine max. Anzahl von ca. 30 Stationen pro Segment, niedrige Anschlusskosten und bidirektionale Nutzung der Leitung. Als Medium wird die Zweidrahtleitung oder das Koaxialkabel eingesetzt. Wichtige Vertreter dieser Technik sind das Ethernet und praktisch alle Feldbusse.

Die Information wird auf ein Trägersignal (Carrierband) moduliert und analog übertragen (z. B. sinusförmig). Wie beim Basisband wird hier zu jeder Zeit auch nur ein Signal übertragen. Das Verfahren ermöglicht hohe Übertragungsraten und Übertragungssicherheit. Typische Übertragungsraten liegen bei ca. 10 MBit/s.

Die Breitbandtechnik stellt mehrere Übertragungskanäle zur Verfügung. Es können mehrere Zeichen pro Zeiteinheit übertragen werden, indem die Information unterschiedlichen Trägerfrequenzen aufmoduliert wird. Hierzu dienen verschiedene Frequenzmultiplex-Verfahren. Die Daten können digitaler oder analoger Art sein. Als Übertragungsmedium wird das Koaxial- oder Glasfaserkabel benutzt. Es können Übertragungsraten von 100 MBit/s und mehr realisiert werden.

Typische Merkmale sind eine hohe Störsicherheit, Ausdehnung über einige Kilometer und die Anschlussmöglichkeit von einigen hundert Knoten. Diese Technologie wird überwiegend in Büro- oder Nachrichtennetzwerken verwendet.

4.2   Feldbussysteme

Ein Feldbussystem für die unterste Feldebene muss sich an gewissen Anforderungen orientieren wie:
- Hohe Störsicherheit, z. B. gegen elektromagnetische Strahlung
- kurze Reaktionszeiten im Bereich von Millisekunden
- eindeutige und einfache Diagnose
- geringer Installationsaufwand
- einfache Programmierung

Für die Automatisierung in der Verfahrenstechnik dringend erforderlich und nach dem Stand der technischen Entwicklung bereits überfällig, ist ein internationaler standardisierter, einheitlicher Feldbus, der die konventionelle Punkt-zu-Punkt-Verbindung der Feldgeräte mit konventioneller analoger Technik ablöst. Ein solcher Einheitsfeldbus sollte jedoch auch eine eigensichere Variante für den Bereich des Explosionsschutzes bieten.

Mit der Standardisierung eines solchen Feldbusses befassen sich die internationale Normungsgremien, wie die IEC, schon seit Mitte der 80er Jahre. Normungsvorschläge auf nationaler oder europäischer Ebene liegen vor oder sind bereits ratifiziert.

Die Einführung eines Feldbusses in der Prozessautomatisierung bringt für den Anwender einiges an Vorteilen, wie Untersuchungen immer wieder gezeigt haben. Dies hat bis jetzt schon zu mehr als 50 ernstzunehmenden Feldbussen geführt, für die bereits Realisierungs- oder Normungsvorschläge bzw. Produkte vorliegen. Diese lieferbaren Feldbusse entsprechen entweder nationalen Normen oder sind sozusagen quasi Industriestandards.

Innerhalb dieses Kapitels sollen einige der wichtigsten Feldbussysteme kurz, mit ihren typischen Eigenschaften, erläutert werden.

4.2.1 Smart/Hart-Kommunikation

Die Grundidee dieser Technik beruht darauf, dass auf einem Leitungspaar sowohl das analoge 4...20 mA-Signal, als auch die digitalen Kommunikationssignale übertragen werden. HART-Protokoll steht für (Highway Adressable Remote Transducer) und ist ein eingetragenes Warenzeichen von Rosemount. Eingesetzt wird diese Methode überwiegend bei intelligenten Messumformern bei sogenannten Smart-Transmittern. Ein Vorteil hierbei ist, dass Smart-Messgeräte mit dem HART-Protokoll ohne Schwierigkeiten in bereits bestehende Anlagen integriert werden können, ohne die Verkabelung zu ändern, d. h. solche Geräte sind kompatibel zu ihren konventionellen analogen Verwanden und die Kommunikationsfähigkeit kann – muss aber nicht – genutzt werden.

Meist wird heute das FSK-Verfahren (Frequency Shift Keying) verwendet, wobei der logischen „0" = 2400 Hz entsprechen und der logischen „1" = 1200 Hz. Dem eingeprägten Stromsignal auf der Zweidrahtleitung, welches den Messwert repräsentiert, wird auf dem gleichen Kabel das Kommunikationssignal als mittelwertfreie Wechselspannung mit niedriger Amplitude (500 mV$_{SS}$) überlagert. Tabelle 4.5 zeigt die Merkmale der Smart/Hart-Technik.

Tab. 4.5: Smart/Hart-Technik im Überblick

Hersteller/Nutzerorganisation	Rosemount/HART Communication Foundation (HCF)
Medium	4...20 mA; Zweidrahtleitung
Teilnehmer	Punkt-zu-Punkt-Verbindung Feldbusstruktur, max. 32
Datenübertragungsrate	1200 Bit/s
Übertragungslänge	2000 m

Als ersten und einfachsten Schritt nutzt man hier die Kommunikation mit entsprechenden Handbediengeräten HHT (Hand Held Terminal) zur Parametereinstellung, Übermittlung von Statusinformationen usw., oder auch die Verbindung zu einem PC (Abb. 4.21). Smart-Geräte werden üblicherweise mit Punkt-zu-Punkt-Verbindung verdrahtet, oder auch sternförmig über entsprechende Feldmultiplexer über einen Feldbus betrieben.

Das HART-Protokoll unterstützt die Schicht 1 und 2 des OSI-Referenzmodells. Die Kommunikationsstruktur entspricht dem Master/Slave-Verfahren, wobei die Telegramme recht lang sein können. Somit ergeben sich Übertragungszeiten zwischen 64 ms und 504 ms, die zur Übertragung von prozessrelevanten Messgrößen nicht besonders geeignet sind, aber für Statusinformationen.

Mit dieser Technologie ergeben sich entscheidende Vorteile für Inbetriebnahme, Betrieb und Wartung:

- Geringere Servicekosten
- Nutzung bestehender Verdrahtung
- Eigentest, Fehlerdiagnose, Protokollierung
- geeignet für EX-Bereich
- Parametrierung und Messwertabfrage zentral oder dezentral
- einfaches Hochrüsten auf Feldbussysteme

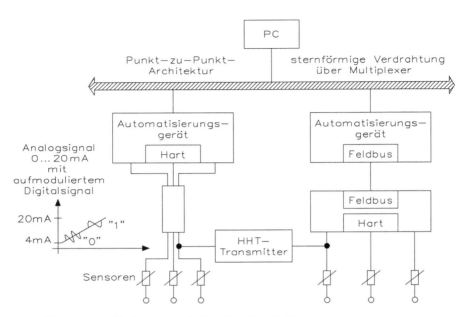

Abb. 4.21: Kommunikationswege mit dem Hart-Protokoll

4.2.2   ASI-Bus

Das AS-(Aktor Sensor) Interface soll keine komplette Steuerung ersetzen, sondern auf einfache Art und Weise Sensoren und Aktoren auf der untersten Feldebene miteinander verbinden. Die Übertragung ist auf einfache binäre Prozesszustände („ein" und „aus") beschränkt. Daher ist es für komplexere Systeme, bei denen mehr Daten ausgetauscht werden müssen nicht optimal geeignet. Für einfache Aufgaben, z. B. Füllstandsmessung oder Druckmessumformer ist der ASI-Bus aber geeignet. Das System hat eine Master/Slave-Struktur, bei der alle Aktivitäten vom Master ausgehen. Tabelle 4.6 zeigt die Merkmale des ASI-Busses.

Tab. 4.6: ASI-Bus im Überblick

Hersteller/Nutzerorganisation	Gruppe von mehreren Sensor/Aktor-Herstellern (Festo, ifm, Pepperl+Fuchs, Siemens)/ASI Verein
Medium	Zweidrahtleitung ungeschirmt (ASI spezifisch)
Teilnehmer	max. 31
Datenübertragungsrate	167 kBit/s
Übertragungslänge	100 m

Der Vollausbau eines ASI-Systems umfasst einen Master und 31 Slaves, wobei jeder Slave insgesamt vier Binärelemente (Ein- oder Ausgang) bedienen kann (Abb. 4.22). Die Slaves untereinander und zum Master werden mit einer Zweidrahtleitung verbunden, die neben der Datenübertragung auch für die Spannungsversorgung genutzt wird (bis 100 mA/Slave). Die Zykluszeit zum Bedienen von 31 Slaves beträgt ca. 5 ms.

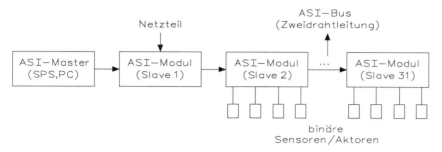

Abb. 4.22: Prinzipieller Aufbau eines ASI-Systems

Der ASI-Bus ist ein einfaches und kostengünstiges Bussystem, das den herkömmlichen parallelen E/A-Kabelbaum ersetzen kann.

4.2.3 Bitbus

Der Bitbus ist ein für die Feldebene optimiertes Master/Slave-System. Elementare Aufgabe des Bitbusses ist der Austausch von Informationen innerhalb eines Produktions- und Fertigungsprozesses über ein robustes Netzwerk. Somit liegt sein Schwerpunkt in der Vernetzung auf Prozessrechnerebene.

Der Bitbus ist ein serielles Feldbussystem, das 1984 von Intel entwickelt wurde. Seit 1991 ist er als internationale Norm (IEEE 1118) spezifiziert. In der Norm kann man die Schichten 1 und 2 eindeutig dem OSI-Modell zuordnen. Schicht 7, als Anwenderschicht, übernimmt teilweise Aufgaben der OSI-Schichten 3 bis 6. Unter anderem wird hier das Übertragungsprotokoll festgelegt.

Das System ist seit 1986 im industriellen Einsatz und ist in der Fertigungstechnik mit Schwerpunkt Robotervernetzung stark verbreitet. Unterstützt wird er von der Bitbus European Users Group (BEUG) und von Phoenix Contact, die den Bitbus unter dem Namen Interbus-C anbietet. Tabelle 4.7 zeigt die Merkmale des Bitbusses.

Tab. 4.7: Bitbus im Überblick

Hersteller/Nutzerorganisation	Intel (IEEE1118)/Bitbus European Users Group (BEUG), Phoenix Contact als Interbus-C
Medium	RS485
Teilnehmer	max. 250
Datenübertragungsrate	62,5 kBit/s bis 2,4 MBit/s
Übertragungslänge	30 m bis 13,2 km

Anhand des Polling-Verfahrens wird der Netzwerkzugriff vom Master aus gesteuert. Die Hierarchie kann mehrere Ebenen umfassen (Abb. 4.23), indem ein Slave einer höheren Ebene direkt mit dem Master der nächst niedrigeren Ebene verbunden sein kann. Die Betriebssystem-

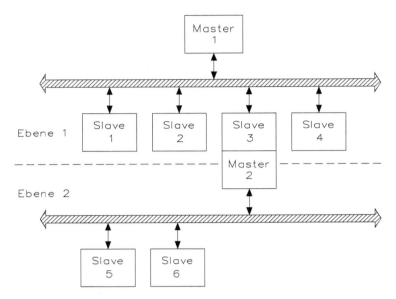

Abb. 4.23: Bitbus-System mit mehreren Hierarchie-Ebenen

Software unterstützt aber direkt nur eine Hierarchie-Ebene. Der Datenübergang muss über eine Anwendersoftware gelöst werden.

Für die Entwicklung von Bitbus-Modulen kann man auf Intel-Prozessoren (Mikrocontroller 8044 oder 80C152) zurückgreifen.

4.2.4   CAN-Bus

Der CAN-Bus (Controller Area Network) wurde von Bosch und Intel für Anwendungen im Automobilbereich konzipiert. Inzwischen ist er auch in anderen Anwendungsbereichen z. B. in der Messtechnik, Medizintechnik, Textilmaschinen und in der Automatisierungstechnik stark verbreitet. Generell wird der CAN-Bus überall dort eingesetzt, wo kurze Datenpakete äußerst schnell übertragen werden müssen.

Unterstützt wird der CAN-Bus von der 1992 gegründeten internationalen Benutzer- und Herstellervereinigung „CAN in Automation (CiA)". Er ist in der ISO 11898 international genormt. Beim CAN handelt es sich um ein flexibles Multimaster-System, topologisch liegt ein Bus vor. Das serielle Bussystem vernetzt Subsysteme sowie Aktoren und Sensoren. Ein an CSMA/CD angelehntes Verfahren regelt beim CAN die Prioritäten für den Netzwerkzugriff. Kurze Bustelegramme beinhalten max. acht Bytes Nutzdaten. Als Übertragungsmedium kommt eine verdrillte Zweidrahtleitung mit empfohlenem Gesamtschirm und RS485-Schnittstelle zum Einsatz. Tabelle 4.8 zeigt die Merkmale des CAN-Busses.

Als Multi-Master-System können die angeschlossenen Stationen unabhängig vom System voneinander arbeiten. Bei der CAN-Datenübertragung werden keine Stationen adressiert, sondern der Inhalt der Nachricht (z. B. Temperaturmesswert) wird durch einen netzweit eindeutigen „Identifier" gekennzeichnet. Durch diesen Identifier wird auch eine Priorität

Tab. 4.8: CAN-Bus im Überblick

Hersteller/Nutzerorganisation	Bosch und Intel (ISO 11898)/CAN in Automation (CiA)
Medium	RS485 (verdrillte Zweidrahtleitung)
Teilnehmer	max. 255 Knoten
Datenübertragungsrate	50 kBit/s bis 1 MBit/s
Übertragungslänge	40 m bis 800 m

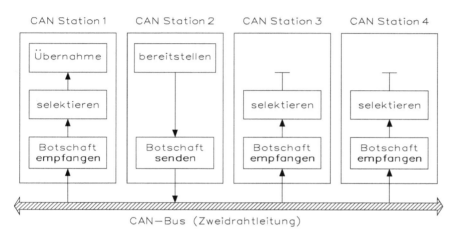

Abb. 4.24: Prinzip der Datenübertragung beim CAN-Bus

für die Nachricht festgelegt. Beim Senden einer Nachricht wird dieser dem CAN-Baustein übergeben. Sobald dieser CAN-Baustein die Buszuteilung bekommt werden alle anderen Stationen des Netzes zu Empfängern der Nachricht (Abb. 4.24).

Durch den Identifier stellen die einzelnen Stationen fest, ob die Nachricht für sie relevant ist oder nicht. Ist die Nachricht von Bedeutung wird sie weiterverarbeitet, ansonsten wird sie ignoriert. Die schnelle Übertragungszeit kann nur für die Nachricht mit der höchsten Priorität garantiert werden. Der CAN-Bus ist für alle anderen Signale mit niederer Priorität nicht deterministisch, d.h. nicht echtzeitfähig.

4.2.5 FIP-Bus

Bei FIP (Flux d'Information vers le Processus) handelt es sich um einen französischen Standard, praktisch um das französische „Gegenstück" zum deutschen Profibus, der auch von einigen italienischen Firmen übernommen wurde. Er ist seit 1991 als französischer nationaler Standard (UTE 4660) normiert und ist seit 1996, als einer von drei Feldbuslösungen, im europäischen Feldbusstandard EN50170 inbegriffen. Der FIP-Bus nutzt ein zentral gesteuertes Buszugriffsverfahren, bei dem eine Masterstation das Senderecht reihum an andere Stationen zuweist, aber immer selbst die Kontrolle über den Medienzugriff behält. Tabelle 4.9 zeigt die Merkmale des FIP-Busses.

Tab. 4.9: FIP im Überblick

Hersteller/Nutzerorganisation	Telemechanique (Norm UTE 4660; EN 50 170)/Cub World FIP Europe
Medium	FIP-spezifisch (Zweidraht geschirmt)
Teilnehmer	max. 256 Stationen
Datenübertragungsrate	bis zu 1 MBit/s
Übertragungslänge	1000 m

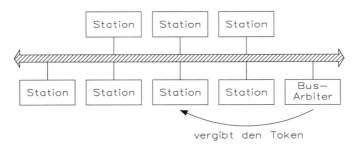

Abb. 4.25: Prinzip der dezentralen Steuerung bei FIP

Der FIP-Bus hat einen BUS-Arbiter, der den Bus nach dem „Delegated Token"-Prinzip verwaltet, dieser Bus-Master kann auch redundant ausgeführt sein. Er gibt den einzelnen Stationen an dem Bus nacheinander den Token (Abb. 4.25).

Der Teilnehmer, der den Token erhalten hat, gibt seine Daten auf den Bus und alle anderen Busteilnehmer, welche Interesse an diesen Daten haben, hören mit. Sobald die Daten auf den Bus abgesetzt sind, geht der Token wieder zurück zum Master, der ihn nun neu vergeben kann.

4.2.6   Interbus-S

Der Interbus-S wurde von Phoenix Contact entwickelt und ist ein in DIN 19258 genormtes, kein herstellerspezifisches Netzwerk. Der Interbus-S ist ein offener Sensor/Aktorbus. Sein Hauptanwendungsgebiet liegt in der Fertigungstechnik, Verfahrenstechnik, Transport- und Lagertechnik. Einen besonderen Schwerpunkt bildet dabei die Automobilindustrie und die Antriebstechnik. National und international wird er durch den Interbus-S-Club unterstützt, mit dem Ziel der weiteren Verbreitung und Standardisierung. Ferner haben sich noch einige Nutzergruppen gebildet wie DRIVECOM und ENCOM. Tabelle 4.10 zeigt die Merkmale des Interbus-S.

Das Bussystem ist als Datenring mit zentralem Master/Slave-Zugriffsverfahren aufgebaut, wobei der Bus-Master in Form einer Einsteckkarte gleichzeitig die Kopplung an ein überlagertes Steuerungssystem realisieren kann. Der Ring bietet im Gegensatz zum Bus die Möglichkeit des zeitgleichen Sendens und Empfangens von Daten (Vollduplex). Die Interbus-S-Schnittstelle wird über einen ASIC den Interbus-S-Protokollchip (SUPI) realisiert. An ihn können direkt über interne Register 16 binäre Ein-/Ausgangssignale angekoppelt werden.

Tab. 4.10: Interbus-S im Überblick

Hersteller/Nutzerorganisation	Fa. Phoenix Contact (DIN 19 258)/ Interbus-S-CIub, DRIVECOM, ENCOM
Medium	RS 485 (verdrillte Signalleitung) oder LWL
Teilnehmer	max. 256; pro Bussegment 31
Datenübertragungsrate	500 kBit/s (ausgelegt bis max. 2 MBit/s)
Übertragungslänge	Distanz zwischen zwei Teilnehmern max. 400 m mit Repeater ca. 13 km (Fernbus)

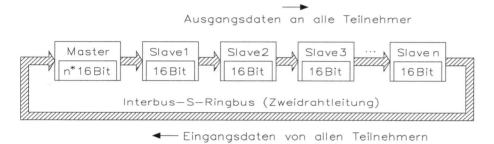

Abb. 4.26: Prinzip der Datenübertragung beim Interbus-S nach dem Summenrahmenverfahren

Der Datenring des Interbus-S ist wie ein rückgekoppeltes Schieberegister aufgebaut. Die Daten werden zyklisch mit fester Telegrammlänge nach dem sogenannten Summenrahmenverfahren übertragen (Abb. 4.26).

Der Datenring beginnt beim Master, führt über die Slaves und endet wieder beim Master. Die Slaves bilden die dezentrale Peripherieebene. Der Master schiebt Daten in den Ring hinein und empfängt gleichzeitig Daten aus dem Schieberegisterring. Der Vorgang wird zyklisch wiederholt und somit werden ständig die Daten zwischen Master und den Slaves ausgetauscht. Die Informationen laufen somit mit einer konstanten, berechenbaren Zykluszeit über den Bus. Der Interbus-S ist ein deterministischer Feldbus, der die Daten immer in gleichen Zeitabständen von und zu den Sensoren/Aktoren überträgt.

Als Beispiel beträgt die Zykluszeit einer Musteranlage im Feldbus-Testzentrum von Phoenix Contact bei 48 Teilnehmern und einer Übertragungsrate von 300 kBit/s und eine Verzögerungszeit von $t_v = 3,5$ ms. Da das System für eine max. Übertragungsrate von 2 MBit/s ausgelegt ist, könnte man diesen Wert nochmals um Faktor 5 dividieren.

4.2.7   LON-Bus

LON (Local Operation Networks) ist eine Entwicklung von Echelon. Die gesamte Technologie von Echelon einschließlich der Entwicklungswerkzeuge trägt die Bezeichnung LonWorks. Die einzelnen Elemente von LonWorks sind der Neuron-Chip, das Kommunikationsprotokoll LonTalk, die Programmiersprache Neuron-C sowie verschiedene Netzwerkkoppel-Bausteine. Die LON-Technologie verwendet die verschiedensten Übertragungsmedien, sodass für jede der benutzten Messstellen und Steuerorgane das am besten geeignete Übertragungsmedium eingesetzt werden kann.

Dieses Feldbuskonzept stellt als einzigstes alle sieben Schichten des OSI-Modells zur Verfügung. Bisher wurde es vor allem in der Gebäudeautomatisierung eingesetzt, wird aber durch seine extrem dezentrale Struktur in Zukunft auch in der Automatisierungstechnik von besonderem Interesse sein. Durch die Möglichkeit der Datenübertragung über LWL ist es auch für die chemische Industrie im Ex-Bereich interessant.

Unterstützt wird dieses Konzept in Deutschland durch die LON-Nutzerorganisation. Diese untergliedert sich wiederum in verschiedene Arbeitskreise aus der Gebäudeautomation und der Industrieautomation. Tabelle 4.11 zeigt die Merkmale des LON-Busses.

Tab. 4.11: LON-Bus im Überblick

Hersteller/Nutzerorganisation	Echelon/LON-Nutzerorganisation
Medium	verschiedene: 2-Draht (RS485), LWL, Power Line
Teilnehmer	max. 255 Subnets × 127 LON-Geräte
Datenübertragungsrate	9 kBit/s bis 1,25 MBit/s
Übertragungslänge	max. 2000 m

Die einzelnen LON-Module können beliebig, d. h. in freier Topologie, miteinander verbunden werden (z. B. Busstruktur, etc.). Der Anwender braucht keine Adressierung der Geräte vorzunehmen. Die einzelnen Teilnehmer können quasi als Master-Stationen angesehen werden, die je nach Bedarf auf den Bus zugreifen (Abb. 4.27). Diese bedarfsabhängige Buszuteilung erfolgt nach der CSMA/CA-Methode.

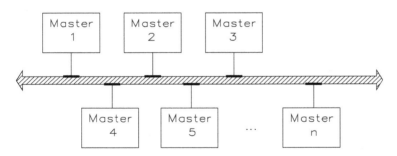

Abb. 4.27: Bedarfsabhängige Buszuteilung zwischen den einzelnen Busteilnehmern

4.2.8   Modbus

Der Modbus ist ein Übertragungsprotokoll welches 1979 von Gould-Modicon entwickelt wurde. Es ist ein einfaches sicheres Protokoll und wird spezifiziert im „Modicon Modbus Protocol Reference Guide". Im Vergleich zu anderen Feldbussystemen wird hier keine physikalische Schnittstelle für die Datenübertragung definiert. Der Anwender kann selbst bestim-

Tab. 4.12: Modbus im Überblick

Hersteller/Nutzerorganisation	Gould-Modicon/unterstützt durch internationale Leitsystem-Hersteller
Medium	frei: RS422/485, RS232, LWL, TTY
Teilnehmer	max. 247
Datenübertragungsrate	je nach Schnittstelle bis zu 187,5 kBit/s
Übertragungslänge	je nach Schnittstelle bis zu 1200 m

men, welche Schnittstelle für ihn am geeignetsten ist (RS422/485, RS232, TTY, LWL, usw.). Beschrieben wird durch das Modbus-Protokoll die Schicht 1 und 2 des OSI-Referenzmodells. Tabelle 4.12 zeigt die Merkmale des Modbusses.

Die Kommunikation findet nach dem Master/Slave-Prinzip in der Form Anfrage/Anweisung-Antwort statt. Der Master (z. B. PC), der die Slaves anhand ihrer Geräteadresse identifiziert, steuert den gesamten Datenaustausch.

Man kann das Modbus-Protokoll im Bereich der Kommunikationsnetzwerke quasi als Industriestandard bezeichnen, der nahezu für jede Steuerung zur Verfügung steht. Stark vertreten ist der Modbus am amerikanischen und französischen Markt.

Als Weiterentwicklung existiert seit 1989 hier der sogenannte Modbus-Plus, für Applikationen mit hohen Anforderungen. Er ist im Unterschied zum Modbus registriert als Handelsmarke. Es handelt sich hierbei um ein Multi-Master-System mit bis zu 4000 Teilnehmern und einer Übertragungsgeschwindigkeit bis zu 1 MBit/s.

4.2.9   P-Net

Bei dem P-Net (Feldbus) handelt es sich um ein von PROCES-DATA entwickeltes Bussystem, welches dem Anwender lizenzfrei zur Verfügung gestellt wird. 1991 formierte sich die P-Net-User-Organisation. Seit März 1996 ist er Bestandteil des neuen europäischen Feldbusstandards EN 50170.

Es handelt sich beim P-Net um ein Multi-Master-System, das als besondere Eigenschaft die Vernetzung von mehreren Systemen (sogenannten Bussegmenten) hat. Das System ist weniger als schneller Sensor/Aktorbus konzipiert, sein Einsatzbereich liegt mehr in der Verbindung intelligenter Sensor-Einheiten oder SPS und Industrie-PC. Anwendungen liegen vorwiegend in der Qualitätssicherung, der Prozess- und Verfahrenstechnik. Angefangen von Erfassungs- und Steuerungssystemen auf LKWs im Food- und Non-Food-Bereich, an Maschinen und Anlagen der Textil-, Kunststoff- und Lebensmittelindustrie, in Molkereien, Brauereien usw. zeigt zur Zeit P-Net seine Leistungsfähigkeit weltweit in vielen unterschiedlichen Applikationen. Tabelle 4.13 zeigt die Merkmale des P-Net-Busses.

Als Beschreibung des P-Net Standards dient ebenfalls das bekannte OSI-Referenzmodell. Benutzt werden die Schichten 1, 2, 3, 4 und 7. Neben den für Master/Slave-Verfahren typischen Teilnehmern (Master u. Slave) definiert der P-Net-Standard noch einen Typ 3, den Controller oder Gateway.

Die P-Net-Controller haben hier die Aufgabe, zwei Netzwerke (Bussegmente) miteinander zu verbinden. Das Wesentliche an diesen Controllern ist, dass diese in der einen Richtung

Tab. 4.13: P-Net-Feldbus im Überblick

Hersteller/Nutzerorganisation	Process Data (DSF 21906 bzw. EN 50 170)/P-NET-User-Organisation
Medium	RS485 (verdrillte Zweidrahtleitung mit Schirm)
Teilnehmer	max. 125
Datenübertragungsrate	76,8 kBit/s
Übertragungslänge	1200 m

als Slave und in der anderen Richtung als Master arbeiten. In ihrer Eigenschaft als Master unterliegen sie dem gültigen Multimaster Zugriffsverfahren, welches man auch als „virtuelles Token-Passing" bezeichnen kann. Jeder Master hat eine gewisse Nummerierung und die Buszuteilung erfolgt zyklisch in aufsteigender Form. Das System arbeitet auch bei Ausfall eines oder mehrerer Master weiter.

4.2.10   Profibus

Der Profibus (PROcess Field BUS) ist in drei Ausprägungen (Profibus-FMS, Profibus-DP, Profibus-PA) national als DIN-Norm 19245 bereits 1991 standardisiert. Er ist ebenfalls Bestandteil des erwähnten europäischen Feldbusstandards. Er wurde in Zusammenarbeit mehrerer Firmen unter Führung von Siemens, Klöckner Möller und Bosch entwickelt und noch während der Arbeit wurde Ende 1989 die Profibus-Nutzerorganisation e. V. (PNO) gegründet.

Der Profibus-FMS (Fieldbus Message Specification) wird in der allgemeinen Automatisierungstechnik überwiegend in der Gruppenleitebene eingesetzt. Er wird heute von vielen SPS-Herstellern unterstützt. Spezifiziert wird er in Teil 1 und 2 der DIN 19245.

Der Profibus-DP (Decentralized Periphery) ist eine Weiterentwicklung der Profibus-Norm. Er ist konzipiert für Anwendungen im Bereich der dezentralen Peripherie, bei dem die universellen Eigenschaften der FMS-Services nicht benötigt werden und stattdessen eine kurze Systemreaktionszeit für den Einsatz des Bussystems entscheidend ist, z. B. der Fertigungstechnik. Er dient dazu, die zentralen Automatisierungsgeräte (z. B. SPS) über eine schnelle serielle Schnittstelle mit den dezentralen Eingangs- und Ausgangsgeräten (Sensoren/Aktoren) zu verbinden. Spezifiziert in Teil 3 der DIN 19245.

Der Profibus-PA (Process Automation) wurde für den Bereich der Verfahrenstechnik und hiermit für den Einsatz in explosionsgefährdeten Bereichen entwickelt. Über eine Zweidrahtleitung wird die Spannungsversorgung und die Dateninformation übertragen, sodass eine separate Verdrahtung für die Betriebsspannung entfällt. Die Verdrahtung ist in Linien-, Baum-, und Sternstruktur möglich. Untersuchungen der PTB haben gezeigt, dass man bis zu zehn Feldgeräte an einem Busstrang über einen sogenannten Segmentkoppler betreiben kann. Die PNO will mit dem Profibus-PA die DIN 19245 um Teil 4 erweitern. Tabelle 4.14 zeigt die Merkmale des Profibusses.

Die Spezifikationen des Profibusses werden detailliert durch die Schichten 1, 2 und 7 des OSI-Referenzmodells beschrieben. Es wurden bewusst nicht alle sieben Schichten realisiert, um

Tab. 4.14: Profibus-Profile im Überblick

Hersteller/Nutzerorganisation	Bosch, Klöckner Möller, Siemens etc. (DIN 19245 sowie EN 50170)/Profibus Nutzerorganisation (PNO)
Medium	RS422/485 (verdrillte Signalleitung) oder LWL, EC 1158-2 spezifisch für Profibus-PA
Teilnehmer	max. 127 adressierbar; pro Bussegment 32 Profibus-PA: 10 pro Bussegment
Datenübertragungsrate	Profibus-FMS: 9600 Bit/s bis 500 kBit/s Profibus-DP: 9600 Bit/s bis 12 MBit/s Profibus-PA: 31,25 kBit/s
Übertragungslänge	bis 1200 m bis 1900 m (ferngespeistes Bussegment) bei Profibus-PA

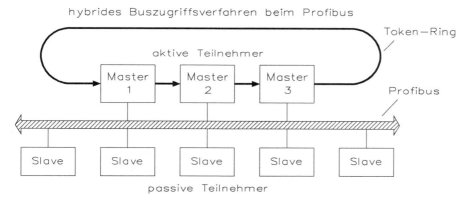

Abb. 4.28: Buszugriff im logischen Ring beim Profibus-FMS

den Bus einfach zu halten. Die hierarchische Struktur des Profibus-FMS ist ein Multi-Master-System mit logischem Token-Weitergabe-Ring (Abb. 4.28).

Der Token wird in strikter Reihenfolge in einem logischen Ring von Master zu Master weitergegeben. Jeder Master besitzt den Token für einen genau vorherbestimmten Zeitabschnitt. Nur in diesem Zeitabschnitt kann er mit den anderen Teilnehmern, den Slaves, kommunizieren.

4.2.11 Feldbussysteme im Überblick

Tabelle 4.15 zeigt nochmals alle Feldbussysteme mit ihren wichtigsten Daten im Überblick.

Um die Datenkommunikation mit einem Rechner oder einem übergeordneten Leitsystem zu gewährleisten, benötigt man entsprechende Hardware-Voraussetzungen (physikalische Schnittstelle) und Software-Voraussetzungen (Übertragungsprotokoll), d. h. die Automatisierungsgeräte, die miteinander kommunizieren wollen, müssen die gleiche Sprache sprechen.

Tab. 4.15: Die wichtigsten Feldbussysteme im Überblick

Bussystem	Topo-logie	Typ	Medium	Teil-nehmer	Datenrate/ kBit/s	Länge/ m
ASI	beliebig	Master/Slave	2-Draht, ungeschirmt	31	167	100
Bitbus	Bus	Master/Slave	RS485	250	62,5–2400	30–13 200
CAN	Bus	CSMA/CD	RS485, verdrillt	255	50–1000	40–800
FIP	Bus	Multi/Master	2-Draht, geschirmt	256	1000	1000
Interbus-S	Ring	Master/Slave	RS485, verdrillt, LWL	256	500	400
LON	beliebig	CSMA/CD	beliebig	beliebig	9–1250	2000
Modbus	Bus	Master/Slave	beliebig	257	187,5	1200
P-Net	Bus	Multi/Master	RS485, geschirmt	125	76,8	1200
Profibus-DP	Bus	Master/Slave	RS485, verdrillt	127	9,6–12 000	1200

4.3   Funktionale Standards

Das Haupthindernis für eine im technischen Sinne unlimitierte Datenkommunikation sind Inkompatibilitäten zwischen den Einrichtungen der Kommunikationspartner.

Es gibt eine Reihe von Computernetzen für die Datenkommunikation. Sie basieren auf Firmenlösungen (wie SNA von IBM oder DECnet von Digital Equipment) oder auf Lösungen von großen Organisationen oder Anwendergruppen (wie beispielsweise die TCP/IP-Protokollfamilie) die auf Aktivitäten der „Defense Advanced Research Projects Agency" (DARPA) des amerikanischen Verteidigungsministeriums (Department of Defense, (DoD) zurückgeht) oder auf Angeboten der öffentlichen Netzträger. Grundsätzlich können Kommunikationsverbindungen zwischen inkompatiblen Partnern durch paarweise Adaption realisiert werden, jedoch geschieht dies nur für spezielle Anwendungen mit eingeschränkter Funktionalität.

Sicher ist, dass für eine generelle Lösung des Kommunikationsproblems eine Firmenlösung unerwünscht und das Prinzip paarweiser Adaptionen ungeeignet ist, zum Einen aus Aufwandsgründen, da die Zahl der Adaptionen (U) quadratisch mit der Anzahl (N) der verschiedenen Rechner wächst ($U = N(N-1)/2$), zum Anderen, da die für die verschiedenen Zielsysteme in einem System erforderlichen unterschiedlichen Adaptionen (die bestenfalls den Durchschnitt der auf den jeweiligen Systemen vorhandenen Funktionen abbilden können) zu einer unzumutbaren Vielfalt auf der Benutzerseite führen würden.

Der einzige praktikable Weg für eine Normung besteht in einer Vorgehensweise, die man als „virtuelles Konzept" bezeichnet. Dabei werden „virtuelle" Funktionen definiert und auf die dann den entsprechenden Funktionen existierender Systeme abgebildet werden. Man kann sich dies als eine Menge paarweiser Adaptionen vorstellen, bei denen eine Seite eine globale Konstante ist.

Bei der Definition „virtueller" Funktionen muss sehr sorgfältig vorgegangen werden, denn diese sollte umfassend und vollständig sein und firmenpolitische Gegebenheiten dürfen dabei allenfalls eine untergeordnete Rolle spielen. Offensichtlich ist auch, dass nach diesem Prinzip eine umfassende Lösung nur dann möglich ist, wenn eine solche virtuelle Funktion allgemeine Verbindlichkeit erlangt, am besten auf der Basis eines internationalen Standards.

Wenn allgemein anerkannte internationale Standards existieren, kann man erwarten, dass

- die Hersteller eine Unterstützung dieser Standards anbieten werden im Sinne einer Umsetzung ihrer firmenspezifischen Produkte auf diese Standards und
- langfristig diese Standards die firmenspezifischen Lösungen ersetzen werden und dies sicherlich zuerst bei kleineren Firmen, die nicht so sehr durch den Zwang zur Kompatibilität mit den eigenen älteren Produkten eingeengt sind und deren allgemeine Interessenlage dies nahelegt.

Schwierig ist aber nicht nur die Durchsetzung von Standards, sondern auch deren Erarbeitung. Einerseits ist es der Sinn eines jeden Standards, ordnungspolitisch wirksam zu werden und aus der Menge der denkbaren Lösungen – nach welchen Kriterien auch immer – eine auszuwählen und festzuschreiben. Andererseits sollen Standards technologische Entwicklungen nicht behindern. Beides ist in einem Bereich, der wie derzeit die Datenkommunikation einem raschen technologischen Fortschritt unterliegt. Es ist deshalb so, dass ein Standard in diesem Bereich zwar die erforderliche Stabilisierung der Randbedingungen bewirkt, aber nicht statisch ist, sondern einen stabilen Ausgangspunkt für eine Fortschreibung der Weiterentwicklung bildet.

Zum einen sind für eine Reihe wichtiger Aspekte (Funktionen) der Datenkommunikation die Standards bereits verabschiedet worden, zum anderen ist die Bereitschaft der Anwender, Standards einzusetzen und die Einhaltung von Standards einzufordern, die in den letzten 30 Jahren ständig gewachsen sind. Aus diesen Gründen kann man erwarten, dass auch in den kommenden Jahren eine große Anzahl von Produkten auf der Basis von Standards auf den Markt kommen wird. Bis zur allgemeinen Verbreitung dieser Standards werden dann nochmals Jahre vergehen, und es wird notwendig sein, dass einflussreiche Benutzergruppen (staatliche Instanzen, Behörden, Forschungseinrichtungen, aber auch große Unternehmen) in der konsequenten Anwendung von Standards vorangehen, selbst wenn das vorübergehend im praktischen Alltag auch Nachteile mit sich bringen kann. Die Standards sind damit ein weiteres Beispiel dafür, dass die Zeit, die zur Erarbeitung und Durchsetzung grundlegender Konzepte im Bereich Informationsverarbeitung und Datenkommunikation erforderlich ist, in krassem Gegensatz zur allgemeinen Schnelllebigkeit dieses Bereichs steht.

4.3.1 Standardisierungsgremien

Weltweit sind eine Reihe von Organisationen damit befasst, unter verschiedenen Randbedingungen und mit unterschiedlichen Zielsetzungen verschiedene Standards zu erarbeiten. Die Standardisierungsgremien sind auf die Zuarbeit einschlägiger Firmen und Institutionen angewiesen, wenn sie zügig Standards verabschieden wollen, die praktikabel sind. Aufgabe dieser Gremien ist es somit, auf der Basis von Vorlagen unterschiedliche Kompromisse zu finden, die innerhalb der Gremien selbst konsensfähig und außerhalb der Gremien akzeptanzfähig sind.

Im Folgenden werden die wichtigsten Standardisierungsgremien bzw. -organisationen gezeigt:

- ISO (International Standards Organization): Die ISO ist der weltweite Zusammenschluss nationaler Standardisierungsinstitutionen, deren Aufgabe die Schaffung internationaler Standards (im Sinne von Normen) ist und deren Festlegungen als einzige die Bezeichnung „Internationaler Standard" tragen. Die ISO besitzt aber keine Mittel zur Durchsetzung ihrer Standards, d. h. kein Hersteller ist verpflichtet, sich nach diesen Standards zu richten.

Anwendung finden diese Standards nur, wenn sich die Hersteller davon geschäftlichen Erfolg versprechen, z. B. dann, wenn wichtige Anwendergruppen (Behörden, große Unternehmen oder Organisationen) die Einhaltung der Standards fordern.

Zuständig für die Entwicklung von Standards im Kommunikationsbereich ist das Technical Committee 97 (TC 97: Information Processing Systems). Innerhalb des TC 97 sind vier Subcommittees (SCs) tätig, nämlich SC 6 (Telecommunications), SC 16 (Open Systems), SC 18 (Text Preparation and Interchange) und SC 19 (Office Equipment and Supplies). Die eigentliche Sacharbeit wird in Working Groups (WGs) geleistet.

Ein Standardisierungsentwurf durchläuft drei definierte Stadien:
- Draft Proposal (DP)
- Draft International Standard (DIS)
- International Standard (IS)

Ein „Draft Proposal" wird in den „Working Groups" und „Subcommittees" auf der Basis von Arbeitspapieren (Working Drafts) erarbeitet und dem „Technical Committee" eingereicht. Nach den Beratungen im „Technical Committee" und den vorgeschriebenen Abstimmungsvorgängen wird daraus ein „Draft International Standard". Aus einem „Draft International Standard" wird automatisch ein International Standard, wenn innerhalb einer vorgegebenen Frist weniger als 20 % der ISO-Mitglieder Widerspruch einlegen und ein DIS ist deshalb bereits eine Grundlage.

Bis vor wenigen Jahren war es so, dass die ISO als wertfrei (d. h. ohne Termindruck) arbeitender Verband sehr lange bis zur Verabschiedung eines Standards benötigte. Dies führte dazu, dass in Bereichen mit einem akuten Bedarf an Regelungen in Ermangelung vorliegender ISO-Standards andere Lösungen übernommen oder erarbeitet werden mussten. Das daraus folgende Auseinanderlaufen der Aktivitäten wichtiger Standardisierungsgremien war dem Anliegen der Standardisierung sehr abträglich.

Inzwischen arbeiten die wichtigsten Standardisierungsgremien in abgestimmter Weise zusammen, wodurch diese Probleme behoben sind, und die ISO ist bemüht, die Verabschiedung von Standards zügig voranzutreiben. Tatsächlich sind in den Jahren von 1984 bis 2014 eine Reihe sehr wichtiger Standards im Bereich der Datenkommunikation verabschiedet worden, sodass in einigen Jahren, wenn Produkte verfügbar sein werden, die auf diesen Standards basieren, tatsächlich die Möglichkeit bestehen wird, die wichtigsten Kommunikationsfunktionen vollständig auf der Basis internationaler Standards abzuwickeln.

- CCITT (Comitè Consultatif International Tèlègraphique et Tèlèphonique): Das CCITT ist das Abstimmungsgremium der Fernmeldeverwaltungen und anerkannten Fernmeldegesellschaften, das bereits 1865 gegründet wurde und heute Mitglieder aus 154 Staaten hat. Formal ist das CCITT eine Unterorganisation der ITU (International Telecommunications Union), die ihrerseits eine Unterorganisation der Vereinten Nationen ist.

Die Sacharbeit wird in Study Groups (SGs) geleistet (z. B. SG 18 für ISDN). Das CCITT erarbeitet in vierjährigen Studienperioden Empfehlungen, die in nach der Umschlagfarbe benannten Büchern veröffentlicht werden. Die Empfehlungen werden, nach Sachgebieten geordnet, in Serien herausgegeben.

Da die CCITT-Empfehlungen weltweit bei den Fernmeldeverwaltungen zum Einsatz kommen, erlangen sie automatisch große Verbreitung und Bedeutung. Die faktische Bedeutung ist so groß, dass die ISO CCITT-Empfehlungen berücksichtigen muss, falls diese für vergleichbare Funktionen vorher festgeschrieben wurden, was in der Vergangenheit des öfteren vorgekommen ist, da das CCITT bei vorhandenem Regelungsbedarf bei den Postgesellschaften unter Zeitdruck arbeiten muss.

- IEC (International Electrotechnical Commission): Die IEC erarbeitet Standards im Bereich Elektrotechnik und Elektronik. Diese betreffen zunehmend auch die Datenkommunikation. Bekannt geworden ist die IEC vor allem durch ihre Standards im Bereich der Prozessdatenkommunikation (IEC-Bus).

4.3.2 Europäische Organisationen

- CEPT (Conférence Européenne des Administrations des Postes et Télécommunications): Die CEPT hat die Harmonisierung der Verwaltungs- und Betriebsdienste der europäischen Postgesellschaften zum Ziel und kann als CCITT-äquivalentes Forum auf europäischer Ebene angesehen werden.
- CEN (Comité Européen de Normalisation): Ist das Forum, in dem die nationalen Normierungsgremien auf europäischer Ebene zusammenarbeiten (europäisches Äquivalent zur ISO).
- CENELEC (Comité Européen de Normalisation Electrotechnique): Ist die europäische Organisation zur IEC. Die europäischen Standardisierungs- bzw. Normierungsgremien (CEPT/CEN/CENELEC) sind als solche nicht Mitglieder der entsprechenden internationalen Organisationen (CCITT/ISO/IEC), sondern dort durch ihre nationalen Mitglieder vertreten.
- ECMA (European Computer Manufacturers Association): Die ECMA ist ein Zusammenschluss von zahlreichen europäischen Computerherstellern und sie befasst sich mit der Standardisierung in den Bereichen Datenverarbeitung und Datenkommunikation. Die ECMA-Standards erreichen große praktische Bedeutung, da die Produktionskapazitäten bedeutender Hersteller dahinterstehen. In der Praxis bilden die ECMA-Standards häufig die Ausgangsbasis für CCITT- und vor allem für ISO-Standards, denn sie verwenden oftmals den Charakter von Vorläuferstandards. Wenn den gleichen Gegenstand betreffende CCITT- bzw. ISO-Standards vorliegen, werden die ECMA-Standards (falls sie abweichen) zurückgezogen, sodass langfristig die ersteren Bestand haben.

4.3.3 Deutsche Organisationen

- DIN (Deutsches Institut für Normung): Ist das deutsche nationale Normungsgremium und in dieser Eigenschaft Mitglied der ISO und des CEN.
- DKE (Deutsche Kommission für Elektrotechnik): Die Elektrotechnische Kommission im DIN und VDE (Verband Deutscher Elektroingenieure) ist als solche deutsches Mitglied der entsprechenden europäischen und internationalen Gremien CENELEC und IEC.

4.3.4 Amerikanische Organisationen

Es sollen noch einige amerikanische Standardisierungsgremien genannt werden, weil deren Standards wegen der führenden Position der USA in der Computertechnik, Informatik, Informationstechnologie und auch in der Datenkommunikation oftmals weltweite Bedeutung erlangt haben und diese Organisationen als nationale Vertreter der Vereinigten Staaten in den internationalen Gremien sehr großen Einfluss haben.

• ANSI (American National Standards Institute): ANSI ist die nationale Normierungsbehörde in den USA (vergleichbar mit DIN in Deutschland) und als solche Mitglied der ISO.

• NBS (National Bureau of Standards): Das NBS hat in den USA große Bedeutung, weil seine Vorgaben für die öffentliche Verwaltung bindend sind.

• IEEE (Institute of Electrical and Electronics Engineers): Dieses Gremium ist in jüngster Vergangenheit vor allem durch seine Standards für lokale Netze (IEEE 802.x) international bekannt geworden.

4.4   TCP/IP-Referenzmodell

Bei dem TCP/IP-Referenzmodell sind drei Protokoll-Architekturen zu finden und Abb. 4.29 zeigt die Unterschiede.

Das TCP/IP-Referenzmodell wird im Allgemeinen als vierschichtiges Modell beschrieben. Häufig wird das TCP/IP-Referenzmodell auch als fünfschichtiges Modell dargestellt und man bezeichnet dies als hybrides Referenzmodell.

Man unterscheidet das TCP/IP-Modell nicht zwischen den Bitübertragungs- und Sicherungsschichten, denn diese Schichten sind völlig unterschiedlich. Die Bitübertragungsschicht kennzeichnet die Übertragungsmerkmale (Kupferdraht, Glasfaser und drahtlose Kommunikationsmedien). Die Sicherungsschicht ist darauf beschränkt, den Anfang und das Ende von Übertragungsrahmen abzugrenzen, und diese mit der gewünschten Zuverlässigkeit von einem Ende zum anderen zu befördern. Für ein korrektes Modell sollten beide separate Schichten beinhalten.

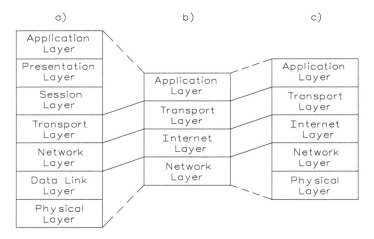

Abb. 4.29: Aufbau des a) OSI-Referenzmodells, b) TCP/IP-Referenzmodells und c) hybrides Referenzmodell

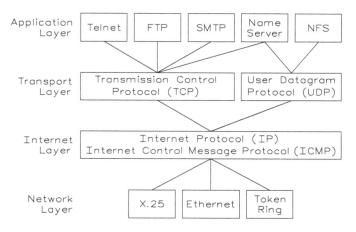

Abb. 4.30: TCP/IP-Protokoll-Architektur mit vier Schichten

4.4.1   Protokollstapel

Kommunikation wird in PC-Netzen durch Netzwerkprotokolle umgesetzt und in der Praxis in funktionale Schichten (layer) unterteilt. Für das Internet und die Internetprotokollfamilie ist dabei die Gliederung nach dem sogenannten TCP/IP-Referenzmodell, welches vier aufeinander aufbauende Schichten beschreibt, maßgebend. Dieses ist auf die Internet-Protokolle zugeschnitten, die den Datenaustausch über die Grenzen lokaler Netzwerke hinaus ermöglichen. Hier werden weder der Zugriff auf ein Übertragungsmedium noch die Datenübertragungstechnik definiert. Vielmehr sind die Internet-Protokolle dafür zuständig, Datenpakete über mehrere Punkt-zu-Punkt-Verbindungen (Hops) weiterzuvermitteln und auf dieser Basis verschiedener Verbindungen zwischen Netzwerkteilnehmern über mehrere Hops herzustellen.

Um Probleme der Netzwerkkommunikation im Allgemeinen zu betrachten, greift man auf das detailliertere ISO/OSI-Referenzmodell zurück. Es ist jedoch zu beachten, dass sich die Benennung der einzelnen Schichten in den Modellen unterscheidet.

- Anwendungsschicht (7): Die Anwendungsschicht umfasst alle Protokolle, die mit Anwendungsprogrammen zusammenarbeiten und die Netzwerkinfrastruktur für den Austausch anwendungsspezifischer Informationen nutzen.
- Transportschicht (6): Die Transportschicht stellt eine Ende-zu-Ende-Verbindung her. Das wichtigste Protokoll dieser Schicht ist das TCP (Transmission Control Protocol), das Verbindungen zwischen jeweils zwei Netzwerkteilnehmern zum zuverlässigen Versenden von Datenströmen herstellt. Dazu gehört aber auch das unzuverlässige Protokoll UDP (User Datagram Protocol).
- Internetschicht (5): Die Internetschicht ist für die Weitervermittlung von Paketen und die Wegewahl (Routing) zuständig. Auf dieser Schicht und den darunterliegenden Schichten werden Direktverbindungen betrachtet. Die Aufgabe dieser Schicht ist es, zu einem empfangenen Paket das nächste Zwischenziel zu ermitteln und das Paket dorthin weiterzuleiten. Kern dieser Schicht ist IP (Internet Protocol) in der Version 4 oder 6, das eine Vermittlung von Paketen bereitstellt. So genannte Dual-Stacks können dabei automatisch

erkennen, ob diese einen Kommunikationspartner über IPv6 oder IPv4 erreichbar sind und man setzt vorzugsweise IPv6 ein, denn dies ist für entsprechend programmierte Anwendungen transparent. Die Internetschicht entspricht der Vermittlungsschicht des ISO/OSI-Referenzmodells.

• Netzzugangsschicht (5): Die Netzzugangsschicht ist im TCP/IP-Referenzmodell spezifiziert, enthält jedoch keine Protokolle der TCP/IP-Familie. Sie ist vielmehr als Platzhalter für verschiedene Techniken zur Datenübertragung von Punkt zu Punkt zu verstehen. Die Internet-Protokolle wurden mit dem Ziel entwickelt, verschiedene Subnetze zusammenzuschließen. Daher lässt sich die Netz-an-Netz-Schicht durch Protokolle wie Ethernet, FDDI, PPP (Punkt-zu-Punkt-Verbindung) oder 802.11 (WLAN) einsetzen. Die Netzzugangsschicht entspricht der Sicherungs- und Bitübertragungsschicht des ISO/OSI-Referenzmodells von Abb. 4.31.

In der Anwendungsschicht (OSI-Layer 5 bis 7) lassen sich folgende Funktionen unterbringen:

• DNS (Domain Name System): Umsetzung zwischen Domainnamen und IP-Adressen
• DoIP (Diagnostics over IP): Diagnose für IP
• FTP (File Transfer Protocol): Dateitransfer
• HTTP (Hypertext Transfer Protocol, WWW)
• HTTPS (Hypertext Transfer Protocol Secure)
• IMAP (Internet Message Access Protocol): Zugriff auf E-Mails
• IPFIX (Internet Protocol Flow Information Export)
• L2TP (Layer 2 Tunneling Protocol)
• LLMNR (Link-local Multicast Name Resolution)
• NDMP (Network Data Management Protocol, kein IETF RFC)
• MBS/IP (Multi-purpose Business Security over IP)
• NNTP (Network News Transfer Protocol): Diskussionsforen (Usenet)
• NTP (Network Time Protocol)
• POP3 (Post Office Protocol, Version 3): E-Mail-Abruf
• RDP (Remote Desktop Protocol): Darstellen und Steuern von Desktops auf anderen PCs
• RTP (Real-Time Transport Protocol)
• SIP (Session Initiation Protocol): Aufbau, Steuerung und Abbau von Kommunikationssitzung (VoIP)
• SNMP (Simple Network Management Protocol): Verwaltung von Geräten im Netzwerk
• SMTP (Simple Mail Transfer Protocol): E-Mail-Versand
• SOCKS (Internet Sockets-Protokoll)
• SSH (Secure Shell): verschlüsseltes „remote terminal"
• Telnet: Unverschlüsseltes Login auf Rechnern (remote terminal)
• XMPP (Extensible Message and Presence Protocol)
• Z39.50: Abfrage von Informationssystemen

Die Transportschicht (OSI-Layer 4) verwendet die Funktionen:

• TCP (Transmission Control Protocol): Übertragung von Datenströmen (verbindungsorientiert, zuverlässig)
• UDP (User Datagram Protocol): Übertragung von Datenpaketen (verbindungslos, unzuverlässig, geringer Overhead)
• SCTP (Stream Control Transmission Protocol): Transportprotokoll
• TLS (Transport Layer Security (früher „Secure Socket Layer SSL): Erweiterung von TCP um eine Verschlüsselung

Schicht	Präambel	Start of Frame	MAC-Empfänger	MAC-Absender	802.1Q-Tag (optional)	Ether Type	IP-Header	TCP-Header	Nutzlast	FrameCheck Sequence	Interframe Gap
Schicht 4								TCP-Header	Nutzlast (1460 Bytes)		
Schicht 3							IP-Header	Nutzlast (1480 Bytes)			
Schicht 2							Nutzlast (1500 Bytes)				
Schicht 1	Präambel	Start of Frame	MAC-Empfänger	MAC-Absender	802.1Q-Tag (optional)	Ether Type	Nutzlast (1518/1522 Bytes)			FrameCheck Sequence	Interframe Gap
Oktette	7	1	6	6	(4)	2	20	20	≤ 1460	4	12

Abb. 4.31: Aufbau eines Ethernet-Frames mit IPv4/TCP-Daten

Die Internetschicht (OSI-Layer 3) beinhaltet
- IP (Internet Protocol): Datenpaket-Übertragung (verbindungslos)
- IPsec (Internet Protocol Security): Sichere Datenpaket-Übertragung (verbindungslos)
- ICMP (Internet Control Message Protocol): Kontrollnachrichten (z. B. Fehlermeldungen) und Teil jeder IP-Implementierung
- IGRP (Interior Gateway Routing Protocol): Informationsaustausch zwischen Routern (Distanzvektor) und wird durch EIGRP ersetzt
- EIGRP (Enhanced Interior Gateway Routing Protocol): Informationsaustausch zwischen Routern via IP
- OSPF (Open Shortest Path First): Informationsaustausch zwischen Routern (Linkzustand) via IP
- BGP (Border Gateway Protocol): Informationsaustausch zwischen autonomen Systemen im Internet (Pfadvektor) via TCP
- RIP (Routing Information Protocol): Informationsaustausch zwischen Routern (Distanzvektor) via UDP

Die Netzzugangsschicht (OSI-Layer 1 bis 2) umfasst
- Ethernet mit CSMA/CD: Netzwerkstandard IEEE 802.3
- WLAN: Netzwerkstandard IEEE 802.11
- PPP: Point-to-Point Protokoll, RFC1661
- Token Bus: Netzwerkstandard IEEE 802.4
- Token Ring: Netzwerkstandard IEEE 802.5
- FDDI: Fiber Distributed Data Interface
- ARP (Address Resolution Protocol): Adressumsetzung zwischen IP- und Geräteadressen (MAC)
- RARP (Reverse Address Resolution Protocol): Adressumsetzung zwischen Geräte-(MAC) und IP-Adressen

Die einzelnen Schichten beruhen auf dem Prinzip, dass eine Schicht die angebotenen Dienste der darunter liegenden Schicht in Anspruch nehmen kann. Dabei benötigt die Schicht, die die Dienstleistung in Anspruch nimmt, keinerlei Kenntnisse darüber aufweisen, wie die geforderten Dienste erbracht werden bzw. implementiert sind. Auf diese Art und Weise wird eine Aufgabenteilung der einzelnen Schichten erreicht. Informationen, die von einem Anwenderprogramm über ein Netzwerk versendet werden, durchlaufen den TCP/IP-Protokollstapel von der Applikationsschicht zur Netzwerkschicht beim Senden und umgekehrt beim Empfang. Von jeder Schicht werden dabei Kontrollinformationen in Form eines Protokollkopfes angefügt. Diese Kontrollinformationen dienen der korrekten Zustellung der Daten. Das Zufügen von Kontrollinformationen wird als Dateneinbindung bezeichnet (Abb. 4.32).

Innerhalb der Schichten des TCP/IP-Modells werden Daten mit verschiedenen Betriebsarten berücksichtigt, da jede Schicht auch ihre eigenen Datenstrukturen verwendet. Applikationen, die das TCP benutzen, bezeichnen Daten als Strom (stream) und Applikationen, die das UDP verwenden, bezeichnet man als Daten der Nachricht (message). Auf der Transportebene bezeichnen die Protokolle TCP und UDP ihre Daten als Segment (segment) bzw. Paket (packet). Auf der Internet-Schicht werden Daten allgemein als Datengramm (datagram) behandelt. Häufig werden die Daten auch als Paket bezeichnet. Auf der Netzwerkebene verwenden die meisten Netzwerke ihre Daten als Pakete oder Rahmen (frames), wie Abb. 4.33 zeigt.

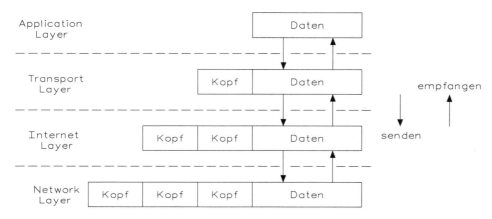

Abb. 4.32: Einbindung für eine korrekte Zusammenstellung der Informationen

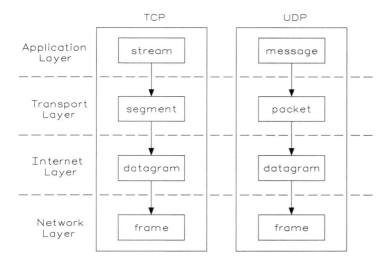

Abb. 4.33: Bezeichnung der Daten auf den verschiedenen Schichten des TCP/IP-Modells

Die Netzwerkschicht ist die unterste Schicht des TCP/IP-Modells. Protokolle, die auf dieser Schicht vorhanden sind, legen fest, wie ein PC bzw. Host an ein bestimmtes Netzwerk angeschlossen wird und wie der Transport der IP-Pakete über dieses Netzwerk erfolgt.

Im Gegensatz zu den Protokollen der höheren Schichten des TCP/IP-Modells, müssen die Protokolle der Netzwerkschicht sich auf die Details des verwendeten Netzwerks, wie z. B. Paketgrößen, Netzwerkadressierung, Anschlussmöglichkeiten usw. beziehen. Die Netzwerkschicht des TCP/IP-Modells umfasst die Aufgaben der Bitübertragungsschicht und der Sicherungsschicht im OSI-Modell.

Die Protokolle der Netzwerkschicht sind allerdings nicht im TCP/IP-Modell definiert. Wie bekannt ist, legt das Übertragungsmodell lediglich fest, dass zur Übermittlung von IP-Paketen ein PC über ein bestimmtes Protokoll an ein Netzwerk angeschlossen werden muss. Die

Protokolle sind im Modell nicht weiter definiert. Es werden hier vielmehr bestehende Standards eingesetzt und in das Modell aufgenommen. Dies bedeutet, dass mit neuer Hardware auch neue Protokolle auf der Netzwerkschicht entwickelt werden müssen, sodass TCP/IP-Netzwerke auch diese Hardware anwenden können. Dies ist jedoch kein Nachteil, sondern ein großer Vorteil, denn durch die weitgehende Unabhängigkeit vom Übertragungsmedium lassen sich neue Netzwerktechnologien einfach in das TCP/IP-Modell aufnehmen.

Das Internet besteht in der Praxis aus mehr als zwei Teilnetzen, die miteinander verbunden sind. Es gibt keine echte Struktur des Netzes, sondern mehrere größere Backbones (Rückgrat) ermöglichen Internet. Die Backbones bilden aus Leitungen mit sehr hoher Bandbreite und schnellen Routern das Netzwerk. An die Backbones sind wiederum größere regionale Netze angeschlossen, die lokale Netze von Universitäten, Behörden, Unternehmen und Service-Providern verbinden.

4.4.2   Internet-Protokoll (IP)

IP stellt die Basisdienste für die Übermittlung von Daten in TCP/IP-Netzen bereit. Hauptaufgaben des Internet-Protokolls sind die Adressierung von PCs und das Fragmentieren von Paketen. Diese Pakete werden von IP von der Quelle zum Ziel befördert, unabhängig davon, ob sich die PCs im gleichen Netz befinden oder in einem anderen Netz arbeiten. Garantiert ist die Zustellung allerdings nicht, denn IP enthält keine Funktionen für die Ende-zu-Ende-Sicherung oder Flusskontrolle.

Die Funktionen von IP umfassen:
- Die Definition von Datengrammen, welche die Basiseinheiten für die Übermittlung von Daten im Internet bilden
- Definition des Adressierungsschemas
- Übermittlung der Daten von der Transportebene zur Netzwerkschicht und Routing von Datengrammen durch das Netz
- Fragmentierung und Zusammensetzen von Datengrammen

IP ist ein verbindungsloses Protokoll, d. h. zur Datenübertragung wird keine Ende-zu-Ende-Verbindung der Kommunikationspartner ausgeführt. IP ist ein unzuverlässiges Protokoll, da es über keine Mechanismen zur Fehlererkennung und -behebung verfügt. Unzuverlässig bedeutet aber keinesfalls, dass man sich auf das IP Protokoll nicht verlassen kann. Unzuverlässig bedeutet in diesem Zusammenhang lediglich, dass IP die Zustellung der Daten nicht garantieren kann. Sind die Daten aber beim Ziel-PC angekommen, müssen diese Daten auch korrekt sein.

Die TCP/IP-Protokolle wurden entwickelt, um Daten über ein paketvermittelndes Netz zu übertragen. Ein Paket ist ein Datenblock zusammen mit den Informationen, die notwendig sind, um sie dem Empfänger sicher zuzustellen. Das Datengramm (datagram) ist das Paketformat, das vom Internet-Protokoll definiert ist. Ein IP-Datengramm besteht aus einem Header und den zu übertragenden Daten. Der Header hat einen festen 20 Byte großen Teil, gefolgt von einem optionalen Teil variabler Länge. Der Header umfasst alle Informationen, die notwendig sind, um das Datengramm dem Empfänger zuzustellen. Ein Datengramm kann theoretisch maximal 64 kByte groß sein, in der Praxis liegt die Größe bei etwa 1500 Byte, was der maximalen Rahmengröße des Ethernet-Protokolls entspricht.

Die Felder des Protokollkopfes weisen folgende Bedeutung auf:
- Version: Dieses Feld enthält die Versionsnummer des IP-Protokolls. Durch die Einbindung der Versionsnummer besteht die Möglichkeit über eine längere Zeit mit verschiedenen Versionen des IP-Protokolls zu arbeiten.
- Length: Das Feld IHL (Internet Header Length) enthält die Länge des Protokollkopfes, da dieser kein konstantes Format hat. Die Länge wird im 32-Bit-Format angegeben. Der kleinste zulässige Wert ist 5, das entspricht also 20 Byte und in diesem Fall sind im Header keine Optionen gesetzt. Die Länge des Headers lässt sich durch Anfügen von Optionen aber bis auf 60 Byte erhöhen (der Maximalwert für das 4-Bit-Feld ist 15).
- Type of Service: Dieses Feld weist IP an, Nachrichten nach bestimmten Kriterien zu behandeln. Als Dienste sind hier verschiedene Kombinationen aus Zuverlässigkeit und Geschwindigkeit möglich. In der Praxis wird dieses Feld aber ignoriert, hat also den Wert Null. Das Feld hat den Aufbau von Abb. 4.34.

Abb. 4.34: Aufbau des „Type of Service" Felds

- Precedence (Bits 0 bis 2) gibt die Priorität von 0 (normal) bis 7 (Steuerungspaket) an. Die drei Flags (D, T und R) ermöglichen es dem PC anzugeben, worauf dieser bei der Datenübertragung am meisten Wert legt: Verzögerung (Delay), Durchsatz (Throughput) und Zuverlässigkeit (Reliability). Die beiden anderen Bit-Felder sind reserviert.
- Total Length: Enthält die gesamte Paketlänge, d. h. Header und Daten. Da es sich hierbei um ein 16-Bit-Feld handelt ist die Maximallänge eines Datengramms auf 65 535 Byte begrenzt. In der Spezifikation ist festgelegt, dass jeder PC in der Lage sein muss, Pakete bis zu einer Länge von 576 Bytes zu verarbeiten. In der Praxis lassen sich vom Host aber auch Pakete größerer Länge sicher verarbeiten.
- Identification: Über das Identifikationsfeld kann der Zielhost feststellen, zu welchem Datengramm ein neu angekommenes Fragment gehört. Alle Fragmente eines Datengramms enthalten die gleiche Identifikationsnummer, die vom Absender vergeben wird.
- Flags: Das Flags-Feld hat eine Länge von drei Bit. Die Flags bestehen aus zwei Bits namens DF (don't Fragment) und MF (more Fragments). Das erste Bit des Flags-Feldes ist ungenutzt bzw. reserviert. Die beiden Bits DF und MF steuern die Behandlung eines Pakets im Falle einer Fragmentierung. Mit dem DF-Bit wird signalisiert, dass das Datengramm nicht fragmentiert werden darf, auch dann nicht, wenn das Paket dann evtl. nicht mehr weiter transportiert werden kann und verworfen werden muss. Alle PCs müssen Fragmente bzw. Datengramme mit einer Größe von 576 Bytes oder weniger verarbeiten können. Mit dem MF-Bit wird angezeigt, ob einem IP-Paket weitere Teilpakete nachfolgen. Dieses Bit ist bei allen Fragmenten gesetzt, außer dem letzten.
- Fragment Offset: Der Fragmentabstand bezeichnet, an welcher Stelle relativ zum Beginn des gesamten Datengramms ein Fragment gehört. Mit Hilfe dieser Angabe kann der Ziel-PC das Originalpaket wieder aus den Fragmenten zusammensetzen. Da dieses Feld nur ein 13-Bit-Format aufweist und es lassen sich maximal 8192 Fragmente pro Datengramm erstellen. Alle Fragmente, außer dem letzten, müssen ein Vielfaches von acht Byte sein und man spricht dann von einer elementaren Fragmenteinheit.

- Time to Live: Das Feld hat eine Zählerfunktion, mit dem die Lebensdauer von IP-Paketen begrenzt wird. Im RFC 791 ist für dieses Feld als Einheit Sekunden spezifiziert. Zulässig ist eine maximale Lebensdauer von 255 Sekunden (8-Bit-Format). Der Zähler muss von jedem Netzknoten, der durchlaufen wird um 1 verringert werden. Bei einer längeren Zwischenspeicherung in einem Router darf der Inhalt mehrmals verringert werden. Enthält das Feld den Wert Null, wird das Paket verworfen und damit soll verhindert werden, dass ein Paket endlos im Netz vorhanden ist. Der Absender wird in einem solchen Fall durch eine Warnmeldung in Form einer ICMP-Nachricht informiert.
- Protocol: Enthält die Nummer des Transportprotokolls, an das das Paket weitergeleitet werden muss. Die Nummerierung von Protokollen ist im gesamten Internet einheitlich. Diese Aufgabe ist von der „Internet Assigned Numbers Authority" (IANA) übernommen worden.
- Header Checksum: Dieses Feld enthält die Prüfsumme der Felder im IP-Header. Die Nutzdaten des IP-Datengramms werden aus Effizienzgründen nicht geprüft. Diese Prüfung findet beim Empfänger innerhalb des Transportprotokolls statt. Die Prüfsumme muss von jedem Netzknoten, der durchlaufen wird, neu berechnet werden, da der IP-Header durch das Feld „Time-to-Live" sich bei jeder Teilstrecke verändert. Aus diesem Grund ist auch eine sehr effiziente Bildung der Prüfsumme wichtig. Als Prüfsumme wird das 1er-Komplement der Summe aller 16-Bit-Halbwörter der zu überprüfenden Daten verwendet. Zum Zweck dieses Algorithmus wird angenommen, dass die Prüfsumme zu Beginn der Berechnung Null ist.
- Source Address, Destination Address: In diese Felder werden die 32-Bit-Internet-Adressen eingetragen.
- Options und Padding: „Options" ist im Protokollkopf vorhanden, um die Möglichkeit zu bieten, das IP-Protokoll um weitere Informationen zu ergänzen, die in der ursprünglichen Zusammenstellung nicht berücksichtigt wurden. Das Optionsfeld hat eine variable Länge und jede Option beginnt mit einem Code von einem Byte, über den die Option identifiziert wird. Einigen Optionen folgt ein weiteres Optionsfeld von einem Byte und dann ein oder mehrere Datenbytes für die Option. „Options" wird über das „Padding" auf ein Vielfaches von vier Byte aufgefüllt. Es sind die folgenden Optionen bekannt:
  - „End of Option List": Kennzeichnet das Ende der Optionsliste
  - „No Option": Kann zum Auffüllen von Bits zwischen Optionen verwendet werden
  - „Security": Bezeichnet, wie geheim ein Datengramm ist und der Praxis wird diese Option jedoch fast immer ignoriert
- Loose Source-Routing, Strict Source-Routing: Diese Option enthält eine Liste von Internet-Adressen, die das Datagramm durchlaufen soll. Auf diese Weise lässt sich im Datenpaket festlegen, eine bestimmte Route durch das Internet zu erhalten. Beim Source-Routing wird zwischen „Strict Source and Record Route" und „Loose Source and Record Route" unterschieden. Im ersten Fall wird verlangt, dass das Paket diese Route genau einhalten muss und die genommene Route wird aufgezeichnet. Die zweite Variante schreibt vor, dass die angegebenen Router nicht umgangen werden dürfen. Auf dem Weg lassen sich aber auch andere Router verwenden.
- Record Route: Die Knoten, die dieses Datengramm durchläuft, werden angewiesen ihre IP-Adresse an das Optionsfeld anzuhängen. Damit lässt sich ermitteln, welche Route im Netz ein Datengramm genommen hat. Die Größe für das Optionsfeld ist auf 40 Byte

beschränkt. Deshalb kommt es oftmals zu Problemen mit dieser Option, da in der Praxis weit mehr Router in Anspruch genommen werden.

- Time Stamp: Diese Option ist mit der Funktion „Record Route" vergleichbar. Zusätzlich zur IP-Adresse wird bei dieser Option die Uhrzeit des Durchlaufs durch den Knoten vermerkt. Auch diese Option dient hauptsächlich zur Fehlerbehandlung, wobei zusätzlich sich z. B. Verzögerungen auf den Netzstrecken erfassen lassen.

4.4.3 Arbeitsweise eines Routers

Ein Router verbindet im Gegensatz zu Bridges in OSI-Schicht 3 auch Netze unterschiedlicher Topologien. Router sind damit der Mittelpunkt in strukturiert aufgebauten LAN- und insbesondere WAN-Netzen. Mit der Fähigkeit, unterschiedliche Netztypen sowie unterschiedliche Protokolle zu routen, ist eine optimale Verkehrslenkung und Netzauslastung möglich. Abbildung 4.35 zeigt das OSI-Modell für einen Router.

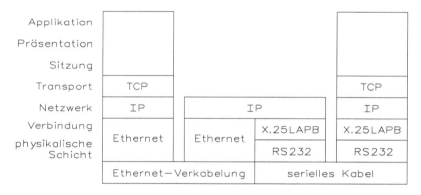

Abb. 4.35: OSI-Modell für einen Router, wobei die Vermittlung in den beiden untersten Schichten abläuft

Router sind nicht protokoll-transparent, sondern müssen in der Lage sein, alle verwendeten Protokolle zu erkennen, da sie Informationsblöcke protokollspezifisch umsetzen. Die logischen Adressen in einem Netzwerk lassen sich von Routern auswerten, um mit Hilfe anzulegender interner Routing-Tabellen den optimalen Weg (Route) vom Sender zum Empfänger zu finden. Um die Routing-Tabellen auf dem laufenden zu halten, kommunizieren die Router in einem Netz über definierte Protokolle, z. B. OSPF (Open Shortest Path First). Da sich heterogene Netze mit mehreren Protokollen zunehmend verbreiten, geht der Trend bei Routern in Richtung Multiprotokoll-Fähigkeit. Router passen die Paketlänge der Daten an den in einem Netzwerksegment möglichen Maximalwert an. Sie verändern die Paketlänge also z. B. beim Übergang von Ethernet zum Token Ring oder nach X.25.

Router sind aus mehreren Gründen erheblich komplizierter als Bridges. Die Vielzahl der Protokolle benötigt in Multiprotokoll-Routern ein Multitasking-Betriebssystem, das ähnlich wie ein PC-Betriebssystem arbeitet. Router werden oft als Multiport-Geräte ausgeführt und daher ist die Technik aufwendiger, da z. B. ein schnelles Bussystem benötigt wird. Die hohe

Analyselast, die pro Datenpaket zu leisten ist, erfordert nicht nur schnellere Mikroprozesso-ren, sondern auch große Arbeitsspeicher und interne bzw. externe Festplatten.

Gegenüber Bridges gewährleisten Router eine bessere Isolation des Datenverkehrs, da sie Broadcasts z. B. nicht weiterleiten. Allerdings verlangsamen Router in der Regel aber den Datentransfer. Sie können jedoch in komplexen Netzwerken, insbesonders in WAN, Daten gezielt weiterleiten. Router sind dafür auch deutlich teurer als Bridges. Deswegen ist im Bedarfsfall zu analysieren, was sinnvoller ist.

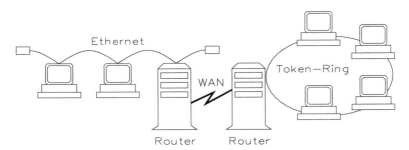

Abb. 4.36: Unterschiedliche Netzwerke lassen sich über Router verbinden, wobei als Übertragungs-medium das öffentliche Medium die beiden lokalen Netzwerke miteinander verbindet

Mit den vorhandenen physikalischen Verbindungen werden alle erforderlichen logischen Verbindungen aufgebaut. Abbildung 4.36 zeigt das öffentliche Netz. Wenn zwei nicht direkt miteinander verbundene Knoten kommunizieren müssen, baut der Navigator im Router die entsprechende logische Verbindung durch eine oder mehrere Zwischenstationen auf, wie Abb. 4.37 zeigt.

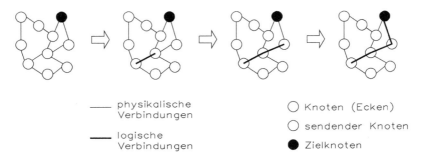

Abb. 4.37: Aufbau einer logischen Verbindung durch den Navigator, der sich im Router befindet

Der Navigator ist eine Soft- und/oder Hardwarefunktion, die auf alle Schaltpunkte (auf die Knoten oder auf die Schalter) des Systems verteilt ist, um die Navigation der Nachrichten durch das Verbindungsnetzwerk durchzuführen. Die Wege berechnet man einmal am Anfang der Übertragung und dann erst erfolgt die Abspeicherung in einer Tabelle. Für die Navigation werden danach einfach die Nachrichtennavigations-Informationen aus der Tabelle gelesen. Die andere Möglichkeit ist, die Wege jedesmal bei einer Anwendung zu berechnen. Einfache

Nachrichtennavigations-Algorithmen lassen sich mittels Hardware schneller durchführen. Komplexere Algorithmen muss man dagegen mit der Software berechnen. Deswegen ist es wichtig, dass eine entsprechende Topologie immer eine einfache Nachrichtennavigation erlaubt.

Der erste Zweck des Navigators ist, dass jeder Knoten jeden anderen im System erreichen kann, ohne sich darum kümmern zu müssen, welche Struktur das Verbindungsnetzwerk hat oder wie die Nachrichten durch das Netz zu transportieren sind. Der Navigator bestimmt den kürzesten und schnellsten Weg vom Sender zum Empfänger. Dieser Weg lässt sich dann für die Übertragung der Nachricht verwenden.

Der zweite Zweck des Navigators ist die Fehlertoleranz. Der Navigator kann ausgefallene Verbindungen berücksichtigen, um auch im Fehlerfall weiterarbeiten zu können. Die ausgefallenen Elemente werden umgangen, indem alternative Wege (Umleitungen) benutzt werden. Der Navigator muss in einem n-toleranten System sogar bei n ausgefallenen Verbindungen in der Lage sein, einen Weg zu finden. Die Information, welche Elemente ausgefallen sind, muss in allen Teilen dem Navigator mitgeteilt werden, damit sich sofort Umleitungen auch von den anderen Teilnehmern optimal bestimmen lassen.

Der dritte Zweck des Navigators besteht darin, die Last in Verbindungen zu balancieren. Falls bestimmte Wege überlastet sind, versucht der Navigator, alternative Wege zu benutzen, um die überlasteten Wege zu entlasten. Ein Navigator, der diese Funktion unterstützt, hat die Bezeichnung „adaptiver" Navigator. Durch das Balancieren der Last lässt sich eine höhere Ausnutzung des Verbindungsnetzwerks erzielen und die durchschnittliche Nachrichtenlaufzeit verringert sich. Die Information über die Belastung der Wege muss auch allen anderen Navigatoren bekannt sein. Ein Monitor muss außerdem die Belastung überwachen und dem Navigator die entsprechenden Informationen melden. Diese Algorithmen sind jedoch sehr komplex.

Die vierte Funktion des Navigators besteht in der Minimierung der Weglängen der häufig benutzten Strecken. Dafür wird die Lokalität des Verbindungsnetzwerks ausgenutzt. Man versucht, dass die Nachrichten einen minimalen Weg zurücklegen, damit sie wenige Verbindungen benutzen und belasten. Dies führt zu einem schnelleren Nachrichtentransport. Die Belastung des Verbindungsnetzwerks verringert sich ebenfalls, da die Nachrichten im Durchschnitt weniger Verbindungen benutzen. Die Prozesse, die intensiv miteinander kommunizieren, sollten dicht nebeneinander liegen oder sich sogar im selben Knoten befinden, oder in Knoten, die direkt miteinander verbunden sind. Wenn der Compiler oder der Programmierer die Beziehungen für die Kommunikation erkennen und angeben kann, lassen sich die Prozesse beim Laden optimal platzieren. So wird die Lokalität der Kommunikation und des Verbindungsnetzwerks ganz ausgenutzt. Wenn die Kommunikationsbeziehungen bei der Ladezeit nicht bekannt sind, kann die Platzierung der Prozesse dynamisch erfolgen: Wenn ein Knoten sehr oft in eine Richtung Nachrichten überträgt, sollte der Prozess in diesem Knoten in die Richtung bewegt werden, wohin er seine Nachrichten überträgt. So entstehen Cluster, die lokal große Mengen an Informationen übertragen müssen.

Die vierte Funktion kann nicht vom Navigator allein ausgeführt werden. Beim Minimieren der Wege ist das Betriebssystem in den Knoten maßgeblich beteiligt. Der Navigator stellt dem Betriebssystem lediglich statistische Informationen über den Nachrichtenweg zur Verfügung.

4.4.4   Arbeitsweise eines Gateways

Gateways decken alle sieben Schichten des OSI-Referenzmodells ab und bewirken eine
Umsetzung aller Schichten zwischen zwei unterschiedlichen Systemen. Abbildung 4.38 zeigt
die Arbeitsweise eines Gateways und somit lassen sich Verbindungen mit inkompatiblen
Protokollsystemen realisieren.

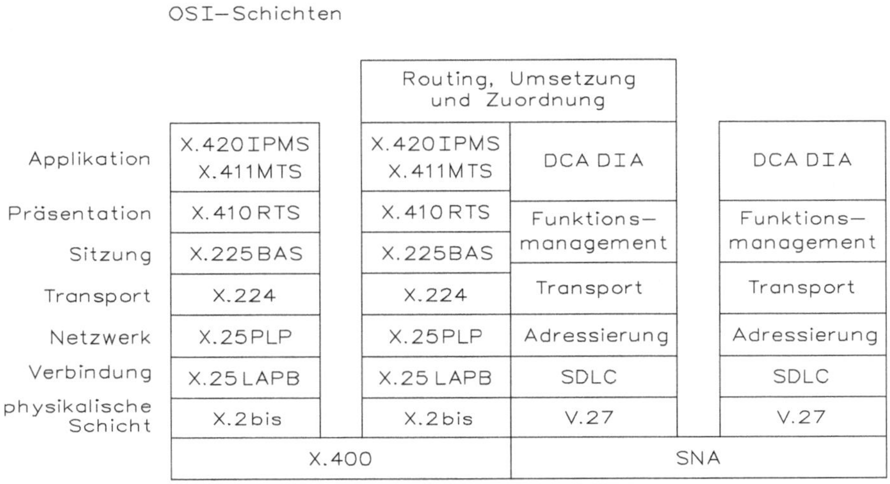

OSI–Schichten

		Routing, Umsetzung und Zuordnung		
Applikation	X.420 IPMS X.411 MTS	X.420 IPMS X.411 MTS	DCA DIA	DCA DIA
Präsentation	X.410 RTS	X.410 RTS	Funktions– management	Funktions– management
Sitzung	X.225 BAS	X.225 BAS		
Transport	X.224	X.224	Transport	Transport
Netzwerk	X.25 PLP	X.25 PLP	Adressierung	Adressierung
Verbindung	X.25 LAPB	X.25 LAPB	SDLC	SDLC
physikalische Schicht	X.2 bis	X.2 bis	V.27	V.27
	X.400		SNA	

Abb. 4.38: Aufbau und Wirkungsweise des OSI-Schichtenmodells für die Funktionen eines Gateways

Ein Gateway ist notwendig zur Anpassung bzw. zum Übergang von einem Netzwerktyp auf
einen anderen, wenn Netze mit unterschiedlichen Protokollen gekoppelt sind. So lässt sich
z. B. ein Gateway verwenden, wenn TCP/IP-Systeme mit SNA-Host diverse Informationen
austauschen müssen.

Zu den Aufgaben eines Gateways gehören Adressierung über die Grenzen eines Netzwerks
hinaus, Adressabbildung, Wegewahl und Protokollkonvertierung. Ein typisches Beispiel von
Gateways ist der Zugang eines LAN zu einem Postdienst, z. B. Datex-P, oder auch der
Austausch von E-Mails zwischen zwei PCs in unterschiedlichen Netzen mittels E-Mail-
Gateways.

Wenn man von TCP/IP spricht, meint man eigentlich die gesamte Implementierung von Protokollen, denn es wurde nicht für ein spezielles Nachrichtentransportsystem konzipiert, sondern
für unterschiedliche Medien und PCs. Hauptgründe von TCP/IP sind Robustheit, Unabhängigkeit der PC-Hardware und gute Möglichkeiten der Konfiguration bei genauer Definition
der Implementierung. Abbildung 4.39 zeigt die Realisierung einer Gateway-Verbindung.

TCP ist ein Host-zu-Host-Protokoll, um eine zuverlässige Prozess-to-Prozess-Kommuni-
kation zu gewährleisten. Daher kommt auch die Bezeichnung „Reliable Stream Transport
Service". Hierzu bedarf es Einrichtungen wie Verbindungsaufbau (aktiv/passiv), Verbindungsabbau, Flusskontrolle und Multiplexing. Der Verbindungsaufbau erfolgt mit einem

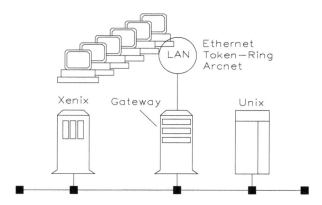

Abb. 4.39: Realisierung einer Gateway-Verbindung

Drei-Wege-Handshake-Verfahren, mit dem die ISN (Initial Sequence Number) ausgetauscht werden. Ein Verbindungsaufbau sieht folgendermaßen aus:

1. A → B   Meine ISN ist X
2. B → A   Deine ISN ist X
            Meine ISN ist Y
3. A → C   Deine ISN ist Y

Auf diese Weise wird gewährleistet, dass ein simultaner Verbindungsaufbau synchronisiert und alte oder doppelte Aufbauwünsche erkannt werden. Der Abbau einer Verbindung ist ähnlich:

1. A → B   Aufruf zum Verbindungsabbau
2. B → A   Bestätigung des Aufrufs
            B kann weiter Daten senden
3. B → A   Bereitschaft, die Verbindung abzubauen
4. A → B   Verbindungsabbau

Im Schritt 4 wartet der Teilnehmer A noch zweimal die Dauer von MSL (Maximum Segment Lifetime) ab, um sicherzustellen, dass B seine Verbindung auch abgebaut hat.

Die Flusskontrolle wird durch zwei Mechanismen realisiert. Einmal durch laufende Nummern (Sequence Number), die jedem Datenbyte (Octet) zugeordnet werden, und zum anderen durch das sogenannte Windows, durch das dem sendenden TCP mitgeteilt wird, wie groß der noch verfügbare Puffer des Empfängers ist. Es wird also ein Byte-Datenstrom vom sendenden TCP an das empfangene TCP übertragen und nicht, wie bei ISO-Protokollen, strukturierte Daten. Die Kontrolle, ob ein Datenpaket korrekt übertragen wurde, wird auch von TCP realisiert. Wenn ein Datenpaket nicht übertragen werden konnte, fehlt die Bestätigungsmeldung des Empfängers. Nach Ablauf eines einstellbaren Timers wird nur dieses eine Datenpaket nochmals übertragen.

Die Realisierung der untersten Ebene von TCP/IP erfolgt durch IP. Hier finden zwei Basisfunktionen praktische Anwendung: die Adressierung und Fragmentierung der einzelnen Datenpakete. Unter die Adressierung fällt auch der Bereich „Routing", was bedeutet, dass ein Datenpaket über mehrere Rechner oder auch Gateways zu anderen physikalischen Netzen zu seinem Zielrechner durch IP übertragen wird. Da die zu übertragende Datenmenge von Netz zu Netz verschieden sein kann, und größtenteils auch ist, werden in IP die Datenpakete in Datensegmente fragmentiert und auch wieder zu Datenpaketen reassembliert. Jedes Datensegment wird als unabhängige Einheit in IP gehandhabt, d. h., die Segmente eines Datenpakets werden nicht unbedingt auf demselben Weg übertragen. Außerdem garantiert IP nicht die Übertragung aller Datensegmente. Daten können verlorengehen oder falsch übertragen werden, ohne dass diese Umstände von dieser Protokollschicht bemerkt würden. Aus diesen Gründen wird IP auch als „Unreliable Connectionless Delivery Service" bezeichnet.

Bei der Betrachtung des IP-Kopfes fällt besonders das Feld „Time" auf, welches die „Lebensdauer" eines Datensegments darstellt. Jeder PC, der dieses Datensegment transferiert, inkrementiert auch den Inhalt dieses Felds in einem Zähler. So wird gewährleistet, dass kein Datensegment in einer Schleife im Netzwerk ewig transportiert wird. Die Felder „source ip address" und „destination ip address" stellen die Internet-Adressen und nicht etwa Hardware-Adressen dar.

Was ist eine Internet-Adresse? Eine Internet-Adresse besteht aus einem 32-bit-Format und lässt sich in drei Formen einteilen. Der Sinn dieser unterschiedlichen Adressformate liegt in der Konfiguration von einzelnen Netzen. Durch geeignete Wahl der „netid" und „hostid" wird festgelegt, wie viele Netze bzw. Hosts an ein Netz angeschlossen sein können. Eine Klasse-A-Adresse bedeutet, dass wenig Netze, aber viele Hosts möglich sind. Eine Klasse-C-Adresse bedeutet das genaue Gegenteil, viele Netze mit wenigen Hosts. Die Klasse-B-Adresse stellt dagegen einen Kompromiss zwischen Anzahl von möglichen Netzen und Hosts dar. Eine eindeutige Verbindung besteht aus zwei Internet-Adressen und zwei TCP-Ports. Es ist somit ohne weiteres möglich, dass zwei Benutzer Files auf denselben Zielrechner übertragen. Die Verbindungen würden z. B. nach Tab. 4.16 adressiert werden.

Tab. 4.16: Adressierung zwischen zwei PCs

	Internet-Adresse	TCP-Ports
Verbindung 1	128.7.3.178, 128.7.3.103	12134, 21
Verbindung 2	128.7.3.178, 128.7.3.103	12135, 21

Wie aus Tab. 4.16 zu erkennen ist, sind zwar die Internet-Adressen der Verbindungen gleich, aber die TCP-Ports des sendenden Rechners sind unterschiedlich. Einige TCP-Ports sind allerdings für bestimmte Anwendungen festgelegt.

4.4.5   Arbeitsweise eines File-Servers

Einzelne PC-Systeme innerhalb eines Netzes sind mit mindestens einem File-Server verbunden. Bei größeren Netzen stehen den Anwendern mehrere File-Server zur Verfügung. Ein File-Server muss nicht unbedingt für hohe Rechenleistungen, sondern nur für einen maximalen Datendurchsatz ausgelegt sein. Ein File-Server sollte die bestmöglichste Leistung unter den Netzwerkbetriebssystemen bieten, die kürzesten Zugriffzeiten auf die internen oder externen Festplatten und ein Maximum an Sicherheit.

Ein File-Server wird auch als Server bezeichnet und übernimmt sehr zentrale Aufgaben in einem Computernetz:

- zentrale Speicherung von Daten (Wegfall von Mehrfachspeicherung, Reduzierung der Massenspeicher und Wegfall der Festplatten in den einzelnen Arbeitsplätzen)
- Koordination der einzelnen Arbeitsstationen
- Verwaltung der gemeinsamen Peripheriegeräte
- Verwaltung der Zugangsberechtigungen

Im Normalfall verwendet man als Server ein PC-System mit einem leistungsfähigen Mikroprozessor. Abbildung 4.40 zeigt die Verschaltung eines Servers mit mehreren PC-Systemen, wobei mit dem schwarzen Koaxialkabel verkabelt wird. Der PC wird über einfache T-Stecker angeschlossen. Alle heutigen Ethernet-Boards sind darauf vorbereitet, denn sie enthalten bereits die internen Transceiver für den Sende- bzw. Empfangsbetrieb.

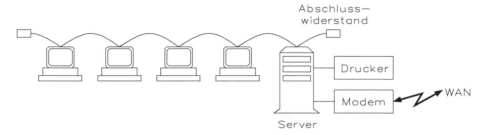

Abb. 4.40: Verschaltung eines Servers mit mehreren PC-Systemen, wobei die Verkabelung durch das schwarze Koaxialkabel erfolgt

Ein schneller Mikroprozessor ist nicht unbedingt erforderlich, außer es werden Kalkulationen und CAD-Programme direkt über dem Server abgearbeitet. Die Hauptaufgabe eines Servers sind die Verwaltung des gesamten Netzwerks und die Gewährleistung der Betriebsbereitschaft. Der minimale Speicherausbau sollte 1 GByte betragen. Für einen Server sollte man nur beste Hardware-Komponenten auswählen, um die Ausfallrisiken zu minimieren.

Ein File-Server besteht im Wesentlichen aus drei Komponenten:
- einem leistungsfähigen Mikroprozessor oder Mikrocontroller mit einem entsprechend großen Arbeitsspeicher
- den Festplatten und den Backup-Systemen der Datensicherung
- diverse Netzwerkanschlüsse für gemeinsame Drucker oder für ein Modem

Der Mikroprozessor steuert das Netzwerkbetriebssystem und übernimmt die Verwaltung der Multi-User-Umgebung sowie der Netzwerkdienstprogramme. Die Festplatten speichern die Informationen in Form von Dateien zwischen, und die Netzwerkteilnehmer rufen die einzelnen Dateien ab. Damit bieten die gemeinsamen Festplatten die allgemeine Basis für den Austausch von Informationen. Der Netzwerkanschluss, als physikalische Verbindung der Teilnehmer im Netzwerk, muss die Vorgänge im Netz überwachen und die gewünschten Informationen an die Teilnehmer weitergeben.

PC-Systeme verwenden keine Netzwerkplatinen, mit denen man direkt auf den Systemspeicher zugreifen kann, denn PCs sind vom DMA- und Interrupt-Controller abhängig, die die Informationen in den Systemspeicher übertragen müssen. Interrupt-Controller senden ein Signal an den Mikroprozessor bzw. DMA-Controller. Damit kann dieser die Datenübertragung von und zum Arbeitsspeicher zur Festplatte oder den peripheren Schnittstellen übernehmen. Es wird eine wertvolle Ressource des File-Servers verschwendet, nämlich der Mikroprozessor, da er während der gesamten Datenübertragung untätig bleiben muss.

Im Gegensatz dazu enthält ein File-Server einen speziell entwickelten Speicher-Controller, auf den der Mikroprozessor, der Netzwerk-Controller und der Bus innerhalb eines seiner 125 ns dauernden Zyklen auf den gemeinsamen Arbeitsspeicher zugreifen dürfen. Dieser Entscheidungsprozess findet in den ersten 12 ns jedes Prozessorzyklus statt. Das ist so kurz, dass der Mikroprozessor ohne Wartezyklen arbeitet und den drei Einheiten gleichermaßen Zugriff auf den gemeinsamen Arbeitsspeicher gewähren kann.

Durch den Server ergibt sich wieder die aus der zentralen Informationsverarbeitung bekannte Möglichkeit, die Aktivität der Mitarbeiter zu koordinieren und die erbrachte Arbeit als Allgemeingut zur Verfügung zu stellen, aber auch die Möglichkeit, die Programmvielfalt der PC-Welt gezielt zu begrenzen und wieder in unternehmerisch gewünschte Bahnen zu lenken.

4.4.6   Adressierung der Internet-Schicht

Zur Adressierung eines Kommunikationspartners in Form eines Applikationsprogramms müssen beim Durchlaufen der vier TCP/IP-Schichten auch vier verschiedene Adressen angegeben werden.
1. Netzwerkadresse (z. B. eine Ethernet-Adresse, MAC-Adresse)
2. Internet-Adresse
3. Transportprotokoll-Adresse
4. Portnummer

Zwei dieser Adressen finden sich als Felder im IP-Header, die Internet-Adresse und die Transportprotokoll-Adresse.

IP verwendet Protokollnummern, um empfangene Daten an das richtige Transportprotokoll weiterzuleiten. Die Protokollnummer ist ein einzelnes Byte im IP-Header und die Protokollnummern sind im gesamten Internet einheitlich. Protokollnummern wurden im RFC1700 (Request for Comments) definiert. Diese Aufgabe ist nun von der „Internet Assigned Numbers Authority" bzw. der „Internet Corporation for Assigned Names and Numbers" übernommen worden. Die Nummern sind in einer Datenbank gespeichert und werden dort verwaltet.

Jeder Host und Router im Internet hat mindestens eine 32-Bit-IP-Adresse. Eine IP-Adresse ist immer eindeutig und kein Knoten im Internet hat die gleiche IP-Adresse. Knoten, die an mehrere Netze angeschlossen sind, weisen in jedem Netz eine eigene IP-Adresse auf und es gilt: Jede Schnittstelle in jedem PC und Router muss im Internet eine global eindeutige IP-Adresse aufweisen. Die Vergabe von IP-Adressen wird zentral organisiert, um Adresskonflikte zu vermeiden. Diese Aufgabe wurde früher vom „Network Information Center" (NIC) wahrgenommen und jetzt ist es die „Internet Assigned Numbers Authority" (IANA) bzw. an die „Internet Corporation for Assigned Names and Numbers" (ICANN) übergegangen.

ICANN hat Teile des Adressraums an ihre Vertreter in den verschiedenen regionalen Gebieten wie „Asia Pacific Network Information Center" (APNIC), „American Registry for Internet Numbers" (ARIN) und „Réseaux IP Européens" (RIPE) vergeben, die die IP-Adressen dann an Unternehmen, Behörden und „Internet Service Provider" (ISP) bestimmen. Die Adressen werden nicht einzeln zugeordnet, sondern nach Netzklassen vergeben. Beantragt man IP-

Adressen für ein Netz, so erhält man nicht für jeden PC eine einzelne Adresse zugeteilt, sondern einen Bereich von Adressen, der selbst zu verwalten ist. Nur der „Internet Service Provider", der sehr viel an Adressraum benötigt, wendet sich noch direkt an die jeweiligen Vertreter der IANA bzw. ICANN in ihren Gebieten. Alle anderen Betreiber wenden sich für die Zuordnung von IP-Adressen bzw. Adressbereichen an ihren ISP.

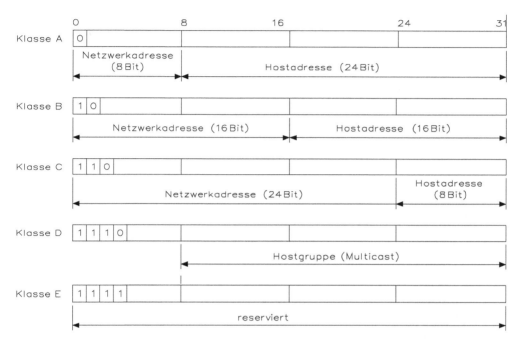

Abb. 4.41: Aufbau der IP-Adressformate

Wie die Abb. 4.41 die IP-Adressformate zeigt, sind IP-Adressen in verschiedene Klassen, mit unterschiedlich langer Netzwerk- und Hostadresse, eingeteilt. Die Netzwerkadresse definiert das Netzwerk, in dem sich ein Host befindet und alle Hosts eines Netzes verwenden die gleiche Netzwerkadresse. Die Hostadresse identifiziert einen bestimmten PC bzw. eine Schnittstelle innerhalb eines Netzes und Abb. 4.42 zeigt die IP-Adressen, die aus einer Netzwerkadresse und einer Hostadresse bestehen.

Abb. 4.42: Über einen Router sind zwei Netzwerke mit verschiedenen Netzwerkadressen verbunden

Ist ein Host an mehrere Netze angeschlossen, hat er für jedes Netz eine eigene IP-Adresse. Eine IP-Adresse identifiziert keinen bestimmten PC, sondern eine Verbindung zwischen einem PC und einem Netz. Ein PC mit mehreren Netzanschlüssen (z. B. ein Router) muss für jeden Anschluss eine IP-Adresse zugewiesen werden.

IP-Adressen sind 32-Bit-Werte, die normalerweise nicht als Binärzahl, sondern in gepunkteter Dezimalnotation geschrieben werden. In diesem Format wird die 32-Bit-Zahl in vier Byte-Blöcken ausgeteilt, die mit Punkten voneinander getrennt sind. Die Adresse 01111111.11111111.11111111.11111111 wird so als 127.255.255.255 geschrieben. Die niedrigste IP-Adresse ist 0.0.0.0 und die höchste 255.255.255.255. Abbildung 4.43 zeigt das Netzwerk mit verschiedenen Netzwerkadressen und jeder PC im Netzwerk hat eine andere PC-Adresse (Host).

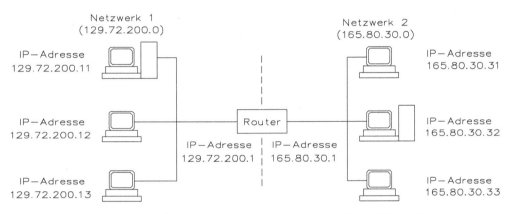

Abb. 4.43: Jedes Netzwerk hat verschiedene Netzwerkadressen und jeder PC im Netzwerk hat eine separate Hostadresse

Wie zuvor erklärt wurde, sind IP-Adressen in Klassen unterteilt. Der Wert des ersten Bytes gibt die Adressklasse an, wie Tab. 4.17 zeigt.

Tab. 4.17: Klassenunterteilung der IP-Adressen

Adressklasse	Erstes Byte	Bytes für Netzadresse	Bytes für Hostadresse	Adressformat*	Anzahl der Hosts
Klasse A	1 bis 126	1	3	N.H.H.H	2^{24} ($\approx$16 Mio.)
Klasse B	128 bis 191	2	2	N.N.H.H	2^{16} ($\approx$64 000)
Klasse C	192 bis 223	3	1	N.N.N.H	254
Klasse D	224 bis 239	Multicast-Adressen			
Klasse E	240 bis 254	Experimentelle Adressen bzw. für zukünftige Nutzung reserviert			

* N steht für einen Teil der Netzadresse, H für einen Teil der Hostadresse

- Klasse A: Das erste Byte hat einen Wert kleiner als 128, d. h. das erste Bit der Adresse ist 0. Das erste Byte ist eine Netzwerknummer, die letzten drei Bytes identifizieren einen Host im Netz. Es gibt demzufolge also 126 Klasse-A-Netze und die können bis zu 16 Millionen Hosts in einem Netz ansprechen.
- Klasse B: Ein Wert von 128 bis 191 für das erste Byte (das erste Bit ist gleich 1, Bit 2 gleich 0) identifiziert eine Klasse-B-Adresse. Die ersten beiden Bytes identifizieren das Netzwerk, die letzen beiden Bytes einen Host. Das ergibt 16.382 Klasse-B-Netze mit bis zu 64.000 PCs in einem Netz.
- Klasse C: Diese Netze werden über Werte von 192 bis 223 für das erste Byte (die ersten beiden Bits sind gleich 1, Bit 3 gleich 0) identifiziert. Es gibt zwei Millionen Klasse-C-Netze, d. h. die ersten drei Bytes werden für die Netzwerkadresse verwendet. Das Netzwerk der Klasse C kann bis zu 254 PCs ansprechen.
- Klasse D: Diese Adressen, sogenannte Multicast-Adressen, werden dazu verwendet, ein Datengramm an mehrere Hostadressen gleichzeitig zu versenden. Das erste Byte einer Multicast-Adresse hat den Wertebereich von 224 bis 239, d. h. die ersten drei Bit sind gesetzt und Bit 4 ist gleich 0. Sendet ein Prozess eine Nachricht an eine Adresse der Klasse D, wird die Nachricht an alle Mitglieder der adressierten Gruppe versendet. Die Übermittlung der Nachricht erfolgt, wie bei IP üblich, ohne Garantie, dass die Daten auch tatsächlich alle Mitglieder einer Gruppe erreichen. Abbildung 4.44 zeigt den IGMP-Header.

Abb. 4.44: Aufbau des IGMP-Headers

Für das Multicasting wird ein spezielles Protokoll IGMP (Internet Group Management Protocol) verwendet. IGMP entspricht im Wesentlichen ICMP, mit dem Unterschied, dass es nur zwei Arten von Paketen gibt: Anfragen und Antworten. Anfragen werden dazu verwendet, zu ermitteln, welche PC-Mitglieder in einer Gruppe sind. Antworten informieren darüber, zu welchen Gruppen ein PC gehört. Jedes ICMP-Paket hat ein festes Format und wird zur Übertragung der IP-Pakete verwendet.

- Type: Es ergeben sich zwei Möglichkeiten für Nachrichtentypen im IGMP-Protokoll, nämlich für Anfragen und Antworten:
  a = Host Membership Query (Anfrage)
  b = Host Membership Report (Antwort)
- Unused: Dieses Feld wird derzeit nicht benutzt.
- Checksum: Der Algorithmus zur Berechnung der Checksumme entspricht dem des IP-Protokolls.
- Group Address: Bei einer Anfrage zur Gruppenzugehörigkeit wird das Gruppenadressenfeld mit Nullen gefüllt. Ein PC, der eine Anfrage erhält, ignoriert dieses Feld. Bei

einer IGMP-Antwort enthält das Gruppenadressenfeld die Adresse der Gruppe, zu der der sendende Host gehört.

Im Internet müssen die Adressen eindeutig sein. Aus diesem Grund werden die IP-Adressen, von einer zentralen Organisation vergeben bzw. deren Vergabe koordiniert. Dabei ist sichergestellt, dass die Adressen eindeutig und auch im Internet sichtbar sind.

- Private IP-Adressen: Es ist nicht notwendig, Netzwerke, die keinen Kontakt zum globalen Internet aufweisen (geschlossene Netzwerke), mit einer eigenen Adresse zu versehen, die im Internet sichtbar ist. Es ist auch nicht notwendig, da sichergestellt ist, dass diese Adressen in keinem anderen, privaten Netz eingesetzt werden. Aus diesem Grund wurden Adressbereiche festgelegt, die nur für private Netze bestimmt sind. Diese Bereiche sind in RFC1918 (Address Allocation for Private Internets) festgelegt. IP-Nummern aus dem privaten Adressenbereich dürfen im globalen Internet nicht weitergeleitet werden und dadurch ist es möglich, diese Adressen in beliebig vielen, nicht öffentlichen Netzen, einzusetzen.

Die folgenden Adressbereiche sind für die Nutzung in privaten Netzen reserviert:
- Klasse A (10.0.0.0): Für ein privates Klasse-A-Netz ist der Adressbereich von 10.0.0.0 bis 10.255.255.254 reserviert.
- Klasse B (172.16.0.0 bis 172.31.0.0): Für die private Nutzung sind 16 Klasse-B-Netze reserviert. Jedes dieser Netze kann aus bis zu 65.000 PCs bestehen (also z. B. ein Netz mit den Adressen von 172.17.0.1 bis 172.17.255.254).
- Klasse C (192.168.0.0 bis 192.168.255.0): 256 Klasse-C-Netze stehen zur privaten Nutzung zur Verfügung. Jedes dieser Netze kann jeweils 254 PCs enthalten (z. B. ein Netz mit den Adressen 192.168.0.1 bis 192.168.0.254).

Jeder PC-Benutzer kann aus diesen Bereichen den Adressbereich für sein eigenes privates Netz auswählen. Die Zuteilung dieser Adressen bedarf nicht der Koordination mit der IANA bzw. ICANN oder einer anderen Organisation, die für die Zuordnung von IP-Adressen verantwortlich ist.

4.4.7   IP-Adressen und Teilnetzwerke

Neben den IP-Adressen aus dem privaten Adressbereich gibt es weitere IP-Adressen, die eine bestimmte Bedeutung aufweisen. Adressen mit der Netznummer 0 beziehen sich auf das aktuelle Netz. Mit einer solchen Adresse können sich PCs auf ihr eigenes Netz beziehen, ohne die Netzadresse zu kennen. Es muss allerdings bekannt sein, um welche Netzklasse es sich handelt, damit die passende Anzahl Null-Bytes gesetzt wird. Insbesondere hat die Adresse 0.0.0.0, bei der alle Bits Null sind, die Bedeutung „This Host".

Der Wert 127 im ersten Byte steht für das „Loopback Device" eines Hosts. Pakete, die an eine Adresse der Form 127.x.y.z gesendet werden, lassen sich nicht auf einer Leitung bzw. Schnittstelle ausgeben, sondern nur lokal verarbeiten. Dieses Merkmal wird auch zur Fehlerbehandlung benutzt. Bei Protokollen findet man den Hinweis auf die Adresse 127.0.0.1 als Adresse für das „Loopback-Device", d. h. dass alle Adressen der Form 127.x.y.z das „Loopback-Device" adressieren sollen.

Neben einigen Netzadressen sind auch bestimmte PC-Adressen für spezielle Zwecke reserviert. Bei allen Netzwerkklassen sind dies die Werte 0 und 255 bei den PC-Adressen.

Eine IP-Adresse, bei der alle Host-Bits auf Null gesetzt sind, identifiziert das Netz selbst. Die Adresse 80.0.0.0 bezieht sich so z. B. auf das Klasse-A-Netz 80 und die Adresse 128.66.0.0 bezieht sich auf das Klasse-B-Netz 128.66.

Eine IP-Adresse, bei der alle Host-Bytes den Wert 255 aufweisen, arbeitet als Broadcast-Adresse. Eine Broadcast-Adresse wird benutzt, um alle Hosts in einem Netzwerk zu adressieren. Die Adresse, bei der alle Bits gesetzt sind (255.255.255.255) lässt sich als eingeschränkte Broadcast-Adresse (lokaler Broadcast) bezeichnen, die nur im lokalen Netz verarbeitet und nicht über Router weitergeleitet wird.

- Subnetting (Teilnetzwerke): Mit der ursprünglichen Einteilung von IP-Adressen in Adressklassen wurde beabsichtigt, dass durch den Netzwerkteil ein physikalisches Netzwerk eindeutig zu erkennen und die Weiterleitung von Paketen in dieses Netz ist zu vereinfachen. Dieser Ansatz birgt aber einen großen Nachteil in sich, denn der verfügbare Adressraum ist großzügig und ungünstig aufgeteilt. Bei der Vergabe einer Netzwerkadresse pro physikalischem Netz wird der IP-Adressraum viel schneller als notwendig verringert. Das Problem liegt im Wesentlichen darin, dass sich die Adresse eines Klasse-A-, -B- oder -C-Netzes auf ein physikalisches Netz bezieht und nicht auf eine Gruppe von LANs.

Als Beispiel, um dieses Problem zu verdeutlichen, stelle man sich ein großes Unternehmen oder eine Universität vor, die ihre internen Netze an das Internet anschließen möchte. Ungeachtet der Größe bzw. der Anzahl der vorhandenen Hosts, müsste das Unternehmen für jedes Netzwerk mindestens eine Netzwerkadresse der Klasse C nutzen. Besteht eines der Netze z. B. nur aus zehn Knoten würde man dabei 244 Adressen ($256 - 2 - 10 = 244$) einsetzen. Für ein Netz mit mehr als 255 Hosts ist eine Klasse-B-Adresse notwendig und an diesem Netz sind nur beispielsweise 400 Hosts angeschlossen, aber man hat über 16 000 Adressen belegt.

Um den theoretisch vorhandenen IP-Adressraum auszuschöpfen, müssten über vier Milliarden Hosts an das Internet angeschlossen werden (verfügbarer IP-Adressraum $\approx 2^{32}$). Um z. B. den Adressraum, der für Klasse-B-Netze reserviert ist, aufzubrauchen, genügen 16 000 physikalische Netze (2^{14} = verfügbarer Adressraum für die Netzwerkadresse), die eine Klasse-B-Netzadresse verwenden.

Als Lösung des Problems kann man ein Netz für die interne Verwendung in mehrere Teilnetze aufteilen, wobei das Netz nach außen weiterhin als ein einzelnes Netz erscheint. Der Mechanismus, der diese Verfeinerung in sogenannte Teilnetze oder Subnetze (subnets, subnetworks) ermöglicht, wird als „Subnetting" bezeichnet. Beim Subnetting wird ein Teil der Hostadresse dazu genutzt, um den Netzwerkteil zu erweitern, wie Abb. 4.45 zeigt.

Anstatt eine einzelne Adresse der Klasse B mit 14 Bits (bzw. 16 Bits) für die Netzwerknummer und 16 Bit für die Hostnummer zu verwenden, werden aus der Hostnummer diverse Bits entnommen, um damit eine Teilnetz-ID zu erstellen. Ein Unternehmen könnte so z. B. eine Klasse-B-Adresse beantragen und diese Adresse weiter unterteilen. Von den Host-Bits lassen sich sechs Bit benutzen, um Teilnetze zu identifizieren, zur Adressierung der Hosts blieben dann zehn Bits. Damit ist es dem Unternehmen möglich, 64 Subnetzwerke mit bis zu 1022 Hosts über eine Klasse-B-Adresse zu betreiben.

Um den Mechanismus für Subnetzwerke zu implementieren, müssen Hosts und Router um eine Teilnetzmaske (Subnet Mask), die die Grenze zwischen der Netwerk-ID, der Teilnetz-ID und der Host-ID angibt, erweitert werden. Wie viele Bits für die Teilnetz-ID genutzt werden,

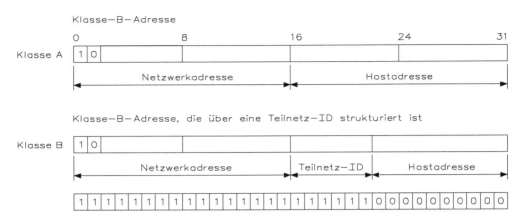

Abb. 4.45: Klasse-B-Netz, das über eine Subnetzmaske in 64 Teilnetze unterteilt ist

bleibt dem Administrator überlassen. Die Teilnetzmaske ist eine 32-Bit-Adresse, die dazu benutzt wird, die Netzwerk-ID von der Host-ID in einer bestimmten IP-Adresse zu unterscheiden. Alle Bits der IP-Adresse, die zur Netzwerk-ID gehören, weisen in der Teilnetzmaske den Wert 1 auf und alle Bits, die zur Host-ID gehören, weisen den Wert Null auf. Teilnetzmasken werden, ebenso wie IP-Adressen, in der Punktdezimalnotation geschrieben. Für die Aufteilung würde die Subnetzmaske 255.255.252.0 (11111111.11111111.11111100.00000000) lauten. Alternativ werden Subnetzmasken auch oft in der Form /xx angegeben, wobei xx die Anzahl der Bits für den Netzwerkteil der Adresse angibt. In dem Beispiel würde die Notation also /22 lauten (22 Bits werden für den Netzwerkteil der Adresse genutzt, die Teilnetzmaske ist 22 Bits lang). Außerhalb des so aufgeteilten Netzes sind die Teilnetze nicht erkennbar, die Aufteilung in Subnetze ist für den Rest des Internets transparent, aber die innere Strukturierung bleibt verborgen. Deshalb ist es auch nicht notwendig, dass die Aufteilung eines Netzes in Subnetze mit der ICANN abgestimmt und freigegeben wird oder andere Router müssen im Internet rekonfiguriert werden.

Als Beispiel soll das Klasse-C-Netzwerk 192.96.34.0 in zwei Subnetzwerke aufgeteilt werden. Alles was erforderlich ist, muss die Standard-Subnetzmaske /24 (255.255.255.0) für ein Klasse-C-Netzwerk in die Subnetzmaske /25 (255.255.255.128) umbenannt werden. Diese Subnetzmaske teilt das Klasse-C-Netz in zwei Teilnetze mit jeweils 128 möglichen Host-Adressen, aber es sind tatsächlich aufgrund der speziellen IP-Adressen jeweils 126 Hostadressen. Das erste Netz hat einen Adressraum von 192.96.34.0 bis 192.96.34.127, das zweite Netz einen Adressraum von 192.96.34.128 bis 192.96.34.255, wie Abb. 4.46 zeigt.

Tabelle 4.18 zeigt die gebräuchlichsten Netzmasken für Klasse-B- und Klasse-C-Netze mit ihrer Anzahl Teilnetze und der Anzahl Hosts in einem Teilnetz.

Durch die Norm RFC950 ist festgelegt, dass jeder Host in einem IP-Netzwerk eine Subnetzmaske verwenden muss, entweder eine Standard-Subnetzmaske (default-Subnetzmaske) oder eine angepasste Subnetzmaske (custom-Subnetzmaske). Wird ein Netz in mehrere Teilnetze aufgeteilt, muss jeder Host innerhalb eines Netzes die gleiche Subnetzmaske aufweisen, damit er mit den anderen Hosts im Netz kommunizieren kann. Weisen die Hosts unterschiedliche

Tab. 4.18: Netzmasken für Klasse-B- und Klasse-C-Netze mit ihrer Anzahl Teilnetze und der Anzahl Hosts in einem Teilnetz.

Subnetzmaske	Netzwerkbits	Netze per Subnetzmaske	Host Bits	Host per Subnetz	Netzwerkklasse
255.255.0.0	/16 16	1	16	65 534	Klasse B Maske (Standard)
255.255.128.0	/17 17	2	15	32 766	Klasse B Maske
255.255.192.0	/18 18	4	14	16 382	Klasse B Maske
255.255.224.0	/19 19	8	13	8 190	Klasse B Maske
255.255.240.0	/20 20	16	12	4 094	Klasse B Maske
255.255.248	/21 21	32	11	2 046	Klasse B Maske
255.255.252.0	/22 22	64	10	1 022	Klasse B Maske
255.255.254	/23 23	128	9	510	Klasse B Maske
255.255.255.0	/24 24	1	8	254	Klasse C Maske (Standard)
255.255.255.128	/25 25	2	7	126	Klasse C Maske
255.255.255.192	/26 26	4	6	62	Klasse C Maske
255.255.255.224	/27 27	8	5	30	Klasse C Maske
255.255.255.240	/28 28	16	4	14	Klasse C Maske
255.255.255.248	/29 29	32	3	6	Klasse C Maske
255.255.255.252	/30 30	64	2	2	Klasse C Maske

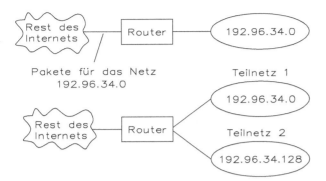

Abb. 4.46: Aufteilung eines Netzes in Subnetze

Subnetzmasken auf, arbeiten sie so, als wären sie in unterschiedlichen Netzen und müssen erst einen Router kontaktieren, um kommunizieren zu können.

Von allen Geräten in einem IP-Netzwerk müssen Routing-Entscheidungen getroffen werden, um die Pakete weiterleiten zu können. Die Routing-Entscheidungen sind in den meisten Fällen sehr einfach:

- Liegt der Zielhost im lokalen Netz, werden die Daten direkt an den Zielhost geliefert.
- Liegt der Zielhost in einem anderen Netzwerk, werden die Daten an einen lokalen Router oder Gateway weitergeleitet, der ausführlichere Routing-Tabellen gespeichert hat.

Jeder Router hat intern eine Tabelle gespeichert, aus der hervorgeht, wie IP-Pakete zu Hosts weitergeleitet werden müssen. Kommt ein IP-Paket bei einem Router an, wird seine Ziel-adresse in der Routing-Tabelle kontrolliert, ob ein Eintrag vorliegt. Die Routing-Tabelle setzt sich aus Einträgen im Format <Netzwerk-ID und Nächster-Hop> (Hop = Anfangswert) zusammen. Ist das Paket an einen Host adressiert, der im selben lokalen Netz liegt, wird das Paket direkt an das Ziel übertragen. Ist das Paket für einen Host für ein anderes Netz bestimmt und dieses entfernte Netz in der Tabelle bekannt, wird es an den nächsten Router, der zu diesem Netz führt, an der in der Tabelle aufgeführten Schnittstelle weitergegeben. Ist das Netz an den das Paket adressiert ist nicht bekannt, wird das Paket an einen Router oder Gateway weitergeleitet, der ausführlichere Tabellen gespeichert hat. Dieser Algorithmus bedeutet, dass jeder Router nur andere Netzwerke und lokale Hosts kennen muss, nicht aber Netzwerk/Host-Paare. Dadurch wird der Umfang der Routing-Tabellen erheblich reduziert.

Für die Unterstützung von Subnetting weisen die Einträge in den Routing-Tabellen das Format <Subnetz-ID, Subnetzmaske und Nächster-Hop> auf. Um den richtigen Eintrag in der Tabelle zu finden, führt der Router ein boolesches UND zwischen der Zieladresse des Pakets und der Subnetzmaske jeden Eintrags in der Routing-Tabelle nacheinander durch. Stimmt das Ergebnis mit der Subnetz-ID eines Eintrags überein, ist dies der zu verwendende Eintrag und das Paket wird an den dadurch bezeichneten Router weitergeleitet.

Um dies zu verdeutlichen, dient als Beispiel ein Klasse-C-Netze. Ein anderer Host adressiert ein IP-Paket an die IP-Adresse 192.96.34.160. Der Zielhost liegt also in dem Klasse-C-Netzwerk 192.96.34.0. Bei Erreichen des Routers, der die Pakete an Hosts im Netz 192.96.34.0 weiterleitet, das intern über die Subnetzmaske 255.255.255.128 in zwei Teilnetze aufgeteilt ist, führt nun der Router ein boolesches UND der Zieladresse mit der Subnetzwerk-maske des Netzwerks durch.

11000000.01100000.00100010.10100000   192.96.34.160   Klasse-C-Adresse
11111111.11111111.11111111.10000000   255.255.255.128   Subnetzmaske für das Teilnetz 192.96.34.0
.... UND
11000000.01100000.00100010.10000000   192.96.34.128   Netzwerkadresse des Teilnetzes

Die Verknüpfung ergibt, dass das Paket an Host 192.96.34.160 in Teilnetz 2 (192.96.34.128) weitergeleitet werden muss.

Der Mechanismus des Subnettings ist erforderlich, die Zuweisung von IP-Adressen effizienter durchzuführen.

Es ist nicht erforderlich, die ganze Adresse der Klasse B oder C zu verwenden, wenn ein neues physikalisches Netzwerk an das Internet angeschlossen wird. Stattdessen, kann ein bestehendes Netz strukturiert und besser ausgenutzt werden. Es lässt sich das Subnetting bei internen und externen Angriffen von unerlaubten Zugriffen schützen. Eine komplexe Sammlung physikalischer Netze kann man nach außen wie ein einzelnes Netzwerk darstellen. Damit lässt sich der Umfang der Informationen, die in den Routern gespeichert werden müssen, um einen Host in einem dieser Netze Pakete zu übermitteln, erheblich reduzieren.

4.4.8   Fragmentierung

Damit Datengramme über jede Art von Netzwerk verschickt werden können, muss das Internet-Protokoll dazu in der Lage sein, die Größe der Datengramme dem jeweiligen Netz anzupassen. Jedes Netzwerk besitzt eine sogenannte maximale Paketgröße MTU (Maximum Transfer Unit), die bezeichnet, dass nur Pakete bis zu dieser Größe über das Netz verschickt werden können. So dürfen z. B. Pakete, die über ein X.25-Netz verschickt werden sollen, nicht größer als 128 Byte sein und ein Ethernet-Paket darf die Größe von 1500 Byte nicht überschreiten. Falls die MTU eines Übertragungsmediums kleiner ist als die Größe eines versendeten Pakets, muss dieses Paket in kleinere Pakete aufgeteilt werden.

Es genügt allerdings nicht, dass die Protokolle der Transportschicht von sich aus kleinere Pakete versenden. Ein Paket kann auf dem Weg vom Quell- zum Zielhost mehrere unter-schiedliche Netzwerke mit unterschiedlichen MTUs durchlaufen. Aus diesem Grund muss ein flexibleres Verfahren angewendet werden, das bereits auf der Internet-Schicht kleinere Pakete erzeugen kann. Dieses Verfahren wird als Fragmentierung bezeichnet.

Unter Fragmentierung versteht man, dass das IP-Protokoll eines jeden Netzwerkknotens (sei es ein Router oder ein Host) in der Lage ist, empfangene Pakete gegebenenfalls zu zerstückeln, um sie weiter über ein Teilnetz bis zum Zielhost zu übertragen. Jedes empfangende IP muss dazu in der Lage sein, diese Fragmente wieder zum ursprünglichen Paket zusammenzusetzen, wie Abb. 4.47 zeigt.

Jedes Fragment eines zerteilten Pakets erhält einen eigenen, vollständigen IP-Header. Über das Identifikationsfeld im Header lassen sich alle Fragmente eines Pakets wiedererkennen. Die einzelnen Fragmente eines Pakets können durchaus unterschiedliche Wege auf dem Weg zum Zielhost nehmen. Die Lage der Daten eines Fragments innerhalb der Gesamtnachricht wird mit Hilfe des Fragment „Offset-Felds" ermittelt.

Abb. 4.47: Fragmentierung eines IP-Pakets

4.4.9   Statusinformationen und Fehlermeldungen

ICMP (Internet Control Message Protocol) ist Bestandteil jeder IP-Implementierung und hat die Aufgabe Fehler- und Diagnoseinformationen für IP zu transportieren. In der Praxis wird ICMP auch für Testzwecke verwendet, etwa um zu ermitteln, ob ein Host derzeit empfangsbereit ist.

Durch seine Vielseitigkeit bietet ICMP die Möglichkeit versteckte Nachrichten zu übermitteln. Beim ICMP-„Tunneling" wird das Datenfeld eines ICMP-Pakets genutzt, um Informationen zwischen PCs auszutauschen. ICMP-Tunneling ist aber keine Technik, die einen unerlaubten Zugriff ermöglicht, in einen PC oder ein Netz einzubrechen. Dennoch stellt das Tunneling auch eine Bedrohung für das Sicherheitskonzept eines Netzwerks dar.

ICMP hat sehr unterschiedliche Informationen zu transportieren. Deshalb ist nur der Grundaufbau des ICMP-Headers immer gleich, die Bedeutung der einzelnen Felder im Protokollkopf wechselt jedoch. Jeder ICMP-Nachrichtentyp wird in einem IP-Datengramm eingebunden.

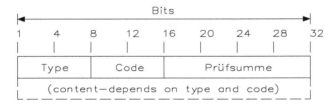

Abb. 4.48: Allgemeiner Aufbau eines ICMP-Headers

Die derzeit wichtigsten ICMP-Nachrichtentypen (Abb. 4.48) sind:
- Destination Unreachable (Ziel nicht erreichbar):
  - Diese Nachricht wird verwendet, wenn
    - ein Netzwerk, Host, Protokoll oder Port nicht erreichbar ist
    - ein Paket nicht fragmentiert werden kann, weil das DF-Bit gesetzt ist
    - die Source Route Option nicht erfolgreich ist
- Source Quench (Quelle löschen): Wird ausgesendet, wenn ein Host zu viele Pakete verschickt, die sich aus Kapazitätsmangel nicht mehr verarbeiten lassen. Der sendende Host muss dann automatisch die Geschwindigkeit zum Aussenden von Nachrichten verringern.
- Parameter Problem: Verständigt den Absender eines Datengramms darüber, dass das Paket aufgrund einer fehlerhaften Angabe im IP-Header verworfen wird.

- Redirect: Wird ausgesendet, wenn ein Router feststellt, dass ein Paket falsch weitergeleitet wurde. Der sendende Host wird damit aufgefordert, die angegebene Route zu ändern.
- Time Exceeded (Zeit verstrichen): Diese Nachricht wird an den Absender eines Datengramms gesendet, dessen Lebensdauer den Wert Null erreicht hat. Diese Nachricht ist ein Zeichen dafür, dass Pakete in einem Zyklus wandern, das Netz überlastet ist oder die Lebensdauer für das Paket zu gering eingestellt wurde.
- Echo Reply, Echo Request: Mit diesen Nachrichten kann festgestellt werden, ob ein bestimmtes Ziel erreichbar ist. Ein „Echo Request" wird an einen Host gesendet und hat einen „Echo Reply" zur Folge, falls der Host erreicht wird.
- Timestamp Request, Timestamp Reply: Diese beiden Nachrichten sind ähnlich den zuvor beschriebenen Nachrichten, außer das die Ankunftszeit der Nachricht und die Sendezeit der Antwort mit erfasst wird. Mit diesen Nachrichtentypen lässt sich auch die Netzwerkleistung messen.
- IP verwendet ICMP zum Versenden von Fehler- und Diagnosemeldungen, während ICMP zur Übertragung seiner Nachrichten IP benutzt, d. h. wenn eine ICMP-Nachricht verschickt werden muss, wird ein IP-Datengramm erzeugt und die ICMP-Meldung in den Datenbereich des IP-Datengramms erstellt, wie Abb. 4.49 zeigt.

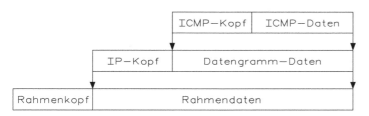

Abb. 4.49: Erstellung einer ICMP-Nachricht

Das Datengramm wird dann wie üblich versendet. Eine ICMP-Nachricht wird immer als Antwort auf ein Datengramm verschickt. Entweder ist ein Datengramm auf ein Problem gestoßen, oder das Datengramm enthält eine ICMP-Anfrage, auf die eine Antwort versendet versendet werden muss. In beiden Fällen sendet ein Host oder Router eine ICMP-Nachricht an die Quelle des Datengramms zurück.

4.4.10 Transportschicht

Über der Internet-Schicht befindet sich die Transportschicht (Host-to-Host-Transport Layer). Die beiden wichtigsten Protokolle der Transportschicht sind TCP und UDP. Die Aufgabe von TCP besteht in der Bereitstellung eines sicheren und zuverlässigen Ende-zu-Ende-Transports von Daten durch ein Netzwerk. UDP ist im Gegensatz ein verbindungsloses Transportprotokoll, das Anwendungen die Möglichkeit bietet, erstellte IP-Pakete zu übertragen.

TCP ist ein zuverlässiges und verbindungsorientiertes Byte-Protokoll. Die Hauptaufgabe von TCP (Transmission Control Protocol) besteht in der Bereitstellung eines sicheren Transports von Daten durch das Netzwerk. Diese Definitionen wurden im Laufe der Zeit von Fehlern und Inkonsistenzen befreit (RFC1122) und um einige Anforderungen ergänzt (RFC1323).

TCP stellt die Zuverlässigkeit der Datenübertragung mit einem Mechanismus, der als „Positive Acknowledgement with Re-Transmission" (PAR) bezeichnet wird, bereit. Dies bedeutet, dass das System, welches Daten sendet, die Übertragung der Daten solange wiederholt, bis vom Empfänger der Erhalt der Daten quittiert bzw. positiv bestätigt wird. Die Dateneinheiten, die zwischen den sendenden und empfangenden TCP-Einheiten ausgetauscht werden, sind Segmente. Ein TCP-Segment besteht aus einem mindestens 20 Byte großen Protokollkopf und den zu übertragenden Daten. In jedem dieser Segmente ist eine Prüfsumme enthalten, anhand derer der Empfänger prüfen kann, ob die Daten fehlerfrei sind. Im Falle einer fehlerfreien Übertragung sendet der Empfänger eine Empfangsbestätigung an den Sender. Andernfalls wird das Datengramm verworfen und keine Empfangsbestätigung verschickt. Ist nach einer bestimmten Zeitperiode (timeout period) beim Sender keine Empfangsbestätigung eingetroffen, verschickt der Sender das betreffende Segment erneut.

TCP ist ein verbindungsorientiertes Protokoll und die Verbindungen werden über ein Dreiwege-Handshake (three-way handshake) aufgebaut. Über das Dreiwege-Handshake lassen sich Steuerinformationen austauschen und die logische Ende-zu-Ende-Verbindung ist hier vorhanden. Zum Aufbau einer Verbindung sendet ein PC (Host 1) einem anderen PC (Host 2), mit dem er eine Verbindung aufbauen will, ein Segment, in dem das SYN-Flag gesetzt ist. Mit diesem Segment teilt PC 1 dem PC 2 mit, dass der Aufbau einer Verbindung gewünscht wird. Die Sequenznummer des von PC 1 gesendeten Segments gibt PC 2 außerdem an, welche Sequenznummer PC 1 zur Datenübertragung verwendet werden soll. Sequenznummern sind notwendig, um sicherzustellen, dass die Daten vom Sender in der richtigen Reihenfolge beim Empfänger ankommen. Der empfangende PC 2 kann die Verbindung nun annehmen oder ignorieren. Nimmt er die Verbindung an, wird ein Bestätigungssegment gesendet. In diesem Segment sind das SYN-Bit und das ACK-Bit gesetzt. Im Feld für die Quittierungsnummer bestätigt PC 2 die Sequenznummer von PC 1, dadurch, dass die um Eins erhöhte von PC 1 gesendet wird. Die Sequenznummer des Bestätigungssegments von PC 2 an PC 1 informiert PC 1 darüber, mit welcher Sequenznummer beginnend PC 2 die Dateien empfängt. Zum Schluss bestätigt PC 1 den Empfang des Bestätigungssegments von PC 2 mit einem Segment, in dem das ACK-Flag gesetzt ist und die um Eins erhöhte Sequenznummer von PC 2 im Quittierungsnummernfeld eingetragen ist. Mit diesem Segment können auch gleichzeitig die geerbten Daten an PC 2 übertragen werden. Nach dem Austausch dieser Informationen hat PC 1 die Bestätigung, dass PC 2 bereit ist und kann die weiteren Informationen empfangen. Die Datenübertragung kann nun stattfinden. Eine TCP-Verbindung besteht immer aus genau zwei Endpunkten (Punkt-zu-Punkt-Verbindung).

Zum Beenden der Verbindung tauschen die beiden Hosts wiederum einen Dreiwege-Handshake aus, bei dem das FIN-Bit zum Beenden der Verbindung gesetzt ist. Natürlich verläuft der Verbindungsaufbau nicht immer ohne Probleme. Abbildung 4.50 zeigt einen typischen Verbindungsablauf bei einem Dreiwege-Handshake.

TCP nimmt Datenströme von Applikationen an und teilt diese in höchstens 64 kByte große Segmente auf (normalerweise sind es ungefähr 1500 Byte). Jedes dieser Segmente wird als IP-Datengramm versendet. Kommen IP-Datengramme mit TCP-Daten bei einem PC oder Router an, werden diese an TCP weitergeleitet und wieder zu den ursprünglichen Byteströmen zusammengesetzt. Die IP-Schicht gibt allerdings keine Gewähr dafür, dass die Datengramme richtig zugestellt werden. Es ist deshalb die Aufgabe von TCP für eine erneute Übertragung der Daten zu sorgen. Es ist aber auch möglich, dass die IP-Datengramme zwar korrekt

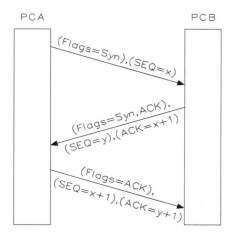

Abb. 4.50: Verbindungsablauf bei einem Dreiwege-Handshake

ankommen, aber in der falschen Reihenfolge zusammengesetzt sind. In diesem Fall muss TCP dafür sorgen, dass die Daten wieder in die richtige Reihenfolge zusammengefügt werden. Hierfür verwendet TCP eine Sequenznummer und eine Bestätigungsnummer.

TCP ist außerdem dafür verantwortlich, die empfangenen Daten an die korrekte Applikation weiterzuleiten. Zur Adressierung der Anwendungen werden auf der Transportebene deshalb sogenannte Portnummern (Kanalnummern) verwendet. Portnummern weisen ein 16-Bit-Format auf und theoretisch kann ein PC somit bis zu 65 535 verschiedene TCP-Verbindungen aufbauen. Auch UDP verwendet Portnummern zur Adressierung. Portnummern weisen keine Besonderheiten zwischen den Transportprotokollen, denn die Transportprotokolle weisen jeweils eigene Adressräume auf, d. h. TCP und UDP können die gleichen Portnummern belegen. Die Portnummer 53 in TCP ist nicht identisch mit der Portnummer 53 in UDP. Der Gültigkeitsbereich einer Portnummer ist auf einen PC beschränkt.

Eine IP-Adresse zusammen mit der Portnummer spezifiziert einen Kommunikationsendpunkt, einen Socket (ein Socket kann als 48-Bit-Endpunkt betrachtet werden). Die Socketnummern von Quelle und Ziel identifizieren die Verbindung (socket1, socket2). Eine Verbindung ist durch die Angabe dieses Paares eindeutig identifiziert.

Möchte beispielsweise ein PC A (129.75.123.140) eine Verbindung zu einem anderen PC B (149.22.99.101) aufnehmen, z. B. um den Inhalt einer Webseite anzuzeigen, so wird auf der TCP-Schicht als Zielport die Portnummer 80 für das „Hypertext Transfer Protocol" (http) angegeben. PC A, der den Dienst auf Port 80 von PC B in Anspruch nehmen möchte, gibt als Quellport eine dynamische Portnummer aus dem Bereich 49.152 bis 65.535 an, damit die von ihm gewünschten Daten von PC B an ihn zurückgeliefert werden können, z. B. 49.177. Damit ist die Verbindung auf der TCP-Schicht über die Angabe von Quell- und Zielport eindeutig identifiziert. Zusammen mit den IP-Adressen bilden die Portnummern die beiden Sockets, die die Kommunikation zwischen PC A und PC B eindeutig kennzeichnen. Abbildung 4.51 zeigt den Verbindungsablauf zwischen zwei PCs.

Bis 1992 waren Portnummern unter 256 für bekannte Ports (well-known ports) reserviert und „well-known Ports" werden für Standarddienste, wie z. B. telnet (Terminal over Network),

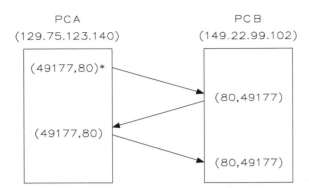

Abb. 4.51: Verbindungsablauf zwischen zwei PC mittels Dreiwege-Handshake

ftp (File Transfer Protocol) usw. genutzt. Ports zwischen 256 und 1023 wurden für UNIX-spezifische Dienste bereitgestellt. Ein Beispiel für den Unterschied zwischen einem Internet-weiten Dienst und einem UNIX-spezifischen Dienst ist der Unterschied zwischen Telnet und RLogin. Beide Dienste erlauben es, sich über das Netz auf einem anderen Host einzuloggen. Telnet ist ein TCP/IP-Standard mit der Portnummer 23 und lässt sich auf allen Betriebssystemen implementieren.

Die Verwaltung der Portnummern ist nun von der „Internet Assigned Numbers Authority" (IANA) übernommen worden. Portnummern sind dabei in drei Bereiche aufgeteilt worden: „well-knownports", „registeredports" und „dynamicports".

- 0 bis 1023 (Well-known-ports werden von der IANA verwaltet). Der Bereich der „well-known-ports" ist bis 1023 erweitert worden, damit sind auch die UNIX-spezifischen Dienste als Standarddienste festgelegt.
- 1024 bis 49 151 (Registered ports): Registrierte Ports dienen für Dienste, die üblicherweise auf bestimmten Ports laufen. Ein Beispiel ist hier der Port 8080, der als zweiter bzw. alternativer Port für http (Hypertext Transfer Protocol) dient.
- 49 152 bis 65 535 (Dynamic and/or private ports): Dieser Bereich ist für die sogenannten dynamischen Ports festgelegt. Dynamische Ports dienen zur Kommunikation zwischen den beiden TCP-Schichten, die an einer Kommunikation beteiligt sind. Ein dynamischer Port wird nicht von bestimmten Standarddiensten belegt.

Die sendende und die empfangende TCP-Einheit tauschen Daten in Form von Segmenten aus. Ein Segment ist nichts anderes als die zu übertragenden Daten, versehen mit Steuerinformationen. Jedes Segment beginnt mit einem 20-Byte-Header, auf den Header-Optionen folgen kann. Den Optionen folgen schließlich die zu übertragenden Daten. Die Segmentgröße wird durch zwei Faktoren begrenzt: erstens muss jedes Segment, einschließlich des TCP-Headers, in das Nutzdatenfeld des IP-Protokolls passen (65 535 Byte) und zweitens hat jedes Netz eine maximale Transfereinheit MTU (Maximum Transfer Unit), in die das Segment passen muss. In der Regel ist die MTU einige tausend Byte groß und gibt die obere Grenze der Segmentgröße vor (z. B. Ethernet 1500 Bytes). Läuft ein Segment durch eine Anzahl von Netzen und trifft dabei auf ein Netz mit einer kleineren MTU, muss das Segment vom Router in kleinere Segmente aufgeteilt (fragmentiert) werden. Unabhängig von der Größe der MTU können dem TCP-Header und den Optionen maximal $65\,535 - 20 - 20 = 65\,495$ Datenbyte folgen, d. h. die ersten 20 Byte beziehen sich auf den IP-Header, die zweiten auf den TCP-Header und die Länge der Optionen wird mit zu den Datenbytes gezählt. TCP-Segmente ohne Daten sind zulässig und dienen der Übermittlung von Bestätigungen und Steuernachrichten. Abbildung 4.52 zeigt den Aufbau eines TCP-Headers.

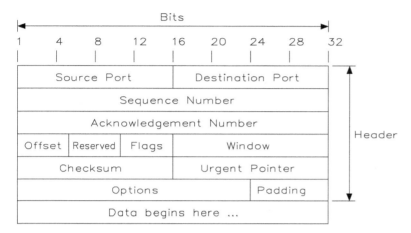

Abb. 4.52: Aufbau eines TCP-Headers

Die Felder des TCP-Headers weisen folgende Bedeutung auf:
- Source-/Destination-Port: Die Felder „Source Port" (Quellport) und „Destination Port" (Zielport) adressieren die Endpunkte der Verbindung. Die Größe für die beiden Felder beträgt 32 Bits.
- Sequence Number, Acknowledgement Number: Die Sequenznummer und die Bestätigungsnummer sind jeweils 32-Bit-Werte. Die Nummern geben die Stellung der Daten des Segments innerhalb des in der Verbindung ausgetauschten Datenstroms an. Die Sequenznummer gilt in Senderichtung und die Bestätigungsnummer für Empfangsquittierungen. Jeder der beiden TCP-Verbindungspartner generiert beim Verbindungsaufbau eine Sequenznummer, die sich während des Zeitraums der Verbindung nicht wiederholen darf. Dies ist allerdings durch den großen Zahlenraum von 2^{32} wohl ausreichend gesichert. Nach RFC1323 wird festgestellt, dass die Größe der Sequenznummer bei schnellen Netztechnologien zu einem Problem werden kann, so liegt die Durchlaufzeit bei 10-MBit/s-Ethernet durch alle Folgenummern bei 57 Minuten, während die Durchlaufzeit bei 1-GBit/s-Ethernet nur noch 34 Sekunden beträgt. Diese Nummern werden beim Verbindungsaufbau ausgetauscht und gegenseitig quittiert. Bei der Datenübertragung wird die Sequenznummer vom Absender jeweils um die Anzahl der bereits gesendeten Bytes erhöht. Mit der Quittierungsnummer gibt der Empfänger an, bis zu welchem Byte er die Daten bereits korrekt empfangen hat. Die Nummer gibt allerdings nicht an, welches Byte zuletzt korrekt empfangen wurde, sondern welches Byte als nächstes zu erwarten ist.
- Offset: Das Feld (Header Length) gibt die Länge des TCP-Headers im 32-Bit-Format an. Dies entspricht dem Anfang der Daten im TCP-Segment. Das Feld ist notwendig, da der Header durch das Optionsfeld eine variable Länge hat.

- Flags: Mit den sechs 1-Bit-Flags im Flags-Feld werden bestimmte Aktionen im TCP-Protokoll aktiviert:
  - URG: Wird Flag URG auf 1 gesetzt, so bedeutet dies, dass der „Urgent Pointer" verwendet wird.
  - ACK: Das ACK-Bit wird gesetzt, um anzugeben, dass die Bestätigungsnummer im Feld „Acknowledgement Number" gültig ist. Ist das Bit auf 0 gesetzt, enthält das TCP-Segment keine Bestätigung und das Feld „Acknowledgement Number" wird ignoriert.
  - PSH: Ist PSH-Bit gesetzt, werden die Daten in dem entsprechenden Segment sofort bei Ankunft der adressierten Anwendung bereitgestellt ohne sie zu puffern.
  - RST: Das RST-Bit dient dazu eine Verbindung zurückzusetzen, falls ein Fehler bei Übertragung aufgetreten ist. Dies kann sowohl der Fall sein, wenn ein ungültiges Segment übertragen wurde, ein Host abgestürzt ist oder der Versuch eines Verbindungsaufbaus abgewiesen wurden.
  - SYN: Das SYN-Flag (Synchronize Sequence Numbers) wird verwendet, um Verbindungen aufzubauen. Zusammen mit der „Acknowledgement Number" und dem ACK-Bit wird die Verbindung im Form eines Dreiwege-Handshake zusammengestellt.
  - FIN: Das FIN-Bit dient zum Beenden einer Verbindung. Ist das Bit gesetzt, gibt dies an, dass der Sender keine weiteren Daten zu übertragen hat. Das Segment mit gesetztem FIN-Bit muss quittiert werden.
- Window: Das Feld „Fenstergröße" enthält die Anzahl der Bytes, die der Empfänger ab dem bereits bestätigten Byte empfangen kann. Mit der Angabe der Fenstergröße erfolgt in TCP (Transmission Control Protocol) die Informationssteuerung. Das TCP-Protokoll arbeitet nach dem Prinzip eines Schiebefensters mit variabler Größe (Sliding Window). Jede Seite einer Verbindung darf die Anzahl Bytes senden, die im Feld für die Fenstergröße angegeben ist, ohne auf eine Quittierung von der Empfängerseite zu warten. Während des Sendens können gleichzeitig Quittierungen für die von der anderen Seite empfangenen Daten eintreffen und diese Quittierungen können wiederum neue Fenstergrößen einstellen. Eine Fenstergröße von Null besagt, dass die Bytes bis einschließlich der „Acknowledgement Number" minus Eins empfangen wurden und der Empfänger kann momentan aber keine weiteren Daten empfangen. Die Erlaubnis zum weiteren Senden von Daten erfolgt durch das Versenden eines Segments mit gleicher Bestätigungsnummer und einer Fenstergröße ungleich Null.
- Checksum: Die Quersumme prüft den Protokollkopf, die Daten und den Pseudo-Header (Abb. 4.53).

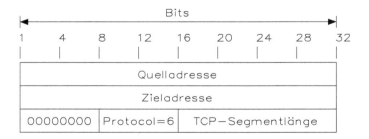

Abb. 4.53: Aufbau des Pseudo-Headers für die Prüfsumme

Der Algorithmus für die Bildung der Prüfsumme ist einfach: alle 16-Bit-Wörter werden im 1er-Komplement addiert und die Summe ermittelt. Bei der Berechnung ist das Feld „Checksum" auf Null gesetzt und das Datenfeld wird bei ungerader Länge um ein Nullbyte eingeschrieben. Führt der Empfänger des Segments die Berechnung auf das gesamte Segment aus – inklusive des Felds für die Prüfsumme – sollte das Ergebnis Null sein. Der Pseudo-Header enthält die 32-Bit großen IP-Adressen des Quell- und Zielrechners sowie die Protokollnummer (für TCP beträgt diese 6) und die Länge des TCP-Segments. Die Einbeziehung der Felder des Pseudo-Headers in die Prüfsummenberechnung hilft, die durch IP falsch zugeteilten Pakete zu erkennen. Die Verwendung von IP-Adressen auf der Transportebene stellt allerdings eine Verletzung der Protokollhierarchie dar.

- Urgent Pointer: Der Urgent Pointer ergibt zusammen mit der Sequenznummer einen Zeiger auf ein Datenbyte. Dies entspricht einem Byteversatz zu einer Stelle, an der die dringend benötigten Daten vorgefunden werden. TCP signalisiert damit, dass sich an einer bestimmten Stelle im Datenstrom wichtige Daten befinden, die sofort abgerufen werden müssen. Das Feld wird nur gelesen, wenn auch das Urgent Flag gesetzt ist.
- Options: Das Feld soll eine Möglichkeit bieten Funktionen bereitzustellen, die im normalen TCP-Protokollkopf nicht vorgesehen sind. In TCP sind drei Optionen definiert: „End of Option List", „No Operation" und „Maximum Segment Size". Die wichtigste dieser drei Optionen ist die maximale Segmentgröße. Mit dieser Option kann ein Host die maximale Anzahl an Nutzdaten übermitteln, die er annehmen will bzw. annehmen kann. Während eines Verbindungsaufbaus kann jede Seite ihr Maximum an Nutzdaten übermitteln und die kleinere der beiden Zahlen wird als maximale Nutzdatengröße für die Übertragung übernommen. Wird diese Option von einem Host nicht unterstützt, wird als Standard die Vorgabe von 536 Byte verwendet.
- Padding: Das Feld wird verwendet, um sicherzustellen, dass der Header an der 32-Bit-Grenze endet und die Daten an einer 32-Bit-Grenze beginnen. Das Füllfeld wird mit Nullen gefüllt.

UDP ist im RFC768 definiert. UDP ist ein unzuverlässiges, verbindungsloses Protokoll, d. h. es ist nicht unzuverlässig in diesem Zusammenhang, dass die Daten evtl. fehlerhaft beim Zielrechner ankommen, sondern, dass das Protokoll keinerlei Mechanismen zur Verfügung stellt, die sicherstellen, dass die Daten auch tatsächlich beim Zielrechner ankommen. Sind die Daten aber beim Zielrechner angekommen, sind sie auch korrekt. UDP bietet gegenüber TCP den Vorteil eines geringen Protokollüberhangs. Viele Anwendungen, bei denen nur eine geringe Anzahl von Daten übertragen wird (z. B. Client/Server-Anwendungen, die auf der Grundlage einer Anfrage mit Antwort arbeiten), verwenden UDP als Transportprotokoll, da unter Umständen der Aufwand zur Herstellung einer Verbindung und einer zuverlässigen Datenübermittlung größer ist als die wiederholte Übertragung der Daten.

Ein UDP-Segment (Abb. 4.54) besteht aus einem Header von acht Byte, gefolgt von den Daten.

Die Sender- und Empfänger-Portnummern erfüllen den gleichen Zweck wie beim TCP. Sie identifizieren die Endpunkte des Quell- und Zielrechners. Das Feld für die Länge enthält die Länge des gesamten Datengramms, inklusive der Länge des Protokollkopfes. Die Prüfsumme enthält die Internet-Prüfsumme der UDP-Daten, des Protokollkopfes und des Pseudo-Headers. Das Prüfsummenfeld ist optional. Enthält das Feld eine Null, wurde vom Absender keine Prüfsumme eingetragen und somit findet beim Empfänger keine Überprüfung statt.

Abb. 4.54: Aufbau des UDP-Headers

UDP (User Datagram Protocol) liefert über die Leistungen des Internet-Protokolls hinaus nur Portnummern für die Adressierung der Kommunikationsendpunkte und eine optionale Prüfsumme. Das Protokoll beinhaltet keine Transportquittierungen oder andere Mechanismen für die Bereitstellung einer zuverlässigen Ende-zu-Ende-Verbindung. Hierdurch wird UDP allerdings sehr effizient und eignet sich somit besonders für Anwendungen, bei denen es in erster Linie auf die Geschwindigkeit der Datenübertragung ankommt, z. B. verteilte Dateisysteme wie NFS.

Die oberste Schicht des TCP/IP-Modells ist die Applikationsschicht. Diese Schicht bietet eine Reihe standardisierter Anwendungsprotokolle, auf die eine Vielzahl von Anwendungsprogrammen aufsetzen. An dieser Stelle seien nur einige Protokolle, die auf der Anwendungsschicht angeboten werden, genannt:

- Telnet: Telnet ist das Protokoll für virtuelle Terminals. Es dient dazu, Zugriff auf einen am Netz angeschlossenen PC in Form einer Terminalsitzung (remote login) zu liefern. Der Telnet-Dienst benutzt den TCP-Port 23.
- FTP: Mit dem „File Transfer Protocol" lassen sich Dateien externer Rechner übertragen, löschen, ändern oder umbenennen. Von FTP werden die Ports 20 und 21 benutzt. Port 21 ist der Kommandokanal und Port 20 der Datenkanal.
- SMTP: Das „Simple Mail Transfer Protocol" ist das Protokoll für E-Mails im Internet. Das Übertragungsprotokoll für elektronische Post ist in RFC821 und das Nachrichtenformat in RFC822 spezifiziert.
- DNS: Der „Domain Name Service" dient dazu ASCII-Zeichenketten in Internet-Adressen und umgekehrt zu wandeln. DNS ist ein hierarchisches Benennungssystem, das auf Domänen basiert und ein verteiltes Datenbanksystem zur Implementierung des Benennungsschemas zeigt. Es wird im Wesentlichen dazu benutzt Hostnamen und E-Mailadressen in IP-Adressen umzuwandeln.
- NFS: Mit dem „Network File System" lassen sich mehrere Rechner auf transparente Weise miteinander verbinden. Der NFS-Dienst stellt eine virtuelle Verbindung von Festplatten her, sodass sich andere Dateisysteme als Erweiterung des eigenen lokalen Dateisystems darstellen.

5 Datentransport und Protokolle für das Internet

Grundsätzlich weisen alle Netzwerktopologien vom Internet eines gemeinsam auf:
- Jeder Netzteilnehmer erhält (mindestens) eine eigene und eindeutige Adresse.
- Die zu übertragenden Nutzdaten werden in einen Rahmen aus z. B. Adresse des Empfängers, Adresse des Absenders und Prüfsumme (Checksumme) in einem „Datenpaket" übermittelt.
- Mit Hilfe der Adressinformationen können die Nutzdaten in den so entstandenen Datenpaketen über gemeinsam benutzte Leitungswege an den richtigen Empfänger übermittelt werden.

Bei einem Brief ist es nicht anders: Man steckt den Brief in einen Umschlag, auf dem Empfänger und Absender notiert sind. Der Postbote weiß dann, wem er den Brief zustellen kann. Der Empfänger kann anhand der Adresse ablesen, woher der Brief kommt und wem er bei Bedarf zu antworten hat.

Beim Datentransfer innerhalb eines Netzwerks hat der Empfänger zusätzlich die Möglichkeit, mit Hilfe der mitversandten Checksumme die Vollständigkeit und Fehlerfreiheit der empfangenen Nutzdaten zu überprüfen.

Auf ihrem Weg von einer Anwendung zur anderen durchlaufen die Daten verschiedene „Schichten". Jede dieser Schichten übernimmt dabei eine andere Funktion, auf die die nächst höhere Schicht wiederum aufbaut.

Die unterste Schicht ist der physikalische Netzzugang. In lokalen Netzen sind hier die verschiedenen Ethernet-Standards üblich. Wie man noch sieht, werden tatsächlich die Datenpakete durch die unterste Schicht und auch alle anderen Informationen für die höheren Schichten übermittelt.

Soll das Ethernet-Datenpaket in ein fremdes Netz versandt werden, wird es von übergeordneten Protokollen, z. B. TCP/IP, adressiert und transportiert.

TCP/IP liefert das Datenpaket schließlich nicht nur beim richtigen Empfänger, sondern auch bei der richtigen Applikation ab, nämlich einem weiteren übergeordneten Protokoll, welches mit einem Anwendungsprogramm zusammenarbeitet. Der Empfänger erhält z. B. eine E-Mail über das Protokoll POP3 (Post Office Protocol Version 3) und kann diese mit dem E-Mail-Programm abrufen und öffnen.

Tabelle 5.1 zeigt die Ethernet-Standards im Überblick.

Bei den anderen Standards steht die angegebene Datenrate jedem Netzteilnehmer zur Verfügung, wenn dieser über einen Switch mit dem Netzwerk verbunden ist. Alle Ethernet-Standards lassen sich mit Hilfe entsprechender Infrastrukturkomponenten kombinieren bzw. mischen.

Tab. 5.1: Übersicht der Ethernet-Standards

Ethernet Standard	Übertragungsmedium	max. Distanz	Datenrate
10Base2	Koaxialkabel mit 50 Ω	185 m	10 MBit/s*
10Base5	Koaxialkabel mit 50 Ω	500 m	10 MBit/s*
10BaseT	Koaxialkabel mit 100 Ω	100 m	10 MBit/s
100BaseT	Koaxialkabel mit 100 Ω	100 m	100 MBit/s
1000BaseT/Gigabit	Koaxialkabel mit 100 Ω	100 m	1000 MBit/s
100BaseT/PoE	Koaxialkabel mit 100 Ω	100 m	100 MBit/s
100BaseFX	Multimode LWL	2000 m	100 MBit/s
1000BaseFX	Multimode LWL	550 m	100 MBit/s
1000BaseLX	Multimode LWL	550 m	1000 MBit/s
1000BaseLX	Monomode LWL	100 km	1000 MBit/s
WLAN 802.11a	Funk 5 GHz	typisch 25 m	max. 54 MBit/s*
WLAN 802.11b	Funk 2,4 GHz	typisch 25 m	max. 11 MBit/s*
WLAN 802.11g	Funk 2,4 GHz	typisch 25 m	max. 54 MBit/s*

* Hier müssen sich die Netzwerkteilnehmer die maximale Datenrate teilen

5.1   Physikalische Übertragung

Je nach Anwendungsbereich stehen verschiedene physikalische Vernetzungstechnologien zur
Verfügung. Bei lokalen Netzwerken ist Ethernet der am meisten verbreitete Netzwerkstandard
und bereits 1996 waren ca. 86 % aller bestehenden Netzwerke in dieser Technologie realisiert.
Der Weg ins Internet wird dagegen mit Hilfe des öffentlichen Telefonnetzes, des Kabelfern-
sehnetzes oder mittels PPP (Point to Point Protocol) realisiert.

5.1.1   Lokale Netze nach 10Base5 und 10Base2

Ethernet ist durch die IEEE-Norm 802.3 standardisiert. Vereinfacht gesagt überträgt Ethernet
mit Hilfe verschiedener Algorithmen Daten in Paketen über ein Medium an die Teilnehmer
des Netzes, die sich jeweils durch eine eindeutige Adresse auszeichnen.

Im Laufe der Zeit bildeten sich verschiedene Ethernet-Varianten heraus, die sich maßgeblich anhand von Übertragungsgeschwindigkeit und verwendeten Kabeltypen unterscheiden
lassen. Ethernet wurde ursprünglich mit einer Übertragungsgeschwindigkeit von 10 MBit/s
betrieben und hierbei gab es drei verschiedene Grundmodelle:

10Base5: Auch oft als „Yellow Cable" bezeichnet und stellt den ursprünglichen Ethernet-
Standard dar, hat aber seit 1990 keine Bedeutung mehr. Verwendet wurde ein Koaxialkabel
und die Reichweite des Netzwerks betrug 500 m. 10Base5 wird auch als Thick Ethernet, Yellow Cable, Thicknet oder Thickwire bezeichnet und war eines der ersten Ethernet-Netzwerke.

Für 10Base5 verwendete man ein 10 mm dickes Koaxialkabel (RG-8) mit einer Wellenimpedanz von 50 Ω. Zum Anschluss von Geräten muss mittels einer Bohrschablone ein Loch
in das Kabel gebohrt werden, durch das ein Kontakt einer Spezialklemme (Vampirklemme)
des Transceivers eingeführt und festgeklammert wird. An dem Transceiver MAU (Media
Access Unit) wird mittels der AUI-Schnittstelle (Attachment Unit Interface) und dem Ver-

bindungskabel die Netzwerkkarte des PC angeschlossen. Dieser Standard bietet 10 MBit/s Datenrate bei Übertragung im Base-Band und einer Reichweite von 500 m mit maximal 100 Teilnehmern. Die Leitung hat keine Abzweigungen, und an den Enden befinden sich Abschlusswiderstände mit 50 Ω. Aufgrund der früheren weiten Verbreitung ist 10Base5 noch immer bei einigen Installationen in Betrieben zu finden.

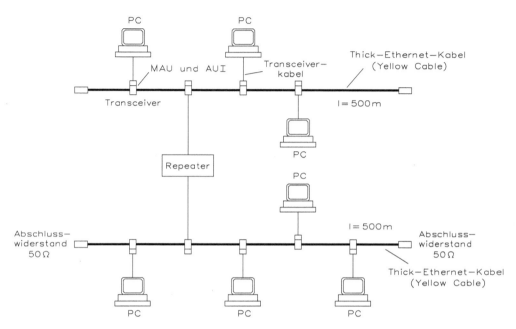

Abb. 5.1: Aufbau eines Netzwerks mit Ethernet 10Base5

Die wichtigsten Kabeleigenschaften von 10Base5 (Abb. 5.1) sind:
- Wellenimpedanz: 50 Ω
- Hohe Störsicherheit
- Geringe Dämpfung und daher sind Segmentlängen von über 500 m möglich
- Maximal fünf Segmente mit insgesamt maximal drei belegten Segmenten mit jeweils maximal 100 Stationen.
- 10Base5 arbeitet nur im Halbduplexmodus
- Maximale Übertragungsrate von 10 MBit/s

Wichtige Merkmale von 10Base5 sind:
- Jede Station wird über einen Transceiver an die Busleitung angeschlossen
- Der Mindestabstand zwischen den Transceivern beträgt 2,5 m. Das ist notwendig, damit sich die Signalreflexionen nicht phasenmäßig summieren können, was Störungen des Netzwerkverkehrs zur Folge hätte.

10Base2: Seit 1995 wird bei Neuinstallationen dieses Netzwerk nicht mehr verwendet und ist nur noch selten in älteren Netzwerkinstallationen zu finden. 10Base2 ist auch bekannt als Thin Ethernet, Cheapernet oder als BNC-Netzwerk.

Alle Netzteilnehmer werden parallel auf ein Koaxialkabel (RG58 mit einem Wellenwiderstand) mit 50 Ω aufgeschaltet. Das Kabel muss an allen Enden mit einem Terminator (Endwiderstand) mit 50 Ω abgeschlossen sein und offene Kabelanschlüsse verursachen Fehler.

Teilen sich mehrere Geräte einen gemeinsamen Leitungsweg, spricht man auch von einer Bustopologie. Der Nachteil dieser Technik liegt in der hohen Störanfälligkeit. Wird die RG58-Verkabelung an einer beliebigen Stelle unterbrochen, ist der Netzwerkzugriff für alle angeschlossenen Netzteilnehmer gestört.

10Base2, auch Thin Ethernet, ThinWire oder Cheapernet, ist die Weiterentwicklung der Netzwerktechnologie 10Base5 (Thick Ethernet). Als Übertragungsmedium wurde ein dünnes, flexibles Koaxialkabel (RG58) von 6 mm Durchmesser benutzt. Es trat als Alternative zu 10Base5 an, das mechanisch unflexibler und durch die hohen Materialkosten erheblich teurer war. Der niedrigere Preis führte dazu, dass 10Base2 häufig auch als Cheapernet bezeichnet wurde.

Während die Verbindung von 10Base5 mit den anzuschließenden Computersystemen durch Anstechen der Leitung (Seele) erfolgt, wurden bei 10Base2 Verbindungsstecker (T-Stücke) verwendet. Durch geringere Biegeradien, einfache Wanddosen (ähnlich TAE-Stecker), die beim Einstecken die Leitung auf den Stichstrang umlenkte, konnte sich durch einfache Verlegetechnik und deutlich preiswertere Hardware (Hubs, Netzwerkkarten, Kabel, Entfall von Transceivern) 10Base2 (und damit auch Ethernet) in den 1980er Jahren auf dem Netzwerkmarkt durchsetzen.

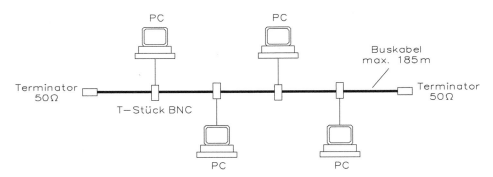

Abb. 5.2: Aufbau eines Netzwerks mit Ethernet 10Base2

10Base2-Netzwerke müssen immer mit einem BNC-Abschlusswiderstand (Terminator) mit 50 Ω abgeschlossen werden. Bei falscher oder nicht vorhandener Terminierung kann es durch Signalreflektionen zu Übertragungsfehlern kommen.

Die wichtigsten Spezifikationen von 10Base2 sind:
- Wellenwiderstand: 50 Ω
- Kabelbezeichnung: RG58
- Maximale Segmentlänge: 185 m
- Gesamtlänge des Netzes mit Repeater: 925 m (fünf Segmente zu je 185 m)
- Maximal drei Segmente mit insgesamt maximal 90 angeschlossenen PCs
- Mindestabstand zwischen den T-Stücken: 0,5 m

- Maximalabstand zwischen Busanschluss (T-Stück) und Transceiver ca. 30 cm
- Es kann jeweils nur eine Station Daten übertragen, da sonst Kollisionen auf den Leitungen auftreten
- 10Base2 arbeitet im Halbduplex-Modus
- Maximale Übertragungsrate beträgt 10 MBit/s

Bei Verkabelungssystemen, wie beispielsweise mit EAD-Steckern, wird durch das Einstecken des Anschlusskabels die fixe Verkabelung in der Anschlussdose aufgetrennt und über das Anschlusskabel umgeleitet. Die Anschlusskabel müssen daher doppelt gerechnet in die maximale Segmentlänge einbezogen werden. Der am anderen Ende des Anschlusskabels befindliche BNC-Stecker bildet das T-Stück und somit wird der Maximalabstand zwischen Busanschluss und Transceiver nicht überschritten. Zwischen den Anschlussdosen kann die Kabellänge sehr kurz sein, da durch die Anschlusskabel der Mindestabstand zwischen den T-Stücken eingehalten wird.

10BaseT: Jeder Netzteilnehmer wird über ein eigenes Twisted-Pair-Kabel an einen sogenannten Hub (Sternverteiler) angeschlossen, der alle Datenpakete gleichermaßen an alle Netzteilnehmer weitergibt. Auch wenn 10BaseT physikalisch sternförmig arbeitet, bleibt von der Logik her das Busprinzip erhalten, da alle angeschlossenen Netzwerkteilnehmer den gesamten Netzwerkverkehr empfangen.

Ein Hub – oft auch als Sternkoppler bezeichnet – bietet die Möglichkeit, mehrere Netzteilnehmer sternförmig miteinander zu verbinden. Datenpakete, die auf einem Port empfangen werden, werden gleichermaßen auf allen anderen Ports ausgegeben. Neben Hubs für 10BaseT (10 MBit/s) und 100BaseT (100 MBit/s) gibt es sogenannte Autosensing-Hubs, die automatisch erkennen, ob das angeschlossene Endgerät mit 10 oder 100 MBit/s arbeitet. Über Autosensing-Hubs können problemlos ältere 10BaseT-Geräte in neue 100BaseT-Netzwerke eingebunden werden.

5.1.2 Netzwerke mit 10BaseT

Die für 10BaseT verwendeten Twisted-Pair-Kabel kommen ursprünglich aus der US-amerikanischen Telefontechnik. Twisted-Pair bedeutet, dass die jeweils für ein Signal verwendeten Kabelpaare miteinander verdrillt sind. Üblich sind Kabel mit vier Adernpaaren.

Auch die verwendeten RJ45-Steckverbinder entstammen der amerikanischen Telefontechnik. Die zunächst etwas merkwürdig anmutende Aufteilung der einzelnen Paare und deren Farbgebung ist im AT&T-Standard-258 festgeschrieben. 10BaseT benutzt nur die Pins 1 und 2, sowie 3 und 6.

Die wichtigsten Spezifikationen von 10BaseT sind:
- Übertragungsgeschwindigkeit 10 MBit/s
- Physikalische Struktur: Stern-Topologie
- Maximale Kabellänge: 100 m
- Netzwerkkabel: Twisted Pair der Kategorie 3 (Cat 3)

10BaseT ist ein Ethernet-Netzwerk in dem die Stationen über Twisted-Pair-Kabel stern- oder baumförmig an einem Hub oder Switch angeschlossen sind. Über ein Crossover-Kabel ist es möglich, zwei Stationen oder Hubs direkt miteinander zu verbinden. Bei mehr als zwei Stationen ist jedoch zwingend ein Hub notwendig. Die maximale Kabellänge zwischen

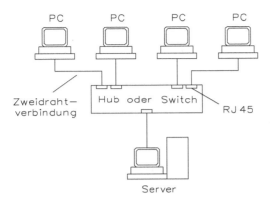

Abb. 5.3: Aufbau eines Netzwerks mit Ethernet 10BaseT

Station und Hub beträgt maximal 100 m. Als Anschlusstechnik kommen die Stecker RJ45 zum Einsatz und dies sind breite 8-polige Western-Stecker, von denen aber nur vier Pole verwendet werden.

Mit der Einführung von 10BaseT war es erstmals möglich, strukturierte Gebäudeverkabelungen auf der Basis von symmetrischen Kupferkabeln aufzubauen. 10Base-T hat den Vorteil, dass sowohl Installation und Betrieb einfach sind und es keinerlei Probleme bereitet, Stationen in das Netz einzufügen oder wieder herauszunehmen. Auch der Ausfall einer einzelnen Station hat keinen Einfluss auf den Betrieb des Netzwerks.

Das Twisted-Pair-Kabel gibt es mit unterschiedlichem Aufbau, der mitbestimmend für die Kabeleigenschaften ist, und gemeinsam ist eine symmetrische Datenübertragung auf einem Aderpaar möglich. Der digitale Datenstrom wird so aufbereitet, dass im zeitlichen Mittel der Potentialunterschied auf dem Adernpaar gegen Null geht. Das digitale 1- und 0-Signal der TTL-Logik wird durch die Manchester-Codierung mit Polaritätsumkehr bei 1–0-Wechsel ersetzt.

Jede Kupferader ist mit Kunststoff ummantelt und kann einen Durchmesser von 0,4 mm oder 0,6 mm aufweisen. Bei den im Ethernet verwendeten Kabeln sind immer zwei Adern zu einem Aderpaar verdrillt, daher die Bezeichnung „twisted" = verdreht und „pair" = Paar. Die meisten Twisted-Pair-Kabel bestehen aus vier Aderpaaren, die nochmals mit anderer Schlagzahl verseilt sind.

Durch die Verdrillung verbessern sich die Übertragungseigenschaften erheblich. Die elektromagnetischen Felder des Signalstroms können nur auf kurzen Leistungsabschnitten wirksam werden und die gleichsinnig parallel verlaufen wirken störend. Der räumliche Wechsel unterdrückt das Übersprechen zwischen den Aderpaaren. Die Fehler einer Störstrahlung führen zu phasen- und amplitudengleichen Signalen auf den Adern. Da am Leitungsende die Signaldifferenz eines jeden Paares ausgewertet wird, heben sich die Störgrößen weitgehend auf. Die Zusatzbezeichnung der Twisted-Pair-Kabel geben Auskunft über die Abschirmung.

Die einzelnen Aderpaare für die Datenübertragung sind nicht geschirmt und das Kabel hat auch keine Gesamtschirmung. Dieser Kabeltyp ist für das Ethernet bis 1 GBit/s geeignet und wird in Deutschland nicht verwendet. Das UTP-Kabel hat eine Impedanz von 100 Ω und die maximale Kabellänge beträgt 100 m. Die Störunterdrückung der UTP-Kabel erreicht 40 dB. Die Kabel werden in Kategorien eingeteilt:

• Cat-1-Kabel: Signalfrequenz bis 100 kHz und die Verwendung findet im analogen Telefonnetz und bei Alarmsystemen die Anwendung
• Cat-2-Kabel: Signalfrequenz bis 1,5 MHz für Hausverkabelung in ISDN-Telefonnetze und bei RS232C-Schnittstellen
• Cat-3-Kabel: bis 16 MBit/s und Standardverkabelung in den USA für Ethernet und Telefon
• Cat-4-Kabel: bis 20 MBit/s und Ethernet-Standard in den USA, in Europa unüblich
• Cat-5-Kabel: bis 100 MBit/s und ab 2000 das Standardkabel für Ethernet
• Cat-6-Kabel: bis 250 MHz und bis 1 GBit/s

UTP-Kabel sind relativ dünn, sehr flexibel und lassen sich leicht verlegen. Wegen der fehlenden Schirmung ist ein weiter Abstand zu anderen stromführenden Leitungen einzuhalten. Es ist besser die abgeschirmten Twisted-pair-Kabel zu verwenden.

Die Screened/Unshielded-Twisted-Pair-Kabel verwenden eine gemeinsame Außenschirmung und dies erhöht die Störunterdrückung für einwirkende elektrische Felder auf 60 dB. Nach ISO/IEC-11801 (2002)E wird genauer unterschieden in:

• S/UTP: Gesamtschirmung durch Metallgeflecht
• F/UTP: Mit Aluminium kaschierte Kunststofffolie als Gesamtschirm
• SF/LITP: Metallgeflecht mit darunter liegender metallisierter Folie als Gesamtschirm

Shielded-Twisted-Pair: Die Adernpaare sind geschirmt und zusätzlich kann noch eine Gesamtschirmung vorhanden sein. Die Störunterdrückung erreicht Werte bis 90 dB.

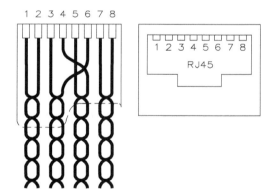

Abb. 5.4: Belegung des RJ45-Steckers

Abbildung 5.4 zeigt die Belegung des RJ45-Steckers mit einem Kabel aus vier Adernpaaren. Es besteht keine einheitliche Farbnormung und jedes Paar unterscheidet sich durch eine andere Grundfarbe. Beim einzelnen Paar hat die Grundfarbe der Isolierung einer Ader weiße oder andersfarbige Streifen. Tabelle 5.2 zeigt die möglichen Farbcodes für Adernpaare und die Pinbelegung im RJ45-Stecker.

Die Steckerbelegung nach EIA/TIA568A erfolgt nach Tab. 5.3.

Die JK-Stecker (Registered Jack) für Twisted-Pair-Kabel wurden von Bell Laboratories in den USA eingeführt und Ende 1970 von der FCC (Federal Communications Commission) standardisiert. Es handelt sich um ein modulares Verbindungssystem, bei dem Stecker und

Tab. 5.2: Mögliche Farbcodes für Adernpaare und die Pinbelegung im RJ45-Stecker

Adernpaar	Pin	EIA/TIA568A	IEC	REA	DIN47100
1	4/5	blau/weiß	weiß/blau	weiß/blau	weiß/blau
2	3/6	weiß/orange	rot/orange	türkis/violett	grün/gelb
3	1/2	weiß/grün	schwarz/grau	weiß/orange	grau/rosa
4	7/8	weiß/braun	gelb/braun	türkis/violett	blau/rot

Tab. 5.3: Steckerbelegung nach EIA/TIA568A

Signal	Pin	Farbe
TX+	1	weiß/orange
TX−	2	orange
RX+	3	weiß/grün
	4	blau
	5	weiß/blau
RX−	6	grün
	7	weiß/braun
	8	braun

Buchsen mit unterschiedlicher Polzahl mechanisch zusammenpassen. Eine Netzwerkleitung würde mechanisch für eine Telefondose passen. Die elektrische Unverträglichkeit aufgrund des hohen Rufstroms im Telefonnetz kann zur Zerstörung der IT-Geräte im Netzwerk führen.

Die im deutschen Handel geführten JK45-Stecker und Systeme entsprechen der ursprünglichen Norm mit einer Steckerbreite von 11,6 mm. Sie verfügen über acht Kontaktpositionen, die aber nicht voll belegt sein müssen.

5.1.3   Netzwerke mit 100BaseT und 1000BaseT

Mit zunehmend größeren Datenmengen wurde in den 90er Jahren Fast Ethernet mit einer Übertragungsgeschwindigkeit von 100 MBit/s eingeführt.

- 100BaseT: Genau wie bei 10BaseT wird jeder Netzteilnehmer über ein eigenes Twisted-Pair-Kabel an einen Hub oder Switch angeschlossen, der alle Datenpakete an alle Netzteilnehmer weitergibt. Allerdings müssen die Kabel und Komponenten wie Hubs für die höhere Übertragungsrate ausgelegt sein.
- 1000BaseT: Gigabit Ethernet ist der nächste Ethernet-Standard, mit dem Übertragungsgeschwindigkeiten von einem Gigabit (1000 Megabit) pro Sekunde möglich sind. Um diese hohe Bitrate zu erreichen, arbeitet 1000BaseT mit einem speziellen Datencodierungsverfahren. Die Anforderungen an die Verkabelung sind die gleichen wie bei 100BaseT und es werden allerdings alle vier Adernpaare der Twisted-Pair-Kabel parallel genutzt.

Die allgemeine Bezeichnung für die drei 100-MBit/s-Ethernet-Standards über Twisted-Pair-Kabel ist 100BaseTX, 100BaseT4 und 100BaseT2 (Verkabelung nach TIA-568A/B). Die maximale Länge eines Segments beträgt wie bei 10BaseT 100 Meter. Die Steckverbindungen

sind als 8F8C-Modularstecker und -buchsen ausgeführt und wird häufig mit „RJ45" bezeichnet, was aber nicht korrekt ist.

Bei der Bezeichnung 100BaseT4 erfolgt die Übertragung über 100 MBit/s Ethernet mit
einem Kabel der „Category-3"-Kabel, wie es auch in 10BaseT-Installationen benutzt wird
und man verwendet alle vier Aderpaare des Kabels. Diese Verkabelung hat sich überholt,
da „Category-5"-Verkabelung heute den Standard darstellt und es ist darüber hinaus auf
Halbduplex-Übertragung eingeschränkt.

Bei dem 100Base-T2-Netzwerk existieren kaum Produkte, aber die grundsätzliche Technik ist
in 1000BaseT weiter vorhanden und dort sehr erfolgreich. 100BaseT2 bietet eine Datenrate
von 100 MBit/s über Cat-3-Kabel. Es unterstützt den Vollduplexmodus und verwendet nur
zwei Aderpaare. Es ist damit funktionell äquivalent zu 100BaseTX, unterstützt aber ältere
Kabelinstallationen.

Der Standard 100BaseTX verwendet wie 100BaseT je ein verdrilltes Aderpaar pro Richtung,
benötigt allerdings mindestens ungeschirmte Cat-5-Kabel.

Die Verwendung herkömmlicher Telefonkabel ist bei eingeschränkter Reichweite möglich.
Entscheidend hierbei ist die richtige Zuordnung der beiden Ethernet-Paare zu einem verdrillten Paar des Telefonkabels. Ist das Telefonkabel als Sternvierer verseilt, bilden die
gegenüberliegenden Adern jeweils ein Paar.

Auf der 100-MBit/s-Übertragung ist 100Base-TX heute die Standard-Ethernet-Implemen-
tation. 100BaseTX verwendet zur Bandbreitenhalbierung auf PMD-Ebene die Codierung
MLT-3. Dabei werden nicht nur zwei Zustände (positive oder negative Differenzspannung)
auf dem Aderpaar unterschieden und es kommt ein dritter Zustand (keine Differenzspannung)
dazu (ternärer Code). Damit wird der Datenstrom mit einer Symbolrate von 125 MBit/s
innerhalb einer Bandbreite von 31,25 MHz möglich.

Während der 4B5B-Code ausreichend viele Signalwechsel für die Bitsynchronisation beim
Empfänger garantiert, kann die benötigte Gleichspannungsfreiheit von MLT-3 nicht zur
Wirkung kommen. Als „Killer Packets" bekannte Übertragungsmuster können dabei das
Scrambling kompensieren und das Übertragungsmuster eine signifikante Gleichspannung
überlagern (baseline wander), die die Abtastung erschwert und zu einem Verbindungsabbruch
der Endgeräte führt. Um gegen solche Angriffe immun zu sein, implementieren die PHY-
Bausteine der Netzwerkkarten eine Gleichspannungskompensation.

5.1.4   Hub und Switch

An ein zentrales Verteilersystem schließt man die einzelnen Stationen direkt an. Netze in
Stern-Topologie lassen sich sehr einfach erweitern und es treten keine Störungen bei Ausfall
einer Station auf. Je nachdem, wo der zentrale Verteiler untergebracht ist, können unter
Umständen sehr lange Kabelwege entstehen. Bei Ausfall des Verteilers kann keine Datenübertragung im ganzen Netzwerk erfolgen.

Abbildung 5.3 zeigt die Realisierung mit einem zentralen Verteiler und hier lassen sich
beispielsweise sechs PCs und zwei Drucker anschließen. Jedes PC-System ist mit einer entsprechenden Netzwerkkarte ausgerüstet und über ein Kabel mit dem Verteiler verbunden. Bei
Übertragungsraten bis zu 10 MBit/s verwendet man einen zentralen Verteiler, und hier werden
dann in unserem Beispiel sechs PC-Systeme, zwei Drucker und ein Server angeschlossen.

Man spricht bei dieser Verdrahtung von einer Mehrpunktverbindung. Neben PC-Systemen mit einer Netzwerkkarte lassen sich auch Drucker über den zentralen Verteiler betreiben. Alle angeschlossenen Systeme sind so ausgestattet, dass jeder PC und auch Drucker, alle übertragenen Daten empfangen und auch senden kann. Die Verbindung zum Verteiler wird als permanent vorausgesetzt, d. h., die angeschlossenen Systeme sollten immer eingeschaltet sein, wenn beispielsweise mit elektronischer Post gearbeitet wird. Der Datenaustausch zwischen den Stationen muss nach einem entsprechenden Verfahren gesteuert und koordiniert werden.

10BaseT und 100BaseT hat sich als physikalischer Standard für Ethernet-Netzwerke durchgesetzt und es wurden zunächst nur Hubs als Sternverteiler eingesetzt. Hubs leiten den gesamten Datenverkehr des Netzwerks an alle angeschlossenen Netzwerkteilnehmer weiter.

Ein Hub ist ein Kopplungselement, das mehrere Stationen in einem Netzwerk über einen Sternpunkt miteinander verbindet. In einem Ethernet-Netzwerk, das auf der Stern-Topologie basiert, dient ein Hub als Verteiler für die Datenpakete. Hubs arbeiten auf der Bitübertragungsschicht (Schicht 1) des OSI-Schichtenmodells und sind damit auf die reine Verteilfunktion beschränkt. Ein Hub nimmt ein Datenpaket entgegen und sendet es an alle anderen Ports weiter, d. h., er „broadcastet". Dadurch sind nicht nur alle Ports belegt, sondern auch alle Stationen. Alle angeschlossenen Geräte bekommen alle Datenpakete zugeschickt, auch wenn sie nicht die Empfänger sind. Für die Stationen bedeutet dies, dass sie nur dann senden können, wenn der Hub gerade keine Datenpakete sendet, da es sonst zu Kollisionen auf den Verbindungskabeln kommt.

Wenn die Anzahl der Anschlüsse an einem Hub für die Anzahl der Netzwerkstationen nicht ausreicht, dann benötigt man noch einen zweiten Hub. Zwei Hubs werden über einen Uplink-Port oder mit einem Crossover-Kabel (Sende- und Empfangsleitungen sind gekreuzt) verbunden. Es gibt auch spezielle „stackable"-Hubs, die sich herstellerspezifisch mit Buskabeln kaskadieren lassen. Durch die Verbindung mehrerer Hubs lässt sich die Anzahl der möglichen Stationen erhöhen, allerdings ist die Anzahl der anschließbaren Stationen begrenzt. Auch hier gilt die Repeater-Regel.

Alle Stationen, die an einem Hub angeschlossen sind, teilen sich die gesamte Bandbreite, die durch den Hub zur Verfügung steht (z. B. 10 MBit/s oder 100 MBit/s). Die Verbindung vom Computer zum Hub verfügt nur kurzzeitig über diese Bandbreite.

Das Versenden der Datenpakete an alle Stationen ist nicht besonders effektiv. Es hat aber den Vorteil, dass ein Hub kostengünstig herzustellen ist. Wegen der prinzipiellen Nachteile von Hubs, verwendet man eher Switches, die die Aufgabe der Verteilfunktion wesentlich besser erfüllen, da sie direkte Verbindungen zwischen den Ports schalten können.

Ein Switch ist ein Kopplungselement, das mehrere Geräte in einem Netzwerk miteinander verbindet. In einem Ethernet-Netzwerk, das auf der Stern-Topologie basiert, dient der Switch als Verteiler für die Datenpakete. Die Funktion ist ähnlich einem Hub, mit dem Unterschied, das ein Switch direkte Verbindungen zwischen den angeschlossenen Geräten schalten kann, sofern ihm die Ports der Datenpaket-Empfänger bekannt sind. Wenn nicht, dann „broadcastet" der Switch die Datenpakete an alle Ports. Wenn die Antwortpakete von den Empfängern zurückkommen, merkt sich der Switch die MAC-Adressen der Datenpakete mit den dazugehörigen Ports und sendet die Datenpakete dann nur noch dorthin.

Während ein Hub die Bandbreite des Netzwerks limitiert, steht bei einem Switch zwischen zwei Stationen die volle Bandbreite der Ende-zu-Ende-Netzwerk-Verbindung zur Verfügung.

Ein Switch arbeitet auf der Sicherungsschicht (Schicht 2) des OSI-Modells und beinhaltet ähnliche Funktionen wie eine Bridge. Switches unterscheidet man hinsichtlich ihrer Leistungsfähigkeit mit folgenden Eigenschaften:

- Anzahl der speicherbaren MAC-Adressen für die Quell- und Zielports
- Verfahren, wann ein empfangenes Datenpaket weitervermittelt wird (Switching-Verfahren)
- Latenz (Verzögerungszeit) der vermittelten Datenpakete

Ein Switch ist im Prinzip nichts anderes als ein intelligenter Hub, der sich merkt, über welchen Port welche Station erreichbar ist. Auf diese Weise erzeugt jeder Switch-Port eine eigene „Collision Domain" (Kollisionsdomäne). Teure Switches können zusätzlich auf der Schicht 3, der Vermittlungsschicht, des OSI-Schichtenmodells arbeiten (Layer-3-Switch). Sie sind in der Lage, die Datenpakete anhand der IP-Adresse an die Zielports weiterzuleiten. Im Gegensatz zu normalen Switches lassen sich auch ohne Router logische Abgrenzungen erreichen.

Inzwischen werden an Stelle von Hubs ausschließlich Switches eingesetzt. Switches leiten nicht mehr den gesamten Ethernet-Datenverkehr an alle angeschlossenen Netzwerkteilnehmer weiter. Stattdessen filtern Switches den Datenstrom so, dass am entsprechenden Port nur noch die Daten ausgegeben werden, die für den dort angeschlossenen Netzteilnehmer bestimmt sind.

Der Vorteil dieser Technik liegt darin, dass den einzelnen Netzwerkteilnehmern die volle Bandbreite des Anschlusses zur Verfügung steht, was vor allem dann zur Geltung kommt, wenn sowohl die übergeordnete Verkabelung als auch der Switch selbst über eine entsprechend höhere Bandbreite verfügt.

Neben den bis hierhin vorgestellten herkömmlichen Verkabelungsvarianten, gibt es inzwischen weitere Möglichkeiten, Teilnehmer an ein Netzwerk anzuschließen.

5.1.5 Power over Ethernet (PoE)

Wenn von Netzwerkteilnehmern gesprochen wird, denken die meisten zunächst an einen PC. Jeder stationäre PC benötigt neben dem Netzwerkkabel zumindest ein weiteres Kabel zur Stromversorgung – meist 230 V. Es gibt aber auch Netzwerkteilnehmer, die zum einen deutlich kleiner sind als ein PC und zum anderen mit relativ wenig Versorgungsenergie auskommen.

Mit PoE (Power over Ethernet) lassen sich solche Geräte über die ganz normale Ethernet-Verkabelung zusätzlich mit Strom versorgen. Damit das funktionieren kann, wurde die Ethernet-Schnittstelle dieser Geräte entsprechend technisch erweitert. Zum Betrieb sind außerdem spezielle Switches oder PoE-Injektoren nötig, welche die benötigte Energie in das Netzwerkkabel einspeisen.

PoE versorgt diverse Endgeräte mit 48 V und man hat z. Z. fünf verschiedene Leistungsklassen, die sich durch die maximal aufgenommene Leistung unterscheiden. Durch ein besonderes Codierungsverfahren erkennt der PoE-Switch, ob ein angestecktes Gerät PoE-fähig ist oder nicht und schaltet die Stromversorgung nur bei Bedarf ein, wenn die benötigte Leistung auch zur Verfügung gestellt werden kann. So lassen sich am gleichen Switch normale Ethernet-Komponenten und PoE-Geräte gemischt betreiben.

Wenn die PoE-Versorgung aus einem Switch kommt, spricht man von einer EndSpan-Lösung. In bestehenden Netzwerken können PoE-Geräte aber auch mittels eines zwischengeschalteten PoE-Injektors mit Strom versorgt werden. Diesen Fall bezeichnet man MidSpan-Lösung.

Hinter Power-over-Ethernet stehen standardisierte Verfahren, um Netzwerkendgeräte direkt über das Netzwerkkabel mit Strom zu versorgen. Dadurch sollen Steckernetzteile für die Stromversorgung z. B. für Webcams und WLAN-Access-Points entfallen. Die Stromversorgung von Endgeräten in der Netzwerktechnik liegt im Einflussbereich der Hersteller der Endgeräte. Die Stromversorgung von Geräten mit geringen Leistungen wird meistens über Steckernetzteil realisiert.

Ethernet nimmt nicht nur für die lokale Netzwerkverkabelung, sondern auch für Sicherheitsnetzwerke eine gewisse Position ein. Da immer mehr Geräte über eine Ethernet-Schnittstelle verfügen und es ist vorstellbar, dass man darüber auch gleich die Stromversorgung abwickelt. Mit Power-over-Ethernet (PoE) entfällt der separate Stromanschluss.

Der Hauptvorteil der Power-over-Ethernet-Spezifikationen besteht darin, dass die bestehende Netzwerkverkabelung mit Twisted-Pair weiterverwendet werden kann. Die physikalischen Grenzen der Netzwerkkabel wurden bei der Ausarbeitung der PoE-Standards berücksichtigt. Das bedeutet aber auch, dass sich Twisted-Pair-Kabel wegen ihres geringen Leitungsquerschnitts und sich der RJ45-Stecker nur für eine bestimmte maximale Leistung eignet. Die beiden Standards beschreiben exakt, wie viel Strom über das Netzwerkkabel fließen darf und erfüllen auch den Schutz von Altgeräten ohne PoE-Unterstützung.

Da RJ45-Stecker und Twisted-Pair-Kabel nicht für Ströme im Ampere-Bereich ausgelegt sind, wird eine Spannung zwischen 44 V und 57 V verwendet, was den Anforderungen an eine Schutzkleinspannung entspricht. Je Aderpaar ist ein Strom von maximal 175 mA vorgesehen. Bei zwei Aderpaaren ist das in Summe ein Strom von 350 mA und beim Einschalten sind kurzzeitig 400 mA erlaubt. Die maximale Leistungsaufnahme beträgt 15,4 W pro Switch-Port.

Durch die relativ hohe Spannung bleibt die Verlustleistung und damit die Wärmeentwicklung in den Kabeln und an den Steckerübergängen gering. Trotzdem kommt es zu Verlusten auf den Leitungen. Der Standard geht davon aus, dass am Ende einer 100 m langen Leitung etwa 12,95 W der nutzbaren Leistung zur Verfügung steht. Einige PoE-Switches stellen auch 30 W pro Port zur Verfügung und sie arbeiten damit außerhalb der Spezifikation. Tabelle 5.4 zeigt die Leistungsklassen für PoE-Anwendungen.

Tab. 5.4: Leistungsklassen für PoE-Anwendungen

Klasse	Typ	Klassifikationsstrom	Maximale Speiseleistung (PSE)	Maximale Entnahmeleistung (PD)
0	default	0 bis 4 mA	15,4 W	0,44 bis 12,95 W
1	optional	9 bis 12 mA	4,0 W	0,44 bis 3,84 W
2	optional	17 bis 20 mA	7,0 W	3,84 bis 6,49 W
3	optional	26 bis 30 mA	15,4 W	6,49 bis 12,95 W
4	optional	36 bis 44 mA	25,5 W	12,95 bis 21,90 W

Der Standard IEEE 802.3af beschreibt einen Verbraucher, das „Powered Device" (PD), und den Stromversorger, das „Power Source Equipment" (PSE).

In der Praxis gibt es eine Begrenzung der PoE-Gesamtleistung, d. h. nicht an allen Ports ist die volle Stromentnahme gleichzeitig möglich. Deshalb muss man immer die Leistungsaufnahme und den Stromverbrauch der einzelnen PoE-Endgeräte beachten und ggf. nachmessen.

Bei der Phantom-Speisung werden alle Adern des Netzwerkkabels verwendet, d. h. die Phantom-Speisung bedeutet, dass der Strom für die Energieversorgung dem Datensignal überlagert ist. An dieser Stelle unterscheiden sich die beiden Standards IEEE 802.3af und 802.3at. Während der Standard, der nur 10BaseT und 100BaseTX berücksichtigt, die beiden benutzten Aderpaare (1/2 und 3/6), müssen bei IEEE 802.3at für l000BaseT (Gigabit Ethernet) alle vier Aderpaare für die Stromversorgung und die Datenübertragung genutzt werden. Hier ist man zwangsläufig auf die Phantom-Speisung angewiesen, bei der der Stromfluss die Datensignale überlagert. Das Power-Device muss die Entkopplung übernehmen, was fehleranfällig, aufwendig und teuer ist. Tabelle 5.5 zeigt die Anschlüsse für die Spare-Pair- und Phantom-Speisung.

Tab. 5.5: Spare-Pair- und Phantom-Speisung

Pin	Spare-Pair-Speisung	Phantom-Speisung	
		MDI-x	MDI
1	RX+	Rx+/V−	Rx+/V+
2	RX−	Rx−/V−	Rx−/V+
3	TX+	Tx+/V+	Tx+/V−
4	V+	—	—
5	V+	—	—
6	TX−	Tx−/V+	Tx−/V−
7	V−	—	—
8	V−	—	—

Auch bei der Phantom-Speisung ist der Strom auf 175 mA pro Aderpaar begrenzt. Bei Gigabit-Ethernet erreicht man per Phantom-Speisung auf allen vier Paaren ca. 25,4 W.

Wird die Netzwerkverkabelung auch für andere Anwendungen, z. B. für Telefonie, genutzt, dann ist Vorsicht beim Einsatz von Power-over-Ethernet-Netzwerk-Komponenten geboten. Mit einem Schutzmechanismus sollten die Power-over-Ethernet-Netzwerkkomponenten vor dem Einschalten der PoE-Stromversorgung alle angeschlossenen Endgeräte auf PoE-Unterstützung überprüfen. Auf einen Anschluss sollte nur dann Spannung geschaltet werden, wenn dort auch ein Endgerät mit PoE-Unterstützung angeschlossen ist. Um PoE-taugliche Endgeräte von untauglichen Endgeräten unterscheiden zu können, kommt im PoE-Versorger ein Verfahren mit dem Namen „Resistive Power Directory" zum Einsatz. Auf der Endgeräteseite sind dazu nur passive Bauteile notwendig. Die Stromquelle prüft mit einer Messschaltung den Innenwiderstand des Verbrauchers. Liegt er zwischen $19\,\mathrm{k\Omega}$ und $26,5\,\mathrm{k\Omega}$, wird eine Kapazität von maximal $10\,\mathrm{\mu F}$ für die Energieversorgung aktiviert. In einer zweiten Erkennungsphase wird die Leistungsklasse ermittelt. Power-over-Ethernet-Endgeräte müssen in jedem Fall für beide Verfahren zur Stromaufnahme ausgelegt sein. Dem Kopplungselement mit PoE-Stromversorgung steht es frei, welches Verfahren es unterstützt, aber die gleichzeitige Nutzung beider Verfahren ist untersagt.

5.1.6   Netzwerke mit 100BaseFX

Bei Kabellängen über 100 m oder stark elektromagnetisch gestörtem Umfeld stößt die Übertragungstechnik von 10/100BaseT an ihre Grenzen. Bei 100BaseFX werden die Ethernet-Daten in Lichtsignale umgesetzt, die über einen Lichtwellenleiter (LWL) weitergeleitet werden. Verwendet werden Glasfaserleitungen mit einem Kerndurchmesser von 50 μm oder 62,5 μm, wobei für jede Richtung eine einzelne Faser benutzt wird. Auf diese Weise können Distanzen bis 2 km überbrückt werden.

Leider gibt es bei der mechanischen Ausführung der LWL-Stecker verschiedene Standards. Es sollte also bereits bei der Planung von 100BaseFX-Netzen oder Netzbereichen geprüft werden, mit welchen Anschlussmöglichkeiten die eingesetzten Komponenten ausgestattet sind.

Hochwertige Switches lassen sich optional mit 100BaseFX-Ports ausstatten. Alternativ lässt sich ein 100BaseT/1BaseFX-Medienkonverter einsetzen.

Da die Kosten für eine 100BaseFX-Installation deutlich über denen von 100BaseT liegen, werden meist nur bestimmte Teile eines Netzwerks als LWL ausgeführt.

Es gibt aber auch Endgeräte, die bereits von Hause aus mit einem 100BaseFx-Port ausgestattet sind. Solche Lösungen bezeichnet man als „Fiber to the Desk".

Die Lichtwellenleiter bestehen aus einem Kern, dem optischen Mantel und mehreren Hüllen, die ausschließlich zum Schutz dieser beiden optischen Komponenten benötigt werden, wie Abb. 5.5 zeigt.

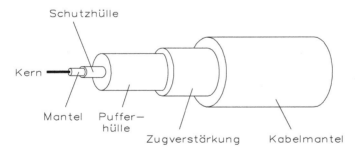

Abb. 5.5: Mechanischer Aufbau eines Lichtwellenleiters

Zur Reduzierung von Übertragungsfehlern und zur maximalen Ausnutzung der Übertragungseigenschaften werden unterschiedliche Ausführungen von Lichtwellenleitern verwendet. Im Rahmen der praktischen Anwendungen findet man in der Praxis folgende Lichtwellenleiter:
- Stufenindexfaser nach Multimode und Monomode
- Gradientenfaser nach Multimode

Die numerische Apertur A_N und damit der Akzeptanzwinkel Θ_A sind durch die Brechungszahldifferenz von Kern- und Mantelmaterial festgelegt:

$$A_n = n_0 \cdot \sin \Theta_A = \sqrt{n_K^2 - n_M^2}$$

n_K: Brechungszahl des Kernmaterials
n_M: Brechungszahl des Mantelmaterials
n_0: Brechungszahl des umgebenden Mediums (Luft: $n_0 = 1$)

Die numerische Apertur ist definiert als der Sinus des Winkels, der sich zwischen der Faserachse und einer Mantellinie des Kegels ergibt, der das ganze Licht umschließt, das nach einer Faserlänge von 2 m aus dem Kern austritt. Je größer die numerische Apertur einer Faser ist, desto mehr Licht lässt sich einkoppeln, desto größer werden aber auch die Laufzeitverzerrungen. Abbildung 5.6 zeigt den numerischen Apertur- und Akzeptanzwinkel.

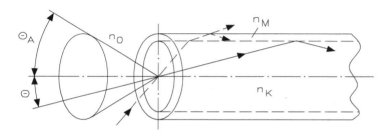

Abb. 5.6: Numerischer Apertur- und Akzeptanzwinkel

Für die Begrenzung der Übertragung sind im Wesentlichen zwei Mechanismen verantwortlich, nämlich die Multimoden- und die Materialdispersion.

Die Multimodendispersion entsteht durch die unterschiedlichen Ausbreitungswege und den dadurch resultierenden Gruppenlaufzeiten der einzelnen, ausbreitungsfähigen Moden. Dieser Umstand soll für Stufenprofilfasern und für Gradientenprofilfasern näher betrachtet werden. Der Brechungszahlverlauf der hier betrachteten Stufenprofilfaser lässt sich erklären mit der Beziehung:

$$n_M = n_K(1 - \Delta)$$

Für die bezogene Brechungszahldifferenz Δ gilt:

$$\Delta = \frac{n_K^2 - n_M^2}{2 \cdot n_K^2} = \frac{n_K - n_M}{n_K}$$

Die bezogene Brechungszahldifferenz Δ liegt bei praktisch ausgeführten Lichtwellenleitern in der Größenordnung von typisch unter 1 %. Die Anzahl der in einem Stufenprofil-Lichtwellenleiter ausbreitungsfähigen Moden ist eine Funktion der Abmessung sowie der Brechungszahl von Kern- und Mantelmaterial. Diese lassen sich folgendermaßen angeben:

$$N_S = \left(\frac{2 \cdot \pi}{\lambda} \cdot n_K \cdot r_K \right)^2 \qquad \Delta = 2 \cdot \left(\frac{\pi \cdot r_K}{\lambda} \right)^2 \cdot A_N^2$$

N_S: Anzahl der Moden
λ: Wellenlänge
n_K: Brechungszahl des Kernmaterials
r_K: Radius des Kerns
Δ: bezogene Brechungszahldifferenz
A_N: numerische Apertur

Der maximale Wert der Multimodendispersion ist rückführbar auf den Laufzeitunterschied entlang des Ausbreitungswegs. Der kürzeste Weg führt genau entlang der Mittellinie der Faser. Den längsten Weg muss ein Strahl zurücklegen, der gerade noch die Bedingungen der Totalreflexion erfüllt. Für diesen kritischen Winkel gilt:

$$\Theta_K = \arccos \frac{n_M}{n_K}$$

Damit lässt sich die maximale Laufzeitdifferenz angeben:

$$\Delta t_S = \frac{L}{c_0} \cdot n_K \cdot \frac{1 - \cos \Theta_K}{\cos \Theta_K} \approx \frac{L}{c_0} \cdot n_K \cdot \Delta$$

Diese Laufzeitdifferenz Δt_S lässt sich durch die Wahl eines geeigneten Brechungszahlprofils erheblich reduzieren. Fasern, deren Brechungszahl im Kernbereich nicht konstant sind, werden als Gradientenfasern bezeichnet. Der Verlauf der Brechzahl im lichtführenden Bereich lässt sich berechnen mit

$$n(r) = n_K \cdot \sqrt{1 - 2 \cdot \Delta \left(\frac{r}{r_K}\right)^g}, \qquad \begin{array}{l} \text{wenn } 0 \leq r \leq r_K \text{ ist} \\ \text{oder } n(r) = n_M = n_K \cdot \sqrt{1 - 2 \cdot \Delta} \\ \text{und wenn } r \geq r_K \text{ ist.} \end{array}$$

Der Wert g ist der Profilparameter.

Für diese Klassen von Profilen wird die Multimodenverzerrung am kleinsten, wenn g einen bestimmten, vom verwendeten Material abhängigen Wert hat. Für die meisten Materialien liegt dieses Optimum in der Umgebung von zwei Werten. Weist g sehr große Werte auf, wird das Brechungszahlprofil zum Stufenindexprofil. Pauschal gesehen besteht der wesentliche Vorteil der Gradientenfaser mit einem Brechungszahlverlauf darin, dass durch die von der Mittellinie nach außen hin abnehmende Brechungszahl die Strahlen in den äußeren Bereichen eine höhere Ausbreitungsgeschwindigkeit erhalten, und zwar werden sie umso schneller, je weiter sie von der Mittellinie entfernt verlaufen. Strahlen, die einen längeren Weg zurücklegen müssen, besitzen demnach eine höhere Durchschnittsgeschwindigkeit, was sich in einer effektiven Verringerung der Laufzeitunterschiede der einzelnen Moden niederschlägt.

Für die Laufzeitdifferenz Δt_G zwischen den schnellsten und den langsamsten Moden einer Gradientenfaser ergibt sich:

$$\Delta t_G = \frac{L}{c_0} \cdot n_K \cdot \frac{\Delta^2}{2}$$

Die Laufzeitdifferenz Δt_G ist also um den Faktor $2/\Delta$ geringer als bei der entsprechenden Stufenprofilfaser. Die Anzahl der ausbreitungsfähigen Moden ist aber gegenüber der Stufenprofilfaser auf die Hälfte reduziert:

$$N_G = \frac{1}{2} \cdot N_S = \frac{1}{2} \cdot \left(\frac{2 \cdot \pi}{\lambda}\right)^2 \qquad \text{oder} \quad \Delta = \left(\frac{\pi \cdot r_K}{\lambda}\right)^2 \cdot A_N^2$$

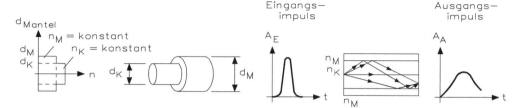

Abb. 5.7: Aufbau und Merkmale einer Stufenindexfaser

Die Stufenindexfaser weist einen abrupten Sprung der Brechungszahl zwischen Kern und Mantel auf, wie Abb. 5.7 zeigt. Die Fortpflanzung des Lichts erfolgt durch Totalreflexion an der Grenzschicht Mantel–Kern.

Bedingt durch den großen Kerndurchmesser ($>50\,\mu$m) können sich mehrere Moden gleichzeitig ausbreiten. Es kann so zu einer Signalverfälschung aufgrund der Modendispersion kommen. Die Multimode-Stufenindexfaser findet ihre Anwendung bei kurzen Übertragungsstrecken, die hohe Dämpfungen zulassen. Aufgrund ihres großen Kerndurchmessers besitzt diese Faser eine ideale numerische Apertur, also einen großen Einkopplungswinkel, was die Adaption preiswerter Sendedioden erleichtert. Neben der SiO_2-Faser werden in zunehmendem Maße auch Kunststoff-Stufenindexfasern zur Signalübertragung bis zu Entfernungen von 2 km verwendet.

Die Gradientenfaser wurde entwickelt, die numerische Apertur so groß wie möglich zu halten, aber die Modendispersion durch eine vom Zentrum des Kerns zum Mantel abnehmende Brechungszahl zu reduzieren. Durch dieses Gradientenprofil werden die unterschiedlichen Laufzeiten der einzelnen Modengruppen ausgeglichen. Die Moden hoher Ordnung halten sich länger in Gebieten mit niedriger Brechungszahl auf, in dem sie sich schneller ausbreiten können. Die Moden niedriger Ordnung bewegen sich hauptsächlich in Gebieten hoher Brechungszahlen, die ihre Ausbreitungsgeschwindigkeit verringern. Dieser Möglichkeit zur Verbesserung der Übertragungscharakteristik sind jedoch enge Grenzen gesetzt, da der Modendispersion die Materialdispersion überlagert ist, die eine wellenlängenabhängige Brechungszahl nach sich zieht, d. h., die Übertragungsbandbreite einer Faser kann man nur für schmale Wellenlängenbereiche optimieren. Abbildung 5.8 zeigt Aufbau und Merkmale der Gradientenfaser.

Die Einmodefaser ist das Resultat aus der praktischen Forderung nach einer Faser, die möglichst keine Modendispersion aufweisen soll. Sie wird hauptsächlich für die Signalübertragung großer Strecken verwendet. Kennzeichen für das Verhalten dieser Faser ist ein sehr kleiner Kern, dessen Durchmesser einige μm beträgt. Dieser Kern dient schließlich zur Übertragung einer Mode. Jede Art von Modendispersion ist somit unterbunden. Bei Verwendung weitgehend monochromatischer Lichtquellen entfällt praktisch auch die Materialdispersion. Dennoch ist die Einmodefaser nicht für alle Wellenlängen ideal einmodig. Falls die in das

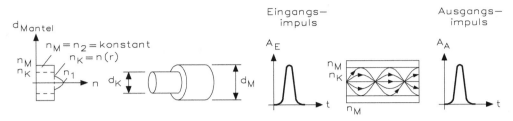

Abb. 5.8: Aufbau und Merkmale der Gradientenfaser

LWL-Kabel eingespeiste Wellenlänge zu gering wird, verhält sich die Einmodefaser wie ein Multimode-LWL. Die Dämpfung ergibt sich beim Einmode-LWL zu einem Großteil aus Absorption und Streuung. Effekte wie die Materialdispersion werden durch Verwendung monochromatischer Lichtquellen (Laser) vermieden. Abbildung 5.9 zeigt den Aufbau und die Merkmale der Einmodefaser.

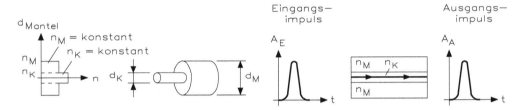

Abb. 5.9: Aufbau und Merkmale der Einmodefaser

Die Übertragungskapazität bei Lichtwellenleitern wird durch die Multimoden- und Material-dispersion eingeschränkt. Der Grund für den Effekt der Materialdispersion liegt darin, dass die Brechungszahl n nicht konstant ist, sondern sich mit größer werdender Wellenlänge verringert. Dadurch wird die Lichtgeschwindigkeit im Medium wellenlängenabhängig. Um diesen Effekt zu beschreiben, führte man den Gruppenindex N ein. Dieser lässt sich definieren als Lichtgeschwindigkeit im Vakuum, dividiert durch die Gruppengeschwindigkeit einer homogenen, ebenen Welle in einem Medium mit der Brechungszahl n. Zwischen Gruppenindex N und Brechungszahl n besteht folgender Zusammenhang:

$$N = n - \lambda \cdot \frac{d \cdot n}{d \cdot \lambda}$$

Für reines Quarzglas ändert sich z. B. die Brechungszahl n zwischen $\lambda = 600$ nm und $\lambda = 1\,\mu m$ um etwa ein halbes Prozent. Das hat zur Folge, dass Licht mit $\lambda = 1\,\mu m$ eine Strecke von 1000 m um 27 ns schneller zurücklegt als Licht mit der Wellenlänge $\lambda = 600$ nm. Mit Hilfe der Gleichung kann der Materialdispersions-Parameter $M(\lambda)$ angegeben werden:

$$M(\lambda) = \frac{1}{c_0} \cdot \frac{d \cdot N}{d \cdot \lambda} = \frac{1}{c_0} \cdot \frac{d^2 \cdot n}{d \cdot \lambda^2} \quad in \quad \frac{ps}{nm \cdot km}$$

Die Impulsverbreiterung t_M aufgrund der Materialdispersion ergibt sich dann aus dem Produkt des Materialdispersions-Parameters $M(\lambda)$ mit der spektralen Bandbreite $\Delta\lambda$ des übertragenen

Lichts und der Länge L der Übertragungsstrecke des Lichtwellenleiters:

$$\Delta t_M = M(\lambda) = \Delta\lambda = L$$

Als brauchbare Näherung bei Quarzglas kann man folgenden Ausdruck im Wellenlängenbereich zwischen 800 nm und 900 nm ansetzen:

$$\Delta t_M \approx 0,1 \, \text{ns} \cdot \frac{\Delta\lambda}{\text{nm}} \cdot \frac{L}{\text{km}}$$

Obwohl man die Lichtwellenleiter- und die Profildispersion erst in der Weitverkehrstechnik über optische Kanäle berücksichtigen muss, sollen diese beiden Effekte kurz erläutert werden.

Da sich die Brechungszahl mit der Wellenlänge ändert, ist das Verhältnis von Lichtwellenleiterabmessung zu Wellenlänge ebenfalls eine Funktion der Brechungszahl. Dadurch ändert sich aber auch die Gruppenlaufzeit der einzelnen Moden. Diese Dispersion, die die Abhängigkeit der Gruppengeschwindigkeit der einzelnen Kernwellen von den Abmessungen des Lichtwellenleiters und der Wellenlänge beschreibt, wird als Wellenleiterdispersion bezeichnet. Das Profil des Brechungszahlenverlaufs von Gradientenfasern wird durch eine entsprechende Dotierung des Materials erzeugt. Durch diese Dotierung ändert sich aber nicht nur die Brechungszahl über dem Lichtwellenleiterquerschnitt, sondern leider auch die Wellenlängenabhängigkeit der Brechungszahl als Funktion des Orts. Diese Eigenheit der Gradientenfaser wird unter dem Begriff „Profildispersion" geführt.

In den Labors werden einige Anstrengungen unternommen, diesen Effekt technologisch zu beherrschen, um damit die Gradientenfasern in einem weiten Wellenlängenbereich zur Wellenlängen-Multiplex-Übertragung nutzen zu können.

Wenn bei den Dämpfungsmechanismen die nicht linearen Effekte außer acht gelassen werden dürfen, was im Rahmen der optischen Signalübertragung für die hier betrachteten Anwendungen der Fall ist, so bleiben die folgenden linearen Effekte übrig:
- Absorption
- Streuung
- abstrahlende Moden
- Abstrahlung durch Krümmungen
- Leckmoden

Bei den Absorptionsverlusten ist zwischen mehreren Ursachen zu unterscheiden:
- Elektronenübergänge von tieferen zu höheren Energieniveaus, die durch energiereiches Licht im UV-Licht (kurzwelliges Licht) angeregt werden, verursachen die sogenannten „Intrinsic"-Verluste. Diese Verluste werden mit zunehmender Wellenlänge geringer, da das eingestrahlte Licht immer seltener höhere Niveaus anregen kann.
- Im Wellenlängenbereich $\geq 1,5 \, \mu\text{m}$ nehmen die Verluste wieder zu. Der Grund hierfür liegt in einer Schwingungsanregung des Molekülbereichs. Die Dämpfung steigt wieder stetig mit zunehmender Wellenlänge.
- Weitere Verluste, die einen beträchtlichen Teil der Gesamtverluste beinhalten können, werden durch Verunreinigungen mit Metall- oder OH-Ionen hervorgerufen. Wenn die Dämpfung über die Wellenlänge aufgetragen wird, so sind die entsprechenden Absorptionsbänder als Spitzen erkennbar.

Kleinste Inhomogenitäten in optischen Medien verursachen Verluste, die auf Streuung zurückzuführen sind. Diese Streuzentren können entstehen durch Kristallite, durch Blasen oder eingeschlossene Partikel. Liegt ein Medium vor, das keinerlei mechanische Fehlstellen aufweist, verbleibt ein Rest an Streuverlusten, der seine Ursache in einer Veränderung der Dielektrizitätskonstanten in mikroskopisch kleinen Bereichen hat. Diese Eigenstreuverluste sind unter „Rayleigh"-Streuung bekannt und bilden die theoretisch erreichbare Grenze für minimale Faserdämpfungen bis zu einem Wellenlängenbereich von etwa 1,5 μm.

Zwischen $\lambda = 800$ nm und $\lambda = 900$ nm existiert eine große Anzahl von Sende- und Empfangselementen. Diese Bauteile erreichen inzwischen eine hohe Zuverlässigkeit, und man findet diese in der Praxis häufig vor.

Der Bereich um $\lambda = 1300$ nm ist von besonderem Interesse, weil hier der Materialdispersionsparameter $M(\lambda)$ bei einer bestimmten Wellenlänge zu Null werden kann, wodurch sich eine minimale Impulsverbreiterung ergibt. Auch für diesen Bereich erhält man eine breite Palette von Bauelementen, sogar für den Bereich um 1500 μm ist die Beherrschung der Herstellungsprozesse inzwischen so weit fortgeschritten, dass eine allgemeine Verwendung dieser Bauteile in der Weitverkehrstechnik auch von der Kostenseite her gerechtfertigt und bereits Stand der Technik ist. Durch Fertigungstoleranzen bei der Herstellung von Lichtwellenleitern unterliegen der nominale Kerndurchmesser und die Brechungszahldifferenz zwischen Kern- und Mantelbereich gewissen Schwankungen. Dadurch kann zwischen den einzelnen Moden ein Energieaustausch erfolgen, der das Strahlungsfeld entlang des Lichtwellenleiters beeinflusst. Durch diese unerwünschte Modenkopplung treten weitere Streuverluste auf.

Durch den geringen Faserdurchmesser von max. 9 μm (ein menschliches Haar hat ca. 100 μm Durchmesser) ist die Verarbeitung von Monomodefasern deutlich aufwendiger als bei Multimode-LWL.

Eine weitere Varianz gibt es bei den LWL-Steckverbindungen. Hier gibt es drei grundsätzliche Verfahren: Steckverbindungen mit Bajonet-Verriegelung, Steckverbindungen mit Überwurfmutter und Push/Pull-Steckverbinder mit Federarretierung.
*   Über lange Zeit war der ST-Steckverbindung im Netzwerk-und Industriebereich der meist genutzte. Verdrehschutz und Bajonetverschluss verleihen dem ST-Stecker eine sichere und einfache Handhabung. Abbildung 5.10 zeigt den ST-Stecker.

Bedingt durch seine einfache Push/Pull-Handhabung und die Duplexfähigkeit hat der SC-Steckverbinder heute die ST-Technik als meist verbreitetste abgelöst. Abbildung 5.11 zeigt den SC-Stecker.

Der SMA-Steckverbinder wurde in den Anfangszeiten der LWL-Technik eingesetzt. Der fehlende Verdrehschutz und die Gefahr des zu festen Anziehens führten oft zu Beschädigungen

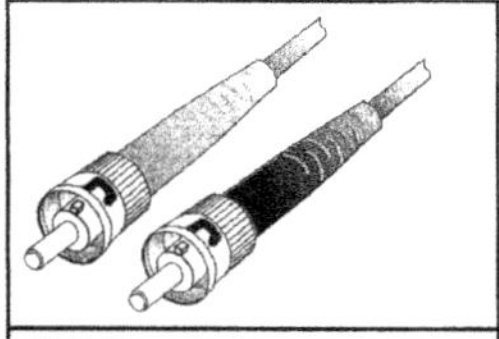 ST-Stecker	
LWL-Type:	Multimode, Monomode
Verrieglung:	Bajonet
Einsatzgebiet:	LAN, WAN, Serielle Signale
Verbreitung:	hoch

Abb. 5.10: Aufbau des ST-Steckers

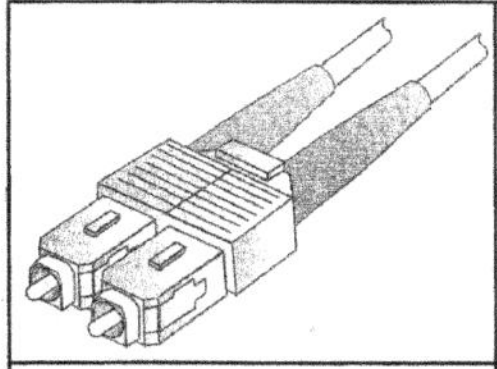

SC-Stecker	
LWL-Type:	Multimode, Monomode
Verrieglung:	Push/Pull
Einsatzgebiet:	LAN, WAN, Serielle Signale
Verbreitung:	sehr hoch

Abb. 5.11: Aufbau des SC-Steckers

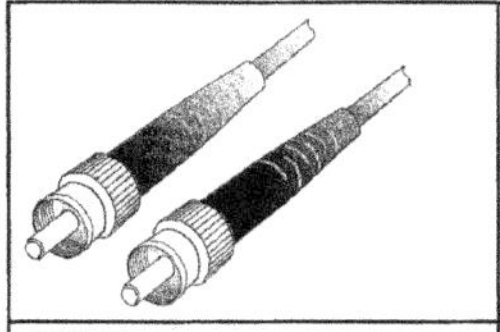

SMA-Stecker	
LWL-Type:	Multimode, Monomode
Verrieglung:	Überwurfmutter
Einsatzgebiet:	LAN
Verbreitung:	Hoch

Abb. 5.12: Aufbau des SMA-Steckers

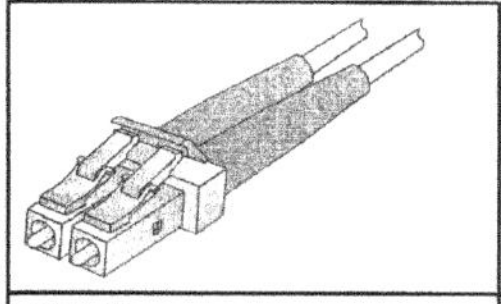

LC-Stecker	
LWL-Type:	Multimode, Monomode
Verrieglung:	Push/Pull
Einsatzgebiet:	LAN, WAN
Verbreitung:	Hoch

Abb. 5.13: Aufbau des LC-Steckers

der Faser, weshalb die SMA-Technik heute kaum noch Bedeutung hat. Abbildung 5.12 zeigt den SMA-Stecker.

Wegen seiner kompakten Bauform wird der LC-Steckverbinder vorwiegend zur Konnektierung an Switches und anderen aktiven Netzwerkkomponenten eingesetzt. Abbildung 5.13 zeigt den LC-Stecker.

An dieser Stelle sind nur die vier meistgenutzten Stecksysteme vorgestellt. Eine vollständige Liste aller LWL-Steckervarianten würde den Rahmen sprengen.

Neben den Glasfasern gibt es, wie bereits angesprochen, Systeme die mit Kunststoff-LWL bzw. Polymerfasern arbeiten. Der Faserdurchmesser beträgt bei Kunststoff-LWL 1 mm. Da Kunststoff das eingestrahlte Licht deutlich höher dämpft als Glas, reduziert sich die max. Distanz auf 100 m. Der bei Polimerfasern noch ausgeprägtere Multimodeeffekt erlaubt zudem nur geringe Übertragungsgeschwindigkeiten. Der Haupteinsatz für Kunststoff-LWL ist deshalb die Übertragung von seriellen Signalen wie z. B. RS232 oder RS422/485.

5.1.7   WLAN

WLAN (Wireless LAN) realisiert die Netzwerkanbindung über Funk und verschafft dem Nutzer damit Unabhängigkeit vom Kabel. Im Allgemeinen besteht ein WLAN aus mindestens einem „Access Point" und einem WLAN-Client. Der „Access Point" hat die Funktion eines Sternverteilers. WLAN-Clients können sich beim „Access Point" anmelden und danach über Funk mit dem restlichen Netzwerk kommunizieren. In den meisten Fällen sind „Access Points" in DSL-Routern oder Switches integriert und ermöglichen die Anbindung an ein kabelgebundenes Netzwerk. Netzteilnehmer, die keine integrierte WLAN-Schnittstelle verwenden, können über eine WLAN Client-Bridge Zugang zum WLAN erhalten. Die Client-Bridge fungiert als Medienkonverter zwischen funk- und drahtgebundenem Netzwerk. Abbildung 5.14 zeigt die Netzwerkanbindung über WLAN.

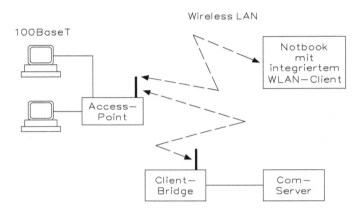

Abb. 5.14: Netzwerkanbindung über WLAN mit „Access Point" als Sternverteiler

IEEE 802.11 ist eine Gruppe von Standards für ein Funknetzwerk auf Basis von Ethernet. Damit ist diese Norm das am weitesten verbreitete drahtlose Netzwerk.

Seit 1997 gibt es mit IEEE 802.11 eine verbindliche Schnittstelle für drahtlose Netzwerke. Vor 1997 war der breite Einsatz drahtloser Datennetze wegen der fehlenden Standardisierung und der geringen Datenübertragungsrate nicht möglich. Dieser Standard baut auf den anderen Standards von IEEE 802 auf und ist eine Art kabelloses Ethernet. IEEE 802.11 definiert die Bitübertragungsschicht des OSI-Schichtenmodells für ein WLAN. Dieses WLAN ist, wie jedes andere IEEE-802-Netzwerk auch, vollkommen protokolltransparent. Diverse Netzwerkkarten lassen sich deshalb ohne Probleme in jedes vorhandene Ethernet einbinden und so ist es möglich, eine kabelgebundene Ethernet-Verbindung nach IEEE 802.3 gegen eine WLAN-Verbindung nach IEEE 802.11 auszutauschen.

Gelegentlich wird die Bezeichnung WLAN und der Standard „IEEE 802.11" unterschiedlich interpretiert. WLAN ist die allgemeine Bezeichnung für ein kabelloses lokales Netzwerk und IEEE 802.11 beinhaltet dagegen einen Standard für die technische Lösung, die den Aufbau eines WLAN ermöglicht. Es ist durchaus denkbar, dass weitere Standards später noch von der Industrie entwickelt werden, mit denen sich schnellere und sichere WLANs realisieren lassen. Im allgemeinen Sprachgebrauch hat es sich der Begriff für ein lokales Funknetzwerk

Tab. 5.6: Übertragungsgeschwindigkeit für WLAN-Standard

Standard	802.11	802.11b	802.11a/h/j	802.11g	802.11n	802.11c
Frequenzbereich	2,4 GHz	2,4 GHz	5 GHz	2,4 GHz	2,4 und 5 GHz	5 GHz
Übertragungsrate (brutto)	2 MBit/s	11 MBit/s	54 MBit/s	54 MBit/s	100 bis 600 MBit/s	1,3 GBit/s
Übertragungsrate (netto)	0,5 bis 1 MBit/s	1 bis 5 MBit/s	bis 32 MBit/s	1 bis 16 MBit/s	bis 200 MBit/s	bis 400 MBit/s

durchgesetzt, das auf dem Standard IEEE 802.11 basiert und das man auch als WLAN bezeichnet. Tabelle 5.6 zeigt eine Übersicht für die Übertragungsgeschwindigkeit, wie diese in der Praxis eingesetzt werden.

Alle WLAN-Standards nach IEEE sind mit einer theoretisch maximalen Übertragungsgeschwindigkeit spezifiziert. So erreichen WLANs nach IEEE 802.11g mit 54 MBit/s (brutto) in der Praxis selten mehr als 16 MBit/s (netto) oder nach IEEE 802.11b mit 11 MBit/s (brutto) nicht mehr als 5 MBit/s (netto).

Bei IEEE 802.11n ist die praktische Übertragungsgeschwindigkeit brutto bei 150 MBit/s, 300 MBit/s, 450 MBit/s und 600 MBit/s erreichbar. Bei einer optimalen Funkverbindung erreicht die Übertragungsgeschwindigkeit unter 50 %. In der Praxis muss man die lokalen Begebenheiten beachten, denn Mauern (Ziegeln und Beton), Decken (Beton mit Eisen und Holz) und andere Netzwerke stören die Funkübertragung. Je nach Umgebungsbedingungen, Anzahl der teilnehmenden Stationen und deren Entfernung erreicht man nur einen Bruchteil der Übertragungsgeschwindigkeit der theoretischen Datenrate.

Die Differenz zwischen theoretischer und praktischer Übertragungsgeschwindigkeit hängt von der Tatsache ab, dass es sich um ein Funknetzwerk mit einem geteilten Übertragungskanal handelt, den mehrere Teilnehmer gleichzeitig nutzen wollen und deshalb ein spezielles Zugriffsverfahren (CSMA/CA) den Zugriff aushandeln. CSMA/CA regelt, wann eine Station im gemeinsamen Netzwerk senden darf. Die anderen Stationen müssen während dieser Zeit warten und anschließend gibt es dann noch eine Pause. Die Funkschnittstelle erreicht deshalb keine 100 %. Für jeden einzelnen Teilnehmer ist nur ein Bruchteil der theoretischen Übertragungsgeschwindigkeit vorhanden.

Funksignale bewegen sich in Luft, d. h., jeder kann die gesendeten Daten abhören oder stören. Um zumindest das Abhören zu verhindern, werden WLANs immer mit einer Verschlüsselung betrieben. Ein wichtiger Punkt ist dabei die Nutzung des WLAN und der Betrieb des bereitgestellten Internet-Anschlusses durch fremde Personen. Nicht jeder soll ein privates WLAN nutzen dürfen und der Zugriff lässt sich durch ein Passwort einschränken. Ist aber das Passwort erst einmal bekannt, ist damit nicht nur der Zugriff, sondern auch die Verschlüsselung ungesichert.

Zusätzlich zur Verschlüsselung kann bei größeren WLANs mit vielen Nutzern eine zusätzliche Authentisierung durch das Protokoll IEEE 802.1x integriert werden, bei der jeder Nutzer eigene Zugangsdaten benötigt (Benutzername und Passwort). An einer zentralen Stelle lässt sich der Zugriff auf einfache Art und Weise freigeben oder einschränken.

Für WLAN stehen zwei Frequenzbereiche von 2,4 GHz und von 5 GHz zur Verfügung. Beide Frequenzbereiche sind weltweit Lizenz-frei und damit kostenlos nutzbar. Dies bedeutet aber auch, dass in diesen Frequenzbereichen beliebige Funktechniken vorhanden sind. Insbesondere das ISM-Frequenzband (Industrial, Scientific, Medical) von 2,4 GHz wird für Anwendungen in Industrie, Wissenschaft und Medizin intensiv genutzt.

Im Frequenzband von 2,4 GHz konkurrieren viele Standards und Funktechniken der unterschiedlichsten Hersteller und Anwendungen, aber auch Geräte des täglichen Gebrauchs, z. B. Mikrowellenherde, Fernbedienungen, Funksysteme usw. Die Realisierbarkeit eines Funknetzwerks mit IEEE 802.11 hängt also maßgeblich von der Nutzung anderer Funktechniken in diesem Frequenzspektrum ab. Das Frequenzband von 5 GHz wird momentan wegen der fehlenden Elektronik kaum genutzt, allerdings ist in Zukunft mit der Zunahme durch WLANs zu rechnen.

Es soll kurz erklärt werden, wie man die Frequenzbereiche von 2,4 GHz und von 5 GHz durch die verschiedenen WLAN-Standards aufgeteilt hat, um das Frequenzspektrum möglichst optimal auszunutzen. Abbildung 5.15 zeigt die WLAN-Kanäle für IEEE 802.11b von 2,4 GHz und einer Kanalbreite von 22 MHz.

Abb. 5.15: WLAN-Kanäle für IEEE 802.11b von 2,4 GHz bei einer Kanalbreite von 22 MHz

Bei einem WLAN mit IEEE 802.11b empfiehlt es sich, die Kanäle 1, 7 oder 13 einzustellen. Hierbei handelt es sich, bei einer Kanalbreite von 22 MHz (DSSS, Direct Sequence Spread Spectrum), um die überlappungsfreien Kanäle, bei denen das Frequenzspektrum von 2,4 GHz optimal ausgenutzt ist.

Abb. 5.16: WLAN-Kanäle bei IEEE 802.11g und 802.11n von 2,4 GHz und einer Kanalbreite von 20 MHz

Bei einem WLAN mit IEEE 802.11g oder 802.11n empfiehlt es sich, die Kanäle 1, 5, 9 oder 13 einzustellen, wie Abb. 5.16 zeigt. Bei einer Kanalbreite von 20 MHz (OFDM, Orthogonal Frequency Division Multiplexing) und 16,25 MHz pro Träger ist das Frequenzspektrum von 2,4 GHz maximal ausgenutzt.

In der Praxis werden WLANs mit IEEE 802.11g und 802.11n oft auf die Kanäle 1, 7 und 13 eingestellt. Hintergrund ist die Kompatibilität zu IEEE 802.11b. Da Funksysteme nach

Abb. 5.17: WLAN-Kanäle bei IEEE 802.11n von 2,4 GHz und einer Kanalbreite von 40 MHz

IEEE 802.11b seit 2005 nicht mehr im Handel sind, gibt es keinen Grund mehr für diese Kanalaufteilung. Bei einer Kanalbreite von 20 MHz und 16,25 MHz pro Träger empfiehlt es sich die Kanäle 1, 5, 9 oder 13 einzustellen, denn dies ermöglicht die maximale Ausnutzung des Frequenzspektrums von 2,4 GHz.

Bei einem WLAN mit IEEE 802.11n mit einer Kanalbreite von 40 MHz (OFDM) und 33,75 MHz pro Träger empfiehlt es sich, die Kanäle 3 (1 + 5) oder 11 (9 + 13) einzustellen, wie Abb. 5.17 zeigt.

In der Praxis vermeidet man ein WLAN nach IEEE 802.11n von 2,4 GHz mit einer Kanalbreite von 40 MHz und damit ist das Frequenzspektrum mit zwei WLANs voll belegt. Auch WLANs nach IEEE 802.11g lassen sich parallel betreiben und WLANs nach IEEE 802.11n sollten auch mit einer Kanalbreite von 20 MHz arbeiten.

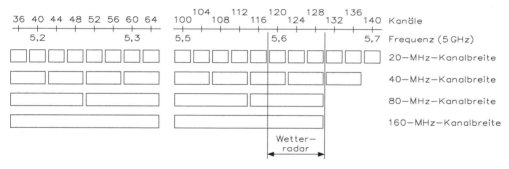

Abb. 5.18: WLAN-Kanäle nach IEEE 802.11ac von 5 GHz, 19 Kanäle und einer Kanalbreite von 40 MHz, 80 MHz und 160 MHz

In Deutschland sind zwei Bereiche im Frequenzband von 5 GHz nutzbar, 5,15 GHz bis 5,35 GHz (Kanal 36 bis 64) und 5,47 GHz bis 5,725 GHz (Kanal 100 bis 140) bei einer Kanalbreite von 40 MHz, 80 MHz und 160 MHz. Abbildung 5.18 zeigt die WLAN-Kanäle nach IEEE 802.11ac von 5 GHz.

Zusammenfassend kann man feststellen, dass in Deutschland innerhalb des 5-GHz-Frequenzbands mit 19 Kanälen mit einer Bandbreite von 20 MHz zur Verfügung stehen, wovon drei Kanäle vom Wetterradar genutzt werden. Damit WLAN-Basisstationen in Europa alle 19 Kanäle nutzen dürfen, müssen sie die Signale anderer Funksysteme erkennen und durch Kanalwechsel mittels DFS (Dynamic Frequency Selection) ausweichen können. Weiterhin gilt die Anordnung, dass nur mit DFS und TPC (Transmit Power Control) die Kanäle oberhalb von Kanal 48 genutzt werden dürfen.

Möchte man im 5-GHz-Frequenzband die Kanäle mit 40 MHz nutzen, teilt sich das Frequenz-band in neun Kanäle zu je 40 MHz auf, wovon wegen dem Wetterradar nur sieben Kanäle störungsfrei nutzbar sind. Will man im Frequenzband von 5 GHz die Breite von 80 MHz nutzen, teilt sich das Frequenzband in vier Kanäle mit je 80 MHz auf, wovon wegen dem Wetterradar nur drei Kanäle störungsfrei nutzbar sind. Soll man im Frequenzband von 5 GHz aber Kanäle mit 160 MHz nutzen, teilt sich das Frequenzband in zwei Kanäle zu je 160 MHz auf, wovon wegen dem Wetterradar nur einer störungsfrei nutzbar ist. Falls das Frequenzband nicht groß genug für einen 160 MHz breiten Kanal ist, lassen sich nach IEEE 802.11ac auch zwei spektral getrennte 80-MHz-Kanäle zusammenfassen (Discontinous Mode).

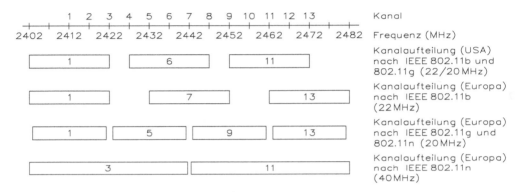

Abb. 5.19: Kanalverteilung für das Frequenzspektrum von 2,4 GHz

Um das Frequenzspektrum von 2,4 GHz optimal ausnutzen zu können, ist eine bestimmte Kanalverteilung notwendig und Abb. 5.19 zeigt die Kanalverteilung für das Frequenzspek-trum von 2,4 GHz. Der Grund ist, dass die eigentlichen Kanäle im 2,4-GHz-Frequenzband für WLAN zu schmal sind und deshalb sind einzelne Kanäle zusammengefasst bzw. einen breiteren Kanal nutzt, als ursprünglich vorgesehen, d. h. aber auch, dass sich die Kanäle überlappen, wenn die Kanalverteilung willkürlich erfolgt. Deshalb gibt es die folgenden Empfehlungen: $1-6-11$, $1-7-13$ oder $1-5-9-13$. Es kommt darauf an, welche Geräte man einsetzt, wie viele Basisstationen sich das Frequenzspektrum von 2,4 GHz teilen müssen und wie man die Kanalverteilung durchführt.

Das Maximum lässt sich mit einer Kanalverteilung von $1-5-9-13$ erreichen, denn dann lassen sich vier WLAN-Basisstationen mit je 20-MHz-Kanalbreite parallel betreiben. Durch die Elektronik lässt sich ein Funksignal nicht einfach auf 20 MHz begrenzen, sondern es streut in die benachbarten Kanäle hinein und stört dort das Funksignal. Deshalb empfiehlt sich die Kanalverteilung von $1-7-13$. Hier kann man nur drei WLAN-Basisstationen parallel betreiben. Im Gegenzug ist der Abstand zwischen den Kanälen größer und die gegenseitige Störung geringer.

In USA sind die Kanäle 12 und 13 nicht für WLAN freigegeben und dort wird deshalb die Kanalverteilung $1-6-11$ verwendet, was aber in Deutschland und in der EU nicht zutrifft. Häufig werden bei Importgeräten in Deutschland nicht die Kanäle 12 und 13 unterstützt, d. h. von ca. 30 % der in Deutschland erhältlichen Geräte fehlen die beiden Kanäle. In diesen Fällen ist die Hardware und Software nicht auf das Frequenzspektrum in Deutschland angepasst. Das bezieht sich sowohl auf WLAN-Clients in Notebooks, Smartphones und Tablets, als auch auf WLAN-Basisstationen. In der Praxis hilft häufig ein Firmware- oder Treiber-Update.

Um Beeinträchtigungen durch die fehlende Kanalunterstützung (12 und 13) zu vermeiden, sollte man im Frequenzspektrum von 2,4 GHz konsequenterweise nur die Kanalverteilung 1 − 6 − 11 nutzen. Man soll jedoch nicht die manuelle Kanalwahl durchführen, sondern die automatische Kanalwahl wählen. Standardmäßig benutzen WLAN-Basisstationen 1 − 11 als automatische Kanalwahl, was dann häufig zu der Kanalunterstützung von 1 − 6 − 11 führt.

Ein Problem ist, dass immer mehr WLAN-Router auf den Markt kommen bei denen Kanalbündelung (20 MHz + 20 MHz = 40 MHz) aktiviert ist. Hier werden die Kanäle 1 + 5 sowie 9 + 13 zu je 40 MHz zusammengefasst, um eine größere Übertragungsgeschwindigkeit zu erreichen. In der Praxis ist das in der Form meist unnötig. Geht man von einer normalen WLAN-Nutzung für den Internet-Zugang aus, ist die Übertragungskapazität mit einem 20-MHz-Kanal vollkommen ausreichend. In der Praxis sind die meisten WLAN-Router nicht in der Lage die Kanalbreite automatisch anzupassen, da die Bestimmungen für 40 MHz breite Kanäle im 2,4-GHz-Band viel zu großzügig ausgelegt sind.

Zwei WLAN-Netze mit gleichem Kanal stören sich am wenigsten. Überschneiden sich die Kanäle, nimmt eine WLAN-Station die andere als Störung wahr. Dabei versucht die WLAN-Station mit niedriger Modulationsstärke und bei maximaler Sendeleistung die andere WLAN-Station zu überbieten. Die WLAN-Stationen stören sich gegenseitig und daher soll ein belegter Kanal eingesetzt werden. Einen Kanal außerhalb der üblichen Kanalverteilung zu verwenden ist kontraproduktiv und reduziert nur die Übertragungsrate für alle WLAN-Netze in der näheren Umgebung.

IEEE 802.11g ist ein Standard für ein WLAN mit einer Übertragungsrate von maximal 54 MBit/s aus dem Jahr 2003. IEEE 802.11g ist der Nachfolger von IEEE 802.11b mit einem verbesserten Modulationsverfahren. Der Standard benützt dafür das 2,4-GHz-Frequenzband, wofür keine langwierigen Zulassungen notwendig sind. Allerdings ist wie im WLAN nach IEEE 802.11b mit allen Nachteilen in diesem Frequenzband zu rechnen und vor allem Störungen durch andere Funkdienste.

Tabelle 5.7 zeigt eine Übersicht für Frequenzbänder, Frequenzspektrum, Modulationsverfahren, Reichweite (innen und außen) und Sendeleistung.

Der Vorteil von IEEE 802.11g ist die Kompatibilität zu IEEE 802.11b. Damit lässt sich eine bestehende WLAN-Infrastruktur weiter nutzen, während sich die einzelnen bandbreitenreduzierten Segmente auf IEEE 802.11g umstellen lassen. Die Abwärtskompatibilität zu 802.11b ist durch die CCK-Modulation (Complementary Code Keying) sichergestellt. Werden in einem 802.11g-WLAN Geräte mit 802.11b-Standard genutzt, erfolgt die Reduzierung der Datenrate automatisch auf 11 MBit/s. Werden Geräte ausschließlich mit 802.11g eingesetzt, ermöglicht die OFDM-Übertragungstechnik, abhängig von der Qualität der Funkverbindung, Bruttoübertragungsraten von 6 MBit/s bis 54 MBit/s. Geräte, die nur 802.11b unterstützen, können 802.11g-WLANs nicht erkennen.

Im WLAN-Standard 802.11g ist die Kompatibilität zu 802.11b gefordert und deshalb beinhaltet die 802.11g-Hardware auch die Datenraten bis 11 MBit/s. Da 802.11g ein anderes Modulationsverfahren benutzt als 802.11b, kann die 802.11b-Hardware nicht erkennen, ob das Medium durch 802.11b-Hardware belegt ist. Um Kollisionen zu vermeiden, sendet die 802.11g-Station bei anwesenden 802.11b-Stationen ihren Datenpaketen ein 802.11b-

Tab. 5.7: Übersicht für Frequenzbänder, Frequenzspektrum, Reichweite und Sendeleistung bei WLAN

	IEEE 802.11	IEEE 802.11b	IEEE 802.11g	IEEE 802.11a/h/j	IEEE 802.11c
Frequenzband	2,4 bis 2,4835 GHz			5,15 bis 5,35 GHz 5,47 bis 5,735 GHz (Europa)	2,4 bis 2,4835 GHz 5,15 bis 5,35 GHz, 5,47 bis 5,735 GHz (Europa)
Frequenz-spektrum	83,5 MHz			455 MHz (Europa)	83,5 +455 MHz (Europa)
Modulations-verfahren	FHSS	DSSS	DSSS/ OFDM	OFDM	
Reichweite (innen)	typisch 20 m	typisch 20 m	typisch 20 m	typisch 20 m	typisch 20 m
Reichweite (außen)	bis 100 m	bis 100 m	bis 100 m	bis 2 km	bis 100 m
Sendeleistung, maximal	100 mW	100 mW	100 mW	200 mW bis 1 W (Europa)	

kompatibles CTS-Steuerpaket (Clear-to-Send) voran. Das CTS-Paket reserviert das Medium für eine bestimmte Zeit. Es ist aber genauso lang, wie ein normales Datenpaket und drückt so die Datenrate. Das passiert immer dann, wenn 802.11g- und 802.11b-Stationen sich einen Funkkanal teilen.

Obwohl IEEE 802.11a und 802.11g von 54 MBit/s die gleiche Übertragungsrate aufweisen, ist eine Kompatibilität nicht gegeben. 802.11a nutzt die Frequenzen über 5 GHz. Aufgrund der Abwärtskompatibilität zu 802.11b ist 802.11g dem Standard 802.11a vorzuziehen. Der Grund, IEEE 802.11a ist nicht überall identisch und die Geräte sind teurer und evtl. wegen ihrer technischen Einschränkungen nur bedingt einsetzbar. Im Gegensatz dazu lässt sich ein 802.11g-Gerät im Büro oder im privaten Netzwerk mit 54 MBit/s betreiben und über einen öffentlichen WLAN-Hotspot notfalls auch mit 11 MBit/s.

5.1.8 WLAN-Sicherheit

In physikalischen Netzen mit Leitungen und Kabel, lässt sich das Abhören der Kommunikation vom physikalischen Verhalten der Leitung kaum durchführen, außer man verschafft sich illegal in einer Kabelverteilung eine Schnittstelle. Da Netzwerkkabel in der Regel innerhalb gesicherter Gebäude verdeckt installiert sind, ist ein Abhören der Informationen kaum möglich. In einem Funknetz sieht das ganz anders aus, denn hier dient Luft als Übertragungsmedium. Sobald ein drahtloses Gerät seine Informationen abstrahlt, benötigt eine unerlaubte Person nur ein Empfangsgerät, um sich zumindest Zugang zum Funksignal zu erhalten. Aus diesem Grund sind Sicherheitsvorkehrungen zu treffen, die ein abhörsicheres Funksignal für den Angreifer erzeugen.

Am Anfang der WLAN-Entwicklung war der IEEE-Standard 802.11 ein einziges Sicherheitsrisiko. Die Datenübertragung war nicht nur abhörbar, sondern auch unverschlüsselt.
Zwar wurde mit WEP (Wired Equivalent Privacy) schnell ein Verschlüsselungsprotokoll
nachgeliefert, doch stellte man fest, dieses Protokoll ist innerhalb von 30 s zu knacken. Das
IEEE entwickelte deshalb den Standard IEEE 802.11i mit einem sicheren Verschlüsselungsverfahren.

IEEE 802.11i bzw. WPA2 gilt seit einiger Zeit als hinreichend sicher. Die Technik ist
inzwischen ausgereift und vielfach im Einsatz. Wer nicht verschlüsselte Informationen sendet,
handelt nach Ansicht von Sicherheitsexperten grob fahrlässig.

Unter Firewall versteht man Netzwerkkomponenten, die ähnlich einem Router ein internes
Netzwerk (Intranet) an ein öffentliches Netzwerk (z. B. Internet) ankoppeln. Hierbei lassen
sich die Zugriffe ins jeweils andere Netz abhängig von der Zugriffsrichtung, dem benutzten
Dienst sowie der Authentifizierung und Identifikation des Netzteilnehmers begrenzen oder
komplett sperren. Ein weiteres Leistungsmerkmal kann die Verschlüsselung von Daten sein,
wenn z. B. das öffentliche Netz nur als Transitweg zwischen zwei räumlich getrennten Teilen
eines Intranet genutzt wird.

Im kommerziellen Einsatz sollten mit zusätzlichen Maßnahmen die übertragenen Daten geschützt werden. Mit SSL (Secure Sockets Layer), SSH (Secure Shell) und IPsec (IP Security
Protocol) lässt sich die Kommunikation zwischen Anwendungen sicherer ablaufen. Das
Abhören und Entschlüsseln der Datenübertragung im WLAN ist nur mit unverhältnismäßig
hohem Aufwand möglich. Wer ganz sicher gehen will, der verwendet kein WLAN und
überträgt seine Daten ausschließlich über Kabelverbindungen.

Die wichtigsten Maßnahmen zur WLAN-Sicherheit sind
• eigenes Admin-Passwort für den „Access Point" vergeben
• WPA2-Verschlüsselung (WiFi Protected Access) einschalten
• undefinierbare SSID (Service Set Identifier) vergeben (sehr empfehlenswert)
• MAC-Adressfilter einsetzen
• SSID-Broadcast abstellen (nicht empfehlenswert)
• WLANs von anderen Netzwerk-Segmenten logisch trennen
• VPN (Virtual Private Network) einsetzen
• Firewall zwischen WLAN und LAN installieren
• IDS (Intrusion Detection System) im WLAN aufstellen
• regelmäßiger Abgleich mit aktuellen Hacker-Tools

Der MAC-Adressfilter schränkt die Nutzung des WLAN auf freigeschaltete MAC-Adressen
ein, die einem bestimmten WLAN-Adapter zugeordnet ist, aber ein MAC-Adressfilter verschlüsselt keine Informationen. Das Abhören der Verbindungen ist jederzeit möglich. Er
verhindert nur, dass fremde Stationen einfach ein WLAN mitbenutzen. Weil die Verbindung
nicht verschlüsselt ist, kann ein Angreifer die verwendeten MAC-Adressen mitlesen und übernehmen. Der Angreifer kann die eigene MAC-Adresse mit einer freigegebenen überschreiben
und somit lässt sich das MAC-Adressfilter umgehen.

Das Verstecken oder Abschalten der SSID (Service Set Identifier) ist ein Leistungsmerkmal,
das nicht offiziell der Norm entspricht. Es wird nicht von jeder WLAN-Hardware unterstützt.
Wenn SSID im „Access Point" trotzdem abgeschaltet wird, kann es passieren, dass andere
WLAN-Stationen den „Access Point" nicht mehr finden und sich deshalb nicht mehr anmelden können.

Problematisch ist es auch, wenn ein Betreiber eines neuen WLAN-Access-Points nicht ein bereits fremdes installiertes WLAN feststellen kann und dann den gleichen Funkkanal belegt. Die beiden WLANs arbeiten auf dem gleichen Kanal und stören sich gegenseitig. Der Betreiber des neuen „Access Point" wundert sich, warum sein WLAN nicht richtig funktioniert und diesen Fehler kann man nicht ohne umfangreiches Wissen über Hardware und Software lokalisieren und beseitigen. Der Betreiber des bereits bestehenden WLAN wird feststellen, warum bei seinem WLAN auf einmal ständig Probleme auftreten, d. h. er hat niedrige Datenraten und es sind undefinierte Totalausfälle möglich.

Auch das Argument, dass versteckte WLANs von „War-Driving" nicht gefunden werden, ist falsch. Ein WLAN-Hacker oder „War-Driving" wird sich von der versteckten SSID nicht stören lassen. Mit den richtigen Tools können auch WLANs mit bei abgeschalteter SSID sichtbar werden.

Beim Surfen über das offene WLAN hinterlässt die IP-Adresse des WLAN-Betreibers eine Spur im Netz. Diese IP-Adresse lässt sich im nachhinein dem Anschlussinhaber zuordnen.

5.1.9   Verschlüsselung mittels WPA

IEEE 802.11i ist ein Standard für die Verschlüsselung von WLANs, die auf den IEEE-Spezifikationen 802.11 basieren. Der Entwurf für ein standardisiertes Verschlüsselungsverfahren war deshalb notwendig, weil die Verschlüsselung mit WEP (Wired Equivalent Privacy) nicht wirklich sicher war. IEEE 802.11i sollte die gröbsten Sicherheitsmängel von WEP beseitigen.

Noch vor der offiziellen Verabschiedung von IEEE 802.11i, stellte die Herstellervereinigung „Wi-Fi Alliance" auf Basis eines Entwurfs von IEEE 802.11i ein eigenes Verfahren mit der Bezeichnung WPA (WiFi Protected Access) vor. Damit sollte Schaden und Imageverlust der WLAN-Technik verhindert werden, der durch die fehlenden Sicherheitsfunktionen entstanden war. In WPA kommt TKIP (Temporal Key Integrity Protocol) als Verschlüsselungsmethode zum Einsatz. TKIP setzt auf den RC4-Algorithmus mit einer verbesserten Schlüsselberechnung nach FPK (Fast Packet Keying).

802.11i erweiterte die Herstellervereinigung um eine zweite Version und damit basiert WPA2 auf dem Standard IEEE 802.11i. Zu beachten ist, dass WPA2 nicht gleich IEEE 802.11i ist. WPA2 gibt es in zwei Varianten, die beide nicht identisch mit IEEE 802.11i sind. In der Praxis arbeitet die Verschlüsselung der üblichen WLAN-Komponenten mit WPA2 als Verschlüsselungsverfahren. Tabelle 5.8 zeigt die Unterschiede.

Tab. 5.8: Unterschiede zwischen WPA und WPA2

WPA-Variante		WPA	WPA2
Personal-Mode	Authentifizierung	PSK	PSK
	Verschlüsselung	TKIP/MIC	AES-CCMP
Enterprise-Mode	Authentifizierung	802.1x/EAP	802.1x/EAP
	Verschlüsselung	TKIP/MIC	AES-CCMP

Der wesentliche Unterschied zwischen WPA und WPA2 ist die Verschlüsselungsmethode. Während WPA das weniger sichere TKIP verwendet, kommt in WPA2 das sichere AES zum Einsatz. AES (Advanced Encryption Standard) ist der Nachfolger des veralteten DES (Data Encryption Standard). In der Regel bringt AES mehr Datendurchsatz als TKIP. Moderne WLAN-Chipsätze enthalten einen Hardware-Beschleuniger für AES und bei TKIP muss in der Regel ein interner Mikroprozessor die Arbeit erledigen.

WPA2-Enterprise ist mit 802.11i fast identisch. Der Unterschied ist die fehlende Funktion „Fast Roaming", die für VoIP-, Audio- und Video-Anwendungen interessant ist. Mit dieser Funktion wird der Wechsel zwischen zwei „Access Point" (AP) schneller durchgeführt und die Verbindung verläuft damit unterbrechungsfrei.

WPA2-Personal ist eine abgespeckte WPA2-Variante, die hauptsächlich in SOHO-Geräten (Small Office und Home Office) für Privatanwender und kleine Unternehmen gedacht ist, die auf einige Funktionen verzichten können. Dazu gehören Funktionen, die in größeren Netzwerken verwendet werden, z. B. auch die RADIUS-Authentifizierung.

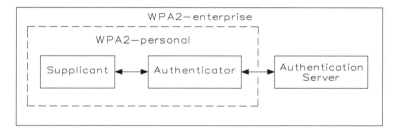

Abb. 5.20: Funktionsweise der WPA-Schlüsselverhandlung nach IEEE 802.11i und WPA/WPA2

Bei der WPA-Schlüsselverhandlung von Abb. 5.20 bekommen die WLAN-Stationen mehrere Aufgaben zugewiesen. Der „Access Point" ist der Authenticator (Beglaubigter) und der Client der Supplicant (Antragsteller). Dabei ist genau festgelegt, welche Seite welches Paket zu welchem Zeitpunkt verschickt und wie er darauf zu reagieren hat.

Bei WPA bzw. WPA2 erfolgt die Netzwerk-Authentifizierung mit einem Pre-Shared-Key (PSK) oder alternativ über einen zentralen 802.1x/Radius-Server. Dabei wird ein Passwort mit 8-Bit- bis 63-Bit-Zeichenlänge verwendet. Das Passwort ist Teil eines 128 Bit umfassenden individuellen Schlüssels, der zwischen WLAN-Client und dem „Access Point" ausgehandelt wird. Der Schlüssel wird zusätzlich mit einem 48 Bit langen „Initialization Vector" (IV) berechnet und dadurch wird die Berechnung des WPA-Schlüssels für den Angreifer erheblich erschwert.

Die Wiederholung des aus IV- und WPA-Schlüssel bestehenden echten Schlüssels erfolgt erst nach 16 Millionen Paketen (2^{24}). In frequentierten WLANs wiederholt sich der Schlüssel erst alle paar Stunden. Um die Wiederholung zu verhindern, sieht WPA eine automatische Neu-aushandlung des Schlüssels in regelmäßigen Abständen vor und damit wird der Wiederholung des echten Schlüssels vorgegriffen. Aus diesem Grund lohnt es sich nicht für den Angreifer den Informationsverkehr zwischen „Access Point" und WLAN-Clients abzuhören.

Die Schwachstelle von WPA2 ist der Schlüssel, der bei Broadcasts und Multicasts die Datenpakete verschlüsselt (Groupkey), aber dieser Schlüssel ist allen Stationen bekannt und bekommt eine nicht autorisierte Person diesen Schlüssel, ist dieser in der Lage den anfänglichen Schlüsselaustausch zwischen Client und „Access Point" aufzunehmen. Die Aushandlung dieses Schlüssels ist zumindest bei IEEE 802.11i alle 24 Stunden vorgesehen.

Eine weitere Schwachstelle ist das Passwort (PSK). Je kürzer oder simpler dieses Passwort ist, desto schneller bekommt eine nicht autorisierte Person Zugriff auf das geschützte Netzwerk. Eine lange Phase mit zufälligen Buchstaben, Zeichen und Zahlen, ist zumindest nicht einfach zu entschlüsseln.

Das Protokoll EAP (Extensible Authentication Protocol), das ursprünglich als Erweiterung für PPP-Verbindungen entwickelt wurde, ist der Kern von IEEE 802.1x. IEEE 802.1x beschreibt die Einbettung von EAP-Datagrammen in Ethernet-Frames. Das ermöglicht den Austausch von Authentifizierungsnachrichten auf der Schicht 2 des OSI-Schichtmodells. EAP beschreibt ein einfaches Frage-Antwort-Verfahren, bei dem die Authentifizierungsdaten vom Benutzer zum Authentifizierungs-Server und dessen Antworten ausgetauscht werden. RADIUS in einem speziellen Server übernimmt bei der Anbindung einer zentralen Benutzerverwaltung eine wichtige Rolle.

Aber IEEE 802.1x schreibt keinen RADIUS-Server vor, wird in der Regel beim Einsatz einer Zugangskontrolle mit IEEE 802.1x eingesetzt.

Im Zusammenhang mit WLAN wird die Authentifizierungsmethode IEEE 802.lx auch als WPA2-Enterprise, WPA2-lx oder WPA2/802.lx bezeichnet. Die Funktionen von IEEE 802.1x sind
• Zugangskontrolle
• Authentifizierung, Autorisierung und Accounting (AAA)
• Bandbreitenzuweisung QoS (mobile Quality of Service)
• Zugriffsverfahren mit Multifunktionen (SSo, Single Sign-on)

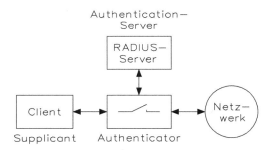

Abb. 5.21: Authentifizierungsverfahren nach 802.1x

Bestandteil eines Authentifizierungsverfahrens wie IEEE 802. 1x ist der „Supplicant" (Antragsteller), der Authenticator (Beglaubigter) und ein „Authentication Server", der den Antrag des Supplicant überprüft und seine Entscheidung dem Authenticator mitteilt. Abbildung 5.21 zeigt die Funktion von 802.1x und der Authenticator schaltet den Zugang zum Netzwerk für den Supplicant frei oder verweigert ihn.

- Authenticator (Beglaubigter): WLAN-Access-Point oder Switch mit IEEE 802.1x
- Authentication Server: RADIUS-Server (Remote Authentication Dial In User Service), LDAP-Gateway/-Server, WLAN-Access-Point
- Supplicant (Antragsteller): WLAN-Client, LAN-Station

Anmeldungen vom Supplicant (Client) werden vom Authenticator zuerst an den Authentication-Server weitergeleitet. Der Authentication-Server entscheidet, ob der Supplicant den gewünschten Zugang erhält. In Abhängigkeit einer erfolgreichen Authentifizierung wird der Zugang zum Netzwerk über einen bestimmten Port freigeschaltet. Wegen dem Bezug auf einen Port wird IEEE 802.1x auch als „Port-Based Network Access Control" bezeichnet.

Für IEEE 802.1x kann ein Port eine Steckverbindung an einem Switch oder eine logische Assoziation sein. In der Regel ist hier die Zugangsmöglichkeit zum Netzwerk für einen WLAN-Client an einem WLAN-Access-Point vorhanden. Mit IEEE 802.1x/EAP wird dem WLAN-Client zu Beginn einer Sitzung der dafür gültige WPA2-Schlüssel mitgeteilt.

Wichtig bei WLAN ist der WLAN-Access-Point und dieser muss auf WPA2-Enterprise eingestellt sein. Dabei hinterlegt man die IP-Adresse des RADIUS-Servers und ein Passwort, mit dem der RADIUS-Server und der WLAN-Access-Point ihre Kommunikation verschlüsseln und sichern.

Prinzipiell kann ein RADIUS-Server auch zur Verwaltung von Zugangsdaten dienen. Es gibt Architekturen bei denen der RADIUS-Server die Benutzer-Zugangsdaten nicht verwaltet, sondern z. B. ein LDAP-Server den Verzeichnisdienst abwickelt. In diesem Fall leitet der RADIUS-Server die Authentifizierung an den LDAP-Server weiter.

Abb. 5.22: Protokoll nach EAP (Extensible Authentication Protocol)

Die Kommunikation zwischen Supplicant und Authenticator erfolgt über das „Extensible Authentication Protocol over LAN" (EAPoL), wie Abb. 5.22 zeigt. Die Kommunikation zwischen „Authenticator und Authentication Server" erfolgt über in RADIUS-Paketen eingebundene EAP-Pakete.

Beim Zugriff auf ein lokales Netzwerk eines Unternehmens über WLAN reicht die einfache Authentifizierung über ein gemeinsames Passwort (WPA2-PSK) nicht aus. Wenn das Passwort durch das Netzwerk kreist, ist das WLAN praktisch offen für einen unerlaubten Zugriff.

Mit RADIUS werden serverseitig Passwörter zugeteilt, was dem Administrator Arbeit erspart und für den Nutzer vergleichsweise einfach ist. In dieser Konstellation kommt WPA2-Enterprise zum Einsatz, bei dem die WLAN-Basisstation die Zugriffe der WLAN-Clients über das Protokoll IEEE 802.1x mit einem RADIUS-Server aushandeln. Ein RADIUS-Server ist nicht immer zwingend erforderlich und einige WLAN-Router enthalten bereits einen RADIUS-Server, der für kleine Netzwerke eine Alternative ist.

Abbildung 5.23 zeigt die Funktionsweise für die Authentifizierung des RADIUS-Servers und der Server führt folgende Schritte durch:

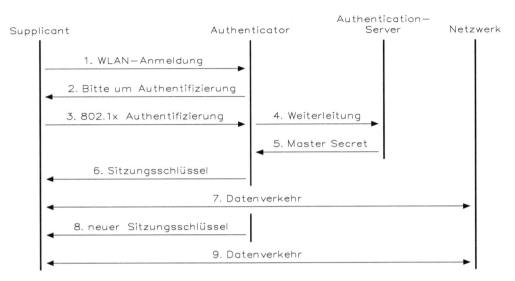

Abb. 5.23: Ablauf der Authentifizierung durch den RADIUS-Server

- Zuerst meldet sich der WLAN-Client (Supplicant) am WLAN-Access-Point (Authenticator) an und beide Geräte sind entsprechend auf WPA2-Enterprise konfiguriert.
- Der Access-Point (Authenticator) fordert den Client (Supplicant) zur Authentifizierung auf. In der Praxis folgt hier die Eingabe von Benutzername und Passwort durch den Nutzer.
- Der Client (Supplicant) authentisiert sich nach IEEE 802.1x.
- Der Access-Point (Authenticator) leitet die Authentifizierung an den RADIUS-Server (Authentication Server) weiter.
- Bei erfolgreicher Authentifizierung gibt der RADIUS-Server das Master-Secret zurück.
- Der Access-Point generiert den Sitzungsschlüssel und übergibt diesen dem Client.
- Durch den Sitzungsschlüssel bekommt der Client den gewünschten Zugriff auf das Netzwerk.
- In regelmäßigen Abständen erhält der Client einen neuen Sitzungsschlüssel mitgeteilt.
- Der Zugriff auf das Netzwerk durch den Client ist weiterhin möglich.

Innerhalb eines großen Netzwerks findet die Verwaltung und Speicherung von Benutzerdaten an zentraler Stelle statt. Diese Daten dienen auch zur Authentifizierung von Benutzern, die sich am Netzwerk anmelden.

Kommt es zu einem Zugriff von außen auf das Netzwerk wird eine RAS- (Remote Access Service) oder VPN-Verbindung hergestellt. Über diese Verbindung muss der Benutzer authentifiziert werden, bevor er Zugriff auf das Netzwerk bekommt.

Das Bindeglied zwischen der zentralen Benutzerverwaltung und dem RAS ist der RADIUS. Obwohl IEEE 802.lx keinen RADIUS-Server vorschreibt, sind in der Praxis die meisten Authenticatoren mit der Funktion eines RADIUS-Clients. Das RADIUS-Protokoll übernimmt die Authentifizierung, die Verschlüsselung und das „Accounting". Vom RADIUS-Server wird der Anfang und das Ende der Benutzung einer Leistung protokolliert und kann zu Abrechnungszwecken eingesetzt werden.

Der RADIUS-Server kennt drei Pakettypen, deren Namen so lauten, wie ihre Funktion:
- Access-Request (Bitte um Freigabe des Zugriffs)
- Access-Accept (Annahme für die Freigabe des Zugriffs)
- Access-Reject (Ablehnung der Freigabe)

Die RADIUS-Nachrichten (Remote Authentication Dial In User Service) werden auf IP-Ebene mit UDP-Paketen versendet. Die Informationen stecken in AVP (Attribute-Value Pairs).

Beim Switch und Access Point beschränkt sich die Konfiguration auf den Eintrag der IP-Adresse des RADIUS-Servers, sowie ein gemeinsames Passwort (Key) mit dem Switch bzw. Access Point und Server, der die Kommunikation verschlüsselt. Anschließend müssen im Switch nur noch die betreffenden Ports gekennzeichnet werden, was für die Authentifizierung gilt.

Wenn ein Netzwerk auf diese Weise gesichert ist, muss man dafür sorgen, dass ungeschützte Ports unzugänglich sind, z. B. sollte der Netzwerkschrank oder Netzwerkraum abgeschlossen sein.

IEEE 802.1x geht von einem Host bzw. einem User pro Port aus. Es kann sich also immer nur ein User authentifizieren, andere User bleiben ausgesperrt und die Ausnahme tritt auf, wenn Multi-802.1x konfigurierbar ist.

Wenn man eine IEEE-802.1x-Authentifizierung im Netzwerk betreibt, treten häufig verschiedene Probleme auf, da es Netzwerkgeräte gibt, bei denen keine IEEE-802.lx-Unterstützung vorhanden ist, z. B. Drucker, Webcam oder VoIP-Telefone. In so einem Fall benötigt man eine Alternative für IEEE 802.1x, um auch diese Hosts zu authentifizieren. Dazu nimmt der Switch die MAC-Adresse des Hosts als Benutzername und Passwort in hexadezimaler Schreibweise für die Authentifizierung mit dem RADIUS-Server, aber, dies hat einen schwerwiegenden Nachteil. Die MAC-Adresse kann ein Angreifer einfach übernehmen. Dazu muss der Angreifer nur die MAC-Adresse eines entsprechenden Druckers, Telefons oder eines anderen Geräts kennen. Häufig stehen die MAC-Adressen auf Typenschildern, aber ein solcher Angriff ist natürlich mit erheblichem Aufwand verbunden. „MAC-based Authentication" schützt also nur vor versehentlichen Verbindungsversuchen und unbedarften Personen.

Normalerweise funktioniert eine Authentifizierung mit IEEE 802.1x nur einmal pro Port. Mit Multi-802.1x kann ein Switch an einem Port auch mehrere Hosts authentifizieren, z. B. lässt sich an einem Port ein weiterer Switch betreiben, der kein IEEE 802.1x beinhaltet. Damit IEEE 802.1x über mehrere Switches hinweg funktioniert, muss jeder Switch das EAPOL-Frame durchlassen und dieses Leistungsmerkmal ist aber nicht selbstverständlich.

5.1.10   Verschlüsselungs- und Authentifizierungsmechanismen mit IPsec

IPsec (Security Architecture for IP) ist eine Erweiterung des Internet-Protokolls (IP) um Verschlüsselungs- und Authentifizierungsmechanismen. Damit erhält das Internet-Protokoll die Fähigkeit IP-Pakete kryptografisch gesichert über öffentliche unsichere Netze zu transportieren. IPsec wurde von der IETF (Internet Engineering Task Force) als integraler Bestandteil von IPv6 entwickelt. Weil das Internet-Protokoll der Version 4 ursprünglich keine Sicherheitsmechanismen hatte, wurde IPsec für Pv4 nachträglich spezifiziert. Die Bestandteile von LPsec-VIPNs sind

- Interoperabilität
- kryptografischer Schutz der übertragenen Daten
- Zugangskontrolle
- Datenintegrität
- Authentisierung des Absenders (Benutzerauthentisierung)
- Verschlüsselung
- Authentifizierung von Schlüsseln
- Verwaltung von Schlüsseln (Schlüsselmanagement)

Hinter diesen Bestandteilen stehen Verfahren, die miteinander kombiniert sind und eine zuverlässige Sicherheit für die Datenübertragung über öffentliche Netze zulässt. Bei VPN-Sicherheitslösungen mit hohen Sicherheitsanforderungen verwendet man generell IPsec. Die Einsatzmöglichkeiten sind

- Site-to-Site-VPN/LAN-to-LAN-VPN/Gateway-to-Gateway-VPN
- End-to-Site-VPN/Host-to-Gateway-VPN/Remote-Access-VPN
- End-to-End-VPN/Host-to-Host-VPN/Remote-Desktop-VPN/Peer-to-Peer-VPN

Prinzipiell eignet sich IPsec für eine Gateway-zu-Gateway-Übertragung. Also die Verbindung von Netzen über ein unsicheres Netz. Ebenso denkbar ist das Host-zu-Gateway-Szenario, das der Remote-Access-Übertragung entspricht, wobei die Komplexität von IPsec und einige Unzulänglichkeiten von TCP/IP hier gelegentlich Probleme bereiten können. Eher untypisch ist die Host-zu-Host-Übertragung, aber ebenso möglich.

IPsec hat den Nachteil, dass es nur IP-Pakete übertragen (tunneln) kann. Außerdem ist es ohne zusätzliche Protokolle eher ungeeignet für „Remote Access", da die Funktionen zur Konfiguration von IP-Adresse, Subnetzmaske und DNS (Domain Name Service) fehlen. Zur Realisierung einer VPN-Verbindung ist außer IPsec auch L2TP (Layer 2 Tunneling Protocol), PPTP (Point-to-Point Tunneling Protocol) oder SSL-VPN in Betracht zu ziehen.

Abb. 5.24: Funktionsweise von IPsec nach „Security Association"

Hauptbestandteil von IPsec sind die Vertrauensstellungen (Security Association) zwischen zwei Kommunikationspartnern, wie Abb. 5.24 zeigt. Eine Vertrauensstellung muss nicht zwangsläufig zwischen den Endpunkten (Client) einer Übertragungsstrecke liegen. Es reicht aber aus, wenn z. B. bei der Kopplung zweier Netze die beiden Router über eine Vertrauensstellung verfügen. Selbstverständlich dürfen auch mehrere Vertrauensstellungen für eine Verbindung vorhanden sein.

Die Vertrauensstellungen regeln die Kommunikation von IPsec. Die relativ flexiblen Kombinationen von Vertrauensstellungen erfordern aber einen sehr hohen Konfigurationsaufwand.

Um eine gesicherte Verbindung zwischen zwei Stationen herstellen zu können, müssen auf beiden Seiten einige Parameter ausgetauscht werden:
- Art der gesicherten Übertragung (Authentifizierung oder Verschlüsselung)
- Verschlüsselungsalgorithmus
- Schlüssel
- Dauer der Gültigkeit der Schlüssel

Vertrauensstellungen werden durch den Austausch vorab definierter Schlüssel hergestellt. Eine andere Form ist die Vergabe von Zertifikaten durch ein Trust-Center oder einen installierten Zertifikate-Server. Schlüssel und Zertifikate sollen sicherstellen, dass derjenige welcher einen Schlüssel oder ein Zertifikat besitzt, auch derjenige ist, für den er sich ausgibt. Dieses Verfahren ist ähnlich wie beim Personalausweis oder Führerschein, mit dem sich eine Person gegenüber einer Sicherheit- oder Behördenperson ausweisen muss.
- Pre-Shared Keys (PSK)
- X.509-Zertifikate

Schlüssel oder Zertifikate für beide Methoden benötigen viel Zeit und Sorgfalt bei der Einrichtung. Die einfachere Variante ist der geheime Schlüssel (Passwort). Wichtig ist, dass die beiden Endpunkte über IP-Adresse, Subnetzmaske, Tunnelname und den geheimen Schlüssel informiert sind. Zusätzlich gibt es Parameter, die die Details der Authentisierung, Verschlüsselung und die Länge des Schlüssels festlegen.

Bei der Authentifizierung mit Pre-Shared Key muss ein Identifier konfiguriert werden. Der Identifier beinhaltet zusätzliche Angaben, anhand der sich die Gegenstellen (Gateway und Client) identifizieren können. Häufig werden dafür IP-Adressen, DNS-Namen (FQDN, Full Qualified Domain Name) oder E-Mail-Adressen (FQUN, Full Qualified User Name) verwendet.

Die zentralen Funktionen in der IPsec-Architektur sind das AH-Protokoll (Authentification Header), das ESP-Protokoll (Encapsulating Security Payload) und die Schlüsselverwaltung (Key Management). Authentizität, Vertraulichkeit und Integrität erfüllt IPsec durch AH und ESP. Für den Aufbau eines VPN (Virtual Private Network) gibt es in IPsec den „Authentication Header" (AH) und den „Encapsulating Security Payload" (ESP). Beide lassen sich gemeinsam oder eigenständig verwenden und in beiden Verfahren findet eine gesicherte Übertragung statt. Das AH-Protokoll sorgt für die Authentifizierung der zu übertragenden Daten und Protokollinformationen. Das ESP-Protokoll erhöht die Datensicherheit in Abhängigkeit des gewählten Verschlüsselungsalgorithmus.

IPsec setzt kein bestimmtes Verschlüsselungs- und Authentifizierungsverfahren voraus. Gängige Verfahren sind DES, Triple-DES (3DES) und SHA-1. Da IPsec-Implementierungen kein bestimmtes Verfahren beherrschen müssen, ergeben sich häufig Probleme, wenn unterschiedliche VPN-Produkte (Virtual Private Network) zusammenarbeiten müssen.

Es gibt zwei Wege für die Verwaltung und Verteilung der Schlüssel innerhalb eines VPN. Neben der reinen manuellen Schlüsselverwaltung, kann auch das IKE (Internet Key Exchange Protocol) eingesetzt werden. Vor der geschützten Kommunikation müssen sich die Kommunikationspartner über die Verschlüsselungsverfahren und Schlüssel einig sein. Diese Parameter sind Teil der Sicherheitsassoziation (Vertrauensstellungen) und werden von IKE/IKEv2 automatisch ausgehandelt und verwaltet.

Das IKE-Protokoll dient der automatischen Schlüsselverwaltung für IPsec. Es verwendet das Diffie-Hellman-Verfahren zum sicheren Erzeugen von Schlüsseln über ein unsicheres Netz. Auf Basis dieses Verfahrens wurden einige Schlüsselaustauschverfahren entwickelt, die zum Teil die Grundlage für IKE bilden. IKE basiert auf dem „Internet Security Association and Key Management Protocol" (ISAKMP). ISAKMP ist ein Regelwerk, das das Verhalten der beteiligten Gegenstellen genau festlegt. Wie das zu erfolgen hat, legt IKE fest und die Flexibilität von IKE äußert sich in seiner Komplexität. Wenn unterschiedliche IPsec-Systeme keine Sicherheitsassoziationen austauschen können, dann liegt das meistens an einer fehlerhaften IKE-Implementierung oder fehlendem Verschlüsselungsverfahren.

Version 2 des Internet-Key-Exchange-Protokolls (IKEv2) vereinfacht die Einrichtung eines VPN. Es ist wesentlich einfacher, flexibler und weniger fehleranfällig. Insbesondere soll das „Mobility and Multihoming Protocol" (MOBIRE) dafür sorgen, dass IPsec-Tunnel in mobilen Anwendungen erheblich zuverlässiger funktionieren.

IKEv2 korrigiert einige Schwachstellen bzw. Probleme der Vorgänger-Version. Die Definition wurde in ein Dokument zusammengefasst, der Verbindungsaufbau vereinfacht und viele Verbesserungen sind enthalten. Insgesamt ist IKEv2 weniger komplex als die Vorgänger-Version. Dies erleichtert die Implementierung und erhöht die Sicherheit. IKEv2 ist allerdings nicht abwärtskompatibel zu IKE, aber beide Protokolle werden über den gleichen UDP-Port (User Datagram Protocol) betrieben.

Im Zusammenhang mit IPsec werden häufig die Begriffe „Main Mode" und „Aggressive Mode" verwendet. Es handelt sich dabei um unterschiedliche Verfahren zur Aushandlung des Schlüssels.

Abb. 5.25: VPN-Tunnel zwischen zwei Netzwerken

Die Netzwerkteilnehmer im LAN 1 können auf das LAN 2 zugreifen bzw. umgekehrt die Teilnehmer aus LAN 2 auf das LAN 1, wie Abb. 5.25 zeigt. Die Verbindung über das Internet läuft durch einen verschlüsselten Tunnel. Die beiden Firewalls müssen beim Verbindungsaufbau ihre Identität eindeutig nachweisen und somit ist unberechtigter Zugang ausgeschlossen. Die Kommunikation über das Internet erfolgt verschlüsselt und sollte ein Dritter die Datenpakete protokollieren, erhält er nur einen undefinierten Datenmüll.

Damit beide Netze eine Verbindung zueinander aufbauen können muss die IP-Adresse des jeweiligen anderen Netzes bekannt sein. Für einen Verbindungsaufbau ist deshalb eine feste IP-Adresse notwendig oder es wird der Verbindungsaufbau zu unübersichtlich. Ändert sich die IP-Adresse eines Netzes, z. B. beim Verbindungsaufbau zum Internet-Provider oder Zugangsnetzbetreiber, dann müssen die Adressen gegen neue ausgetauscht werden, entweder manuell oder per dynamische DNS-Einträge (Domain Name Service) mit DDNS (Dynamic Domain Name Service).

Damit das Routing zwischen den Netzen funktioniert, müssen die Adressbereiche innerhalb der Netze unterschiedlich sein. Da die Netze sich nach der Zusammenschaltung wie eines verhalten, dürfen IP-Adressen nicht doppelt vorkommen. Deshalb muss vorab auf beiden Seiten ein eigener Adressbereich, also unterschiedliche Subnetze, konfiguriert werden.

5.2   Logische Adressierung und Datentransport

Weder Ethernet, noch die gängigen Übertragungstechniken allein verfügen über die Möglichkeit, verschiedene Netze zu adressieren. Darüber hinaus arbeitet Ethernet z. B. verbindungslos, d. h. der Absender erhält vom Empfänger keine Bestätigung, ob ein Paket angekommen ist. Spätestens wenn ein Ethernet-Netzwerk mit mehreren Netzen verbunden werden soll, muss man also mit übergeordneten Protokollen – etwa mit TCP/IP – arbeiten.

Bereits in den 60er Jahren vergab das amerikanische Militär den Auftrag, ein Protokoll zu schaffen, damit unabhängig von der verwendeten Hard- und Software ein standardisierter Informationsaustausch zwischen einer beliebigen Zahl verschiedener Netzwerke möglich ist. Aus dieser Vorgabe entstand im Jahr 1974 das Protokoll TCP/IP. Obwohl TCP und IP immer in einem Wort genannt werden, handelt es sich hier um zwei aufeinander aufsetzende Protokolle. IP (Internet Protocol) übernimmt die richtige Adressierung und Zustellung der Datenpakete, während das darauf aufsetzende TCP (Transport Control Protocol) für den Transport und die Sicherung der Daten zuständig ist.

Welches physikalische Grundmodell vom Ethernet-Datenformat auch genutzt wird – der logische Aufbau der verwendeten Datenpakete ist bei allen Ethernet-Topologien gleich. Die Netzteilnehmer verarbeiten aber nur diejenigen Pakete weiter, die tatsächlich an sie selbst adressiert sind.

Die Ethernet-Adresse – auch MAC-ID oder Node-Number genannt – wird vom Hersteller in den physikalischen Ethernet-Adapter (Netzwerkkarte, Printserver, Com-Server, Router, usw.) fest „eingebrannt", steht also für jedes Endgerät fest und lässt sich nicht ändern. Die Ethernet-Adresse ist ein 6-Byte-Wert, der üblicherweise in hexadezimaler Schreibweise angegeben wird und eine Ethernet-Adresse sieht typischerweise so aus:

00-C0-3D-00-27-8B

Jede Ethernet-Adresse ist weltweit einmalig! Die ersten drei Hex-Werte bezeichnen dabei den Herstellercode, die letzten drei Hex-Werte werden vom Hersteller vergeben.

Ethernet-Datenpaket: Es gibt vier verschiedene Typen von Ethernet-Datenpaketen, die je nach Anwendung eingesetzt werden:

Datenpakettyp	Anwendung
Ethernet 802.2	Novell IPX/SPX
Ethernet 802.3	Novell IPX/SPX
Ethernet SNAP	APPLE TALK Phase II
Ethernet II	TCP/IP, APPLE TALK Phase 1

In Verbindung mit TCP/IP werden in aller Regel Ethernet-Datenpakete vom Typ Ethernet II verwendet. Der Aufbau eines Ethernet-II-Datenpakets erfolgt nach Tab. 5.9.

Tab. 5.9: Aufbau eines Ethernet-Datenpakets

⎍⎍⎍⎍⎍	00C03D00278B	03A055236544	0800	Nutzdaten	Checksumme
Preamble	Destination	Source	Type	Data	FCS

- Preamble: Die Bitfolge mit stetigem Wechsel zwischen 0 und 1 dient zur Erkennung des Paketanfangs bzw. der Synchronisation. Auch Kollision (überschneidendes Senden zweier Teilnehmer) kann ggf. an der Preamble erkannt werden. Das Ende der Preamble wird durch die Bitfolge „11" gekennzeichnet.
- Destination: Ethernet-Adresse des Empfängers
- Source: Ethernet-Adresse des Absenders
- Type: Gibt den übergeordneten Verwendungszweck an (z. B. IP = Internet Protocol = 0800H)
- Data: Nutzdaten
- FCS: Checksumme

Der Aufbau der anderen Ethernet-Pakete unterscheidet sich nur in den Feldern „Type" und „Data", denen je nach Pakettyp eine andere Funktion zukommt.

5.2.1   TCP/IP im lokalen Netz

Der besseren Übersichtlichkeit halber soll zunächst der Datentransport und die logische Adressierung mit TCP/IP innerhalb eines lokalen Netzes erklärt werden.
- IP (Internet Protocol): Für das Verständnis der Adressierung innerhalb eines lokalen Netzes reicht uns zunächst ein Blick auf die grundsätzliche Struktur des „Internet Protocols" IP und auf das „Address Resolution Protocol" ARP, welches die Zuordnung von IP-Adressen zu Ethernet-Adressen ermöglicht.
- IP-Adressen: Unter IP hat jeder Netzteilnehmer eine einmalige IP-Adresse, die oft auch als „IP-Nummer" bezeichnet wird. Diese Internet-Adresse hat immer ein 32-Bit-Format, der zur besseren Lesbarkeit immer in Form von vier durch Punkte getrennte Dezimalzahlen (8-Bit-Werten) angegeben wird (Dot-Notation).

$$192 \ . \ 168 \ . \ 1 \ . \ 22$$

$$11000000 \quad 10101000 \quad 00000001 \quad 00010110$$

Die IP-Adresse muss im gesamten verbundenen Netzwerk einmalig sein!
- IP-Datenpakete: Auch bei der Datenübertragung mit IP werden die Nutzdaten in einen Rahmen von Adressierungsinformationen gepackt. IP-Datenpakete enthalten neben den zu transportierenden Nutzdaten eine Fülle von Adress- und Zusatzinformationen, die im sogenannten „Paketkopf" stehen. Tabelle 5.10 zeigt den Aufbau eines IP-Datenpakets, mit dem Paketkopf (Header) und dem Nutzdatenbereich (Data Array).
- ARP (Address Resolution Protocol): Der IP-Treiber übergibt neben dem IP-Datenpaket auch die physikalische Ethernet-Adresse an den Ethernet-Treiber. Zur Ermittlung der Ethernet-Adresse des Empfängers bedient sich der IP-Treiber des ARP.

Tab. 5.10: Aufbau eines IP-Datenpakets

0 3 4 7 8 15	16 31	
VERS HLEN SERVICE TYPE	TOTAL LENGTH	
IDENTIFICATION	FLAGS FRAGMENT OFFSET	
TIME TO LIVE PROTOCOL	HEADER CHECKSUM	Paketkopf
SOURCE IP ADDRESS[1]		(Header)
DESTINATION IP ADDRESS[2]		
IP OPTIONS (IF ANY)	PADDING	
DATA[3]		Nutzdatenbereich
…		(Data Array)
DATA		

1) source IP address: IP-Adresse des Absenders
2) destination IP address: IP-Adresse des Empfängers
3) Nutzdatenbereich (Data Array)

Über ARP wird die zu einer IP-Adresse gehörende Ethernet-Adresse eines Netzwerkteilnehmers ermittelt. Die ermittelten Zuordnungen werden auf jedem einzelnen Rechner in der ARP-Tabelle verwaltet. In Windows-Betriebssystemen kann man auf die ARP-Tabelle mit Hilfe des ARP-Befehls Einfluss nehmen. Eigenschaften und Parameter des ARP Kommandos in der DOS-Box:

• ARP-A listet die Einträge der ARP-Tabelle aus
• ARP-S <IP-Adresse> <Ethernet-Adresse> fügt der ARP-Tabelle einen statischen Eintrag hinzu
• ARP-D <IP-Adresse> löscht einen Eintrag aus der ARP-Tabelle

In jedem TCP/IP-fähigen Rechner gibt es eine ARP-Tabelle. Die ARP-Tabelle wird vom TCP/IP-Treiber bei Bedarf aktualisiert und enthält die Zuordnung von IP-Adressen zu Ethernet-Adressen.

Internet Address	Physical Address	Type
172.16.232.23	00–80–48–9c–ac–03	dynamic
172.16.232.49	00–c0–3d–00–26–a1	dynamic
172.16.232.92	00–80–48–9c–a3–62	dynamic
172.16.232.98	00–c0–3d–00–1b–26	dynamic
172.16.232.105	00–c0–3d–00–18–bb	dynamic

Soll ein IP-Paket verschickt werden, sieht der IP-Treiber zunächst nach, ob die gewünschte IP-Adresse bereits in der ARP-Tabelle vorhanden ist. Ist dies der Fall, gibt der IP-Treiber die ermittelte Ethernet-Adresse zusammen mit seinem IP-Paket an den Ethernet-Treiber weiter.

Kann die gewünschte IP-Adresse nicht gefunden werden, startet der IP-Treiber einen ARP-Request. Ein ARP-Request ist ein Rundruf (broadcast) an alle Teilnehmer im lokalen Netz.

Damit der Rundruf von allen Netzteilnehmern zur Kenntnis genommen wird, gibt der IP-Treiber als Ethernet-Adresse FF-FF-FF-FF-FF-FF an. Ein mit FF-FF-FF-FF-FF-FF adressiertes Ethernet-Paket wird grundsätzlich von allen Netzteilnehmern gelesen. Als Destination wird die gewünschte IP-Adresse angegeben und im Feld Protocol des Ethernet-Headers die Kennung für ARP ausgewiesen.

Derjenige Netzteilnehmer, der in diesem ARP-Request seine eigene IP-Adresse wiedererkennt, bestätigt das mit einem ARP-Reply. Der ARP-Reply ist ein auf Ethernet-Ebene an den ARP-Request-Absender adressiertes Datenpaket mit der ARP-Kennung im Protocol-Feld. Im Datenbereich des ARP-Pakets sind außerdem die IP-Adressen von Sender und Empfänger des ARP-Reply eingetragen.

Der IP-Treiber kann nun die dem ARP-Reply entnommene Ethernet-Adresse der gewünschten IP-Adresse zuordnen und trägt sie in die ARP-Tabelle ein.

Im Normalfall bleiben die Einträge in der ARP-Tabelle nicht dauerhaft bestehen. Wird ein eingetragener Netzwerkteilnehmer über eine bestimmte Zeit (unter Windows ca. zwei Minuten) nicht kontaktiert, wird der entsprechende Eintrag gelöscht. Dieses Verfahren hält die ARP-Tabelle schlank und ermöglicht den Austausch von Hardwarekomponenten unter Beibehaltung der IP-Adresse. Man bezeichnet diese zeitlich begrenzten Einträge auch als dynamische Einträge.

Neben den dynamischen Einträgen gibt es auch statische Einträge, die der Benutzer selbst in der ARP-Tabelle ablegt. Die statischen Einträge können genutzt werden, um an neue Netzwerkkomponenten, die noch keine IP-Adresse beinhaltet, die gewünschte IP-Adresse zu übergeben. Diese Art der Vergabe von IP-Adressen lassen auch Com-Server zu: Empfängt ein Com-Server, der noch keine eigene IP-Adresse hat, ein IP-Datenpaket, das auf Ethernet-Ebene an ihn adressiert ist, wird die IP-Adresse dieses Pakets ausgewertet und als eigene IP-Adresse übernommen.

Achtung: Nicht alle Netzwerkkomponenten besitzen diese Fähigkeit. PCs lassen sich auf diese Weise z. B. nicht konfigurieren!

5.2.2   Transportprotokolle TCP und UDP

Die Frage, auf welche Art und Weise Daten transportiert werden sollen, lösen Transportprotokolle, die jeweils verschiedenen Anforderungen gerecht werden.

- TCP (Transport Control Protocol): Weil IP ein ungesichertes, verbindungsloses Protokoll ist, arbeitet es oft mit dem aufgesetzten TCP zusammen, das die gesicherte Zustellung der Nutzdaten übernimmt. TCP stellt außerdem für die Dauer der Datenübertragung eine Verbindung zwischen zwei Netzteilnehmern her. Beim Verbindungsaufbau werden Bedingungen wie z. B. die Größe der Datenpakete festgelegt, die für die gesamte Verbindungsdauer gelten.

TCP kann man mit einer Telefonverbindung vergleichen. Teilnehmer A wählt Teilnehmer B an und Teilnehmer B akzeptiert mit dem Abheben des Hörers die Verbindung, die dann bestehen bleibt, bis einer der beiden sie beendet.

TCP arbeitet nach dem sogenannten Client-Server-Prinzip: Denjenigen Netzteilnehmer, der eine Verbindung aufbaut (der also die Initiative ergreift), bezeichnet man als Client. Der Client nimmt einen vom Server angebotenen Dienst in Anspruch, wobei je nach Dienst ein Server auch mehrere Clients gleichzeitig bedienen kann.

Derjenige Netzteilnehmer, zu dem die Verbindung aufgebaut wird, wird als Server bezeichnet. Ein Server arbeitet nicht ohne Aufforderung, sondern wartet auf einen Client, der eine Verbindung zu ihm aufbaut. In diesem Zusammenhang mit TCP spricht man von TCP-Client und TCP-Server.

TCP sichert die übertragenen Nutzdaten mit einer Checksumme und versieht jedes gesendete Datenpaket mit einer Sequenznummer. Der Empfänger eines TCP-Pakets prüft anhand der Checksumme den korrekten Empfang der Daten. Hat ein TCP-Server ein Paket korrekt empfangen, wird über einen vorgegebenen Algorithmus aus der Sequenznummer eine Acknowledgement-Nummer errechnet.

Die Acknowledgement-Nummer wird dem Client mit dem nächsten selbst gesendeten Paket als Quittierung zurückgegeben. Der Server versieht seine gesendeten Pakete ebenfalls mit einer eigenen Sequenznummer, die wiederum vom Client mit einer Acknowledgement-Nummer quittiert wird. Dadurch ist gewährleistet, dass der Verlust von TCP-Paketen bemerkt wird, und diese im Bedarfsfall in korrekter Abfolge erneut gesendet werden können.

Darüber hinaus leitet TCP die Nutzdaten auf dem Zielrechner an das richtige Anwendungsprogramm weiter, indem es unterschiedliche Anwendungsprogramme – auch Dienste genannt – über unterschiedliche Portnummern anspricht. Telnet (Terminal over Network) ist z. B. über Port 23, HTTP und der Dienst, der durch die Webseiten aufgerufen wird, über Port 80 zu erreichen. Vergleicht man ein TCP-Paket mit einem Brief an eine Behörde, kann man die Portnummer mit der Raumnummer der adressierten Dienststelle vergleichen. Befindet sich z. B. das Straßenverkehrsamt in Raum 312 und man adressiert einen Brief an eben diesen Raum, dann gibt man damit zugleich auch an, dass man die Dienste des Straßenverkehrsamts in Anspruch nehmen möchte. Abbildung 5.26 zeigt den Datenaustausch beim Aufruf einer Webseite und bei einer Telnet-Sitzung.

Damit die Antwort des Zielrechners wieder an der richtigen Stelle ankommt, hat auch die Client-Anwendung eine Portnummer. Bei PC-Anwendungen werden die Portnummern der Client-Anwendungen dynamisch und unabhängig von der Art der Anwendung vergeben.

Auch TCP verpackt die Nutzdaten in einen Rahmen von Zusatzinformationen. Solche TCP-Pakete sind nach Tab. 5.11 aufgebaut.

Das so entstandene TCP-Paket wird in den Nutzdatenbereich eines IP-Pakets eingesetzt.

TCP-HEADER	TCP-NUTZDATENBEREICH

IP-HEADER	IP-NUTZDATENBEREICH

Das IP-Paket hat anschließend den Aufbau:

IP-HEADER	TCP-HEADER	TCP-NUTZDATENBEREICH

Die Nutzdaten werden quasi in einen Briefumschlag (TCP-Paket) gesteckt, der wiederum in einen Briefumschlag (IP-Paket) gesteckt wird.

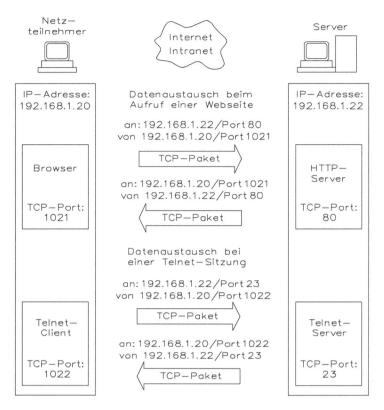

Abb. 5.26: Datenaustausch beim Aufruf einer Webseite und bei einer Telnet-Sitzung

- UDP (User Datagram Protocol) ist ein weiteres Transportprotokoll, das auf IP aufsetzt.

UDP-HEADER	UDP-NUTZDATENBEREICH

IP-HEADER	IP-NUTZDATENBEREICH

Das IP-Paket hat anschließend folgenden Aufbau:

IP-HEADER	UDP-HEADER	UDP-NUTZDATENBEREICH

Im Gegensatz zu TCP arbeitet UDP verbindungslos. Jedes Datenpaket wird als Einzelsendung behandelt, und es gibt keine Rückmeldung darüber, ob ein Paket beim Empfänger angekommen ist.

Weil unter UDP aber keine Verbindungen auf- und abgebaut werden müssen und somit keine Timeout-Situationen entstehen können, kann UDP jedoch schneller als TCP sein. Wenn ein Paket verlorengeht, wird die Datenübertragung hier ungehindert fortgesetzt, sofern nicht ein höheres Protokoll für Wiederholungen verantwortlich ist.

Tab. 5.11: Aufbau eines TCP-Datenpakets

0 15	16 31	
SOURCE PORT[1]	DESTINATION PORT[2]	
SEQUENCE NUMBER[3]		
ACKNOWLEDGEMENT NUMBER[4]		Paketkopf
HLEN RESERVED CODE BITS	WINDOW	(Header)
CHECKSUM	URGENT POINTER	
IP OPTIONS (IF ANY)	PADDING	
DATA[5]		
...		Nutzdatenbereich
DATA		(Data Array)

1) Source Port: Portnummer der Applikation des Absenders
2) Destination Port: Portnummer der Applikation des Empfängers
3) Sequence No: Offset des ersten Datenbytes relativ zum Anfang des TCP-Stroms
    (garantiert die Einhaltung der Reihenfolge)
4) Acknowl. No: Im nächsten TCP-Paket erwartete Sequenznummer
5) Data: Nutzdaten

Die Datensicherheit ist unter UDP also in jedem Fall durch das Anwendungsprogramm zu gewährleisten und Tab. 5.12 zeigt Aufbau eines UDP-Datenpakets mit dem Paketkopf (Header) und dem Nutzdatenbereich (DATA).

Tab. 5.12: Aufbau eines UDP-Datenpakets

0 15	16 31	
UDP SOURCE PORT[1]	UDP DESTINATION PORT[2]	Paketkopf
UDP MESSAGE LENGTH	UDP CHECKSUM	(Header)
DATA		
...		Nutzdatenbereich
DATA		(Data Array)

1) Source Port: Portnummer der Applikation des Absenders
2) Destination Port: Portnummer der Applikation des Empfängers

Der Paketkopf (Header) beinhaltet die zwei Zeilen mit Source Port, Destination Port, Länge der Übertragung, die Checksumme und erst dann folgen die Daten.

In der Praxis gilt:
- Für kontinuierliche Datenströme oder große Datenmengen sowie in Situationen, in denen ein hohes Maß an Datensicherheit gefordert ist, wird in aller Regel TCP eingesetzt.
- Bei häufig wechselnden Übertragungspartnern sowie einer Gewährleistung der Datensicherheit durch übergeordnete Protokolle verwendet man UDP.

Mit TCP/IP (bzw. UDP/IP) lassen sich die Daten adressieren und sicher transportieren. TCP/IP ist ein rein logisches Protokoll und benötigt immer eine physikalische Grundlage.

Wie bereits erwähnt, hat Ethernet heute die größte Verbreitung bei den physikalischen Netz-werktopologien und man findet auch in den meisten TCP/IP-Netzwerken mit Ethernet als physikalische Grundlage.

TCP/IP und Ethernet werden zusammengeführt, indem jedes TCP/IP-Paket in den Nutzda-tenbereich eines Ethernet-Pakets eingebettet wird.

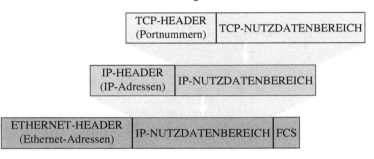

Das komplette Paket sieht dann so aus:

ETHERNET-HEADER (Ethernet-Adressen)	IP-HEADER (IP-Adressen)	TCP-HEADER (Portnummern)	TCP-NUTZDATENBEREICH	FCS

Die Nutzdaten passieren auf ihrem Weg von der Applikation auf dem PC bis ins Netzwerk mehrere Treiberebenen:
- Das Anwendungsprogramm entscheidet, an welchen anderen Netzteilnehmer die Daten gesendet werden sollen, und übergibt IP-Adresse und TCP-Port dem TCP/IP-Treiber (TCP/IP-Stack).
- Der TCP/IP-Treiber koordiniert den Aufbau der TCP-Verbindung.
- Die vom Anwendungsprogramm werden vom TCP-Treiber je nach tragbare Blöcke ge-teilt.
- Jeder Datenblock wird zunächst in ein TCP-Paket übernommen.
- Der TCP-Treiber übergibt das TCP-Paket und die IP-Adresse des Empfängers an den IP-Treiber.
- Der IP-Treiber verpackt das TCP-Paket in ein IP-Paket.
- Der IP-Treiber sucht in der ARP-Tabelle (Address Resolution Protocol) nach der Ethernet-Adresse des durch die IP-Adresse angegebenen Empfängers (wenn kein Eintrag vorhan-den ist, wird zunächst ein ARP-Request ausgelöst) und übergibt das IP-Paket zusammen mit der ermittelten Ethernet-Adresse an den Ethernet-Kartentreiber.
- Der Ethernet-Kartentreiber verpackt das IP-Paket in ein Ethernet-Paket und gibt dieses Paket über die Netzwerkkarte auf das Netzwerk aus.

Beim Empfänger findet die Prozedur in umgekehrter Reihenfolge statt:
- Die Ethernet-Karte erkennt an der Destination-Ethernet-Adresse, dass das Paket für den Netzteilnehmer bestimmt ist und gibt es an den Ethernet-Treiber weiter.
- Der Ethernet-Treiber isoliert das IP-Paket und gibt es an den IP-Treiber weiter.
- Der IP-Treiber isoliert das TCP-Paket und gibt es an den TCP-Treiber weiter.
- Der TCP-Treiber überprüft den Inhalt des TCP-Pakets auf Richtigkeit und übergibt die Daten anhand der Portnummer an die richtige Applikation.

Das Beispiel zeigt das Zusammenspiel von logischer Adressierung (TCP/IP) und tatsächlicher physikalischer Adressierung (Ethernet). Erst dieses Zusammenspiel gestattet es, netzübergreifend und hardwareunabhängig Daten auszutauschen.

5.2.3 TCP/IP bei netzübergreifender Verbindung

Das Internet-Protokoll macht es möglich, eine unbestimmte Anzahl von Einzelnetzen zu einem Gesamtnetzwerk zusammenzufügen. Es ermöglicht also den Datenaustausch zwischen zwei beliebigen Netzteilnehmern, die jeweils in beliebigen Einzelnetzen positioniert sind. Die physikalische Ausführung der Netze bzw. Übertragungswege (Ethernet, Token Ring, ISDN...) spielen hierbei keine Rolle. Abbildung 5.27 zeigt die Verbindungen der einzelnen Netzwerke über das Telefonnetz.

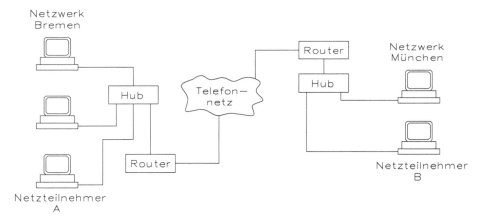

Abb. 5.27: Netzübergreifende Verbindung durch das Telefonnetz auf Basis des Internets

Die verschiedenen Einzelnetze werden über Gateway/Router miteinander verbunden und fügen sich so zum Internet bzw. Intranet zusammen. Die Adressierung erfolgt nach wie vor über die IP-Adresse.

Die IP-Adresse unterteilt sich in Net-ID und Host-ID, wobei die Net-ID zur Adressierung des Netzes und die Host-ID zur Adressierung des Netzteilnehmers innerhalb eines Netzes dient. An der Net-ID erkennt man, ob der Empfänger, zu dem die Verbindung aufgebaut werden soll und im gleichen Netzwerk wie der Sender zu finden ist. Stimmt dieser Teil der IP-Adresse bei Sender und Empfänger überein, befinden sich beide im gleichen Netzwerk und stimmt er nicht überein, ist der Empfänger in einem anderen Netzwerk zu finden.

Ähnlich sind auch Telefonnummern aufgebaut. Hier unterscheidet man ebenfalls zwischen Ländernummer, Vorwahl und Teilnehmerrufnummer.

Je nachdem, wie groß der Anteil der Net-ID an einer IP-Adresse ist, sind wenige große Netze mit jeweils vielen Teilnehmern und viele kleine Netze mit jeweils wenigen Teilnehmern denkbar. In den Anfängen des Internets hat man den IP-Adressraum anhand der Größe der möglichen Netzwerke in Klassen unterschieden, wie Tab. 5.13 zeigt.

Tab. 5.13: IP-Adressraum in Netzwerken

Klasse	Adresse	mögliche Netze	mögliche Hosts
Class A	1.xxx.xxx.xxx bis 126.xxx.xxx.xxx	127 (2^7)	$\approx$ 16 Millionen (2^{24})
Class B	128.0.xxx.xxx bis 191.255.0.0	$\approx$ 16 000 (2^{14})	$\approx$ 65 000 (2^{16})
Class C	192.0.0.xxx bis 223.255.255.xxx	$\approx$ 2 Millionen (2^{21})	253 (2^8)

- Class A: Das erste Byte der IP-Adresse dient der Adressierung des Netzes, die letzten drei
  Bytes adressieren den Netzteilnehmer.

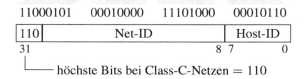

$$101 \; . \; 16 \; . \; 232 \; . \; 22$$

01100101	00010000	11101000	00010110

0	Net-ID	Host-ID

31   24 23   0

└── höchstes Bit bei Class-A-Netzen = 0

- Class B: Die ersten zwei Bytes der IP-Adresse dienen der Adressierung des Netzes, die
  letzten zwei Bytes adressieren den Netzteilnehmer.

$$181 \; . \; 16 \; . \; 232 \; . \; 22$$

10110101	00010000	11101000	00010110

10	Net-ID	Host-ID

31   16 15   0

└── höchste Bits bei Class-B-Netzen = 10

- Class C: Die ersten drei Bytes der IP-Adresse dienen der Adressierung des Netzes, das
  letzte Byte adressiert den Netzteilnehmer.

$$197 \; . \; 16 \; . \; 232 \; . \; 22$$

11000101	00010000	11101000	00010110

110	Net-ID	Host-ID

31   8 7   0

└── höchste Bits bei Class-C-Netzen = 110

Neben den hier aufgeführten Netzen, gibt es auch noch Class-D- und Class-E-Netze, deren
Adressbereiche oberhalb der Class-C-Netze liegen. Class-D-Netze und Class-E-Netze finden
in der Praxis wenig Bedeutung, da sie nur zu Forschungszwecken und für Sonderaufgaben
verwendet werden. Der normale Internetbenutzer kommt mit diesen Netzwerkklassen nicht
in Berührung.

Bei der „Subnet-Mask" ist es allerdings möglich, ein Netzwerk – egal welcher Netzwerkklasse – in weitere Unternetzwerke zu unterteilen. Zur Adressierung solcher Subnets reicht die von den einzelnen Netzwerkklassen vorgegebene Net-ID allerdings nicht aus und man muss einen Teil der Host-ID zur Adressierung der Unternetze abzweigen. Im Klartext bedeutet dies, dass die Net-ID sich vergrößert und die Host-ID entsprechend kleiner wird.

Welcher Teil der IP-Adresse als Net-ID und welcher als Host-ID ausgewertet wird, gibt die Subnet-Mask vor. Die Subnet-Mask ist genau wie die lP-Adresse ein 32-Bit-Wert, der in Dot-Notation dargestellt wird. Betrachtet man die Subnet-Mask in binärer Schreibweise, ist der Anteil der Net-ID mit Einsen, der Anteil der Host-ID mit Nullen aufgefüllt.

Dot-Notation:	255 . 255 . 255 . 0

binäre Darstellung:	11111111	11111111	11111111	00000000
	Net-ID			Host-ID
	31		8	7 0

Bei jedem zu verschickenden Datenpaket vergleicht der lP-Treiber die eigene IP-Adresse mit der des Empfängers. Hierbei werden die Bits der Host-ID über den mit Nullen aufgefüllten Teil der Subnet-Mask ausgeblendet.

Sind die ausgewerteten Bits beider IP-Adressen identisch, befindet sich der gewählte Netzteilnehmer im gleichen Subnet.

Subnet-Mask:	255 . 255 . 255 . 0

	11111111	11111111	11111111	00000000
eigene IP-Adresse:				
172.16.235.22	10101100	00010000	11101011	00010110
IP-Adresse des Empfängers:				
172.16.235.15	10101100	00010000	11101011	00001111

Im dem Beispiel kann der IP-Treiber die Ethernet-Adresse über ARP ermitteln und diese dem Netzwerkkarten-Treiber zur direkten Adressierung übergeben.

Unterscheidet sich auch nur ein einziges der ausgewerteten Bits, befindet sich der gewählte Netzteilnehmer nicht im gleichen Subnet.

Subnet-Mask:	255 . 255 . 255 . 0

	11111111	11111111	11111111	00000000
eigene IP-Adresse:				
172.16.235.22	10101100	00010000	11101011	00010110
IP-Adresse des Empfängers:				
172.16.232.15	10101100	00010000	11101000	00001111

In diesem Fall muss das IP-Paket zur weiteren Vermittlung ins Zielnetzwerk einem Gateway bzw. Router übergeben werden. Zu diesem Zweck ermittelt der IP-Treiber über ARP die Ethernet-Adresse des Routers, auch wenn im IP-Paket selbst nach wie vor die IP-Adresse des gewünschten Netzteilnehmers eingetragen ist.

5.2.4   Gateway und Router

Gateways bzw. Router sind im Prinzip PCs, die über zwei Netzwerkkarten verfügen. Ethernet-Datenpakete, die auf Karte A empfangen werden, werden vom Ethernet-Treiber entpackt und das enthaltene IP-Paket wird an den IP-Treiber weitergegeben. Dieser prüft, ob die Ziel-IP-Adresse zum an Karte B angeschlossenen Subnet gehört und das Paket lässt sich direkt zustellen, oder ob das IP-Paket an ein weiteres Gateway übergeben wird. Ein Datenpaket kann auf seinem Weg von einem Netzteilnehmer zum anderen mehrere Gateways/Router passieren. Während auf IP-Ebene auf der gesamten Strecke die IP-Adresse des Empfängers eingetragen ist, wird auf Ethernet-Ebene immer nur das nächste Gateway adressiert. Erst auf dem Teilstück vom letzten Gateway/Router zum Empfänger wird in das Ethernet-Paket die Ethernet-Adresse des Empfängers eingesetzt.

Neben Routern, die ein Ethernet-Subnet mit einem anderen Ethernet-Subnet verbinden, gibt es auch Router, die das physikalische Medium wechseln z. B. von Ethernet auf Token Ring oder ISDN. Während auch hier die IP-Adressierung über die gesamte Strecke identisch ist, wird die physikalische Adressierung von einem Router zum anderen den auf den Teilstrecken geforderten physikalischen Gegebenheiten angepasst.

Zwischen zwei Ethernet-ISDN-Routern wird z. B. über Telefonnummern adressiert.

Man geht von einem Beispiel aus, dass ein Anwender in Bremen bereits eine Telnet-Verbindung zu einem Com-Server in München aufgebaut hat. Die Verbindung der Netze Bremen und München besteht in Form einer Router-Verbindung über das ISDN-Netz, wie Abb. 5.28 zeigt.

Der Anwender in Bremen gibt in der Telnet-Client-Anwendung das Zeichen „A" ein.

- Das Telnet-Client-Programm auf dem PC übergibt dem TCP/IP-Stack das „A" als Nutzdatum. Die IP-Adresse des Empfängers (190.107.43.49) und die Portnummer 23 für Telnet wurden dem TCP/IP-Stack bereits bei Aufbau der Verbindung übergeben.
- Der TCP-Treiber schreibt das „A" in den Nutzdatenbereich eines TCP-Pakets und trägt als Destination-Port die 23 ein.
- Der TCP-Treiber übergibt das TCP-Paket und die IP-Adresse des Empfängers an den IP-Treiber.
- Der IP-Treiber verpackt das TCP-Paket in ein IP-Paket.
- Der IP-Treiber ermittelt über den Vergleich der Net-ID-Anteile von eigener IP-Adresse und IP-Adresse des Empfängers, ob das lP-Paket im eigenen Subnet zugestellt werden kann oder einem Router übergeben wird.

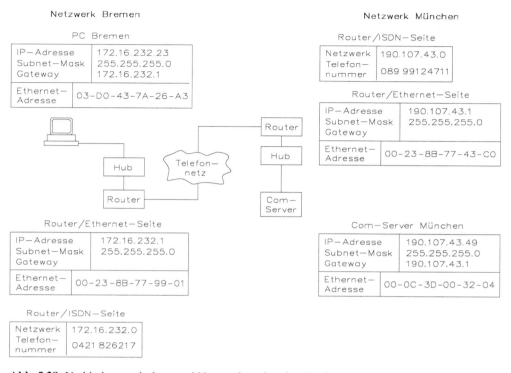

Abb. 5.28: Verbindung zwischen zwei Netzwerken über das Telefonnetz

Subnet-Mask:	255	.	255	.	255	.	0

	11111111	11111111	11111111	00000000
eigene IP-Adresse:				
172.16.232.23	10101100	00010000	11101000	00010111
IP-Adresse des Empfängers:				
190.107.43.49	10111110	01101011	00101011	00110001

Hier sind die Net-ID-Anteile der beiden Adressen nicht gleich und das IP-Paket muss folglich an den eingetragenen Router übergeben werden.

• Der IP-Treiber ermittelt über ARP die Ethernet-Adresse des Routers. Da die TCP-Verbindung bereits aufgebaut ist, wird die IP-Adresse des Routers in der ARP-Tabelle aufgelöst sein.

Internet Address	Physical Address	Type
→ 172.16.232.1	00-23-8b-74-99-01	dynamic
172.16.232.49	00-c0-3d-00-26-a1	dynamic
172.16.232.92	00-80-48-9c-a3-62	dynamic

- Der IP-Treiber entnimmt der ARP-Tabelle die Ethernet-Adresse des Routers und übergibt sie zusammen mit dem IP-Paket dem Ethernet-Kartentreiber.
- Der Ethernet-Kartentreiber verpackt das IP-Paket in ein Ethernet-Paket und gibt dieses Paket über die Netzwerkkarte auf das Netzwerk aus.
- Der Router entnimmt dem empfangenen Ethernet-Paket das IP-Paket.
- Die IP-Adresse des Empfängers wird mit einer sogenannten Routing-Tabelle verglichen. Anhand dieser Routing-Tabelle entscheidet der ISDN-Router, über welche Rufnummer das gesuchte Netzwerk zu finden ist. Da die TCP-Verbindung bereits besteht, ist vermutlich auch die ISDN-Verbindung zu diesem Zeitpunkt bereits aufgebaut. Sollte dies nicht mehr der Fall sein, wählt der Router die der Routing-Tabelle entnommene Rufnummer und stellt die ISDN-Verbindung zum Gegen-Router im Zielnetzwerk wieder her.
- Auch im ISDN-Netz wird das IP-Paket in einen Rahmen von Adressinformationen eingepackt. Für den Anwender ist nur wichtig, dass es in seinem Adressierungsbereich unverändert in das ISDN-Paket übernommen wird.
- Der Router im Zielnetz entnimmt dem empfangenen ISDN-Paket das IP-Paket. Über IP-Adressen und Subnet-Mask wird festgestellt, ob das empfangene IP-Paket im lokalen Subnet zugestellt werden kann oder einem weiteren Router übergeben werden muss.

Subnet-Mask:		255 . 255 . 255 . 0		
	11111111	11111111	11111111	00000000
eigene IP-Adresse:				
190.107.43.1	10111110	01101011	00101011	00000001
IP-Adresse des Empfängers:				
190.107.43.49	10111110	01101011	00101011	00110001

In dem Beispiel hat das IP-Paket das Zielnetzwerk erreicht und kann im lokalen Netz über Ethernet adressiert werden.

- Der Router, der intern ebenfalls eine ARP-Tabelle führt, ermittelt über ARP die zur IP-Adresse passende Ethernet-Adresse und verpackt das im Adressierungsbereich immer noch unveränderte IP-Paket in ein Ethernet-Paket.
- Der Com-Server erkennt an der Destination-Ethernet-Adresse, dass das Paket für ihn bestimmt ist, und entnimmt das IP-Paket.
- Der IP-Treiber des Com-Servers isoliert das TCP-Paket und gibt es an den TCP-Treiber weiter.
- Der TCP-Treiber überprüft den Inhalt des TCP-Pakets auf Richtigkeit und übergibt die Daten - in diesem Fall das „A" an den seriellen Treiber.
- Der serielle Treiber gibt das „A" auf der seriellen Schnittstelle aus.

Bei einer TCP-Verbindung wird der korrekte Empfang eines Datenpakets mit dem Rücksenden einer Acknowledgement-Nummer quittiert. Das Quittierungspaket durchläuft den gesamten Übertragungsweg und alle damit verbundenen Prozeduren in Gegenrichtung. Die gesamte Übertragung dauert nur weniger Millisekunden.

5.2.5   Öffentliche und private IP-Adressen

Möchte man über einen normalen Router ein Netzwerk mit beispielsweise zehn Endgeräten z. B. mittels PPP mit dem Internet verbinden, so würde jedes dieser Endgeräte eine eigene und einmalige IP-Adresse benötigen. Wie bereits bekannt, sind öffentliche IP-Adressen, d. h. solche, die von der IANA einmalig vergeben werden und daher mit dem Internet verbunden werden können, inzwischen knapp. Hier hat man dann die Funktionen von NAT (Network Address Translation).

Neben diesen öffentlichen IP-Adressen gibt es jedoch noch einen Adressraum für private Netze. Die Bezeichnung „privat" steht hier für „nicht öffentlich" und schließt auch Firmennetze mit ein. Je nach Netzwerkgröße sind für private Netze die Adressbereiche vorgesehen.
10.0.0.1 bis 10.255.255.254 für Class-A-Netze
172.16.0.1 bis 172.31.255.254 für Class-B-Netze
192.168.0.1 bis 192.255.255.254 für Class-C-Netze

In diesen Adressbereichen können sich Anwender bei der Einrichtung ihres privaten Netzwerks frei bedienen. Da ein und die gleiche Adresse in mehreren Netzwerken vorkommen kann, sind Adressen aus diesen Bereichen nur innerhalb des eigenen Netzwerks eindeutig. Somit ist auch kein normales Routing zu diesen Adressen möglich. Genau hier schafft NAT-Routing die gewünschte Abhilfe.

Mit NAT (Network Address Translation) wurde nun eine Art des Routings geschaffen, die es erlaubt, eine Vielzahl von Teilnehmern in einem privaten Netzwerk zum Internet hin mit nur einer öffentlichen IP-Adresse bereitzustellen. Bei normalem TCP/IP-Datenverkehr adressiert die IP-Adresse den Netzwerkteilnehmer und die Portnummer für die Anwendung im Gerät. Beim NAT-Routing wird auch die Portnummer als zusätzliche Adressinformation für das Endgerät selbst mitgenutzt.

Die Arbeitsweise von NAT-Routing soll hier anhand eines kleinen Beispiels erläutert werden.

In einem privaten Class-C-Netzwerk wird im Adressraum 192.168.1.x gearbeitet. Als Übergang zum Internet ist ein NAT-Router im Einsatz, der nach außen mit der IP-Adresse 197.32.11.58 arbeitet. Der PC mit der netzinternen IP-Adresse 192.168.1.5 baut eine TCP-Verbindung zu einem System (IP 194.77.229.26, Port 80) im Internet auf und benutzt dazu den lokalen Port 1055. Ein zweiter PC mit der IP-Adresse 192.168.1.6 baut ebenfalls eine TCP-Verbindung zum Gerät auf und benutzt dazu den lokalen Port 2135. Um mit dem Gerät verbunden zu werden, wenden sich die PCs zunächst an den NAT-Router.

Der NAT-Router wechselt in den TCP/IP-Datenpaketen, die zum Gerät weitergesendet werden, die IP-Adresse des jeweiligen PC gegen seine eigene aus. Auch die vom PC vorgegebene Portnummer kann gegen eine vom NAT-Router verwaltete Portnummer ausgetauscht werden, wie Abb. 5.29 zeigt.

Die vergebene Portnummer verwaltet der NAT-Router in einer Tabelle, die folgendermaßen aufgebaut ist:

nach außen	im privaten Netz	
Portnummer	zugehörige IP	zugehörige Portnummer
1001	192.168.1.5	1055
1002	192.168.1.6	2135

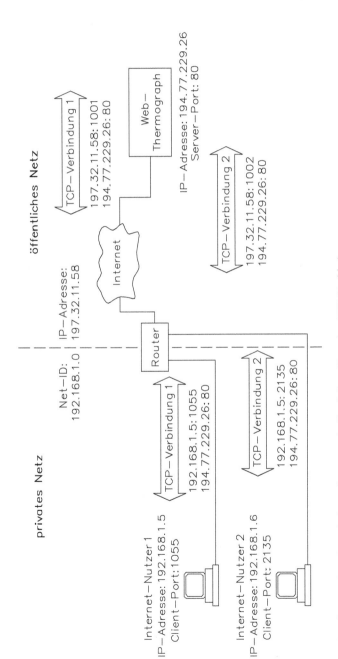

Abb. 5.29: Schnittstelle zwischen privatem und öffentlichem Netz über TCP-Verbindung

Das Websystem empfängt also für beide Verbindungen Datenpakete, in denen der NAT-Router als Absender eingetragen ist. Dabei wird aber für jede Verbindung jeweils eine eigene Portnummer verwendet.

In alle Datenpakete in Richtung der beiden PCs setzt das Websystem diese „verborgenen" Adressinformationen ein, d. h. die TCP/IP-Pakete werden so aufgebaut, dass der NAT-Router der Empfänger ist.

Empfängt der NAT-Router ein solches an ihn adressiertes Datenpaket, stellt er mit Hilfe der Zuordnungstabelle fest, wer der tatsächliche Empfänger ist und ersetzt die empfangenen Adressdaten durch die ursprünglichen netzinternen Verbindungsparameter.

Die Zuordnungstabelle für ausgehende Verbindungen (Client im privaten Netz, Server außerhalb) wird dynamisch verwaltet und kann natürlich deutlich mehr als zwei Verbindungen beinhalten. So lassen sich beliebig viele Verbindungen nach außen routen.

Die andere Richtung (Server im privaten Netz, Client außerhalb) kann genauso über NAT abgewickelt werden. Auch hier wird mit Hilfe einer Zuordnungstabelle bestimmt, zu welchem Endgerät und auf welchen Port eingehende Verbindungsanforderungen bzw. Datenpakete geroutet werden sollen.

Im Gegensatz zu der Zuordnungsliste für ausgehende Verbindung ist die Serverzuordnungsliste aber statisch und muss vom Administrator angelegt und gepflegt werden. Für jeden Serverdienst, der aus dem öffentlichen Netz zugänglich sein soll, ist ein Eintrag in der Serverliste nötig.

Sollen von außen z. B. ein Web-Server (HTTP = Port 80) und ein Telnet-Server (Telnet = Port 23) erreichbar sein, könnte die Servertabelle so aussehen:

nach außen	im privaten Netz	
Server Port	zugehörige IP	zugehörige Portnummer
80	192.168.1.100	80
23	192.168.1.105	23

In einem privaten Netzwerk, das über einen NAT-Router mit nur einer IP-Adresse zum Internet abgebildet wird, darf natürlich jeder Serverport nur einmal in der Servertabelle vorkommen, d. h. dass ein spezieller Serverdienst mit einer spezifischen Portnummer nur von einem internen Endgerät angeboten werden kann. Abbildung 5.30 zeigt die Schnittstelle zwischen privatem und öffentlichem Netz.

„Port Forwarding" kann als eine erweiterte Form des „Nat Routing" betrachtet werden. Während beim „Nat Routing" der nach außen verwendete Port im privaten Netzwerk beibehalten wird, ändert „Port Forwarding" auch die Portnummer.

Beispiel: Im privaten Netzwerk sind zwei Server mit den IP-Adressen 192.168.1.100 und 192.168.1.105 in Betrieb. Beide Server sind innerhalb des privaten Netzwerks über Port 80 als HTTP-Server erreichbar. Zusätzlich sollen beide Server auch aus dem Internet erreichbar sein und dies ist nicht über den gleichen Port möglich. Der Router muss also mindestens einen der Server nach außen über einen abweichenden Port repräsentieren.

nach außen	im privaten Netz	
Server Port	zugehörige IP	zugehörige Portnummer
80	192.168.1.100	80
81	192.168.1.105	80

„Port Forwarding" wird allerdings nicht von allen Routern unterstützt. □

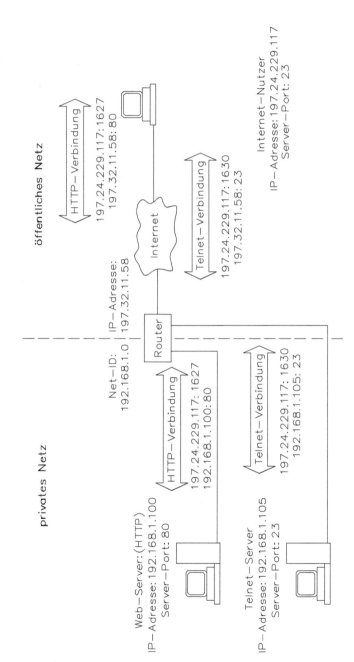

Abb. 5.30: Schnittstelle zwischen privatem und öffentlichem Netz über Telnet-Verbindung

5.2.6 Routing von vertraulichen Informationen

VPN beschreibt die Technik, vertrauliche Netzwerkteile an verschiedenen Standorten über das Internet, also ein öffentliches Netz, miteinander zu verbinden. Der Einsatz und die Realisierung von VPN (Virtual Private Network) erlaubt diverse Varianten. An dieser Stelle sollen deshalb nur die globale Funktion und die wichtigsten Grundbegriffe von VPN vorgestellt werden.

- Beim normalen Routing weisen Quell- und Zielnetzwerk verschiedene Net-IDs auf. Die Net-IDs sind Bestandteil der IP-Adressen und dienen als Routing-Information. Die Adressen innerhalb des lP-Datenpakets bleiben über die gesamte Strecke unverändert. Die physikalischen Adressdaten hingegen wechseln von Teilabschnitt zu Teilabschnitt. Abbildung 5.31 zeigt die Datenpakete im privaten Bereich in zwei Netzsegmenten.

Innerhalb der lokalen Netzwerke erfolgen die Adressierung und der Datentransport über Ethernet, auf Internet-Ebene über DSL (Digital Subscriber Line) und andere physikalische Übertragungsmethoden. Das IP-Paket bleibt dabei über die gesamte, zu überbrückende Strecke unverändert.

Solange die Übertragungswege durchgängig sind, werden die Daten auch mit herkömmlichem Routing zuverlässig von Netzwerk A zu Netzwerk B übertragen. Ein Nachteil bei normaler Netzwerkkommunikation besteht darin, dass sich die Informationen von jedem lesen und speichern lassen, der physikalischen Zugang zu den Übertragungswegen hat. Nicht nur z. B. bei Bankdaten ist also ein erhebliches Sicherheitsrisiko gegeben.

Eine Möglichkeit, Daten vor Aushorchen oder Manipulation zu schützen, ist die Verschlüsselung. Beim Verschlüsseln von Daten wird der Datenstrom blockweise, durch mathematische Verknüpfung mit einem Datenschlüssel inhaltlich verändert.

Der vom Versender verwendete Datenschlüssel muss natürlich auch dem Empfänger bekannt sein. So können nach der Übertragung die Originaldaten wieder hergestellt werden. Bei besonders sicherheitsrelevanten Daten wird oft sogar mit mehreren Schlüsseln gearbeitet. Abbildung 5.32 zeigt die Datenpakete im privaten Bereich zwischen zwei Netzwerken.

Dritte, die den oder die verwendeten Schlüssel nicht kennen, können den verschlüsselten Datenstrom nicht ohne weiteres lesen und speichern bzw. auswerten. Lesbar sind allerdings die Adressierungsparameter von IP und TCP. Dritte die sich Zugriff auf fremde Daten oder ein fremdes Netzwerk verschaffen möchten, sehen anhand dieser Daten zumindest wo das Zielnetzwerk im Inneren angreifbar ist.

Wie bereits behandelt, können mittels VPN (Virtual Private Network) zwei Netzwerkteile an verschiedenen Standorten über das Internet bzw. ein öffentliches Netz verbunden werden. Auch wenn VPN auf die ganz normalen IP-Netzwerkmechanismen aufsetzt, gibt es hinter den Verfahren erhebliche Unterschiede.

Im Gegensatz zum normalen Routing muss VPN einige zusätzliche Anforderungen erfüllen wie

- Authentifizierung: Für den Zugriff auf den entfernten Netzwerkteil muss die Zugriffsberechtigung nachgewiesen werden.
- Datenintegrität: Beim Empfang von Daten muss sichergestellt werden, das diese auf dem Transportweg nicht verändert wurden.
- Datensicherheit: Die übertragenen Daten müssen auf dem Transportweg vor Verfälschung oder Abhorchen durch unberechtigte Dritte geschützt sein.

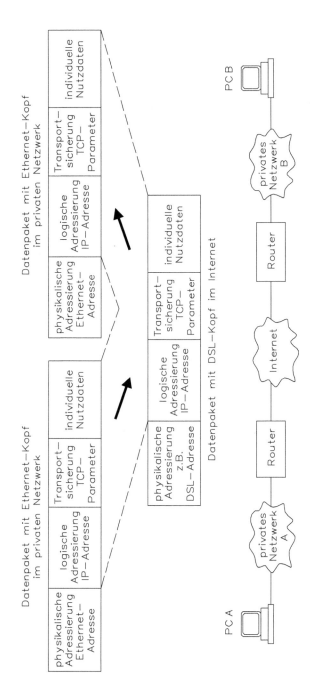

Abb. 5.31: Übertragung von privaten Daten von Netzwerk A zu Netzwerk B

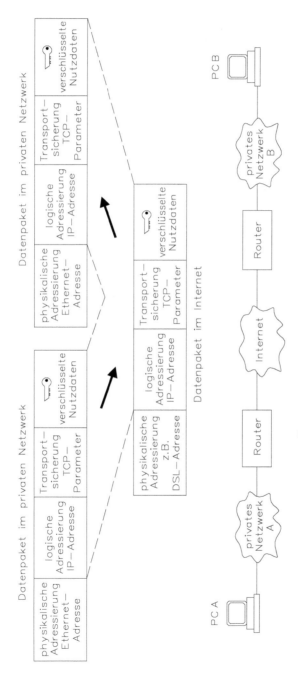

Abb. 5.32: Datenpakete für eine verschlüsselte Übertragung von PC A zu PC B

Für VPN-Lösungen gibt es drei grundlegende Topologien:
- End-to-End
- Site-to-Site
- End-to-Site

Welche Variante zum Einsatz kommt, ist letztlich davon abhängig, wie die VPN-Anbindung angewandt wird.

Bei End-to-End-Lösungen bei einer VPN-Lösung werden zwei Netzwerkendgeräte über ein öffentliches Netz, z. B. Internet, so miteinander verbunden, dass diese uneingeschränkt Netzwerkpakete miteinander austauschen können. Die Übertragungsstrecke durch das öffentliche Netz bezeichnet man auch als Tunnel, da der Datenverkehr zwischen den Endgeräten abgegrenzt zum restlichen Netzwerkverkehr abgewickelt wird. Abbildung 5.33 zeigt die Datenpakete im VPN-Tunnel.

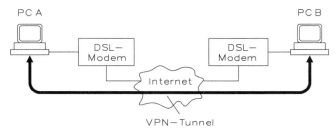

Abb. 5.33: Datenpakete befinden sich während der Übertragung im VPN-Tunnel

Ein klassisches Beispiel für End-to-End VPN-Anbindung ist das Home-Office. Der PC eines Mitarbeiters, der Zuhause arbeitet, ist per VPN mit dem Datenbank-Server in der Firma verbunden. Der Mitarbeiter kann auf diese Weise zu Hause genauso arbeiten wie im Firmenbüro. Damit das Ganze funktioniert, muss allerdings auf beiden PCs eine spezielle VPN-Software installiert sein. Ferner muss der PC speziell für den VPN-Zugriff konfiguriert werden.

Mit der VPN-Site-to-Site-Technik werden zwei einzelne Netzwerke z. B. über das Internet miteinander verbunden. Abbildung 5.34 zeigt die Datenpakete im VPN-Tunnel.

Der VPN-Tunnel ist zwischen zwei speziellen VPN-Routern vorhanden und die gesamte VPN-Konfiguration erfolgt in den Routern. Die einzelnen Teilnehmer im Netzwerk benötigen

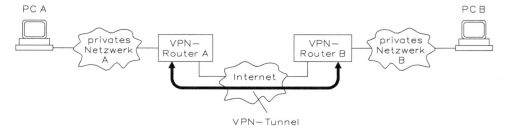

Abb. 5.34: Datenpakete von zwei privaten Netzwerken werden über einen VPN-Tunnel ausgetauscht

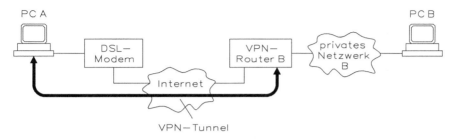

Abb. 5.35: Datenpakete werden durch einen VNP-Tunnel nach dem Prinzip der End-to-Site übertragen

keine spezielle Software und müssen auch nicht gesondert konfiguriert werden. Site-to-Site Lösungen werden hauptsächlich zur Verbindung verschiedener Firmenstandorte eingesetzt.

Die End-to-Site-Lösung bietet einzelnen Endgeräten bzw. PCs Zugang zu einem gesamten Netzwerk am entfernten Standort. Abbildung 5.35 zeigt die Datenpakete im VPN-Tunnel.

Diese End-to-Site-Lösung bietet sich noch besser für die Anbindung von Home-Office-Arbeitsplätzen an. Der Mitarbeiter kann von zu Hause die gesamte Infrastruktur des Firmennetzes nutzen.

Für die technische Umsetzung von VPN kommen in der Praxis wahlweise drei Protokolle zum Einsatz:
• PPTP – Point-to-Point Tunneling Protocol
• IPsec – IP Security Protocol
• L2TP – Layer 2 Tunneling Protocol

Welches Protokoll zum Einsatz kommt, ist von der VPN-Topologie und der verwendeten Hard- und Software abhängig.

Ursprünglich wurde PPTP von Microsoft und 3COM entwickelt um netzwerktechnische PCs über Einwahlleitung Zugriff auf zentrale Server zu ermöglichen. Da PPTP einfach in Windows-Betriebssystemen implementiert ist, erfreut es sich immer noch großer Verbreitung, um End-to-End-VPNs zu realisieren. Die Verschlüsselung von PPTP wurde allerdings gehackt und gilt seitdem nicht mehr als sicher.

Technische Grundlage von PPTP ist das PPP-Protokoll (Point-to-Point Protocol), das unter anderem um eine Datenverschlüsselung und zusätzliche Authentifizierung erweitert wurde. Durch die PPP-Implementierung hat PPTP den Vorteil, neben IP auch andere Protokolle wie z. B. IPX (ehemals von Novell und Windows genutzt) übertragen zu können.

PPTP arbeitet zweistufig: Zunächst werden über eine Steuerverbindung auf TCP-Port 1723 Authentifizierungs- und Schlüsseldaten ausgetauscht.

IP-HEADER	TCP-HEADER (Port 1723)	Authentifizierung und Schlüssel

Anschließend werden über einen IP-Tunnel die PPP-Daten ausgetauscht. Die PPP-Daten sind dabei im GRE-Protokoll (Generic Route Encapsulation) eingebunden und somit geschützt.

IP-HEADER	GRE-Header	verschlüsselte Nutzdaten in PPP-Paket

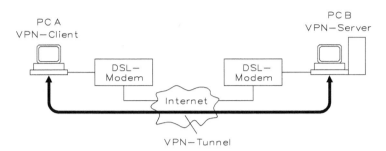

Abb. 5.36: Datenübertragung im VPN-Tunnel nach dem Client-Server-Verfahren

GRE hat den Charakter eines Transportprotokolls und wird direkt in ein IP-Paket eingebunden. Abbildung 5.36 zeigt die Datenübertragung im VPN-Tunnel.

PPTP arbeitet nach dem Client-Server-Verfahren. Der VPN-Client meldet sich also mit Aufbau der Steuerverbindung bei einem VPN-Server an.

Im Gegensatz zu PPTP wurde IPsec speziell für die gesicherte Datenübertragung von IP-Datenverkehr über öffentliche Netze bzw. das Internet konzipiert. Anders als bei PPTP wird bei IPsec nicht der Umweg über PPP-gegangen. Anstelle dessen werden die zu übertragenen Daten in einen IPsec-Rahmen eingebunden. Innerhalb des IPsec-Headers werden mittels AH und ESP (Autentification Header und Encapsulation Security Payload) Informationen zu Autenthifizierung und Verschlüsselung weitergegeben.

Um am Ende des VPN-Tunnels die ursprünglichen Daten wieder herstellen zu können, muss auf beiden Seiten der entsprechende Schlüssel bekannt sein. Es wird zwischen zwei Modi von IPsec unterschieden:

• IPsec-Transportation: Der Transport von Daten erfolgt über normales Routing, wobei innerhalb des öffentlichen Netzes alle Daten bis auf die lP-Header gegen Fremdzugriff geschützt sind.

• IP-Tunneling: Der durch VPN-Tunneling entstandene Netzwerkverbund stellt sich für die Netzwerkbenutzer so dar, wie ein lokales Netzwerk. Der gesamte Datenstrom inklusive IP-Header ist geschützt.

Der IPsec-Transportation Modus wird bevorzugt bei End-to-End VPN-Lösungen eingesetzt. Damit das funktionieren kann, muss auf den beteiligten PCs eine Software installiert sein, welche das IPsec-Prozedere abwickelt. Um die Daten gesichert über das öffentliche Netz zu bekommen, entnimmt der IPsec-Treiber den gesendeten TCP/IP-Paketen alle Inhalte, die protokolltechnisch oberhalb des IP-Teils liegen. Der gesamte TCP- bzw. UDP-Teil – also Header und Nutzdaten werden zusammen verschlüsselt und in einen IPsec-Rahmen verpackt. Der IPsec-Rahmen wird dann in ein IP-Paket eingebaut, wobei die ursprünglichen IP-Adressinformationen erhalten bleiben.

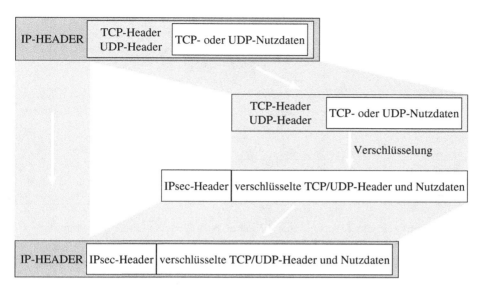

Der Datentransport lässt sich also mittels ganz normalem Routing abwickeln, wobei die transportierten Daten und Port-Informationen geschützt sind.

Wie bereits erklärt wurde, lassen sich mittels IPsec-Tunneling zwei Teilnetzwerke an verschiedenen Standorten über das Internet so verbinden, wie wenn Daten zwischen zwei lokalen Sub-Netzen ausgetauscht (Site-to-Site-Lösung) werden. Die Abwicklung von IPsec übernehmen beim IPsec-Tunneling spezielle Router. Der Vorteil von IPsec-Tunneling gegenüber IPsec-Transportation liegt unter anderem in der Entlastung der beteiligten Endgeräte. Spezielle Treiber sind nicht nötig.

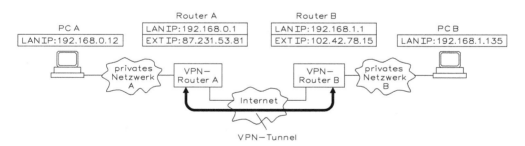

Abb. 5.37: Geschützte Datenübertragung zwischen zwei privaten Netzwerken im VPN-Tunnel

Abbildung 5.37 zeigt eine Datenübertragung von zwei privaten Netzwerken im VPN-Tunnel. Sendet PC A ein Datenpaket an PC B, wird dieses zunächst von Router A entgegengenommen.

Router A verschlüsselt den gesamten IP-Paketanteil so wie er ist und verpackt ihn in einen IPsec-Rahmen. Der IPsec-Rahmen wird dann in ein neues IP-Datenpaket eingebaut, das an Router B adressiert ist.

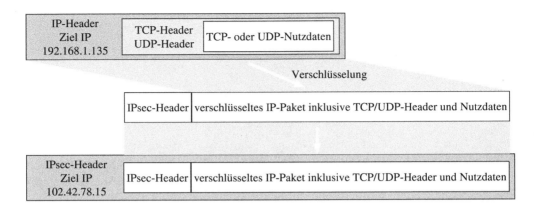

Router B entschlüsselt das ursprüngliche IP-Paket und sendet es an PC B. Für die PCs stellt sich die Datenübertragung so dar als würde der Datenverkehr ganz normal geroutet. Das Routing innerhalb des Internets erfolgt aber ausschließlich zwischen den beiden VPN-Routern.

Bei Bedarf kann so jedes Endgerät in Netzwerk A Daten mit jedem Endgerät in Netzwerk B Daten austauschen und so sicher, als wäre die Gegenstelle im gleichem lokalen Netzwerk.

Zur Datenübertragung benutzt L2TP, so wie auch PPTP das PPP-Protokoll. Die PPP-Daten werden mit einem L2TP-Header versehen und in ein UDP-Paket eingebettet.

L2TP übernimmt dabei folgende Aufgaben:
* Auf- und Abbau eines Datentunnels
* Kontrolle ob Daten ihren Empfänger korrekt erreicht haben
* Nummerierung der Datenpakete um beim Empfänger die Daten in die richtige Reihenfolge zu bringen

Allerdings arbeitet L2TP völlig unverschlüsselt. Unbefugte Dritte, die sich Zugang zu den Übertragungswegen verschaffen, könnten alle Informationen ungehindert lesen. Damit ist L2TP allein für die Realisierung eines VPN-Tunnels nicht geeignet.

Um die nötige Sicherheit zu gewinnen wird L2TP meist zusammen mit IPsec eingesetzt.

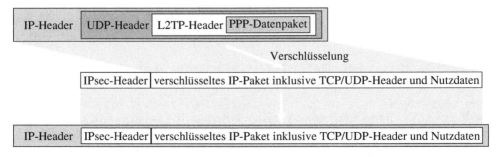

Nun könnte man natürlich fragen: Wenn L2TP allein ohnehin nicht sicher ist, warum nicht gleich IPsec nutzen?

- Zum einen gibt es Anwendungen, bei denen innerhalb eines vertraulichen Netzwerks Daten getunnelt werden sollen – hier bietet L2PT alles was benötigt wird.
- Zum anderen kann IPsec nur IP-Pakete tunneln. L2TP hingegen kann wegen des verwendeten PPP-Protokolls auch andere Pakettypen transportieren – mittels IPsec auch verschlüsselt.

5.3   Protokolle auf Anwendungsebene

Nachdem die grundlegenden Protokolle der TCP/IP-Datenübertragung erklärt wurden, soll auf die Anwendungsprotokolle eingegangen werden, die auf diese Basisprotokolle aufsetzen. Bei den Anwendungsprotokollen unterscheidet man zwischen Hilfsprotokollen und tatsächlichen Anwendungsprotokollen. Hilfsprotokolle werden für Management- und Diagnosezwecke genutzt und laufen oft für den Anwender unsichtbar im Hintergrund ab. Zu den Hilfsprotokollen zählen:

- DHCP (Dynamic Host Configuration Protocol): Dieses Protokoll wird benutzt, um PCs in einem TCP/IP-Netz automatisch, also ohne manuellen Eingriff, zentral und somit einheitlich zu konfigurieren. Der Systemadministrator bestimmt, wie die IP-Adressen zu vergeben sind und legt fest, über welchen Zeitraum sie vergeben werden.
- DNS (Domain Name Service): Netzteilnehmer werden im Internet über numerische IP-Adressen angesprochen. Da man sich Namen besser merken kann als Nummern, wurde der DNS eingeführt. DNS beruht auf einem hierarchisch aufgebauten System. Jede Namensadresse wird über eine Top-Level-Domain („de", „com", „net" usw.) und innerhalb dieser über eine Sub-Level-Domain identifiziert. Jede Sub-Level-Domain kann, muss aber nicht, nochmals untergeordnete Domains enthalten. Die einzelnen Teile dieser Namenshierarchie sind durch Punkte voneinander getrennt. Wird vom Anwender zur Adressierung ein Domain-Name angegeben, erfragt der TCP/IP-Stack beim nächsten DNS-Server die zugehörige IP-Adresse. Netzwerkressourcen sollten sinnvollerweise einen Domain-Namen erhalten, der im Kontext zu der angebotenen Dienstleistung oder dem Firmennamen des Anbieters steht.
- DDNS (Dynamic Domain Name Service): DNS-Dienst, der auch die Namensauflösung für solche Netzteilnehmer unterstützt, die ihre IP-Adresse dynamisch über DHCP beziehen.
- DynDNS: Bei den meisten Internetzugängen bekommt das angeschlossene Endgerät zum Zeitpunkt der Einwahl eine IP-Adresse aus dem Adresspool des Internetproviders. Da diese temporäre IP-Adresse nach außen nicht bekannt ist, sind solche Endgeräte normalerweise vom Internet aus nicht adressierbar. Über DynDNS kann einem solchen Internetteilnehmer ein Name gegeben werden. DynDNS aktualisiert die Zuordnung zwischen Namen und temporärer IP-Adresse, sobald der Teilnehmer online geht, sodass eine Erreichbarkeit über den Namen möglich wird.
- ICMP-Ping (Internet Control Message Protocol, Packet Internet Groper): Das ICMP-Protokoll dient der Übertragung von Statusinformationen und Fehlermeldungen zwischen IP-Netzknoten. ICMP bietet außerdem die Möglichkeit einer Echo-Anforderung und auf

diese Weise lässt sich feststellen, ob ein Bestimmungsort erreichbar ist. Ping dient in TCP/IP-Netzen zu Diagnosezwecken und mit Hilfe dieser Funktion lässt sich überprüfen, ob ein bestimmter Teilnehmer im Netz existiert und tatsächlich ansprechbar ist. Die von Ping verwendeten ICMP-Pakete sind im Internet-Standard RFC792 definiert.

- SNMP (Simple Network Management Protocol): SNMP setzt auf UDP auf und ermöglicht die zentrale Administration und Überwachung von Netzwerkkomponenten.
- SYSLOG: Syslog ist ähnlich dem SNMP, ein Protokoll um Systemmeldungen an zentraler Stelle zu überwachen. Im Gegensatz zu SNMP ist Syslog aber eine Einbahnstraße, d. h. mit Syslog können Netzwerkgeräte wie PCs, Router, Switches, Hubs, aber auch embedded Geräte wie Web-IO, Systemmeldungen an einen zentralen Server senden. Datensendungen vom Server zu den Endgeräten sind jedoch nicht vorgesehen.

Anwendungsprotokolle verrichten eine für den Anwender sofort erkennbare Aufgabe oder können direkt durch den Anwender benutzt werden, schaffen also eine Schnittstelle zum Nutzer.

Im Anschluss an die Hilfsprotokolle wird auf die Anwendungsprotokolle eingegangen:

- Telnet (Terminal over Network): In der Vergangenheit kam Telnet vor allem für den Fernzugriff über das Netzwerk auf UNIX-Server zum Einsatz. Über eine Telnet-Anwendung (Telnet-Client) kann von einem beliebigen Rechner im Netz ein Fernzugriff auf einen anderen Rechner (Telnet-Server) erfolgen. Heute wird Telnet auch zur Konfiguration von Netzwerkkomponenten wie z. B. Com-Servern benutzt. Telnet wird unter TCP/IP normalerweise über Portnummer 23 angesprochen und für spezielle Anwendungen lassen sich aber auch andere Portnummern verwenden. Telnet setzt TCP/IP als Übertragungs- und Sicherungsprotokoll auf.
- FTP (FiIe Transfer Protocol): FTP ist ein auf TCP/IP aufsetzendes Protokoll, das es ermöglicht, ganze Dateien zwischen zwei Netzwerkteilnehmern zu übertragen.
- TFTP (Trivial File Transfer Protocol): TFTP ist neben FTP ein weiteres Protokoll zur Übertragung ganzer Dateien. TFTP bietet nur ein Minimum an Kommandos, unterstützt keine aufwendigen Sicherheitsmechanismen und benutzt UDP als Übertragungsprotokoll. Da UDP ein ungesichertes Protokoll ist, wurden in TFTP eigene minimale Sicherungsmechanismen implementiert.
- HTTP (Hypertext Transfer Protocol): Das HTTP-Protokoll setzt auf TCP auf und regelt die Anforderung und Übertragung von Webinhalten zwischen HTTP-Server und Browser.
- SMTP (Simple Mail Transfer Protocol): SMTP regelt den Versand von E-Mails vom Mail-Client zum Mailserver (SMTP-Server) und zwischen den Mailservern und setzt auf TCP auf.
- POP3 (Post Office Protocol Version 3): Um eingegangene E-MaiIs aus dem Postfach auf dem Mailserver abzuholen, wird in den meisten Fällen das POP3-Protokoll benutzt. Auch POP3 setzt auf TCP auf.

5.3.1 Endgerät mit Ethernet-Adresse (MAC-Adresse)

Jedes Ethernet-Endgerät hat eine weltweit einmalige Ethernet-Adresse (MAC-Adresse), die vom Hersteller unveränderbar vorgegeben wird. Für den Einsatz in TCP/IP-Netzen vergibt der Netzwerkadministrator dem Endgerät zusätzlich eine zum Netzwerk passende IP-Adresse.

Wird kein DHCP (Dynamic Host Configuration Protocol) benutzt, werden die IP-Adressen „klassisch" vergeben:

- Bei Geräten, die direkte User-Eingaben erlauben (z. B. PCs), kann die IP-Nummer direkt in ein entsprechendes Konfigurationsmenü eingegeben werden.
- Bei „Black-Box-Geräten" (z. B. Com-Servern) gibt es zum einen das ARP-Verfahren über das Netzwerk, zum anderen besteht die Möglichkeit, die Konfigurationsinformation über eine serielle Schnittstelle einzugeben. Darüber hinaus stellen einige Hersteller verschiedene Tools zur Verfügung um „Embedded-Geräte" direkt vom PC aus zu konfigurieren.

Der Com-Server ist ein Endgerät in TCP/IP-Ethernet Netzwerken, das Schnittstellen für serielle Geräte über das Netzwerk zur Verfügung stellt. Als Embedded-System bezeichnet man eine mikroprozessorgesteuerte Baugruppe, die als eingebetteter Teil eines Systems oder einer Maschine im Hintergrund Daten verarbeitet, kann aber auch Prozesse steuern und regeln.

Neben der IP-Adresse müssen als weitere Parameter noch Subnet-Mask und Gateway sowie ein DNS-Server konfiguriert werden. Bei großen Netzen mit vielen unterschiedlichen Endgeräten bringt das allerdings schnell ein hohes Maß an Konfigurations- und Verwaltungsaufwand mit sich.

Mit DHCP wird dem Netzwerkadministrator ein Werkzeug angeboten, mit dem die Netzwerkeinstellungen der einzelnen Endgeräte automatisch, einheitlich und zentral konfigurierbar sind.

Für die Nutzung von DHCP wird im Netzwerk mindestens ein DHCP-Server benötigt, der die Konfigurationsdaten für einen vorgegebenen IP-Adressbereich verwaltet. DHCP-fähige Endgeräte erfragen beim Booten von diesem Server ihre IP-Adresse und die zugehörigen Parameter wie Subnet-Mask und Gateway. DHCP-Server sehen drei grundsätzliche Möglichkeiten der IP-Adresszuteilung und Konfiguration vor. Auf dem DHCP-Server wird ein Bereich von IP-Adressen festgelegt, aus dem einem anfragenden Netzteilnehmer eine zur Zeit nicht benutzte Adresse zugeteilt wird. Die Zuteilung ist bei diesem Verfahren in aller Regel zeitlich begrenzt, wobei die Nutzungsdauer (Lease-Time) vom Netzwerkadministrator festgelegt oder ganz deaktiviert werden kann. Darüber hinaus lassen sich wichtige Daten (Lease-Time, Subnet-Mask, Gateway, DNS-Server usw.) in einem Konfigurationsprofil hinterlegen, das für alle Endgeräte gilt, die aus dem Adressenpool bedient werden.

Vorteile: Geringer Administrationsaufwand und der Anwender kann das gleiche Endgerät ohne Konfigurationsaufwand an verschiedenen Standorten im Netzwerk betreiben. Sofern nicht alle Endgeräte gleichzeitig im Netzwerk aktiv sind, kann die Anzahl der möglichen Endgeräte größer sein als die Zahl der verfügbaren IP-Adressen.

Nachteile: Ein Netzteilnehmer kann nicht anhand seiner IP-Adresse identifiziert werden, da nicht vorhersehbar ist, welche IP-Adresse ein Endgerät beim Start zugewiesen bekommt.

Typische Fälle für die Vergabe von IP-Adressen aus einem Adressenpool sind Netzwerke an den Universitäten. Hier gibt es Netze mit einer fast unbegrenzten Zahl potentieller Anwender, von denen aber nur jeweils wenige tatsächlich im Netzwerk arbeiten. DHCP bietet den Studenten die Möglichkeit, ihr Notebook ohne Konfigurationsänderung von einem Labor ins andere mitzunehmen und im Netzwerk ohne Konfigurationsaufwand zu arbeiten.

Um den Administrations- bzw. Konfigurationsaufwand gering zu halten, arbeiten aber auch die meisten Heimnetzwerke (ein DSL-Router, wenige PCs, Drucker und Smartphones) mit DHCP. Die Aufgabe des DHCP-Servers übernimmt hier der DSL-Router.

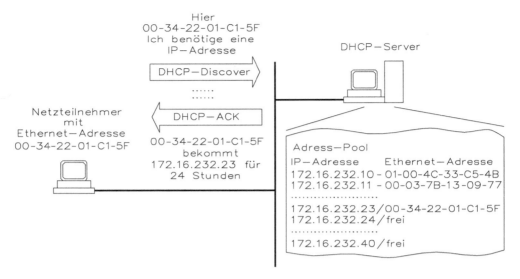

Abb. 5.38: Vergabe einer reservierten IP-Adresse

Der Netzwerkadministrator hat die Möglichkeit, einzelne IP-Adressen für bestimmte Endgeräte zu reservieren, wie Abb. 5.38 zeigt. Auf dem DHCP-Server wird dazu der IP-Adresse die Ethernet-Adresse des Endgeräts zugeordnet und für jede reservierte IP-Adresse kann außerdem ein individuelles Konfigurationsprofil angelegt werden. Die Angabe einer „Lease-Time"-Funktion ist in diesem Fall nicht sinnvoll (aber trotzdem möglich), da die IP-Adresse ohnehin nur vom zugeordneten Endgerät benutzt wird.

Vorteile: Trotz individueller Konfiguration lassen sich alle Netzwerkeinstellungen an zentraler Stelle erledigen und müssen nicht am Endgerät selbst vorgenommen werden.

Nachteile: Da für jedes Endgerät spezifische Einstellungen angegeben werden müssen, steigt der Administrationsaufwand. Beim Austausch von Endgeräten muss auf dem DHCP-Server im Konfigurationsprofil mindestens die Ethnernet-Adresse neu eingetragen werden.

Die Konfiguration von DHCP-fähigen Endgeräten wie Printservern oder Com-Servern, ist je nach Einsatzfall eine Adressierung über die IP-Adresse erforderlich. Im DHCP-Manager wird bei der reservierten IP-Adresse die Ethernet-Adresse des zugehörigen Endgeräts eingetragen und die „Lease-Time"-Funktion sollte deaktiviert sein. Beim Com-Server lassen sich als zusätzliche Parameter Subnet-Mask, Gateway (Router) und DNS-Server angeben.

Hierzu muss ergänzend gesagt werden, dass einige Endgeräte auch das ältere BootP-Protokoll nutzen, um ihre Konfiguration zu erfragen. BootP ist ein Vorläufer von DHCP und wird ebenfalls von DHCP-Servern unterstützt. Allerdings kann BootP nur mit reservierten IP-Adressen arbeiten, wie Abb. 5.39 zeigt.

Bei „Black-Box-Geräten" wie dem Com-Server kann das BootP-Protokoll eingesetzt werden, um in jedem Fall die Übergabe einer reservierten IP-Adresse zu erzwingen. Ist beim DHCP-Server kein zur Ethernet-Adresse des Com-Servers passender Eintrag vorhanden, sollte die BootP-Anfrage ignoriert werden und der Com-Server behält die aktuell eingestellte IP-

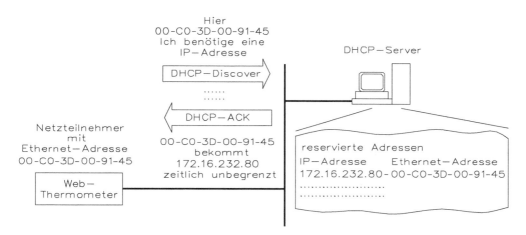

Abb. 5.39: Anschluss bestimmter IP-Adressen aus der DHCP-Konfiguration

Adresse. Leider handhaben das nicht alle DHCP-Server so und vergeben auch auf einen BootP-Request hin eine IP-Adresse aus dem Adressenpool.

Für Endgeräte, die weder DHCP- noch BootP-fähig sind, hat der Netzwerkadministrator die Möglichkeit, einzelne IP-Adressen oder auch ganze Adressbereiche von der Vergabe durch DHCP auszuschließen. Die Konfiguration muss in diesem Fall entweder am Endgerät selbst vorgenommen werden oder durch den Einsatz mitgelieferter Tools erfolgen.

Nachteil: Bei uneinheitlichen und dezentralen Konfigurationen ist ein höherer Administrationsaufwand erforderlich. PCs mit älteren DOS-Versionen oder ältere Printserver sind nicht DHCP-fähig und müssen auf jeden Fall „von Hand" konfiguriert werden. Alle drei Verfahren lassen sich in Netzwerken mit DHCP-Unterstützung nebeneinander anwenden.

Natürlich gibt es auch Sonderfälle, in denen es sinnvoll ist, auf DHCP zur Adressvergabe zu verzichten. In technischen Anwendungen gilt es oft neben der Vergabe der IP-Adressdaten noch weitere gerätespezifische Einstellungen vorzunehmen, die ohnehin nicht von DHCP unterstützt werden.

Hier bieten die vom Hersteller mitgelieferten Softwarewerkzeuge in vielen Fällen mehr Komfort als DHCP.

Der Informationsaustausch zwischen Endgeräten und DHCP-Servern erfolgt auf physikalischer Ebene in Form von UDP-Broadcasts (User Datagramm Protocol). Erstreckt sich die DHCP-Konfiguration über mehrere Subnetze gibt es zwei Möglichkeiten:
- Der eingesetzte Router sollte als DHCP-Relay-Agent arbeiten, also das Subnetz-übergreifende Weiterleiten von DHCP-Requests unterstützen.
- Es sollte in jedem Subnetz ein eigener DHCP-Router arbeiten.

5.3.2   Adressbuch des Internets

DNS (Domain Name System) ist das Adressbuch des Internets. Obwohl es vom Anwender nur im Hintergrund genutzt wird, ist es doch einer der wichtigsten lnternetdienste.

Auf IP-Ebene werden die Millionen von Teilnehmern im Internet über IP-Adressen angesprochen. Für den Nutzer wäre der Umgang mit IP-Adressen aber schwierig, denn wer kann sich schon merken, dass ein Web-System unter der IP-Adresse 194.77.229.26 zu erreichen ist? Einen aussagekräftigen Namen kann man sich dagegen viel leichter merken.

Bereits in den Anfängen des Internets wurden den IP-Adressen symbolische Namen zugeordnet und auf jedem lokalen Rechner war eine Host-Tabelle erforderlich, in der die entsprechenden Zuordnungen hinterlegt waren. Der Nachteil bestand jedoch darin, dass eben nur diejenigen Netzwerkteilnehmer erreichbar waren, deren Namen in der lokalen Liste standen. Zudem nahmen diese lokalen Listen mit dem rapiden Wachstum des Internets bald eine nicht mehr handhabbare Größe an. Man stand also vor der Notwendigkeit, ein einheitliches System zur Namensauflösung zu schaffen. Aus diesem Grund wurde 1984 der DNS-Standard verabschiedet, an dem sich bis heute kaum etwas geändert hat.

Das Prinzip ist einfach. Die Zuordnung von IP-Adressen und Domainnamen wird auf sogenannten DNS-Servern hinterlegt und dort bei Bedarf „angefragt".

Das DNS (Domain Name Service) sieht eine einheitliche Namensvergabe vor, bei der jeder einzelne Host (Teilnehmer im Netz) Teil mindestens einer übergeordneten „Top-Level-Domain" ist. Als Top-Level-Domain bietet sich ein länderspezifischer Domainname an:
- .de für Deutschland
- .at für Österreich
- .ch für Schweiz usw.

Die Domain kann aber auch nach Inhalt bzw. Betreiber gewählt werden:
- .com für kommerzielle Angebote
- .net für Netzbetreiber
- .edu für Bildungseinrichtungen
- .gov ist der US-Regierung vorbehalten
- .mil ist dem US-Militär vorbehalten
- .org für Organisationen

Alle untergeordneten (Sub-Level-) Domainnamen können vom Betreiber selbst gewählt werden, müssen in der übergeordneten Domain aber einmalig sein. Für jede Top-Level-Domain gibt es eine selbst verwaltende Institution, bei der die Sub-Level-Domains beantragt werden müssen und die damit eine Mehrfachvergabe ausschließt. Für die de-Domain ist in solchen Fragen die DENIC (Deutsches Network Information Center unter http://www.denic.de) zuständig.

Beispiel: „klima.wut.de" setzt sich zusammen aus:
- „de" für Deutschland als Top-Level-Domain
- „wut" für Wiesemann und Theis als Sub-Level-Domain
- „klima" für das Web-Thermometer in der Domain wut.de

Der gesamte Domainname darf maximal 255 Zeichen lang sein, wobei jeder Subdomainname höchstens 63 Zeichen umfassen darf. Die einzelnen Subdomainnamen werden mit Punkten getrennt. Eine Unterscheidung zwischen Groß- und Kleinschreibung gibt es nicht.

Wie bereits erklärt wurde, werden auf DNS-Servern (auch Nameserver genannt) Listen mit der Zuordnung von Domainnamen und IP-Adresse geführt. Gäbe es bei den heutigen Ausdehnungen des Internets nur einen einzigen DNS-Server, wäre dieser vermutlich mit der immensen Zahl der DNS-Anfragen hoffnungslos überfordert. Aus diesem Grund wird das Internet in Zonen aufgeteilt, für die ein bzw. mehrere DNS-Server zuständig sind.

Netzteilnehmer, die das DNS nutzen möchten, müssen in ihrem TCP/IP-Stack die IP-Adresse eines in ihrer Zone liegenden DNS-Servers angeben. Um auch bei Ausfall dieses Servers arbeiten zu können, benötigen die üblichen TCP/IP-Stacks sogar die Angabe eines zweiten DNS-Servers.

Welcher DNS-Server für den jeweiligen Netzteilnehmer zuständig ist, erfährt man beim Provider bzw. beim Netzwerk-Administrator.

Um Domainnamen in IP-Adressen auflösen zu können, verfügen heutige TCP/IP-Stacks über ein Resolver-Programm. Gibt der Anwender anstatt einer IP-Adresse einen Domainnamen an, startet das Resolver-Programm eine Anfrage beim eingetragenen DNS-Server. Liegt dort kein Eintrag für den gesuchten Domainnamen vor, wird die Anfrage an den in der Hierarchie nächsthöheren DNS-Server weitergegeben. Dies geschieht so lange, bis die Anfrage entweder aufgelöst ist oder festgestellt wird, dass es den angefragten Domainnamen nicht gibt.

Die zum Domainnamen gehörende IP-Adresse wird von DNS-Server zu DNS-Server zurückgereicht und schließlich wieder dem Resolver-Programm übergeben. Der TCP/IP-Stack kann nun die Adressierung des Zielteilnehmers ganz normal über dessen IP-Adresse vornehmen, wie Abb. 5.40 zeigt.

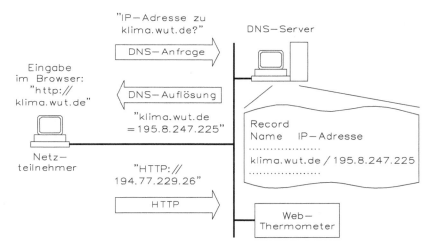

Abb. 5.40: IP-Adresse wird als Domainnamen von DNS-Server zu DNS-Server zurückgereicht

Die Zuordnung von IP-Adresse und Domainnamen wird vom TCP/IP-Stack in einem Cache hinterlegt. Diese Cache-Einträge sind dynamisch, d. h. wird der hinterlegte Netzteilnehmer für bestimmte Zeit nicht angesprochen, löscht der Stack den Eintrag wieder. Dieses Verfahren hält den Cache schlank und es ist möglich, die zu einem Domainnamen gehörende IP-Adresse bei Bedarf auszutauschen.

Nicht alle Embedded-Systeme bieten die Möglichkeit, am Gerät selbst einen Domainnamen einzugeben. Das ist auch gar nicht nötig, denn das Endgerät muss seinen eigenen Namen nicht kennen. Vielmehr wird die Zuordnung von Name und IP-Adresse auch hier auf dem

DNS-Server festgehalten. Soll z. B. von einem Client eine Verbindung auf ein als Server arbeitendes Embedded-System aufgebaut werden, erfragt der Client die zum Namen gehörende IP-Adresse beim DNS-Server.

Da Embedded-Systeme aber häufiger in „Maschine-Maschine-Verbindungen" als in „Mensch-Maschine-Verbindungen" arbeiten, ist eine direkte Adressierung über IP-Adresse hier effizienter, da die Zeit für die DNS-Auflösung entfällt.

Die Adressierung über Namen ist bei Embedded-Systemen nur dann sinnvoll, wenn entweder nur der Name bekannt ist (z. B. E-Mail-Adressen) oder mit einem „Umzug" eines Servers (Name bleibt, IP-Adresse ändert sich) gerechnet werden muss (z. B. Webserver).

DNS ist eine Art Telefonbuch für das Netzwerk. Nun hat DNS in seiner Urform die gleichen Nachteile wie ein Telefonbuch. Ändert sich die Telefonnummer eines Teilnehmers, nachdem das Buch gedruckt wurde, lässt sich der Teilnehmer mit Hilfe dieses nun veralteten Telefonbuches nicht mehr erreichen.

Die Zuordnungen in DNS-Servern werden natürlich regelmäßig aktualisiert und nicht nur einmal pro Jahr erneuert. Wird aber mit dynamischen IP-Adressen gearbeitet, die mittels DHCP vergeben werden, macht DNS nur Sinn, wenn eine ständige Korrektur der DNS-Listen betrieben wird.

Die Technik des automatischen Abgleichs zwischen DHCP-Server und DNS-Server wird als DDNS (dynamisches DNS) bezeichnet. DDNS ist kein Standard TCP/IP-Dienst.

Auf welchem Weg und in welcher Form die Synchronisation zwischen DHCP-Server und DNS-Server erfolgt, hängt davon ab, unter welchem Betriebssystem die Server laufen.

Der prinzipielle DDNS-Ablauf (Abb. 5.41) bei Vergabe einer IP-Adresse via DHCP verläuft folgendermaßen:

- Das Endgerät versucht vom DHCP-Server eine IP-Adresse zu beziehen und dabei ist der Host-Name des Geräts (hier pc17.firmaxy.de) im Endgerät fest konfiguriert.
- Der DHCP-Server vergibt eine IP-Adresse aus seinem Adressenpool an das Endgerät und trägt die Zuordnung zur Ethernet-Adresse in die Adressverwaltung ein.
- Zusätzlich übergibt der DHCP-Server dem DNS-Server IP-Adresse und Hostnamen des Endgeräts.
- Der DNS-Server aktualisiert die Namensverwaltung mit dem neuen Eintrag.

Bei dem gezeigten Ablauf spielt es keine Rolle, ob DNS-Server und DHCP-Server auf zwei getrennten Rechnern oder auf einer gemeinsamen Hardware laufen. Da die DDNS-Kopplung vom Netzwerkadministrator eingerichtet werden muss, kommt DDNS nur in abgeschlossenen Netzen wie z. B. Firmennetzen zum Einsatz.

Nicht nur in lokalen Netzen, in denen die IP-Adressvergabe der DHCP-Server abwickelt, wird mit dynamischen IP-Adressen gearbeitet. In Netzen, die miteinander verbunden sind, man spricht auch von WAN (Wide Area Network) und jedes angeschlossene Endgerät muss eine einmalige IP-Adresse aufweisen. Diese Regel gilt auch für das Internet, welches den mit Abstand größten Netzwerkverbund darstellt.

Der größte Teil der Internet-Nutzer ist nur zeitweise über einen Zugang bei einem Provider mit dem Internet verbunden. Ähnlich wie bei DHCP teilt der Provider dem verbundenen Endgerät für die Dauer der Nutzung eine IP-Adresse zu. Diese IP-Adresse wird voraussichtlich bei jeder Internet-Nutzung eine andere sein.

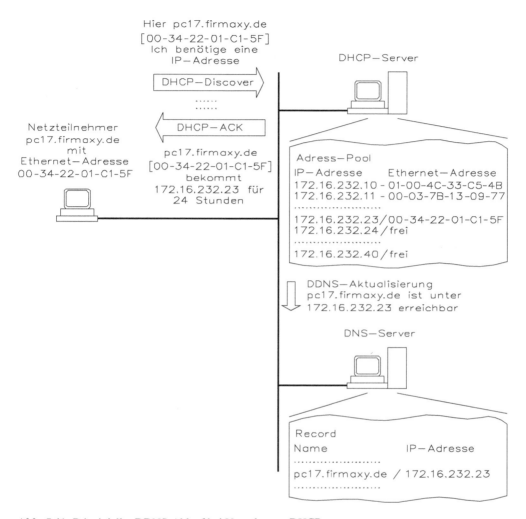

Abb. 5.41: Prinzipieller DDNS-Ablauf bei Vergabe von DHCP

Da die meisten Internet-Nutzer nur Server-Dienste (E-Mail, Abruf von Webseiten usw.) in Anspruch nehmen, also Verbindungen zu diesen Servern aufnehmen, ist das kein Problem.

Soll aber das Endgerät des Internet-Nutzers (meist ein PC) auch für andere Internet-Nutzer erreichbar sein, ist die dynamische IP-Adresse ein Problem, da die aktuell zugeteilte IP-Adresse ja nur dem Provider und dem dort angekoppelten Endgerät bekannt ist.

Um dieses Problem zu umgehen gibt es zwei Möglichkeiten:
• Permanenter Anschluss an das Internet: Feste Internet-Zugänge mit einer festen IP-Adresse sind aber ungleich teurer als z. B. normale DSL- oder Modem-Zugänge. Diese Lösung bietet sich deshalb nur für größere Firmen an.
• Verwendung von dynamischen DNS: Einer der ersten Anbieter für dynamisches DNS war die Organisation DynDNS. In der Vergangenheit konnte man bei DynDNS nach ein-

maliger Anmeldung kostenlos einen weltweit einmaligen Hostnamen registrieren lassen. Heute ist dieser Dienst kostenpflichtig. Eine detaillierte Beschreibung der Vorgehensweise ist auf den Webseiten von DynDNS unter http://www.dyndns.org verfügbar.

Die Abwicklung der Adressauflösung mittels DynDNS erfolgt in drei Schritten.

1. Der Internet-User stellt z. B. via DSL eine Verbindung zu seinem Internet-Provider her und bekommt nach erfolgreichem Login eine IP-Adresse zugeteilt.

2. Im Gegensatz zu DDNS muss der Anwender bzw. sein Endgerät dafür sorgen, dass DynDNS weiß, unter welcher IP-Adresse das Endgerät erreichbar ist. Dazu nutzt das Endgerät den DynDNS-Update-Client. Für PCs gibt es entsprechende Programme, die diese Aufgabe übernehmen. Andere Endgeräte müssen spezielle Funktionen integriert aufweisen. Bei Zugang zum Internet über einen Router, übernimmt dieser meist auch das DynDNS-Update.

3. Erfolgt nun bei einem DNS-Server die Anfrage nach dem vom Internet-User benutzten DynDNS-Namen und der zugehörigen IP-Adresse, fragt der zuständige DNS-Server diese beim DynDNS-Server an und gleicht seine Daten ab.

Damit ist das Endgerät unter dem gewählten Namen weltweit ansprechbar, kann also auch Server-Dienste anbieten, wie Abb. 5.42 zeigt.

5.3.3   Ping-Funktion

Die Ping-Funktion dient in TCP/IP-Netzen zu Diagnosezwecken. Mit Hilfe von Ping lässt sich überprüfen, ob ein bestimmter Teilnehmer im Netz existiert und tatsächlich ansprechbar ist.

Ping arbeitet mit dem ICMP-Protokoll, welches auf das IP-Protokoll aufsetzt.

ICMP-HEADER	ICMP-DATENBEREICH

IP-HEADER	IP-NUTZDATENBEREICH

Das Paket sieht dann so aus:

IP-HEADER	ICMP-HEADER	ICMP-DATENBEREICH

Setzt ein Netzteilnehmer durch Eingabe des Ping-Kommandos einen ICMP-Request ab, gibt die angesprochene Station einen ICMP-Reply an den Absender zurück, wie Abb. 5.43 zeigt

Der Aufruf des Kommandos PING <IP-Adresse> in der DOS-Box fordert den durch die IP-Adresse angegebenen Netzteilnehmer auf, eine Rückmeldung zu geben. Zusätzlich können unter Windows noch diverse Parameter angegeben werden:

- t: Wiederholt das Ping-Kommando in Dauerschleife, bis der Anwender mit <Strg> C unterbricht.
- n count: Wiederholt das Ping-Kommando „count" mehrmals.
- I size: „size" gibt an, mit wieviel Byte das ICMP-Packet aufgefüllt wird. Bei Com-Servern in Default-Einstellung sind dies maximal 560 Byte.
- w timeout: „timeout" spezifiziert, wie lange (in Millisekunden) auf die Rückmeldung gewartet wird.

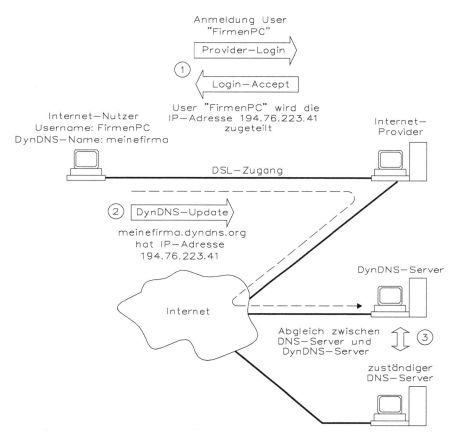

Abb. 5.42: Verlauf der Anmeldung bei einem Internet-Provider

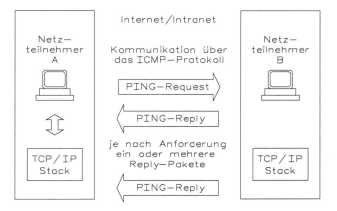

Abb. 5.43: Eingabe und Verlauf des Ping-Kommandos im Internet

5.3.4   Funktionen von Telnet

Telnet (Terminal over Network) ist ein Textfenster bzw. textorientiertes Programm, über das ein anderer Rechner (Host) im Netzwerk vom Anwender fernbedient werden kann, wie Abb. 5.44 zeigt.

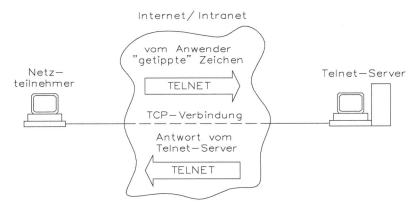

Abb. 5.44: Verbindung über Internet und Intranet

Das Internet ist der derzeit weltweit größte Netzverbund, der den angeschlossenen Netzteilnehmern eine nahezu grenzenlose Kommunikationsinfrastruktur zur Verfügung stellt. Durch Einsatz von TCP/IP können die Netzteilnehmer plattformunabhängig die im Internet angebotenen Dienste wie E-Mail, FTP, HTTP usw. in Anspruch nehmen.

Intranet ist dagegen ein abgeschlossenes Netzwerk (etwa innerhalb eines Unternehmens), in dessen Grenzen die Netzteilnehmer Internet-typische Dienste wie E-Mail, FTP, HTTP usw. in Anspruch nehmen können. In aller Regel gibt es von einem Intranet über Router bzw. Firewalls auch Übergänge in das Internet.

Eine Telnet-Sitzung funktioniert wie eine DOS-Box, allerdings werden die eingetippten Befehle auf dem entfernten Rechner ausgeführt. Dafür werden mehrere Elemente benötigt.

Alle modernen Betriebssysteme verfügen heute über ein Telnet-Clientprogramm. Der Telnet-Client baut eine TCP-Verbindung zu einem Telnet-Server auf, nimmt Tastatureingaben vom Anwender entgegen, gibt sie an den Telnet-Server weiter und stellt die vom Server gesendeten Zeichen auf dem Bildschirm dar.

Der Telnet-Server ist auf dem entfernten Rechner aktiv und gibt einem oder ggf. mehreren Nutzern die Gelegenheit sich dort „einzuloggen". Damit ist der Telnet-Server das Bindeglied zwischen Netzwerkzugang zum Telnet-Client und dem zu bedienenden Prozess. In diesem Ursprung wurde Telnet eingesetzt, um einen Remote-Zugang zu den UNIX-Betriebssystemen zu schaffen. Viele Embedded-Systeme wie Com-Server oder Printer-Server, Switches, Hubs und Router verfügen über einen Telnet-Server, der als Konfigurationszugang dient.

Auch Telnet setzt auf TCP als Basisprotokoll auf.

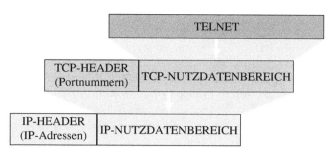

Das Telnet-Datenpaket sieht dann so aus:

Hierbei wird, wenn vom Anwender nicht anders vorgegeben, der Port 23 genutzt. Es lässt sich aber auch jeder beliebige andere Port angeben. Wichtig ist, dass auf dem gewählten Port ein Telnet-Server aktiv ist.

Das Telnet-Protokoll übernimmt im Wesentlichen drei Aufgaben:

- Festlegung benutzter Zeichensätze und Steuercodes zur Cursor-Positionierung. Als gemeinsame Basis für Client und Server wird hierzu der NVT-Standard (Network Virtual Terminal) eingesetzt. NVT benutzt den ASCII-Zeichensatz (7-Bit-Format) und legt fest, welche Zeichen dargestellt werden und welche zur Steuerung und Positionierung genutzt werden.
- Aushandeln und Einstellen von Verbindungsoptionen. Über die Festlegungen im NTV hinaus kann Telnet eine Vielzahl von speziellen Funktionen nutzen. Das Telnet-Protokoll gibt Client und Server die Möglichkeit Verbindungsoptionen auszuhandeln. Zum Beispiel, ob der Server alle vom Client empfangenen Zeichen als Echo zurückgeben soll. Hierzu werden Steuerzeichen benutzt, bei denen das achte Bit gesetzt ist, also Zeichen oberhalb 127 und damit außerhalb des NTV-Zeichensatzes.
- Transport der Zeichen, die zwischen Client und Server ausgetauscht werden. Das Telnet-Datenpaket sieht dann so aus: Alle vom Anwender eingegebenen oder vom Server gesendeten Zeichen des NTV-Zeichensatzes werden 1:1 in den Nutzdatenbereich eines TCP-Pakets gepackt und übers Netzwerk transportiert.

Die Einfachheit des Telnet-Protokolls sowie die Transparenz bei der Zeichenübertragung, ist Telnet auch ein beliebtes Diagnosetool. Mit Telnet lassen sich Verbindungen zu HTTP, SMTP oder POP3-Servern herstellen.

Es lässt sich zum Beispiel durch Eingabe der folgenden Zeile in einer DOS-Box überprüfen, ob der SMTP-Server (Port 25) arbeitet:

        telnet <IP-Adresse eines Mail-Servers> 25

Ist der SMTP-Server aktiv, wird eine Begrüßungsmeldung zurückgegeben.

Durch konsequentes Eintippen des SMTP-Protokolls könnte man nun theoretisch per Telnet-Client E-Mails verschicken.

5.3.5   Zugriff auf das Datei-System mit FTP

In einfachen Worten ausgedrückt, erlaubt FTP (File Transfer Protocol) einem Anwender im Netzwerk den Zugriff auf das Datei-System, bzw. die Festplatte eines entfernten Rechners. Eine der Hauptanwendungen für FTP ist heute das Aufspielen von HTML-Seiten (Hypertext Transfer Protocol) auf WWW-Server, die zu diesem Zweck auch immer einen FTP-Zugang verwenden. FTP kann aber auch genutzt werden, um über Embedded-FTP-Clients, wie z. B. einem Com-Server, serielle Daten von Endgeräten in eine Datei auf dem Server zu speichern.

Ein weiteres Anwendungsfeld ist das Data-Logging (zyklisches Abspeichern von Datensätzen) unter FTP. Auf diesem Weg kann z. B. in vorgegebenen Abständen mit Zeitstempel in eine Datei auf dem FTP-Server geschrieben werden.

FTP arbeitet nach dem Client/Server-Prinzip. Ein FTP-Client ist heute Bestandteil jedes Betriebsystems. Unter Windows z. B. wird durch Eingabe des FTP-Befehls in einer DOS-Box der FTP-Client gestartet.

Mit dem OPEN-Kommado, gefolgt von der IP-Adresse bzw. dem Hostnamen des FTP-Servers, wird die FTP Verbindung geöffnet und der Nutzer muss seinen Login-Namen und ein Passwort eingeben. Nach erfolgreichem Login, sind je nach Zugriffsrecht unter anderem folgende Dateioperationen möglich:

	FTP Befehl
Speicher von Dateien auf dem Server	PUT
Laden von Dateien vom Server	GET
Daten an eine bestehende Datei anhängen	APPEND
Löschen von Dateien auf dem Server	DELETE
Anzeigen des Verzeichnisinhaltes	DIR

Eine Auflistung aller unterstützten Kommandos erhält man mit der Eingabe eines „?" hinter dem FTP-Prompt. Eine kurze Beschreibung der einzelnen Kommandos lässt sich mit „? Kommando" abrufen.

Eine wichtige Eigenschaft von FTP ist die unterschiedliche Handhabung von Text- und Binärdateien. Um die gewünschte Betriebsart auszuwählen, stellt FTP zwei weitere Kommandos zur Verfügung:

	FTP Befehl
für die Übertragung von Textdateien	ASCII
für die Übertragung von Binärdateien	BINARY
(z. B. ausführbare Programmdateien)	

Nach der Eingabe von FTP findet die Bedienung in einer Art Dialog statt, je nach Betriebssystem können sowohl die Bedienung als auch die Kommandos des FTP-Clients variieren.

Eine komfortablere Handhabung von FTP lässt sich durch den Einsatz von zugekauften FTP-Client Programmen mit grafischer Benutzeroberfläche erreichen.

Als Basis-Protokoll setzt FTP auf das verbindungsorientierte und gesicherte TCP auf.

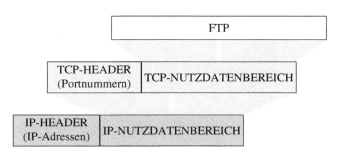

Das FTP-Datenpaket sieht dann so aus:

Im Gegensatz zu anderen Internetdiensten nutzt FTP aber zwei TCP-Verbindungen und damit zwei TCP-Ports:

- Port 21 als Kommando-Verbindung.
- der zweite Port wird für die Übertragung der Dateien benutzt und die verwendete Portnummer wird ausgehandelt.

Die Steuerung des Datei-Transfers zwischen Client und Server wird über einen Kommandodialog vorgenommen. Diesen Part wickelt der Protocol-Interpreter über die Kommando-Verbindung ab. Die Kommando-Verbindung bleibt für die gesamte Dauer der FTP-Sitzung bestehen.

Der eigentliche Datei-Transfer erfolgt über die Daten-Verbindung, die vom „Data Transfer Prozess" für jede Dateioperation neu geöffnet wird. Der „Data Transfer Process" ist dabei das Bindeglied zwischen Netzwerk und Dateisystem und wird vom Protocol-Interpreter gesteuert.

Ein FTP-Server steht in der Regel nur bei Server-Betriebssystemen zur Verfügung und muss vielleicht erst gestartet werden. Abbildung 5.45 zeigt den Verbindungsaufbau zwischen Netzwerkteilnehmer und FTP-Server. FTP-Server bieten zwei Zugriffsmöglichkeiten:

- Nur eingetragene Nutzer erhalten Zugriff und können, je nach in einer User-Liste festgehaltenem Zugriffsrecht, Dateioperationen ausführen.
- Jeder Nutzer kann auf den Server zugreifen. Ein Login findet entweder gar nicht statt oder es wird der Username „anonymous" angegeben. Man spricht dann von Anonymous-FTP.

5.3.6 TFTP-Protokoll

Neben FTP ist TFTP (Trivial File Transfer Protocol) ein weiterer Dienst, um über das Netzwerk auf die Dateien eines entfernten Rechners zugreifen zu können. TFTP ist allerdings sowohl vom Funktionsumfang als auch von der Größe des Programmcodes deutlich „schlanker" als FTP. Ein TFTP-Client ist nicht unbedingt Bestandteil eines Betriebssystems und der TFTP-Server kommt im Officebereich selten zum Einsatz.

Besonders geeignet ist TFTP für den Einsatz in Embedded-Systemen, in denen nur ein begrenzter Speicherplatz für Betriebssystemkomponenten zur Verfügung steht. TFTP bietet hier bei minimalem Programmcode ein hohes Maß an Effizienz.

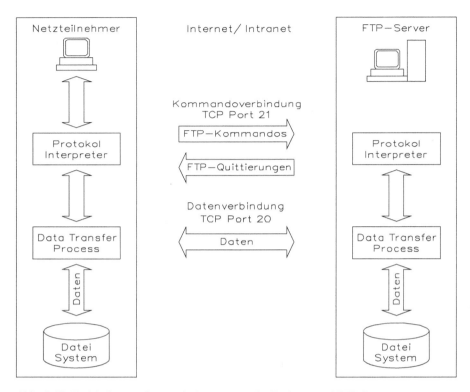

Abb. 5.45: Verbindungsaufbau zwischen Netzwerkteilnehmer und FTP-Server

In Com-Servern, Printerservern und Miniterminals wird beispielsweise TFTP genutzt, um Konfigurations- und Firmware-Dateien zu übertragen.

TFTP stellt nur zwei Dateioperationen zur Verfügung:

	TFTP Befehl
Speicher von Dateien auf dem Server	PUT
Laden von Dateien vom Server	GET

Wie auch FTP unterscheidet TFTP zwischen der Übertragung von Text- und Binärdateien. Sollen Binärdateien übertragen werden, wird dies durch den zusätzlichen Parameter „-i" angegeben.

Im Gegensatz zu FTP verwendet TFTP als Basis das UDP-Protokoll, wobei Port 69 benutzt wird.

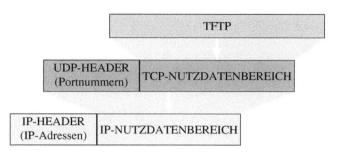

Das TFTP-Datenpaket sieht dann so aus:

UDP arbeitet verbindungslos und man spricht bei UDP-Paketen auch von Datagrammen, wobei jedes Paket als eigenständige Datensendung behandelt wird. Auf UDP-Ebene werden empfangene Pakete nicht quittiert. Der Sender erhält keine Rückmeldung, ob ein gesendetes Paket wirklich beim Empfänger angekommen ist. UDP-Pakete bekommen keine Sequenz-Nummer. Ein Empfänger, der mehrere UDP-Pakete erhält, hat keine Möglichkeit festzustellen, ob die Pakete in der richtigen Reihenfolge empfangen wurden. Aus diesem Grund übernimmt TFTP die Sicherung der übertragenen Daten selbst.

Die Übertragung von Dateien geschieht in Blöcken von je 512 Bytes, wobei die Blöcke mit einer laufenden Nummer versehen werden. Jeder empfangene Block wird von der Gegenseite quittiert. Erst nach Empfang der Quittierung wird der nächste Block gesendet. Abbildung 5.46 zeigt die Verbindung über Internet bzw. Intranet.

TFTP erkennt, ob die empfangenen Datenblöcke in Ordnung sind und eine Fehlerkorrektur gibt es aber nicht. Treten bei der Übertragung Fehler auf, stimmt etwa die Paketlänge nicht oder ein komplettes Paket geht verloren, wird das Paket von der Gegenseite nicht quittiert. Bei ausbleibender Quittierung wird das Datenpaket mehrmals versendet und bleibt die Quittierung dauerhaft aus, wird die Übertragung abgebrochen. In diesem Fall kann der Anwender oder eine intelligente Anwendungssoftware den Vorgang erneut starten.

5.3.7   SNMP-Protokoll

Gerade in technischen Anwendungen verbindet das Netzwerk eine Vielzahl verschiedener Endgeräte unterschiedlicher Hersteller. Jeder Hersteller hat dabei seine ganz eigene Methodik, auf welche Weise die Geräte parametriert und überwacht werden.

So stellen einige Hersteller spezielle Managementprogramme für ihre Endgeräte zur Verfügung, andere bieten dem Benutzer bzw. Administrator eine Weboberfläche an, über die sich die Komponenten im Browser überwachen und konfigurieren lassen. Kleinere Netzwerke kann man mit diesen Mitteln schnell und sicher einrichten, überwachen und warten.

In größeren Netzwerken, mit zum Teil mehreren 100 Netzwerkteilnehmern, wäre es allerdings sehr mühsam, jedes Gerät mit anderen Mitteln zu konfigurieren und zu überwachen. Hier

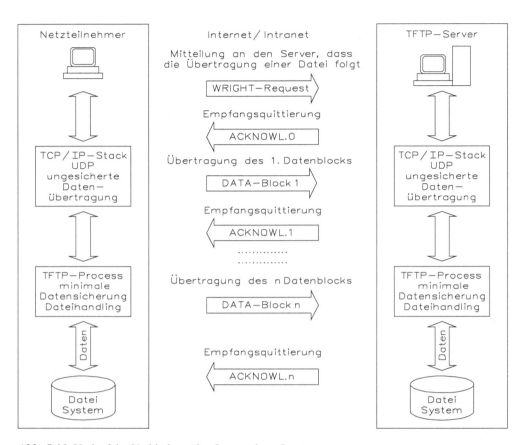

Abb. 5.46: Verlauf der Verbindung über Internet bzw. Intranet

bietet SNMP (Simple Network Management Protocol) die Grundlage für ein einheitliches und überschaubares Netzwerkmanagement.

Bedingung für den Einsatz von SNMP ist, dass alle beteiligten Endgeräte einen SNMP-Agenten besitzen. Der SNMP-Agent ist eine Software-Schnittstelle, die das Endgerät mit allen betriebswichtigen Parametern beinhaltet. SNMP-fähige Endgeräte werden auch als Netzwerkknoten bzw. Nodes bezeichnet. Nodes können PCs, Server, Switches, Router, Web-IO sein und diese sind über eine eigene IP-Adresse im Netzwerk ansprechbar.

Neben den Nodes gibt es in SNMP-Systemen mindestens einen SNMP-Manager. Der SNMP-Manager ist eine Software-Anwendung, die auf einem PC oder einem Server arbeitet. Während SNMP-Manager früher kommandozeilengesteuerte Anwendungen waren, in denen die Nodes in Listen verwaltet wurden, stellen moderne SNMP-Systeme dem Administrator mächtige Visualisierungsfunktionen zur Verfügung. Die gesamte Netzwerkinfrastruktur kann in Form von Plänen dargestellt und somit sehr übersichtlich verwaltet werden.

Zu den Aufgaben eines SNMP-Managers zählen: Konfiguration, Verwalten von Zugriffsrechten, Überwachen, Fehlermanagement und Netzwerksicherheit.

Bei SNMP-MIB steht MIB steht für „Management Information Base". Zu jedem Netzwerk-knoten gehört eine spezifische MIB, d. h. eine Liste aus abrufbaren Variablen, in denen die Eigenschaften und Zustände des Netzteilnehmers beschrieben sind.

Im Normalfall muss der Anwender sich nicht im Detail mit dem Aufbau der MIB beschäftigen. Moderne Managementsysteme verfügen über einen MIB-Compiler, der die MIB-Daten ins System integriert und dem Nutzer in einer gut handhabbaren Form zur Verfügung stellt.

Die MIB besteht aus zwei grundsätzlichen Teilen: der Standard MIB, in der System-Variablen verwaltet werden, die für alle Knoten benötigt werden, und der Private-MIB, in der die gerätespezifischen Variablen untergebracht sind.

Die Datenstruktur der MIB hat einen baumartigen Aufbau, ähnlich der Verzeichnisstruktur auf einer Festplatte. Die einzelnen Variablen sind in Gruppen, Untergruppen usw. gegliedert, so wie einzelne Dateien auf einem Datenträger in Ordnern und Unterordnern gespeichert werden.

Bei den MIB-Variablen spricht man auch von Objekten. Zu jedem Objekt einer MIB gehört die MIB-OID. Die OID (Object Identifier) ist eine durch Punkte getrennte Kette von Zahlen, wobei jede Zahl für einen Abzweig im MIB-Baum angibt, wohin verzweigt wird. Da solche Datenketten für den Anwender nicht überschaubar sind, kann man die OID auch als MIB-Diagramm darstellen.

Die von den Herstellern der verschiedenen Netzwerkknoten mitgelieferten MIB-Dateien beschreiben die OID-Struktur im ASN1-Format (Abstract Syntax Notification).

ASN1-Dateien sind zwar lesbar, eine Entschlüsselung durch den Anwender ist aber kompliziert und nicht vorgesehen.

SNMP-Managementsysteme verfügen über einen ASN1-MIB-Compiler. Dieser Compiler wertet das ASN1-Format aus und vermittelt dem Manager, welche Variablen eines Netzwerk-knotens an welcher Stelle zu finden sind.

Die Kommunikation zwischen SNMP Managementsystem und SNMP-Netzknoten wird über das UDP-Protokoll abgewickelt.

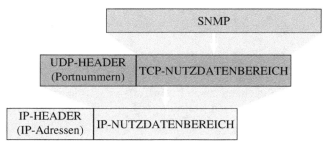

Das SNMP-Datenpaket sieht dann so aus:

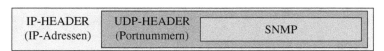

Hierbei empfängt der Netzwerkknoten die Datensendungen vom SNMP-Managementsystem auf Port 161.

Die normale Kommunikation geht immer vom Managementsystem aus. Dieses sendet ein GET-Kommando mit der OID des gewünschten Werts an den Netzwerkknoten. Der Netzwerkknoten sendet daraufhin ein RESPONSE-Paket zurück, welches ebenfalls die OID und zusätzlich den zugehörigen Wert enthält.

Neben der normalen Kommunikation gibt SNMP den Netzwerkknoten die Möglichkeit, unaufgefordert Meldungen an den SNMP-Manager zu senden. Diese SNMP-Traps werden als Status- oder Warnmeldungen genutzt. So kann z. B. ein Switch auf diesem Weg melden, wenn ein Port seinen Link verliert. SNMP-Traps werden an Port 162 gesendet.

Beim Web-System können z. B. Alarme definiert werden, die bei Temperaturüberschreitung (z. B. im Serverraum) einen SNMP-Trap senden, wie Abb. 5.47 zeigt

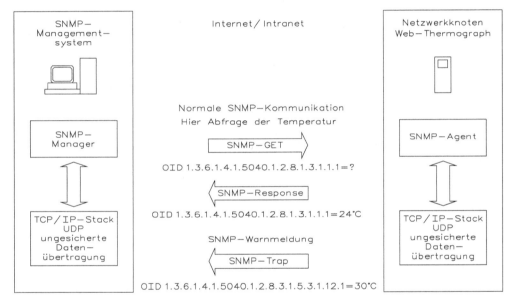

Abb. 5.47: SNMP-Verbindung für eine Alarmmeldung über Internet bzw. Intranet

SNMP-Traps verwenden eigene OIDs, die in einem gesonderten Teil der MIB untergebracht sind, auch wenn der gleiche Wert in einem anderen Teil der MIB unter Umständen noch einmal vorhanden ist.

Für Administratoren mit ausgedehnten Netzen und zahlreichen Netzwerkteilnehmern bietet SNMP alle Voraussetzungen, die Wartung und Überwachung aller beteiligten Geräte einheitlich und übersichtlich abzuwickeln.

5.3.8   Syslog-Protokoll

Syslog ist ähnlich dem SNMP ein Protokoll um Systemmeldungen an zentraler Stelle zu überwachen. Im Gegensatz zu SNMP ist Syslog aber eine Einbahnstraße, d. h. mit Syslog können Netzwerkgeräte wie PCs, Router, Switches, Hubs, aber auch Embedded-Systeme,

Systemmeldungen an einen zentralen Server senden. Jedoch sind Datensendungen vom Server zu den Endgeräten nicht vorgesehen.

Auf Netzwerkebene werden Syslog-Meldungen über das UDP-Protokoll auf Port 514 übertragen.

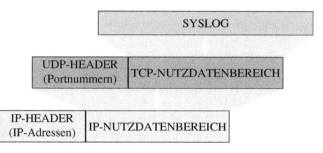

Das SYSLOG-Datenpaket sieht dann so aus:

Syslog-Meldungen können normale Statusinformationen, Warnmeldungen und Fehlermeldungen sein.

Je nach Dringlichkeit werden den Syslog-Meldungen vom Absender Prioritäten zugeordnet. Auf diese Weise lässt sich beeinflussen, welche Meldungen bevorzugt bearbeitet werden. Ferner enthält jede Syslog-Meldung einen Zeitstempel mit Uhrzeit und Datum. Der Prozess, der auf dem Server die Syslog-Meldungen entgegennimmt und weiterverarbeitet, wird als Syslog-Daemon bezeichnet.

Syslog stammt im Ursprung aus der Unix- bzw. Linux-Welt und wird heute auch im Windows-Umfeld eingesetzt.

5.3.9   HTTP-Protokoll

Durch die rasante Zunahme von WWW-Nutzern ist HTTP (Hypertext Transfer Protocol) heute das mit Abstand meist genutzte Protokoll im Internet. HTTP setzt auf TCP als Basisprotokoll auf, wobei in aller Regel der TCP-Port 80 genutzt wird. Abweichende Ports sind möglich, müssen aber explizit im URL angegeben werden.

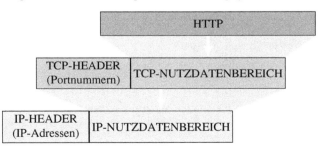

Das HTTP-Datenpaket sieht dann so aus:

IP-HEADER (IP-Adressen)	TCP-HEADER (Portnummern)	HTTP

Die Anforderung und Übertragung einer Webseite erfolgt in vier Schritten:
*   Auflösen des angegebenen Host- und Domainnamens in eine IP-Adresse. Der TCP/IP-Stack startet eine DNS-Anfrage, um die IP-Adresse des gewünschten Servers zu ermitteln.
*   Aufbau der TCP-Verbindung und bei einer TCP-Verbindung gilt das Client-Server-Prinzip. Bei HTTP übernimmt der Browser die Rolle des Clients und stellt die TCP-Verbindung zum angegebenen HTTP-Server her.
*   Senden der HTTP-Anforderung und nach erfolgreichem Aufbau der TCP-Verbindung fordert der Browser die gewünschte Webseite beim WWW-Server an. An dieser Stelle beginnt das eigentliche HTTP-Protokoll und der Browser sendet das GET-Kommando mit den erforderlichen Parametern zum WWW-Server.
*   Senden der angeforderten Webseite und der WWW-Server sendet erst eine HTTP-Bestätigung, erst dann die Webseite selbst.
*   Beenden der TCP-Verbindung durch den WWW-Server. Eine Besonderheit bei HTTP ist, dass die TCP-Verbindung nicht wie sonst üblich durch den Client, sondern durch den Server abgebaut wird. Dafür gibt es zwei Gründe:
    *   Der WWW-Server signalisiert dem Browser auf einfache Art und Weise, dass die Übertragung abgeschlossen ist. Eine empfangene Webseite wird im Browser deshalb auch erst dann angezeigt, wenn die TCP-Verbindung beendet ist.
    *   WWW-Server müssen eine Vielzahl von TCP-Verbindungen gleichzeitig bedienen. Dabei benötigt jede offene Verbindung dem Server ein gewisses Maß an Rechenleistung. Um die Verbindungszeiten so kurz wie möglich zu halten, baut der Server die Verbindung einfach ab, sobald alle angeforderten Daten übertragen wurden, wie Abb. 5.48 zeigt.

Wie bereits erklärt, basiert auch HTTP auf dem Client-Server-Prinzip. Der Browser als Client kann durch das Senden bestimmter Kommandos die Kommunikation steuern.

Das mit Abstand am häufigsten verwendete Kommando ist die GET-Anfrage, die jeden Aufruf einer Webseite einleitet. GET fordert den HTTP-Server auf, ein Dokument oder Element zu senden und ist damit das wichtigste Kommando. Für den Einsatz von GET sind einige Parameter nötig und man spricht auch von einer Kommandozeile (Request Line).

GET/pfadname/filename http-Version

Weitere Parameter können jeweils als neue Zeile mitgesendet werden. Diese angehängten Parameter werden auch als „Header" bezeichnet.
*   Host Accept: Hostname (nur bei HTTP1.1 nötig) gibt an, welche Dateiformate der Browser verarbeiten kann. Mit Accept: image/gif gibt der Browser z. B. bekannt, dass er Bilder im GIF-Format anzeigen kann.
*   Connection: Über diesen Parameter (Connection: Keep-Alive) kann vom Browser vorgegeben werden, ob die TCP-Verbindung zum Nachladen anderer Elemente offengehalten wird.

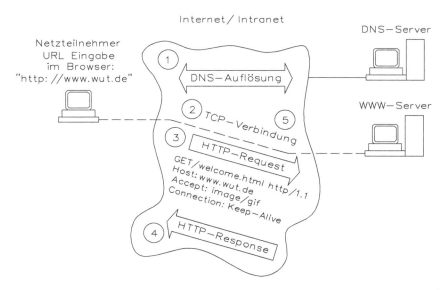

Abb. 5.48: Informationsaustausch eines WWW-Servers über Internet bzw. Intranet

Eine Vielzahl weiterer Parameter sind in der RFC2616 beschrieben, die unter http://www.w3.org/Protocols/rfc2616/rfc2616.html eingesehen werden kann.

Ein typisches GET-Kommando könnte etwa so aussehen:

> GET/welcome.html http/1.1
> Host: www.wut.de
> Accept: image/gif
> Connection: Keep-Alive

Als Antwort sendet der HTTP-Server eine Statuszeile, auf die ein Header (diesmal mit Parametern des Servers) folgt. Getrennt durch eine Leerzeile <CR LF CR LF> wird das angeforderte Element übermittelt.

```
HTTP/1.1 200 OK                              Statuszeile
Date: Thu, 15 Mar 2014 11:33:41 GMT
Server: Apache/1.3.4 (Unix) PHP/3.0.6
Last-Modified: Thu 15 Mar 2014 11:32:32 GMT
...
...                                          Header
Keep-Alive: timeout=15
Connection: Keep-Alive
Contente-Type: text/html
<html>
...                                          HTML-Seite
<html>
```

Die Statuszeile umfasst die vom Server unterstütze HTTP-Version, eine Fehlercode-Nummer und einen Kommentar. Im Header zeigt der Server unterstützte Verbindungseigenschaften und Daten an.

Das Gegenstück zu GET ist das POST-Kommando. POST erlaubt dem Browser, Informationen an den HTTP-Server zu übergeben.

Der klassische Einsatz für das POST-Kommando ist die Übergabe von Formulareinträgen aus einer HTML-Seite. Im Kern ist der Aufbau der POST-Anforderung identisch mit der von GET. Nach den Parametern steht eine Leerzeile <CR LF CR LF>, der die zu übergebenden Informationen folgen. Enthält eine POST-Anforderung mehrere Einzelinformationen, werden diese durch ein „&" voneinander getrennt. Als „filename" muss in der ersten Zeile der POST-Anforderung ein auf dem Server verfügbarer Prozess angegeben werden, der die Informationen entgegennehmen und verarbeiten kann.

Für den Formulartest könnte die POST-Anforderung folgendermaßen aussehen und das bisher nicht besprochene Parameter „Referrer" stellt hier einen Bezug zu der ursprünglich geladenen Formularseite her:

> POST/Formularauswertung.cgi HTTP/1.1
> Accept: image/gif, image/jpeg
> Referrer: http://172.16.232.145/formulartest.html
> Host: 172.16.232.145
> Connection: Keep-Alive
>
> EINGABEFELD1=rest1&EINGABEFELD2=test2&submit=Abschicken

Die meisten Internet-Provider bieten sogenannte „CGI-Scripts" (Programme auf dem HTTP-Server, Common Gateway Interface) an, die Formularangaben entgegennehmen und als E-Mail an eine beliebige Adresse weiterleiten. So kann man seinen Kunden z. B. die Gelegenheit geben, direkt von einer Webseite aus eine Bestellung oder Anfrage zu verschicken.

Als drittes Kommando gilt noch eine Variante von GET. Das HEAD-Kommando arbeitet wie das GET-Kommando, doch der HTTP-Server gibt nur die Statuszeile und den Header, nicht aber das angeforderte Element selbst zurück.

Es wird fast ausschließlich zu Testzwecken und von Suchmaschinen genutzt, die über die resultierende Meldung (Fehlercode) die Existenz einer Seite überprüfen können.

HTTP wurde seit der Einführung des WWW mehrfach weiterentwickelt und kommt heute in drei Versionen vor:

*   HTTP0.9: 1989 wurde erstmalig vorgestellt und seitdem genutzt, aber nie spezifiziert
*   HTTP1.0: Erst 1996 wurde HTTP in der Version 1.0 durch die RFC 1945 spezifiziert, die weitestgehend mit HTTP0.9 identisch ist, wurde 1997 (RFC 2068) eingeführt.
*   HTTP1.1: Seit 1999 (RCF 2616) in überarbeiteter Form im Einsatz.

Alle heute erhältlichen Browser unterstützen standardmäßig HTTP1.1, können aber auch problemlos mit Servern zusammenarbeiten, die HTTP0.9 oder HTTP1.0 verwenden.

Die wohl grundlegendste Änderung in HTTP1.1 liegt darin, dass die für die Übertragung des HTML-Dokuments aufgebaute TCP-Verbindung auch für das Nachladen weiterer Elemente weitergenutzt wird. HTTP1.0 bzw. HTTP0.9 verwenden für jedes Element eine separate TCP-Verbindung.

Eine persistente Verbindung wie in HTTP1.1 erhöht den Datendurchsatz, da die Zeiten für Verbindungsaufbau und -abbau entfallen.

Der Browser öffnet die TCP-Verbindung und sendet das GET-Kommando. Um auf einem HTTP-Server die Internet-Auftritte mehrerer Anbieter verwalten zu können, wurde mit Host ein zusätzlicher Parameter zum GET-Kommando eingeführt, der dem Server zusammen mit einer GET-Anfrage auch den Hostnamen übermittelt. Durch dieses zusätzliche Parameter kann der HTTP-Server über die GET-Anfrage erkennen, welchem Host die TCP-Verbindung gilt.

5.3.10 E-Mail

Im Gegensatz zu den meisten anderen Anwendungen im Internet ist das Versenden von E-Mails ein Dienst, bei dem keine direkte Verbindung zwischen Sender und Empfänger besteht. Das klingt zunächst verwirrend, ist aber sinnvoll, da sonst der Austausch von E-Mails nur möglich wäre, wenn Versender und Empfänger gleichzeitig im Netz aktiv sind.

Um eine zeitliche Unabhängigkeit zu gewährleisten, benötigt der E-Mail-Empfänger eine Mailbox (Postfach) auf einem Mailserver, in der eingehende Nachrichten zunächst abgelegt werden.

Eine E-Mail-Adresse setzt sich immer aus dem Postfachnamen und der Zieldomain zusammen und als Trennzeichen steht das „@" („at") zwischen diesen beiden Bestandteilen.

Der Weg einer E-Mail vom Versender zum Empfänger besteht aus zwei Teilabschnitten, auf denen der Transport über unterschiedliche Protokolle geregelt wird:
- vom Rechner des Absenders bis zum Postfach des Empfängers wird das SMTP-Protokoll benutzt
- vom Postfach des Empfängers bis zum Rechner des Empfängers setzt man das POP3-Protokoll ein

Die folgenden Felder bilden einen Minimalkopf und müssen auf jeden Fall enthalten sein, wie Abb. 5.49 zeigt.

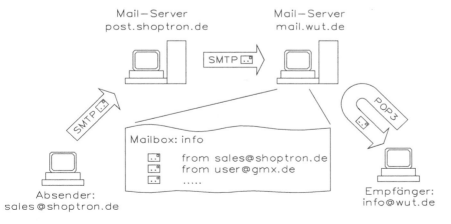

Abb. 5.49: Verbindungsaufbau und Ablauf für eine E-Mail

Eine E-Mail setzt sich aus dem Nachrichtenkopf und der eigentlichen Nachricht zusammen. Diesen Kopf kann man mit einem Briefumschlag vergleichen, der Felder für Absender, Empfänger, Datum, Betreff und einige weitere Informationen enthält. Tabelle 5.14 zeigt den Minimalkopf einer E-Mail.

Tab. 5.14: Minimalkopf einer E-Mail

Feld	Funktion
FROM	E-Mail-Adresse des Verfassers
TO	E-Mail-Adresse des Empfängers
DATE	Datum und Uhrzeit. Die Uhrzeit kann willkürlich eingetragen werden und ist in aller Regel die Ortszeit des Absenders.
SUBJECT	Text der Betreffzeile
RECEIVED	Das Feld RECEIVED stellt eine Besonderheit dar, denn es wird nicht bei Erstellung der E-Mail angelegt. Jeder auf dem Weg der E-Mail liegende Mail-Router fügt ein RECEIVED-Feld ein und hinterlässt auf diese Weise einen „Durchgangsstempel" mit Datum und Uhrzeit.

Die Verwendung der in Tab. 5.15 gezeigten Felder ist optional.

Tab. 5.15: Optionale Ergänzung des Minimalkopfes einer E-Mail

Feld	Funktion
SENDER	E-Mail-Adresse des Absenders (in aller Regel identisch mit Eintrag unter FROM)
REPLY-TO	E-Mail-Adresse, an die der Empfänger im Bedarfsfall antworten soll. Wichtig, wenn E-Mails von einem Embedded-System automatisiert verschickt werden. Als Antwortadresse könnte in diesem Fall die E-Mail-Adresse des Administrators eingetragen sein.
CC	E-Mail-Adresse eines weiteren Empfängers, der einen „Durchschlag" (CC = Carbon Copy) der Nachricht erhält.
BCC	E-Mail-Adresse eines weiteren Empfängers, die für alle anderen Empfänger aber unsichtbar bleibt (BCC = Blind Carbon Copy).
MESSAGE-ID	Eindeutige Identifikation einer E-Mail, die von der Mailsoftware willkürlich vergeben wird.
X-"MEINFELD"	Durch Voranstellen von „X-" können eigene Felder erzeugt werden.

Bei einigen Feldern ist eine Variante möglich, die dann zum Tragen kommt, wenn es sich um eine vom ursprünglichen Empfänger weitergeleitete E-Mail handelt.

Der formale Aufbau von Nachrichtenkopf und Feldern muss den folgenden Konventionen genügen:

- Nach dem Feldnamen steht ein Doppelpunkt und danach folgt der jeweilige Parameter.
- Jedes Feld steht in einer eigenen Zeile, die mit <CR LF> (Carriage Return Line Feed; hex 0D 0A) endet.
- Nachrichtenkopf und Körper werden durch eine zusätzliche Leerzeile <CR LF> getrennt.
- Der Nachrichtenkörper selbst enthält nur den zu übermittelnden Text bzw. weitere eingefügte Dateien. Das Ende der Nachricht wird durch <CR LF CR LF> (hex 0D 0A 2E 0D 0A) gekennzeichnet.
- Sowohl Kopf als auch Nachrichtenkörper bestehen ausschließlich aus ASCII-Zeichen (7-Bit-Format). Deshalb können auch alle Steuerinformationen als Klartext übertragen werden.

Um auch binäre Daten (8-Bit-Format) mit einer E-Mail verschicken zu können, werden diese vor dem Einbinden in den Nachrichtenkörper nach dem „MIME-Standard" (Multipurpose Internet Mail Extensions) in das 7-Bit-Format codiert und beim Empfänger wieder decodiert. Da die Verarbeitung binärer Daten von heutigen E-Mail-Programmen automatisch übernommen wird, soll auf eine genaue Erklärung der „MIME-Codierung" verzichtet werden.

SMTP (Simple Mail Transfer Protocol) regelt den Versand von E-Mails vom Mail-Client zum Mailserver (SMTP-Server). Der Mail-Client kann dabei entweder der ursprüngliche Versender oder ein auf dem Weg liegender Mail-Router sein. Mail-Router kommen zum Einsatz, wenn die E-Mail auf ihrem Weg über mehrere Domains weitergereicht wird. Häufig findet man für Mail-Router auch die Bezeichnung MTA (Mail-Transfer-Agent).

Für jedes Teilstück, das eine E-Mail zurücklegt, wird eine eigene TCP-Verbindung aufgebaut. SMTP setzt auf diese TCP-Verbindung auf, wobei der TCP-Port 25 genutzt wird.

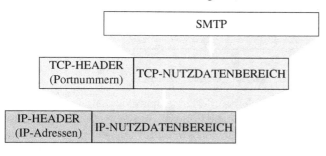

Das SMTP-Datenpaket sieht dann so aus:

SMTP stellt einige Kommandos (z. B. Angabe des Absenders, Angabe des Empfängers usw.) zur Verfügung. Jedes SMTP-Kommando wird einzeln vom SMTP-Server quittiert. Die eigentliche E-Mail wird komplett mit Kopf und Körper gesendet und erst dann vom SMTP-Server quittiert. Wenn keine weiteren E-Mails zum Versand anstehen, wird auch die TCP-Verbindung wieder abgebaut.

Hat die E-Mail den Ziel-Mailserver erreicht, wird sie im Postfach des Empfängers abgelegt und bleibt dort so lange gespeichert, bis sie vom Empfänger abgeholt wird.

Um eingegangene E-Mails aus dem Postfach auf dem Mailserver abzuholen, wird in den meisten Fällen das POP3-Protokoll (Post Office Protocol Version 3) benutzt. Der Empfänger wird über eingehende E-Mails nicht informiert. Er muss sein Postfach selbstständig auf eingegangene E-Mails überprüfen und kann diese zu einem beliebigen Zeitpunkt abholen.

Die meisten der heute genutzten E-Mail-Programme überprüfen beim Start zunächst automatisch das Postfach des Nutzers auf eingegangene Mails. Viele E-Mail-Programme bieten darüber hinaus die Möglichkeit, ein Intervall vorzugeben, in dem das Postfach zyklisch geprüft wird. Typische Nutzer, die die meiste Zeit des Tages „offline" sind, erhalten ihre E-Mails ohnehin nur dann, wenn sie sich beim Provider eingewählt haben. Doch bei PCs mit permanentem Internetzugang ist die zyklische Abfrage durchaus sinnvoll, der Nutzer ist hier ständig online und erhält seine E-Mails mit nur geringer Verzögerung.

Auch das POP3-Protokoll setzt auf eine TCP-Verbindung auf und ist nichts anderes als ein Klartextdialog.

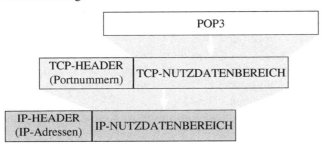

Das POP3-Datenpaket sieht dann so aus:

POP3 nutzt die TCP-Portnummer 110 und wie bei SMTP beginnt der Dialog auch hier mit einem Login. Bei POP3 muss sich der Empfänger allerdings in zwei Schritten anmelden, mit Nutzernamen und mit Passwort. Nach erfolgreichem Login stellt POP3 einige Kommandos zur Verfügung, mit denen eingegangene Nachrichten aufgelistet, abgeholt oder gelöscht werden können.

Heute wird der Nutzer mit SMTP und POP3 nur noch in geringem Maße konfrontiert: Er muss lediglich beim Einrichten der Mailsoftware den Namen des POP3- und SMTP-Servers angeben, d. h. das Abwickeln der Protokolle selbst wird unsichtbar im Hintergrund vom Mailprogramm übernommen.

Der Vollständigkeit halber sei noch erwähnt, dass es neben dem POP3-Protokoll noch die Protokolle POP2 und POP1 (beides Vorläufer von POP3) gibt, die ebenfalls zum Abholen von E-Mails entwickelt wurden. Diese Protokolle konnten sich aber in der Praxis noch nicht durchsetzen oder wurden von POP3 verdrängt.

Genau wie POP3 setzt IMAP (Internet Message Access Protocol) auf TCP als Basisprotokoll auf und dient dazu, empfangene E-Mails in die Client-Anwendung zu transportieren. Im Gegensatz zu POP3 belässt IMAP empfangene E-Mails auf dem Server und holt nur eine Kopie der E-Mail zur Ansicht in die Client-Anwendung. Für den Anwender hat das den Vorteil, dass ein E-Mail-Konto von verschiedenen Endgeräten wie PC, Notebook, Smartphone oder Tablet genutzt werden kann und alle Geräte den gleichen Empfangsstand sehen.

Eine weitere Neuerung von IMAP ist die Möglichkeit auf dem Mailserver die empfangenen E-Mails in Ordnern abzulegen und zu verwalten.

SMTP in seiner ursprünglichen Form sieht nicht vor, dass der Benutzer, der E-Mails versenden möchte, sich in irgendeiner Form authentifizieren, also seine Berechtigung nachweisen muss, d. h. jeder, der Zugang zu dem Netzwerk hat, in welchem der SMTP-Server platziert ist, kann von dort aus E-Mails versenden.

Im Zeitalter von Internet sind Spam (unerwünschte Werbe-E-Mails) und Computerviren natürlich nicht ein tragbarer Zustand. Deshalb wurden Authentifizierungsverfahren entwickelt, die nur dem berechtigten Benutzer erlauben, E-Mails über den Server zu verschicken. Die zwei gängigsten Verfahren sollten hier kurz vorgestellt werden.

• SMTP after POP3: Diese Methode ist denkbar einfach. Nur solche User, die auf dem Mailserver ein POP3-Postfach aufweisen, sind berechtigt über diesen Server E-Mails zu versenden. Bevor das Senden von E-Mails zugelassen wird, muss ein Login in das POP3-Postfach erfolgen.

Der Vorteil dieser Methode ist, dass jedes normale Mailprogramm nach dem Start zunächst das POP3-Postfach nach neuem Posteingang durchsucht und über den damit verbundenen POP3-Login automatisch die Voraussetzung zum Versenden von E-Mails schafft. Der Anwender muss also keine besondere Konfiguration an seinem Mailprogramm vornehmen.

• ESMTP: Wird ESMTP benutzt, können E-Mails unabhängig vom POP3-Zugang versendet werden.

Nachdem die TCP-Verbindung zum SMTP-Server zustande gekommen ist, fragt dieser zunächst nach einem Usernamen und dem zugehörigen Passwort. Erst wenn beides richtig übergeben wurde, können E-Mails versendet werden. Für den Betrieb von Embedded-Geräten hat diese Methode den Vorteil, dass zum Versenden von E-Mails nur eine TCP-Verbindung nötig ist. Normale Mailprogramme müssen für den ESMTP-Betrieb speziell konfiguriert werden.

Mit der zunehmenden Nutzung von E-Mails gibt es immer mehr Freemail-Anbieter, die auf ihrem Mailserver kostenlos Postfächer zur Verfügung stellen. Diese Dienstleistung, die jeder nutzen kann, wird in aller Regel über Werbung finanziert.

Um Raum zur Einblendung von Werbung zu schaffen, geben die meisten Freemail-Anbieter dem Nutzer die Möglichkeit, das Senden und Abrufen von E-Mails bequem über HTTP im Browser abzuwickeln, der selbstverständlich durch Werbebanner bereichert ist. Hierzu stehen dem Nutzer entsprechende HTML-Formulare zur Verfügung.

Um die E-Mail-Abwicklung über HTTP zu ermöglichen, muss der Freemail-Anbieter eine spezielle Mailserver-Kombination betreiben, die zur Nutzerseite als Webserver, zur anderen Seite als SMTP-Server arbeitet. Der Weg einer E-Mail wird in Abb. 5.50 gezeigt.

Zwischen dem Rechner des Absenders und dem Server des Freemail-Anbieters wird das HTTP-Protokoll verwendet. Wie bei anderen HTTP-Anwendungen auch, wird hier die TCP-Portnummer 80 genutzt.

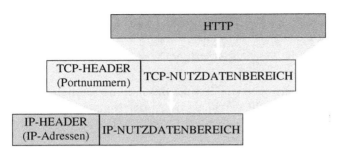

Zwischen den Mailservern selbst ändert sich nichts. Sie kommunizieren miteinander über das SMTP-Protokoll. Zwischen dem Ziel-Mailserver und dem Rechner des Empfängers können aber zwei unterschiedliche Varianten zum Einsatz kommen:

- Hat der Empfänger ein Standard-Mailkonto, werden eingegangene Mails über POP3 abgeholt.
- Nutzt auch der Empfänger die Dienste eines Freemail-Anbieters, kommt hier ebenfalls HTTP zum Ersatz, wie Abb. 5.51 zeigt.

Wer seine E-Mail lieber über SMTP und POP3 versenden möchte, sollte bei der Wahl des Freemail-Anbieters unbedingt darauf achten, dass auch Zugangsmöglichkeiten über einen SMTP- bzw. POP3-Server vorhanden sind.

Auch beim Versenden von E-Mails wird auf IP-Ebene mit IP-Adressen gearbeitet. Die Namensauflösung bei E-Mail-Adressen funktioniert vom Prinzip genauso wie bei normalen Netzteilnehmern auch. Natürlich wird dabei nicht die Adresse des E-Mail-Empfängers selbst aufgelöst, sondern lediglich die des Mailservers, auf dem der Empfänger sein Postfach hat. Um Namen in Adressen aufzulösen, bedient sich der TCP/IP-Stack eines Resolver-Programms, das beim DNS-Server eine entsprechende Anfrage stellt.

Der Hostname ist dem Ziel-Mailserver aber nicht bekannt. Bekannt ist lediglich die Ziel-Domain, die ja in der E-Mail-Adresse hinter dem @-Zeichen steht. Um auch DNS-Anfragen nach Mailservern auflösen zu können, gibt es auf DNS-Servern spezielle Datensätze, in denen

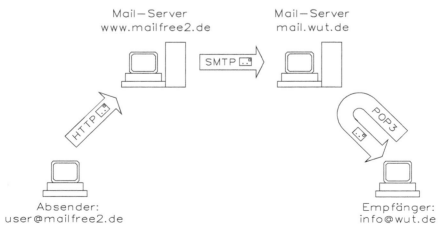

Abb. 5.50: E-Mail-Abwicklung über HTTP- und SMTP-Protokolle

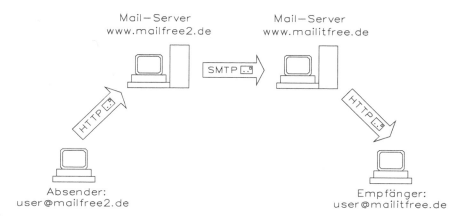

Abb. 5.51: Ablauf der HTTP- und SMTP-Protokolle, wenn man die Dienste eines Freemail-Anbieters in Anspruch nimmt

die zu einer Domain gehörenden Mailserver samt der zugehörigen IP-Adressen verzeichnet sind.

Das Resolver-Programm gibt also bei der Anfrage nur den Ziel-Domainnamen an und teilt zudem mit, dass es sich bei dem gesuchten Netzteilnehmer um einen Mailserver handelt. Der DNS-Server ermittelt die gesuchte IP-Adresse und gibt sie an das Resolver-Programm zurück.

Der Postfachname selbst wird für die DNS-Anfrage gar nicht benötigt. Er wird erst bei Eintreffen der Nachricht auf dem Ziel-Mailserver ausgewertet, damit diese im richtigen Postfach abgelegt werden kann.

Literaturverzeichnis

F. Wiesemann, R. Theis: TCP/IP-Ethernet bis Web-IO (www.wut.de), Broschüre, Oktober 2014

F. Blasinger: Digitale Schnittstellen und Bussysteme für die Kommunikation, Jumo-Broschüre, Januar 1995

H. Bernstein: PC-Netze in Theorie und Praxis, VDE, März 2002

J. Postel, J. Reynolds: RFC 959 – File Transfer Protocol, Oktober 1985

R. Fielding, J. Gettys, J. Mogul, H. Frystyk, L. Masinter, P. Leach, T. Berners-Lee: RFC 2616 – Hypertext Transfer Protocol, Juni 1999

M. Crispin: RFC 3501 – Internet Message Access Protocol März 2003

ANSI/IEEE Std 802.11: Information technology – Telecommunications and information exchange between systems – Local and metropolitan area networks – Specific requirements – Part 11: Wireless LAN Medium Access Control (MAC) and Physical Layer (PHY) Specifications, Stand 1999

Matthew S. Gast: 802.11 Wireless Networks – The Definitive Guide, O'Reilly, 1. Auflage, April 2002

Bruce Potter & Bob Fleck: 802.11 Security, O'Reilly, 1. Auflage, Dezember 2002

Joseph Davies: Deploying Secure 802.11 Wireless Networks with Microsoft, Windows Microsoft Press, 1. Auflage, 2003

Adam Subblefield, John Ioannidis, Aviel D. Rubin: Using the Fluhrer, Mantin and Shamir Attack to Break WEP http://www.isoc.org/isoc/conferences/ndss/02/proceedings/papers/stubbl.pdf

Wikipedia: OSI-Modell, http://de.wikipedia.org/wiki/OSI-Modell

S. Kent, R. Atkinson: RFC 2401 – Security Architecture for the Internet Protocol, November 1998

IEEE Std 802.1X: IEEE Standard for Local and metropolitan area networks – Port-Based Network Access Control, Stand 2001

K. Hamzeh, G. Pall, W. Verthein, J. Taarud, W. Little, G. Zorn: RFC 2637 – Point-to-Point Tunneling Protocol (PPTP), Juli 1999

Johannes Helmig: Virtual Private Networks (VPN/PPTP), Juli 1998 http://www.wown.com/j_helmig/vpn.htm

W. Simpson: RFC 1661 – The Point-to-Point Protocol (PPP), Juli 1994

IEEE Std 802.1D: IEEE Standard for Local and metropolitan area networks, Media Access Control (MAC) Bridges, Stand 2004

L. Blunk & J. Vollbrecht: RFC 2284 - PPP Extensible Authentication Protocol (EAP), März 1998

R. Rivest: RFC 1321 – The MD5 Message-Digest Algorithm, April 1992

B. Aboba, D. Simon: RFC 2716 – PPP EAP TLS Authentication Protocol, Oktober 1999

B. Lloyd, W. Simpson: RFC 1334 – PPP Authentication Protocols, Oktober 1992

W. Simpson: PPP Challenge Handshake Authentication Protocol (CHAP), August 1996

Ashwin Palekar, Dan Simon, Joe Salowey, Hao Zhou, Glen Zorn, S. Josefsson: Protected EAP Protocol (PEAP) Version 2, Oktober 2004, http://www.ietf.org/internet-drafts/draft-josefsson-pppext-eap-tls-eap-10.txt

Symbol Technologies, Inc.: Protected Extensible Authentication Protocol (PEAP), Oktober 2003, http://www.symbol.com/products/wireless/peap.html

Cameron Macnally: Cisco LEAP protocol description, September 2001, http://lists.cistron.nl/pipermail/cistron-radius/2001-September/002042.html

Cisco Systems, Inc.: Dictionary Attack on Cisco LEAP Vulnerability, Stand Juli 2004, http://www.cisco.com/en/US/tech/tk722/tk809/technologies_security_notice09186a00801aa80f.html

J. Arkko, H. Haverinen: Extensible Authentication Protocol Method for UMTS Authentication and Key Agreement (EAP-AKA), April 2004, http://www.ietf.org/internet-drafts/draft-arkko-pppext-eap-aka-12 .txt

H. Haverinen, J. Salowey: Extensible Authentication Protocol Method for GSM Subscriber Identity Modules (EAP-SIM), April 2004, http://www.ietf.org/internet-drafts/draft-haverinen-pppext-eap-sim-13.txt

Jouni Malinen: Host AP driver for Intersil Prism2/2.5/3, Oktober 2004, http://hostap.epitest.fi

Greg Chesson, Henry Qian, Kevin Yu, Mathieu Lacage, Michael Renzmann, Sam Leffler, Stephane Laroche, William S. Kish: Multiband Atheros Driver for WiFi (MADWIFI), September 2004 http://sourceforge.net/projects/madwifi/

Alfa & Ariss: Secure W2, Version 2.2, http://www.securew2.com/uk/

Wireless Internet Research & Engineering (WIRE) Lab.: Wire 1x, Juni 2003, http://wire.cs.nthu.edu.tw/wire1x/

Arunesh Mishra, Nick L. Petroni, Jr., Bryan D. Payne, Chris Hessing, Terry Simons Open1x: Version 1.0, Juni 2004, http://www.open1x.org

Jean Tourrilhes: Wireless Tools for Linux, Mai 2004, http://www.hpl.hp.com/personal/Jean_Tourrilhes/Linux/Tools.html

Jouni Malinen, Linux WPA/WPA2/IEEE 802.1X Supplicant, November 2004 http://hostap.epitest.fi/wpa_supplicant/

Academic Computing and Communications Center: Mac OS X Panther 802.1x Supplicant, http://www.uic.edu/depts/accc/network/wireless/macx.html

Funk Software Inc.: Odyssey Client, http://www.funk.com/radius/wlan/wlan_c_radius.asp

Meetinghouse Data Communications: AEGIS Client, http://www.mtghouse.com/products/aegisclient/index.shtml

C. Rigney, A. Rubens, W. Simpson, S. Willens: RFC 2138 – Remote Authentication Dial In User Service (RADIUS), April 1997

The FreeRADIUS Project: FreeRADIUS Server, 2004, http://www.freeradius.org/

Jonathan Hassel: RADIUS, O'Reilly, 1. Auflage, Oktober 2002

IEEE Std 802.1Q: IEEE Standards for Local and metropolitan area networks, Virtual Bridged Local Area Networks, Stand 2003

Rusty Russell: Linux 2.4 Packet Filtering HOWTO, 2002, http://www.netfiter.org/documentation/HOWTO//packet-flltering-HOWTO .html

Mike Schiffman: The Evolution of Libnet, Februar 2004, http://www.packetfactory.net/Projects/Libnet/2004_RSA/eol-1.0.pdf

Martin Casado: Packet Capture With libpcap and other Low Level Network Tricks, http://www.cet.nau.edu/mc8/Socket/Tutorials/section1.html

B. Aboba, P. Calhoun: RADIUS (Remote Authentication Dial In User Service) Support For Extensible Authentication Protocol (EAP), September 2003

G. Zorn: Microsoft Vendor-specific RADIUS Attributes, März 1999

Nick Burch: Certificate Management with OpenSSL – General Stuff, November 2004, http://tirian.magd.ox.ac.uk/nick/openssl-certs/general.shtml

Index

Abschlusswiderstand, 93
Abtasttheorem, 56, 228
AC-Frequenzanalyse, 94
AD-Wandler, 226
AM, 147
AMI, 59, 138, 218
Amplitude, 79
Amplitudenmodulation, 11, 148
Amplitudenumtastung, 12, 209
Analog-Digital-Wandler, 222
Analogschalter, 196, 221
ANSI, 9, 280
Anstiegszeit, 94
ASCII, 7, 55
ASI-Bus, 266
ASK, 60, 147, 207
astabile Kippstufe, 202
Asynchronbetrieb, 16, 27, 47
Augendiagramm, 144
Automatisierungstechnik, 2

Bandbreite, 185, 213
Bandbreitenbegrenzung, 106
Bandpassfilter, 173
Baud, 24, 32
BCD, 6
BER-Messung, 140
Besselfunktion, 182
Bit, 4
Bit/s, 30, 32, 217
Bitbus, 267
Bitfehlerhäufigkeit, 135
Bitfehlermessung, 135
Bitfehlerwahrscheinlichkeit, 243
Bitübertragungsschicht, 285
Blockfehler, 244
Blocksynchronisation, 55
bps, 217
Bridge, 249, 289
Broadcast-Adresse, 301
Bus-Arbitration, 259
Busstruktur, 255
Byte, 5

CAN-Bus, 268
Carrierband, 264
CCITT, 278
CEPT, 279
Checksum, 312
8-4-2-1-Code, 7
Codefehlermessung, 135
Codierverfahren, 232
Colpitts, 192
CRC, 244
CRC-Kontrolle, 53
CSMA, 240, 261
CSMA/CA, 262
CSMA/CD, 262
CSS, 15

Dämpfung, 79, 84, 126
Dämpfungskoeffizient, 85
Dämpfungskonstante, 85, 124
Dämpfungsmaß, 85
Datenübertragungsblock, 50
Datengramm, 286
Datensicherungsteil, 242
DA-Wandler, 223
DEE, 32
Deltamodulation, 207
Demodulation, 175
Destination Address, 288
Dezibel, 110
DIN, 279
DM, 207
DMA-Betrieb, 44
DMT, 12
Doppelleitung, 116
DPLL, 47
DQPSK, 216
Dreiwege-Handshake, 310
DSSS, 15
DTR, 19
Dualsystem, 6
DÜE, 32
Duplex, 31
Durchlaufverzögerung, 95

Echtzeitverhalten, 252
Einheitssignal, 2
Einmodenfaser, 64
Einseitenbandmodulation, 11
Ethernet, 253
Even Parity, 24

FCS, 38
Fehler-Burst, 245
Fehlersicherung, 243
Feldbussystem, 251, 264
Fernmeldekabel, 68
FHSS, 14
File-Server, 294
Filtermethode, 173
FIP, 269
Flachleitung, 116
Flags, 287
Flusskontrolle, 286
FM, 147
Fourier-Analyse, 160, 183, 214
Fourier-Koeffizient, 106
Fragmentierung, 286
Frame, 50
Frequenzhub, 181
Frequenzmodulation, 11, 54
Frequenzspektrum, 152
Frequenzumtastung, 210
FSK, 60, 147, 207, 265
FTP, 314

Gateway, 250, 292
Gegeninduktivität, 176
Generatorpolynom, 54
Gleichstromfreiheit, 57
globales Netzwerk, 236
Grenzfrequenz, 228

Handshake, 34
HART, 265
HDB, 138
HDLC, 38
Header, 286
Hexadezimalsystem, 9
HF-Kabel, 71
Hop, 281
Hüllkurven, 149

IANA, 288
ICMP, 306
Identification, 287

IEC, 279
IEEE, 280
IGMP-Header, 299
Induktivitätsbelag, 81
Interbus-S, 270
Interferenzschwund, 172
Internet-Adresse, 296
IP-Adressformat, 297
ISDN, 56
ISO, 39, 235, 277

Kabel, 66
Kapazitätsbelag, 81
Kapazitätsdiode, 189
Klasse A, 299
Klasse B, 299
Klasse C, 299
Klirrfaktor, 185
Koaxialkabel, 76
Koaxialleitung, 122
Kommunikationspartner, 4
Koppelfaktor, 176

Längsinduktivität, 82
Laufzeit, 79, 86
Leistungsdämpfungsmaß, 109
Leitung, 66
Leitungsimpedanz, 95, 96
Leitungskonstante, 81
Leitungswertbelag, 81
Length, 24
Lichtwellenleiter, 127
Lissajous-Figur, 144
Logikanalysator, 225
LON, 271
LRC, 244
LSB, 4
LWL, 64

MAC, 240
Manchester-Code, 59
MAP/EPA, 240
Mehrmodenfaser, 64
Messgröße, 3
Mie-Streuung, 132
Mikroprozessor-Schnittstelle, 44
Modbus, 272
Modem, 33
Modemnummer, 130
Modulation, 147

Modulationsfaktor, 154
Modulationsfrequenz, 158
Modulationsgrad, 154
Modulationsindex, 179
Monoflop, 199
Monomodefaser, 126
MSB, 4
MTU, 305, 310
Multimodefaser, 64, 127

Nachrichtenkanal, 193
Nachrichtenschwingung, 159
Navigator, 291
NBS, 280
Neper, 123
Netztopologie, 235
Netzwerkadresse, 296
Netzwerkanalysator, 97
Netzwerkmanagement, 238
NF-Amplitude, 184
NF-Technik, 92
NFS, 314
Niederfrequenzkabel, 68
Normalsender, 111
NRZ, 58
NRZI-Daten, 45
Nyquistfrequenz, 60

OFDM, 12
OSI-Modell, 235

P-Net, 273
PAM, 147, 193
Parallelschnittstelle, 10
Paritätsprüfung, 245
Parity Enable, 24
PCM, 56, 147
PDM, 147, 193
PFM, 147, 193
Phasenjitter, 145
Phasenlage, 79
Phasenmethode, 173
Phasenmodulation, 11
PM, 147
Polynom, 245
PPM, 147, 193
Profibus, 274
PSK, 60, 147, 207
2-PSK, 211
Puls-Code-Modulation, 14

Puls-Pausen-Modulation, 14
Pulsamplitudenmodulation, 13
Pulsfrequenzmodulation, 14
Pulsphasenmodulation, 14
Pulsweitenmodulation, 13

Quadraturamplitudenmodulation, 12
Quantisieren, 219, 230
Quantisierungsverzerrung, 227
Querkapazität, 82
Querparität, 244

Referenzmodell, 236
Referenzpunkt, 112
Reflexionsfaktor, 103
Repeater, 247
Restfehlerwahrscheinlichkeit, 243
Restseitenbandmodulation, 12
Restspannung, 178
Ringmodulator, 166
Ringstruktur, 255
Router, 249, 289
Routing-Tabelle, 289
RS232C, 35
RS232C-Schnittstelle, 29
RS422, 248
RS485, 248
RTS, 19
RZ, 58
RZ-Signal, 218

S-Parameter, 98
Scheinfrequenz, 228
Schwebung, 151
Schwebungsfrequenz, 152
Schwingkreis, 191
SDLC, 38
Seitenbandunterdrückung, 172
Sende-Schieberegister, 17
Signalform, 79
Signalzustandsdiagramm, 144
Simplex, 31
Skineffekt, 72, 124
SMTP, 314
Snellius, 128
Source Address, 288
Spannungsdämpfungsfaktor, 108
Spannungspegel, 111
Spektralfrequenz, 187
Start-Flag, 49

Stern-Verseilung, 119
Sternstruktur, 255
Störabstand, 230
Störphasenhub, 186
Störphasenwinkel, 187
STP, 63
Streuparameter, 100
Subnetzwerk, 301
sukzessive Approximation, 223
Summenfrequenz, 159
SYNC-Zeichen, 23
S&H, 198, 221

Taktrückgewinnung, 57
TCP, 281, 308
TCP-Port, 294
TCP/IP, 276, 280
Telnet, 314
ternär, 57
THSS, 15
Tiefpass, 195
Timer 555, 203
Token, 262
Token-Passing, 260
Totalreflexion, 129
Trägeramplitude, 182
Trägerfrequenz, 147, 159, 193
Trägerfrequenzkabel, 68
Trägerschwingung, 163
Transmissionsfaktor, 101
Transportprotokoll-Adresse, 296
Triggerimpuls, 204

Überlagerung, 148
Übersprechen, 77
Übertragungsleitung, 100, 114
Übertragungsmedium, 268
Übertragungssicherung, 243
UDP, 281, 313
Undersampling, 229
Urgent Pointer, 313
USART, 16, 217
UTP, 63

V.24, 35
Vektormodulation, 11
Verzerrung, 79, 114, 126
Vierpol, 65
Vorwärtsübertragungsfaktor, 98
VRC, 244
VSB-Modulation, 13

WAN, 252
Wellengleichung, 88
Wellenlänge, 82
Wellenwiderstand, 75, 91, 118, 123
Widerstandsbelag, 81
Word-Format, 4

X_{on}/X_{off}, 33

Zeitkonstante, 206
Zugriffsverfahren, 259
Zweidrahtleitung, 117
Zweiseitenbandmodulation, 160

www.ingramcontent.com/pod-product-compliance
Lightning Source LLC
LaVergne TN
LVHW080111070326
832902LV00015B/2517